Principle of Gestalt Psychology

西方心理学名著译丛

格式塔心理学原理

【美】库尔特·考夫卡 著　李维 译

图书在版编目(CIP)数据

格式塔心理学原理/(美)库尔特·考夫卡著；李维译. —北京：北京大学出版社，2010.12

（西方心理学名著译丛）

ISBN 978-7-301-17972-7

Ⅰ.①格… Ⅱ.①库…②李… Ⅲ.①完形心理学 Ⅳ.①B84-064

中国版本图书馆 CIP 数据核字（2010）第 205569 号

书　　　名	格式塔心理学原理
著作责任者	［美］库尔特·考夫卡　著　李　维　译
丛书策划	周雁翎　陈　静
丛书主持	陈　静
责任编辑	陈　静
标准书号	ISBN 978-7-301-17972-7
出版发行	北京大学出版社
地　　　址	北京市海淀区成府路 205 号　100871
网　　　址	http://www.pup.cn　新浪微博：@北京大学出版社
电子信箱	zyl@pup.pku.edu.cn
电　　　话	邮购部 010-62752015　发行部 010-62750672　编辑部 010-62752021
印刷者	北京鑫海金澳胶印有限公司
经销者	新华书店
	730 毫米×980 毫米　16 开本　36.5 印张　670 千字
	2010 年 12 月第 1 版　2022 年 12 月第 10 次印刷
定　　　价	98.00 元

未经许可，不得以任何方式复制或抄袭本书之部分或全部内容。
版权所有，侵权必究
举报电话：010-62752024　电子信箱：fd@pup.pku.edu.cn
图书如有印装质量问题，请与出版部联系，电话：010-62756370

目　录

中文版译序	(1)
前言	(1)
第一章　心理学是为什么的？	(1)
第二章　行为和行为场——心理学的任务	(19)
第三章　环境场——问题；对错误的解决办法的拒斥；对正确的解决办法的一般阐述	(55)
第四章　环境场——视觉组织及其定律	(86)
第五章　环境场——图形和背景格局	(145)
第六章　环境场——恒常性	(175)
第七章　环境场——三维空间和运动	(220)
第八章　活动——反射；自我；执行者	(253)
第九章　活动——调节的行为、态度、情绪和意志	(303)
第十章　记忆——痕迹理论的基础：理论部分	(349)
第十一章　记忆——痕迹理论的根据：实验部分和理论构建	(385)
第十二章　学习和其他一些记忆功能（一）	(435)
第十三章　学习和其他一些记忆功能（二）	(485)
第十四章　社会和人格	(531)
第十五章　结论	(558)

中文版译序

库尔特·考夫卡(Kurt Koffka)是美籍德裔心理学家,格式塔心理学的代表人物之一。考夫卡 1886 年 3 月 18 日生于德国柏林,在那里接受基础教育。1903—1904 年求学于爱丁堡大学,对科学和哲学产生强烈兴趣。回到柏林后,师从 C. 斯顿夫(C. Stumpf)研究心理学,1909 年获柏林大学哲学博士学位。自 1910 年起,他同 M. 威特海默(M. Wertheimer)和 W. 苛勒(W. Kohler)在德国法兰克福开始了长期的和创造性的合作,"似动"(apparent movement)实验成为格式塔心理学的起点,他本人也成为格式塔学派三人小组中最多产的一个。1911 年,考夫卡受聘于吉森大学,一直工作到 1924 年。第一次世界大战期间,他在精神病医院从事大脑损伤和失语症患者的研究工作。战后,美国心理学界已模糊地意识到正在德国兴起的这一新学派,因而劝说考夫卡为美国《心理学公报》写一篇关于格式塔的论文。这篇论文题为《知觉:格式塔理论导言》(Perception, an Introduction to Gestalt Theory),于 1922 年发表。论文根据许多研究成果提出了一些基本概念。1921 年,考夫卡刊布《心理的发展》(Growth of Mind)一书,该书被德国和美国的发展心理学界誉为成功之作,它对改变机械学习和提倡顿悟学习起过促进作用。自 1924 年起,考夫卡先后前往美国康奈尔大学、芝加哥大学和威斯康星大学任教,1927 年被任命为美国史密斯学院心理学研究教授,主要从事知觉的实验研究。1932 年,考夫卡为了研究中亚人,曾随一个探险队进行调查工作。在探险队得了回归热病,康复之后,他开始写作《格式塔心理学原理》(The Principle of Gestalt Psychology),该书由纽约哈考特—布雷斯—约万诺维奇公司于 1935 年出版。这是一部意欲集格式塔心理学之大成的著作,但是极其难读,史界对此贬褒不一。1941 年 11 月 22 日,考夫卡卒于美国马萨诸塞州北安普顿。

一

"格式塔"(Gestalt)一词具有两种含义。一种含义是指形状或形式,亦即物体的性质,例如,用"有角的"或"对称的"这样一些术语来表示物体的一般性质,以示三角形(在几何图形中)或时间序列(在曲调中)的一些特性。在这个意义上说,格式塔意即"形式"。另一种含义是指一个具体的实体和它具有一种特殊形状或形式的特征,例如,"有角的"或"对称的"是指具体的三角形或曲调,而非第一种含义那样意指三角形或时间序列的概念,它涉及物体本身,而不是物体的特殊形式,形式只是物体的属性之一。在这个意义上说,格式塔即任何分离的整体。

格式塔心理学这一流派不像机能主义或行为主义那样明确地表示出它的性质。综合上述两种含义,它似乎意指物体及其形式和特征,但是,它不能译为"structure"(结构或构造)。考夫卡曾指出:"这个名词不得译为英文 structure,因为构造主义和机能主义争论的结果,structure 在英美心理学界已得到了很明确而很不同的含义了。"因此,考夫卡采用了 E. B. 铁钦纳(E. B. Titchener)对 structure 的译文"configuration",中文译为"完形"。所以,在我国,格式塔心理学又译为完形心理学。

格式塔这个术语起始于视觉领域的研究,但它又不限于视觉领域,甚至不限于整个感觉领域,其应用范围远远超过感觉经验的限度。苛勒认为,形状意义上的"格式塔"已不再是格式塔心理学家们的注意中心;根据这个概念的功能定义,它可以包括学习、回忆、志向、情绪、思维、运动等等过程。广义地说,格式塔心理学家们用格式塔这个术语研究心理学的整个领域。

二

格式塔心理学诞生于 1912 年。它强调经验和行为的整体性,反对当时流行的构造主义元素学说和行为主义"刺激—反应"公式,认为整体不等于部分之和,意识不等于感觉元素的集合,行为不等于反射弧的循环。

19 世纪末,以冯特(W. Wundt)为代表的心理学家倡导了构造主义心理学,提出了格式塔心理学家称之为"束捆假设"(bundle hypothesis)的元素说,认为复杂的知觉是简单感觉的束捆,意识经验是各种简单元素的群集。正如 R. S. 伍德沃斯(R. S. Woodworth)所说,1912 年对于心理学的旧理论来说,是一个烦恼的年头:行为主义在美国对构造主义发起猛烈抨击,与此同时,格式塔心理学在德国对构造主义进行讨伐。开始时,这两种运动都反对构造主义的元素学说,后来,两者逐渐互相对立起来。它们的根本分歧在于:前者完全拒绝讨论意识,甚至不承认意识的存在;后者则承认意识的价值,只不过不同意把意识分解为元素。

格式塔心理学把构造主义的元素说讥称为"砖块和灰泥心理学",说它用联想过程的灰泥把元素的砖块黏合起来,借以垒成构造主义的大厦。问题在于:一个人往窗外观望,他看到的是树木、天空、建筑,还是组成这些物体的各种感觉素质,例如亮度、色调等等。如果是前者,则构造主义的大厦就会倒塌。G.

A.米勒(G. A. Miller)曾举过一个有趣的例子,用以说明当时格式塔心理学的声势和构造主义的困境:当你走进心理学实验室,一个构造主义心理学家问你,你在桌子上看见了什么。

"一本书。"

"不错,当然是一本书。""可是,你'真正'看见了什么?"

"你说的是什么意思?我'真正'看见什么?我不是已经告诉你了,我看见一本书,一本包着红色封套的书。"

"对了,你要对我尽可能明确地描述它。"

"按你的意思,它不是一本书?那是什么?"

"是的,它是一本书,我只要你把能看到的东西严格地向我描述出来。"

"这本书的封面看来好像是一个暗红色的平行四边形。"

"对了,对了,你在平行四边形上看到了暗红色。还有别的吗?"

"在它下面有一条灰白色的边,再下面是一条暗红色的细线,细线下面是桌子,周围是一些闪烁着淡褐色的杂色条纹。"

"谢谢你,你帮助我再一次证明了我的知觉原理。你看见的是颜色而不是物体,你之所以认为它是一本书,是因为它不是别的什么东西,而仅仅是感觉元素的复合物。"

那么,你究竟真正看到了什么?格式塔心理学家出来说话了:"任何一个蠢人都知道,'书'是最初立即直接得到的不容置疑的知觉事实!至于那种把知觉还原为感觉,不是别的什么东西,只是一种智力游戏。任何人在应该看见书的地方,却看到一些暗红色的斑点,那么这个人就是一个病人。"

在格式塔心理学家看来,知觉到的东西要大于眼睛见到的东西;任何一种经验的现象,其中的每一成分都牵连到其他成分,每一成分之所以有其特性,是因为它与其他部分具有关系。由此构成的整体,并不决定于其个别的元素,而局部过程却取决于整体的内在特性。完整的现象具有它本身的完整特性,它既不能分解为简单的元素,它的特性又不包含于元素之内。

三

作为格式塔心理学的代表人物之一,考夫卡在《格式塔心理学原理》一书中采纳并坚持了两个重要的概念:心物场(psychophysical field)和同型论(isomorphism)。

考夫卡认为,世界是心物的,经验世界与物理世界不一样。观察者知觉现实的观念称做心理场(psychological field),被知觉的现实称做物理场(physical field)。为了说明两者的关系,可用图1为例。这是一种人们熟知的视错觉。

不论观察者对该图观看多长时间,线条似乎都是向内盘旋直到中心。这种螺旋效应是观察者的知觉产物,属于心理场。然而,如果观察者从 A 点开始,随着曲线前进 360 度,就又会回返到 A;螺旋线原来都是圆周,这就是物理场。由此可见,心理场与物理场之间并不存在一一对应的关系,但是人类的心理活动却是两者结合而成的心物场,同样一把老式椅子,年迈的母亲视作珍品,它蕴涵着一段历史,一个故事,而在时髦的儿子眼里,如同一堆破烂,它蕴涵着在女友面前陷于尴尬处境的危机。

图　1

心物场含有自我(Ego)和环境(environment)的两极化,这两极的每一部分各有它自己的组织(organization)。这种组织说明,自我不是欲望、态度、志向、需求等等的束捆,环境也不是各种感觉的镶嵌。环境又可以分为地理环境和行为环境(geographical and behavioural environments)两个方面。地理环境就是现实的环境,行为环境是意想中的环境。在考夫卡看来,行为产生于行为的环境,受行为环境的调节。为此,他曾用一个生动的例子来说明这个问题:在一个冬日的傍晚,于风雪交加之中,有一男子骑马来到一家客栈。他在铺天盖地的大雪中奔驰了数小时,大雪覆盖了一切道路和路标,由于找到这样一个安身之处而使他格外高兴。店主诧异地到门口迎接这位陌生人,并问客从何来。男子直指客栈外面的方向,店主用一种惊恐的语调说:"你是否知道你已经骑马穿过了康斯坦斯湖?"闻及此事,男子当即倒毙在店主脚下。

那么,该男子的行为发生于何种环境之中呢?考夫卡认为,在他骑马过湖时,地理环境毫无疑问是湖泊,而他的行为环境则是冰天雪地的平原。倘若那个男子事先知道他要途经一个大湖,则他的行为环境就会发生很大的变化。正因为他当时的行为环境是坚硬的平地,才在闻及他骑马穿过湖泊时大惊毙命。所以,在考夫卡看来,行为受行为环境的调节。

但是,行为环境在受地理环境调节的同时,以自我为核心的心理场也在运作着,它表明有机体的心理活动是一个由自我—行为环境—地理环境等进行动力交互作用的场。例如,一个动物受到某一障碍物的阻挡(地理环境),无法获得置于障碍物后面的食物(行为环境),在这样一种心物场中,自我的张力是明显的。当顿悟使这个场获得重新组织时,也即当动物发现它可以绕过障碍物时,问题就得到了解决。问题的解决使动物得到食物,同时清除了这一心物场中的张力。这里,一个重要的内涵在于:动物在产生一个真正的心理问题之前,必须意识到这一问题情境的所有因素。如果动物不知道障碍物后面有食物,即没有行为环境,问题就不会存在,因为产生不了心物场的张力;如果动物知道障碍物后面有食物,但它的自我没有这方面的欲望或需求,问题也不会存在,因为同样产生不了心物场的张力。以此类推,地理环境也是如此。

同型论这概念意指环境中的组织关系在体验这些关系的个体中产生了一个与之同型的脑场模型。考夫卡认为,大脑并非像许多人所认为的那样是一个感觉运动的连接器,而是一个复杂的电场。例如,让被试坐在暗室内,室内有两个光点交替闪现。当两个光点闪现的间隔超过 200 毫秒时,先见到第一光点,后见到第二光点,两者均静止不动;当间隔只有 30 毫秒时,被试则同时看到两个光点,它们也静止不动;但是,当间隔介于上述两者之间,为 60 毫秒时,被试则看到一个处于连续运动的光点。被试在事实上无运动的情境里觉察到明显的运动,说明光点引起了相互交迭的两个脑场,使之产生运动感觉。在一个问题情境中,心物场的张力在脑中表现为电场张力;顿悟解除脑场张力,导向现实问题的解决。正是由于考夫卡坚持心物场与脑场之间在功能上是同型的,从而使他在对经验和行为作出整体的动力学解释时幸免于二元论。

格式塔同型论与神经系统机械观相对。神经系统的机械观认为,神经活动好比一架机器的运作,它不能组织或修改输入机器的东西,正像"记忆机器"忠实地复制知觉印象一样,它的机械性使知觉印象与其皮质复本之间在大小、形状和组织方面是一一对应的。由此推论,对每一知觉过程,脑内都会产生一种与物理刺激的组织精确对应的皮质"画面"。例如,一个人看到一个十字形,视觉区的皮质神经元就会被激活为一种十字形的形式,其视网膜意象与皮质之间具有一对一的对应,正如视网膜意象与刺激图形具有类似的对应一样。为了反对这种机械观,考夫卡以似动实验为例论争道:既然经验到的似动和真动是同一的,那么实现似动和真动的皮质过程也必定是类似的。但是,这种同一是指经验到的空间秩序在结构上与作为基础的大脑过程分布的机能秩序相同一,是指知觉经验的形式与刺激的形式相对应,而非刺激与知觉之间一对一的对应性。在这个意义上说,格式塔是现实世界"真实"的表象,但不是它的完全再现。它们在大小和形状方面并不等同。正如一张地图不是它所代表的地域的精细复制。它有逐点的对应,有关地区的特征都在图上表示出来。但是,也有歪曲,地图只是它所代表实地大小的一个分数,地图的曲线在现实中可能不那么分明,有些特征可能被略去。然而,正因为地图是同型的,它才用作旅行的向导。

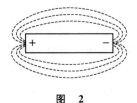

图 2

那么,这种同型论是如何解释形式之间对应的呢?考夫卡等人的假设是:皮质过程是以一种类似电场的方式运作的,其最简单的例证是一种围绕一个磁铁形成的力的电磁场的变化过程,如图2所示。

在未受干扰的磁场中,力的线路处于平衡状态。一俟引进干扰,磁场便会处于一种失衡状态。但是,很快又会出现力的线路的重组,平衡得以重新确立。需要指出的是,这样一种磁场是一个联结系统,场的任何一个部分受到影响,在某种程度上会随之影响其余部分。

将这一假设用于脑场,表明脑中的电学过程在对那些由传入神经元内导的感觉冲动进行反应时,也可能建立神经元的活动场。例如,一个人注视灰色背景上的一个十字形,与刺激型式同型的枕叶皮质视觉区就会激活电学过程,该十字可由皮质中相当强的皮电活动来代表,而十字形的界外则皮电强度渐弱。实际上,一种神经的格式塔会在皮质中形成,其势能差异存在于毗邻的组织之间。同型论是为了说明心和物都具有同样格式塔的性质,都是一个通体相关的有组织的整体,它不是部分之和,而部分也不含有整体的特性。

四

尽管格式塔原理不只是一种知觉的学说,但它却导源于对知觉的研究,而且一些重要的格式塔原理,大多是由知觉研究所提供的。在《格式塔心理学原理》一书中,知觉研究及其成果占了很大比例。

在考夫卡看来,知觉问题涉及比较和判断。当我们说这种灰色比那种灰色淡些,这根线条比那根线条长些,这个音比那个音响些时,我们所经验的究竟是什么呢?考夫卡用一实验予以阐释:在一块黑色平面上并排放着两个灰色小方块,要求被试判断两个灰色是否相同。回答有四种可能性:① 在黑色平面上看见一大块颜色相同的灰色长方形,长方形中有一分界线,将长方形分成两个方形;② 看见一对明度梯度,从左至右上升,左边方形较暗,右边方形较亮;③ 看见一对相反方向的明度梯度,从左至右下降,左边方形较亮,右边方形较暗;④ 既未看见同色的长方形也未看见梯度,只有一些不确定的、模糊的东西。

从这些经验得出的判断是:① 相同的判断;② 左方形深灰色,右方形浅灰色;③ 左方形浅灰色,右方形深灰色;④ 不肯定或吃不准。

根据上述的描绘,在理论上可以推断出什么呢?考夫卡认为,该描绘解释了两相比较的现象,"比较不是一种附加在特定感觉之上的新的意动……而是发现一个不可分的、联结着的整体。"以②和③的判断为例,梯度的意思并不只是指两个不同的层次,还指上升本身,即向上的趋势和方向,它不是一个分离的、飘忽的、过渡的感觉,而是整个不可分的经验的中心特征。考夫卡指出,这种整体性知觉不仅在人类被试身上得到证实,而且在动物实验中也得到证实。

当动物面对两个刺激,被训练成对其中一个作出积极反应而对另一个作出消极反应时,它习得的究竟是什么呢?传统的理论认为,动物在与第一个刺激相应的一个感觉和积极反应之间形成了联结,在另一个感觉和消极反应之间也形成了联结。与此相反,考夫卡认为,动物习得的是对整体或组织的反应。例如,将浅色 b 和深色 c 两个物体置于动物面前,b 下有食物,c 下无食物。动物选择 b 可以得到食物,选择 c 则得不到食物。训练动物进行选择,直到动物总是选择 b 为止。然后,将这对刺激(b 和 c)替换成另一对刺激(a 和 b),其中 a 比 b 的颜色更浅些。根据传统的理论,动物必须在熟悉的、肯定的 b 和新的、中性的 a 之间进行选择,由于 b 有过训练,并与积极反应联结起来,所以要比没有建立任何联结的 a 更容易为动物所选择。事实上,动物选择了 a。为什么?考夫卡认为,动物在先前的训练中,已经学会对明度梯度中那个较高的梯度(较亮的刺激)作出积极反应,所以当它面对一对新刺激时,按照整体反应原则,将会以同样的行为选择刺激 a。

上述事实说明有机体对于子刺激的反应有赖于其本身的态度,也就是自我问题。在考夫卡看来,被试在面对刺激以前,必须对最终将产生的结果先有某种心理态度,这种心理态度是实现一定结果的一种准备性。它意味着,当被试进入一个特定情境时,在准备性上已具备某种反应模式,这种模式就是格式塔所谓的组织。对此,考夫卡例举了华虚朋(Washbum)的不同指导语的实验结果。该实验是研究触觉的空间知觉效应:用两脚规连续两次刺激被试手掌一边的同一区域,两个针尖的相距总是 15 毫米,要求被试报告两次刺激的相距是大于、小于还是相等。对第一组被试,指导语含有大小关系的意思,对第二组被试,指导语总是含有相等关系的意思。实验结果表明,第二组判断两个针尖距离相等的次数要明显高于第一组。在共80次的判断中,第一组判断相等的只有5次,而第二组则有20次。这说明,由于暗示作用,态度在知觉判断中具有定向效应。

为了证明上述例子的真实性,考夫卡以格式塔的一个典型研究为例来证明这一假说。用速示器以一个短的时间间隔连续呈现a和b两条直线(见图3)。被试看见的是一条直线朝着箭头方向转动。该实验先重复几次,然后将a线的位置逐渐变动,a和b的右半段之间的角度逐渐变大,直至成为一个直角,最终成为一个钝角,使转动的方向如图4所示那样保持恒定。

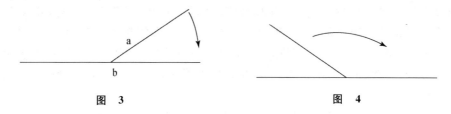

图 3　　　　　　　　　　图 4

如果实验以上述最后的那种形式开始,则被试便自然会看到相反的运动。这种效应之所以会产生,是由于被试的态度,而这种态度有赖于原来的运动—组织之力。如果以图5形式呈现a和b,重复多次,然后去掉a,只呈现b,被试又会看到什么呢?b会停留在它自己的真实位置上吗?不会!被试看见一条直线仍然循着先前的方向运动,只是转动的角度较小,如图6所示。如果以短的时间间隔只重复地呈现b,这个运动还可以保持几次,只是每次角度都变得更小了。假设一根单独的线条,如b,是在没有特定的运动态度时呈现,那自然不会引起任何运动的经验。考夫卡指出,在上述实验中,运动—组织的预备状态竟然能被一个不充分的刺激所引起,恰恰证明了组织的预备状态或预期的真实性,那就是自我中的态度。

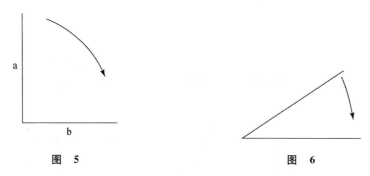

图 5　　　　　　　　　　图 6

五

考夫卡认为,我们自然而然地观察到的经验,都带有格式塔的特点,它们均属于心物场和同型论。以心物场和同型论为格式塔的总纲,由此派生出若干亚原则,称作组织律。在考夫卡看来,每一个人,包括儿童和未开化的人,都是依照组织律经验到有意义的知觉场的。这些良好的组织原则包括:

(1) 图形与背景。在具有一定配置的场内,有些对象突现出来形成图形,有些对象退居到衬托地位而成为背景。一般说来,图形与背景的区分度越大,图形就越可突出而成为我们的知觉对象。例如,我们在寂静中比较容易听到清脆的钟声,在绿叶中比较容易发现红花。反之,图形与背景的区分度越小,就越是难以把图形与背景分开,军事上的伪装便是如此。要使图形成为知觉的对象,不仅要具备突出的特点,而且应具有明确的轮廓、明暗度和统一性。需要指出的是,这些特征不是物理刺激物的特性,而是心理场的特性。一个物体,例如一块冰,就物理意义而言,具有轮廓、硬度、高度,以及其他一些特性,但如果此物没有成为注意的中心,它就不会成为图形,而只能成为背景,从而在观察者的心理场内缺乏轮廓、硬度、高度等等。一俟它成为观察者的注意中心,便又成为图形,呈现轮廓、硬度、高度等等。

(2) 接近性和连续性。某些距离较短或互相接近的部分,容易组成整体。例如,图7表明,距离较近而毗邻的两线,自然而然地组合起来成为一个整体。连续性指对线条的一种知觉倾向,如图8所示,尽管线条受其他线条阻断,却仍像未阻断或仍然连续着一样为人们所经验到。

图 7

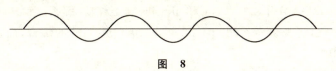

图 8

(3) 完整和闭合倾向。知觉印象随环境而呈现最为完善的形式。彼此相属的部分,容易组合成整体,反之,彼此不相属的部分,则容易被隔离开来。图9有12个圆圈排成一个椭圆形,旁边还有一个圆圈,尽管按照接近性原则,它靠近12个圆圈中的其中一个,但我们仍把12个圆圈作为一个完整的整体来知觉,而把单独一个圆圈作为另一个整体来知觉。这种完整倾向说明知觉者心理的一种推论倾向,即把一种不连贯的有缺口的图形尽可能在心理上使之趋合,那便是闭合倾向,如图10所示。观察者总会将此视作猫头鹰图形,而不会视作其他分别独立的线条或圆圈。完整和闭合倾向在所有感觉道中都起作用,它为

9

知觉图形提供完善的定界、对称和形式。

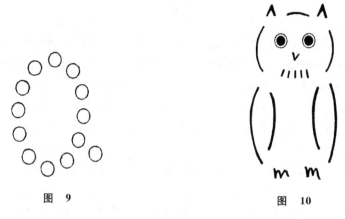

图 9　　　　　　　　　图 10

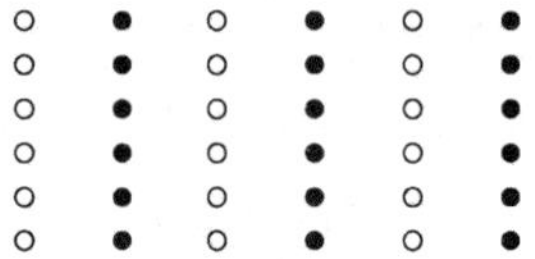

（4）相似性。如果各部分的距离相等，但它的颜色有异，那么颜色相同的部分就自然组合成为整体。这说明相似的部分容易组成整体。如图 11 所示，○代表白色，●代表黑色，观察者容易将该列看做按直线排列，而非以横线排列。

图 11

（5）转换律。按照同型论，由于格式塔与刺激型式同型，格式塔可以经历广泛的改变而不失其本身的特性。例如，一个曲调变调后仍可保持同样的曲调，尽管组成曲子的音符全都不同。一个不大会歌唱的人走调了，听者通过转换仍能知觉到他在唱什么曲子。

（6）共同方向运动。一个整体中的部分，如果作共同方向的移动，则这些作共同方向移动的部分容易组成新的整体。例如图 12，根据接近律，可以看做 abc、def、ghi、jkl 等组合。如果 cde 和 ijk 同时向上移动，那么这种共同的运动可以组成新的整体，观察者看到的不再是 abc、def、ghi、jkl 的组合，而是 ab、cde、fgh、ijk 等组合。

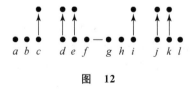

图 12

六

格式塔学说在心理学史上留有不可磨灭的痕迹。它向旧的传统进行挑战，给整个心理学以推动和促进；它向当时存在的诸种心理学体系提出中肯而又坚定的批评,对人们深入思考各种对立的观点具有启迪作用;它的主要学说极大地影响了知觉领域,从而也在某种程度上影响了学习理论,致使后人在撰写各种心理学教科书时不得不正视该学派的理论;它使心理学研究人员不再囿于构造主义的元素学说,而是从另一角度去研究意识经验,为后来的认知心理学埋下了伏笔;它通过对行为主义的有力拒斥,使意识经验成为心理学中的一个合法的研究领域;它的哲学基础导源于现象学,并用大量的研究成果丰富和充实了现象学,遂使欧洲逐渐形成一股现象学的心理学思潮,直至今天仍有影响。

然而,对格式塔的理论不是没有批评。事实上,这种批评从格式塔心理学问世时便产生了。概括地说,这些批评涉及下述几个方面:

（1）格式塔心理学家意欲把各种心理学问题简化成公设(postulate),例如,他们不是把意识的知觉组织看做需要用某种方式加以解决的问题,而是把它们看做理所当然存在的现象。单凭同型论并未说清组织原则的原因,两者之间不存在因果关系。这种用回避问题存在的方式来解决问题,和用否定问题存在的方式来解决问题是一样的。

（2）格式塔理论中的许多概念和术语过于含糊,它们没有被十分严格地界定。有些概念和术语,例如组织、自我和行为环境的关系等等,只能意会,缺乏明确的科学含义。格式塔心理学家曾批评行为主义,说行为主义在否定意识存在时用反应来替代知觉,用反射弧来替代联结,其实,由于这些替代的概念十分含糊,结果换汤不换药,反而证明意识的存在。有些心理学家指出,由于格式塔理论中的一些概念和术语也十分含糊,因此用这样的概念和术语去拒斥元素主义,似乎缺乏力度,甚至使人觉得束捆假设是有道理的。

（3）尽管格式塔心理学是以大量的实验为基础的,但是许多格式塔实验缺乏对变量的适当控制,致使非数量化的实证资料大量涌现,而这些实证资料是不适于作统计分析的。固然,格式塔的许多研究是探索性的和预期的,对某一领域内的新课题进行定性分析,确实便于操作。但是,定量分析更能使研究结果具有说服力。

（4）格式塔理论提出了同型论假设,这是从总纲的意义上而言的。在论及整个理论体系的各个具体组成部分时,却明显缺乏生理学假设的支持,也没有规定出生理学的假设。任何一种心理现象均有其物质基础,即便遭格式塔拒斥的构造主义和行为主义也都十分强调这一点,而格式塔理论恰恰忽略了这一点,这就使它的许多假说不能深究。

李　维
2010.10

前　言

　　本书的目的已在导论部分和最后一章阐释了。因此，前言可以简洁一些。我在经历了五年的纯研究工作以后，意欲对此作一概括，于是构想了以格式塔心理学(gestalt psychology)为主题的著作编写计划。对我来说，如果我想以著作形式来表达我的观点，那么最好的方式是使我的知识系统化。当我开始撰写第一章时，最后的结果如何，我心里仍然茫然无知。我只希望，我能够写出这样一部著作，它对广大读者而非训练有素的心理学家有感召力，与此同时，为更多的专业读者提供一些饶有兴趣的具体素材。对于我来说，以及对于我的一些朋友来说，我想通过撰写一部其观点介于苛勒(Köhler)的《格式塔心理学》(*Gestalt Psychology*)和通俗教科书之间的著作，来系统阐释我的上述想法。我担心，这一想法的结果是，本书既未感召普通读者，又未满足专业读者的需求。

　　在我的最初计划里，我打算尽我所能系统地表述心理学。为此，我坚持一种主张，该主张对有些读者来说似乎显得有点迂腐。我所谓的主张并非意指完整性，而是意指一致性。我想表明这些问题之间的相互关系，提供可能的解决办法，以及揭示这些解决办法留下的欠缺等等，把顺序(order)引入由现代心理学所发现的大量事实。我意欲表达的心理学体系不是一种已经完成了的体系，而是一种正在构建的体系，一种处于生长状态的体系。根据这一观点，我划分领域，选择材料。我的陈述尽管冗长，但仍省略了大量的事实，它们中有许多肯定是具有重大意义的。虽然每一个选择在某种程度上是任意的，并有赖于选择者，但是某种选择仍是必要的。我试图根据材料对我的计划所作的贡献来选择我所需要的材料。我收集了大量的格式塔文献，它们对我的系统化概念具有指导意义。* 在重温这部著作时，我发现有些部分比另一些部分难度更大。这种情况在第六章阐述知觉恒常性(perceptual constancies)时表现得尤为突出。这些恒常性包含了当今实验研究中的大多数问题，而且，根据我的观点，它们体现了引导本书概念的力量。但是，它们的讨论对于整个体系的发展并非绝对基本的。对此不感兴趣的读者可以跳过第六章，但不要因此而中断一般论点的

---

　　* 该文献的主要部分是用德语写成的，因此，对英国和美国读者来说不易理解。为了排除这一障碍，以便使他们熟悉这些原始的文献，埃利斯博士(Dr. W. D. Ellis)正准备编纂一本选集，该集子收集了1915—1929年以格式塔心理学为题材的近40本德文著作的简译内容。这本即将出版的选集将大大地有助于研究格式塔心理学的学生。

思路。

在说了我撰写本书的意图以后,我还想就其本身并不意指什么的问题再解释几句。本书并不希望成为一种教义,它为读者提供的是一种可以广泛应用的理论,对读者来说,应该判断这种理论是否有效。倘若把这部著作视为"格式塔理论的权威性描述",那将是错误的,因为本书压根儿没有这样的东西。任何一位心理学家都无法超越他的愿望,我也一样。一般的理论和所有的事实对每个人来说都是可用的。存在的并非是能为我和所谓的"格式塔学派"(gestalt school)其他成员提供特殊地位的"指导的秘诀"。因此,本书不仅可被视作是一种"格式塔心理学",而且可被视作是一种心理学。

此外,除了贯穿本书并在最后一章详加提及的完全不带个人色彩的论争之外,本书并非一部爱争论的著作。自然,为了就某种现象构建一种解释,就不该考虑其他的解释。在本书的许多地方,这样的解释已由我通过为它们提供最大的有理性而以构建的形式提出。然而,在这样做的时候,我也出于权宜之计而引证了个别作者的一些观点。当然,凡出现这种情况的场合,我像那些被我引证的作者一样,目的不在于带有个人情绪色彩的论辩。我选择我的对立观点,是鉴于它们的贡献;无视它们的论点对我来说似乎是不公平的,我对这些观点的批评有助于我提出我自己的假设。

最后,我有责任对一些同仁表示感谢,没有他们直接或间接的帮助,本书是难以写就的。大家都知道,也正如我在本书各章中多次提及的那样,我有两位好朋友,我将此书献给他们。早在1910—1911年冬季,当我们三人一起在法兰克福从事研究时,我已经受到他们创造性观念的指导。赫尔曼·艾滨浩斯(Hermann Ebbinghaus)在献给古斯塔夫·西奥多·费希纳(Gustav Theodor Fechner)的《原理》(*Grundzuge*)一书中曾以《浮士德》(*Faust*)的比喻来题赠,我被此举强烈吸引,意欲在我的献辞上引用《浮士德》,只是因为不愿剽窃才作罢。我衷心感谢史密斯大学及其校长尼尔逊(W. A. Neilson),校长先生聘我为研究教授,并给了我足足五年的研究时间。在这五年里,校长和同事们给了我极大的支持,致使我能够把主要精力用于纯粹的研究。在我撰写本书期间,他们减轻了我的教学负担,使得我充分利用五年的实验和思考,结果仅仅花了两年时间就写成此书。我感谢我的学生,他们耐心地听完了各章内容,包括一些很好的评述;与我共事的一些同事用研讨的形式和我讨论了其中的一些问题。奥尔顿博士(Dr. W. A. Orton)阅读了本书的三分之一内容,提出了一些有价值的修改意见,并在最后的修订中提供了无法估量的帮助。剑桥大学(University of Cambridge)的朱丽安·布莱克本博士(Dr. Julian Blackburn)作为洛克菲勒学者(Rockeffeller Fellow)与我共事了半年时间,她阅读了全部打字稿,使我注意到许多地方的论点是不清楚的或缺乏一致性的。我对马塞诸塞州立大学(Massachusetts State College)的埃利斯博士在校样中付出的辛勤劳动深表谢意。但是,我得到的最积极的帮助来自我以前的学生哈罗尔博士(Dr. M. R. Harrower)。她不仅是作者,而且是读者;她从作者和读者两个角度仔细校阅了每一行文字和样张。在多次讨论中,她使我重写了一些章节,以便它们对我和那些在阅读本书中可能会产生困惑的读者具有明确的含义。也由于她的技术,该书的英文表述是正确的。

我相信,心理学已经进入一个迅速而又健康发展的时期,正因如此,本书中有许多部分可能变得过时。如果它对这一进展可以有所贡献的话,我认为这就是对我撰写本书所花劳动的报偿。

库尔特·考夫卡
马萨诸塞州北安普顿史密斯大学
1935年2月

第一章

心理学是为什么的?

一个导论性问题。事实和理论。科学和学科。科学和行为。科学的危险。作为学科的科学。科学的功能。心理学的特殊功能。自然、生命、心理。数量、顺序和意义的整合。上述讨论中的共同原则。格式塔范畴的普遍性。心理学是为什么的?

一个导论性问题

当我第一次构思这本书的撰写计划时,尽管我还不甚了解,但仍猜想将花多少精力把这本书写就出版,以及一位可能的读者会提出哪些要求。我曾怀疑,我并非口头上说说,而是真的怀疑,在作者方面和读者方面所花的力气是否会被证明是值得的。写一本关于心理学的著作,用作对过去的十年间面世的许多著作的补充,我的这种想法就没有像写一本《心理学》(*Psychology*)那样在内心受到那么多的困扰。写一部著作并付诸出版是一种社会活动。对于这样一种社会活动,人们有否正当理由去要求社会的合作? 社会,或者说社会的一小部分,充其量能从这部著作中得到什么好处呢? 我试图为这个问题提供答案,直到现在,当本书写成之际,我回到本书的第一章,找到了使我有勇气踏上遥远征途的那个答案,该答案一直伴随着我,直至本书的结束。我认为我已经找到了为什么一本关于心理学的著作可能会产生某些益处的理由。心理学业已分裂成众多的分支和学派,它们彼此漠不关心或相互论战,甚至一位局外人也会产生这种印象——这种印象肯定由于《1925 年的心理学》和《1930 年的心理学》这两本书的出版而得到加强——"心理学"已以复数形式取代了其单数形式。

心理学在美国甚为得宠,多年来一直得到人们的喜爱,尽管在我看来,这种宠幸有所衰退,而且可能明显衰退;至于在英国这块保守的土地上,心理学长期以来并未得到热烈的欢迎,就像其他一些喧喧嚷嚷的和令人惊愕的新事物一

样,但是却逐渐地站住了脚跟,根据我的看法,正在不断增强;在德国这块实验心理学的发祥地上,开始时,心理学有过一段迅速发展的时期,可是不久以后,却产生了一股强大的反作用力,致使它保持在"原来的位置上"。

我承认,比之我年轻的时候,今天我对心理学的劲敌——不论是那些严肃的劲敌还是老实的劲敌——所抱有的憎恶心理要少得多。

把今天的心理学与人类知识的其他分支进行比较,已经在我心中产生了一个问题,即通过将自己毕生精力贡献给心理学的人们的广泛而集中的努力,心理学已经作出了哪些贡献。

凡是哲学系的学生均须对下列巨大而又深刻的问题获得某种暗示,这些问题从古至今一直困扰着我们那些最深刻的思想家的心绪;凡是历史系学生均须关注巨大的人类力量,这些力量已经用于建立和毁灭一些帝国,并且,这些力量结合起来创造了我们此时此刻生活于其中的世界;凡是物理系学生均须通过他的最后考试,既非单单凭借对我们自然知识的合理化的某种顿悟(insight),也非单单凭借对实验方法的无可抗拒的确切性的某种顿悟;凡是数学系学生不会在其学业完成之际,却不知道概括思维为何物,或不懂得概括思维能产生何种美妙而有力的结果。但是,对于心理学系的学生来说,我们可以说些什么呢?那些攻读心理学的学生在完成学业之际是否肯定很好地理解了人类的本性和人类的行为呢?我并不准备对这一问题作出肯定的回答。可是,在获得该问题(也即一名心理学系的学生从他的一般课程中能够获得什么东西,更为概括地说,心理学对人类的不朽财产可以作出哪些贡献)的答案之前,我并不感到有何理由可就这一题目写一本一般的书。

事实和理论

没有人可以因为心理学发现的事实太少而对心理学横加指责。凡是知道通过实验方法可使一切事实显得清晰的心理学家确能学到许多东西。这些知识凭其自身的权利在今天被视作是一种目的。"发现事实,事实,还是事实;当你对事实深信不疑时,便设法去建立理论。但是,你的事实还是更为重要的。"上述这一口号表明了一种哲学信念,在今天它已被广泛接受。确实,它似乎很有道理。一方面是客观的事实,这些客观的事实并不受制于对它们进行调查的科学家的支配;另一方面则是科学家所作的假设,也即理论,这纯粹是他心灵的产物。我们应当自然地将主要的价值归之于前者而非后者。在心理学中,这样一种观点可以说具有正当的理由。因为这门科学在新时期开始之前,是由一些简单的和综合的理论以及少数经过科学确定的事实构成的。随着实验的到来,人们发现了越来越多的事实,这些事实给旧的理论带来了巨大的冲击。只有当心理学决定成为一门探索事实的科学时,方才开始成为一门真正的科学。从知之甚少而幻想很多的状态逐渐进步到知之甚多而幻想极少的状态——至少是有意识的,并且带有某种目的,尽管仍未意识到它包含着比许多心理学家意识到的更多的幻想。为了评价这种进步,我们必须检查一下所谓"知之甚多"(know much)的含义是什么,拉丁谚语"大非大"(*multum non multa*)在"甚多"(much)一词的两个含义之间作出区分。迎合一种含义而抛弃另一种含义纯粹是数量方面的。根据后面的说法,一个了解20个项目的人比一个了解2个项目的人多知十倍。但是,从另一个意义上说,后面那个人如果了解2个项目的本质关系,这样一来,就不只是了解2个项目,而是每一个项目具有两个部分,他了解的东西就比前者多得多,如果前者仅以纯粹的聚合形式了解20个项目的话。尽管从拉丁词 multa 的观点来说,这个人居于优势,但从 multum 的观点看,他居于劣势。

现在,当我探视科学的发展时,在我看来,科学似乎开始发现它自身,并在文艺复兴时期进入一个新时期,它从追求 multa 转变为寻求 multum。从那时起,科学不断地努力减少其命题(一切已知的事实均可从中推论出来)的数目。在这一事业中,它已经越来越成功,而且,通过其新方法还发现了越来越多的事实,否则,这些事实是不会被人们所了解的;与此同时,它还扬弃了原先作为事实而被采纳的许多幻想。例如,重的物体比轻的物体掉下的速度更快,正如人们可以从掉下一支铅笔和一张纸的现象中测试到的那样,这是一种"事实"。但是,这是一种复杂的而非简单的事实,简单的事实是,一切物体在真空中以同样速度下落。从这一科学事实中可以推导出日常的事实,而不是相反。正是这个事实成为疑难的对象。

人们可以把科学的进步看作是已知事实之数量的稳定增长。于是,人们可以形成一种观点,即许多知识意味着 multa 的知识。但是,科学进步的一个十分不同的方面也是可能的:单一性(simplicity)的增加——当然不是从越来越容易学会这一意义上所说的,而是在这样一种意义上所说的,即对业已掌握科学体系的人来说,这种科学体系成为越来越聚合和统一的整体。或者,从另一角度来表述,科学是无法与图书目录相比较的,因为后者根据任意的原则将全部事实排列成表,就像图书馆里的图书根据作者姓名的字母顺序排列那样;科学是理性的(rational);事实及其顺序也是一样;没有顺序的事实是不存在的;因此,如果我们彻底了解一个事实,我们便可以从这一事实的知识中了解众多的事实。根据这一观点,许多知识是 multum 的知识,是理性系统的知识,是一切事实相互依存的知识。

科学和学科

当然,科学在达到其目标方面从未获得成功。在科学发展史的任何一个时刻,科学理想与科学成就之间存在巨大的鸿沟。科学体系从未完整过,始终有一些事实,不论是已经发现的旧事实还是正在发现的新事实,向科学体系的统一性提出挑战。显然,这一情况发生在任何一个个别的科学范围之内,当我们考虑不同科学的多样性时,该现象甚至变得格外明显起来。它们都是从一个共同的发源地产生的。第一个科学冲动并不指向不同的特殊课题,而是普遍的。用我们目前的术语来说,我们可以这样说,哲学乃一切科学之母。

科学的进步具有一种标志,即渐进的特殊化(progressive specialization),而我们的科学——心理学,是最后获得独立的一门科学。这种分离和特殊化是必要的,但它与知识统一性的目的相悖。如果一些彼此独立地建立起来的科学得以发展,各门科学本身可能是相干的,那么它们的相互关系是什么呢?一种 multum 如何从那个 multa 中产生呢?这项任务随着科学功能的完善而必须被完成。我是最后才看到在科学的实际应用中科学的价值的。对于距离地球数百万光年的星球光谱线之移动(shift)所作的解释,比之建造一座具有创纪录跨度的新桥或者越洋传送照片,在我看来是科学上更加伟大的胜利。但是,对于所有这些而言,我并不认为科学可以被合法地视作相对而言少数人的游戏,这些人享受科学并以科学谋生。在某种意义上说,科学不能完全脱离行为。

科学和行为

当然,行为没有科学也有可能产生。在第一个科学火花迸发以前很久,人类便已经开展其日常的事务了。到了今天,成千上万生活着的人们,他们的活动是不由我们所谓的科学来决定的。然而,科学必然会对人类的行为产生日益增长的影响。对这种影响予以粗略而简要的描述,将会使科学更加明白地突显出来。倘若对其差异加以夸大和程式化,我们可以说,在前科学阶段(prescientific stage),人类的行为按照情境教他干的方式那样去干。对于原始人来说,每件东西均表明了其本身,以及他借此应该去做的事情,一个水果说:"吃我";水说:"喝我";雷声说:"怕我";而女人说:"爱我"。

世界是有限的,但是,在某种意义上说,世界是可以操纵的,知识是直接的和相当不科学的,在许多情形里,它们是完全正确的,但是在其他许多情形里,它们则是无望地错误的。人类在其原始的世界里缓慢地发现这些错误。人类学会不再信任事物告诉他的情况,并逐步地忘却鸟类和石头的语言。相反,他发展了一种称做思维的新活动。这种新活动给他带来巨大好处。他可以构思事件和行动的结果,从而使他从过去和现在中解放出来。通过思考,他创造了科学意义上的知识,一种不再是关于个别事物的知识,而是关于普遍事物的知识。于是,知识变得越来越间接,而活动在通过物质世界丧失其直接指导性的程度上变得越来越理智化。此外,思维过程摧毁了原始世界的统一性。思维发展了类别和等级,每一个等级都有其自己的特征、行为方式或定律。然而,要求作出决策和即时反应的具体情境并不仅仅属于这样一种等级。因此,如果活动由科学知识来引导的话,那么它必须服从一种复杂的思维过程,而且这样的过程通常不能提供一种清晰的决策。换言之,原始人的世界直接决定人的行为,告诉他什么是好的,什么是坏的,而科学世界在回答这些问题时则常常难以做到这一点。推理似乎揭示了真理,但是一种真理不会给行为以指导;对于这种指导的要求仍然保持着,而且必须满足。于是,最终产生了科学和宗教的二元论(dualism),它包括双重真理说(double-truth theory)、痛苦的敌意和科学的伤感等各个方面,每个方面均不能令人满意。

科学的危险

人类必须为得到的每种收获付出比收获更高的代价,这是不是人类的悲剧呢?我们是否必须以瓦解我们的生活来作为科学的代价呢?我们是否必须在工作日否认我们在礼拜天立下的誓言呢?作为个人的观点,我认为不存在这种不可抗拒的必须。科学在建立理性的知识体系时必须选择十分易于顺从这种系统化的事实。这种选择过程(其本身具有极大的重要性)涉及忽视或拒绝一些事实或方面。只要科学家们知道他们正在做的事,这一过程便不会有太大的风险。但是,在获得成功时,科学容易忘却,它并没有吸收现实的一切方面,而且容易否认它曾忽略的那些方面的存在。因此,它并未记住使一切科学得以产生的问题,而是以"上帝是什么,我们是什么……"等问题予以嘲笑,并把坚持提出这些问题的人们视作返祖现象的遗物。

这种态度,它的历史必然性及其功绩,必须加以拒绝,并不是因为它对宗教怀有敌意,而是因为如果它得以坚持的话,它将关上导向一切问题本质的大门,从而阻碍科学本身的进步。我的观点是,没有一扇大门可以向科学关上;在这一点上,我的意思并不是说今天的科学或昨天的科学能够对这些基本的问题作出回答,正像众多的激进分子,也即具有最佳动机的人们所认为的那样。恰恰相反,我在意识到科学不完整的同时,认为科学应该逐步试着扩大其基础,以便包容越来越多的事实(这些事实是科学最初认为应予排斥的),并得到越来越好的装备来回答那些人类无法予以否认的问题。倘若科学误解其任务,那么它将始终处于丧失其独立和完整地位的危险之中。非法的王位篡夺者将始终会找到觊觎王位者。对理智的谴责(据假设,这种理智在我们世界的某些部分占有巨大的比例,具有深远的影响),在我看来,似乎是这种错误的科学态度的结果,尽管它本身的错误并不更少。在后面的一章里(见第九章),我仍将回过头来谈谈这个题目,并指出,倘若科学遵循着我曾简要地指明的那条途径发展的话,它将会以另一种面貌出现。但是,我希望这样的一种科学应该有助于重建原先的统一,尽管是缓慢地,但却是肯定地。对于这种原先的统一,科学曾为了发展而不得不加以摧毁。

由此可见,一门科学之所以获得价值和意义,并不在于它所收集到的个别事实之数量,而在于它的理论所具有的普遍性和力量,这种结论与我们开始讨论时的陈述是十分对立的。然而,这种观点并不轻视事实,因为理论是事实的理论,而且只能由事实来检验,它们并不是对事物可能是什么的呆板推测,而是对事物的调查(surveys)和直觉(intuitions)。因此,在我的心理学描述中,我将强调理论方面;当然也要报道许多事实,但并非仅仅是事实的罗列和堆砌,或者仅仅是展示一些奇异的现象,以便与蒂索夫人(Mrs. Tussaud)的蜡像作品作比较,而是作为一个体系中的事实——就人力所及的范围而言,它不是我自己的一个宠爱的体系,而是它们内在地所属的体系——也就是说,从理性上可以理解的事实。

作为学科的科学

然而,如果这种程序忽略了科学的另一方面,那么这种程序便毫无价值了,这另一个方面迄今为止在我们的讨论中是被省略的,也就是说,在事实的建立中最大可能的确切性。由于这种确切性的要求,科学自身摆脱了科学家个人的愿望。一种理论必须由事实来提出要求;反过来,理论也对事实提出要求,而且如果事实不能与理论相符合,那么理论要么是错误的,要么是不完整的。在这个意义上说,科学便是学科。我们不能做随心所欲的事,而是必须做事实要求我们做的事。科学的成功已经倾向于使我们感到骄傲和自负。但是,这样的自负是不恰当的。一个人既是最伟大的主人也是最伟大的仆人。在知识的进步过程中,我们反复体验到我们是多么容易停顿和结巴,我们经常发现我们能够"制造"的知识是多么匮乏,我们多么需要为我们的思维提供时间,以便其发展。因此,对知识的追求,不该使我们觉得可以如何如何的自豪和夸口,而应该使我们变得谦卑起来。

科学的功能

现在,让我们来归纳一下:真知灼见的获得应当有助于我们重新整合已经分崩离析的世界;应当教会我们中肯地看待不受我们的愿望和偏见所支配的客观关系;应当为我们指明在我们的世界中我们真正所处的地位,并为我们提供对我们周围有生命物体和无生命物体的敬意。

心理学的特殊功能

一切科学都有其特殊的功能。心理学能作出什么特定的声明呢？为了教会我们谦卑，有哪门科学能够比天文学和天体物理学在研究超越我们想象之外的时间和距离方面做得更好呢？又有哪门科学能够比纯数学在要求绝对证明方面使我们更好地自律呢？我们能否声言心理学特别适合于整合（integration）的任务，并且将此作为对我们一开始就提出的那个问题的一种答案呢？我认为我们是能够的，因为在心理学中，我们正处在我们世界的三大领域的交叉点上，这三大领域我们称之为无生命的自然、生命和心理。

自然、生命、心理

心理学研究生物的行为。因此，像生物科学那样，它也面临着有生命的自然和无生命的自然之间的关系问题，不论它是否意识到这一问题，也不论它是否关心这一问题。但是，对心理学家来说，行为的一个特殊方面，用普通的说法即称之为"心理的"（mental）方面，具有极大的重要性。我们在此处不想讨论意识和心理本身。后面几章里将会显示我们对这些概念的运用。可是，我们不会从一开始就拒绝一种区分，这种区分渗入我们的成语表述像渗入科学术语一样多。我们都知道，如果一名拳手被击倒并有6分钟时间未恢复知觉，这样一种陈述意味着什么。我们都知道，在这致命的6分钟里，那位拳手的生命并未停止，而是丧失了行为的一个特定方面。此外，我们还知道，一般情况下的意识和特殊情况下每一种特殊的意识功能，与我们中枢神经系统中的过程具有密切的关联。因此，可以这样说，中枢神经系统成为心理、生命和无生命自然集聚的结点（nodal point）。我们可以对神经组织的化学构成进行研究，而且找不到我们在无机的自然界发现不了的组成成分；我们可以研究这种组织的功能，并将发现它具有生命组织的一切特征；最后，在神经系统的生命功能和意识之间存在这种关系。

对于这种关系，有两种解决问题的方法已遭拒绝。如果有人声称已经找到了对上述问题的完整而又正确的解决办法，那么他将会被怀疑是一个傻瓜或一个骗子。这些问题已经占据人类心中达数千年之久，因此有可能通过其他的途径来找到一种解决办法，而不是通过缓慢和渐进的方法。我对这种方法的看法将留待本书的后面部分来讨论。

唯物主义

不过，在这里，我将拒绝两种业已提出的解决办法。第一种解决办法是所谓"原始的唯物主义"(crude materialism)，它在上一世纪中叶达到顶峰，并大受欢迎，1900年左右出版的一本畅销书对此有所表述，但是现在实际上已被人们忘却。我指的是海克尔(Haeckel)的著作《宇宙之谜》(*Riddle of the Universe*)。我不能确信，美国甚至时至今日尚未感到这股浪潮的退落，这股浪潮的波峰是在通过旧大陆以后很久方才抵达新大陆岸边的。该唯物主义的解决办法出奇的简单。它说，整个问题是一种错觉(illusion)。根本不存在物质、生命和心理这三种实体(substance)或方式；只有一种东西，那便是物质(matter)，它由盲目回旋的原子(atoms)所组成，这些原子因为数量庞大，并可长时间供它们调遣，从而形成了各种各样的结合，其中就有我们所谓的动物和人类。思维和感觉不过是原子的运动而已。对大脑的物质进行干预，便可看到意识所保留的东西。尽管我已经粗略地表述了这一观点，但是，我认为我是恰当地表达这种观点的，尤其是当我补充说，这种观点不仅是一种科学信念，而且也是一种教义和愿望时。当人们看到一座由强固的壕沟护卫起来的教堂坚持其教义时，科学作为正在成长起来的一位年轻巨人开始摧毁这些教义——这一代人通过成功地将科学应用于技术问题而变得自负起来，并且已经丧失了畏惧感，这种畏惧感是伴随着一切真正的知识而来的。就像胜利的野蛮人那样，不管他们是摧残文化者(vandals)还是加尔文派的教徒(Calvimists)，将他们被征服者的最感亲切的创造物摧毁得一干二净，于是，我们的唯物主义者发展起一种对部分的人类哲学的憎恨感，那些部分的人类哲学指向他们狭隘的概念范围以外的地方。被人称为哲学家是一种侮辱，而成为一名信仰者则属于印度贱民(untouchables)中的人了。

现在，我对这些人毫无憎恶之心，尽管我看到他们的心胸多么狭隘，风格多么低下。我认为，他们已经提出了一个可以称道的宗旨。他们帮助建立了一种理智，这种理智强大到足以抵抗一个反动教堂莫须有的干预，而且他们追求自己的路线，形成新的一代人，这代人不受宗教戒条的束缚，从而也没有什么斧子可以去磨。

至于唯物主义本身，今天无须对它进行拒斥。我只须补充一点：唯物主义者声称，物质、生命和心理之间的关系或相互作用等问题虽被错误地提出，但结果却可能证明完全有效。唯物主义者所犯的一个令人失望的错误是根据他们的科学尊严在上述三个概念之间作出武断的区分。他们接受其中一个概念而拒斥另外两个概念——他们的借口是科学的内在成功和外在成功，以及当代思辨哲学(speculative philosophy)的荒谬——这些概念中的每一个概念，包含着与其他概念同样多的终极真理，可是每一个概念在特定时间达到的发展阶段却颇为不同。

生机论和唯灵论

我想在这里拒斥的另外一种解决办法并不否认我们问题的有效性；恰恰相

反,它试图通过建立两个或三个彼此独立的存在领域来解决问题,每一个存在领域与另一个存在领域有明显的区别,这是由于存在或不存在特定因素的缘故。人们可以分辨这三种假说:第一种假说在生命和心理之间划出界限,生命和无生命自然属于一类[笛卡儿(Descartes)],而心理则是一种新的和天赐的实体,凭借这种实体,人类与其余的创造物(creation)得以分开。另一方面,第二种假说则将生命和心理合在一起,受无机自然中无法找到的一种力量所引导,从而基本上与这种力量不同[生机论(vitalism)]。第三种假说是坚持三重区分,并且在这三个领域的每一个领域里寻找特别活跃的原理[舍勒(Scheler)]。在这三种假说中,生机论迄今为止已获得最大的重要性,因为许多透彻的和高度灵活的假说已经为人们所作出,用以建成一种真正的科学理论。鉴此,生机论问题将在后面几页反复地得到我们的注意。这里,我只是解释为什么我一开始必须拒斥整个解释类型。回答是非常简单的,但是,在缺乏广阔背景的情况下,这种回答似乎有点儿不能令人满意。生机论类型的解决办法实际上没有解决问题,只不过是对问题的重新命名而已。通过对问题的重新命名,强调了问题,从而在那个方面要比原始的唯物主义优越得多。但是,如果认为一个新名称就是一种解决办法,那么,一旦这种想法被广泛接受的话,势必会对科学带来许多危害。然而,暂且不论其他两种形式的解决办法,就拿生机论来说,在科学家的队伍里从未得宠过,尤其在生物学家的圈子里从未受到过青睐。承认自己是一个生机论者,需要十分的勇气,因此,让我们对这些人表示敬意,他们愿意牺牲自己的名誉和学术生涯去从事他们认为是真正的事业。

数量、顺序和意义的整合

通过拒斥这些类型的解决办法,我已经暗示了我们的心理学将必须提供的那种解决办法。这种解决办法既不能忽视心身(mind-body)问题,也不能接受这三个领域由于不可逾越的鸿沟而彼此分离的观点。这里,我们的心理学的这种整合性质(integrative quality)便愈加明显起来。唯物主义试图通过用部分贡献解释整体的办法来实现一种简单的体系。为了真正达到整合,我们必须用每一部分的贡献来建立我们的体系。当我们注视自然、生命和心理等科学的时候,我们可以从每一领域提取特定的和特别重要的概念,也就是说,从第一个领域中提取数量(quantity)概念,从第二个领域中提取顺序(order)概念,从第三个领域中提取意义(meaning)概念(在德文中用 Sinn 表示)。因此,我们的心理学必须为上述所有各种概念提供一个位置。让我们逐一讨论。

数量和质量

现代的科学心理学是从量化开始的。心理功能可用纯粹的量化术语来表示[韦伯定律(Weber's Law)],而且自那时以来,由数量引发的兴趣对进一步发展我们的科学所造成的危害与提供的好处一样多。另一方面,我们发现有些人试图对每样东西都进行测量,例如对感觉、情绪、智力都进行测量;然而,有些人则对心理问题能否经得起量化处理持否定态度;就他们而言,心理学属质的范畴,而非量的范畴。根据我的意见,这种由来已久的量—质对立压根儿不是真正的对立。这种对立之所以盛行,主要是由于在物理科学中忽视了量的本质所致,如此的忽视是令人悔恨的。

确实,现代科学发端于量的测量。今天的物理学家花了很大的力气来使他的测量越来越精细;但是,他不会测量任何东西,也不会测量每样东西,而是仅仅测量以某种方式或其他方式对其理论有所贡献的结果。这里,要对物理学的量化测量的全部作用进行讨论是不可能的。但是,仅仅收集数量决非物理学家要做的事,这样说是公平的。让物理学家经常感兴趣的是,在一个特定的量中可测量特征的分布,以及这些分布所经历的变化。物理学家凭借数学公式来描述两种事实,这些数学公式可能包含一些具体的数字,但是其中的一些抽象数字是迄今为止最重要的组成成分。数学公式主要在这些抽象数字之间建立起一种确定的关系(relationship)。于是,测量便具有这样的作用,也即检验它意欲描述的一个过程的方程的有效性,也就是说,已经确立的关系的有效性。然而,这样一种关系不再是简单意义上的量化关系,其中,任何一个具体数字都是这种量化关系;它的数量不再与质量相对立。但是,当一个人仅仅考虑个别的事实及其测量过的数量,同时忽视它们的分布方式时,误解便产生了。然而,后者与前者的真实性一样多,它表明了我们讨论的条件或过程的特性或性质。一个简单的例子应当可以澄清这一点:在肥皂泡沫中,肥皂粒子之间的内聚力尽可能彼此结合在一起。它们是通过肥皂膜包围起来的空气而保持平衡的,如果肥皂泡沫收缩的话,肥皂膜的压力便会增加。因此,肥皂必须在一定空气容量的外表面保持分布,这种分布将是这样的,即尽可能少地占据空间。由于一切固体中,球体对已知表面来说具有最大的体积,或者对已知体积来说具有最小的表面,因此肥皂将使自身分布在球体表面上。这样的说法在我看来既有质量又有数量;对于后者,因为它说到每个粒子在这里而不在其他某个地方;而对于前者,因为它安排了一种明确的形态,并具有对分布而言的一切特征。一旦我们的注意被吸引到这一点上,我们将发现在大量的情形中难以确定一种陈述是量的还是质的。一个物体以恒定的速度(velocity)运动;它确实是数量方面的,但同样也确实是质量方面的,不论我们认为该物体具有哪种速度,情形都是一样,即它既是数量的又是质量的。由此可见,当速度随时间的正弦或余弦(sine or cosine of time)而变化时,物体便实施一种周期性的运动,这种运动在性质上与直线运动(translatory movement)十分不同。

我们从这些例子中得出结论：对物理科学的量的数学描述（远非与质的对立）只不过是表示质的一种特殊的正确方式。我不用证明就可以补充说，一种描述可能是量化的，而无须同时是最确切的描述。在圆的两种分析公式中：$X^2+Y^2=r^2$，$r=$ 常数，第二个公式更加直接地表述了圆的特定性质，从而比第一个公式更加合适。

现在，我们可以为我们的心理学吸取一点教训了：它可以是完全量化的，而并不丧失其作为一门质量科学的特征，另一方面，此刻甚至更为重要的是，它可能不害臊地又是属于质量方面的，这是因为，如果它的质的描述是正确的，它将在某个时候可能使这些质的描述转化成量的术语[1]。

顺序

让我们现在转到"顺序"的讨论上来，这一概念导源于生命科学。我们能否为这个概念提供 个令人满意的界说呢？当每个物体均在一定的位置上，而这个位置由它与其他一切物体的关系所决定时，我们便谈到了一种有序的安排。这样看来，在胡乱地堆满杂物的仓房中物件的安置并不是有序的，而我们客厅中的家具的安排却是有序的。与此相似的是，当每一部分的事件在其特定时间和特定地点并以特定方式发生时，我们谈到了事件的有序发展[黑德（Head）]，因为所有其他一些事件也是以它们的特定时间、特定地点和特定方式发生的。例如，当一名经过实践训练的演奏者弹奏一个音调时，一种有序的事件发展便是钢琴琴键的运动；可是，当一只狗跑过钢琴键盘并将琴键压下时，那仅仅是事件的先后发生，谈不上任何顺序了。

顺序并非客观范畴

上述两个例子均可引起一种特定的异议，或者可能导致一种特殊的顺序理论。让我们先来看一下反对的意见："为什么，"一名反对者说，为了方便起见我们姑且称他为 P 先生，P 先生问道，"你是否认为第二种情况下的琴键运动没有第一种情况下那么有序呢？"他继续说道，"可是，我能够找出一种理由，那就是比起第二个例子来你更加喜欢第一个例子。但是，这种主观的偏爱感肯定不是用来进行基本区分的充分理由，也不是从这种区分中产生一种新的科学类别的充分理由。你的第一个例子同样也是正确的。你恰巧喜欢你的客厅，但是我可以充分想象一个人，譬如说来自另一个星球的陌生人，他可能会在你的仓库中反而感到更愉快。让我们不带任何个人偏见地看一下你的两个例子吧；然后，

---

[1] 威特海默（Wertheimer）在他未发表的论稿中表达了类似的看法，谢雷尔（Sheerer）从中作了摘引（p. 272, fnI）。

你将会发现,每一个物体,不论是客厅里的物体还是库房里的物体,都在它的位置上,这是因为,按照数学定律,它不可能在其他任何地方;有鉴于此,每个琴键按照机械的严格规律而开始运动,无论是帕代雷夫斯基(Paderewski)的手指还是一条在键盘上奔跑的受惊的狗。但是,如果可用普通的旧的机械定律来解释这些事件,那么为什么还要引进一种新的概念——顺序呢?这种顺序通过在过程之间(从机械的观点看,这些过程基本上是相似的)创造一种人为的差别而使该问题发生了混淆。"

生机论对这种观点的驳斥

对于上述争辩,另外一个人,我们称他为 V 先生,可能作出如下回答:"我亲爱的伙伴,在这个问题上你不渗入自己的情感对你来说是十分大度的,因为我知道你对家具杂乱的房间是多么的敏感,对钢琴乐曲又是何等的挑剔。所以,我在我的回答中将排除这样的人,他仅仅被认为是去瞧一下或住在我们两间房间中的其中一间,并聆听钢琴音调的两种序列,正如你认为一个人应该做的那样。但是,即便这样,在这两个例子的每一个例子中,仍然存在着两种选择之间的差别,而这种差别是决定性的,因为这种差异涉及这样一种方式,在该方式中已经产生了这种安排和序列。在我的杂物间里,每件东西均以其偶然性放置着,而不考虑任何其他东西。正如你对自己指出的那样,库房里的每个物体按照严格的机械定律各就各位,这间堆放杂物的屋子是一个出色的例子,即机械力量如果对它们不加干预将会做些什么。把这种情况与我们的客厅作比较。这里,详细的规划在实际搬动家具之前已经完成,每件家具都有一个位置,使之服从于整体的印象。一只台子起初被向左边推得太远,究竟有什么关系?了解这一计划的某个人,或者对该意图的效应有直接感受的某个人,将会把这张台子推回到它的合适位置上去。正因为如此,挂得歪歪斜斜的一幅画将被纠正;插满鲜花的花瓶将被很好地布置,当然都得益于机械力量的帮助,但是又并非单单依靠这些机械力量所能完成的。我无须重复我对两种音调序列的论点,这种应用是十分明显的。我的结论是这样的:在无机的自然界,除了盲目的机械力量的相互作用以外,你无法找到任何东西,但是当你进入生命领域,你发现了顺序,那意味着表明无机自然界运作的一种新动因(agency),为无机自然界的盲目冲动提供目标和方向,也就是顺序。"由此可见,V 先生在试图回答 P 先生的论争时已经发展了我在这一讨论开始时涉及的理论。人们要是记得我们先前关于自然和生命的讨论,那么他一定会承认这个理论是生机说的理论。事实上,对生机论而言,最强有力的论点是以有序过程和盲目序列之间的区分为基础的。

实证主义者—生机论者两难处境的解决

让我们回到 P 先生和 V 先生之间的争论上来。我们已经表明,我们的心理学是拒斥生机论的。但是,我们能否不考虑 V 先生对 P 先生的回答,不考虑他对有序和无序安排与事件之间区分的辩解呢?我们不能。这样一来,便使我们有点犹豫不决了:我们接受顺序,但又拒斥产生顺序的特殊因素。对于前者,我们将被 P 先生及其追随者们所鄙视;对于后者,我们将招致 V 先生的大怒。如果我们的态度确实是折中主义的话,那么上述两种反应都有道理;我们应当接受这两种主张,尽管它们相互之间是水火不相容的。因此,我们的体系之任务是明确界定的:我们必须尝试着对我们的接受和拒斥进行调解,我们必须发展一种顺序范畴,它是不受生机论支配的。以现代形式出现的顺序概念导源于对生物体的观察。但是,它并不意味着顺序概念的应用仅限于生命。如果有可能把顺序视作自然事件的一个特征,从而存在于物理学的领域之内,那么我们便可以在生命科学中接纳它,而无须引进对顺序的创造负有责任的特殊的生机力量了。这就是格式塔理论(gestalt theory)已经提供并试图详细予以阐述的解决办法。至于如何做到这一点,我们将随着本书的历程而习得。但是,这仅仅是为了指出这种格式塔解决办法的整合作用。生命和自然不是通过否认前者的一个显著特征而结合在一起的,而是通过证明这一特征也属于后者而结合在一起的。借助这种整合,格式塔理论对那种知识价值作出贡献,我们称之为对无生命事物和有生命事物同样尊重。唯物主义通过剥夺生命顺序来实现整合作用,从而使我们轻视生命,仅仅把它视为一些无序事件的结合;如果生命真像无机自然那样盲目,那么我们便可以对它极少关注,正如我们对待无机自然一样。但是,如果无机自然与生命一样具有顺序,那么,我们对生命的直接而又不加考虑的关注也将会扩展到无生命的自然界中去。

意义,价值

现在,让我们转向最后一个类别:意义(significance)。这个概念比先前两个概念更难解释,而且,这里还存在着格式塔理论(它在说英语的公众面前很少露面)的一个更深层渊源。对此情况,其原因是容易理解的。存在着诸如理智气候(intellectual climate)那样的东西,而这种理智气候就像气象学所指的气候一样,在国与国之间有所不同。如同植物生长依靠物理气候一样,一种观念的成长也要依靠理智气候。毫无疑问,德国的理智气候和美国的理智气候是十分不同的。德国的唯心主义传统不只是哲学学派的问题;它渗透到德国人的心中,并在"Geisteswissenschaften"(道德科学)的代表人物的著作和教导中十分公开地出现。显现于历史、艺术或文学中的一种人格意义(meaning of personality),在德国人看来,要比构成他生活和作品的纯历史事实更加重要;历史学家对一位伟人与宇宙计划的关系比对该伟人与本星球上发生的事件的关系更加感兴趣。与之相反,在美国,这种气候主要是务实的;此时此地,凡直接呈现的东西都具有其需要,这种气候占据了舞台的中心,所以那些主要属于德国精神的问题被归诸于无用的和并不实在的范围。在科学中,这种态度有助于实证主义(positivism),这种实证主义过高评价单纯的事实,而对十分抽象的思辨却评价过低。它高度关注精确的和有根有据的科学,而对形而上学(试图从单纯的事实中摆脱出来,进入更为高尚的观念和理想的领域)抱厌恶态度,有时甚至抱蔑视态度。

因此,当人们初次尝试将格式塔理论介绍给美国公众时,我已经描述过的德国精神的那一侧面被置于背景的位置,而那些直接表现出科学特征的侧面却得到了强调。如果不是这样安排程序的话,那么我们便可能招致一种危险,也即我们的读者对我们的主张抱有偏见的危险。由于生活在不同的理智气候中,他们很可能将格式格理论的这一侧面当作纯粹的神秘主义(mysticism),并且,在他们有机会熟悉它的科学内涵之前,决定不与整个理论发生任何关系。

然而,在目前,当格式塔理论已被人们作为主要的讨论题目时,解除其旧的束缚,并展示其一切方面,看来是公正的。

从格式塔理论中派生出来的德国心理学的两难处境

为了做到这一点,我将暂时回到我们的理论起源,以及它的第一位奠基人——威特海默(Max Wertheimer)的主要思想上来。我上面所述的德国理智气候的问题并不适用于德国实验心理学。恰恰相反,实验心理学与思辨的心理学家和哲学家长期不和,后者贬低实验心理学的成就,声称心理就其最为真实的方面而言不可能用科学方式来进行调查,也就是说,不可能用来自自然科学的一些方法来进行调查①。这个论点接着认为,构成科学心理学主体的感觉定律和联想定律(laws of sensation and association)又如何能解释或欣赏一件艺术作品,解释或欣赏真理的发现,解释或欣赏像16世纪欧洲的基督教改革运动(Reformation)那样伟大的文化运动的发展呢?科学心理学的反对者所指出的这些事实和实验心理学家所研究的事实确实相距甚远,从而令人看来它们似乎属于不同的宇宙,实验心理学并未试着将宏观的事实纳入到它们的体系中去,它们的体系是建立在微观事实基础之上的,至少可以这样说,实验心理学不想去公正地处理宏观的事实。

回顾一下上述的情境,我们被迫采取一种态度,这种态度类似于我们在唯

---

① 关于德国心理学这一侧面的全面描述是由克吕弗(Kluver)提供的。

物主义—生机论争议中采取的那种态度。我们必须承认,哲学家的批判是有充分根据的。心理学不仅在细微的研究上筋疲力尽,不仅在其实际着手研究的那些问题上停滞不前,而且它还坚持声称它掌握了哲学家们强调的那些问题的唯一钥匙。因此,可以说,历史学家是对的,他们坚持认为,没有任何一种感觉定律、联想定律或情感定律——不论是愉快的还是不愉快的——可以解释像凯撒大帝(Caesar)作出的渡过卢比孔河(Rubicon)的那种决定;*因此,一般说来,不可能在不破坏文化真正含义的情况下将文化数据纳入到目前的心理学体系中去。他们会说,文化不仅存在,而且还具有意义和价值。一种心理学如果不给意义和价值的概念以地位,便不是一门完整的心理学。它充其量只提供一种下层结构,去研究人类的动物一面,以这种下层结构为基础,方能建立起主要建筑,它包含人类的文化一面。

另一方面,我们不能漠视实验心理学的态度。它的地位可以这样表述:长期以来,心理学被这样一种方式所对待,即哲学家和历史学家声称它是唯一正确的科学,其结果表明,它从未成为一门真正的科学。"思辨的"哲学家和"理解的"历史学家把聪明的表现,甚至深蕴的事情,说成是人们的高级活动,但是,所有这些声称都带着它们的作者的人格印记;它们无法被证明,也无法产生一种科学体系。科学要求根据因果关系来作出解释,但是,他们反对的这种心理学是根据动机和价值来提供解释的。实验心理学家断言,这根本不是什么解释,而他们的工作却是关心真正的因果理论。如果此刻它未能包括文化的一些方面,那么它这样干完全是由于它太年轻的缘故。大楼必须从地上盖起,而不是从屋顶上升起。他们的口号是"心理学从基础开始"(Psychologie von unten)。对此态度,有许多话可以说。如果我们认为,各门科学,不论是自然科学还是道德科学,不只是独立的人类活动的聚合,有些人玩一种游戏,另一些人玩另一种游戏,而且它们都是包罗万象的科学的一些分支,那么我们必须要求基本的解释原则在一切方面都相同。

由此,心理学的两难处境在于:一方面,它拥有科学意义上的解释原则,但是,这些解释原则并不能解决心理学的一些最重要的问题,从而使心理学逗留在它的范围之外;另一方面,它也处理这些问题,但是却没有科学的解释原则;理解(understand)替代了解释(explain)。

威特海默对两难的解决办法

当威特海默还是一名学生的时候,这种两难处境一定在他心中占据主要地

---

* 卢比孔河为意大利北部的一条河流,公元前49年凯撒越过此河与罗马执政庞培决战。——译者注

位。他看到了两面的优点和缺点,并不加入任何一面,但是他设法为这种尖锐的危机找到一种解决办法。在这种解决办法中,两种原则都不能被牺牲:也即科学原则和意义原则都不能被牺牲。正是这两个原则构成了整个困难的根源。科学的进步是通过对基本的科学概念的重新考查而发生的。威特海默曾致力于这种重新考查。他的结论可以用几个简单的词加以概括,尽管他的结论要求我们的思维习惯发生激烈的改变,也即一种最终的哲学的改变。解释和理解并不是处理知识的不同形式,相反,两者基本上是一致的。因此,这意味着:一个因果的联结并不仅仅是一种要求记住的事实序列,像在一个姓名和一个电话号码之间联结那样,而是可以理解的。我从威特海默那里借用一个明喻(1925年)。假如我们带着我们的全部科学好奇进入天堂,发现无数天使们正在从事作曲,每位天使正在弹奏他自己的乐器。我们的科学训练将诱使我们在这天堂乐音中发现某种规律。我们可以着手寻找这样一种规律性,当天使 A 弹奏了 do,天使 C 便会弹奏 re,然后天使 M 会弹奏 fa,如此等等。如果我们坚持下去,并有足够的时间供我们支配的话,我们便会发现一个公式,该公式能使我们确定每位天使在每一时刻所弹奏的音调。许多哲学家和科学家会这样说,我们已经解释了天堂的乐声,我们已经发现了天堂音乐的规律。然而,这种规律,不过是一种事实的陈述而已;它是实际的,能使预言成为可能,不过,它将是没有意义的(without meaning)。另一方面,我们可以尝试着聆听这种音乐,就像聆听一部伟大的交响乐一样;然后,如果我们已经掌握了其中的一个部分,我们便可知道整部交响乐的许多内容,即便我们已经掌握的那个部分不再在交响乐中重现;而且,如果最终我们了解了整部交响乐,我们也应当能够解决我们第一次尝试便能解决的问题。不过,这样一来,它只具有较小的意义,而且是衍生的了。现在,假设天使们确实在演奏一部交响乐,我们的第二种方法便将是更合适的方法;它不仅告诉我们每位天使在特定时刻所干的事,还告诉我们天使为什么干这事。整个表演将成为有意义的,从而构成我们对它的知识。

将宇宙取代天堂,将宇宙中发生的事取代天使的演奏,便可应用于我们的问题上。

实证主义关于世界的解释,我们关于世界的知识,只是一种可能性;还有另一种可能性。问题是:哪一种是正确的? 意义、含义、价值,作为我们全部经验的数据,为我们提供了一种暗示,后者在正确性方面至少与前者具有同样的机会。因此,这意味着:不能从心理学和科学中排除像意义和价值这样的概念,我们必须利用这些概念,以便充分理解心理和世界,与此同时,这也是一种充分的解释。

上述讨论中的共同原则

我们已经讨论过数量、顺序和意义,以及有关它们对科学作出的贡献,尤其是对心理学作出的贡献。我们从不同的科学中提取每一种类别,但是,我们声明,尽管它们具有不同的根源,它们都是可以普遍地加以应用的。而且,事实上,在我们处理涉及这三种类别的每一类别的问题时,我们找到了同一种普遍的原则:为了把量和质,机械论和生机论,解释和理解整合起来,我们必须放弃对一些彼此分离的事实进行处理,以便用特定的联结形式对一组事实加以考虑。唯有如此,数量才可能被质化(qualitative),顺序和意义才可能避免作为新的实体,也即作为生命和心理的特权被引入到科学体系中去,或者作为虚构的故事而遭抛弃。

格式塔范畴的普遍性

我们是否可以宣称,一切事实都包含在这样的联结组或联结单位之中,致使每一种量化都是对真正质量的描述,事件的每一种复合和序列都是有序的和有意义的呢?总之,我们是否可以声称,宇宙和其中的一切事件形成了一个大型的格式塔呢?

如果我们这样做了,我们便像实证主义者那样教条,实证主义者声称没有一个事件是有序的或有意义的,我们还会像下面这些人那样,他们断言质量是与数量根本不同的。但是,正如因果关系的范畴并不意味着任何一个事件在原因上是彼此联结的那样,格式塔范畴也不意味着任何两种状态或事件是同属于一个格式塔的。运用因果关系的范畴意味着去找出自然界的哪些部分处于这种关系中。同理,运用格式塔范畴也意味着去找出自然界的哪些部分属于机能整体的部分,并发现它们在这些整体中的地位,它们相对独立的程度,以及较大的整体结合成次级整体的情况[考夫卡(Koffka),1931b.]。

科学将在不同的领域找到不同等级的格式塔,但是,我们宣称,每一种格式塔均具有顺序和意义,不论其程度或低或高,而且对一种格式塔而言,量和质是相同的。现在没有人会否认,在我们所知的一切格式塔中,唯有人类心理的格式塔最为丰富;因此,要用量的术语去表示它的质是十分困难的,在大多数情形里是不可能的,但是,与此同时,意义方面却更加明显,比之宇宙的任何其他部分更加明显。

心理学是为什么的？

　　心理学是一门十分令人不满的科学。把物理学中已为人们所公认的大量事实与心理学中的事实相比较，任何人都会怀疑，将后者授给一名不想当职业心理学家的人是否妥当，人们甚至会怀疑培训职业心理学家是否可取。但是，当人们考虑到心理学可能会对我们理解宇宙作出贡献时，他们的态度便会转变。科学容易脱离生活。数学家需要从抽象的稀薄空气中解脱出来，尽管抽象是美丽的；物理学家意欲陶醉于柔和的、软绵绵的、悦耳的乐声之中，以为它们反映了隐藏在声波、原子和数学公式之幕后的神秘；甚至生物学家也喜欢在星期天欣赏他那条狗的滑稽行为，而不去考虑现实中狗的这些动作只不过是一系列机械动作的反映而已。生活乃科学的滑翔，科学乃游戏。于是，科学放弃了它处理整个存在的目的。如果心理学能够指点科学与生活相遇的路径，如果它能奠定知识体系的基础[这种知识体系既包含了变形虫(amoeba)、白鼠、黑猩猩和人类的行为，又包含了单一原子的行为，前者的奇异活动我们称之为社会行为、音乐艺术、文学戏剧]，那么认识这样的心理学是值得的，在它上面花费时间和力气会获得补偿。

第二章

行为和行为场——心理学的任务

出发点。心理学的界定。克分子行为和分子行为。克分子行为及其环境。场概念。心理学中的场。我们的心理学之任务。

出 发 点

我们已经制订了一个雄心勃勃的计划,现在是必须执行的时候了。但是,我们该从哪里开始,我们的起点是什么?每个人对他意欲了解的心理学都多少知道一些事实;然而,这样的事实太多了,难以选择哪一个事实作为出发点。例如,我们为什么热爱自己的家庭?为什么一个人喜欢某种音乐,而这种音乐却使另外一个人感到厌烦?为什么数学如此难以理解?为什么一位伟大的科学家会突然产生一个新观念?为什么有些人极端保守,而另外一些人则极端激进?儿童如何与成人不同,动物又如何与人类不同?等等。然而,所有这些问题都预先假设了一个我们尚未发展的完整的理论体系。因此,这样的问题无法作为心理学专题的出发点。那么,我们可不可以选择一些基本的事实作为我们专题的出发点呢?这样做同样存在困难,因为,究竟哪些事实算是基本的,将这些所谓的基本事实呈现给学生以后,学生能不能知道它们是基本的呢?确实,这是一个十分困难的事情,我自学生时代起就有过此类印象。在我学习心理学课程的第一批讲座中,教授们就谈到了颜色混合,颜色对比,以及颜色锥体(color pyramid)等问题,我开始对心理学感到深深的失望,因为对于我的生活而言,我无法明了为什么这些东西属于基本的心理事实。

在一个事实成为一个基本的事实(fundamental fact)以前,必须准备好一种环境(setting),在该环境内,一切事实都或多或少地占有显著的位置,不管是在赛场外围能够看清比赛的地方,还是在票价最低的顶层楼座。

心理学的界定

这样一种环境通常是由心理学的界定来提供的,包括它的题材是什么,它的方法是什么。由于方法取决于题材,因此我们需要把注意力集中在界定上面,或者,把注意力集中在首先对我们的科学进行描述上面。关于我们的题材,我们可以区分三种不同的界定:作为意识科学的心理学,作为心理科学的心理学,作为行为科学的心理学。尽管心理学是作为意识科学或心理科学成长起来的,但我们仍将选择行为(behaviour)作为我们的基本要旨。这并不意味着我认为旧的界定是完全错误的——确实,如果一门科学是在完全错误的假设上发展起来的话,那便是奇怪的事了——而是意味着,如果我们从行为开始,便比较容易为意识和心理找到一个位置,如果从心理或意识开始,就没有那么容易为行为找到一个位置。

从意识向行为的转化应主要归功于美国心理学的研究,尽管就我所知,威廉·麦独孤(William McDougall)实际上是用行为界定心理学的第一人。然而,他对行为所作的解释与美国学派所作的解释稍有不同,前者包含的内容更多。美国学派是以"行为"这个术语而得名的。由于他们对该术语的使用予以限定,而且暗示着一种行为的理论,所以我们还是回到麦独孤的使用上去,它纯粹是描述性的,从而并不偏爱任何理论。

克分子行为和分子行为

麦独孤关于行为的含义与行为主义者关于行为的含义有所不同,根据托尔曼(Tolman)的恰切描述,乃是把行为视作克分子现象和分子现象之间的差别。此时此刻,我无须详细地描述,我只要提供几个例子便可以使这种差异恰当地表示出来。一种克分子的行为是:学生出席听课,教师的讲授,飞行员的领航,足球比赛中观众的兴奋状态,巴比特先生(Mr. Babbitt)的调情,伽利略(Calileo)使科学发生激剧变革的研究工作,猎犬追踪猎物,野兔的奔跑、鱼的撕咬和老虎的潜步追踪;总之,对发生在我们的日常世界中的无数事件,外行人均称之为行为。然而,另一方面,分子行为则有所不同:当这种过程开始时,动物的感觉器官会产生兴奋,兴奋由神经纤维传导到神经中枢,然后又传至新的传出神经,最终以一种肌肉收缩或腺体分泌的形式而告结束。然而,在地球上,大约有99%以上的人对后者的情况一无所知,不过,差不多每个人都知道前者的情况;另一方面,那些对生理学知识有所了解的人将不得不承认,克分子行为始终意味着由神经冲动所激活的肌肉收缩,这种肌肉收缩使我们的四肢产生运动。把这样的说法转化成另外一种说法是十分容易的：克分子行为是一种次级现象(secondary phenomenon)；它不过是大量生理过程在最后可供外部观察的结果而已；这些过程都是原始的事件；这些事件形成连续的因果序列(causal sequences)；因此，单凭这些便足以形成一门科学的题材。对于行为主义(behaviourism)来说，克分子行为并不比问题本身更为复杂，解决的办法始终必须由分子行为来提供，完成的心理学体系将仅仅包括分子数据，而克分子的数据则完全被消除了。我们并不关心行为评论试图实施其计划的特定方式，但我们可以强调该学说的两个方面：① 它将现实归因于部分，不承认它属于这些部分构成的整体；克分子必须被分解成分子；② 由此产生的结果是，心理学将会永远受到道德科学(Moral Sciences)的批判，这是我们在第一章结束时已经讨论过的。

含义(meaning)和意义(significance)在这样一种分子系统里无法占有任何一种可能的位置；恺撒大帝渡过卢比孔河；只是某些刺激—反应的情境(stimulus-response situations)；路德(Luther)在沃姆斯(Worms)；莎士比亚(Shakespeare)写了《哈姆雷特》(Hamlet)；贝多芬(Beethoven)写了第九交响乐(Ninth Symphony)；一名埃及雕刻家雕刻了纳夫雷塔特(Nephrettete)的半身塑像，等等，都会被还原为刺激—反应的图式(schema)。那么，是什么东西使我们的兴趣保持在这些事件的发生上呢？如果它们不是别的什么东西，而是一类事件的结合，也即刺激—反应的序列，那么，我们为什么不能以同样的兴趣对待轮盘赌台上赢家显现的一系列数字呢，我们为什么不能深入思考一系列桥牌选手呢？行为主义者会这样解释，他们说，在我们大多数人中，刺激—反应情境的序列就是这样的，对莎士比亚和贝多芬作出积极反应，而对红和黑的统计数字却作出消极反应。在这一点上，历史学家将会绝望地举起双手，认为心理学不管是什么东西，对其目的而言是完全无用的，而行为主义者则会让历史学家继续写他的小说，同样认为自己是唯一正确的人。

很清楚，这种情况对任何一个人来说都不会是满意的，只要这个人本质上或职业上不是一名怀疑者便可。那么，他可以做些什么来满足这两个对立派别的主张，以便防止使知识瓦解成一些不一致的科学呢？如果心理学成为行为科学的话，难道它不应给恺撒、莎士比亚、贝多芬等一个真正的位置吗？为这些人的行为提供的位置是与他的体系中显著的和独特的位置一样的，他们也享有普通的受教育者和历史学家的评价。显然，如果心理学以分子行为开始并以分子行为结束的话，则这种目的是无法实现的，让我们用克分子行为来取而代之。也许在以克分子行为开始和结束的体系中，可以为分子行为找到位置。

克分子行为及其环境

关于克分子行为，我们能作的最一般陈述是什么？克分子行为发生在环境中,而分子行为则发生在有机体内部,由称做刺激的环境因素来发动。我们为我们的例子选择的这种克分子行为发生在外部环境中:例如,学生的上课行为发生于教师讲课的教室中;反之亦然,教师的讲课行为发生于坐满学生的教室里,对学生来说,如果听不懂其他东西的话,至少能听懂他的语言;巴比特先生是在一种十分明确的社交环境中调情的,更不用说为了实现这种调情所不可或缺的那个搭档了;猎犬和野兔都在田野里奔跑,对两者中的每一者来说,对方都是环境中的显著目标。所有这些听起来好似陈词滥调。但是,它并非像乍一看那样微不足道。这是因为,在刚才提到的所有情况中,实际上有两种不同的环境是要彼此加以区别的,于是便不得不提出这样的问题:在哪一种环境中发生了克分子行为?让我们用一个德国传说中的例子来表明我们的主张。

地理环境和行为环境

在一个冬日的傍晚,于风雪交加之中,有一男子骑马来到一家客栈。他在铺天盖地的大雪中奔驰了数小时,大雪覆盖了一切道路和路标,由于找到这样一个安身之地而使他格外高兴。店主诧奇地到门口迎接这位陌生人,并问客从何来。男子直指客栈外面的方向,店主用一种惊恐的语调说:"你是否知道你已经骑马穿过了康斯坦斯湖?"闻及此事,男子当即倒毙在店主脚下。

那么,该陌生人的行为发生在哪种环境里呢?——显然是康斯坦斯湖。很清楚,他骑马过湖是一真实的事件。然而,这还不是全部的事实,事实是冰冻的湖面而非一般的坚实地面一点也没有对他的行为产生影响。这一行为发生于这样一个特殊的地点,致使地理学家颇感兴趣,但是,对研究行为的心理学家来说并不有趣;这是因为,如果那个人骑马穿过荒芜的平原,他的行为不也是一样吗。此外,心理学家还知道另外一些事情:由于那个人在了解了他"实际"做过的事情以后纯粹死于后怕,所以,心理学家必须得出结论说,如果骑马者事先了解实情的话,他的骑马行为将会与实际发生的情况大不相同。由此,心理学家将不得不说:环境一词具有第二种意义,根据这一意义,骑马者宁可穿过被雪覆盖的平原也不会过湖了。他的行为是骑马过平原而不是骑马过湖。

对于骑马过康斯坦斯湖的人来说正确的事情,对于其他各种行为来说也是正确的。难道老鼠不在实验者设置的迷津里奔跑吗?根据"在……内"这个词的含义,只能用是或否来回答。因此,让我们在地理环境(geographical environment)和行为环境(behavioural environment)之间作出区分。我们是否都住在同一个镇上?当我们意指地理时,回答"是",当我们意指行为的"在……内"时,我们的回答便是"否"了[①]。

[①] 这一论点在埃丁顿(Eddington)佳作的开头得到清晰的阐述。

行为发生于哪种环境

在区分了两种环境以后,我们必须更为充分地讨论行为在哪种环境中发生的问题。如果我们提出这样一个问题:行为在一种环境中如何发生,行为和环境之间的一般特征关系是什么?便将有助于详细阐述后一种概念。就拿猎狗和野兔的例子来说:兔子开始在灌木丛里,然后以直线穿过开阔地;猎狗追它;当狗遇到一条沟渠时,它就将奔跑运动改变成跳跃运动,借此穿越沟渠。但是,现在兔子改变了方向;狗也立即改变方向。我无须继续赘言了;我所陈述的内容将足以得出这样的推论,即行为是随着环境的变化而调整的。究竟是对哪一种环境作出调整,是地理环境还是行为环境?根据我们上述的例子,人们可以倾向于回答:是地理环境。但是,让我们现在假设一下,沟渠上面覆盖着一层薄薄的积雪,这层积雪足以承受兔子的重量,但却承受不了猎犬的重量。那么,将会发生什么情况呢?狗会掉进水沟里,也就是说,当它来到沟渠旁边时,它不会跳跃而是仍然继续奔跑。在狗掉进沟里之前,它的行为表现得像在无沟渠的环境中那样。然而,由于地理环境包含了沟渠,因此狗的行为必须发生在另外一种环境中,也就是说,发生在行为环境中。在猎犬踏上潜伏着危险的那一层积雪的瞬间所发生的实际情况,对它的整个行为而言也一定是真实的;因为它一直处于那种行为环境之中。

替代行为环境的刺激

与此论点相悖,人们可能会提出下面的异议。凡有理性的人都不会期望那条狗会跳过一条被积雪覆盖的沟渠,或者声称动物会按照地理环境本身的情况而行事。很清楚,两种不同的地理环境,如果它们对动物感觉器官的影响是相同的话,那么它们对动物的行为来说也是相等的。因此,如果人们用"刺激"这个术语来取代"地理环境"这个术语,整个困难便迎刃而解了,而且无须再对行为环境和地理环境加以区别。

尽管与我们上述例子有关的推理似乎是有道理的,但是,这种推理很容易被证明是错误的。让我们来选择一种新的行为类型。两只黑猩猩被分别带入一个笼内,在笼子的天花板上挂着一根诱人的香蕉。笼子里空无一物,除了在诱饵下方约10英尺①开外之处有一只箱子以外。其中一只黑猩猩在经过了或长或短的停顿以后,会跑到箱子跟前,将箱子搬到悬挂着的香蕉下面,箱子被当作一只凳子来使用,从而取得了香蕉。另外一只黑猩猩,看来智力稍差,在经过了各种不成功的跳跃以后,便放弃了这种努力,最终坐到箱子上面,在那里陷入苦闷之中。人们可以看到,两只黑猩猩均在涉及一只箱子的地理环境中采取行动;对两只黑猩猩来说,刺激的情境(stimulus situation)是一致的。然而,它们

---

① 1英尺=0.3048米。

的行为表现却是不同的,每只黑猩猩的行为是由环境来调整的。地理环境,或者说刺激情境,不可能是不同行为的原因。但是,只要我们考虑一下这两只黑猩猩的行为环境,这种行为差异便是可以解释的了。我们可以很好地解释或描述两只黑猩猩中的任何一只黑猩猩的行为,只要我们假设,一只黑猩猩的行为环境包含了一只"凳子",而另一只黑猩猩的行为环境包含着一只"座位",或者,用更为一般的术语来说,其中一只黑猩猩的行为环境包含了一个物体,根据黑猩猩目前的活动倾向,这一物体在功能上是活的;而另一只黑猩猩的行为环境则包含了功能上是死的物体。

个体差异

有关上述例子的讨论将会与第一个例子一样遭到激烈的反对。批评者对于我的两只黑猩猩行为环境的推论之有效性根本不予承认,他们会说,我试图重新引进业已为心理学抛弃了的旧的人类学解释。此外,我还忽视了一种十分简单的解释。如果在相似的刺激条件下,两只黑猩猩的行为举止不同,那么,解释一定在黑猩猩本身;它们要么是由于天资的原因,要么是由于彼此不同的以往生活经验,以至于一只黑猩猩以一种方式表现自己,而另一只黑猩猩则以另一种方式表现自己。我在这里不会为自己辩解,以反对这种抨击的第一部分而接受另一部分。当然,如果两个动物的地理环境是相同的,而动物在这种环境里的行为举止却不同,那么这种差别的原因就必须在("地理环境的")动物身上去寻找。但是,我想越出这种结论,因为这种结论无法解释任何一个实际的例子,也因为它可以用于任何一种行为。很明显,当我观察这两只黑猩猩的克分子行为时,我发现一只黑猩猩将箱子当作凳子使用;另一只黑猩猩则把箱子当作座位使用。这种描述是尽可能合适的,因为那只较聪明的黑猩猩并未摸索着前进,直到经过许多变迁以后,才偶尔发现自己站在箱子上面,另一只黑猩猩的行为与前一只黑猩猩的行为相似,唯一的差别是到了最后箱子仍在原地,而黑猩猩则待在箱子上面不动。不,它们的克分子行为是真正得到描述的,也即一只黑猩猩把箱子当作凳子,另一只黑猩猩则把箱子当作座位。当然,这两只黑猩猩肯定有所不同,现在我们可以看到,这种差别在于地理的箱子成为两种不同的操作特征(manipulanda),这是从托尔曼那里借用来的另一个术语。当我们把两只黑猩猩的行为环境称做两个操作特征时,我们还有其他的话好说吗?我们开始讨论整个克分子行为时说过,克分子行为发生在一种环境之中。由于地理环境或"提供刺激的地理环境"不可能是两种行为的直接原因,因此我们要么否认我们的观点,并在没有环境的情况下建立起行为——从而使我们的操作特征不会有任何位置,要么把这些操作特征作为现实来接受,坚持我们的主张,然后把行为环境作为包含操作特征和其他东西的现实来加以保留。换言之,我们主张,行为和地理环境之间的关系必须保持一种朦胧状态,而无须行为环境的介入。

行为和地理环境

让我们归纳一下迄今为止我们的收获是什么：行为发生于行为环境之中，行为由行为环境来调整。行为环境有赖于两组条件，一组是地理环境中所固有的，一组是有机体内所固有的。但是，行为也发生在地理环境之中，如此说法也颇有意义。那么，这个意义何在？由于行为环境有赖于地理环境，我们主张把行为与远因(remote cause)而不是近因(immediate cause)联系起来。这就其本身而言也许有用，而且有助于解决我们的问题，因为动物的行为结果不仅有赖于动物的行为环境，而且还有赖于动物的地理环境，与前者有赖于后者相距甚远。不仅仅是行为环境，地理环境在整个行为中也起变化：水果被吃掉了，从而就不再作为一种水果而存在；冰块断裂了，结果成了窟窿；当黑猩猩把箱子当作它的"凳子"时，实际上箱子被搬动过了。事实上，在我们的所有例子中，同时也在大量的其他例子中，行为结果有赖于地理结果。我们迄今为止唯一加以考虑的那类行为是不可能单单在行为世界中发生的，尽管还有其他一些行为或多或少具有这种情况，例如，一个处于谵妄状态中的人在自己的浴缸里抓住一条实际上不存在的鱼，并自豪地将鱼拿给服侍他的人看。我们由此得出一种想法，即上述两种环境之间的关系将会在今后的理论中随基本问题而向我们提出。

界定的行为

第二个论点的一个特定方面可以专门提及：地理环境的某些特性将会引发有机体的运动，这是我们尚未考虑过的。设想一下，一名登山运动员在通过雪桥时雪桥突然塌陷，由于没有用绳子与同伴系住，他掉入数百英尺深的冰渊中。这里，我们看到了一个有机体的运动，该运动是唯一由地理环境决定的。在受难者丧失意识之前，他可能作疯狂的努力以制止自己的坠落。这些行为仍然属于行为环境中发生的行为，但是，与此同时，不论是否存在行为环境，不论这个人是保持意识还是失去意识，身体仍在坠落。这种说法虽然没有新意，但是，它却为我们提供了界定行为的手段：只有在行为环境中发生的有机体运动才可以称之为行为。仅仅在地理环境中发生的有机体运动不是行为。应当注意的是，这种定义并不声称一切行为都是运动。

行为环境的定位

让我们现在进一步深入下去。迄今为止，人们把行为环境视作地理环境和行为之间的一个中介环节，视作刺激和反应之间的一个中介环节。这两个术语所指的物体，在我们的知识体系中似乎具有十分明确的位置；它们都属于外部世界。那么，行为环境定位于何处呢？为了回答这个问题，我们可以讨论一个新的例子，这是由里夫斯(Revesz)所做的一系列实验。里夫斯训练小鸡从两个同时呈现的图形中去啄较小的图形。开始时呈现的是圆形,然后用矩形、正方形和三角形来取代,不过十分小心,使两个图形的相对位置不断地改变;当然,这样做是必要的,目的是为了排除下述的可能性,即小鸡不是学会怎样去啄较小的图形,而是去学习选择"右边的"或者"左边的","上面的"或者"下面的"。当这个训练完成以后,他引进了一个圆的两个部分这种新图形,也即把不同位置上呈现的不同大小的一个圆一分为二,作为新的图形引入实验;然后,他实施了关键的实验:向被试呈现两个相同的扇形部分,以便使我们形成所谓的贾斯特罗错觉(Jastrow illusion)中著名的视错觉(见图1)。在许多情形里,母鸡啄取在我们看来是较小的图形。整个实验过程演示了行为环境,这是因为,根据地理环境说那些鸡学会了选择两个图形中的较小一个是没有意义的。"在正方形、平行四边形和三角形中,动物在大多数情况下都会选择较小的图形,而无须任何预备性的训练"(原书 p. 44)。然而,就我们目前的目的而言,关键实验是特别有趣的。为什么动物在接受训练

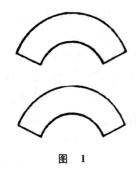

图 1

以选择较小图形以后,它们还会选择两张相等图形中的一张呢?用地理术语来描述的动物的行为似乎不可理解,不论是刺激特性还是经验都无法提供令人满意的答案。但是,如果我们像一个不存偏见的门外汉那样回答问题的话,每件事情都会变得十分清楚和简单。他会说,这些动物在两个相等图形中选中一个,因为在它们看来该图形较小,正像在我们看来较小一样。或者,用我们的术语来说,在那个关键的实验中,行为环境是与训练实验中的行为环境相似的,因为它也包含了一大一小两个图形,尽管关键的地理环境包含了两个大小相同的图形。如果不把母鸡的行为假设成它们的选择受到一种关系的指引,那么它们的行为便无法得到解释。由于这种关系无法在地理环境中获得,所以这种关系一定在其他某个地方存在着,而这个地方便是我们所谓的行为环境。现在,如果我们还记得门外汉对这个实验所说的话,那么我们便可看到,地理环境和行为环境之间的差别正好与事物的"实际"状况和它们在我们看来的状况之间的差别相吻合,也即与现实(reality)和现象(appearance)之间的差别相吻合。我们还看到,现象具有欺骗性,充分适合于行为环境的行为可能不适合于地理环境。例如,如果按照贾斯特罗错觉,我们像里夫斯的母鸡一样天真,而且恰巧需要形状和大小相同的两个物体的话,那么我们便不会选择这两个图形了。我可以用一个实验来说明我的这一主张的正确性,这个实验是1932年夏季我在中亚细亚乌兹别克斯坦(Uzbekistan in Central Asia)的一个小村庄里做的。我使用一种"假镜片"(pseudoptics),向一名年轻的当地人说明贾斯特罗错觉,该年轻人是一家茶馆的店主,该茶馆是村庄里男性平民的聚会之地。年轻人的行为

与母鸡一样,不同之处在于他用手指着两块纸板中的较大一块,而不是像母鸡那样将较大的一块啄出来。然后,我将一块纸板放在另一块上面,让他进行选择。我想看看他对纸板在以前大小不等现在看上去却相等的这种奇异变化如何解释。他讲了类似错觉的话,但是没有很大的信心;然后,当我问道:"当纸板分开时,你认为它们实际上没有变化吗?"他回答说:"噢,不对,我认为它们会稍稍变化。"

行为环境的功能

我们的论点以里夫斯的实验为基础,它证明地理环境或刺激模式(stimulus pattern)与行为之间的关系通过把行为环境视为一种中间环节而被大大简化了。于是,这种关系便被分解为两种不同的关系,即地理环境和行为环境之间的关系,以及行为环境和行为之间的关系。至少在许多情形里,这第二种关系是可以理解的,从我们的例子看来也是这样;如果两个地理上相等的环形部分的上面一个在行为上是较小的话,那么事实是,训练去选择两个图形中较小图形的那些动物便会选择上面那个图形,这不是什么新问题。

我们可能用相反的方式证明同一个事实。经常会发生这样的情况,即不同的刺激产生同样的反应:如果我们知道,在这种情形的特定条件下,这些不同的刺激产生同样的行为目标,那么上述问题就变得完全可以理解了。当我们根据地理环境和行为环境之间的关系这一观点来处理知觉恒常性(perceptual constancies)时,例如对大小和颜色的知觉恒常性,上述问题就变得可以理解了。我们将在后面讨论这些事例(见第六章)。此刻,我们仅仅指出,例如,两个表面可能都显示黑色,尽管其中一面的亮度可能是另一面的亮度的 1000 倍;或者,用行为来表示:正如我们刚才已经提到过的那样,两种不同的刺激可能导致同样的行为,例如,如果任务是捡出一块黑色物体的话。面对刺激的多样性,为使行为一致而用刺激来描述反应,这样的描述是不可能的,尤其是如果人们还记得在其他条件下只要 2% 的刺激差异便会导致不同的行为。

根据行为环境,这种困难便会消失;当两种刺激产生两种一致的行为目标时,与这两种刺激有关的行为便是一致的;当两种相应的行为目标不同时,行为便也不同。剩下来的问题不再是刺激和行为之间的关系问题,而是地理环境和行为环境之间的关系问题。这个问题可以系统地得到解答,但是,纯粹的刺激—反应的关系问题不可能找到像恒常性事实(与不同刺激有关的一致性行为)和里夫斯实验(与同一刺激有关的不同行为)所证明的那种系统的解决办法[1]。

---

[1] 这个批评同样适用于托尔曼关于辨别(discriminanda)和辨别能力(discriminanda capacities)的定义[pp. 86f 和 91f。参见考夫卡(Koffka),1933 年,p. 448]。

意识

在本章开始时，我提议把行为用作心理学的原始题材。但是，在我对地理环境和行为环境的区分中，也即在对相当于现实和现象之间的区分中，难道我没有把意识(consciousness)从后门偷运进来吗？我必须否认这种指责。如果我被迫引进意识概念的话，我也必须接受它，不管我喜欢还是不喜欢。但是，指出这一点是重要的，意识这个词并不改变我们自己的行为环境这一术语的含义。如果有人想用谈论动物的意识以作替代，那么他必须将这个词用于那些目标，即我们称之为行为环境的那些目标。于是，狗在追逐兔子时的意识将是"兔子穿越田野"，黑猩猩在尝试取得悬挂着的香蕉时的意识将是"那角落里放着一只凳子"，等等。田野和兔子，凳子和香蕉，由于被称做意识，或者叫做意识的目标，因此不必视作是动物内部的什么东西，如果在动物内部有着行为或经验之含义的话。行为主义者对意识的反感在我看来主要建立在这种误解之上。他们声称可以写出一本没有意识的心理学著作，现在已被证明是错误的。他们观察的动物，他们在实验中使用迷津和辨别箱，他们的那些记录实验结果的书籍，所有这些首先都是他们的行为环境的组成部分。他们忘记了这个事实，认为他们仅仅在谈论地理环境，认为他们无须行为的资料便能建立一种纯粹的"地理"理论。然而，每一种资料都是行为的资料；物质的现实并非资料，只是一种构成物(constructum)。这种混淆是含糊的，而且随着刺激一词的运用，这种含糊性还会有增无减，有关这方面的变化我们将在后面讨论。这里，我想指出的仅仅是，倘若一个人未能认识到个体的环境是行为的(意识的)环境而非地理的(物质的)环境，那么写一部没有意识的著作是轻而易举的。我还要补充的是，对于行为主义者在传统地处理意识时出现的错误也有某些借口，关于这一问题我们将在以后研究。然而，考虑到可能的曲解，我将尽可能地少用意识这个术语。我们的术语即"行为环境"，尽管它仅仅包含意识含义的一部分，也应当避免曲解；至于完全与意识相当的一个词，也就是苛勒(Kohler)在1929年使用过的"直接经验"(direct experience)这个术语，我们也将采纳，以备不时之需。我们的术语具有这样一种优点，它意味着它在系统中的恰当位置，也就是说，处于地理环境和行为之间的中间位置。

行为环境是直接经验的一个部分

但是，正如我说过的那样，它是不完整的；意识意味着比行为环境更多的东西。尽管长期来我们仅仅关注行为环境的问题，但是，现在看来，指出意识的完整性问题是合适的。如果我们使自己的"行为"术语屈从于我们在论述"环境"这个术语时所进行的同样的分析，那么这种完整的方面将被看到。确实，我们可以参照两种环境中的任何一种环境来描述行为，这种描述可能经常处于彼此矛盾的状态。但是，不论它们是否一致，行为本身在这两种描述中肯定具有不同的含义：因为行为环境和地理环境属于两种不同的讨论范围，在这两种环境中发生的行为也必然属于两种不同的范围。骑马通过康斯坦斯湖的那个男子是一个很好的例子：他的地理环境是这个大湖，他的行为环境则是一个普通的大雪覆盖的平原；相应地，正如我们前面已经指出的那样，尽管按照地理环境来说，骑马者的行为是骑马过湖，但是，按照他的行为环境来说，他是骑马穿过一块平原。或者，根据门外汉的说法：他认为他正在骑马通过一片陆地；他丝毫没有觉察他正在湖面的薄冰上奔驰。

因此，乍一看，我们对两种行为之间的区分好像完全可与我们对两种环境之间的区分类比：这里是被看的事物和实际的事物，那里则是活动者认为的活动和实际的活动。但是，相似性并非像看来的那么大。让我们来举另一个例子：我们观察到有三只老鼠在同一迷津内，每只老鼠从迷津的一端出发，最终出现在另一端。然后，我们可以用某种方式说，这三只老鼠都穿过了迷津，这是一种地理的陈述。可是，我们的观察也使我们相信，在老鼠的行为中存在着明显的差异：一只老鼠是为食物而奔跑，另一只老鼠是为探索而奔跑，第三只老鼠则是为练习而奔跑，或者只是由于一般的不安定而奔跑。这些特征都涉及行为环境内的行为。那只为觅食而奔跑的老鼠并没有在看到食物或嗅到食物气味时才开始奔跑，而是一开始就奔跑。托尔曼的著作提供了大量的实验证据，支持了这一论点。但是，地理迷津的第一部分并不包括食物，也不包括由食物发出的任何刺激物。如果行为指向食物，那么在它的行为环境中也一定是这样的。这种情况也同样适用于探索性行为。我们可以直接探索我们的行为环境，而且通过行为环境去间接地探索地理环境。甚至在最后一个例子中，那只仅仅为了练习或者由于烦躁不安而在迷津中奔跑的老鼠，其行为仍是一种行为环境中的行为，因为它是通过行为环境而加以调节的。现在，在所有这些例子中，对这两种行为的描述不再是一种真正的描述，这是因为：地理环境中的行为是一种实际的活动，而行为环境中的行为则是动物认为的活动。一种兴奋的行为实际上是一种兴奋的行为，一种探索的行为实际上是一种探索的行为，甚至一种指向食物的活动实际上是指向食物的，即便实验者把食物从食物箱中移开，情形也是如此。确实，在这最后一个例子中，动物并非真正地奔向食物，因为从地理角度讲不存在食物，在某种意义上说，我们在这里所作的区分与在康斯坦斯湖的例子中所作的区分是一样的。这不再是一种行为的描述。我试图用一个例子来解释这一点：一只球沿倾斜面滚下，最终掉入一个洞里。现在，洞里可能有水，也可能没有水，因此我可以说，这只球掉进了一个有水的洞里，或者掉进了一个没有水的洞里。但是，这种差别并不影响球的运动，直至球已经到达那个空间位置，即在一种情况下洞中有水而在另一种情况下洞中无水的空间位置。

对于运动的其余部分而言,存在或不存在水是完全无关的;与此相似的是下面一种说法:当实验者移走食物以后,老鼠便不奔向食物;直到老鼠跑得十分接近食物箱觉察到不存在食物时,便停止奔跑,这两种说法是毫无关联的。

行为和成绩

如果按照地理环境描述行为不是一种真正的行为描述的话,那么它究竟是什么东西呢?为了简化我们的术语,我们从现在开始将按照地理环境把行为称做"成绩"(accomplishment),并按照行为环境把行为仍称做"行为"。"成绩"这个名称直接表明了按照地理环境而描述行为的原因,因为行为问题的结果,正如我们已经指出的那样,处于地理环境的变化之中。我们通常对这些结果感兴趣,它们是一个动物的成绩。但是,我们刚才已经研究过,对一个动物的成绩的了解并不等于对它的行为的了解。我将提供一个惊人的例子,在该例子中,"成绩"和"行为"在某种意义上说是彼此对立的。假设我见到一个人站在一块岩石上面,而我知道这块岩石此刻即将被炸开。由于那个人的位置离我太远,我无法向他说明他存在着迫在眉睫的危险,于是我尽力地向他呼叫"快到这边来"。那个人如果接到我发出的指令并充分地受此影响的话,那么从行为角度上说便会开始向我奔来,但是,从地理角度上说,当他向我奔来时,他实际上是离开了那个危险的地点;因此,从地理角度上说,这两种描述是绝对相等的。然而,如果我过后联系这一事件时,我将会说,他在爆炸发生之前脱离了危险。我是在描述他的成绩而不是他的行为;后者是朝向某物的运动,前者是离开某物的运动。如果行为和成绩之间的联结始终属于这种类型的话,那么,这个世界将确实成为一个奇异的场所,而且,它肯定不会是这样一个世界,即我们可在其中发展意义概念的世界。它可能是一个神话的世界:想象一下阿拉丁(Aladdin)去擦那盏神灯,从而出现了那个具有人形并听人使唤的精灵吧!我们将看到,实验者经常把动物置于一种情境中,在这种情境里行为和成绩以一种与擦亮神灯而使精灵出现相类似的方式联结起来。但是,即便行为和成绩并不以这种神话般的方式结合在一起,成绩和行为之间的关系也在一个方面与地理环境和行为环境之间的关系相类似:如果我们了解了任何一个对子的其中一个成员,我们还不了解另一个成员。不过,倘若第一种关系是心理学问题中最重要的一个问题的话,则第二种关系便不那么简单了。作为一个一般的问题,正如从我们的上述例子中推论的那样,严格地讲,它根本不会进入心理学。但是,它仍然是一个令人感兴趣的问题,我们将再次提出这个问题;此外,由于成绩和行为之间的关系事实上并不属于神话类型,我们往往能从成绩推论行为及其环境。整个客观的方法利用了这种可能性;老鼠在迷津中奔跑的时间,它所犯错误的数目,它进入哪些死胡同而不进入哪些死胡同,所有这些事实为我们提供了解释行为和行为环境的线索,不过,它们本身并非关于行为的陈述。

我们已经看到，唯一涉及行为本身描述的体系是行为环境。迄今为止，我们未能解决在这一漫长的讨论中开始提出的那个问题，也就是说，补充我们的行为环境概念，以便使它像直接经验或意识等概念那样全面。我们现在将回到这个问题上来。

我们的行为知识之源

我们如何获得行为的知识？一个动物的行为是我们行为环境的一部分，我们对该行为的了解是与了解我们行为环境中一切其他物体和事件一起进行的。因此，关于我们如何了解真正行为的问题，原则上与我们如何了解任何一种非行为的现实这一问题没有什么不同。现在，它将不会占用我们的时间；我们在了解地理环境和行为环境之间一般关系的一些情况之前，无法对这个问题作出答复。此刻，只需提出两点评论：① 我们必须假设真正的行为的存在，就像我们必须假设实际的台子、实际的书本、实际的屋子和实际的动物存在一样。② 由于我们已经表明，行为始终是行为环境中的行为，不是我们在实施行为，而是动物在实施行为，所以我们现在可以解答先前曾对我们的程序提出的一种反对意见，也就是拟人的(anthropomorphic)问题。我们在自己的行为环境中观察到一种动物的行为。如果我们在没有进一步证据的情况下作出这样一种假设，即我们的行为环境和动物的行为环境一致，那么，我们将肯定会接受"拟人论"(anthropomorphism)的批判了。另一方面，动物在一种行为环境中的所作所为，也就是说，它自己的行为，根本不是拟人的行为。这种环境在多大的程度上与我们的环境一致，它在哪些特征上有所不同，这确实是一个十分重要的问题，而在解决这些问题方面，我们必须谨慎从事，以避免拟人论。但是，让我们回到我们的主要论点上来：根据我们行为环境中一个动物的行为，借助更为间接的方法，我们可以推断出该动物真正的行为本质。不过，我们靠自己来行事。我们也了解这种行为。我们发现它发生在我们的行为环境中，但是，现在"在……中"这个词的含义与我们谈论发生在我们自己的行为环境中的另一个动物的行为时所具有的含义不同。这个动物现在是我们行为环境的一个部分，我们自己则是我们环境的中心，尽管不是"该环境的"。环境始终是某种事物的环境，因此，我的行为环境是我和我的行为的环境。正如我了解自己的行为环境一样，我也了解这种环境中的我自己和我的行为。只有当我们包含了行为环境的这种知识时，我们才能获得与苛勒所谓的直接经验完全相等的东西，或者与所谓的意识完全相等的东西。只需列举一些项目，便可以清楚地看到这种知识包含了我的愿望和意图，我的成功和沮丧，我的快乐和悲伤，我的喜爱和憎恨，还包含了我做这件事而不做那件事的原因。关于最后的情形，有一个例子，一位友人曾问我："你对之举帽致意的那位女士是谁？"我答道："我并没有向任何一位女士举帽致意；我曾经举起过帽子，因为它套在头上太紧了。"

实际的、现象的和表面的行为

我们现在可以引进一个新的术语。我们已经看到,我们必须从实际的行为中区分两种行为类型,也就是把某人的其他行为环境中的我的行为与我自己行为环境中的我的行为相区别;或者,用互换主体的办法,就是将我自己行为环境中的某人的其他行为与某人自己行为环境中的他的行为相区别。我们将把每一对子的第一种行为称做表面行为(apparent behaviour),而把每一对子的第二种行为称做现象的或经验的行为(phenomenal or experienced behaviour)。正如上述举帽的例子所说明的那样,表面行为可能在涉及实际行为方面产生误导,但是,它也可能成为真正的向导,例如,如果我真的向一位女士鞠躬致意的话。另一方面,现象行为是一种真正的标志。毫无疑问,现象行为对于我们了解实际行为是一种极具价值的线索。当表面行为和实际行为的关系与行为环境和地理环境之间的关系属于同一类型时,现象行为与实际行为之间的关系便属于不同的性质了。实际行为在某种程度上从现象行为中表现它自己。但是,仅仅是在某种程度上。这是因为,现象行为至多反映实际行为的一个部分,而且反映出来的这个部分不可能总是最重要的部分。我们将在后面讨论这一问题。现在,我们得出的结论是,为了了解实际行为而抛弃现象行为是错误的,同样,排他地和盲目地使用它也是错误的。

行为和环境的小结

作为小结,我们可以用一定的程式把我们关于行为和环境的发现表达出来(见图2)。G代表地理环境,它产生了BE,即行为环境;BE处于G之中并受G的调节,从而产生RB,也就是实际的行为,它的有些部分在PHB,也就是在现象行为中反映出来。从某种意义上说,BE、RB和PHB发生在实际的有机体RO之中,但是并不在现象的自我(phenomenal Ego)之内,应该归入PHB(现象行为)。实际的有机体(RO)直接受地理环境(G)的影响,并通过实际行为(RB)反作用于实际的有机体(RO)。我们的图解并不意指BE(行为环境)和PHB(现象行为)对有机体的依赖,也不包含行为的结果。但是,由于实际行为(RB)对G(地理环境)的作用,进一步发生了两种变化:行为环境(BE)发生变化,现象自我也发生变化。当黑猩猩吃掉水果以后,它的行为环境便成为"无水果"的了,而动物自身也"获得了满足"。

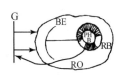

图 2

场 概 念

迄今为止,我们已经澄清了克分子行为的概念;我们已经看到,它发生在行为环境之中,我们用两种方式了解它,一种方式反映了表面的克分子行为,也就是属于其他人的行为,另一种方式是现象的克分子行为,也就是我们自身的行为。这两种类型的知识都用来对实际的克分子行为进行理解或解释。此外,我们也对实际的克分子行为的动力方面(dynamical aspect)获得了一定的顿悟(insight)。用此方式,我们便为心理学作为一门克分子行为的科学奠定了基础。现在,我们必须系统地阐述这一论点。哪一个是我们系统中最基本的概念呢?我们的心理学的假定之一是,它必须是"科学的"。因此,让我们尝试去发现一个基本的科学概念,它是我们可以用于我们的任务的。稍稍浏览一下科学史,便会使我们导向自己的发现。牛顿(Newton)是如何解释物体运动的?按照他的说法,运动的每一种变化是由于一种力,根据牛顿的引力定律(该定律为这种力提供了一种量化公式),这种力或者通过撞击(impact)而产生(两只台球的撞击),或者通过物体的相互吸引(attraction)而产生。牛顿假设这种力的作用是没有时间性的;它在一定距离产生一定作用。那里是太阳,这里是地球,它们之间没有什么东西,只有无限的空间,也没有任何东西去介入太阳对地球的引力,反之亦然。后来,过了很长时间,当人们发现磁和电的吸引和排斥定律,并证明它与牛顿的引力定律在数量上一致时,便给予它们以同样的解释;它们被解释成超距作用。这一与时间无关的作用概念已经与牛顿的概念不属同类;牛顿当时提出这一概念是因为他看不到其他的可能性,可是,到了第一批电学定律被发现时,它已经成为基本的概念,而且在科学体系中具有既得的利益。这时,一位年轻人在电磁场中的辉煌实验开始被认识,但却遭到了很多的藐视。这位年轻人设法以不同的术语解释其实验结果,排除了一定距离内的一切活动,并通过发生在两个物体之间的中介过程来解释两个物体的电的吸引和排斥,而两个物体之间的这种中介也就是电介质,它及时地从一个地方传向另一个地方。法拉第(Michael Faraday)的主张就此被提出,经过系统阐述,然后由麦克斯韦(Clerk Maxwell)给出数学的形式,他引进了更为一般的术语:电磁场,以此作为力的载体;他推断出电磁力传导的速度,并证明这种传导速度在空间与光速一致。信仰超距作用的人们进行了顽强的抗争,可是却被他们的"敌人"把他们从电磁场的位置上驱逐出去,于是抨击便暂告结束。但是,有一座堡垒仍留在"敌人"的手中,那就是牛顿的引力。直到本世纪初,这座堡垒才被迫投降。在爱因斯坦(Einstein)的引力理论中,超距作用消失了,就像它们以前从电磁学中消失一样,而引力场(gravitational field)就此问世。作为几何的虚无缥缈的空间从物理学中消失了,并为应变(strains)和应力(stresses)的分配体系所取代了,它们既是引力的,又是电磁的,决定了空间的几何特性。在一个特定的环境中,应变和应力的分配将决定一个特定构造的物体将会在该环境中干什么。反之,当我们了解了物体,观察到它在某种环境中干什么时,我们可以

推断该环境中场(field)的特性。于是,我们通过观察磁针在不同地点的行为(它们的磁偏角和磁倾角)而发现地球的磁场,同样,我们也可以通过测量钟摆在不同地点的特定长度的周期而发现地球的引力场。由此可见,一个物体的场和行为是相互关联的。由于场决定着物体的行为,因此这种行为可以用做场的特性的指标。为了完善这一论点,我们说,物体的行为不仅意指与场有关的物体运动,它还同样涉及物体将经历的一些变化;例如,一块铁将在磁场中被磁化。

心理学中的场

让我们回到我们自己的问题上来。我们能否把场的概念引入心理学中去,意指它是一种决定实际行为的应变和应力的系统呢?如果我们可以这样做的话,我们便拥有了针对我们全部解释的一个一般的和科学的类别,而且我们也将面临与物理学家相似的两个问题:① 在一个特定的时间里场是什么东西?② 从一个特定的场里必须产生什么行为?

作为心理场的行为环境

但是,我们将到哪儿去寻找一种场,它在心理学中发挥的作用与在物理学中发挥的作用是否一样呢?根据我们前述的讨论,显而易见,它肯定是一种不同的场。物理场是地理环境的场,我们已经说过,行为必须由行为环境来解释。那么,这究竟是不是我们要找的心理场呢?让我们来探讨一下这种假设究竟是如何运作的。它意味着我们的行为环境,作为决定因素和行为调节者,必须具有力量。因为我们仍然坚持这样的原则:没有力量便没有运动的任何变化。那么,这种决定的规则是否意味着行为环境不能作为我们需要的场呢?回答是决非如此。当我们恰当地描述我们的行为环境时,我们不仅意指行为环境中的物体,还要意指物体的动力特性。我们将讨论若干例子。想象一下你在山间草地上或在海滩上晒日光浴,神经完全放松,而且与世无争,你什么事情也不干,你的周围环境如同一块柔软的斗篷,将你罩住,从而使你得到休息和庇护。现在,你突然听到尖叫声:"救命啊!救命!"这时你的感觉变得多么的不同,你的环境变得多么的不同。让我们用场的术语来描述这两种情境。起先,你的场对于一切意向和目的来说是同质的(homogeneous),你与场处于一种平衡状态。既没有任何行动,也没有任何紧张。实际上,在这样一种条件下,甚至自我(Ego)及其环境的分化也变得模糊不清;我是风景的一部分,风景也是我的一部分。因此,当尖叫声和意味深长的声音划破平静时,一切都变了。在此之前处于动力平衡中的一切方向,现在只有一个方向变得突出起来,这便是你正在被吸引的方向。这个方向充满着力,环境看来在收缩,好像平面上形成了一条沟,你正在被拉向这条沟。与此同时,在你的自我和那种尖叫声之间发生了明显的分化,整个场产生了高度的张力。

如果我们从这个例子中主要提取有关场的同质或异质的描述,那么我们便可以看到,前者比后者更罕见,尤其对于西方文明中过分活跃的人类来说更是如此。因为活动预示了异质的场(inhomogeneous fields),它是具有一系列力的场,具有潜在变化的场。勒温(Lewin)在一篇论述战争景象的文章(1917年)中为一种具有十分简单的异质性的场提供了建设性的描述。这里有一个场,该场除了一切细节以外,在一个方向上具有一种极性结构(a polar structure):一侧是敌方的领地,另一侧为家庭和安全。这种矢量(vectorial)的特性是一种主要特征,它决定了整个场,没有其他任何一种特征可以完全摆脱它。

还有其他一些更具教育意义的例子包含在哈特根布奇(H. G. Hartgenbusch)关于体育心理学的一篇文章中。作者描述了他经历过的几次不同的经验或行为场。我选择了几个英式足球的例子。"当他们(足球队员)向对方球门移动时,他们将看到球场是一个不断变化着线路的场,它们的主要方向指向球门"(1927年,p.50)。这些线路是行为场中力的真正线路,随着球员队形的变化而不断变化着,并引导着球员的行动。"所有这些球员的运动(在场上的转换移动),是与视觉的转换相联系的。当然,这并非逻辑思维的一个例子,因为在一般的意义上说,思维是与足球队员风马牛不相及的,足球队员对思维可以说一无所知;在其张力的状态下,视觉情境直接产生了运动的操作。"

我们必须以更为一般的观察来开始下一个例子。在我们的行为环境之中包含着各种事物和空洞(holes)。通常,对我们的行为进行调节的力产生于前者而不是产生于后者。不管这是否由于经验,它都是一个可以留待讨论的问题,虽然一个肯定的答复看来不符合这种事实,即一个骑自行车的新手为各种物体所吸引,尽管经验一定会告诉他一旦撞车会产生伤害性结果。然而,在他的行为环境中,每一个显突的物体都会吸引他,无论是一名妇女推着一辆童车还是一辆重型卡车驶过。仅就我们所说的环境中的那些"显突"物体而言,便表明了一种异质:物体存在的地方要比空洞存在的地方更受注意。当然,空洞也可以成为十分显突的部分,从而空洞中的东西要比空洞周围的物体更受注意,也就是说,现在空洞成为具有吸引力的东西了。从哈特根布奇那里摘引的另一段言论也许可以解释这一点:"在攻击的一方看来,对方的球门显然被封锁起来了,只有左边有一个空洞。从我站在受到威胁的球门后面的位置望出去,我看到正在攻击的左中卫如何控制那个球①,他的眼睛盯着空门,并竭尽全力将球踢过那

---

① 为了与原文保持一致而作了改变。英语术语将适用于橄榄球而不是英式足球赛。

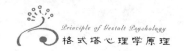

个空当。当我嗣后问他,当时他的感觉如何时,那位幸运的球员答道:'我只看到一个空洞'。"然而,足球也为我们提供证明,证明了我们的最初主张,即物体而非空洞乃是显突之点,也即力的中心。球员们必须学会将重点放在空洞上,并对守门员不加关心:"当一名专家……全神贯注地追踪一场足球赛时,他将经常注意到,守门员站在相对来说较大的球门跟前,要比参赛者仅仅偶然踢到的球更容易受到袭击",甚至当人们考虑这一事实时,即守门员不论何时只要有可能便会设法截住那只球。我们的作者继续写道:"守门员在空间提供了一个显突点,它吸引了对方球员的眼睛。如果活动发生时,球员的眼光正凝视在守门员身上,那么球一般将落在他的附近。但是,当踢球者学会重建他的'场',以便将现象的'引力中心'从守门员转变到空间的另一点时,则新的'引力中心'将具有同样的吸引力,就像守门员以前具有吸引力一样。"

除了对行为发生在行为环境中的事实提供了很好的说明以外,哈特根布奇的另一个例子还补充了一个新论点。对此,需要简短介绍。如果我们借助肌肉的力来举重,我们便必须使身体保持平衡;这预示着我们的肌肉组织保持某种紧张状态,它既由我们的任务所决定,也由举重发生时的机械状态所决定。哈特根布奇提出的论点清楚地表明,使我们的身体固定在地面上的这种姿势,并不仅仅依靠地理环境,同时也依靠行为环境,甚至依靠行为环境的这样一些方面,也就是不具有直接的机械作用或引力作用的方面。哈特根布奇还谈到了"重量级运动员"的竞技,他们的成绩与一切预期相反,未能达到以前的记录。"其中一名参赛者找到了解谜的方法。那个举行比赛的场地是一个灯火通明的大厅,大厅内没有任何显突的注视点可供举重运动员集中他们的目光……与注视的空间定向相伴随的稳定性,对于重量级举重来说是必不可少的,而在这种灯火通明的大厅内显然无法达到;因此,也就出现不了所期望的记录了"。我们可以看到,行为的目标是动力的,在这个意义上说,它们不仅在各种方向上对行为进行推和拉,而且,它们还提供杠杆作用,也即稳定性和平衡性。

我提供的一些例子已经表明了具有动力特征的行为场这个术语的含义,以及这一概念的有用之处。对许多心理学分支来说,有关的解释无须超出其范围,而对其他一些需要超出其范围的心理学分支来说,仅需极少的补充。于是,对那些与我们自己的心理不同的心理进行描述,不论是儿童的心理描述,还是原始人的心理描述,只要这些人的行为场,以及由这些行为场所要求的行为,是被恰当地描述的话,那么,这种描述便是完整的。诸如列维-布留尔(Levy-Bruhl)对原始人进行的研究,以及皮亚杰(Piaget)对儿童进行的研究,确实是这样的描述。可是,这里并未涉及列维-布留尔和皮亚杰的描述究竟是否正确的问题,因为即便它们是错的,一种真正的描述还是这种类型的描述;它将是对行为环境以及包含在其中的自我的一种场描述。勒温的行为理论、活动理论和情绪理论已把这种行为场作为核心而包括进去,即便他不得不超越它的范围。最后,当我们或小说家或历史学家描述行为时,我们是按照行为环境中的力来描述行为的,尽管我们和他们一样使用了完全不同的术语。

作为心理场的行为环境的不适当性

然而,有绝对必要的理由表明,为什么我们不能把行为环境作为我们的基本解释类别的心理场来接受。原因有三:① 行为环境的本体论地位(ontological status);② 行为环境和地理环境的关系;③ 行为场的不足。让我们对这几种情况一一加以讨论。

1. 行为环境的本体论地位

我确信,在阅读有关行为环境之动力特征的描述时,将会产生某种勉强的感觉,它涉及把行为环境作为一种真正的解释概念来接受的问题。人们可能会说,我正在使用 个词,这个词在上下文中具有充分界定的含义,而在这个上下文中它是不可能具有这种含义的。我指的是"力"(force)这个词。人们也许会争辩说:"力在物理世界中具有明确的含义,但是在行为环境中它又意指什么呢?属于物理世界的力是一种结构,而不是一种数据;然而,它却被视作行为世界的一种特性。它从自己的论域被引入另一个论域,在那里,它原本是没有位置的。即使这些描述是合适的,即使它承认人们可以谈论由一种诱惑产生的吸引力,或由一种危险产生的排斥力,但是,这仍然只是一种描述;力在物理学中是一个解释性术语,是变化的原因。不过,这种解释性含义与描述性含义一起已经悄悄地进入了行为世界。一种行为的力甚至已经被用来解释实际的行为,也就是说解释物理运动,而物理运动显然只能通过物理的力而产生。此外,没有任何陈述表明行为世界存在于何处,它的本体论位置和地位究竟是什么。是不是存在两种实体(substances),一种是物质的,另一种是精神的,行为世界是由后者组成的吗?如果真是如此的话,这种二元论(dualism)是否意味着心身之间的相互作用论(interaction-ism);在这个系统中,一种精神的力是否对事件的物理顺序进行干扰?这种相互作用论不可能属于传统的类型,传统的类型认为,作为自我(Ego)的灵魂,也即作为精神实体的灵魂,控制着身体的活动,也即控制着物质实体的活动,这是很清楚的;因为在这个系统中,身体也受精神物体的控制,而后者并不是自我。但是,即便这种相互作用论是一种新类型,它仍然是一种二元论。在这种引入的系统中,包含着已遭否认的彼此独立存在的领域,例如,包含着已遭否认的生机论(vitalism)。"我承认上述论点的每一个词,尽管我必须提及有一种可以从它那里摆脱出来的方法,这是勒温已经指出过的。人们可能会认为,像力、场等术语,以及其他许多术语,有着比它们在物理学中具有的含义更加广泛的含义,后者的含义仅仅是对前者的含义的例证而已。只要举几个简单的例子便可使这一点清楚起来:如果在两个容器中分别注入水,达到不同的水平,然后将两个容器的底部联结起来,由于压力的不同产生了力,水便从一个容器流向另一个容器。这是一种纯粹的物理运动;但是,现在让我们考虑一下下面这个例子:美国有大量剩余的黄金,欧洲则缺乏黄金;那么将会发生什么情况?黄金就会越过大洋而流动。这个例子在其形式上岂不是与流体力学的那个例子十分相似吗?由于在某种物体中产生了我们在物理情形中称之为压力的差异,从而发生了运动,这个术语也能相当恰切地应用于经济情况。我们再举一个例子:在苏联,产生了对各种货物的大量的新需要;于是,工厂日夜开工,同时越来越多的工厂正在破土建造;可是,在世界的其余地方,供大于求,结果是,越来越多的工厂削减其产量,或者完全倒闭——这并不是对我们经济危机的描述,而是仅仅举个简单的例子而已。由此,我们可以提出这样一个问题:是什么东西生产了货物?是工厂中的机器;这当然不错,但是还有对货物的需要;也就是说,有一种与物理学中的含义不同的力,但是在应用上却是一致的。现在来归纳一下:正如我们已经介绍过的行为场那样,我们可以介绍一种经济场,它与行为场一样,也具有其力的系统。由此可见,在行为环境中就不该提出对力的任何异议了,甚至不该提出对它们产生实际的身体运动的异议了。因为这种需求使车轮转动,并使轮船把黄金和货物运输到大洋彼岸去。由此可见,经济的力产生经济的结果,它们通过作为中介的物理运动而达到这一点。与此同时,经济学家并没有假设一种特殊的实体,譬如说具有大写字母"T"的"贸易"(Trade);因此,心理学家在处理行为场的时候,也不需要引进一种称为"心灵"(Mind)的实体。

这是一个十分杰出的论据,它可能导致科学哲学的重大结果。但是,就我个人而言,我对此并不感到满足,因为它使两者之间的关系,也就是说,一种是物理结果,另一种是行为结果或经济结果,完全处于朦胧状态。我需要的是同一个论域,在该论域中,一切事件都会发生,因为活动是在一个论域中被界定的,而不是从一个论域到另一个论域被界定的。我从勒温那里借用的论据可能会导致这样一种论域的定义,从而可能强烈地影响我们的现实概念。但是,在他的论点发展成为始终如一的认识论体系和形而上学体系之前,我更高兴见到这样的论点,即对我以不同方式使用行为力提出异议。

正如我前面所说,我承认这一论点的中肯,也就是说,我承认在我们的最终解释中,只能有一个论域,而且一定是物理学曾教导过我们的这个论域。我们不仅应该把我们的行为所消耗的能量视作是物理化学的能量,而且,也应该把对每一种运动负责的力视作是物理化学的力。有机体本身是一个物理化学系统,尽管它的生存有赖于地理环境,而它的活动则必须按照这个系统内的过程来最终得到解释。如果一种活动可以还原为有机过程的因果序列的话,那么,它便成为可以理解的了,因为这样一来它便还原为一个论域,这个论域与它的实际运动发生的论域是一样的。

如果有人认为该论点已经排斥了场概念使用的话,那么这将会误解这一论点的倾向。反之亦然;如果行为的地点在于物质世界,那么,在物理学中作为一种有力工具的场概念也必须适用于行为。我们的论点仅仅否认这种场概念能与行为环境概念相一致。

2. 行为环境和地理环境的关系

我们反对这种自居作用(identification)的第二个理由是以行为环境和地理环境之间的关系为基础的。前者依靠后者是不言而喻的,尽管这种依靠的方式决非简单或模棱两可。但是,鉴于这个问题将在下一章里加以讨论,它的一个方面是在这个联结中有关的:我们假设这种联结是一种因果联结,也即地理环境成为行为环境的原因。不过,由于两者属于不同的论域,困难又出现了。这是因为,一个论域中的一种原因如何能在另外一个论域中产生一种结果呢?我们的所有因果定律在同一论域内涉及各种事件,因此,由于地理环境属于物理领域,我们要求它的结果也属于物理领域。于是,我们再一次被迫离开行为环境;我们被迫用实际的物质在机体中发生的事去取代它。当然,这个问题并非始终让我们感兴趣。我们可以认为它的答案是理所当然的,或者把它暂时搁置起来以便处理其他一些问题。科学始终在不同的水平上运作,在较高水平上的运作可能进行一个长时期而无须涉及较低水平的运作。因此,化学在与物理结合以前成为一门十分先进的科学,即便到了今天,它也不可能将一切化学反应具体地还原为质子和电子的运动,尽管每一位科学家都认为原则上这样的变化是可能的。

因此,我们目前的论点仅仅意味着,心理场作为最低水平上的基本概念,不可能与行为环境相一致,这是因为,作为基本概念,心理场不能被认为是理所当然的,而是必须与地理环境在因果上联系起来。与此同时,我们已经指出,心理学在不同水平上运作,而行为环境可能是这些水平中的某个水平,如果不是整个场的话,至少是它的一个部分。

3. 行为环境的不足

我们的整个行为是不能根据行为环境来解释的。至少存在三种不同类型的行为,对它们来说,无法找到任何合适的行为环境。对此,让我们一一予以讨论。

(a) 所谓的反射

在我们生命的每一时刻,我们肌肉组织的紧张度得到调节。如果得不到调节的话,我们便不能坐,不能站,也不能走路了。但是,所有这些调节都是在我们不知不觉的情况下发生的;对于它们来说,不存在什么行为环境。对于紧张反射来说为真的东西,对于所谓的阶段性反射也为真。例如,找将一束强光射入一个人的眼中,他的瞳孔便会收缩;我把光线移去,瞳孔又重新放大。现在,可以这样说,这里存在着一种行为环境,因为那个人会看到光线的来去。但是,即便这样,他的行为对他自己来说也很难了解;他在知道有关瞳孔的活动之前,对他瞳孔的运动可以说完全无知,即便在瞳孔收缩或扩张之时,他仍意识不到它们的运动。因此,如果说在这些情形中可能存在一种行为环境的话,现象的行为还是会消失。此外,不论一个人是否有行为环境,并不构成任何差异。例如,一名拳击运动员被击倒并昏迷,但他的瞳孔仍有反应。

显然,如果场概念被用于这类反射之中,它不可能像行为环境的概念一样。当然,人们都会被诱使将场概念排除在反射的解释之外;那是人们已经做过的事情。反射是纯粹的刺激—反应之联结的原型(prototypes);它们仿佛是一种纯粹的地理环境中行为的清晰例子。我们将会在后面看到(见第八章)为什么能接受这样一种解释。它将意味着有两种可以明显区分的行为类型,诸如形成场条件反射的行为(field-conditioned behaviours)和没有形成场条件反射的行为,就像存在依靠行为环境的行为和不依靠行为环境的行为那样。然而,实际上并不存在这种绝对的区分。一种活动可能或多或少地由一种行为环境所决定,而且不存在任何明显的分界线。相应地,若让我们以某种方式接受没有形成场条件反射的行为,我们一定会感到勉强。但是,它的场不可能是行为环境。

(b) 在行为环境外面决定行为的力

决定我们行为的力不可能总是那些我们认为是决定因素的东西。例如,我们可以干某事,以便如我们所想象的那样去取悦 X,但是这样做实际上恰恰会使 Y 感到恼怒,这时的 Y 既不需要在场,又不需要存在于我们的思维中。以各种形式反映出来的精神分析(psychoanalysis)已经使许多这样的事实更清楚地显示出来,而且可以这样说,它的一般倾向证明,我们的一切活动均属于该类型,并可还原为一些隐蔽的力,这些力完全不存在于我们的行为场中。不论精神分析者是否言过其实,有一点很清楚,这种活动仍然存在,它不能根据行为环境来解释,它与行为的其余部分如此相似,以至于需要一种共同的解释性概念。由于场概念可以适用于一切行为,所以它再次表现出,心理场无法与行为环境相一致。

(c) 记忆

还有记忆问题。记忆在很大程度上决定了我们的行为场,而且,无论怎么说,它不能充当反对其普遍性的一种论点。我与我昨天遇见的 A 谈了话,而不是与以前从未见过面的 B 谈话,这是由于事实上 A 在我的行为环境中是一个熟悉的人,而 B 则是一位陌生人。但是,也存在其他一些方式,通过这些方式,记忆无须行为场的中介作用便能决定行为。例如,一名训练有素的打字员的快速而又正确的操作,是无法根据实际存在的行为环境来解释的,同样的情况如克莱斯勒(Kreisler)的演奏或者蒂尔顿(Tilden)或科歇(Cochet)的网球赛。他们的所有训练都反映在他们目前的操作中,但是这种训练并不属于目前的行为环境。可是,技能并非位于行为环境之外的唯一的记忆效应。我想起一个人,一座城市,一座山,但却记不起它的名称。我很想叫出其名称,但是任何努力均归失败。于是,我只得放弃,并干些别的事情,突然间名称出现了。这种现象再次说明在没有行为环境的情况下发生了一种行为,然而,它肯定是操作之力的结果,也就是说,是一种场过程。

"无意识"

把上述(b)和(c)提出的事实称做无意识(unconscious)或下意识(subconscious)对我们并无帮助。这里,我们见到我们术语之优点了,因为"意识"一词可以通过加上前缀"无"和"下"而形成新词(例如"无意识"和"下意识"),可是,行为环境不能在尚未完全失却其含义的情况下变成"无行为环境"或"下行为环境"这样的新词。由于我们认为意识一词应当只用作直接经验的等同物,其中包含了自我的行为环境和现象行为,因此,我们必须放弃使用"无意识"和"下意识"这些术语。然而,这些词被创造出来并得到广泛的接受,一定存在某种原因;为什么所有的心理学家未在意识和单纯的生理过程之间作出简单的区分?我认为,答案在于下述的事实,即生理过程未被作为场过程来处理,而所谓"无意识"或"下意识"的过程都具有十分明确的特征,这些特征在我们的术语中称作场特征。因此,如果我们在生理过程中保留场特征的话,我们将不再被诱使去谈论无意识过程。如果我们回顾一下置于"行为场的不足"这一标题之下的那些事实,那么,看来我们不得不再次转向生理事实了。

资产负债表

使这场讨论得以平衡的天平是什么?我们有得也有失。我们的收获在于建立了单一的论域。地理环境的物理场作用于一个物质客体,也就是有机体,并对该有机体内的生理场产生影响;于是生理场的事件发生了,它们改变了地理场,从而改变了生理场。我们拥有一个纯粹的物理学问题,该问题由于物理场和生理场这两个相互作用的场的关系而变得复杂,同时也由于后者的巨大复杂性而使该物理学问题变得复杂起来。但是,问题尽管复杂,却也不再朦胧;我们理解它的条件,原则上,我们可以从头至尾地追踪每个事件,也就是说,在事件的整个过程中进行追踪,而不是从一个论域跳向另一个论域。

以上谈的是收获。不过,损失也同样是明显的。如果我们就此打住的话,我们便放弃了把行为环境带入我们体系中来的全部利益。我们就会不再去处理心理事实而是去处理纯粹的生理学了。事实上,这种结果对于许多心理学家来说不能被视作损失,而是收获,现在他们也许会作出下列评论:"如果你想用生理学术语解释一切行为的话,那么你为什么还要引进行为环境呢?"我们已经对我们的行为环境寄予厚望。由于这个概念的帮助,我们认为可以建立起一种能为历史学家、艺术家和哲学家所接受的心理学,因为它包含了动机、美和合理性。现在,我们必须回过头来,并用单纯的生理学来回避问题。这样一来,难道不等于放弃克分子行为而用分子行为来取而代之吗?难道我们不是在使自己的目的变得荒谬可笑吗?最后,在我们对中枢神经系统的了解几乎是一片空白的情况下,又如何能用纯粹的生理学术语来建立起一个心理系统呢?难道一种新型的思辨心理学不会去取代实验心理学吗?行为环境是我们有所了解的,但是,我们的生理场仍然是完全未知的量。

于是,便产生了我们的资产负债表(balance sheet)。如果我们注视着资产和负债,也就是通过我们对生理场的信奉而在资产负债表上出现的内容,我们发现它们实际上是各种心理学学派之间发生争论的原因。那些认为资产就是计数项目的人成为行为主义者,他们对自己的债务就像债务人准备去做的那样轻松地思考。另一方面,那些认真的债务人(债务的分量像无法承受的重负压在他们肩上),对资产毫不考虑,从而成为"理解的"心理学家(understanding psychologists)。在这两个极端之间,我们发现了各种折中办法。不过,所有的折中办法都是难以令人满意的,因为它们没能找到一种方法,即用资产去抵冲债务。如果我们想成为诚实的人,并以一种长远的计划来经营我们的业务,从而使我们避免一种迫在眉睫的破产威胁,那么,我们必须这样干。或者,让我们选择另一种隐喻,我们必须知道我们正在走向何处,并且相信我们踏上的路是通向目标的。我记得学生时代的一件事。当时,我正走在回家的路上,同行的一位同学对我提出这样一个问题:"你有没有考虑过,我们学习的心理学正在把我们引向何方?"我对那个问题未作答复。嗣后,我的那位同学,在取得他的博士学位后,却放弃了心理学的职业,现在成为一位著名的作家。由于我不够诚实,也由于我能力不强,因此仍然坚持我的工作。但是,由于他的问题一直在困扰着我,所以,我准备随时抓住机会去找到答案。

行为场和生理场之间的关系至关重要

如果我还没有忘记那个颇为偶然的谈话的话,那么与另一位同事的谈话则作为我一生中的重要时刻而铭记于心中。这次谈话发生在1911年初,地点是法兰克福的一条大街。威特海默刚完成他的似动知觉实验,在该实验中,我和苛勒(Kohler)担任了主要的观察者。现在,威特海默打算告诉我实验的目的,因为作为一名合格的被试,我对该实验却毫无所知。当然,以前我也曾与这两个人作过多次讨论。一个人只要经常与威特海默接触,就会了解格式塔理论的某些方面,甚至在早期也是这样。但是,那天下午,他谈了一些问题,那些问题要比任何其他问题都使我印象深刻,他说的就是心理学中生理学理论的作用问题,也即意识和生理过程的基础之间的关系问题,或者,用我们新的术语来说,也就是行为场和生理场之间的关系问题。然而,用这些新术语来陈述这一问题是相当不公正的,因为这种陈述只有用威特海默的观点才有可能说清楚;在此以前,没有人想到过生理场的问题,或者为了那个问题,想到过行为场。

行为和意识的传统生理学理论

那时的生理学假设究竟是为什么的? 神经过程被描述为仅仅是一类事件,在某处开始兴奋,沿着神经传递,传到另一根神经,从那里再传至第三根神经,直到最后,它们产生肌肉收缩或腺体分泌。行为的巨大复杂性并没有通过这些同样复杂的过程得到解释,而是仅仅通过许多彼此独立的过程的综合得到解释,这些过程全都属于同一种类,但却发生于不同的地方。一个兴奋的部位(locus)成为它的最为重要的方面;人们介绍过程的多样性,仅仅是为了说明不同的感觉方式和感觉质量,前者与部位差异相联系,而后者则不。声音刺激将引起听觉神经中神经纤维的兴奋,这种兴奋传递到皮层的颞叶,从而刺激那里的神经节细胞,以引起与音调感觉的特征相对应的特殊形式的反应;光刺激同样会引起兴奋,这些兴奋传入皮质的枕叶,在那里引起细胞的兴奋,由于这些细胞的不同性质,此类兴奋将与皮质颞叶中的过程有所不同。但是,同样是枕叶细胞,也能产生不同类型的兴奋。在这样一种生理假设系统中,由于皮质细胞和感官表面细胞之间存在一种固定的联结,例如,在视觉皮质细胞和视网膜锥体细胞之间存在一种固定的联结,因此当同一个锥体细胞兴奋时。同样的皮质细胞也将会始终受到激发。现在,同样的锥体细胞可以由不同波长的光波引起兴奋,从而使有机体看到不同的颜色。结果,从锥体到皮质,同样的神经纤维和神经节细胞必须能以不同方式作出反应。

然而,这是神经过程所具有的唯一的质的多样性;除此以外,一切复杂性都由不同部位的细胞兴奋的结合来进行解释。毫无疑问,大脑的定位问题在心理学领域显得十分重要。

我曾说过,这种形式的生理学理论在1911年颇为盛行;我还必须补充的是,十年前,伟大的生理学家克里斯(J. Von Kries)已经提供了充分的证据,证明这种形式的生理学理论是极端错误的。但是,他未能提出一种合适的理论以取代它的位置,所以,旧的理论继续存在下去,似乎什么事情也没有发生过一样;确实这种理论具有强大的生命力;到了1929年,它仍然十分富有活力,致使拉什利(Lashley)在对美国心理学会发表的主席演说中(拉什利的论文是在耶鲁大学举行的第九届国际心理学大会上宣读的)试图给予它致命的一击。自从冯·克里斯发表他的著名演说以来,反对该理论的材料已经有了大量的积累;拉什利的抨击看来是击中要害的;他的理论似乎具有迷人的活力,从而一直坚持到今日。

生理过程是分子的,完全与行为过程不同

看来,有必要对此问题筛选出一些突出的方面。首先,是托尔曼所谓的分子。在神经兴奋中找不到任何克分子的特征,神经兴奋的总和构成了神经活动。其次,这种生理过程的理论与它的行为环境一起构成了行为的基础,或者,正如前面所讲的那样,构成了意识现象的基础,它的构成几乎完全不受克分子行为或意识现象的控制。后者仅仅通过进入了我们在前面提过的质的感觉差异而对该理论产生影响。以特定方式解释过的解剖学事实看来揭示了若干彼此独立的结构,也就是神经元;确实,解剖学的事实是该理论的主要基础。但是,不仅这个理论不受行为观察或心理观察的支配,而且,它对这种观察还产生了决定性影响。把行为描述为大量反射的结合(不论是原始的反射还是条件反射),根据感觉把行为环境描述成心理要素(elements),这两者在形式上是相似的。当现代实验心理学问世时,感觉理论并没有与其一起创立,而是从旧的思辨体系(speculative systems)中接管过来的。它在这么长的时间里从未被人怀疑过,它之所以成为现代心理学的一个部分,毫无疑问是由于起源于解剖学发现的生理学理论。于是,我们看到了事实如何依靠理论,因此,如果声称一种理论只是对独立事实的简要阐述,那么,这种说法是何等的错误。

它们的关系仅是事实的

再次,在这一理论中,作为刚才表明的两种特征的结果,一方面是克分子行为和行为环境之间的关系,另一方面是生理过程的基础,都是事实的。实际上,它们是完全不同的;冯特(Wundt)难道没有强调过以下的观点,即忧郁的感觉和相应的中性事件绝对没有任何共同之点吗?斯托特(Stout)在1913年断言:"按照任何一种观点,必须把思维和感觉看作与任何物质过程基本上不同的东西,而大脑的原子和分子运动基本上与思维和感觉不同"(1913年,p.16),有没有什么东西能比上述这种断言更加肯定的呢?托尔曼难道没有在1932年出版的著作中写过下面这样一段话吗?托尔曼是这样说的:"我们坚决主张……'行为—活动'(behaviour-acts)尽管毫无疑问完全与物理学和生理学的基本分子事实一一对应,但是,作为'克分子'整体,它们具有某些自身的突出特征。"如果我们认为这个陈述意指克分子行为基本上与作为基础的分子生理过程不同,那么我们就把第三点与第一点连起来了。

鉴于上述三个论点,该理论必须受到谴责。分子生理过程的假设是以十分脆弱的经验主义为基础的;它导致了一种对行为和意识的分子解释(这种解释与事实发生冲突),或者完全将这两种系列的过程割裂开来,即将生理过程和行为过程或意识割裂开来,与此同时,通过把其中一个视为另一个的相关物(这种关联的性质完全未知),而在它们之间建立起最为密切的可能关系。

威特海默的解决办法——心物同型论(isomorphism)

现在,读者可以理解威特海默的贡献了;读者还会发现,为什么他的生理假设要比其他任何东西给我的印象更为深刻。他所说的内容可以归结为两句话:我们不应把生理过程视作分子现象而应视作克分子现象。如果我们果真这样做的话,则旧理论的一切困难都会烟消云散了。这是因为,如果它们是克分子的话,那么它们的克分子特征将与意识过程的特征一样,它们被假设为意识过程的基础。如果情况真是如此,那么我们的两个领域非但不会被不可逾越的鸿沟所隔开,反而会尽可能地结合在一起,于是,我们可以把我们对行为环境的观察和对行为的观察作为具体阐述生理假设的资料。由此,我们不只处理这样一些过程中的一种过程,而且我们还必须处理尽可能多的不同的心理过程,这两种类型的变式肯定是一样的。

克分子生理过程

然而,只要人们还不知道克分子生理过程是什么东西,那么,这种理论看来仅仅是说说而已。我们难道没有把新的实体引入生理学中去,从而引入科学中去,致使与科学原理不相容?难道物理学不是一门超级的分子科学吗?威特海默看出物理学并非分子科学;但是,他知道这种异议的错误性。这项工作留给了苛勒,苛勒于1920年通过表明物理学是一门克分子科学从而证明这一论点的错误性。"原子论"(atomic theory)这一名称看来证明了这种对立,但是,仅仅对一名肤浅的观察者来说是这样。让我们来举一个我们能够找到的最简单的例子:通过原子论,水被解释成是两种元素即氢和氧的化合物,以此方式组成水的分子,每一个水分子由三个原子构成,两个氢原子和一个氧原子。此外,在自然界中,氢是以分子形式出现,而不是以氢原子形式出现,每一个氢分子由两个氢原子构成。于是,我们便有了 H、H_2、H_2O。这听起来像一种明白无误的分子理论,但是实际上完全不是。因为,H、H_2 和 H_2O 都具有不同的特性,这些特性不能通过将 H 的特性和 O 的特性简单相加而得出。据此,物理学力图构建原子和分子模型,它们彼此之间的差异如同实际地被观察的实体的差异。简单的氢原子是由一个质子和一个电子以十分明确的动力关系构成,根据卢瑟福—玻尔(Rutherford-Bohr)理论所表达的这种关系,电子通过轨道围绕着质子而运动①。在 H_2 中,两个氢原子结合起来了。可是,究竟发生了什么呢?具有

---

① 尽管卢瑟福—玻尔理论已遭抛弃,但我们从中得出的结果在不同形式的更为近代的理论中仍然是一样的。所以,我们在本文中采用了这种最简单的和最容易理解的原子论形式。参见爱丁顿(Eddington)。

两个质子和两个电子的一个全新的系统已经形成了。这个新系统中的运动(即每时每刻处于活动状态的力),完全不同于 H 系统中的运动。例如,在简单的水分子里面,与氢原子和氧原子相比,其结构的复杂性和结构的差别是多么显著啊! 因此,如果说这一系统是由两个氢原子和一个氧原子构成,这样说是错误的。因为,这些氢原子和氧原子在水分子这个新系统的何处能找到呢? 让我们以此方式来看一下,化学分析将水分解为氢和氧,仅仅意味着一种系统已经转化为其他种类的系统,在这种转化中,某些特征,像整体物质的特征一样,仍保持不变。但是,这并不意味着,水是氢加氧以一定比例结合而成的。

分子理论和实体类别

上面的陈述所包含的谬误有其深刻的根源。人类建筑师将砖头组装起来盖成房子。他知道,正如他把房子造起来那样,他也可以把房子毁掉;他知道,他在与砖头打交道,毕竟他的房子是一些砖头组装而成的。但是,他恰恰忘记了他已经把这些砖头堆砌在一个引力场中,如果没有这种引力场,他可以用极少的砖头建造一所房子。但是,比起引力来,砖头毕竟是看得见摸得着的东西,因此盖房者仅仅想到了砖头,从而形成了他的现实概念。对于人类思维来说,实体具有体现现实的作用。分子理论只不过是这一思想的应用而已。基本上,它导源于一种选择性原理(selective principle),即应用于我们对现实理解的原理。但是,一所房子的现实是用什么东西构成的,或者克分子行为的现实是用什么东西构成的? 如果我们试图根据实体去解决问题的话,问题便变得不可回答。正因为如此,如果我们仅仅根据原子去描述一个分子的话,分子便将丧失其现实性。剩下来的便是我们与质子和电子在一起,正如在盖房子的情形中我们与砖头在一起一样,以及在克分子行为中与反射在一起一样。

不过,这种困难仅在哲学家方面产生,建筑师或物理学家不会产生这种困难。物理学家与这种原始的现实主义则相距甚远。实际上,物理学家发现,要想找到"实体"是越来越难了。有组织的力的场(fields of force)为他假定了主要的现实。假设如下:世界由质子和电子组成,这种说法对他来说毫无意义,正像声称欧洲由人类居住对历史学家或政治家来说毫无意义一样。后面一种陈述当然是无可争辩的,但是,它是否有助于解释欧洲的历史或目前的政治危机呢? 居住在欧洲的人中有英国人、法国人、德国人,以及大量的其他民族。如果将一名法国人放到一座荒岛上去,将另一名英国人放到另外一座荒岛上去,将一名德国人放到第三座荒岛上去,如此等等,那么他们的行为举止将会或多或少地相似;至少他们都是人类,这一事实将是解释他们行为的主要因素。但是居住在法国的法国人、居住在英国的英国人和居住在德国的德国人都是不同的民族。为什么? 这是因为,不仅人类是一种现实,而且人类社会具有其机构、政治形式、社会习俗和风俗、语言和文学、艺术和音乐、社会层次等等。如果我们否认这些东西的现实,那么我们便不可能成为历史学家,也不可能成为政治家;如果我们否认力的场分布的现实,那么我们便不可能成为物理学家;如果我们否认生理过程的克分子特征的现实,那么我们便不可能成为生理学家。

"生理学模式"

也许人们会反对说,没有人会把"生理模式"(physiological pattern)这个词用于每一册书中和涉及该题目的每一篇专题论文中。这是十分正确的。"模式"一词使问题变得模糊起来。在哪种意义上说这种模式可被认为是真实的呢?只有在我所谓几何的或结合的意义上,在这意义上同样可以用于掷骰子游戏。如果你摇动六只骰子,每一结果都可以称为一种模式:536224,151434,625251,等等。这里,"模式"的含义除了一些独立事件的结合以外,并不意味着任何东西。这些模式可以产生十分真实的结果。我拿起电话,拨了号码234(模式),结果校长办公室的电话铃响了;如果我拨479,那么心理系的电话铃也会响起,如此等等。这便是归因于生理模式的那种现实,与我声称的行为的克分子方面的那种现实颇为不同,也与我声称的生理事件或物理事件的克分子方面的那种现实颇为不同。我在先前讨论中曾用过的一个例子将会使这两种现实形成对照:"把同样容量的两个绝缘的电容器置于一个同质的电介质里,两个电容器之间保持很大的距离。然后,我将同样数量的电流 E 通向每一个电容器中,于是它们产生了同样的充电。不过,这种相等是一种纯粹的逻辑上的相等。世界上没有什么东西能使我对这两种充电进行相互比较。从物理学角度讲,在这种情形里,不存在相等的动力现实。确实,我可以在两个电容器的任何一个里面改变其充电量,而不至于影响另一个电容器的充电量。然而,当我用一根导线将两只电容器联结起来以后,它们的充电量的相等便成为一种物理的、动力的现实了。现在,这种相等性不再是一种我可以随意陈述或忽视的关系了,而是已经变成一种导体聚合的系统特性,它不再可以通过改变其中一只电容器的充电而被改变了。"(1927 年 a,p.178)

第二种情形里的相等性是一种真实的现实——而在第一种情形里则不。然而,"生理模式"已经在第一种意义上被使用,而不是在第二种意义上被使用,因此,这一术语与克分子特性的现实毫无关系。

现在,我们了解克分子生理过程是怎么一回事了。它们并不是独立的、局部的神经过程之和,或者说不是独立的、局部的神经过程的结合,而是拓展的神经过程,以便使每一个局部过程都依赖于克分子分布范围内所有其他的局部过程。

威特海默的解决办法,以及解剖学的事实和生理学的事实

对威特海默理论的下一个批评将会在关于它坚持解剖学事实和生理学事实方面提出挑战。这些事实至少适当地保存在旧的生理学理论中;难道它们不

是由于这一原因而使新的生理学理论失效吗?然而,甚至对这些事实所作的最为粗略的考察也会表明这种批评是不堪一击的。我们可以提出这样的问题:使局部事件的结合得以产生的条件是什么?使拓展过程得以形成的条件是什么?对此问题的回答肯定是这样的:当这些过程(而且只有当这些过程)完全被彼此隔绝,从而使它们能以绝对的独立状态自行发展时,只有到了那时,第一种情形才得以实现。因此,在电话接线中所形成的不同联结纯粹是一种局部事件的模式。A与B一起谈话这个事实对C和D互致祝贺的第二个事实不会产生任何影响,同样,对E和F进行剧院约会的第三个事实也不会产生任何影响。

可是,另一方面,在局部过程并不完全隔绝的地方,它们也不再是完全独立的,因此,在一个地方发生的事情将有赖于在所有其他地方发生的事情。隔绝的程度将决定相互依存的程度,所以,我们现在正在处理的不是一种彼此对立的情形,而是无限多样化的情形。因此,任何一种有关神经过程的生理理论必须提出的问题是:解剖学所揭示的个别神经结构是不是彼此隔绝的?只有当回答是肯定时,一种附加模式的传统理论方才成为可能。一旦人们发现这种隔绝不是完整的,克分子分布理论便必须取而代之。所以,迄今为止引证的解剖学证据不足以支持这种旧理论。那么,什么是附加的证据呢?如果我们在旧理论的奠基者和支持者的著述中去寻找答案的话,这种寻找将是徒劳无功的。这是因为,旧理论的奠基者和支持者从未见过这种两难的境地;他们从不有意识地在两种可供选择的方法之间作出选择,而是受解剖学事实的引诱,跳到一个马鞍上而不意识到另一个马鞍的存在。尽管这不是真正的科学过程,但可能是正确的猜测。但是,事实上,它又并非如此。事实是,神经纤维彼此隔绝,相距很长距离,但也有无数交叉联结,这些交叉联结也许会使每个神经细胞与另一个神经细胞相联结,旧理论曾经充分利用这一事实,以便对各种可能的"结合"作出解释。但是,即便这样,神经组织这一网络中的事件不再可能形成一种几何模式;如果它们是相互联结的话,那么在它们中间发生的过程便不再是独立的,我们必须把它们视作具有某种相互依存程度的克分子分布,这种相互依存的程度随着实际运作的阻力而作相反变化。因此,拓展的生理过程还没有被创立起来,以便支持一种特定的理论。那些生理过程实际上受解剖事实本身所要求。来自堪萨斯大学心理实验室的两项新近的调查对这一观点提供了直接的实验支持。它们证明,由局部刺激产生的狗的大脑皮质的活动流(action currents)并不局限于皮质的小型区域,而是形成一种渗透到整个皮质的模式,随着这种刺激的变化,高级活动的区域也在变化。帕金斯(Perkins)于1933年使用了声音刺激;而巴特利(Bartley)则运用了疼痛、运动和视觉刺激。此外,"这些记录都导致这样的结论,即所谓被动物表现出来的皮质活动模式与主动动物表现出来的皮质活动模式基本上是同样的顺序。换言之,在一切行为条件下,似乎有一种基本的模式在运作,而对动物在受控制条件下的任何一种实验刺激只不过是改变了这种模式而已"(巴特利,p. 47)。巴特利还作出结论说:"根据已经提出的事实和建议,神经系统的场论是需要的,只要其活动是可以理解的"(p. 54)。

生理学假设的行为资料

在威特海默的理论中,尚有一点也许会遭到怀疑论(scepticism)的攻击。我认为,这种理论的一个优点在于,它将运用心理观察,也即行为场的观察和现象行为的观察,以此作为一种生理理论的材料,从而大大扩展了其经验主义的资料。看来这是一种未经证实和高度思辨的假设。对于一种生理学理论来说,这种资料必须是生理性的。只有来自物质世界的资料方才可以为一种理论所用,这种理论探讨物质世界之一部分的本质,也就是说,探讨生理过程。不过,这种异议忽略了一个事实,这是苛勒于1929年加以强调的,也就是说,所有的观察都是对直接经验的行为事实的观察。通过对这些事实予以仔细的选择,就有可能发展物理科学,尽管行为环境和地理环境之间的关系是一种间接的关系。在这两种世界之间的东西,以及介于这两种世界之间的媒体是有机体内部的生理过程。因此,如果我们能够操作行为世界,以便去获得对地理世界顿悟的话,那么,为什么不该有此可能从这类研究中产生对生理过程的顿悟呢?后者所走的路要比前者所走的路更短些;在前者的情形中,我们要穿越中介环节,而在后者的情形中,我们只走了一步。此外,行为世界和生理过程之间的联结,比起后者与物质世界之间的联结,要更加紧密得多;难道我们没有谈论"作为基础的"生理过程,或者意识现象的生理"相关物"吗?这里,让我们来引述苛勒的话:"根本不存在任何理由可以说明为什么建构直接构成经验之基础的生理过程是不可能的,如果经验允许我们在外部建构物质世界(该世界与经验的联系并不紧密)的话"(1929年,pp. 60f.)。此外,如果B代表行为世界,G代表地理世界,P代表生理过程,那么,B P←G 就表明了这种关系。现在,P与G处于一种因果的联结之中,并且与B处于一种更为直接的联结之中;通常的假设(即我们将证明是错误的假设)是,P和G处于密切的几何对应之中,而B和P则完全不同。这样一种假设难道没有使下述现象(即B能为我们提供关于G的信息)变得完全不可理解吗?这是因为,如果B完全不像P,而P很像G,那么,B如何能导致G呢?然而,如果B和P基本相似,那么,只有当我们能够获得关于G来自P的知识,以及关于我们如何获得这一知识的过程时,我们才能依靠G—P的关系。如果真是这样,那么,对B的确切观察为我们展示了P的特性。这种理论最早由威特海默宣布,并由苛勒仔细地加以系统阐述。在苛勒的《物理格式塔》(*Physische Gestalten*)一书(1920年)中,他深入地探讨了物理学和生理学,以证明该理论可与物理事实和生理事实和谐地共存;在他的《格式塔心理

学》(Gestalt Psychology)一书中,他用若干特定的原理系统阐述了"心物同型论"(isomorphism)。在他的著作(1920年)中,他将一般的原理阐述如下:"在每一种情形里,任何一种实际的意识不仅盲目地与它相应的心物过程相结合,而且在基本的构造特性上还与它相近"(p.193)。因此,心物同型论这个术语意指形式的同一,它作出了大胆的假设,即"大脑的原子和分子运动"并不"基本上与思维和情感不同",就拓展的过程而言,在其克分子方面是一致的。此外,生理学家冯·弗赖(Von Frey)从其关于触觉的著名研究中还得出以下结论:"根据最近的调查研究所取得的进步,在我看来,较少地在于改进概念的定义,而较多地在于这样的信念之中,即与心理格式塔(mental gestalten)相协调的身体过程一定具有与它们相似的结构"(p.217)。

心物同型论的旧形式

自海林(Hering)和马赫(Mach)时代以来,大多数心理学家均认为某种心物同型论是必要的。海林严格按照直接的色彩经验建立起色觉理论。构成海林体系的那些原理已由 G. E. 缪勒(G. E. Muller)于1896年作为心理物理学原理而加以系统阐述了,但是这个心物同型论几乎是漫不经心的,尽管科学问题要求它作出回答;它关注感觉的几何顺序或系统顺序,而不是生活经验的实际动力顺序。鉴于这一原因,它仍然是一个孤立的部分,并不被认作是一种基本的心理学原理。马赫(1865年)指出了一种更为深远的心物同型论,这种心物同型论似乎与威特海默和苛勒的心物同型论相一致。不过,它在发展我们的科学方面并无任何作用,它如此的鲜为人知,以至于苛勒仅仅提到海林和缪勒,却在这个问题上未提到马赫。仅仅出于偶然的机会,我在马赫的著作中找到了这个段落,这使我十分惊讶。我们又一次无须苦苦搜索便发现了这一历史的明显不公。马赫是一位杰出的心理学家,他看到了许多最为基本的心理学问题,对于这些问题,后来的许多心理学家尚未理解;与此同时,他拥有一种哲学,这种哲学使得对这些问题提供富有成果的解决办法成为不可能的事。所以,他的动力的心物同型论对心理学不会产生任何影响,这是因为他对动力所作解释的缘故。

心物同型论和我们的资产负债表

现在,当我们手中握有彻底的心物同型论这种工具时,我们便可在陈述了以下的理由之后,即为什么当我们研究基础的时候,我们必须选择生理场,而不是选择行为环境作为我们的基本范畴,回到我们草拟的资产负债表上来。我们发现,我们的资产一点没有损失,而是成功地将它们转化,用于抵冲我们的负债。我们不再失去由于引进行为环境而获得的利益,因为我们是根据观察到的行为环境的特性来建立生理场的,也是在观察到的行为环境的特性指导下建立生理场的。这样,我们便有充分理由来引进和保持行为环境,尽管我们最终需要寻求生理学的解释。由引进我们的行为环境而产生的一切希望存在于我们的新体系中。如果生理过程是拓展中的一些过程的话,如果它们是克分子的而不是分子的话,那么我们便避开了抛弃克分子行为而赞同分子行为的危险。最后,我们并不鼓吹纯粹的思辨。反之也是正确的;我们想为我们的生理理论提供更多的事实,而且比传统的理论提供的更多,而不是更少。毫无疑问,大脑过程是未知的领域。我们作为一门年轻科学中的工作人员,是否应该屈服于这一情境,或者恰恰相反,是否应该尽最大努力去改进它呢?生理学理论,正如我们正视它的那样,比起旧的电话线概念或铁路路轨概念,确实要更加困难得多,但是,它同样也将更加有趣。

"大脑的神话"

苛勒在他的一段十分令人吃惊的文字中,针对他人的异议,为他的假设进行了辩护。批评家指责苛勒的假设纯属思辨,纯属大脑的神话。我仅仅翻译了其中简短的但深刻的一段:"第三,必须这样说,该论点暴露了对经验科学实际过程的一种奇怪的误解。自然科学继续推进解释性的假设,这些假设无法由它们形成时期的直接观察所证实,也无法在此后的一个长时期里得到证实。属于这类假设的有安培(Ampere)的磁力理论,气体的动力理论,电子理论,放射理论中的原子蜕变假设,等等。在这些假设中,有些假设自那时起已由直接观察所证实,或者至少已经接近于这种直接的证实;其他一些假设仍远离这种证实。但是,如果物理学和化学避开假设的话,它们将会被斥责成处于永久的胚胎状态;它们的发展看来恰如一种连续的努力,稳步地缩短使那些存在于该过程中的假设得以证明的道路的余下部分"(1923年,p.140)。

心物同型论的附加优点

迄今为止,我们已经逐点讨论了这些观点,它们出现在我们分类账目的债务一边。但是我们还可以对我们的资产补充三个项目。

(1)我们已经获得了对克分子事实和分子事实之关系的顿悟。当我们看到,以分子事实为基础的一门心理学无法解决最重要的心理学问题,以及历史学家或艺术家的问题时,我们建议,以克分子事实为基础的一门科学可以为分子事实找到一个位置。我们的期望已经实现;因为没有任何一种真正的分子事实从我们的体系中消失;分子事实仅仅停止成为独立的事件,也即一切事实的真正要素。相反,它们看来成为较大的场事件中的局部事件,成为由较大的场事件决定的局部事件。

(2)就算我们的理论是一种克分子理论,它也是纯粹的生理学理论,心理事实、直接经验的事实等,都在该理论的构建中被运用。这难道不反映一种唯物主义的偏见吗?它难道不意味着关于现实(在此现实中物理的地位高于心理)的一种评价吗?该理论难道不是唯物主义的遗腹子吗?让我从威特海默的著

作中摘引一段十分感人的话吧："当人们对自己厌恶的唯物主义和机械主义寻根究底时,他有没有找到使这些体系结合起来的要素的物质特性呢？坦率地说,有些心理学理论和许多心理学教科书坚持研究意识的要素,比起一棵并不拥有意识的活树来,它们在含义和意义方面是更加唯物主义的、枯燥乏味的,而且是贫乏的。它不可能提出这样的问题,即宇宙的粒子是由什么材料组成的,哪些物质是整体的,即具有整体的意义"(1925年,p.20)。

于是,指称我们的理论具有唯物主义偏见的断言消失了。允许生理过程而非单单兴奋结合的一种生理学理论,比起那种只允许感觉和感觉之间盲目联结的心理学理论来是更少唯物主义的。不过,我们甚至可以再多说几句。我们的理论是否是纯粹生理性的呢？如果是纯生理性的难道不意味着对事实的抛弃吗？这是因为,作为意识的相关物而建立起来的生理过程首先是通过它们的意识方面而被我们了解的。如果我们在处理它们时完全把它们当作纯粹生理性的而没有这种意识方面的话,那就会忽视它们的一个显著特性。确实,这些过程的意识方面并没有进入到我们的因果解释中去,但是,它必须作为一个事实来认识。于是,就导致了这样的结论,作为自然界中某些事件的经和纬,它们"展示了自身",它们由意识相陪伴。为什么它们会这样,一个过程必须具有哪些特定的特征才能使它们变成这样,这些都是现在无法作出回答的问题,也许永远不能作出回答。但是,如果我们接受自己的结论,意识就不再被视作一种附带现象,一种原本不该存在的奢侈。这是因为,在我们并不了解的一个方面,如果它们不是由意识相伴陪的话,这些过程将会不同。

(3)这就把我们引向最后一点。动物的意识又是怎样一种情况呢？动物的行为是克分子行为,而不是分子行为,这是事实。动物的行为和人类的行为本属一类；两者并不完全不同。然而,另一方面,我们无法观察它们的行为环境,它们的意识。但是,在涉及除了我们自己之外的行为环境时,同样也是正确的。直接地说,我只能了解我自己的意识,你只能了解你自己的意识,但是没有人会想到为他自己要求在宇宙中取得一个独特的位置。因此,关于动物意识的假设基本上没有什么新东西。然而,如果我们确实作了这样的假设,我们仍然面临着这个问题,也就是我们何时该将意识归之于动物,而何时则不归之于动物？例如,在意识得以出现的种系发生系列中有没有一个明确的阶段？如果确有这一阶段的话,那么这个阶段在何处？变形虫是否有意识？如果变形虫无意识,那么,蟹、蜘蛛、鱼、小鸡、猫、猴子和类人猿是否有意识？让我们坦率地承认,对于这个问题是没有任何答案的。因为我们不了解究竟哪些特性使得一种生理过程成为意识过程的相关物,我们绝对没有能够肯定地确定哪种行为是有意识行为,哪种行为是无意识行为的标准。

建立这样一些标准的一切企图是用未经证明的假定来辩论,其方法是在某些行为类型和某些意识类型之间假设一种必要的关系①。但是,在我们的体系中,这个问题是不具重要性的。难道我们没有从威特海默那里了解到,比起是意识还是生理过程这个问题来,存在着更多的行为的基本特征吗?克分子行为是一种场过程;通过对行为的研究,我们可以根据行为发生的场而得出结论;我们可以创立克分子生理理论。由于我们的心物同型论,我们甚至可以再跨前一步;我们可以用行为术语而不是生理术语来描述行为场。这样做十分有益,因为我们对这种场的描述具有行为术语,而不是生理术语。我曾说过,一只黑猩猩使用一只"凳子",这里我用了行为的术语。那么,在目前的科学状态下,我如何才能使用生理术语呢?比起对生理场的描述来,把它完全留在科学范畴以外,不论行为场与其相应与否,通过这种行为术语,我无须表达更多的含义了。这样一来,比起我们上次关于这一问题的讨论,我们甚至更缺乏人类特征。我们认为,关于一种行为环境的假设并不是"拟人说"(anthropomorphism);现在,我们甚至愿意放弃行为环境,用生理场取而代之,关于生理场的特征可以用行为术语给予最好的描述。由此可见,在动物心理学问题上,我们与行为主义者之间的问题并不是意识行为对纯粹生理行为的问题,而是场类型的生理行为对机械联结类型的生理行为问题。这个问题可以而且必须在纯科学的程度上予以决定,而且,这种决定不可能不影响更加广泛的问题,即区分格式塔理论和行为主义的那些问题。

在这个联结中,最后的评论是:我们曾说,由意识相伴陪的生理过程肯定在某个未知的方面与没有意识相伴陪的生理过程不同。我们还必须补充说,在其他有关方面,它们一定是相似的。因为它们都是场过程。如果我们将场概念限于意识的生理过程的话,则我们关于心身问题的整个解决办法将对我毫无帮助。但是,我们并没有这样做。我们把这些过程视作更为广泛的场事件中的部分事件,从而避免了反对把行为场作为基本类别的论点,我们把这个基本类别称做行为场之不足。为了今后的用途,让我们引进"心物场"(psychophysical field)这一术语,该术语既表示它的生理学性质,又表示它与直接经验的关系。

我们的心理学之任务

现在,我们可以对我们的心理学之任务进行系统阐述了:心理学的任务是研究与心物场具有因果联结的行为。这一纲领还可以说得更加具体一些。从期望的角度来说,我们认为,心物场是有组织的(organized)。首先,它表明了自我(Ego)的极性(polarity)和环境的极性,其次,这两极都具有其自身的结构。

---

① 比较我对该问题的讨论(1928 年,p.13)。

于是，环境既不是感觉的镶嵌，又不是"旺盛的、嗡嗡作响的混乱状态"，更不是模糊不清的整体单位；相反，它是由一些明确的彼此独立的物体和事件所组成的，这些彼此独立的物体和事件都是组织的产物。同样，自我既不是一个点，也不是内驱力(drives)或本能的总和或镶嵌。为了描述这一点，我们不得不引进人格的概念，也即有着巨大复杂性的人格概念。因此，如果我们想把行为作为心物场中的一个事件进行研究，那么我们必须采取以下步骤：

（1）我们必须研究环境场的组织，那就意味着：(a)我们必须找出将环境场组织成彼此独立的物体和事件的那些力；(b)找出存在于这些不同物体和事件之间的力；(c)这些力如何产生我们在自己行为环境中所了解的那个环境场。

（2）我们必须调查这些力如何影响物体的运动。

（3）我们必须把自我作为主要的一个场部分加以研究。

（4）我们必须表明，把自我与其他场部分联系起来的力和环境场不同部分之间的力属于同一性质，同时还必须表明，它们如何以其所有的形式产生行为。

（5）我们不该忘记，我们的心物场存在于一个实际的有机体之内，该有机体依次又存在于一个地理环境之中。鉴于此，真正的认知问题，以及迎合或适应行为的问题，也将进入到我们的纲领之中。

（3）和（4）两点是行为理论的核心；（1）和（2）对于它们的问题解决很有必要。所以，人们无法怀疑（3）和（4）两个问题比其他问题更少被研究；此外，在我们的第一点内已开始了实验，既包括一般问题的心理学也包括特定问题的格式塔心理学。因此，读者对于我们花更多篇幅于第一点上不必感到惊奇，考虑到它在整个计划中的重要性，这种比例还是合适的。理论概念的价值通过它们在实际研究中的应用而得到检验。就我们迄今为止发展的概念来说，倘若没有对具体的实验研究工作有着很好了解的话便不可能被理解。但是，还有一点必须记住。在第五点中我们触及了一个基本的哲学问题。我在前述评论中提到的那些知觉研究将为我们解决这个哲学问题提供有价值的线索。如果知觉不致丧失的话，这一点必须记住。还有许多实验，尽管显得灵巧和足智多谋，但仍然微不足道。这些实验是为什么的？它们对真正了解行为能够贡献些什么？答案是，它们充当了一般原理的演示；单凭其本身的资格，它们并无重大意义。

第 三 章

环境场——问题；对错误的解决办法的拒斥；对正确的解决办法的一般阐述

> 环境场。地理环境和行为环境之间的因果关系。为什么事物像看上去的那样？第一个答案。第二个答案。正确的答案。小结。

我们的场心理学(field psychology)必须采取的第一步是宣告对环境场(environmental field)进行调查。环境场的组织显然有赖于地理环境(geographical environment)，而地理环境则对动物的感觉器官产生影响。因此，在讨论这个问题时，我们不得不对地理环境和环境场之间的关系开展调查。但是，在我们对这一问题发起冲锋之前，我们必须熟悉这个场，以便了解我们调查的整个范围。

环 境 场

很清楚，我们至少不能就用生理术语来描述环境场，因为生理场(physiological field)是我们要求一种解释性理论时所必需的建构(construct)；但却不是一个观察的事实。如果我们想从事实出发，我们就必须回到我们的行为环境(behavioural environment)上去，而且充分意识到行为环境充其量只是整个活跃的环境场的一部分对应物(counterpart)。

那么，我们在自己的行为环境中发现了什么东西呢？它为我们呈现了五花八门的资料，这些资料的系统化将被证实是一个困难的问题。我们不准备作这样的尝试，即我们局限于列举我们行为环境中的各种事物。我们的环境中存在各种事物，如石块、棍棒和人造的物品，如台子和碟子、房子和教堂、书籍和图片；有人、动物、植物和灵魂；有山脉、河流和海洋；还有云朵和雾、空气、光和黑

暗、太阳、月亮和星星、热和冷、噪声、音调和词语、运动、力和波,等等。比起爱丽丝的童话世界(Alice's world)中卷心菜和国王来,上述这些东西大多是异质的(heterogeneous),而且难以完整列表。但是,作为开端,仿佛已经足够了。

事物和非事物

如果人们试图在这一大堆五花八门的东西中加进某种顺序(order)的话,那么他们也许会从区分事物和非事物开始,前者中间还有活的东西和死的东西之分;在死的东西中间,有人类制造的东西和自然界的东西。当然,人们不该忘记,在安排这种顺序时,他们应当保持在所发现的行为环境的范围之内,而且不该使用关于行为环境的任何一种间接知识。由此,我把灵魂包括在行为世界之中,并且把它作为行为世界的一个部分,尽管我像任何人一样完全清楚,灵魂实际上是不存在的,可是,唯灵论者(spiritualists)的主张恰与上述观点不同。当我们用上述这种天真的方法去与我们的对象打交道时,我们发现我们的分类不尽如人意。这是因为,我们经常怀疑我们的资料是否可以被认作是一个事物,或者说是一个活的东西还是一个死的东西。天上的云朵算不算事物?如果算的话,那么雾、空气、光、冷算不算事物?如果云朵是事物的话,那么它们肯定是与石块和棍子不同种类的事物,而闪烁的星星也是不同的事物。可是,空气呢?呼吸、"灵魂"、"精神"都具有事物一类的性质;上帝是将一口生命之气吹进一团泥土而创造亚当的吗?精神(spirit)一词的含义意味着它涉及一种实体(substance),也即精细结构的事物吗?我们见到山谷里冉冉升起的雾有着与云朵类似的事物般性质,但是,雾也能使我们的远洋轮船减缓其速度,并拉响尖利的汽笛声,这种雾就压根儿不是事物般的东西了,有点像我们登山时所见的薄雾一样。当灯塔中射出的光线刺破夜空时,这种光线也是一种事物般的东西,或者,黎明时布满天空的光线也是一种事物般的东西。但是,房间里的光线,就其本身而言,决非一种事物;这里的区别与我们周围的空气和我们的呼吸之间的区别一样。当风暴般席卷而来的乌云使陆地蒙上一层阴影时,或者,当我们在进入黑暗的洞穴之前暂时却步时,黑暗对我们来说也可能是一种事物。对于热和冷来说,情形也是如此。我们感到寒冷,于是进入房中——即便我们知道这是冷空气的来临。

河流是一种事物,然而赫拉克利特(Heraclitus)曾经说过,我们不能两次走进同一条河流。他的学生克拉底罗(Cratylus)则后来居上,甚至否认我们可以一次走进同一条河流,理由是这样的,当我们进入水中时,水已经流过了,而且水一直在流动着。然而,我们还是把河流叫做一种事物,或者,即便我们没有明确地叫它,但我们还是把它当作一种事物来看待。

那么,言语是不是事物?看来,它们完全是非事物的,可是,为什么我们写

d—d,为什么当我们意指 devil(魔鬼)时,却偏偏说 dickens(魔鬼的婉转语)呢? 还有那隆隆的雷声,难道它不具有一种事物的特性吗,难道它事实上不是具有威胁性和恐怖感的事物吗? 因此,噪声和言语可能都是事物,但是无此必要。剩下来还有波、运动和力。波肯定有事物的特性;波浪把我们送上岸,然后我们四肢摊开躺在海滩上,或者将我们的船只托起,左右摇摆,这些确实是有力的事物,但是,将赫拉克利特的论点用于波浪与把他的论点用于河流是一样的。最后,运动和力是什么东西呢? 甚至它们也可能表现出事物般的性质:当两只台球相撞时,我们难道没有看见一只台球的运动传到另一只台球上;这些例子中的运动难道没有一种类似液体性质的特性吗? 甚至力也可以体验为某种事物般的东西,但它肯定不是物理学家所谓的力,而是存在于我们行为环境中的某种东西,对此东西,再也没有比力更好的名称了。一种药物的"效力",在天真的人士看来,是存在于药物内部的某种东西;我们感觉到风力,这是一种完美无缺的描述,不是隐喻,我们感觉到的东西是事物的本质。

要是声称我们行为环境的每个部分都是一种事物,这不可能是本论点的目的。反之也是正确的:我们必须在事物和非事物之间作出区分,但是,同样真实的物体将总是表现出既像事物又像非事物,在这个意义上说,这种区分不是永久的。相反,我们已经表明,许多物体,按照实际情况,可能是事物的,也可能是非事物的。但是,差不多任何一个物体可以在此时或彼时表现出事物般的特性,这一事实揭示了我们行为环境的重要特性:这种行为环境一定具有某种强烈的朝向事物性的倾向,或者,不用"倾向"这个不确定的词语来表达,作为我们环境场的一部分,几乎任何事物都可获得事物性特征。

然而,"事物"这个术语似乎已经失去了其含义。为了重新找到它的含义,让我们设法去找出我们环境中非事物部分的重要特性。我们周围的浓雾是一个很好的例子。把它与山谷里飘浮的薄雾相比较,它具有两个显著的特征:它没有界限,也无定形,而且它是绝对静态的,而山谷里飘浮的薄雾则具有形状和运动。当我们把雾与石块相比较时还会发现另一个特征:石块是恒常的,也就是说,明天的石块将与今天一样;而雾并非如此。

于是,我们可以筛选出事物的三个特征,它们分别地和联合地成为事物的构成要素:形状的限定性(shaped boundedness)、动力特性(dynamic properties)和恒常性(constancy)。这些特性先于其他东西而在生命体中联合地反映出来。把这些特性混合起来的东西将可视作是一个生命体,即便实际上这个东西是死的,例如,一具尸体。人们必须是一位解剖学家,或者是一名殡葬工作者,以便把一具人类的尸体视作与一只台子或一棵倒下的树木一样的东西。

让我再来对事物的动力特性说几句话。从描述上和发生上(genetically)讲,如果认为事物的动力特性是第二位的东西,那将是十分错误的。雷声的恐怖性质是其显著的特征,它被描绘成具有某种强度(intensity)和性质的噪声,这才是第二位的;同样,一条蛇在变成褐色或产生斑点以前是可怕的,一张人脸在涂上某种色彩以前是快乐的。所有这些描述意味着像力那样的东西,那种超越于单纯的静止事物的东西,以及对我们自己产生影响的东西。因此可以这样说,力也是许多事物的一种特性,或者,用另外的方式来表述,事物和力,实体和因果关系,作为我们行为环境的一些部分,往往不是两个彼此独立的物体,而是同一个物体的紧密相关的一些方面。推论的思维(discursive thought)已经将许多情形中对天真的经验来说属于统一体的东西进行了分离。

探索这样一种论点,调查这三种事物特征的不同结合,并且看一下它们在多大程度上耗尽我们行为场的丰富性,这是十分诱人的。但是,这样做也会使我们远离我们的主题。因此我们归纳如下:

事物的类别(category)允许我们将某种顺序带入我们行为环境的资料中去。我们业已发现这一类别的三个方面,并且看到了不同事物的存在是根据这三个方面的结合,我们还看到了环境不仅包括事物(即便我们从广义上运用这一术语),而且还包括非事物。尤其是,我们发现对某物内的事物来说,其本身并非事物。这些事物并不在空间上或时间上充斥我们的环境;在事物和围绕事物的东西之间存在某种东西。为了找到一个方便的术语,我们姑且称它为"格局"(framework),因此,不考虑事物的多样性,我们可以把行为环境分成事物和格局。

现象学方法

在我们继续进行论述之前,一种方法论的评说必须置于适当的位置。人们要是读过许多美国的心理学著作和论文的话,不会找到这类方法论的描述或类似方法论的描述,然而在德国人的著作中,却可以经常找到这类描述。这种差别并非是表面的,而是反映了美国著述和德国著述之特征的深刻差异。美国人把德国心理学称做思辨性的,认为它只是作一些无益而琐细的分析;而德国人则把美国的心理学分支称做表面性的。当美国人发现一位作者引进了这类方法论描述,提炼它们,戏弄它们,而实际上对它们什么也不干时,美国人这样做是正确的。可是,德国人也是正确的,因为美国的心理学并不想使自己看上去天真无邪,对直接的经验事实不存在偏见,结果使得美国的实验经常是无益的。实际上,实验也好,观察也好,都应该联手前进。对于一种现象(phenomenon)的理想描述,其本身可以排除若干理论,并表明一些明确的特征,也即一个真正的理论必须具有的特征。我们把这种观察称做"现象学"(phenomenology),该词还具有若干其他的含义,但是不应该与我们的含义相混淆。对于我们来说,现象学意指尽可能对直接经验作朴素的和完整的描述。在美国,"内省"(introspection)一词是唯一用作我们意指的那个东西的词,但是,该词还具有十分不同的含义,在这种含义中,它涉及这种描述的一种特定类型,也就是说,意指将直接经验分解为感觉或属性,或者分解为其他某些系统的元素,但非经验性的元素。

我想让我自己和我的读者避免讨论这种内省的麻烦,因为苛勒(Kohler)已经在他的著作《格式塔心理学》(Gestalt psychology)第三章中令人钦佩地这样做了。这种内省在美国流行不起来,因为美国的心理学家看到了这种内省的枯燥和内容的贫乏。但是,他们在言之有理的批判中,将洗澡水与澡盆中的婴儿一起泼掉了,用纯粹的成就实验取而代之,并倾向于把现象学一起排除掉。然而,现象学是重要的,这一点可以从前面的讨论中反映出来。要是不对环境场进行描述的话,我们将不知道我们必须解释什么。

然而,剩下来的问题是,如何进行描述,作为行为一部分的现象学是什么东西。这个问题中包含的困难常常引起讨论;我可以向读者提及我的两篇文章,在这两篇文章中,上述困难得到充分的处理,而且这两篇文章也尝试了对这些困难的解决办法(1923年,1924年)。

地理环境和行为环境之间的因果关系

视觉中的光波作用

现在,让我们再跨前一步。我们已经根据环境场所提供的情况对它进行了描述;接下来,我们必须探究使这种环境场得以存在的原因了。可以这样说,环境场的存在主要是由于我们的感官作用,这一点是十分清楚的。由于我们所提供的大多数描述都涉及全部或部分的视觉因素,所以,我们便从视觉器官开始,也就是从我们自己的双眼开始。我们的眼睛受到光波的刺激,光波直接来自光源,或者更经常地来自物体,这些物体对来自一个光源或多个光源的光进行反射。这种刺激通过一个媒体(medium),该媒体存在于我们眼睛和物体与光源之间,并由我们眼睛的一部分以某种方式加以改变。所谓眼睛的一部分是指眼球的晶状体,它呈现这样一种曲率,以至于将我们称之为轮廓鲜明的物体印象投射到视网膜上面。由于我们不能想当然地做事,因此我们便在这里遇到了第一个问题:为什么晶状体以这种奇异方式作出反应?使晶状体按照被看到的物体的实际距离而改变其曲率的是什么东西?我们暂时把对这一问题的回答推迟到第八章,我们在这里仅仅指出,如果晶状体不以这种方式行事,物体便不会被看到。正如海德(F. Heider)曾经指出的那样(p. 146):将一张底片放在物体对面,然后使它曝光,时间长度等于光化效应发生所需的时间,接着对那张底片进行显影冲洗，得到的实际上是一片灰色；从这个意义上说，底片上不会存在该物体的照片。如果你想得到一幅照片，你就必须把底片放到摄影机里面，并使该摄影机的聚焦得到很好的调整。但是，即便你拍了一张正常的照片，那么在你冲洗过的底片上究竟是什么东西呢？是一张照片吗？是还是否；当你把该情境中瞧着底片的那个人也包括进去的时候，回答是"是"，但是，如果你就底片本身对它进行考虑的话，回答便是"否"了。在底片上有大量的粒子，这些粒子在底片被显影和定影之前，对光很敏感，而且只有根据照射在粒子上的光的强度而产生变化。光线越弱，越容易被显影剂去掉。因此，在显影过的底片上，你便可得到一层材料，它的厚度从一点到另一点有不同的变化，而这种变化须视曝光时投射到每一点上的光的量而定。由于这层材料是由一定数目的分离粒子所组成，而这些分离粒子中的每一个粒子都是作为整体受到影响的，所以，你的底片所显示的图像的精细程度将有赖于它的粒子的精细程度，也就是说，有赖于每一单位面积中的粒子数。但是，不管它的粒子多么精细，如果你将底片分成若干小块面积，并且对这些面积中的每一块面积的感光材料之厚度加以测量，那么显影过的底片也可以得到适当的描述。一张完整的厚度分布表也就是一种显影过的底片的完整描述。如果我们所指的照片超过了这张完整的表的话，则底片上并没有照片。一旦我们折断底片的一角，或者揩掉感光层的一部分，那么余下的部分仍保持以前的原样，底片上的每一点仍具有不受所有其他各点支配的特征。

视网膜上的"照片"

现在，让我们回到我们自己的眼睛上面去。当双眼集中注视一个物体时，例如一条蛇、一朵云、一个微笑着的孩子、一本书，等等，视网膜上将会发生什么情况呢？是这些物体的照片吗？是的，不过，只有当我们所指的照片如同我们在照相底片的例子中曾描述过的这种情况的时候；只有当我们列举视网膜中的感光元素，即锥状细胞和杆状细胞，用以替代底片上的粒子的时候；只有当我们用这些基本感受器中的每一个感受器所接受的刺激类型和数量来取代底片上感光层的厚度时，方才可以说，视网膜上出现的是这些物体的照片。但是，除了这种差异以外，我们得以见到任何一个物体的直接原因，如同照相底片的镶嵌一样是一种刺激的镶嵌。这样便立即产生了问题：我们的视觉行为环境的巨大丰富性和多样性是如何为光、阴影和色彩等镶嵌所唤起的呢？我认为，当我们用这些术语进行系统阐述时，由于问题涉及似非而是的论点，它一定会显得令人激动。这类丰富多彩的结果如何从这些贫乏的原因中产生，很显然，我们环境场的"维度"（dimensions）要比刺激镶嵌的维度更多。

其他的感觉

如果在我们的研究中也把其他的感官包括在内的话，情境基本上会保持相同。及时分布的振动过程对我们耳朵产生影响；我们听到一辆老式的福特牌汽车在马路上发出轧轧声，我们听到夜莺的歌唱，听到一名教授的讲课，听到钢琴上弹奏一首赋格曲时缠结的声音。在触觉中，我们有着物体和皮肤之间在时空分布上的接触，于是我们"感觉到"硬和软，干和滑腻，以及园和尖等物体。

为什么事物像看上去的那样

现在，让我们开始讨论地理环境和行为环境之间关系的作用问题。如果我们集中注意于视觉天地的话，我们便可以将我们的问题作如下的阐述：为什么事物像看上去的那样？

本问题的两个方面

本问题有两个方面。可以毫不夸张地说，它关注我们行为环境中的事物，而不考虑它们的"真实性"，也就是说，引导我们走向合理活动的真实性，走向适应行为的真实性。在这第一种意义上说，该问题既适用于现实世界，也适用于纯粹的错觉(illusion)世界。如果我们的世界是这样的，即所有的现象(appearances)都是欺骗性的，那么，本问题的解决就不得不与现在的一样。如果我们用来记笔记的一支铅笔行动起来像蛇一样，我们抓住的一根铁棒变成了一只蜡制的球，我们刚刚踏上的那块石头像一只狼那般扑向我们，如此等等，那么，我们仍然要问下列问题：为什么铅笔看上去像铅笔，铁棒看上去像铁棒，石块看上去像石块呢？幸运的是，实际上我们的世界不是这样一场滑稽的噩梦；一般说来，事物总是像它们看上去的那样，或者，换一种说法，事物的外表告诉我们怎样去应付它们，尽管这像前面关于视错觉的讨论已经表明的那样，知觉有时可能具有欺骗性。这样，便产生了问题的第二个方面：行为环境中的物体所引导的行为，通常也适合于地理环境中的物体，这究竟是怎么一回事呢？这是一个新问题，可以归入我们纲领的第五点里面。重要的是，不要把我们问题的这两个方面加以混淆，不要把原本属于第二方面的事实引入到第一个问题的解决办法中去。我只要举一个例子便可明白我这个告诫意味着什么。我们将在后面提出以下问题：为什么对观众来说，舞台上的演员显得愤怒或狼狈不堪或愁容满面呢？在回答这个问题的时候，我们不必引进我们对他情感的了解，也即他是否实际地体验到他那个角色的情绪，或者他是否保持不偏不倚或充满快乐。只有当我们回答了我们的问题以后，我们才能转向这第二个事实，并试图解释为什么在这种情形里我们的知觉有可能是错觉。这就意味着,第二点(也就是知觉的认知方面)只能在我们耗尽了第一点(也就是质量方面)以后,才可以加以处理。

第一个答案

那么,为什么事物像看上去的那样?我们将系统地考虑几个答案,即可以提供给这个问题的答案,尽管这些答案在我们先前的讨论中已被明确地拒斥过了。第一个回答便是:事物之所以像看上去的那样,原因在于它们就是它们。

虽然这个答案似乎属于陈词滥调,但是它不仅是完全不恰当的,而且在许多情况下是绝对错误的。让我们挑出行为事物的一些方面,并把它们与实际事物作比较。我正在写字的那支钢笔在我的行为环境里是一个单位(unit),而在地理环境中它是一支真正的钢笔。到目前为止,尚无疑问可以提出。但是,如果我们的主张是正确的话,那么对于一个事物来说,若想成为行为单位的话,它首先成为实际单位便是一个必要的和充分的条件。但是,要想表明它既不必要,又不充分,也是很容易的,如果真是必要条件的话,这就意味着:对于我的行为场中的每个单位来说,在地理环境中也会有一个相应的单位;这是因为,如果行为单位没有相应的地理单位而能存在的话,那么,后者的存在对于前者的存在来说就不再是必要的了。然而,比起没有一种地理单位与之相应的行为单位来,没有什么东西可以更容易地被指出。请看图3,在你的行为场中,这是一个单位,一个十字架;但是,实际上,在地理环境中,则没有什么十字架,只不过有11个点以某种几何形状排列着,在这些点之间,没有任何联结能使之构成一个单位。当然,这对于所有图片来说都是正确的,像北斗七星(Charles's Wain)那样的星座装饰也同样正确,这个例子是苛勒用来作为这一论点的图示说明的。

图 3

如果实际单位的视觉存在对于一个行为单位的现象来说是充分条件的话,那么,它将意味着,不论何时,当我们的双眼被引向一个物理单位时,我们应当同时看到一个行为单位。但是,这也是不正确的。当然,在大多数情形里,存在这种相应的情况,可是也有例外。事实上,有可能用下列方式对实际单位进行干预,致使它们不再看上去像一些单位。当我们想隐藏某些熟悉的物体时,我们便设法产生这种作用。如果在一支枪上涂上油漆,使它的一个部分与树干"融合"起来,另一部分与树叶"融合"起来,第三部分又与土地"融合"起来,这样,观察者便不再看见一个单位——也就是那支枪,而是看到了若干不重要的物体的复合。伪装是在战争中得到充分发展的一项艺术,甚至巨大的舰队也可以像巡逻中的敌人的行为世界的真实单位那样遭到摧毁。于是,我们可以这样说,一个实际统一体的存在既不是行为统一体的必要原因,也不是其充分原因。

如果我们把物体的大小作为我们从中找到相应关系的一个方面的话,那么,我们便可以立即看到,在实际大小和现象大小之间不可能存在任何直接的关系,因为月亮在地平线上显得较大,而在天顶时显得较小,这是人人皆知的事。

甚至就运动方面而言,也容易证明这一点,即在视野范围以内,实际运动的存在对于运动知觉来说既不是必要条件,也不是充分条件。先说它不是必要条件,因为我们在没有实际运动发生时也能看到运动,像在电影屏幕上一样;再说它不是充分条件,因为除了实际上太慢的运动和太快的运动无法产生运动知觉以外,有许多例子可以证明,表面看来是运动的物体实际上却是静止的,正像月亮在浮云上面的表现那样。

我们避免讨论其他一些方面,因为我们的材料足以证明我们的第一个答案是错的。事物实际上是这样一些东西,它们不可用为什么它们像看上去那样来解释。

第一个答案所意味的结果

在开始讨论我们问题的另一个答案之前,我们可以暂时考虑一下,如果第一个答案是正确的话,它将意味着什么。如果事物因为它们是事物而使它们看上去像那个样子,那么,行为环境和地理环境之间的关系将是十分简单的。于是,为了一切实践的目的,我们可以用后者去取代前者。相反,由于我们知道答案是错误的,我们必须谨防这种混淆,可是,这并非像人们所想象的那样容易防止。为了说明对我们的告诫熟视无睹而造成的对心理学理论的影响,我们将以另一种方式系统阐述我们的结论。如果事物因为它们是事物而使它们看上去像那个样子的话,那么,知觉便不会在其构成中包含一个认知问题了。知觉将会对地理环境进行认知(除了某些不寻常的情况)。一个认知问题便可以在概括化的思维场中产生,但是,只要我们继续留在直接的知觉场内的话,我们便应该面对客观现实。感觉不具欺骗性的观点(也包括在许多哲学体系之中)是这种更为一般的观点的一种特殊形式。可以肯定的是,知觉具有欺骗性,这一特殊情况的存在,已经得到普遍承认。但是,这种特殊情况被当作一般规律的例外来对待,而且,由于这一原因,所谓的几何视错觉在心理学的发展过程中引起了人们如此密切的注意。当人们阅读有关这一论题的早期文献时,或者阅读一些新近论述这一题目的文献时,都会找到这种解释:如在两根长度相等的线段中,一根线看上去比另一根线长些,那么,我们便必须寻找特定的条件,这些条件误导了对这两根线段相对长度的判断。排除这些分心的情境,判断就会正确起来,与此同时,一种正常状态(也就是行为世界与地理世界相一致的状态)将会重建起来。那就是说,错觉不会获得与非错觉同样的地位;它们表现出一个特殊的问题,而正常现象则不表现出任何问题。关于正常知觉和错觉这两种知觉之间的区分,一旦人们充分意识到这种区分包含的谬误时,即它坚持作为一种认识论(epistemological)的区分,则作为一种心理学的区分便会消失。因此,对每一事物我们都必须问同样的问题,"为什么它看起来是那个样子?"它看上去是"对"还是"错"。

"刺激"这个术语的两个含义

上述考虑已经表明,我们对第一种答案的拒斥并不像人们想象的那样平庸。一开始就可能引发异议,也就是说,当地理环境的事物并不直接与有机体接触时,第一种答案怎么可以说是正确的呢?当我见到桌子时,桌子本身实际上并没有影响我的感觉;我的感觉受到过程的影响,这些过程的源头在太阳之中,或在一种人工的光源之中,而且,这些过程在激起视网膜中杆状细胞和锥状细胞的兴奋之前,只有通过桌子来改变。因此,这些过程,也就是光波而非地理环境中的物体,才是引起我们知觉的直接原因。由此可见,我们无法期望在行为事物和地理事物之间会有一种十分密切的关系。这是因为,光波并不单纯依靠事物本身,它们还依靠光源的性质(只有在自我发光的物体中,这种光源才作为它们自身的特性而属于它们),依靠物体与我们人体之间的位置。最后一种关系是由透视定律(laws of perspective)来调节的,首先是由光的吸收和反射定律调节的。但是,透视也好,光的吸收也好,反射也好,都是位于我们机体以外的东西。视网膜接收一组兴奋,至于这些兴奋如何产生,对视网膜来说是一样的。如果桌子不存在,甚至光也不存在,只要对杆状细胞和锥状细胞进行电刺激,即使这个时候不存在光刺激,我们仍然可以产生同样类型的兴奋,眼球晶状体会产生同样的曲率。当我们注视一张桌子时,这种情况通常在视网膜上产生,随着视网膜发生变化,那个人便会看到桌子。这便导致我们引进一个新的术语区分。引起我们感官兴奋的原因称作"刺激"(stimuli)。我们可以看到,这个词具有两种不同的含义,这两种含义彼此之间可以清楚地加以区别:一方面,地理环境中的桌子,对于我们知觉一张桌子来说,可以称作"刺激";另一方面,来自桌子的光线所引起的兴奋可以称做对于我们知觉的刺激。让我们把第一种刺激称做距离刺激(distant stimuli),把第二种刺激称作接近刺激(proximal stimuli)。因此,我们可以这样说,我们关于为什么事物像看上去的那个样子的问题,不是根据距离刺激来找到其答案,而是根据接近刺激来找到其答案的。由于忽视了这种差异,一些实际问题也被忽略,而且所提供的解释实际上并不是什么解释。现在,我们详细地看到了这一点,我们还可以在这里指出,这种距离刺激和接近刺激的混淆怎样对心理学理论产生致命的影响。这种混淆的危险性在于下述事实,即对于每种距离刺激来说,存在着数目不定的接近刺激;因此,距离刺激意义上的"同样的刺激"可能不是接近刺激意义上的同样的刺激;事实上,极少会有这样的情况。因此,我们可以这样讲,前者的相同性隐含着后者的差异,以相同的刺激为基础的一切论点,如果仅仅涉及距离刺激的同一性(identity),那么,这种论点便是错误的。

第二个答案

然而,引进接近刺激这个术语也为我们提供了第二种答案的线索:事物之所以看来就像它们的样子,是因为接近刺激就是它们的那种样子。现在,就其广义的解释而言,这种观点当然是正确的,但是,为它所提供的解释显然是有局限的,从而也是错误的。在广义的解释中,我们的观点意味着:接近刺激中的任何一种变化,如果这种刺激不是太小的话,便会在事物的外表上产生某种变化,但是,行为世界中的哪种变化会紧随着接近刺激的变化而发生,则无法从我们的观点中推断出来;而在狭义的解释中,这种观点也含蓄地包含了关于这种变化的一种陈述。例如,有两个物体向我们的视网膜投射大小不同的视网膜意象,而且是在同一距离投射的。于是,与较大的视网膜意象相一致的那个物体将会显得大一点。又如,我们在同样距离内看到置于我们面前的两个相邻的面,其中一个看上去淡一点,呈淡灰色,另一个则呈深灰色;于是,与前者相一致的视网膜意象比起后者产生的视网膜意象将包含更多的光。从这些例子中,我们可以得出两个结论:视网膜意象越大,感知的物体也越大,意象的强度越大,物体看上去就显得越白;结果,当我通过把刺激变小的办法来改变与一个物体相一致的刺激时,该物体也应当显得小一些,如果我降低刺激的强度,那么物体也应当显得暗一些。实际上被人们作为感觉心理学原理来接受的这些结论貌似有理。但是,它们既不是来自我们的例子,而且也不正确。我们说它们不是来自我们的例子,因为它们仅仅吸收了这些例子中的部分条件,而且它们继续与事实发生抵触。我们注视一个白色的面,然后减弱这个面的照明:这个面在较长时间内仍然保持白色,只有当你把照明降低到很低点时,这个面才会变成灰色。实际上,在弱光照明下仍然呈现白色的一个面,比起在良好照明条件下一个黑色的面,可能将更少的光送进我们的眼里。我们暂且不去考虑这些貌似有理的解释,即当光线减弱时,瞳孔会放大,以便使更多的光落在我们的视网膜上,与此同时,我们视网膜的敏感性却增强了,以便使光的效果更大。正如我们将在后面看到的那样,被公认为真实的这两种因素,已被排除作为对我们结果的充分解释,因此,为了简便的缘故,我们在目前的讨论中忽略它们。我们不是表明过,刺激中的变化(在我们的例子中是光线的减弱)对事物的外表并不产生影响吗?如果我们真是这样表明了,我们将肯定与这种观点的一般解释相悖:事物之所以看来像它们的样子,是因为接近刺激就是它们的那种样子,这是一个我们已经接受的解释。但是,我们已经表明,没有这种东西;我们已经指出,从我们观点的狭义解释中产生的那种特定效果未能实现,但仍然是有效果的。因为,当照明减弱时,我们意识到房间正在变暗。把这种情况与我们先前的例子作比较,我们看到,视网膜意象的强度变化至少有两种不同的结果:它可以使特定物体看上去白一点或黑一点,或者它可以使整个房间显得亮一点或暗一点。

这种情况对于我们的另一个例子来说也同样是正确的。例如,注视月亮,尤其是当月亮在地平线上时,我们把它的大小与一臂之遥握着的一个先令(英国货币)相比较。你将会发现,月亮看上去大得多,然而从视网膜意象上看,先令的视网膜意象要比月亮的视网膜意象大得多。与此同时,你是在很大的距离上看到月亮的。因此,视网膜意象大小的减弱可能会在行为环境中产生与之相应的物体的缩小。

有两个早期的实验证实了这一结论。在这两个实验中,观察者用单眼注视着屏幕,屏幕上面有一圆孔。在屏幕后面的某个距离之内,有一堵充分照明的白色墙壁,墙的一部分可以通过屏幕上的圆孔而被观察者见到。在第一个实验中[冯特(Wundt),Ⅱ],屏幕和墙壁之间有一根绷紧的黑线穿过圆孔的圆圈中央。这根黑线附着在一个架子上,该架子在观察者控制的箭状线上作前后移动,移动的方式是这样的,不管它离开圆孔的距离有多少,黑线始终把圆圈一分为二,而架子本身在屏幕后面是无法看到的。黑线的运动比之它的视网膜意象的宽度的增加或减少来,除了由于调节不充分而造成可能的模糊以外,实际上不产生其他任何影响。在这些条件下,观察者通常会看到粗细程度恒定的黑线的箭状运动,而不是一根不动黑线的粗细的增加或减少。在第二个实验中,干脆没有任何线,房间是全暗的,有光线的圆孔是房间里唯一可见的物体。这次的变量(variable)是圆孔本身的开口,它由可变光圈构成,该光圈可开可闭。视网膜情况要比第一种情形简单得多,光线所投的视网膜区域既可增大也可减少。伴随着这些视网膜变化的是,观察者看到了光圈或前或后的运动,或者它的扩大或缩小,或者最终是一种联合效应,在这种联合效应中,扩大或趋近,收缩或后退,都被结合起来了。

现在,我们可以将我们的论点用更为概括的形式呈现出来。如果答案是这样的,即事物之所以看来就像它们的样子,是因为接近刺激就是它们的那种样子,倘若该答案从狭义上讲是正确的,那么两种观点应当是站得住脚的:① 近刺激中的变化,如果未伴随着远刺激—物体的变化,那么,就会在行为物体的外表上产生相应变化;② 远物体中的任何一种变化,如果在近刺激中不产生任何一种影响的话,那么,就应该使行为物体的外表保持不变。

这里,从我们讨论过的例子中引申出来的①是不正确的。白色表面继续呈白色,黑色表面继续呈黑色,甚至当它们产生的近刺激在很大的范围内发生变化时也是这样;当我手中握着铅笔时,它看上去并不比放在书桌另一端时更大一些,而书桌上的铅笔所产生的视网膜意象,要比手中握笔时产生的视网膜意象甚至小了一半以上;一把椅子的座位呈矩形,尽管它的视网膜意象只在少数场合显现出来。换言之,行为的事物是守恒的(conservative);它们并不随着近刺激的每一种变化而变化,尽管这些行为的事物是由这种近刺激产生的。实际事物的恒常性在很大程度上保持在现象事物的恒常性之中,不管它们的近刺激如何变化。

两种答案的关系

当我们把这一论点与我们讨论中为第一个答案提供的论点进行比较时(第一个答案是用实际事物的性质来解释行为事物的外表),我们由于这两种答案之间的奇异关系而感到震动:根据第一种答案,实际事物和行为事物之间的一致性本应当比它实际的情况好得多,而根据第二种答案,它本应当差得多。

对第二种答案拒斥的继续

让我们现在转入第二点。距离刺激的变化如果并不伴随接近刺激的任何变化的话,那么便不会对事物的外表发生影响,这是千真万确的。于是,便引进了刚才描述过的第三种实验变式[希尔布兰德(Hillebrand)]。屏幕上的那个孔是恒常的,孔的后面是一个可以移动的黑面,上有一条尖锐而又光滑的笔直边缘,像在第一个实验中那根黑线一样,分割部分穿过可见圆圈的中央。不管这个面如何地向前或向后移动,观察者总会看到边缘轮廓鲜明的半圆,在这种情况下,更为经常的是,那个面的运动将会完全不引起人们的注意,根据这一事实,再次撇开由于不确切的调节而可能产生的边缘模糊,那个接近刺激通过移动面的过程而保持不变。

然而,论点②的观点并没有告诉我们全部真相,因为,它的变换不再是正确的了。我们的观点②的变换将是:如果没有接近刺激的相应变化,事物的外表便不会发生变化。但是,这是不正确的。当你继续注视图 4 时,图 4 便不会保持它的外表;如果你首先在图中的白底上看到一个黑色的十字形,那么后来你又可以在黑底上看到一个白色的十字形,黑白两面将会交替出现。我们平常见到的一些猜谜图,可以逆转的透视图,等等,都表明了同样的事实,我们在上面描

图 4

述过的那种可变光圈(iris diaphragm)的实验也属于这种情况,在该实验中,观察者一会儿看见一种置换,一会儿又看到圆孔大小发生了变化。据此,我们可以得出结论,即事物的外表并不单纯依靠接近刺激,即便从广义上考虑这种依靠,但是在实际的有机体内部,必定存在其他的条件。

最后,用来拒斥第一种答案的许多论点也同样充分适用于第二种答案。由于接近刺激的镶嵌不具有统一性,我们行为世界内的统一性便不可能由接近刺激中的相应统一性来加以解释。由此派生出来的论点既适用于距离刺激,又适用于接近刺激,因此,我们可以这样说,在这个方面,第二种答案与第一种答案处在同一条船上。

第二种答案幸存的原因

存在这样一种观点,根据这种观点,接近刺激和事物外表之间的一一对应性,竟然经受了我们提出的并不新颖的证据的考验,这种情况看来似乎有点奇怪。但是,要解释这种观点的顽强性也是不难的,这种观点绝对没有从今天的心理学中销声匿迹。有两种传统的心理学思想的一般特征相互支撑以保持这种观点的生存。第一种特征与旧生理学关于意识现象的假设相联系,这种假设在第二章中已经讨论过了。它可以表述如下:最简单的实验表明,在标准的条件下,白色依赖于光的强度,而外表的大小则依赖于视网膜意象的大小。如果在其他一些较复杂的条件下,似乎可以获得其他一些相关物,但是,这些相关物与第一种情况相比同样不可能是真正的相关物。这是因为,如果同样的神经纤维一会儿以这种方式作出反应,一会儿又以另一种方式作出反应,这怎么可能呢?况且,在上面两种情形里,同样的神经纤维接受的又是同样的刺激,却以前后两种不同的方式作出反应,这怎么可能呢?生理学假设对这样的变化是没有发言权的[斯顿夫(Stumpf),1890 年,p. 10]。

目前的理论是两个首批答案的结合;感觉和知觉

尽管生理学假设牢固地树立了自己的地位,然而该理论要是没有上述第二种一般的特征,便几乎难以经受该诅咒的事实证据的检验。那种该诅咒的证据存在于以下事实之中,若以纯粹的接近刺激为依据的话,事物的外表就不会像它们应该具有的那样,而且它们与这样一种期望是不同的,即外表更像距离刺激,也就是我们与之有实际交往的事物。于是,便可得出以下的假设,事物的实际特性,也就是距离刺激,归根到底是与事物的外表有关的。所以,事物之所以像看上去的那样,是因为接近刺激就是那个样子的答案,现在看来必须用第一种答案加以补充了,那就是说,事物就是事物的样子这一事实,必须也被包括在最后的解释中。这样一来,目前的理论实际上是我们两种答案的一种结合,在这样的结合中,第二种答案说明直接效应,而第一种答案则说明次级效应。这是因为,按照这种思维方式,在处理事物时,我们获得了有关事物的经验,这种经验进入到我们的整个知觉中。因此,根据这一观点,我们必须在两种行为场之间作出实际的区分,即分成一个主要(primary)行为场和一个次级(secondary)行为场,也就是感觉场(field of sensation)和知觉场(field of perceptions)。原先的主要行为场,也即感觉场,完全与接近刺激相一致——只有一个值得注意的例外,我们将在后面加以讨论——对于这个主要行为场,事物之所以像看上去的那个样子,是因为接近刺激就是那个样子,这样的答案从狭义上讲是正确的。但是,经验已经使这种主要的行为场发生了改变,而且凭借我们业已获得的无数经验,用次级行为场取而代之。

传统假设的网络

让我们看一下这个理论是如何运作的。前不久,即在 1920 年,杨施(Jaensh)对冯特关于线的趋近和后退的实验作了解释。关于这种线的运动,我们已经阐释过了。杨施的解释是这样的:"在线的运动情形里,判断仅仅依靠视网膜维度大小的变化,这种变化伴随着线的距离的改变,尽管这种改变太小,以至于不能作为视网膜维度大小的变化而被直接注意到,但是,它仍然决定着距离的判断。"这一解释中有若干特征是值得注意的。首先,它在可以直接注意到的结果(也就是说,与视网膜意象中宽度变化相一致的那根线的外表粗细的变化,即使当时没有被注意到)与这些可以直接注意到的结果所决定的判断(也就是那根线的或大或小的距离)之间作出区分。如果我们用以下说法来表示这种区分的话:即那根行为线的变粗,可以解释为线的趋近,而那根行为线的变细,则可以解释为线的后退,那么我们可以看到,这是"含义说"("meaning theory")的一个鲜明例子。这种"含义说"是苛勒在其著作中极其出色地讨论过的。任何一位不具偏见的人士都有可能发问,在冯特的实验中,感觉的宽度(尽管未曾注意到)和判断的距离之间进行区别的理由是什么?从公认的角度上讲,经验为我们提供的只是一个事实,即距离的变化;宽度变化是所谓未注意到的,也就是说,没有经验过的;我们没有把这种运动作为一种判断来体验,而是作为我们在另一次可以体验的宽度变化那样可知的变化来加以体验。这种特定的距离变化之所以被杨施作为一种判断来加以解释,是由于以下的事实,即接近刺激在宽度上发生变化,从而意味着第二个答案中所假设的接近刺激和行为场之间的关系。于是,我们看到了这种解释的循环性质:为了把体验到的距离变化称作判断,杨施必须假定,视网膜意象中宽度的改变主要产生知觉到的物体中一种宽度的变化;但是,为了把这种假设与观察到的事实调和起来,他必须把改变了的距离的实际经验作为一种判断来加以解释。

恒常性和解释性假设

关于这一假设的一般名称是"恒常性假设"（constancy hypothesis）——这是目前解释的名称；我们把另一种假设称之为"解释性假设"（interpretation hypothesis）——我们宁可选择这一术语，而不选择苛勒的"含义说"，对此，并没有什么内在的原因，仅仅是为了下述实际的原因，即我们对"含义"这个词，正像苛勒一样，是在十分不同的意义上加以使用的，因此不想使用本可避免的模棱两可的词语，以免读者产生混乱。于是，我们可说，解释性假设以恒常性假设为先决条件，但是后者中间也有前者。你们也许以为我轻率，我将用下面的笑话来充分说明上述两种假设之间的关系。一个男人和他的小儿子正在观看杂技表演，他们以极大的兴趣观看一名杂技演员走钢丝，演员用一根长长的杆子来使自己保持平衡。男孩突然转向父亲问道："爸爸，为什么那个人不掉下来呢？"父亲答道："你难道没有看见他正抓住一根杆子吗？"男孩接受了父亲权威性的回答。但是，过了一会儿，他又爆发出一个新问题："爸爸，那么杆子为什么不掉下来呢？"于是，父亲答道："你没有看见那个人正抓住它吗？"

未被注意的感觉

苛勒于1913年也指出了这种错误的循环论证，他强调这种循环论证对研究产生的有害结果，其结论也是由我们的上述笑话来引证的。但是，在杨施的解释中，还有另一点应该予以特殊的评论；根据他的观点，直接的感觉经验太小了，以至于无法为人们所注意！然而，据假设，它居然还会决定一种判断。这就把最后一点似乎有理的遗迹也从该理论中抹掉了。我们至少可以理解以可感知的感觉经验为基础的判断意味着什么。在我们讨论的特定情形里，该过程可能如下：观察者体验到线的粗细有变化；他已经了解（但是我们不知道如何了解）这种变化并不是那根线的真正变化，而是仅仅由于这根线与观察者本人的位置发生了变化。因此，他判断这根线在粗细没有变化的情况下，已经移动了。我说，这样一种描述至少具有一种含义，尽管它作为一种未经事实支持的纯粹结构而表现出来，这些事实并不包含这样一种推论性的判断。但是，现在粗细的变化被假定是未被注意到的。由于我无法判断我尚未意识到的某种东西，因此"判断"这个术语一定具有一种含义，这种含义与普通含义不同；实际上，它不可能具有超越或凌驾于这种一般含义之上的明确含义：非感觉过程（non-sensory process）。但是，它不能解释任何东西，尽管我们可以理解。以感觉经验为基础的一种判断如何导致有关这种经验的某种解释——例如，我们见到烟便判断一定有火——但是我们并不理解一种非感觉过程如何从未被注意到的感觉过程中产生一种注意到的资料，这种注意到的资料具有一种感觉过程的所有直接特征,并且与未被注意到的资料有所不同。

此外,关于未被注意到的感觉经验的假设是必要的,仅仅是因为从普遍的与接近刺激有着一一对应关系的事物外表中派生出来的恒常性假设。我们可以再次提出那个走钢丝的演员和他的杆子。如果没有恒常性假设的话,我们便不会假设未被注意到的经验,而如果没有被注意到的经验,我们便不能保持恒常性假设。

你们可能会问,为什么对这种明显蹩脚的理论要花那么多时间去讨论呢?我的答复是这样的,该理论要比我们想象的具有更大的重要性。我们的心理学先驱们将这一理论自觉地纳入他们的体系中去,而在这些体系中间,一些更加系统化的理论则要花大力气去证明它(斯顿夫,1883年)。它在苛勒的一篇文章中受到致命的打击,这也是千真万确的事实,但是,我选择用来供讨论之用的那段文字在七年以后才出现,这是一种坚持该思维方式的信号。我怀疑目前是否会有人能找到这样一名心理学家,他将明确地为它辩护,但是,也不等于说,它已经消失了。反之,解释性理论的应用以这种或那种形式包含了它。因此,把它从我们未来的讨论中排除出去也将是合宜的,排除的方法是对解释性理论及其关于原始感觉和修改过的知觉的区分一起予以拒斥。我们的证据是实验性的,因为实验已经表明,经验理论或解释性理论在某些情形里解释得太少,而在另外一些情形里则解释得太多。

对于解释性理论的特定拒斥:它解释得太少

现在,让我们回到大小恒常性这个题目上来。我们发现,视网膜意象的缩小,而非所视物体的缩小,可能引起该物体后退的知觉,而物体的外表大小则保持不变。如果这种结果可以解释为一个知觉问题而非感觉问题的话,那么,我们的假设就必须是这样的,即原先视网膜意象的任何一种减少将会产生所视物体的缩小,而经验只能告诉有机体以下的东西,即一个看来变小的物体实际上不一定真的在缩小。或者,也可以用其他的话表述:如果两个物体中较大的物体离开动物更远些,以至于在动物的视网膜上产生的意象较小些,那么,根据上述观点,原先动物见到的较大物体,其意象就较小,而且只有通过学习方才知道该物体实际上较大。因此,我们应该期望去寻找一些动物,它们将把较大距离以外的大个物体误以为小个物体;我们只需挑选这样一些动物,它们没有充分的时间去学习,也没有很高的智力;这是因为,若要获得该理论所意指的知识,肯定是一种高级的成就。但是,这种期望还没有实现。人类婴儿已能表现出对物体大小知觉的显著恒常性。例如,一名11个月的婴儿,已经接受过这样的训练,也就是从并排放着的两只匣子中挑选出较大的匣子,现在该较大的匣子已经迁到一定距离以外的地方,它在视网膜上产生的意象,比起那只较小但距离较近的匣子在视网膜上产生的意象来,前者的意象面积还不到后者的意象面积的 $\frac{1}{15}$,而那只较大但距离较远的匣子与较近但较小的匣子的长度之比竟为1∶4[海伦·弗兰克(Helene Frank),1926年],在这种情况下,那个还只有11个月的婴儿仍能继续他的挑选工作。我怀疑,上述结果是否被"含义说"的辩解者们所预见到。一旦获得了这种结果,他们当然准备宣称,这证明婴儿的智力是够高的,而且虽然婴孩只生活了11个月,但这段时间已经足以使他获得必要的经验了。也许,这些心理学家的忠诚不会发生动摇,因为1915年苛勒刊布了他的实验,该实验在黑猩猩身上获得了同样的结果。尽管实验所用的动物物种是低于人类的,但是这些动物比婴儿的年龄更大,并且在较低智力的动物身上所花的时间也一定更多——只有当年幼的黑猩猩所参与的实验未能驳倒这一解释时,该解释方能成立。但是,这样一种实验几乎是不必要的,因为高兹(Gotz)已经证实,只有3个月大的小鸡便能在它们的行为中表现出判别物体大小的恒常性了。由于小鸡自发地先选择较大的谷粒,因此不难对它们进行训练,以便持续地在同时呈现的两粒谷子中,首先去啄较大的谷粒。为了这一实验的目的,有必要在原有基础上再前进一步,即训练小鸡仅仅啄取较大的谷粒,这一结果是可靠的,尽管不是那么容易实现。接下来,在关键的实验中,两粒谷子放置的位置是这样的,较小的谷粒放在距离小鸡15厘米的地方,小鸡这时正从通向食物箱的前室门口出现,而较大的谷粒则放在更远的距离之外。小鸡持续地挑选较大的谷粒,一直达到73厘米的距离以外(即两粒谷子相互间的距离);只有当两粒谷子的距离继续拉开时,小鸡才啄食较小的谷粒。现在,从客观上讲,谷粒可见面积的比例是4∶5,谷粒间长度的比例是2∶2.24;很容易把小鸡训练成首先挑选较大的谷粒,这一事实证明了高度的分辨力。但是,这个关键实验的结果确实是令人震惊的,因为在实验中选择较大谷粒,它们的视网膜意象面积大约只有较小谷粒视网膜意象面积的 $\frac{1}{30}$,而且与之相应的是,长度比例竟达到1∶5.5!这里可以提及的是,在控制的实验中,当较大谷粒距离更近而较小谷粒距离较远时,小鸡始终选择较大的谷粒。

上述的实验结果与"含义说"完全不相容。如果小鸡在它们出生才3个月的时间里便能发现表面看上去虽小但实际上却较大的东西,那么小鸡便简直成为天才动物了。由于我们不相信它们竟然具有这种不可思议的天赋,因此我们必须下结论说,它们之所以选择较大的谷粒,是因为谷粒显得大些,甚至在广阔但明确的范围内,当它的视网膜意象较小时,也是如此。

上述这些实验(尤其是最后的那个实验)表明,以恒常性假设为基础的解释理论是错误的,这是毋庸置疑的。它们未能在信奉这一理论的每个人都期望它们的条件下证明原始感觉的假设。他们积极地证明了接近刺激和事物外表之间的关系一定具有不同的性质,于是随之产生了事物大小的恒常性,这是作为一种自然和原始的结果而产生的。

当我们了解到(不用详细地了解每一个细节),已有证据表明,婴儿、黑猩猩和小鸡具有所谓的明度恒常性(brightness constancy)时,也就是说,可以把它们训练成从两个物体中挑选出较白的或较黑的物体,只要较黑的物体比较白的物件反射更多的光,它们就会继续进行这样的选择,当我们了解到这些情况时,我们的信念便得到了加强。让我们举下面一个例子就足以说明问题了:当苛勒在1915年发表关于黑猩猩和小鸡的实验结果时,该结果遭到了怀疑,因此他不得不于1917年进行了特定的新实验,以便拒斥可能的错误源,这些错误之所以被构思出来,是为了保持和维护旧的感知觉理论。我们往往忘记了这一点,即有些实验在它们进行的时候就意味着实际的理论决策了。它们的结果在今天看来是如此清楚,以至于容易使我们忘记它们的理论内涵。

由此可见,恒常性现象(constancy phenomena)公然蔑视按照感知觉理论或解释性理论进行的解释。我可以用先前描述过的另外一个实验来证明我们的论点。我指的是里夫斯(Revesz)的实验,该实验证明,小鸡就像我们一样易受贾斯特罗(Jastrow)错觉的影响。这里,用来说明含义的经验一起被排斥了。向动物呈现两个相等的物体,一个在另一个上面,它们以前从未见过这样的安排或者类似的安排,但是,它们仍然挑选了那个在我们看来是较小的物体,这与它们受过的训练是一致的,即训练它们从两个同时呈现的图形中仅仅啄取较小的图形。这里,绝对没有理由可以说明为什么感觉的相等性(sensory equality)意味着知觉的不等性。

也许,旧学派的一名顽固分子会对这种情况提供不同的解释。他也许会说,小鸡未能对面积作出比较,相反却对两根接近的线条进行了比较,也就是说,把上面图形的底线与下面图形的顶线进行了比较。由于前者比后者短,于是它们便挑选了上面的图形。但是,事实上,这种解释并不能解释其他一些正确的选择,就像图5中显示的两个图形那样。因为在图5中,下面那个客观上较小的图形的顶线仍然比上面那个较大图形的底线长一些。因此,在这种情况下,动物不能对线的长度进行比较,而是对面积大小进行比较。那么,为什么这种训练会一下子突然崩溃,并在动物面临关键图形时让位于一种完全不同的行为呢?可以肯定,动物并不知道这些图形是关键的!

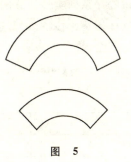

图 5

在迄今为止讨论过的所有这些例子中,解释性理论解释得实在太少了。观察到的事实无法导源于该理论,即使该理论满载着特别创立的一些新假设,也不能从中产生观察到的事实。

它解释得太多

但是,我们也可以选择一些同样类型的事实来证明它解释得太多。因为大小恒常性并不是一件全或无(all or none)的事情,而是一个可以量化地进行测量的相对问题。一个简单的实验程序是这样的:把一个大小恒定的物体呈现在距观察者恒定的距离内,作为一个标准物体。然后,在不同方向和不同距离内一一呈现大小不同的物体,观察者必须作出判断,它们是否比那个标准物体看上去更大些,或者更小些,或者与标准物体相等。防止在不同方向上放置标准物体和比较物体,这是因为,如果两个物体靠得太近,也即在视野内相互接近,那么两个物体就会相互影响,以致歪曲不受影响的恒常性图像。借助判断,人们可以根据物体的外表从每一距离中计算出与标准物体相同的物体的大小。尽管这种类型的第一批实验是由高兹·马蒂乌斯(Gotz Martius)于1889年作出的,但是,直至今日,我们仍然对量的关系没有完全了解。进行调查的距离范围是相当有限的。如果我们对距离进行如下的划分,在这些距离内,供比较的物体呈现在横坐标(abscissa)上,而在这些距离上的物体大小看来与纵坐标上(ordinate)的标准物体相等,我们从而获得了一些曲线,这些曲线在有利的情形里,其距离可以长达16米之多,实际上已经是与横坐标平行的一些直线了。在该距离之后的某处,曲线起初缓慢上升,然后上升加快,最后将接近表示物体大小的曲线,物体大小在不同距离内以同样大小投射到视网膜,从而产生同样大小的意象。让我们来提供几个数字:马蒂乌斯发现110厘米长的杆子在6米的距离外与1米长的杆子在50厘米距离外看上去是相等的,但是杆子的大小在4~10米之间的范围内则没有持续的变化。表1是根据舒尔(Schur)1926年刊布的一系列实验计算出来的,这是三位观察者所得结果的平均值。不论是标准物体还是比较物体,都通过幻灯以圆圈形式投射于屏幕上,房间的其余部分保持黑暗,每一次只有一个圆被见到,使用相继比较(successive comparison)而不是同时比较(simultaneous comparison)。

表 1

距离(米)	水平(厘米)	垂直(厘米)	恒常的角度
4.80	18.3	19.7	21
6.00	20.2	23.4	26.25
7.20	22.4	27.7	31.5
16.00	32.4	41.6	70

标准圆的直径为17.5厘米,距离4米。

根据上表,第二纵行的数字显示了一种缓慢而又稳步的上升,如果房间没有完全暗下来的话,这些数字本来还会少得多,正如距离长达 16 米的实验所显示的那样。在图 6 中,下方的实线显示了外表大小伴随视网膜大小的情况是多么的少,上方的实线则反映了产生恒常的视网膜意象的大小。

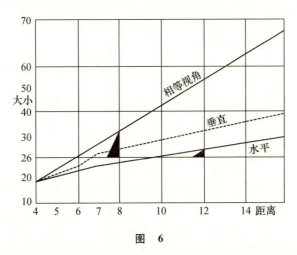

图 6

我们第二幅图解(见图 7)取自贝尔(Beyrl)的一篇论文。这些实验都是在白天进行的,实验条件为:作为标准的物体和作为比较的物体在视野中相互之间十分贴近。实验中使用了两种类型的物体,7 厘米高的立方体匣子和直径为 10 厘米的圆盘;被试的年龄从 2 岁到成人不等。我们的曲线表示使用匣子的结果。下方的曲线是取自成人的结果,它表示从 1 厘米到 11 厘米的绝对恒常性。另一根曲线则显示 2 岁儿童的结果,它仍反映了惊人的恒常性程度,如果我们把它与上方一根线比较的话,上方那根线描绘了匣子的大小,那些匣子的大小本来会产生恒常的视网膜意象的。但是,2 岁儿童的那根曲线对于他们的成就而言并不完全公正,比起成年人来,2 岁儿童更易受到两个物体紧密相连性的影响,这是由弗兰克夫人(Mrs. Frank)于 1928 年予以证明的。贝尔的数据包含了另一种有意义的结果,也就是说,恒常性取决于被使用的物体种类;对于匣子来说,要比使用圆盘更加显著,不仅如此,儿童和成人的恒常性对于被使用的物体的依赖也有差异,使用圆盘和匣子之间的差异,孩子比成人更大。我看不到以解释性理论为基础去解释三维物体比解释二维物体所具有的优越性。

在继续我们的论题以前,我们再作一下衡量。布朗(Brown)于 1928 年要求他的被试把距离为 1 米的奥伯特光圈(Aubert diaphragm)与距离为 6 米的另一个 16 厘米对角线的光圈等同起来。4 名被试所选的平均对角线(diagonal)恰恰是 16 厘米。现在,必须介绍的新事实是,恒常性曲线是物体离我们而去的方向的一种作用(function)。在迄今为止涉及的所有实验中,这个方向是箭形的,进

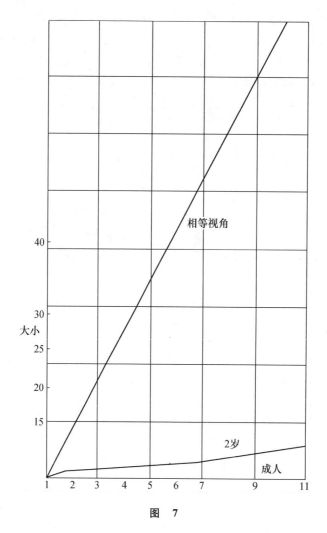

图 7

行比较的两个物体都处在同一个水平面上。现在,对于以经验为基础的一个理论来说,方向并没有造成差异,实际上确实如此。表 1 的第三纵行以及图 6 的中间曲线涉及下列情况,即两个物体都在观察者上方的不同距离上。恒常性明显很差,而且不顾以下事实,也就是使这些实验得以进行的高大房间变暗是不可能的事,正如使进行水平测量的房间彻底变暗是不可能的事一样。如同我们先前已经指出的那样,由于恒常性在明亮的房间里要比在黑暗的房间里强一些,因此,向上方向的恒常性相对优于水平方向的恒常性;实际的曲线比之我们图解中的曲线以更陡的角度上升。因此,这里,含义说将预言得太多。

如果现在这个理论的辩护者反驳道,他无法容忍我们的诋毁:我们关于垂直距离所作的判断,比起关于水平距离所作的判断来,正确性要差一些。这是很自然的,因为我们对它们的经验较少,我还必须提及其他一些事实:在最初的 4 米距离之内,垂直距离和水平距离之间的差异很小,而且不受距离支配,可是,在 4½ 米和 14 米之间这种差异便十分迅速地增加,并在 70 米以外的某处达到最高点。

这些资料取自舒尔(Schur)关于月亮错觉的调查,因为这种错觉只是下述一般观点的特例而已,即大小恒常性是一种方向作用。在我们的普通实验中,我们发现一个远距离物体的视网膜意象越小(该远距离物体看上去像近距离物体同样大),其恒常性便越好。或者,恒常性越好,与特定的视网膜意象相一致的表面大小便越大。现在,月亮的视网膜意象在地平线上和在天顶时是一样的,因此,月亮在前者情况下看时较大,在后者情况下看时较小,这一事实表明,用恒常性来表述的话,水平方向与垂直方向相比更为有利。在舒尔的实验中,人造月亮(通常是由幻灯投射的圆)得到了运用,业已发现,在距离 3 米和 33 米之间,错觉从大约 13% 增加到大约 50%,也就是说,正前方的圆必须分别减小大约 13% 到大约 50%,以便看上去与上方的圆相等。当然,在所有这些例子中,远距离圆盘的视角保持在 1°18′ 而不变,这与直径 6.8 厘米和距离 3 米是一致的。最后,错觉是物体高度(elevation)的一种直接作用,正如表 2 显示的那样。表 2 的总结性实验是在距离为 4.80 米、圆的直径为 22 厘米的情况下进行的,数字表明 6 名被试错觉的平均百分比。

表 2

25°	35°	55°	70°	90°
0	1.1	5.4	8.2	15.2

(材料取自舒尔)

高度 25° 不会产生错觉这一事实是由于距离小的缘故。对高度 25° 来说,错觉处于不同的距离之中。

表 3

4.8 米	5.6 米	9 米	16.5 米
0	2.7	4.7	9.6

(材料取自舒尔)

因此,我们发现,恒常性对距离和仰角(angle of elevation)有着十分明确的量的依赖性。按照解释性理论,这些依赖性的原因可以归于任何距离和高度的结合,而这种距离和高度的结合要比另外的结合提供更低程度的恒常性。这给解释性理论强加上一项任务,也即证明在这样一些结合中有多少经验确切地伴随着恒常性的数量,正如我们在上述几幅图表中说明的那样——这是一项从未着手进行的任务,在我看来,更有可能不会成功。

我们已经引证过的各种实验表明了解释性理论的不恰当性,从而也表明了恒常性假设的不恰当性,这为我们强烈地拒斥它提供了材料。我们原本可以采取一种更加简单的过程,用来直接表明含义说是如何解释不了大小恒常性的原因的。譬如说,我注视着从山谷中耸立起来的光秃秃的山头,在其中一个山头上我瞧见一个移动着的小物体。我知道这是一个人:在我的视野中,这个小小的物体意味着一个人。或者说,我站在纽约的克莱斯勒大楼(Chrysler Building)上俯视下面的马路。我见到匆匆忙忙地行走的蚂蚁般的生物和微小的汽车,但是,我毫不怀疑,这些蚂蚁都是男人和女人们,而这些玩具般的东西实际上都是真正的汽车和有轨电车。含义是尽可能清楚的,但是它并不影响具有这种含义的物体的大小。当我说解释性理论解释得太多时,我心里所想的就是:由于含义就在那里,那么解释性理论意指的物体大小也应在那里,但遗憾的是它们不在!

因此,我们可以用下述方式小结我们的讨论:如果解释性理论所运用的"含义"有着任何一种可以指定的含义的话,那么,它既不是接近的局部刺激模式(pattern of the proximal local stimuli)和被察觉的物体之间不一致的必要条件,也不是上述这种不一致的充分条件——之所以说不是不一致的必要条件,是因为这些不一致是在我们可以排除含义的条件下出现的,之所以说不是不一致的充分条件,是因为在含义清楚显现的地方,它们却未能显现。于是,解释性理论以及由此派生出来的恒常性假设不得不从我们的体系中永远消失。

恒常性假设和传统的生理学理论:局部刺激

从本讨论一开始,我们便宣称过,解释性理论与关于大脑过程的传统生理学假设有着密切的关系。现在,我们可以使这一声明进一步明晰起来。解释性假设是由恒常性假设所要求的,我们将用一种稍稍不同的方式来系统地阐述这种恒常性假设。让我们回顾一下恒常性假设赖以存在的那些论点,我们看到,恒常性假设与行为特征的相关并不具有全部的接近刺激,而是同我们正在讨论的与距离刺激的物体相一致的某些部分相关。换言之,它是从局部刺激的特性中获得行为物体的特征的。恒常性假设以其一致的形式处理感觉,也即每一种感觉均由视网膜点上的局部刺激所引起。因此,恒常性假设认为,如果接受刺激的感受器的生理条件恒常不变的话(例如,适应性),则局部刺激的结果也是恒常不变的。这就意味着,所有局部刺激所产生的兴奋不顾其他的兴奋而自行发展着,这是完全符合传统的生理学假设的。现在,当我们看到这种恒常性假设不得不予以抛弃时,我们已经知道取而代之的是什么东西了,因为,我们在第二章中就已经指出,生理过程必须被视作拓展中的过程。那意味着,没有一种局部的刺激可以由其自身来决定相应的兴奋,正如恒常性假设所暗示的那样,而是只有在与刺激的整体性相联结的情况下,局部的刺激方才可以由其自身来决定相应的兴奋。拓展中的过程形式必须依赖整个拓展的刺激镶嵌,它的所有部分作为这种拓展过程的组织结果而成为它们本该成为的东西。只有当我们了解了局部过程得以发生的这种组织时,我们才能预言它将成为什么东西,因此,在局部刺激中发生的同样变化也能在行为世界中引起不同的变化,也即根据整个刺激所产生的整个组织而在行为世界中引起不同的变化。于是,我们可以说:只有当整个条件处于以下情况时,即两个视觉物体出现在一个正面的垂直平面上,视网膜意象较大的物体也会看上去较大。抛弃这种恒常性假设并不意味着我们用一种接近刺激和事物外表之间的武断联结取而代之,我们意欲去做的一切,就是用整个知觉场和整个刺激之间更加全面的一致性定律去取代局部一致性定律,用整个知觉场和整个刺激之间更加全面的一致性定律去取代机械效应的定律。我们在寻找这些定律的过程中,至少会发现某些更为特殊的恒常性迹象,尽管在这类恒常性中没有一种恒常性为上述的恒常性假设所表述过。

经验错误

该恒常性假设还有最后一个方面必须特别强调一下,尽管我们已经讨论过了。严格地讲,这种恒常性假设仅仅涉及一些点。实际上,它已经被使用得很不精确了;一般说来,所考虑的局部刺激是来自明确的距离刺激物体的接近刺激,例如,来自桌子,来自冯特实验中的线条等等。但是,这种关于恒常性假设的松散运用隐含着一种严重的逻辑错误。由于距离物体本身是一个事物,因此,不言而喻,会作出这样的假设,即与距离物体相应的视网膜意象也是一个事物。但是,正如我们已经见到的那样,该假设是不正确的。在视网膜上相邻两点的刺激并不包含刺激的身份,这种刺激将使行为空间中的相应两点属于两种不同的物体,或者属于同一个物体。如果行为场中的一个物体本身是一个事物,那么它肯定是从行为场的其余部分中分离或分解出来的整合的整体。作为一种纯粹镶嵌的刺激,既不具有这种整合性,也不具有这种分离性。因此,我们看到,谈论外界事物在我们视网膜上形成图像,就像谈论照相底片上的图像一样是容易产生误导的。如果我们把图像或意象说成是刺激,我们就把组织的结果误认为是组织的原因了,这种错误一再发生着。苛勒称它为经验错误[experience error(1929年)]。我曾经系统阐释过这种实际的情况,我这样说:我们看到,不是刺激——这是一个经常使用的短语——而是因为刺激的缘故(1926年,p.163)。

正确的答案

对于这两种或明或隐的答案的拒斥导致我们得出正确的答案。事物之所以像其看上去的那样,是因为场组织的关系,接近刺激的分布引起了这种场组织。这个答案是最终的,之所以这样说,仅仅是因为它包含了整个组织问题本身。因此,我们的答案,不但没有使心理学终结,反而开辟了新的一章,该事实是任何熟悉心理学文献的人都必须意识到的。它意味着我们必须研究组织律(laws of organization)。

过程和条件

组织是一个过程,从而需要力来使之运转,但是,它也发生在媒体之中,因此也必须依靠媒介的特性。让我们用一些取自物理学的简单例子来澄清这种区分。以一个振动物体音叉所产生的音场(sound field)为例。音叉的运动充当一种围绕媒体的力,在媒体中,振动过程得以建立。如果说媒体完全是同质的,也就是说音叉周围的空气密度是一样的,温度也相同,那么,振动场将是十分对称的。可是,另一方面,如果音叉被封在一只隔音的匣子里,从匣子里通出一根管子,那么,振动过程便将限制在管子以内,我们将看到直线传播,而不是球形扩展。我们再次作出假设,如果把音叉浸入水中,振动过程便会传播得更快,如果把音叉缚在一个铁架上,那么振动过程便会传播得还要快。但是,如果媒体不是同质的话,譬如说从这点到那点的密度有所变化,或者至少在某些方向上有所变化,那么,振动场就会表现出各种各样的形态。对此,我们无须详述了;根据振动过程得以发生的媒体情况,同样的力会产生不同的结果。

在这个例子中,媒介物的性质有三种基本的结果,借此它们决定最后的场组织:① 将过程限于场的一个有限部分的结果;② 决定传播速度;③ 将这种过程转变成另一种过程。第一种结果十分清楚地显示在简单的机械例子中:一只皮球,一旦将其支撑移去,便将随着地心引力的垂直拉力而直线落地。然而,在斜面上,同样这只皮球将会按照斜面所规定的角度滚下。于是,我们看到,由同一种力所产生的过程的方向会在充分界定的范围内发生变化。第二种结果对于场的组织来说具有特别的重要性。如果两种过程在不同的部分起始,那么它们的相互依存将取决于一种速度,每一种过程均以这种速度进入对方的范围。由于它们之间的媒体允许一切可能的速度,我们可以看到,媒体单凭这一特性便可决定各种程度的相互作用,从而实现场组织的巨大多样性。如果媒体是完全不可渗透的,那么这些过程将不会彼此干扰,整个结构将会是两个部分组织之和。最后一种结果可以用摩擦力来加以最好的说明。一只正在从斜面上滚下的皮球,它的速度有赖于斜面和皮球的光滑或粗糙程度。球面和斜面越粗糙,皮球的运动就越慢,结果,动能也越小。然而,由于起始的势能是不受斜面性质所支配的,只有赖于起始点的绝对高度,所以有些能一定丧失掉了;正如我们知道的那样,这些丧失的能已经转化成热;受引导的运动已经部分地转换成不受引导的运动(undirected motion)。

适用于心物过程

我们必须将这些考虑用于心物组织(psychophysical organization),但是,在这样做的时候,我们必须记住,我们正在处理一个特例,也就是说,在这个特例中,最小的能量使特别巨大的能量发挥作用。很清楚,这对一切自我决定的活动来说是正确的。在我决定爬上马特霍恩山(Matterhorn)时,起作用的能量是最小的,但是在实现这一目标中所消耗的能量却足足超过了180000焦耳。但是,在我们行为的感受器方面,情况同样也是正常的。投射到我们视网膜上的光能并没有传播到大脑本身,而是释放了储存于神经中的能,这种能又释放了其他神经中的能,如此等等。

关于小的能量如何能够释放和引导大的能量,这是容易理解的:我们只需考虑一下我们自己在驾驶汽车时的情形。踩在加速器上的微小压力增加了可以任意支配的能,增加了与这种能在一起的实际的力,从而驱动了我们的汽车;我们几乎可以毫不费力地稍稍转动方向盘,便可改变汽车的方向。

我们准备研究的组织发生在这些神经的能量之间,这些神经能量部分地由刺激释放,部分地由机体内部(intra-organic)的过程释放,它们回过头来又引导着我们肌肉组织的更大能量。只要我们心中有了这些发现,我们就可以将下述区分用于心物组织,这种区分是指活跃的力和受限制的条件之间的区分,以及在过程和决定过程的条件之间的区分。

心理过程的条件

让我们先来讨论这些条件。在外部条件和内部条件之间作区分是很有益的,前者是由接近刺激在感觉表面上引起的;后者是神经结构本身所固有的。由于机体内部(在肌肉中,在关节中,以及在消化器官中)存在一些感受器官,因此外部和内部并不意指机体的外面和里面,尽管在许多情形中,在大多数我们将讨论的情形中,这种含义是行得通的。如果我们现在审视这些条件,我们看到所有的外部条件提供了实际的力。那么,内部条件的情况又怎样呢?这里,我们可以在或多或少永久的条件和暂时的条件之间作出区别。永久的条件是神经系统内部固有的结构,也是通过经验已经成为的那种结构。作为结构(structure),这些条件属于限制性种类和隔离性种类;它们将有利于某些相互依存性,而不是有利于其他,即把一些过程完全地或优先地限于系统的某些部分,共同决定力将采取的方向,等等,正如我们将在以后看到的那样(见第十一章),这不会耗尽它们的功能。在暂时性条件中,首要的是精力充沛(freshness)和疲劳(fatigue)。为了形成这些条件的概念,我将提及由亨利·黑德爵士(Sir Henry Head)所引证的若干事实,以支持他关于"警戒"(vigilance)的概念。他在提到由查尔斯·谢林顿爵士(Sir Charles Sherington)及其学生们的著作时写道:

"例如,假定把一只猫的脊髓延髓区(medulla oblongata)截断;过了20分钟后用针刺猫的后爪,不会引起一般的反射,但是猫的足趾却作出张开的动作。这种反应逐渐传布,直到整个肢体可能呈弯曲状,对侧肢体因同样性质和强度的刺激而伸展。运动反应不仅变得活跃和广泛,而且,它得以引发的皮肤面积也大大增加。现在,夹一下肢体任何部分的表面结构,便会引起肢体弯曲,并伴随着对侧肢体的伸展。深部反射(deep reflexes)会迅速重现,膝跳反射(kneejerk)的特征表明四头肌(quadriceps)在相当大的程度上重新获得弹性。随着脊髓准备状态在兴奋性方向上的改善,甚至搔抓的反射也会重现……

"当脊髓达到其最高的活动状态时,向动物施以氯仿(chloroform)会引起快速的退缩反应。这时,膝跳反射和踝跳反射(ankle-jerk)消失了,最后,可以引起的唯一反射是足趾的轻微运动,而且只在足的爪垫处才可引起轻微运动。对肢体其他部位进行针刺不再引起任何结果(1926年,p.482)。当麻醉消失以后,反射重新获得其先前的特征。人类的脊髓被切断以后也会发生类似的情况。首先,所有的肌肉都松弛下来,实际上不会产生任何反射。但是,对于一名年轻而又强壮的病人来说,不仅众多的反射得以重现,而且反应呈一种'团块反射'(mass reflex)的性质。'足底反射'开始呈现一种形式,其特征是大脚趾向上运动。反射得以引起的场扩大了,而且在成功的例子中,脊髓变得如此容易兴奋,以至于刺激在损伤水平以下的任何部位都会引起典型的脚趾向上运动。不过,现在这种情况仅仅形成了对表面兴奋作出反应的一小部分;踝、膝和臀部都发生屈曲,而且足也从施加于足底的刺激中缩回来。腹壁也经常进入一种收缩状态,损伤部位以下的每一块屈肌都会参与一种有力的、痉挛性的运动。对足部小范围进行的刺激已经引起广泛的反应,即损伤部位以下的整个脊髓领域都会引起反应(pp.480~481)。'但是,如果病人在发烧……他的状况可能回复到损伤以后不久所发现的情形。……甚至不伴随发烧的胃肠道紊乱,仍会产生活动程度下降的同样症状'(pp.481~482)。"

这些相似的事实提示了两种相互内含（inclusive）的解释。由外伤、麻醉、毒血症或其他不正常状态引起的休克，降低了神经活动的水平，使之低于以神经结构为基础的动物可以达到的水平。有限的反射取代了"团块反射"，这一事实提示了一种可能性，即神经结构的不可渗透性已经降低，以至于它的各部分的相互依存性也或多或少地有所减弱。于是，某一部分中发生的情况可以与另一部分中发生的情况不相联系。我在黑德的一个病例中找到了有关这一解释的有效证据。黑德的这位病人"在连接大脑的左前额区受到一点轻伤"，可是他"在一切方面均表现正常。在日常的交往中，他的行为合乎情理，而且在病房的活动中表现出实施能力，但是，他写了一封长长的信，就他的家庭提出了详尽的问题，这封信是写给他已经去世三年的母亲的。他认为有两个名叫布伦（Boulogne）的城镇，一个是在从前线（Front）回家的旅途上，位于纽卡斯尔（Newcastle）附近；另一个名叫布伦的城镇是在法国，只有你渡海以后方可抵达"（pp. 493~494）。上述的观察表明，该病人在受伤以后，他途经布伦的经验并未受到他以前从前线回家时途经该城的经验的影响。

然而，这种降低了渗透性的结果只能是整个结果的一个侧面。黑德本人归纳如下："当警戒性处于高度状态时，心身便处于一种平衡的准备状态，以便对任何事件作出反应，不论是外部事件还是内部事件"。这就意味着，供神经系统使用的能是变化不定的，我们在后面的讨论中将会发现这一概念是有用的。

现在，我们可以回到作为心物过程的暂时性内部条件的精力充沛和疲劳的概念上去了。精力充沛可被视作是一种高度的警戒性，而疲劳则被视作是一种低度的警戒性。因此，我们对于不同的警戒状态所提供的解释将适用于精力充沛和疲劳，比起黑德以其论点为基础而提出的警戒理论来，它们在警戒性程度上呈现较小的变化。

还有一个暂时性条件，至少从表面上看，与疲劳具有某些相似性，但是，必须明确地与其区别开来。可能会发生这样的情况，一个过程导致某些实际的力的产生，而这些实际的力妨碍并最终阻止该过程的继续。这个条件，像精力充沛和疲劳一样，既会对活动产生决定性影响，又会对知觉产生决定性影响，但是，就我们说明的这个部分而言，我们无法指出我们为什么必须作此假设。然而，我们可以评论说，它不属于限制性种类，而是在过程的产生中所贡献的力。对于其他一些更加重要的内部条件来说，这同样是正确的。我们的一切需要、欲望、态度、兴趣和注意也必须被视作是属于这种类型；这些东西的效应将在后面进行研究。

我们从过程和条件的区分中获得了什么

在我们一一列举各种不同的条件，即心物过程所依赖的条件时，遇到了许多熟悉的心理学概念——像经验、注意、兴趣、疲劳,等等,我们只需列举一些便够了。那么,当我们把它们称为条件时,从中获得了什么呢?具有批判眼光的,而且可能心存怀疑的读者将会倾向于认为:这种新术语并未引入一种新含义,而且,由于我们使用旧术语,因此我们也运用传统的解释。可是,一个简单的例子便可表明这种解释是错误的。

传统的同化假设

在知觉的解释中,我们选择了由传统的经验心理学所作的解释。显然,这种恒常性假设的鼓吹者们不可能也不相信感觉之和等于实际感知的事物,按照恒常性假设,这些感觉构成了任何一种刺激的结果。我们知道,他们是不会相信这一点的,而且他们把这种区别归因于经验,即把感觉和知觉之间的区别界定为不受经验影响的感觉和受经验影响的感觉之间的区别。除了我们已经讨论过的这种解释性假设以外,传统心理学还有另一种理论去解释经验对知觉的影响,那就是冯特的同化假设(assimilation hypothesis)。该假设并未把某些知觉特征解释成判断的错觉,而是承认在许多情形里我们行为环境中物体的真正知觉的、非判断的特征(然而,该假设从不认为它与解释性假设是不相容的,因此,两者均包括在这一体系之内,两者之间分布着不同的情形)。同化假设的目标决定了其内容。根据恒常性假设的观点,由于感觉仅仅提供了感觉之和,由于我们在自己的知觉世界中发现了物体,因此经验一定给感觉之和增添了某种东西。但是,由于我们只知道实际感知的物体,因此,同化理论必须深入一步:由目前的刺激所引起的一组感觉,不仅再现(reproduce)了先前经验的意象,而且后者必须与前者熔合成一体,在这统一体中,前者的许多特性丧失了,两种基本的要素,即感觉要素和想象要素,是不可区分的。对这种假设来说,没有一个部分已经得到证明;在这一假设的组成成分中,有三个成分就该假设的性质而言是无法证明的,这三个成分是:最初引起的感觉,再现的意象和熔合过程。

还有第四点似乎未被同化理论家所注意,尽管在我看来这第四点提出了一种难以克服的困难。我将以一个十分简单的例子为开端来介绍这第四点。譬如说,我们察觉草地里有一条蛇;当我们小心翼翼地接近它时,才发现这根本不是什么蛇,而是一根被风吹动的弯曲的树枝。对于这种情况,同化假设会作出如下的解释:当来自树枝的刺激投射于我们视网膜上时,它与先前情形中来自一条蛇的刺激投射于我们视网膜上的情况十分相似。因此,我们目前的感觉与先前的感觉十分相似,足以再现我们曾在以前见过的一条蛇的意象,而且这种意象不可解脱地与那些感觉相熔合,以至于使我们现在看到一条蛇。这种解释貌似有理,然而还会引起问题;因为,根据这种恒常性假设,来自一条蛇的刺激除了产生乱七八糟的感觉、颜色、位置和可能的运动以外,不会产生任何东西。

但是我们认为,问题是,这些感觉怎样整合成一条知觉上的蛇?对于这个问题,我们关于蛇,关于树枝,关于我们行为环境中任何其他物体,均无法作出解答。我确实不知我们如何才能获得这样一种解答。也许,读者会同意,用纯粹的视觉术语来解决是不可能的,但是,他也许会反对说,我们已经忽视了我们的其他感觉;我们可能已经触及过蛇,并听到过它发出的嘶嘶声。但是,即便我们假设情况确实如此的话,那么这究竟有什么帮助呢?根据这种恒常性假设,触及那条蛇将提供一些触觉,可是,就我们所知,一条蛇既非单纯的视觉,也非一些视觉加上一些触觉。总之,该理论通过再现先前刺激的知觉这一假设预示了它将要解释的东西;那么这些先前的知觉是如何产生的呢?

第五点尽管可以证明,但尚未得到证明;相反,近来的实验却表明它是错的。我指的是该理论的支持者所忽略的那个部分,也就是处理意象的再现。多次产生某种结果的刺激将会在一切条件下倾向于再现同样的结果,这种假设是错误的,我们将在后面讨论。

同化假设是站不住脚的。它的主要方面是增补了两种心理要素:感觉和意象。经验不仅是一种条件,而且也是特殊要素的源泉(这些要素被增补到由感官提供的其他要素上去)。当我们认为经验是一种内部条件时,整个问题看上去便有所不同。没有经验,神经系统具有某种结构,一旦有了经验,它便具有不同的结构。所以,我们不再期望同一种力(同一种接近刺激)会在神经系统中产生同样过程。我们可以删去同化假设中所有无法证明的部分,例如原始的感觉,补充的意象(added imagery),以及熔合的过程。与此同时,由于我们并不假设接近刺激的镶嵌产生感觉的镶嵌,因此,我们已经使自己从最后两个困难中解放出来了。最后,我们具有这样的优势,即我们现在可以用清晰的术语去解释知觉中的经验问题。它不同于把经验称作一种过程的内部条件,对于经验来说是正确的东西,对于我们的其他因素来说也同样是正确的。

小　　结

让我们暂停一下,看看我们取得了何种成就。我们已经陈述了自己的问题,拒斥了两种解释办法,它们分别地和联合地牢牢控制着传统的心理学,并阻碍其进步。在清除障碍的过程中,我们排除了整个假设网络,即恒常性假设(它是对未被注意但起作用的感觉的假设)、解释性假设和同化假设。我们还表明了经验错误。我们用一般的术语系统阐述了正确的解决办法,并为它的具体阐述引进了我们的概念"装置"。很清楚,真正的解决办法并非生机论,也不可能是以独立感觉过程之和为基础的机械论,它是一种彻底的动力论(dynamic theory),其中,过程在动力和强制的条件下自行组织起来。

第四章

环境场——视觉组织及其定律

　　行为世界的组织和特性。静止过程的一般特征。简洁律。最简单的条件：完全同质的刺激分布。空间组织的某些基本原理。异质刺激：在其他同质场中唯一异质的简单例子——涉及这一例子的两个问题：(1)单位形成；(2)形状问题。作为刺激的点和线：(1)点；(2)线——闭合因素；良好形状的因素；良好的连续；线条图样的三维组织；空间知觉理论的结果：先天论和经验主义；三维空间的组织理论。刺激、线和点的非连续异质：接近性；接近性和等同性；闭合。其他一些异质刺激。组织和简洁律：最小和最大的单一性。来自数量、顺序和意义等观点的组织。

行为世界的组织和特性

　　事物的外表由场的组织(field organization)所决定，接近刺激(proximal stimulus)的分布引起了这种场的组织。于是，我们必须把我们的研究用于这种场的组织中去。那么，何种组织对单位形成(unit formation)负责呢？为什么行为空间(behavioural space)是三维的呢？组织是如何产生颜色或大小恒常性的呢？这些都是我们必须处理的问题。历史上，这些问题均以随机的顺序得到过研究，每一位实验者选择一个场，在这个场里他碰巧看到一个实际的问题以及解决该问题的一种方法。无须赘言，我们对许多这样的问题尚无答案，而且，对任何一个问题均无完整的答案。但是，我们现在拥有充分的实验证据，以便为我们的评说提供系统化的程序。我们将以这样一种方式选择我们的材料，它可以使相互依存的主要问题清楚地显示出来。

静止过程的一般特征

　　倘若我们的起点更为一般化，则这样一种系统的尝试就会取得更好的成功。因此,在谈论任何一种实验证据以前,我们将问一个问题,即我们是否知道属于一切组织的任何一种组织特性。由于心理的组织是我们的问题,因此我们无法从心理事实中取得我们的答案,可以这样说,心理组织是我们方程式中的未知数。这就意味着,我们必须转向物理学。那么,物理组织,即过程的自发分布,是否显示了我们正在寻找的一般特征呢?

最大和最小的特性

当我们转向静止分布(stationary distributions)时,也就是说,时间上的不再变化,我们确实找到了这些特征。静止过程具有某些最大—最小特性(maximum-minimun properties),也就是说,这些过程的一个已知参数(parameter)不仅具有大小,而且具有最大或最小的可能性。我们只需举出几个例子便可使这一点明晰起来:如果我们在同一节电池的两极之间建立起若干电路,那么电流便将自行分布,以便在该系统中产生最小的能量。让我们来举一个只有两部分电路的简单例子。基尔霍夫定律(kirchhoff's law)表明了 $I_1 / I_2 = R_2 / R_1$,在这一方程式中,I_1 和 I_2 代表两部分电流的强度(intensities),而 R_1 和 R_2 则代表部分电路中相应的电阻。现在,从数学角度很容易说明,这些电流(即在电阻为 R_1 的电路内电流 I_1 和电阻为 R_2 的电路内电流 I_2)将产生较少的热量,也就是说,比起电流 I_1 为更大或更小的情况来,比起电流 I_2 为更大或更小的情况来,将产生较少的热量,这是相对于基尔霍夫定律的要求而言的[两种强度之和必须保持不变,因为电路的电流强度仅仅依赖它的电动势(electromotive force)及其全部电阻]。

另外一个例子是肥皂泡。为什么肥皂泡的形状呈球形呢?在所有固体中,球体的表面积对于特定的体积来说是最小的,或者说,球体的体积对于特定的表面积来说是最大的。因此,肥皂泡解决了一个最大—最小的问题,我们也不难理解个中的原因了。肥皂粒子相互吸引,它们倾向于占据尽可能少的空间,但是,内部的空气压力迫使这些肥皂粒子停留在外面,从而形成这一空气容积的表面膜。它们必须尽可能地形成厚的表面层,如果表面越小,它的厚度就越大,这是以质量的量(amount of mass)保持不变为前提的。与此同时,膜的势能将尽可能小。

最大量和最小量当然是与占优势的条件相关联的;绝对的最大量是无限的,而最小量则等于零。在我们的上述例子中,所谓条件就是指质量的量,也就是说,肥皂溶液的量和空气容积。在第一个例子中,它是指由电动势和全部电阻产生的整个电路的电流强度。

现在,我们可以理解有关静态分布的一般观点了,它是我从苛勒那里援引过来的:"处于不受时间支配的状态(time independent states)的一切过程,分布向着最小能量转移"(1920年,p.250)。或者,可以这样说,最终的不受时间支配的分布包含能够工作的最小能量。这个观点适用于我们将在后面讨论的整个系统,即在某些条件下,它要求整个系统的一部分吸收最大的能量(参见苛勒,1924年,p.533)。

于是,我们在物理学中发现了一种静止分布的特征,也即我们已经寻找过的那种特征。如果神经过程是物理过程的话,那么它们必须满足这个条件,不论它们是静止的还是半静止的;我们无法期望在我们的神经系统中找到这样的过程,它们完全不受时间的支配,因为这些条件从不保持绝对的恒定。然而,在短时期内,这些条件的变化在大量的例子中将发生得十分缓慢,以至于为了实用的目的,这些分布在这样的短时期内是静止的;于是,这些过程可以称做准静止的(quasi-stationary),它们可以作为静止过程来处理。这样,我们找到了一切静止的神经组织的一般特征:我们知道,它们必须具有某些特性,仅仅因为它们是静止组织的缘故。就其本身而言,这是一种巨大的收获,但是它并未为我们提供任何一种具体的顿悟(insight),即对心理组织实际性质的顿悟,因为我们没有测量这些过程之能量的工具。我们可以这样说,若以牺牲物理观点的精确性为代价,则在心理组织中,如同占优势的条件所允许的那样,将会发生非多即少的情况。

质的方面

我们可以再深入一步。迄今为止,我们的陈述是关于量化方面的,可是,我们的行为环境(behavioural environment)并不反映这种量化;恰恰相反,它是纯质的。那么,我们如何才能在量和质之间架设桥梁呢?关于这个问题,我们已经在第一章中回答过了:量和质并非事件的两个不同特性,而是同一件事件的不同方面。因此,我们可以问:满足量的最小—最大条件的静止的物理过程的质化方面究竟是什么?对于这个问题,不可能取得完全满意的答案,我们没有可以用于一切情形的一般的质化概念。但是,存在一些特例,在这些特例中,静止过程的质化方面开始变得明显起来(苛勒,1920年,p.257)。像居里(Curie)和马赫(Mach)等物理学家都曾被自然界中许多稳定形式的对称性(symmetry)和规律性(regularity)所围困,诸如结晶体就属于此类。于是,居里系统地阐述了下述的主张,"某些对称要素并不存在,这对于任何一种物理过程的发生来说是必要的";苛勒则系统阐述了这一主张的反题:听任自身处置的一种系统将会在趋向一种不受时间支配的状态中失去其不对称性,并变得更具规律性。

只要过程得以发生的条件是简单的,则这一主张的措词便是十分清楚的了。但是,当过程得以发生的条件变得不怎么简单时,将会发生什么情况呢?

一个非常具有启发性的例子是水滴。当水滴悬于具有同样密度的媒体(medium)中时,它们将是完美的球体;借助固体的支持,球状稍微扁平;当水滴穿过空气时,它们又表现出一种新的形状,尽管这种形状比球状更不简单,却仍然是完全对称的,并满足以下的条件,即水滴的形状使它穿越空气时受到的阻力最小,这样一来,它便可以下落得尽可能地快;换言之,下降的水滴完全是流线型的(streamlined);它的对称性再次与最大—最小原理相一致。我们在这个例子中看到了一种静止状态如何随着越来越复杂的条件而变得越来越不简单,平衡(equilibrium)状态便是在这些条件下建立起来的。所以,当媒体处于复杂状态时,当媒体以一种复杂的方式使其特性逐点发生变化时,随之而产生的静止分布在某种意义上说便不再是有规律的或对称的,我们就不再拥有概念去描述这类分布的质化方面。概念将不得不是这样的,即普通的对称性将成为特例,只在特别简单的条件下实现。

尽管我们收获不大,但是我们已经获得了一些东西。我们至少能够选择在简单条件下发生的心理组织,并预言它们具有规律性、对称性和单一性(simplicity)。这一结论是以"心物同型论"(isomorphism)的原理为基础的①,根据这一原理,生理过程的特征也就是与之相应的意识过程的特征。

此外,我们必须记住,始终存在着两种可能性,它们与最小量和最大量相一致;从而发生非多即少的情况。因此,根据这两种可能性,我们的术语——单一性或规律性将具有不同含义。最小事件的单一性将与最大事件的单一性有所区别。至于这两种可能性中哪一种可能性会在每一种具体情形里实现,则依赖于该过程的一般条件。

简 洁 律

我们已经得到了一个一般的原理,尽管公认为是有点含糊的原理,但它指导着我们对心物组织(psychophysical organization)进行研究。在我们的研究过程中,我们将使这一原理变得更加具体;我们将习得关于单一性和规律性本身的更多的东西。该原理是由威特海默(Wertheimer)引入的,他称这一原理为简洁律(law of Pragnanz)。它可以简要地阐述如下:心理组织将总是如占优势的条件所允许的那样"良好"(good)。在这一定义中,"良好"这个术语未被界定。它包括下列特性,例如规律性、对称性、单一性,以及我们在讨论过程中将会遇到的其他一些特性。

---

① 在第二章末已经讨论过。

最简单的条件：完全同质的刺激分布

现在，让我们从研究具体的心理组织开始！我们从一个最简单的例子开始我们的阐释，这个例子仅仅在最近才引起心理学家的注意。只有当力的分布在感官表面上绝对同质(homogeneous)时，这个最简单的例子才得以实现。

为什么这是一个最简单的条件：不同的传统观点

为什么事物像看上去的那样？这个问题我们在前一章已经讨论过了。为了把这一例子看作是最简单的例子(尽管它看来是理所当然的)，我们需要在回答问题时作出剧烈的改变。只要人们期望对我们问题的答案来自局部刺激(local stimulation)结果的调查，那么，另一情形看来便是最简单的了，也就是说，在该情形中，视网膜只有一点受到刺激。实验证据(该证据我们将在后面进行讨论)表明这种假设是错误的。同样的结论直接来自我们的第三个答案。如果知觉便是组织的话，也就是说，一个拓展中的心物过程有赖于整个刺激分布，那么，这种分布的同质性必定是最简单的情形，而不是包含不连续性(discontinuity)的传统情形。我们可以用数学方式来表述这两种刺激，也就是测定视网膜上位置功能的刺激强度。由于视网膜是一个表面，视网膜上的每个点可以按照笛卡儿坐标系(Decartesian system of coordinates)而在一个平面上描绘。每个点的强度必须被描绘为这一平面上的一个点，所有强度将存在于一个表面上，它的形状有赖于强度的分布。现在，如果强度是同质的，那么这个表面就将是与 xy 平面相平行的一个平面，平面上方位置越高，强度也就越大，而且，在距离为零时，与之相应，强度也等于零。相反，如果我们的视网膜只有一点受到刺激，那么我们的表面就不再是一个作为整体的平面了。它的最大部分仍将与 xy 平面保持一致，但是，在一个点上，对受到刺激的这个点来说，其强度将呈陡峭的上升走势，在下一点上又重新下降至 xy 平面。如果我们不想运用透视图的话，我们便只能复制一个有关这些分布的二维截面图。然后，我们可以在横坐标上沿着视网膜的一条线(譬如说，视网膜水平线)测定所有的点和纵坐标上的强度。一般说来，所谓视网膜水平线是指眼睛处于正常位置时通过视觉中心的一根水平线。因此，图 8a 代表强度 i 的同质分布，图 8b 则描绘了只有一点受到刺激时的分布情况。在图 8a 里面，上方的线表示分布，而在图 8b 里面，则整个图解均表示分布情况，因为在 x 轴和 i 轴上除了该点之外都是一致的。第一幅图与一个完全的平面相一致，而第二幅图与一个具有极性(pole)的平面相一致。那么，当我们的

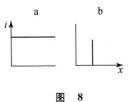

图 8

视网膜按照第一幅图形受到中性光(neutral light)刺激时,我们将看见什么?

中性光的同质分布

我必须用新的条件来修改一般的问题,这里的新条件是指,光是中性的,因为用这些刺激分布所做的实验采用的便是中性光。我们将在后面就光非中性的情形提供一个假设性陈述。

产生这种同质刺激的不同的距离刺激

对我们问题的回答颇为简单:在这些条件下,观察者将会"感到他自己在雾霭般的光线中游泳,光线在不定的距离上变得更加聚集(condensed)起来"[梅茨格(Metzger),1930年,p.13]。让我们考虑一下我们是如何在视网膜的整个区域内产生这种一致的强度分配的;换言之,我们必须使用哪些距离刺激(distant stimuli)以便获得同质的接近刺激(proximal stimulation)。当然,我们可以使我们的被试置于实际的迷雾之中,并对迷雾予以均匀照明,在该情形里,被试的行为场将是地理场的良好代表;看到的雾与实际的雾相一致。即便如此,不断增加的聚集将是属于行为雾(behavioural fog)的特征,而不是属于实际雾的特征。但是,我们可以通过完全不同的手段来产生同样的接近刺激。置于观察者面前的任何一个表面,如果面上的每个点均把同样数量的光送入观察者的眼中,这将满足我们的条件。不论他是位于一个平坦的垂直墙前面,还是位于一个半球的中央,或者身处一片实际的雾中,对他来说不会有什么不同;他将始终看到充斥着空间的迷雾,而不是一个平面。此外,不管面的反照率(albedo)是什么,如果从面上反射的光保持不变,那也不会有什么不同。反照率是反射系数(coefficient of reflection),即用单位面积接受的光量去除以单位面积反射的光量;而反射的光量是投射于单位面积的光的产物和反照率。如果 L 代表反照率,i 代表反射光的强度,I 代表投射到单位面积上的光的强度,那么:

$$L = i/I, 并且 i = IL$$

由于没有任何一种表面能将投射于其上的所有光反射出去,因此 L 始终小于1。如果 L 与 I 呈反比的话,则 i 保持不变。

$$i = LI' = (LP)I/P$$

这里的 P 是指任何正数(positive number)。

这些条件下的白色恒常性

因此,在绝对同质的刺激条件下,雾的外表只能依赖 i,如果 i 保持恒常,并且完全不受 L 的支配,情况必定是这样。换言之,有两个面,一个面比另一个面明亮10倍,但是接受的光照却只有后者的1/10,那么这两个面肯定产生同样的知觉。这意味着,在这些条件下不可能存在白色恒常性,因为恒常性是指,实际的外表是反照率的一个函数;在正常条件下,一个处于充分光照下的黑色表面像阴影中的一个白色表面一样反射同样多的光,但是这个黑色表面看起来与白色表面并不一样亮,对此问题,我们将在最后一章予以讨论。

白色和坚持

如果使用全部同质的刺激,那么就不可能发生任何恒常性,这个否定陈述涉及下面的肯定主张,即一切恒常性预示了刺激的异质性,并为我们提供了解释恒常性的第一条线索。另一方面,这个否定陈述还留给我们一个问题:当两个同质的面以反照率 L_1 和 L_2 接收光照量 I_1 和 I_2,在 $L_1 I_1 = L_2 I_2$ 时,如果这两个同质面引起了同样的知觉,那么这种知觉将成为什么样子?它们呈白色还是灰色还是黑色?只有当我们知道了外表对 i(即反射光的强度)的依赖性以后,我们方才能够回答这个问题。但是,这个函数或多或少还是未知的。我们能够肯定地说的是,这个函数的因变量(dependent variable)即雾的外表,具有几个方面,它们可以作为分离变量(separate variables)来处理。我们必须至少在它的"白色"和它的"印象"(impressiveness)或"坚持"(insistency)之间作出区分[①]。前者意指它与黑白系列成员的相似性,后者意指一种特征,它不仅仅涉及行为目标,而且涉及自我(Ego),即自我和行为目标之间的一种关系(梅茨格,p. 20)。早在 1896 年,缪勒(G. E. Muller)把"印象"界定为"感觉印象用以吸引我们注意的力量"(p. 20)。如果这是指一种直接描述的话,那么,看来它与我们文章中的陈述是等同的,我们的陈述取自梅茨格,他也摘引了缪勒的话,而铁钦纳(Titchener)的三个术语更加清楚地带出了目标—自我的关系(object-Ego relation)。当我们引入自我时,我们将讨论与坚持类似的特征,但是,有意义的是,如果我们不是被迫地去提及自我的话,我们甚至无法开始关于环境场的讨论。环境场的特征是一个自我的场,这种自我直接受该场的影响。

同质刺激强度的效应

然而,我们必须回到自己的问题上来,即雾的外表和刺激强度的关系问题。由于我们的知识仍然很不完整,因此,我们可以不考虑适应性在这种关系上的效应,这里的所谓适应性,是指一般意义上的暗适应和光适应(dark and light adaptation)。我们可以根据梅茨格在绝对同质刺激条件下取得的结果而得出结论,坚持随强度而变化大于坚持随白色而变化。梅茨格提供了有关场中事件(从绝对的黑暗开始,逐渐明亮起来)的描述。"起初,对观察者来说,它是在沉闷减少的意义上亮起来的,而不是在黑暗减少的意义上亮起来的,观察者感到一种压力的消失,他似乎可以再次自由自在地呼吸了;有些人同时看到了空间的明显扩展。只有到了那时,它才会在黑暗减少的意义上迅速地亮起来,与此

---

① 后者是铁钦纳对德文"Eindringlichkeit"(印象)一词的翻译;他提出的其他两个术语是"自我断言"(self assertiveness)和"侵入性"(aggressiveness)。

同时,充斥空间的色彩也降低了"。由于他无法在较高的强度上产生完全同质的刺激分布,因此,我们无法确定被见到的迷雾空间的深度对刺激强度的依赖性,但是,我们看到了刺激的开始,也看到了刺激的第一次增强产生了明显的扩张。这种扩张再次与自我相关;只要注意一下从压力下解脱出来就行了,这种压力恰恰是刺激的首次结果。

梅茨格的仪器设备

现在,让我们简要地描述一下梅茨格的仪器设备。观察者坐在经过仔细粉刷的墙的前面,墙的面积为(4×4)平方米,距离为1.25米。如果观察者直接坐在墙中央的对面,那么这堵墙便不会全部进入观察者的视野,它与水平方向大约200°视角相一致,并与垂直方向的125°视角相一致,而墙的侧面仅仅填满了116°的视角。由于观察者坐在置于房间地板上的一把椅子上,凝视着地板上方约1.5米的一个点,所以,墙壁的维度在任何一个方向上都是不充分的;因此,朝向观察者的两侧必须加到所有的四条边上去,从而使引入的异质尽可能地小。实际上,墙壁和两侧结合在一起的几条边一开始就看不见,或者过了很短的时间就看不见。照明是由一台幻灯机提供的,这台幻灯具有一组特殊结构的透镜。

微观结构的刺激

迄今为止报道的结果是从上述仪器中获得的,只要照明强度保持在一定水平以下便可以了。然而,如果明度增强,就会发生某种新的情况。雾就会聚集成规则的曲面,这种曲面从各个侧面将观察者包围起来;它的外表如同天空一般朦胧,而且是与天空相似的,因为其中央也稍稍扁平。雾的边缘的外表距离与正常条件下见到的墙壁边缘的外表距离是大致相同的。如果明度进一步增强,面就笔直地伸展成一个平面,它的外表距离可以十分明确地增加,一直延伸到实际距离以外。

为什么会出现从充满空间的雾向一个平面转变呢?梅茨格的实验(该实验由于太复杂而不能在这里描述)提供了答案。原因在于粉刷过的表面的"粒子",或者,根据接近刺激的原理,原因在于下述的事实,即在较高强度的情况下,刺激分布不再完全是同质的,而是具有我们称之为一种微观结构(microstructure)的东西。现在距离刺激物体的微观结构当然是不受明度控制的;为什么接近的微观结构却有赖于明度呢?答案可以在调节(accommodation)中找到。由于微观结构,异质如此之小,以至于消失,如果眼睛不是完全聚焦的话,而且,只要明度较低,调节便不再完善——关于这一点,我们将在稍后讨论。我们暂且接受以下事实,即只有当接近刺激不再完全同质时,一个面才可以被看到,而微观结构对产生这一效应来说是充分异质的。

空间组织的某些基本原理

(1) 原始的三维知觉

这些事实揭示了心物组织的若干基本原理:在最简单的可能的刺激条件下,我们的知觉是三维的(three dimensional);我们见到,充斥着中性色彩的空间伸展至或多或少不确定的距离,这种距离可能随着刺激强度而变化,尽管这一点尚未确定。

这一简单的事实废除了对下列问题的若干答案,该问题是:尽管我们的视网膜是二维的(two dimensional),为什么我们能够看到一个三维的空间呢?事实上,贝克莱(Berkeley)提供了一个他认为是结论性的证据,即我们不可能"看"到深度,我们的深度知觉(perception of depth)不可能是感觉的(sensory)。"我认为,大家都同意距离本身无法直接被看到。因为距离是一条线,其一端指向眼睛,它在眼睛的"领地"中仅仅投射一点,该点同样保持不变,不论距离是短是长"。

为使这一论点成为结论性的,就需要两个相互依存的假设。首先,它包含了恒常性假设(constancy hypothesis),认为我们可以通过逐一考查其个别点来调查整个知觉空间。空间未被作为拓展中的过程来处理,而是作为独立的局部过程之和来处理。其次,该论点把刺激分布的维度与刺激结果的维度关联起来。由于视网膜是二维的,因此被见到的空间也必定是二维的。但是,视网膜是大脑三维视觉的界面(boundary surface),建立在这个界面上的力决定了一种扩展至整个三维区的过程。贝克莱的论点仅仅证明了,在某些条件下,客观上位于不同距离的两个点看上去似乎位于同一距离,但是,贝克莱的论点并未证明,这种距离必须是零,因为它没有指明两个物体出现的距离(参见考夫卡,1930年)。

与贝克莱的论点相似的一种谬论也在感觉心理学的其他领域出现了。经常被提及的这个论点是,如果一个特定的刺激样式具有一定的维度(在这些维度中,该刺激样式可以独立地变化),那么,相应的行为资料也将具有同样数目的维度,而且不会更多。因此,就我们关于光强的双重效应[白色和坚持性(whiteness and insistency)]的陈述而言,人们可能会对一个刺激变量仅与一个知觉变量相对应的问题提出异议,尽管就我所知,该论点尚未用于这一特例。但是,该论点已经用于声学,在声学中,人们可以从纯粹的正弦曲线波(sinnsoidal waves)频率和振幅的双重变异性中得出下列结论,即相应的听觉效果(纯粹的音调)也可能具有这两种属性。由此可见,这一论点的错误是显而易见的。

如果使电流通过电解质,那么,电解质便分解,同时产生热,这两种结果——电解质的分解和热的产生均直接有赖于电流的强度。换言之,在原因维度和结果维度之间并不存在逻辑的联系(苛勒,1923年,p. 422)。而且,不论在空间知觉还是在声学中,这一虚假的假设已经对实验和理论产生了决定性影响。一旦我们从自己的解释原理中排除了这种假设,我们就没有必要再去说它了。

尚不清晰的原始三维空间

让我们回到三维空间上来。在三维空间的最为原始的形式中,它看上去几乎是同质的;由于雾的浓度随着距离而增加,因此也不必然如此。暂且撇开那点不谈,在整个可见的空间范围内充斥着同样的物质,也就是灰色的雾。我们的空间在正常条件下是多么的不同啊! 即使在梅茨格的具有更强明度的实验中,我们的空间也是多么的不同啊! 人们在一定的距离内见到一堵白色的墙,白色限于那个平面,处于观察者和墙壁之间的空间看上去并非白色,而是像"纯粹空间"那般透明。于是,我们看到原始空间缺乏正常空间所具有的那种清晰度(articulation)。与此同时,我们也看到,接近刺激的清晰度(仅仅是微观结构)可能产生有关知觉场的更为丰富的清晰度,空的空间(empty space)为一彩色面(coloured surface)所终止①。由于清晰度要求刺激的异质性,也即对清晰度负有责任的特殊的力,因此我们必须进一步下结论说,同质的三维性,即雾,是一种简单的结果,也即我们的视觉所能看到的最简单的结果。我们被诱使着去说,绝对的同质刺激在神经系统中引起最小的事件;而且,在这些条件下可能很少发生。

(2) 面是组织的强有力产物

根据前面的讨论,看来,一个面(surface)是一个高度组织的结果,它预示着特殊的力。这些力意味着异质性是一件不言而喻的事。如果一切参数(parameter)都具有恒常值的话,那么在一个系统内便不会发生任何事情。更为特定地说,异质刺激如何在生理场中产生力,这一点已由苛勒于1920年表明了,由于它要求某种物理—化学的详细情节,这里不得不予以省略。

由于接近刺激的微观结构,这些力产生了空的空间组织和界平面(bounding plane surface);也就是说,颜色先前曾弥散于整个空间,现在则聚集于由实际的力所支持的一个面上,而且在空间的其余部分中消失。看到一个平面,这似乎是世界上最简单不过的事情了;我们对于使这个平面存在的力是一无所知的,这种简单的知觉是一个高度动力(dynamic)的事情,一旦维持该平面的力受

---

① 使用"色彩"这个词是十分方便的,它既指特定的或彩色的颜色,又指中性颜色。这里不可能出现误解,而且,这种用法有助于使文章更简明,后面也将坚持使用之。

到干扰,该事情就会立即发生变化。强调这一点是重要的,因为人们关于空间知觉的传统陈述(尽管这些人对于我们的知识已经作出了最有价值的贡献),基本上是非动力的,也就是说,是纯粹几何学的,每个点都有它自己的"部位记号"(local sign),而一个面的外表则被认为是与特殊分布的部位记号之和相等的。

由大脑损伤而引起的力的弱化

对产生平面的力进行干预也会改变平面的外表。我们已经看到,当刺激异质性的丧失引起力的丧失时将会发生什么情况。但是,我们还可以用另外一种方式对力进行干预。正如我们所见到的那样,实际的心物过程有赖于内部条件和外部条件。让我们来使外部条件保持不变,而仅仅去改变内部条件;也就是说,让我们干预一下我们观察者的大脑,看看究竟会发生什么情况。当然,我们不能为了满足我们的科学好奇心而故意这样做。但是,意外伤害(战争提供了数目惊人的意外伤害的病例)却有助于实现我们的目标。可以毫不夸张地说,一切脑损均影响心物过程的组织,但是,症状表现则依据损伤部位和损伤数量而有所不同[黑德,1926年;戈尔茨坦(Goldstein),1927年]。

由于我们在人类身上无法进行系统的切除实验,因此,我们必须对偶尔送到我们手上的病例进行研究。现在,正巧有这样一个病例。盖尔布(Gelb)于1920年发现两个病人,他们的组织受到损坏的地方正是我们现在感兴趣的地方。他们根本无法看到真正的面,也就是说,在他们的心物场中发生的色彩过程从未聚集在一个平面上,而是始终具有某种厚度,这种厚度的变化正好与距离刺激的明度相反。因此,如果一个黑色的面看来好像是一个15厘米厚的黑色层,那么,一个白色的面看来就只是2～3厘米厚的一层东西了。同样的道理,在一个白色背景上的黑色圆圈就不会显现在该白色平面上;该黑色圆圈会从白色背景上朝着观察者的方向投射,并离他而去。此外,它还将比我们所见的显得更大一些;如果要求病人指向圆圈的界线,那么,他们会指向圆圈界线以外几个毫米的地方。由此可见构成和塑造图形的力在各个方面均变得更弱,而不仅仅在第三维度上变得更弱。在第三维度中要比在第一维度和第二维度中传播得更远,这当然是由于下列事实,即白色阻止黑色以辐射方向传播,而白色在第三维度中并不产生相似的影响。

(3) 不同的组织阶段

让我们回到梅茨格的实验上来。在充斥着雾的空间的两个阶段和一个垂直平面的外表之间存在着一个阶段,在这个阶段中,所有颜色均聚集在一个面上,可是,它并不是一个平面,而是一个空"碗",这个空碗从各方面把观察者包围起来。为了与前面的论点相一致,我们必须下结论说,这样一种曲面(curved surface)比一个平面更容易产生,也就是说,它比后者更容易与较弱的力相一致。按照这一解释,进一步的事实是,如果观察者在这只"碗"中滞留时间十分长久,那么该"碗"便开始分解成雾(然而,这雾并不传播到观察者那里,而是在他面前留下清晰的透明层),因为继续暴露于同一种刺激之下将会削弱由刺激施加的力。于是,我们便有了由刺激而产生的组织系列,这些刺激意味着不断增加的有效的力的强度:① 颜色相等地分布在某个可见的容积(volume)内。这一结果尚未被报道;不论它是否实现,都必定由进一步的实验来确定。② 颜色分布在整个可见的容积内,但是随着离观察者的距离的不断增加而变浓。③ 颜色限于可见容积的较远一端,该可见容积形成碗状的雾。④ 颜色聚集在雾状表面,该雾状表面像一只碗那般把观察者包围起来。⑤ 颜色聚集在垂直的平行平面中,该平面具有真正的面的特征(与朦胧性质相反)。第③到第⑤预示了刺激的异质性,即微观结构;而②和①则在刺激实际上同质时发生。

(4) 产生和维持行为空间的力

从上述三点中我们得出以下结论:一切现象空间(phenomenal space)均为实际有效的力的产物;现象空间如同一只气球,气球的大小依据内部的气压而定,但不可把现象空间比作一只金属球。根据这一观点,即由梅茨格坚持的观点,空间尽可能地变小,尤其在第三维度中。这一观点是以以下事实为基础的,在梅茨格的实验中,空间随明度的增加而扩展,由完全同质的刺激产生的空间,比之普通空间,具有很小的深度。

这一假设有两个方面必须加以区别,即一般方面和特殊方面。一般方面是把视觉空间解释成动力事件,而不是用几何模式来进行解释,因此,这个方面将可全部纳入我们的系统。特殊方面假定,空间的"膨胀"需要力,因而力越弱则空间将变得越小,力是在特定时刻支持空间的。假设的这个部分看来至少是很可能针对一些特定空间的,梅茨格已经调查过这些空间。但是,在目前这个时刻,我不想超越这些限度对它进行概括。还存在其他可能性,即在其他一些条件下,空间将尽可能地大,以至于需要特殊的力去对它进行约束。要做到这一点,可将界线靠近观察者,或将任何部分物体靠近观察者。

(5) 调节的作用

现在,让我们来看一下调节的作用(role of accommodation)。在梅茨格的实验中,如果调节得完善,刺激将会异质,并具有微观结构。如果调节得不完善,那么刺激分布将会完全同质。因此,透镜的作用是为更高的清晰过程创造条件,而不是为更低的清晰过程创造条件。如果视觉区将始终产生最小可能的反应是一条普遍规律的话,那么,调节便会以与实际相反的方式运作;它不会使眼睛聚焦于物体上,而是使之置于焦点以外,以便使创造最为同质的刺激分布成为可能。但是,即便在梅茨格实验的极端条件下,调节作用也并非如此;它使得刺激分布尽可能异质,从而使实际过程的分布尽可能清晰起来。我们将在论述场组织和行为之间的关系时(见第八章)重新讨论这个问题。

(6) 同质空间的不稳定性

同质的空间,甚至空间中很大的同质部分,并不像十分清晰的空间那样稳定。人人都知道,当他处在一间完全黑暗的房间里时,他的眼前会飞舞着光点和光纹。类似的现象也会发生在同质的光照空间中,尽管不是自发发生的;然而,当观察者开始审视其视野,以便检验其是否真的是同质时,他可能会看见光点或云雾状的结构从其视野中飘过。产生这些现象的力源于神经系统内部,但是,在清晰度良好的正常条件下,整个组织如此稳定,以至于这些力难以产生,即使产生的话,也不能影响牢固建立的结构。

刺激的时间异质性

在我们离开异质刺激条件下组织的讨论之前,我们必须排除一种限制,它迄今为止限制了我们的论点。刺激的同质性被理解为空间的同质性。我们只有在空间上的同质刺激持续时,才会关心时间段(period of time)的问题。但是,每一个这样的时间段都有在此之前的时间段和在此之后的时间段,因此,我们筛选出来的时间段必须被认为也处于过去时间和将来时间的承上启下的关系之中。换言之,我们既把我们的同质概念用于空间,也把我们的同质概念用于时间,然后,我们便可以看到,空间上同质刺激的突然开始在时间的刺激分布中引入了异质性;因此,有机体必须有新的作为,而这种新的组织在某些方面依赖先前的组织。我们可以这样认为,完善的同质性将既是时间的又是空间的。如果全部刺激(而不仅仅是视觉刺激)完全是同质的话,那么就根本不会有任何知觉组织,这样的说法是否太大胆了一点呢?当我们身处黑暗并闭上眼睛时,将会发生什么情况呢?起初,我们看到深灰色的空间,几乎并不拓展开去,但是过了一会儿,我们便什么也看不到了。也就是说,视觉世界暂时停止存在了。我不能肯定,当我们身处不完全黑暗但完全同质的空间中时,是否会产生同样的结果。

彩色的同质空间

然而,不是因为这种思辨才使我引入这个题目的,而是为了排除我们先前讨论中的一个限制。我们把我们的问题限于中性光的情形。现在,让我们来排除这种限制。在类似梅茨格的实验装置中,当那种投射到墙上的光通过彩色过滤器时,我们将会看到什么东西呢?由于这种实验尚未做过,因此我们并不知道。但是,也有可能作一下无把握的推测。为了简便的缘故,我们假设观察者在实验开始以前发现他本人处于一个正常照明的房间内。接着,同质的彩色照明闯了进来,进入到一个"正常的"空间之中,按照正常的中性原理,将会看到与各自的过滤器颜色相一致的色彩。但是,如果观察者在这个同质的彩色场中逗留的时间十分长久的话,该彩色场会不会看上去继续呈现彩色呢?很可能不会这样;按照我的期盼,它将逐渐变为中性的。为什么我期盼它会有这样的变化,如果真的发生了,其结果意味着什么,这些问题将在后面讨论(见第六章)。我们在这里仅仅提及它至少表明了下列可能性,即持续的同质彩色刺激将会最终产生与中性刺激一样的结果,根据我们的观点,在同质刺激条件下,会发生的东西将是尽可能地少。彩色比中性灰色意味着更多的东西;它是一个附加的事件,一个额外的结果。为了支持这一观点,我将仅仅提及盖尔布的两位病人(也就是前面提到过的两位病人)实际上是色盲的,一个病人是全色盲,另一个病人则是部分色盲,而且,通常情况下,空间组织的障碍往往伴随着颜色视觉的障碍。

我的假设并没有走得如此之远,以至于声称同质彩色刺激的结果是与同质中性刺激的结果完全一致的。相反,我期望这种结果在物体—自我(object-Ego)的关系中是不同的,这种物体—自我关系在前面曾有所提及。因此,我期盼被试会以不同的心境对同质的红色场和同质的紫色场有所感觉,即便两者均显现为灰色的雾。目前只需指出下述观点便够了,即颜色在其一切方面可能显现为整个组织的一个侧面。

行为空间不是纯视觉的

现在,让我们阐释最后一点,以便排除一种误解。倘若认为,在梅茨格的实验中,看到的空间仅仅有赖于视觉刺激的话,那么这样的假设将是错误的。行为空间(behavioural space)是一种更为综合的组织,它除了受视觉之力的支持以外,还受其他的力所支持,值得注意的是,受我们内耳前庭器官中产生的力所支持,还受所谓的深度感觉中产生的力所支持。当然,我们关于行为空间是一种更为综合的组织的说法,不仅对于梅茨格的实验(即由同质的视网膜刺激所产生的空间)来说是站得住脚的,而且对于其他各种视觉空间也是适用的。就功能而言,空间决非纯视觉的。

对我们的首次实验进行选择是十分容易的,因为刺激的"最简单的"例子可以从对我们问题的界定中推断出来。我们的下一步骤不得不更加武断了。当然,我们可以遵循首次实验为我们提供的方向走下去。我们发现,在不同距离进入各个面的空间构造需要特殊的力,同时,我们也进一步发现,如果这些力仅由另外的同质刺激的微观结构所引起,那么,我们将看到一个构成我们视觉空间之世界的同质的垂直平面。

由微观结构的同质刺激所产生的平面定位

现在,我们可以提出的第一个问题是:这个平面将在哪种距离上被看到?

遗憾的是，我们尚无充足的实验数据来回答这个问题。梅茨格的实验仅仅证明了下述的情况：可察见的距离在某种程度上有赖于刺激的强度，而且它不一定与"实际"距离一样。这种表述当然只是一种简略。严格地讲，我们无法在实际的数据和现象的数据或行为的数据之间进行比较。当我们为了简便的缘故而使用这一不正确的术语时，我们意指在特定的情境中出现的行为性质与正常的条件下出现的行为性质是不同的。在我们关于同质平面距离的例子中，它可能意指：同质的平面出现在与一个平面不同的距离上，这个平面客观上处于同样的距离，但却形成了一个更加丰富的清晰场的部分。由于我们的行为受制于我们的行为场，这也将意味着，在这些情形中，我们的行为将很难适应地理场，或者说，在行为和行为场之间会存在不一致的情况。更为具体地说，如果我们用一根棒头去触及这个平面，我们开始时不会将棒头推得太远；但是，由于"触及"意味着一种十分明确的经验，这种经验在我们把棒头触及真正的墙壁以前是不会发生的，因此，我们将凭借我们的视觉空间的数据继续移动那根棒头。由此可见，由盖尔布描述的那两位病人，当他们从有轨电车上下来时，容易摔跤，这是因为，鉴于颜色的传播，地面对他们来说显得太近，他们的肌肉也相应地受到刺激。这样一来，真实世界和行为世界之间的不一致便始终可以根据行为来进行描述，而所谓行为，正如我们在第二章中已经见到的那样，既有赖于行为环境，又有赖于地理环境。

但是，让我们回到我们的问题上来。我们的问题是，在哪种距离上将出现同质平面。即便看到的距离不完全是恒定的，而且在较高的刺激强度下，看到的距离会比实际距离更大些，但是，它毕竟是有限度的。在梅茨格的实验中，眼睛和墙壁最近点之间的距离大约为1.25米。估计的最大距离不会大于该距离的2倍。因此，平面出现的距离范围，如果不是距离本身的话，也是可以充分地加以确定的。那么，它是否有赖于实际距离呢？遗憾的是，我们并不知道，因为在梅茨格的实验中这一点是保持恒定的。于是，存在着这样一种可能性，即行为距离也许有赖于实际距离。当然，实际距离无法直接地影响行为距离。两者之间肯定介入了某种东西。有三种因素可以扮演这种中介角色。第一个因素直接影响刺激：如果距离太大，那么粒子将会变得过于细小，以至于不起作用；微观结构也将消失，刺激将变成同质，而我们将看到充斥雾的空间。

因此，第一个因素不能解释在同质墙壁的例子中实际距离和可察见距离之间具有正相关(positive correlation)。于是，剩下来的只有调节和聚合(convergence)这两个因素了。正如我们所见到的那样，调节只有在异质性的地方才有可能。而聚合在我们的实验条件下没有直接的决定作用。我们还无法证明这后一种说法是有根据的，因为我们尚无准备去陈述聚合的直接决定因素(见第八章)，不过，聚合和调节在某种程度上是结合在一起的，结果是，当不存在相反的力时,特定的调节将保证某种聚合。

由于同质墙壁的外表距离将有赖于其实际距离,所以它必须通过调节和聚合的媒介才可以做到这一点。尽管已经进行了许多实验,以确定这两个因素在一个清晰的空间中对物体定位(localization)的影响,但是,根据这些例子为我们的同质平面作出推论仍然是危险的,即便这些实验的结果是单义的(univocal)。实际上,进行这样的推论也是不可能的,因为从这些实验中得出的结果是相当矛盾的。我们关于这两个因素的作用尚无确切的知识。但是,我们可以说:假定我们的平面的外表距离有赖于该平面的实际距离,从而也有赖于调节作用和聚合作用的话,那么这种依赖将是一种直接的依赖,而非一种间接的依赖。然而,早期的研究者们却持相反的意见;他们认为,调节和聚合能够影响知觉的数据,只要它们产生它们自己的分离感觉,这些分离感觉以这种或那种方式干预视觉,或者与视觉相熔合。我们无法接受这种观点。一方面,我们并非正常地体验到这类感觉,另一方面,这一理论涉及一种心理化学(mental chemistry),这种东西在我们的体系里没有位置,因为我们的体系是以实际的科学概念为基础的。我们记得的那种直接影响是神经系统本身的状况,这种状况与一定程度的调节和聚合相一致。它需要能量去调节一个附近的物体,并聚合一个附近的物体,在某些限度之内,物体越近则能量越大。这一事实,或者具有类似性质的其他一些事实,可能直接影响空间的组织,正如我们已经看到的那样,这种空间组织本身是消耗能量的动力过程。嗣后,我们将会看到,这样一种影响(在其存在之处)并不是十分值得考虑的,因此,很可能产生这样的情况,同质平面的现象距离可能十分广泛地有赖于它的实际距离。

异质刺激:在其他同质场中唯一异质的简单例子

现在,我们必须转向非同质的刺激;一个可能的程度是举出一个简单的例子,在这个例子中,刺激沿一个方向或若干方向逐点发生变化。我们暂且把这个问题搁置一下,留待后面讨论,现在让我们讨论这种情形,即在视网膜上同质刺激分布的范围内,存在一个不同刺激的限定区域。遗憾的是,我们无法在没有限定的情况下处理这种情形。迄今为止,尚未进行过能使这些条件得到满足的实验,即不仅正在闭合(enclosing)的区域,而且已经闭合(enclosed)的区域,都是绝对地同质的。接着,便是由梅茨格进行的实验。墙壁以这样一种强度予以照明,以至于看上去像一只碗。在墙的中央,有一个小方块留着不被照明,由于观察者必须抬起他的双眼,所以,这个未被照明的区域像一个不规则四边形投射于观察者的视网膜上面。观察者在这只"碗"的表面看到了一个黑色的不规则四边形,该"碗"的表面处于这样的区域之内,在那里,显现的不规则四边形与倾斜的头部平行,也就是说,向垂直面倾斜。

在这种情况下,正在封闭的刺激具有一种微观结构,而已经封闭的刺激则是同质的。然而,后者并不引起充斥空间的雾的知觉;与之相一致的场的这个部分出现在同样的面中,如同与正在闭合的刺激相一致的场的那个部分一样。换言之,这个面由正在闭合的刺激的微观结构所构成,这也决定了小的同质的闭合区域的结果。

然而,尽管这种结果是有趣的,却并未满足我们关于在另外的同质刺激中一个非连续性(discontinuity)结果的好奇心。因为在这一情形中,面的产生并不由于非连续性,而是由于正在闭合的刺激的微观结构。我们仍需了解最小的非连续性,即使充斥雾的空间的主要影响遭到破坏的非连续性。

详细说明的条件:场作为一个平面而出现

由于这一问题尚未得到解答,因此,我们必须限定我们的原始问题。我们将考虑一些情形,在那些情形中,周围的场作为一个平面而出现,不论是由于微观结构,还是由于一般的场清晰度(field articulation),我们将把我们的兴趣集中在由闭合的非连续性在这个平面内产生的结果上面。因此,我们要修改我们关于同质的整个场的假设,以便指一种相对来说大的同质场,而且在其界线以内的某处包含着一种同质的非连续性。实践中,我们将使用一些平面,上面有一些作为距离刺激的点。让我们注视任何一种这样的点,例如,在一张白纸上溅上墨汁而形成的点。于是,我们看到了墨渍。在这个简单的例子中,看来并不包含任何问题。那里有墨渍,而我们也见到了它。但是,我们已经了解到,我们对第一个问题的答案(也就是"为什么事物像看上去的那样")是错误的。这里,有一个非常实际的问题,它因这类经验的普遍性事实而被隐匿起来了。在我们的新例子中出现的那个墨渍,与在完全同质的刺激条件下充斥雾的空间的外表一样,都是一个问题。看到一个墨渍是一种组织的结果,正如充斥雾的空间是一种组织的结果一样。当然,它是一种不同的组织,我们必须先来描述它的某个方面。

涉及这一例子的两个问题

(1) 单位形成

首先,我们的墨渍是作为一个单位(unit)被看到的,它与场的其余部分相分离(segregated);其次,墨渍具有形状(shape)。两种描述均具有其理论内涵。为什么墨渍是一个单位?它如何与其周围的事物分离?答案看来是明显的:因为它的颜色不同。如果人们为"因为"一词提供正确含义的话,当然这是正确的答案。然而,颜色的不同与单位的形成不是同一码事。

单位形成和分离的第一定律

如果我们把场的一些部分的分离和统一(unification)归之于下列事实,即场的每一部分本身是同质地着色的(coloured),而且与场的环境着色不同,那么这便意味着一条普遍的定律,即单位形成和分离的定律,也就是说,如果接近刺激由若干不同的同质刺激区域所组成,那么接受同一刺激的那些区域将组织成统一的场部分,它们因为刺激之间的差异而与其他的场部分相分离。换言之,刺激的相等产生聚合力(forces of cohesion),而刺激的不等则产生分离力(forces of segregation),如果刺激的不等涉及一种突然变化的话。这些都是真正的动力观点,我们对于墨渍所作的统一和分离的解释,如果采用这种方式来解释的话,就不再是陈词滥调了。

统一和分离的力

具有批判眼光的读者将倾向于要求为我们的动力观点提供某种证明。他会争辩说,这种动力观点是直接从我们理论的基本前提中引申出来的,但是,他想了解这种动力观点赖以存在的事实基础。让我来满足批评者的要求。我们对心物组织(它不属于物理组织)并无特殊主张,我们将指出,正是这同样的观点却在物理学中站得住脚。为此,让我们来运用苛勒的一个例子(1929年,p.138)。如果把油倒入液体之中,两者不相混合,那么,油的表面将在分子的相互作用中明显地保持着,可是,如果该液体具有相同的密度,那么,油便会形成球体,在其他液体中游动。不过,批评家会说,也有一些液体能与油相混合,这样一来,就没有任何一种差异会在物理学中产生这种分离的力。你难道没有在心物组织中获得过任何一种相似的东西吗?我们确实获得过。因此,这一事实比其他事情更能证明:统一和分离实际上是由力产生的动力事件,而不是仅仅由几何模式产生的动力事件。

利布曼效应

我要提及由S.利布曼(S. Liebmann)发现和研究的一种效应。一种彩色图形(普通意义上的着色),譬如说一种蓝色图形,在中性的背景上,开始丧失其轮廓和确定性,并简化其形状,如果它是错综复杂的,而且亮度(luminosity)接近于它所在的背景的亮度的话。当这两种亮度相等时,其形状会完全丧失;于是便见到了一种模糊的起伏的污渍,甚至这种污渍形的东西也会在短时间内完全消失。因此,正在闭合的区域和已经闭合的区域之间的刺激差异,如果仅仅是一种颜色的差异,那么至少可以这样说,这种差异比起亮度中的微小差异来,很少有力量在心物场中产生这两个区域的分离。于是,看上去十分相似的两种灰色将会提供十分稳定的组织,如果一种灰色用于图形而另一种灰色用于背景的话,一种深蓝色和看上去十分不同的但却具有同样亮度的灰色将产生不出组织来。这就证明了刺激差异本身并不等于区域的分离;后者不仅是视网膜分布的几何投射，而且是一种动力效应，这种动力效应与某些刺激差异一起发生，而不是与其他一些刺激差异一起发生，当某些十分大的刺激差异不属于对组织来说产生必要的力的那个种类时，它也不可能与这些刺激差异一起出现。

硬色和软色

我们可以把两个具有不同亮度的面所产生的生理过程比作不能混合的两种液体，同时，把两个具有相等亮度但颜色不同的面所产生的生理过程比作可以混合的两种液体。利布曼的这一发现经过我们和 M. R. 哈罗尔（M. R. Harrower）从事的一项研究而被扩展了。我们发现，在这方面，并不是所有的颜色都是相似的，当一种颜色与具有同样亮度的灰色相混合，产生这种灰色的光的波长越短，混合的情况就越好。由此可见，红色是分离得最好的颜色，而蓝色则是分离得最少的颜色。因此，我们引进了硬色和软色（hard and soft colours）之间的区分，红色和黄色属于前者，蓝色和绿色则属于后者。我们也在颜色所拥有的组织能力和明度差异之间作了量的比较。观察者坐在两只旋转的具有同样亮度的灰色圆盘前。每一只圆盘均可通过任何一种颜色与背景的灰色相混合，或不同明度的灰色与背景的灰色相混合而产生一个圆环。在一只圆盘上，圆环含有一定量的颜色，譬如说，20°的蓝色，也即一张深蓝色的纸。这样就产生了朦胧圆环的外形。而在另一只圆盘上，由于引进了或淡或深的灰色纸，因此形成的圆环也或明或暗。观察者必须确定，需要多少淡灰色或深灰色才能产生与另一只圆盘上的色环同样明显和清楚的圆环。在所表明的例子中，中性环所需的淡灰色的量是这样的，只要对圆盘的其余部分增加一定程度的白色就行了。

塔尔博特定律

让我们简要地解释一下这一程序。根据塔尔博特定律（Talbot's law），一个旋转的色轮（colour wheel）是由不同的区域组成的，如果它旋转得十分快，以至于完全融合起来，看上去像一只不旋转的色轮，在该轮子上不同区域的颜色同质一致地传播，在数量上与它们的各自区域成比例。换言之，具有若干区域的旋转圆盘相当于一只静止的圆盘，它的色质（quality）是具有不同亮度 L_1 和 L_2 的各区域所包含的色质的平均值。因此，如果 a 是具有灰色 L_1 那个区域的角度，而 β 是色质 L_2 那个区域的角度，那么，$\beta = 360 - a$，旋转圆盘相等于具有亮度

$$L = aL_1 + \beta L_2 / 360 = aL_1 + (360 - a)L_2$$

的一个静止圆盘。如果我们知道圆盘的亮度以及引入圆环的灰色纸的话，我们就可以从这一公式中计算出圆盘的亮度，我们是按照白色的亮度来表述这些亮度的。如果将白色单位称做亮度 1°，那么整个白色圆盘的亮度为 360°。

在我刚才提及的例子中，灰色与蓝色的亮度相等，具有白色单位值 47。灰

色圆环,其清晰度等于20°的蓝色圆环和340°的灰色圆环,具有的亮度为48,也就是说,它仅仅比其余的亮度多出大约2.1%,而在另一个圆环中,其着色的区域相当于整个圆环的5.2%。

在另一个实验中,我们运用的绿色并不那么浓,而且比我们的蓝色更淡,数字如下:中性环与8.3%的绿(30°)环同样清晰,该中性环比圆盘的其余区域大约淡3%。利布曼效应,也就是说,使圆环变得模糊不清,在这些条件下并不像我在上面描述它的那样清楚。在这些界线上有其他一些轻微的异质,这些轻微的异质比起颜色差异能够产生的组织来,会产生更好的组织。

利布曼效应对刺激强度的依赖性

我们实验的另一个一般的结果是与这一联结相关的。其中,实验装置与前面描述过的装置颇为不同。在一个均质的中性背景中看到一个不规则的彩色图形,该图形的强度和背景都在独立地变化着。在这些条件下,我们发现利布曼效应在低亮度条件下较强,而在高亮度条件下则较弱,或者,换句话说,照明强度越高,统一的力和分离的力也越大。此外,人们发现,白色比起黑色来是一种更硬的颜色,即便当它将同样数量的光投入观察者的眼中时也是如此,该结果是在我和明茨博士(Dr. Mintz)从事的实验中获得的(见第六章)。结果发现,在高亮度的白色背景上,深红色图形实际上根本不会显示利布曼效应;该图形在"重合点"(coincidence point)上不会丧失其清晰度,或者仅仅丧失其清晰度的最模糊痕迹;在这个所谓"重合点"上,图像和背景具有同样的亮度(考夫卡、哈罗尔,Ⅱ)。

现在,刺激强度增加组织力的这种结果,可能改变我们以梅茨格实验为基础的结论。尽管在他的实验中,更高强度的结果主要是由于微观结构的有效性,这一点是毫无疑问的,但是我们必须考虑这种可能性,即它也有一个直接的结果,以至于一个很明亮的和完全同质的场看来要比一个较不明亮的场更不那么雾茫茫。此外,对盖尔布的两个病人来说,这些结果也解释了为什么在一个平面前面的颜色浓度与平面的白色作相反的变化。

(2) 形状问题

在已经证明了单位形成和分离是一个动力过程(该过程预示了接近刺激中非连续性产生的力)以后,我们必须转向问题的第二个方面。我们的墨渍具有形状。尽管下述的说法是正确的,即形状是由负责单位分离的同样过程产生的,但是,要是认为鉴于这一理由,我们不再需要谈论形状了,这将是错误的。一个简单的演示便可说明,形状引进了一个新问题。让我们来看图9,该图摘自彪勒(Buhler,1913年)的研究。这幅图形可以用三种不同形状呈现,两种二维图,一种三维图。该图可以看作(a)像一个具有曲线边缘的正方形;(b)像一张由风吹起的三维的帆;(c)当主要的对称轴从右底

图 9

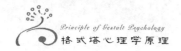

斜向左上角成对角线时，像一种风筝。在所有这三种情形里，统一和分离沿着同样的界线发生着；结果，统一和分离本身并没有解释形状。

证明了的形状现实

然而，形状并不比单位本身更少真实性。在前面一节中，我们已经证明了单位的现实性；据此，我们现在将证明形状的现实性。我们将通过表明形状具有功能性效应（functional effects）来做到这一点，这种功能性效应既有间接效应，又有直接效应。我们把第一批证明归功于 L. 哈特曼（L. Hartmann）的一个实验，他研究了形状对临界融合频率（critical fusion frequency）的影响。我们已经简要地提及了以下的事实，一种周期性刺激，如果周期十分短促的话，有着像连续刺激一样的结果，两者之间的关系由塔尔博特定律加以调整。该定律起初是为色轮提供证据的，但是，它也适用于下面的例子，也就是说，当一个光的图形投射到墙壁上面时，一个节光器（episcotister）在幻灯的目标面前旋转。这种节光器可以是一个有孔的圆盘，或者是一只普通的色轮，在该色轮中，一个或多个区域完全消失，当色轮的开口处通过幻灯的面前时，光可以毫无阻碍地通向屏幕。客观上讲，这种情况在屏幕上产生了明和暗之间的交替，而明和暗的周期之比例是由开口区域的大小来决定的。但是，如果这种节光器旋转得十分快，那么便不会有这种交替出现，甚至看不见一点闪烁的迹象；融合已经达到，产生融合的最低速度是临界的融合速度，或者，如果我们计算每个单位时间内不同曝光的数目，那么，我们将建立临界融合频率。这里所描述的实验确实可以由这样一种装置来实施。然而，哈特曼的程序是不同的，它产生了更大的量化差异。哈特曼的程序不是由周期性的黑暗间隔来干预周期性的连续曝光，他只运用了两次曝光；在第一次曝光以前和第二次曝光以后，整个场是完全黑暗的，而且在两次曝光之间，存在一个黑暗的间歇。他使用了舒曼（Schumann）的速示器（tachistoscope），一只在望远镜前旋转的宽边轮子。轮子的边有两个狭长的裂口，裂口的大小不同，而且相互之间的距离也是可以变化的。当这些裂口在望远镜前面经过时，观察者便看到了一个物体暴露在轮子后面，而暴露的时间是由裂口的长度和旋转速度决定的。如果两个裂口带有一个黑色间隔在望远镜和图形之间经过，那么，观察者的经验将有赖于旋转的速度。无须探讨细节，我仅仅提及两个极端的例子便可以了：如果速度很慢，观察者可以看到该图形两次，而且是在黑暗的间隔之间；然而，如果速度十分快的话，观察者便只能看到一个图形，甚至没有一点闪烁。要确定这种效应发生时的最低速度是容易的，也就是说，所谓的最低速度便是临界的融合速度。在其他许多图形中间，哈特曼也展示了我们的图 9，并且指示他的观察者用形状（a）即正方形去看图 9，或者用形状（c）即风筝去看图 9。观察的结果在表 4 中加以概括，这些数字提供了轮子旋转的持续时间，以及整个周期的持续时间，也即两次曝光加上它们之间的时间间歇,在这段时间中,一个完整的融合在 σ=1/1000 秒中发生了。

表 4

	旋转周期	整个曝光周期
"正方形"	1190	116
"风筝"	1080	105

(摘自哈特曼)

我将用哈特曼用过的另一个图形来补充这些图形。我们既可以把图 10 看成一个中间有一条很粗的对角线的正方形,也可以把图 10 看成两个三角形。

图 10

(在原始的实验中,本图印出的黑色原先是白色,而本图印出的白色原先是黑色)

这个图形的临界融合周期在表 5 中提供,该表在一切方面均与前相似。

表 5

	旋转周期	整个曝光周期
"正方形"	1260	123
"两个三角形"	1170	114

(摘自哈特曼)

在第一个图形中,临界融合周期之间的差异略高于整个周期的 10%;在第二个图形中,则略低于整个周期的 10%。在上述的每一个例子中,较大的数字总是与现象上较简单的图形相一致,这一点是必须记住的。这些数值揭示的重要差别也在质量上得到证实。如果这种临界速度为两种图形中较简单的一种图形所达到,以至于该图形在没有闪烁的情况下被见到,观察者从而被要求转向另一个较不简单的图形,那么,这种形状便会不断地闪烁,直到转轮不断增加速度而使周期进一步缩短为止。第二个图形产生了另一种质的观察,在到达融合以前,如果黑色带是正方形的一部分或两个三角形之间的"死空间"(dead space),该黑色带看上去就会不同。客观上讲,场的这一特定部分一直是黑色的;即便裂口的通过也不会产生哪怕是最细微的差异。因此,就其本身而言,它根本不该显示闪烁的情况。但是,当它作为两个三角形之间的空间而出现时,这一点才会变得真实,而当图形被看作一个正方形时,它参与了整个图形的闪烁,从而又一次证明了实际上察见的单位的现实。

在第一个例子中,也就是在彪勒的图形中,两种图形彼此之间的差别仅仅在形状方面,可是,在第二个例子中,差别不仅在形状方面,还在统一方面。因此,第一张表证明了形状的现实,而第二张表则是形状的现实和复合的统一。

但是,哈特曼还发现了一个比先前描述过的例子更加直接的形状效应。在他的双重曝光和精心阐述的技术等条件下,他发现图形完全融合的明度有赖于它们的形状,而不太明晰的图形比更为明晰的图形显得更暗些。

形状提供的力

证明了形状的现实意味着什么呢?我们已经表明,临界融合频率并不是分别涉及每一根神经纤维的事件,而是涉及整个分离的单位,由于与一个特定的单位在一起,它仍然依赖这一单位的形状。两种结果均证明,融合有赖于场的正在融合部分的动力方面,有赖于把它与场的其余部分保持在一起的力以及把它与场的其余部分分开的力,有赖于为它提供形状的力。我们通过间歇刺激而产生的图形与应力(stress)之下的生理区域相一致,这些应力的分布是一个因素,它决定了融合与之发生的容易程度。那么,单位形成和形状之间的关系是什么呢?让我们回到物理学的例子上来,这个例子是在我们关于分离的讨论中选择出来的。我们发现,把油浸入不能与之混合的一种液体中,便会有一些力使油与液体分开,这些力产生自两种媒体的表面之内和两种媒体的表面之间,而同一种表面的力也将使油成形,在特别简单的条件下,这种形状是球形的。这些使油与其他液体分开的力,同时也是使油的粒子保持在一起的力,而且这些力要到最后的形状达到时才会处于一种平衡状态;在此之前,油的表面和内部总有一些拉力改变着油的形状,直到油与周围的液体处于平衡状态为止。如果我们将这一点用于我们知觉形状的问题,我们便必须得出结论:我们的墨渍的形状或任何一种其他图形的形状都是力的结果,这些力不仅将图形与场的其余部分分开,而且使之与场保持平衡状态。因此,在图形内部存在一些力,沿着图形的轮廓也有一些力,这一结论是我们从我们的实验中直接得出的。然而,这一点是基本的;我们在第二章的最后一节中系统阐述了心理学的任务,指出了我们将会采取什么步骤以便发展一种心理学体系。现在,我们所关心的一点便是这第一步的第一部分,也即发现使我们的环境场组织成分离的物体的力。

这些力的实验证明

我们已经发现了某些力,现在,我们将补充一些实验证据,以证明组织的物体或单位实际上与场的其余部分在动力上是有所区别的,每一种单位都有其特定的力的分布。我们的第一批例子取自所谓的对比场(field of contrast)。众所周知,一个小小的灰色场,当它被一个黑色场包围时,比之当它被一个白色场包围时,显得较白一些。这一现象本身将是对我们观点的一种证明,如果以下情况得到证明,也即作为单位而非仅仅作为"黑白事件"之和的黑色场和白色场对这一效应负责,那么,这一现象本身就可证明我们的观点了。这是因为,在那个例子中,处于两种不同环境中的灰色场的不同外表会证明以下的现象,即较大的黑色场和较大的白色场将一些力作用于其中的灰色场,以便改变它们的白色。然而,根据传统上人们所接受的对比理论[这些对比理论在海林的理论(Hering's theory)中可找到其起源],对比的效应与场的单位或形状没有任何关系,而仅仅与内部场外面的明度的量和接近性有关。

传统的对比理论

按照这一理论,一种白色过程在其整个环境中引起了黑色过程,这种影响的强度依据一种尚不知晓的距离函数而降低。在这一理论的近代形式中,除了在特定的条件下,并未有黑色产生的类似影响,因为并不存在产生黑色的局部刺激。因此,如果一个灰色的内部场(inlying field)在被黑色场包围时,比之该内部场位于具有它自身明度的场内显得较白一些,那么这种情况并不能解释成是黑色背景的白化效应(Whitening effect),而是由于"相等的"灰色场的暗化效应(darkening effect),这里"相等的"这个术语意指"具有相等的白色"。根据这一观点,两个相等的兴奋将会彼此弱化,每一种兴奋在它的相邻的场内引发黑色过程,从而减少了由射入的光线所产生的白色过程的强度。还有一种现象,处于任何背景上面的灰色小块看来要比灰色大块更淡一些,这一事实可由下述原理来解释,该原理在德文中称做"Binnen-Kontrast",译成英文就是"内部对比"(internal contrast)。即便我们的灰色场被一个深灰场包围起来,该灰色场仍然会因深灰场而被暗化,因为白色过程(随着光的入射而在周围场中仍会被引起)产生了对比,也即内部场中的黑色过程。这一理论的特征在于,对比是一个累积的(summative)和绝对的(absolute)事件;它有赖于兴奋的数量分布和几何分布,有赖于它们的绝对强度,而单位形成和形状既作为两个场的刺激关系被排斥在外,又作为有效因素被排斥在外。

我们将在后面说明这个理论的第二方面的错误性,也就是它的绝对性特征(character of absoluteness)。此刻,我们必须证明它的累积方面是错误的;因为这种反驳包含了在一个统一的和成形的场部分内运作之力的证明。

在这样做之前,我必须提请读者注意,从严格的意义上讲,除了明度对比以外还存在色彩对比。在一个较大的红色场内,一个较小的灰色场看上去呈绿色或带有绿色,而在一个绿色场内,一个较小的灰色场则呈红色或带有红色,等等。我还想补充的是,我把正在使用的对比这个术语仅仅作为对已经报道的事实的描述,而并非作为对已经报道的事实的解释。因此,读者在遵循我的论点时,不该将任何理论与"对比"这个术语联结起来,而是判断该论点作为来自事实的结论有何价值。

反对这个理论的实验证据

第一个实验是相当陈旧的。威特海默(Wertheimer)在大战开始时告诉了

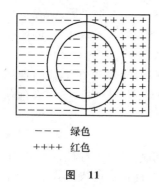

--- 绿色
++++ 红色

图 11

我这一实验,而我在 1915 年将之刊布。大约与此同时,贝努西(Benussi)也发现了这一结果(1916 年,p. 61),并在其著作中指出类似的实验很久以前就由迈耶(Meyer)在冯特(Wundt)的实验室里完成了,但是,迈耶从这些实验中得出了颇为不同的结论。图 11 中描绘的形状实际上是威特海默和贝努西图形的结合体。在一个一半是红色一半是绿色的背景上置有一个灰色的圆环。如果我们朴实地注视它,它看上去或多或少呈同质的灰色。现在,我们在红色场和绿色场之间的界线顶端放上一张狭纸条,或者放上一枚针,从而使圆环分成两个半圆。结果,红色场一边的半圆立即会呈现明显的微绿色,而绿色场一边的半圆就会呈现明显的微红色。我们可以将这一实验结果表述如下:由同样的刺激产生的两个分离的图形将看上去彼此不同,在这样的条件下,一个统一的圆形看来仍然是一致的。与该实验有关的理论是什么呢?就刺激方面而言,我们有三个一致的区域处于明确的几何关系之中:也就是一个红色区、一个绿色区和一个灰色区,这三个区域是这样安排的,它使灰色区的一半干扰了红色区,而另一半则干扰了绿色区。根据我们的知识,我们将期望看到三种单位,即一个红色单位、一个绿色单位和一个灰色单位,这种期望在该实验的第一部分得到了满足。接着,我们引进了一种新的异质性,这种异质性把我们的圆环一分为二,成为两个半圆环。于是,发生了某种新的情况;迄今为止无效的情境,也就是位于不同背景中的两个半圆,对于不同的异质进行了干扰,改变了它们自身的颜色性质;换言之,圆环部分与其环境之间刺激的跳跃现在变得有效了。当然,这些刺激的跳跃也存在于实验的第一部分之中,因此,在实验的第二部分中,为两个半圆环提供不同颜色的力肯定也一直存在着。如果整个圆环看起来呈灰色的话,只能是由于这一事实:使圆环结合在一起的聚合力如此之强大,以至于全部或部分地抵御了使该圆环变得异质的其他力的影响。这就把我们引向一个新的组织原理,它是对我们旧原理的转变。新的组织原理认为:场的强有力的统一部分将尽可能像看上去那样一致,也就是说,差不多等于占优势的条件所允许的程度。关于这一观点有许多证据可以提供[富克斯(Fuchs),1923 年;考夫卡,1923 年;图多尔·哈特(Tudor. Hart),G. M. 海德(G. M. Heider)]。

让我们回到我们的实验上来:我们仍然用不同的方式来表述,也即得出两种力:一种是使圆环一致的力,另一种是使圆环的两部分看来不同的力。当圆环被看作一个完整的圆环时,第一种力更强些,而只有当第一种力变弱时,其他的力才会占上风,从而引起颜色的改变,以及随之而来的形状的改变;这时,人们看到的是两个图形而不是一个图形。在这一组织过程中,稍微的改变便会带出形状的作用。一个圆环是一个完整的平衡的图形,内部并不清晰。可以作这样的假设:使聚合力变得如此强大的特性,导致清晰力继续不起作用。这样的假设似乎有点道理。如果这是正确的解释,那么我们的实验将会产生不同的结果,假如我们用具有两个清晰细分的 8 字形图形来代替这个圆环的话。如果把这个新图形置于我们的红色场和绿色场中,以至于两种颜色的界线将图形对称地分开,而在这个界线被引进以前,这两部分本该比圆环的两部分看上去彼此之间更为不同。情况确实如此。确实,人们可以从这些实验中获得属于特定形状的聚合力的测量方法。

内部场的形状决定了它从环境场呈现的对比颜色的数量,这已为 G. M. 海德的某些实验所表明。在三个同样大小的大型蓝色场里,她引入了一个小的灰色图形。在第一个蓝色场上面是一个圆,在第二个蓝色场上面是一个环,而在第三个蓝色场上面则是一个较大的圆周,圆周上排列着 12 个小圆。这些图形的大小是这样的,灰色的总量在所有三个蓝色场中是一样的。现在,根据累积理论,这三种图形应当在不同程度上看上去带点黄色,最后一个图形的黄色最多,而第一个图形的黄色则较少,因为在最后一个图形中,灰色部分与蓝色部分处于密切的接触之中,每一个小圆都被蓝色完全包围起来了,而在第一个图形中,一个相对来说大块的灰色,比较而言是远离蓝色的。然而,事实与这种解释不符,第一个图形,也就是完整的圆,看来最黄,而最后一个图形,则黄色最少。正是那个具有最大聚合力的图形成为最有色彩的图形,这是一种新的迹象,它表明组织程度与着色之间的密切关系。

当然,下述事实并不互相矛盾,即在威特海默—贝努西的实验中,紧密聚合的图形是着色最少的,可是,在这里,它却是着色最多的,因为在该实验中,由巨大聚合所实施的一致性必须是中性的一致性。而在海德夫人的实验中,一致性和中性颜色之间没有这类联结。

另一个实验极具独创性,它由威特海默设计,并由本纳利(Benary)实施,后来经过 W. H. 迈克塞尔(Mikesell)、M. 本特利(Bentley)和 J. G. 詹金斯(J. G. Jenkins)等人的修订而重复做了实验,以一种新方式揭示了组织之力[①]。他们表明,一个(行为的)图形中的力不同于图形界线以外的力。在图 12a 和 b 中,有一个小的灰色三角形,它在两个图形中均一致,它位于一个大的黑色三角形(a)上,或者位于一个黑色十字(b)的两臂之间的壁龛处。两个小三角形均在黑色和白色处接界。实际上,小三角形在图 a 中比之在图 b 中,它的邻近处有更多的白色,a

---

[①] 后来的两个研究充分证实了本纳利的研究结果及其理论,尽管第一个研究者持不同的观点。这两篇论文都支持了本纳利的理论,其中的关系已由 W. 梅茨格予以总结和讨论(1931 年)。

是从 b 那里产生的,办法是剪去一些黑色部分,正如图 c 所示。因此,根据海林的对比理论,小三角形在图 a 中看上去应该比在图 b 中更暗一些,可是,实际上在图 b 中看上去比在图 a 中更暗一些。原因是显而易见的。从现象上讲,在图 a 中,三角形位于黑色上,而在图 b 中,三角形则位于白色上,但是,不论属于黑色还是白色,这个问题完全是一个组织问题,而不是接近刺激的几何分布问题。这是因为,在两种图形的每一种图形中,与之相一致的接近刺激由三个同质的区域构成,这三个同质区域彼此之间都不相同;每一个同质区域在行为空间中产生一个特定的单位,我们已经知道是组织的一种结果。毋庸置疑,这些单位的相互关系是组织过程的产物。因此,对特定的场部分(field-part)的依赖意味着屈从于将该场部分聚合在一起的力,也就是使场部分成为一个整体,并或多或少防御来自场外的力。如果假定这种孤立是完全的,那就错了。本纳利原先的实验,以及后来的实验者所作的贡献,都证明这些力也是有效运作的,其结果,如前所述,已经由本纳利和美国学者用各种不同的图形加以证实了。

图 12

这一实验不仅证明了统一和分离的力的现实,而且也证明了形状的现实。小三角形在一种情形里存在于较大的图形内部,而在另一种情形里则存在于较大的图形外部,这究竟是怎么一回事?答案是:因为在图 a 中,整个大三角形(小三角形是其中的一部分)是一个充分平衡的良好形状(good form);单单黑色部分的形状则是较不令人满意的。与此相反的是,在图 b 中,那个没有小三角形的十字形比之包括小三角形的十字形更是一个良好形状。换言之:组织有赖于最终的形状。在若干几何学上可能的组织中,那个具有最佳形状和最稳定形状的组织实际上将会发生。当然,这不是别的,而是我们的简洁律(law of pragnance)。

形状的其他一些直接效应

我们已经阐释了有关形状的第一个直接效应。现在,我们将引用更多的实验证据,以便证明组织过程中明显的直接效应。在威特海默—本纳利的实验中,这种效应发生在稍微复杂一些的条件之下,也就是比我们开始时的条件复杂一些;在这一实验中,不是具有两个同质场,以及两个同质场之间的质的飞跃,而是具有三个这样的场。为了回到更为简单的情形中去,我们将再次讨论油的例子,该例子假定,油在具有相等的特定密度的液体中呈现球状,如果油与该液体不相混合的话。让我们来问下列问题:如果在不同的物质内,某种物质的球状分布是最稳定的,那么,当一个同质场内出现任何一种形状时,为什么我们看不到一个球体,或至少一个圆呢?(我们可以把球体排斥在外,因为我们假设,在我们的实验中,条件是这样的,即把一切颜色过程集中于一个平面上。)但是,为什么我们看不见一个圆呢?答案十分简单,并将引导我们走向一个有关形状现实的新证明中去。一滴油之所以成为球体,是因为周围液体的结构无力去阻止它屈从于它自己表面上的力和它自己内部的力。就周围的液体而言,任何一种形状将与任何一种其他形状一样理想。然而,当我们用白色表面上的一个不规则黑点去刺激我们的眼睛时,视网膜上建立起来的条件(它使整个过程得以启动,并使其继续发展)确实对过程的最终分布的形状产生影响,这种影响在我们上述的油的球体例子中是不存在的。这是因为,刺激不仅决定了产生于白色之中的黑色的量——如果它确实仅此作为的话,那么,我们应当期望看到一个圆,而不管那个点的形状如何——而且还决定了随之而来的分布的十分明确的空间关系。过程分布的动力形式有赖于刺激分布的几何形式。

两种组织力量:外力和内力

在我们的心物情形中,我们有两种力,一种力存在于分布本身的过程之中,而且倾向于在这种分布上面印刻最简单的可能形状,还有一种力存在于这种分布和刺激模式之间,它们限制朝着简单化方向发展的应力。我们把后面这种力称做组织的外力(external forces of organization),而把前面这种力称做组织的内力(internal forces of organization),这里所谓的外部和内部,涉及与我们所见到的形状相一致的整个过程的那个部分。

如果这个假设正确的话,那么,只要这两种力沿同一方向运作,例如,如果我们的点具有圆形,则我们应该期望十分稳定的组织。与之相反,如果这些力处于强烈的冲突之中,那么,由此产生的组织便很少稳定。我们能否证明这些结论呢?

以这种区分为基础的实验

这种证明的一般原理是容易识别的。我们必须展示不规则的图形(这些不规则的图形将产生刚才描述过的冲突之力),并观察其结果。在我们挑选的图形和一般的实验条件中,我们可以追求两个目的,使那些阻止稳定组织的力变得很小,或者使它们变得很大。在第一种情形里,我们期望组织的内力变得足够强大,以便去克服这些外力;而在第二种情形里,我们期望不稳定的终极产物(end-products),也就是说,被见到的图形在我们注视它们时发生改变,或者被见到的图形完全未被清晰地组织。实验程序选择了第一种程序方式,并在同样的特定条件得到满足时予以一些偶然的观察。现在,我们就来讨论这些结果。

外力是强的

一开始,我们将尽可能密切关注这一刺激情形,我们原先就是以这种刺激情形起步的,也就是说,在较大的同质场中的一点可以在不受时间限制的情况下加以注视。在这种情形里,由视网膜产生的力特别强。如果我们把这些力引入组织内力的激烈冲突中去,将会发生什么情况?为此目的,我们展示了一滴墨渍,尽可能使之产生不规则的轮廓。结果是颇为令人沮丧的。除非我们的墨渍很大,否则它看上去十分清楚和稳定,并具有它的一切不规则性。我们从这一结果中可以得出什么结论呢?首先,它证明了决定之力的强度,为了一个更好的组织而防止较大的位错(dislocation)。无须任何其他的证据,我们便可以作出这样的假设:这些视网膜的力是唯一运作的力,我们的知觉不过是视网膜刺激模式的几何学投射而已。但是,甚至用不着进一步的知识便可知道,这种假设与观察是颇不一致的。这是因为,当我们看到这样一种不规则的斑点时,我们实际上并不以同样方式看到其整个几何形状。我们首先看到的是一个一般的形状,在轮廓上或多或少地对称,然后看到一些凹进和凸出的东西,这些凹凸形状干扰或改变了这种一般的轮廓;这是一种决不会包含在几何图形中的区分,但却是我们打算寻找的那些组织之力的结果。我承认,单凭这点证据是不足以证明我们的论点的。让我们稍稍深入地分析一下我们的结果,以便看到我们能否发现为什么关于组织的内力的任何一种值得注意的结果未能出现。我们把下述的话作为证据,即外部的组织之力排除了部分的任何一种较大的位错。让我们假设,较小的位错是有可能的。现在,在许多完全不规则的图形中,

图 13

部分的小型位错不会使它们更加规则起来,因此,没有任何理由说,为什么在这些条件下它们应当发生。但是,这个论点把我们引向一个新的实验:我们把客观图形设计成这种样子,小的位错也可以使图形变得更加规则。当你不带任何批判眼光去看图13,以便把它看作一个整体时,你便会看到一个图形,虽说它不是一个圆,但是也与一个圆差不了多少。实际上它是一个有12只角的多边形,而非一个完全规则的多边形,因为只有4只中心角恰好是30°,其余的角都略为少于或多于30°。这里,将一些部分沿正确方向稍作位错,便会产生一个更加规则的组织,而且这些位错确实在这里发生了;你们看到了一个规则的图形。

证明这个同样结果的另一种方式是使我们的斑点十分接近于一个正方形,譬如说,两个底角只有89°,而两个顶角则分别为91°。只要人们对它并不十分仔细地审视,便可将这个图形视作一个正方形。

像上例表示的内部组织之力的有效性的证明,实际上在我们的生活中每时每刻都发生着。我们被矩形的物体所包围,它们在我们看来都呈矩形。甚至当我们不考虑透视畸变(perspective distortion)的事实时,这些例子中的每一个都是手中的一个论点:这是因为,哪一种真正的矩形是数学上确切的矩形呢?通

常,比起我们上述的那个图形来,偏差将会相当小,但是偏差存在着,尽管我们仍然看到完美的矩形。现在,下述的论点将会遭到异议,即在我们的日常生活情形里,角度之间的差异如此之小,以至于成为阈下(subliminal)的了。但是,这种异议证明了什么?譬如说有两只角,一只为90°,另一只为90.5°,这两只角从阈下角度上讲有所差异,实际上看来十分相似,但是,这并不意味着它们看起来一定都像直角,它们实际上被看成直角那样;就阈限(threshold)的事实而言,两者看上去至少有点像钝角。因此,这种异议根本不是什么异议,事实上,我们到处见到的矩形是由于下述事实,真正的矩形比起稍稍不确切的矩形来是一个组织得较好的图形,将后者变为前者只需很少的位错。

但是,我们可以用另一种方式来证明在强烈的外力条件下组织的内力。我们可以不让这些内力产生实际的畸变现象,而使它们完整,并以这种方式与外力发生冲突。图14可被视为一个很不规则的形状,但也可视作两个一致的和对称的形状,其中一个形状部分地倚着另一个形状。在后者的情形里,线条好像在所见的形状中被指明,对于这种所见的形状,没有一种刺激的变化与此一致。因此,由整个黑暗区域的同质刺激所产生的统一之力被分离之力所克服,这些分离之力来自形状完整的图形的统一,两个图形中的

图 14

每一个图形比起一个具有同质着色的不规则图形来应该说是一个更好的形状。如果转换这两个图形的相对位置,以便使它实际上看来不可能是两个图形,这样做还是容易的。当一个图形比我们的图形更简单时,便可做到这一点,或者当其中之一的突出部分不是一个部分图形的独特部分时,也可以做到这一点。

外力是弱的

现在,让我们转到实验中积累起来的证据上来。在这些实验中,外部的组织之力在强度上减弱。为此目的,采用了若干不同的方法:① 短时展现;② 低强度;③ 小尺寸;④ 后象(after-images)。结果相同:当不规则图形实际上被展现时,简单的、充分平衡的图形便被看到了。让我们对这些方法中的每一种方法赘言几句。林德曼(Lindemann)接连几次展示一些图形,达20σ(sigma),要求被试在每次展示以后把他们所见的东西画出。图15显示了这样的系列图形,最后一个图形是实际展示的,其他几个图形是被试连续作画的再现产品。接下来的两个图形,也就是图16和图17的图形,取自格兰尼特(Granit)1921年的一篇文章。格兰尼特使用了与林德曼相似的方法,但是,他并不要求连续作画。图16的第一个图形是原始的展示图形,另一个图形是由一名11岁孩子画的图。然而,图17需要我们略加评论。图中的原始图形并不是由单一的异质性产生的单一图形,也就是说不是一个斑点,而是一笔画成的图形。尽管我

们将在后面讨论这些条件下发生的组织过程,但我们仍想在目前的讨论中分析一下这个例子和类似的例子(来自其他研究者的例子),这是因为,根据形状简化的观点,这些例子是与其他例子一致的。图17显示了一个原始图形和由两名不同的成人画的再现图形。

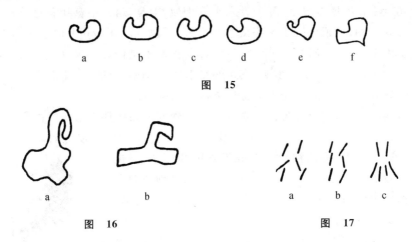

图 15

图 16　　　　　　　　　图 17

在格兰尼特的例子中,图形的简化如同林德曼的例子。林德曼还使用了另外一种方法,以便证明在短时展现的条件下简单形状所具有的更大的稳定性。林德曼的方法是以不同的时间间隔展示一个圆和一个椭圆的各个部分。在这些条件下,椭圆开始变形,譬如说,变成了橡树果实般的形状,然而,圆却一点也未受影响,或者,当展示时间的差异太大时,圆形被分解为两个部分。

最后,让我们回顾一下在前面描述过的哈特曼的实验。实验中,一个图形展现两次,两次之间有一个短的时间间隔,而且实验中测量到的整个展现时间正好使该图形呈现为一个整体,没有闪烁。业已发现,当所见的形状是两种可能形状中较简单的一种时,在两种不同形状中所见到的一种刺激模式更容易融合起来。根据我们目前的了解,并与我们先前的结论相一致,我们可以作出解释,即较简单的图形中的内部应力比较不简单的图形中的内部应力小,这种减弱了的内部应力促使两个过程融合成一个过程。

有关减弱强度的实验早在1900年就由亨普斯特德(Hempstead)在铁钦纳(Titchener)的实验室中完成了:把一些图形投放到一块适度照明的屏幕上,一个具有可变开口的节光器在幻灯机和屏幕之间转动。通过逐步增加节光器的开口,图形便变得越来越清晰。如果开口开到最小一档,便什么图形也看不见了;当图形首次开始呈现时,与刺激模式相比,它是明显变形的,变得更加简单,更加对称,具有圆角而非尖角,空隙闭合了,甚至连一般的形状所要求的线条在临时填补的刺激中也不复存在。沃尔法特(Wohlfahrt)曾经用过一些图形,开始时把这些图形的尺寸不断缩小,缩小到看不见的程度,然后再把图形逐渐放大,由此,沃尔法特发现了颇为相似的结果;他强调现象的不稳定性,这种现象的不稳定性好似图形的一种直接可观察的特性;它们看来充满了内力,这些内力在图形内部导致实际的颠簸和跳跃。

所有这些实验充分证实了我们的期望。如果外部的组织之力较弱,那么内部的组织之力便会十分强大,足以产生相当大的位错,结果导致更为稳定的形状。如果这些图形变得更加稳定的话,则这些力甚至可以产生新的物质过程;新的线条可能被增添上去,对此现象,我们将在稍后加以详细研究。

现在,让我们转向后象的实验。后象发生在刺激被移去以后,而且,在最简单的情形里,可用同质的面去取代后象。这种情况必须由力来加以解释,它们产生自神经系统中原始发生过程的结果。人们可能会想到可逆的化学反应过程,物质已被分解,分解后的产物现在却重新自行结合起来,通过可逆过程形成了原先的物质。无论如何,这些力完全存在于有机体内部,它们的地位不再受外部能量的影响,从而可以更加自由自在地重新安排自身。由歌德(Goethe)描述的一个古老的观察(人人皆可重复的观察)证实了这样的结论:一个正方形的后象将逐渐失去其尖角,并变得越来越圆。

罗斯希尔德(H. Rothschild)所开展的一些实验是更加有意义的,在这些实验中,一个后象本身的发生有赖于下列事实,即它是否构成一个良好的形状。他没有运用表面图形,而是利用轮廓图形。如果这些轮廓图形是简单的,那么它们便会产生很好的后象;事实上,后象是对原始图形的改进,原因在于所有细微的不规则性均会消失殆尽。另一方面,如果线条并未形成简单的形状,那么后象要么成为较好的形状,要么若干线条根本不会在后象中出现。第一种情况为一个实验所证实,如图18所安排的两根平行线那样。如果两根线出现在后象中,那么它们彼此之间的置换便会大大减弱,结果形成一个不完全菱形的两条边。然而,通常情况下,这两条线并不同时出现,而是彼此交替地出现;这就把我们带到了第二种可能性上面,图19的图形是说明这种可能性的更好例子。图19a提供了一个清晰而又完整的后象,而图19b却并非如此。这里,要么是那根最接近于凝视点的线出现了(在我们图中用x作为标记),要么是两条线交替出现,但是,图19b的四条线却与图19a的四条线相一致。

图 18   图 19

这些实验证明了形状的影响,从而也证明了组织的内力在整个组织过程中的运作。

外力减弱至零

1. 盲点实验

我们眼睛的解剖结构允许我们再跨前一步,并将外力减至绝对的零。在鼻骨一侧离视网膜中央凹大约 13°的地方,有一所谓的"盲点"(blind spot),该区实际上对光不敏感(如果不是完全不敏感的话)①。这个盲点具有稍稍不规则的形状,它的水平范围大约为 6°,它的最大的垂直范围则略微大一些。甚至在单眼视觉中,我们的现象空间也不出现空洞(hole),这一事实引起生理学家和心理学家的长期兴趣,而且进行了许多实验,以确定在盲点区域能看到什么东西。有关这些实验的理论解释经常受到含蓄假设的妨碍,这是一种恒常性假设(constancy hypothesis)的特例,即在一组特定的条件下发生的事情也肯定会在所有条件下发生。如果没有这种假设的话,倒是不难把各种实验数据整理出头绪来的。为了我们的目的,只须回顾一下一个实验便够了,那就是沃克曼(Volkmann,1855 年)和威蒂奇(Wittich,1863 年)的实验。把一个十字架形状的东西用下列方式呈现,它的中心落在盲点上,而十字形的两臂则伸至视网膜的敏感区里面。在这些条件下,可以看到完整的十字。当十字形的两臂具有不同的颜色时,十字形的中心便以两臂的任何一种颜色显现,主要显现在水平的两臂颜色中。我们在这里举一个很能说明问题的例子,十字形的蓝色垂直臂穿过红色的水平臂,这里,十字形中心呈现红色,尽管客观上它是蓝色的。如果有人转动该十字形,使蓝色臂呈水平状,那么,十字形中心便也显现蓝色。这种水平臂的优势可以得到过度补偿(over compensated),如果有人把垂直臂搞得相对长一点的话。

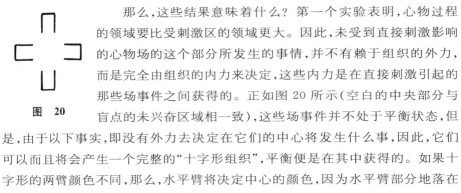

图 20

那么,这些结果意味着什么?第一个实验表明,心物过程的领域要比受刺激区的领域更大。因此,未受到直接刺激影响的心物场的这个部分所发生的事情,并不有赖于组织的外力,而是完全由组织的内力来决定,这些内力是在直接刺激引起的那些场事件之间获得的。正如图 20 所示(空白的中央部分与盲点的未兴奋区域相一致),这些场事件并不处于平衡状态,但是,由于以下事实,即没有外力去决定在它们的中心将发生什么事,因此,它们可以而且将会产生一个完整的"十字形组织",平衡便是在其中获得的。如果十字形的两臂颜色不同,那么,水平臂将决定中心的颜色,因为水平臂部分地落在

---

① 有些实验似乎证明盲点并非绝对不敏感。参见 A. 斯特恩(A. Stern)、N. 范伯格(N. Feinberg)和 H. 赫尔森(H. Helson)(1929 年)。

视网膜区域,这个区域更加中心,功能上更加有效,所以,比起垂直臂来,它将被组织得更好,看上去更清楚。当然,水平臂占支配地位可能有其他原因;尽管如此,这种支配作用也可以通过在其他方面使垂直臂更具印象而得到克服。因此,中心的组织有赖于组织外部有关部分的力;在这一例子中,我们已经把组织的内力孤立起来了。

2. 偏盲实验

盲点方面的实验有一个欠缺;它的位置如此接近边缘,以至于在盲点邻近地区看到的物体无法清晰地被组织。与中央相比,视网膜边缘的这种劣势是一种组织的劣势,如同其他的组织劣势一样,这种组织的劣势可以与劣势的色彩视觉结合起来。因此,如果我们在视觉中枢开展一些类似的实验,由于视觉中枢没有因为清晰性的缺乏而使观察难以实现,那么,这将产生许多好处。这一可能性是由某些病理性例子提供的,主要由于大脑损伤,致使视野的一半变成全盲。这类偏盲(hemianopsia)的病例已被仔细研究过,这主要归功于波普尔路特(Poppelreuter, 1917年),他首先发现,在盲点中观察到的图像的填充(completion),可以很容易地在偏盲者视野的一半盲区中得到证实。我将在这里报告富克斯(Fuchs)的一些实验,他证实了波普尔路特的发现,但是,却为它们提供了一种解释,这种解释在当时(1921年)是全新的,这就是我们在上面提供的关于盲点效应的解释。用偏盲者进行的这些实验,如果它们是去揭示效应的话,必须以短时展现的方式进行,不然的话,病人就会移动眼睛,从而使效应受到破坏。对许多偏盲者来说,尽管不是全体偏盲者①,由我们的盲点实验所揭示出来的这种现象也出现了。我们选择的一名病人,他的双眼在视野左侧是看不见东西的,也就是说,对这位病人而言,在其凝视线左方的空间中看不见测试的物体。接着,我们向病人展现一个完整的圆,让其凝视该圆的中心。嗣后,病人报告说,他已经看到一个完整的圆。然而,由于只有实际的圆的右半部与他对圆的知觉有点关系,因此,我们可以移去圆的左半部,效应仍可保持一样。同样的实验也可以用其他图形来重复实施,例如正方形、椭圆形、星形等等。但是,只有用一个八角星才可能使展现的面积少于一半;如果用其他图形的话,那么展现的面积必须超过一半,病人才能看到整体;于是,一个正方形必须展现四分之三的面积,甚至更多。

现在,这些图形既单一又熟悉。图形的填充可能既由于它们的单一性(simplicity),又由于它们的熟悉性。只有在第一种情况为真时,这些实验才能证明形状对组织的影响;如果熟悉性成为决定因素,那么我们就不得不放弃我们的解释了,至少在这些例子中是如此。然而,富克斯的实验结果明确地作出

---

① 为什么不是全体偏盲者都表现出本文中描述的这种类型的填充,这里无法提供答案。

了有利于第一种选择的决定。比起第一种情况所提到的那些图形来，不论先前是多么熟悉，不论在特定的实验中有过多少练习，非单一性的图形是不可能被填充的。字母，单词，一只狗的图片，一张脸，一只蝴蝶，一个墨水台，以及诸如此类的东西，都以同样负性的成功（negative success）进行了试验。病人认出了这些物体中的每一个物体，但是报告说它们都不是完整的。

于是，富克斯的这些实验为简单形状中的自发组织提供了完美的证明，一个在当时对格式塔理论有巨大价值的证明。

我们结论的普遍性：归纳

在把单位形成和形状作为组织的动力方面确立起来以后，我们现在便可以在新的刺激条件下对它们进行追踪。我们创设的关于两个不同同质区域的条件（一个区域被另一个区域所围住）是一种人为的实验，差不多与我们的完全同质刺激的第一个条件不相上下。然而，这两种人为条件为我们提供了对组织中有效因素的重要顿悟。我们在这里可以提出一个问题，即在这些人为条件下获得的结果能在多大程度上被概括。我们在这里无法恰当地讨论归纳的普遍性问题，也即证明下述的论断是正确的：从有限的例子中得出适用于一切可能例子的结论。但是，我们可以就我们自己的程序说几句话。根据对少量例子的分析，使我们得出结论：分离和单位形成的力产生自两种不同刺激之间的界线上。在我们的例子中，界线将两个同质区域分离开来。那么，在不涉及这种特定条件的情况下来表述我们的结论，这样做是否正确呢？为了解决这个问题，我们首先必须澄清一般观点和特定观点之间的区别是什么。看来它们似乎是同一种观点，唯一的区别在于它们对有效性的要求，第一种观点是一般的，而第二种观点则是特殊的。但是，实际上它们是两种不同的观点而已。第一种观点认为：突然的刺激中断产生了分离的力和统一的力。如果这种说法正确的话，那么，位于这种非连续性任何一边的区域会成为什么东西就无关紧要了。第二种观点与第一种观点相反，它认为：不同性质的同质区域将在它们的界线上产生这些力。那就意味着：突然的刺激中断并不是这些力的充分原因，像第一种观点声称的那样；非连续性加上其他某种东西才是产生这些力的原因。这个问题原先只是一个一般性的问题，现在已转变为一个是否正确的问题。如果第一种观点是正确的，那么它便具有普遍性，如果它是不正确的，那么就不具有普遍性。归纳是产生更多的经验证据的过程，并不在于例子数目的增加（在这些例子中，某种观点是正确的），而是在于通过考查例子 b 来判断例子 a 的解释是否正确。再者，根据我们的实验：如果异质区域之间的非连续性并不产生我们在同质区域的实验中已经发现的那些效应，那么，我们原先的结论便是错误的了；如果异质区域之间的非连续性产生了我们在同质区域的实验中已经发现的那些效应,那么我们原先的结论便是正确的,而且具有普遍性。倘若认为后者是真实的,几乎没有这种必要。一滴墨渍并不意味着完全同质的区域,它还有它的统一和形状,因为在它的边界上存在非连续性。

作为刺激的点和线

(1) 点

现在,我们将把我们的原理用于其他一些例子,最后用于那些充斥于我们日常经验的例子。我们从修订我们的上述条件开始,也即一个一致的刺激区域被另一个区域所围住,这里,用不着改变其特征,只要减少封闭区域的大小,首先在一种维度上缩减,接着在两种维度上缩减。第一种程序把我们引向线条,包括直线或曲线;第二种程序则把我们引向一些点。陈旧的理论把这些点作为简单的例子而加以采纳,正如我们先前解释过的那样。现在看来,它是一个特例,将此作为开端可能不好;对于一个被见到的点,尽管从几何学上说这个点可能是一个很小的圆或方块,但是从现象上讲它根本没有任何形状。它只不过是一个点而已。因此,在把点作为我们的标准例子而加以运用时,我们本该忽略知觉中的形状的作用,正像传统的心理学所做的那样。在把点作为一般条件的特例加以考虑时,我们不仅回避了这种误解,而且还获得了对于组织过程的新顿悟。单一的点是不稳定的结构,它们倾向于消失。

态度

此外,点的外形通常要求观察者具有明确的态度(attitude)。人们可能会长时间地注视一张白纸,而没有意识到上面有一个点;只有当人们开始产生怀疑,仔细地审视那张纸的时候,他才会发现纸上有一个点。这究竟意味着什么?倘若不抱一种批判态度的话,那么,与那个点相应的刺激的异质性就不足以打破视觉环境中充分界定的单位的同质性。这就需要有一种新的因素,那便是态度,因为态度使那个点得以存在。如果异质性的尺寸更大一点的话,那就会使一个可见的物体跃然纸上,而用不着特定的态度。于是,我们习得了两个新事实。首先,我们发现场组织在某些环境中是有赖于态度的,那就是说,力在环境场中没有其起源,其起源存在于观察者的自我中,这是一种新的标志,说明我们单单研究环境场的任务是有点矫揉造作的,也说明只有当我们研究了把自我包括进其环境中的整个场以后,我们才能完全理解它的构造。

为什么点是不稳定的

其次,我们必须提出这样的问题,为什么单个的点是这样的不稳定,为什么它们不可见。假定以此方式来阐述的话,该问题只能得到不合逻辑的回答,正像老一代的心理学家所提供的答案那样,他们会用未被注意的感觉(non-noticed sensations)这一假设来解释这种事实(参见第三章)。但是,这种解释的不确切性在我们的例子中是显而易见的。当我们未能看到一个点时,我们却看到了一个同质的面,也就是说,如果它是白色表面上的一个黑点,那么,当我们没有注意到那个黑点时,我们便只看到白色。对此,"未被注意的感觉"这一假设是无法予以解释的,因为不去注意某种黑色并不等于注意到了某种白色。我们刚才说过,我们的问题阐述得很糟。上述的最后一个观点为我们更好地阐释提供了一条线索。我们不是去问为什么我们看不到某种东西,也就是为什么看不到那个点,而是应当问为什么我们看到了其他的某种东西,也就是看到了同质的表面。为了寻找答案,让我们回到我们前面描述过的威特海默—贝努西的对比实验上来。我们在该实验中看到,一个强有力的统一整体如何抵御了在颜色上使该整体变得异质的那些力量。

在我们目前的例子中,存在着一种打破表面一致性的力,如果这种力无法产生这种结果,那么失败肯定是由于其他一些更强的力,也就是使统一的区域变得一致的那些力引起的。后面的这些力在整个单一表面的同质着色中有它们的起源,在这个单一的表面中,点仅仅是异质的而已。围绕着这个点,同质过程以闭合的接近性(close proximity)而发生,并以邻近性(contiguity)遍及该面的其余部分。我们不久将会看到,相等过程的接近性产生了作为邻近性的同样一些力。因此,在我们的例子中,统一的力一定是很强的,而单一的异质性往往不会强大到在没有附加力量的情况下足以克服这些统一的力。

我们讨论的一个结论是,看到一个点不是一种原始的成就,而是一种高级的成就。只有在特别发达的系统中,这样一种轻微的异质性才能产生清晰性;在其他一些系统中,这样一种轻微的异质性将产生一种简单的同质场。

(2) 线

现在,让我们来考虑一下线条。普通的线条,不论是直线还是曲线,都被视作是线而非区域。它们虽有形状,但是却缺乏内部和外部之间的差别,鉴于此,它们成为我们一般例子中的另一个特例。从几何学角度讲,我们画的每一根直线都是一个矩形;但是,从心理学上讲,并非如此。另一方面,形状是线的重要特征,对此断语,我们将在稍后用实验证据来证明。

闭合的轮廓图

然而,关于线的考虑引进了一个新观点。如果一根线形成了一个闭合的图形,或者几乎是闭合的图形,那么,我们在一个同质背景上便不再仅仅看到一条线，而是看到了由线围起来的面的图形。这个事实如此熟悉，遗憾的是它从未成为特殊研究的课题，这是就我了解的情况而言的。然而，一旦我们剥夺了它的熟悉性的话，它仍是一个令人吃惊的事实。因此，我们要求对下述的说法有一个有效的证明，即由轮廓包围起来的图形是一个与轮廓外面的场不同的实体，轮廓外面的场在其他一切方面产生了同样的刺激。我们拥有一些方法，这些方法有助于确立轮廓图形与其背景之间的差别，但是，这些方法尚未用于我们的问题。我们可以对一个小图形的阈限进行测量（这种小图形产生了我们原始图形的内部轮廓或外部轮廓），测量的方法是把这样的图形投射到有轮廓的面上去，并在幻灯和面之间安放一个节光器，就像亨普斯特德使用的那种实验装置一样。如果该小图形要求节光器上面的裂口开得大一些，以便使轮廓内部的东西比轮廓外部的东西更为可见的话，那么，我们便证明封闭区域比之它的环境具有更大的聚合性（cohesiveness），这就使得在封闭区域上面产生一个新的图像更加困难。遗憾的是，从未做过这样的实验，尽管从两个相似的实验中我们的假设结果似乎是可以预见的。这两个相似的实验，一个是由盖尔布和格兰尼特做的，而另一个则是由格兰尼特做的。

轮廓图的动力原因

但是，当我们把这种差别视作实际的差别时，我们的主要问题便出现了。我们想知道这样一些原因，不仅是将轮廓从场的其余部分中分离出来的原因，与此同时，还想了解将封闭图形从其环境分离出来的原因。我们的非连续性原理肯定解释不了这一现象。这是因为，轮廓和画在轮廓上的那个面之间的非连续性，不论在向内的方向还是在向外的方向上都是一样的。根据我们的陈旧原理，我们只能解释为什么我们把线看作线，也就是说，看作与其余部分相分隔的一些单位，但是，当我们看到被一条线围起来的区域时，或者看到由一些线组成的图形时（它们与场的其余部分相分离，而且不是以同样的方式与轮廓相分离），我们所关心的便不是这种情况了。尽管刺激的非连续性仍然具有分离的效果，而且迄今为止与我们的定律相符，但是，这种分离是不对称的。那么，这种不对称的原因是什么？

闭合因素

遗憾的是，上述问题未被处理。如果仅仅声明一下这是一种疏忽，那就会在读者心中引起怀疑，怀疑我们的一般原理是否有效。因此，我们将设法指出几种因素，它们也许能对这种现象作出解释。我们提出的第一点是这样一个事实，即闭合的或差不多闭合的线或线条图形具有这种特征，而这种特征在不闭合的线条中是缺乏的。这一情况表明，组织过程有赖于其结果的特性，这是严格地符合言简意赅（pragnanz）的普遍规律的。闭合区域似乎是自足的、稳定的组织,这一结论将在后面单独阐释,当然是以特定的实验为基础来阐释。

良好形状的因素

我们也许会设法找出是否存在闭合的线条或线条图形,这些闭合线条或线条图形比其他线条或图形更易被视作线条。尽管没有做过实验去确定这一点,但我仍然倾向于认为这些差别是存在的,例如,一个圆将更易于被看成是一条线而不是一个三角形,而一个三角形则表现为一个三角形的面,而不像三条线彼此相交于它们的终端点。如果这种说法是正确的话,那么,我们便可以尝试将这一事实与我们的良好形状定律(law of good shape)联系起来。作为一条线,圆是最好的图形了。它的每一段都包含了整体原则。可是,三角形却并不如此,三角形中没有一块地方要求按照三角形形成的方式继续下去。恰恰相反,三角形的每一条边的每一部分要求按其自身的方向继续下去,而三角形的三只角实际上却使这种继续方式中断了。因此,可以这样说,作为线段来说,三角形的轮廓并不"简单"。我们可以暂时下这样的结论:三角形的轮廓也是不稳定的。与此对照,三角形的面,尤其当它是等腰三角形或等边三角形时,它的轮廓就是简单的,而且具有对称性。因此,对三角形整个面的分离来说,原因可能在于对称性,它应当由稳定性相伴着。

简要地说,作为一个暂时性假设,我们提出如下观点:轮廓将图形围起来,而不是作为一条线将自己与面的其余部分相分离,因为这是更好的组织,也是更稳定的组织。

我们不想以此解释来引进一个新原理。这是因为,我们在此之前已经看到,形状因素作为稳定因素,将组织成一个场,以对抗刺激的非连续性效应。然而,我对我的假设并不感到十分满意。不只因为它缺乏实验证据,而且因为它还不够清楚和明确,它并未陈述沿着轮廓线的实际力量,也未陈述这些力量的不对称做用。

由线条图样产生的组织

但是,我们必须让这个问题停留在那里。事实是,区域可以统一起来,也可以通过闭合线条与同质场的其余部分相分离。这一事实有助于我们以新的方式研究形状因素。我们现在将考虑特定的原理,按照这些原理,线条图样(line pattern)产生了组织(线条图样仍是我们一般例子中的一些特例):该场被分成两个不同的部分,每一个部分本身是同质的或实际上是同质的。现在要讨论的一个图样满足了这一条件;这个场由连续的白色部分(纸张的背景)和连续的黑色部分(一些线条)所组成。所有这些图样是由一个大黑块和移去其中一些黑色而组成的。

我们的问题是:如果已知某个线条图样,那么我们将看见什么图像?支配这种关系的一般原理是什么？来自柏林实验室的两篇论文包含了丰富的资料，其中一篇论文由戈特沙尔特（Gottschaldt, 1926 年）所作，是一个不同问题的研究的组成部分，另一篇论文与我们的问题直接有关，由科普费尔曼（Kopfermann）所作，我们将从后者的论文中选择一些例子。

当我们的线条图样把面的一部分与其他部分分开时，一般不会产生新问题。我们现在要考虑的图样是这样的，其中分开的区域本身包含着一些线条，它们从几何学角度上把分开的区域分成两个或两个以上较小的区域。在这种情况下，我们将见到什么？在较为简单的条件下，当我们不是处理线条图形，而是处理面的图形（surface figures）时，我们也曾偶尔遇到过同样的问题，如果封闭的同质区域具有特定形状的话，那么，它将不是作为一个图形而出现，而是作为两个交迭的图形而出现。

单和双的问题

让我们把这一例子作为出发点，我们可以提出这样一个问题：一个轮廓图在什么时候被看作是一个在其内部具有一些线条的图形，在什么时候将被看作是两个或两个以上的图形呢？图 21 和图 22 为上述两种情形提供了例子；在第一个图中，一个人见到一个矩形，中间有一根线穿过，可是在第二个图中，一个人见到两个相连的六边形。原因很清楚：在第一个图中，整个图形比之两个部分的图形来是一个更好的图形，而在第二个图中，情况恰好相反，两个部分的图形比之整个图形来是更好的图形。此外，在第一个图中，矩形的顶边和底边都是连续的直线，可是，如果两个不规则四边形都被看到的话，那么同样的直线就被中断了。

图 21

图 22

良好的连续

我们已经遇到了第一个因素；第二个因素意味着（正如我们先前指出过的那样），一条直线与一条虚线相比，前者是一个更加稳定的结构，因此，如果其余情况均相同，组织将以这样一种方式发生，即一根直线继续成为一根直线。我们可以这样来概括：任何曲线将按其自然方式发展，一个圆被看作为一个圆，一个椭圆被看作为一个椭圆，等等。威特海默（1923 年）把组织的这一方面称之为"良好连续律"（law of good continuation）。我们在实际的组织中将会遇到许多这方面的例子。这里，我们补充另外一个例子，也就是图

图 23

23所示的图形,它取自彪勒(Buhler,1913年)的研究,从图中可以看到外力阻止了良好的连续。结果产生了美学上令人不悦的印象,这是因为四个半圆的恰当连续遭到破坏的缘故。

图 24

如果在线条图样中,单(unum)和双(duo)的组织在区域形状和线条连续方面都是同样良好的话,那么两者之中有没有优先者呢?科普费尔曼认为是有的。在有利于单一组织方面,人们优先选择单一的全封闭图形,也即全封闭轮廓。但是,由于科普费尔曼的图形都是这样的,以至于其他一些因素,特别是良好连续的因素,都处于对单一组织的有利方面,结果,她无法证实她的观点。实际上,要产生能够满足我们条件的图样(见图24),如果说不是不可能的话,至少也是极端困难的,即便是这些图样中最好的图样,结果也是模棱两可的。因此,我无法肯定这样一种因素是否存在。

双重组织

我们对于单一组织和双重组织的区分,即便我们在双重组织中把看到两个以上图形的情况也包括在内,仍不能适当处理实际组织的多样性问题。一方面,大多数双重形状同时具有单一性质,另一方面,双重形状可能有各种类型。例如,两个毗邻的六边形(见图22)的双重图形,同时也具有一种明确的整体性质,图25也一样,尽管看上去像两个部分相互交迭的三角形,但仍然具有一种明确的整体性质。一个组织的单和双可能彼此和谐一致,确实,这样一种和谐一致可以用无限多样的方式来达到。在一个极端上,我们具有单一的支配性,双重性成了整体的一些完整部分,正如图28所示的那样。可是,在另一极端上,双重性占据支配地位,单一性或多或少成了一些部分的偶然结合,如图26所示,前面举的两个例子(图22和25)则处于两者之间的某处。双重性本身也可以有各种类型。我们现在来区分两个引人注目的例子:(a)如图22所示,其中两个部分是同等的;(b)如图27所示,一个图形位于另一个图形的"顶上"(on top)。这个例子将在下一章里用更大篇幅来讨论。图28表明了同一种轮廓图形怎样由内部线条来制成,以至于看上去既像单一组织(图28a),又像双重组织(图28b),或者最终成为双重组织(图28c)。良好的形状和连续性解释了所有这些例子。

 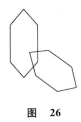

图 25　　　　　　　图 26　　　　　　　图 27

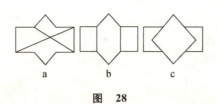

图 28

经验论者的异议

我们认为,我们对组织因素的有效性所进行的实验证明是十分充分的,只要我们放弃主张一种旧理论的既得利益的话,这种旧理论要求对一切事实进行解释,可是却不对所有这些不同的组织力量作出解释。我在这里指的是经验主义理论,该理论也许会说:我们在个别的例子中见到这些图形,正如我们以前经常见到的图形那样;我们目前例子中的刺激条件与以前经常重复的例子中的刺激条件十分相似,以至于产生同样的结果。如果对同一种效应提出两种可供选择的理论,那么,必须权衡一下两种理论的相对优点,如果可能的话,还须通过严格的实验,方能在两者之间作出抉择,这是千真万确的。

现在,让我们来权衡一下经验主义理论关于知觉组织问题的主张。我们来看一下图 28 的三个系列图形。一位经验主义者也许会说:"我们在图 a 里面看到一个十边形,它的内部有两条线,我们之所以这样认为,是因为我们经常看到这样一种图形,而不是 4 个不规则的小图形;在图 b 里面,我们看到两个长方形,中间夹着一个六边形,我们之所以没把它视作一个十边形,是因为人们经常见到前者的图形;最后,在图 c 中,由于经常见到方块和长方形,而不是一个十边形,所以,现在便将此看作方块和长方形了。"这种解释似乎有点道理。不过,在 1923 年,M. 威特海默遇到了这样一种异议,它是由图 29 那样的图形来组织的,在图 29 里面,M. 威特海默(M. Wertheimer)姓氏的两个首字母,即 M 和 W 隐藏在图形里面,苛勒也刊布了若干其他的图形(1925 年和 1929 年)。

图 29

对经验论的实验驳斥

戈特沙尔特于 1926 年提供了更多的系统证明。在他的实验中,向被试们呈示 5 个简单的线条图样(即 a 图样),把这些简单的线条图样投射到一块屏幕上,每一个图样的投射时间为 1 秒钟,在两个图样的投射之间有 3 秒钟的时间间隔。然后,告知被试尽可能记住这些图像,以便在后来测试时仍能记得这些图像,并设法把它们画在纸上。在经过一定数量的呈示以后,便向两组被试呈示与第一批图样不同的新图样(即 b 图样),每个图样呈示 2 秒钟;然后,告知被试记忆,实验将在嗣后继续进行,与此同时,又向被试呈示一组新图样,仅仅要求他们对这组新图样进行描述,如果这些图片中有什么东西使他们特别印象深刻的话,那么被试只需提一下便可以了。现在,每一个 b 图样的构成是这样的,即从几何学角度讲,b 图中包含着 a 图,但是,在正常情况下,b 图中看不到包含 a 图的形状。图 30 提供了一个例子,这是该系列中最难的例子。对于每一个 a 图来说,会有 6 个或 7 个与之对应的 b 图;例如,对于我们上述图解的 a 图来说,也有更为容易的 b 图与之相应(见图 31)。现在,如果经验论是正确的话,那么,看到 a 图的实践,应当使 b 图看上去像 a 加上别的什么东西似的。为了检验这一假设,向 3 名被试呈示 a 图,次数为 3 次,而向另 8 名被试呈示 a 图却达到 520 次。在第一组的 3 名被试中,有 2 名被试在所有 30 次实验中把 b 图视作新图形,而在第二组的 8 名被试中,有 5 名提供了同样的结果。如果把所有被试都归并成一个组,这种实验结果也不会变。

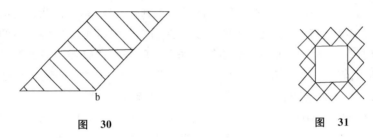

图 30   图 31

为了做到这一点,人们必须区分若干不同的可能性:① a 图将在 b 图呈现时被立即看到。这种情况在第一组被试的 92 次实验中仅发生一次,而在第二组被试的 242 次实验中发生 4 次。② 在图形呈示结束时,或者在以后的意象中,被试稍后有了发现。在第一组被试中发生这类情况达 5 次,而在第二组被试中发生这类情况达 3 次。③ 被试实际上并未看到 a,而是正确地猜测它在那里,这种情况在第一组里没有发生,在第二组里发生 5 次。④ 被试猜测一个 a 图,但是却作出了错误的猜测。⑤ 被试只看到 b 图。

在表 6 中,我们用百分比说明①~③合起来的可能性,其中 a 图的某种影响能被追踪到;还有④和⑤的百分数,其中 a 图的影响不明显。

这种假设已遭驳斥。两组数据之间并不存在有意义的差别。此外,在 a 图的影响是明显的几个例子中,也不可能仅仅是由于经验的缘故;首先,它们并不随着经验的增加而增加,其次,表现出那种影响的被试并不持有完全的中立态度,而是期望再次找到旧的图形,这已为四名被试中两名被试所作的错误猜测所证明。

表 6

	3 次呈现 92 次实验	520 次呈现 242 次实验
a 具有某种影响	6.6	5.0
a 没有任何影响	93.4	95.0

(摘自戈特沙尔特)

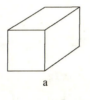 

图 32

结论是,对于为什么我们在一个表示线条图样的形状中见到该线条图样,经验并不作出解释,而是组织的直接力量,例如我们已经分析过的组织的直接力量,才是真正的原因。

对此结论,我听到了下述一些异议。第一种异议应归功于我的一名学生。该异议认为(与经验主义的原理相一致)我们在图 32b 的形状中见到 b 的图形而不是把它看作 a 的形状,是因为它们的一些部分是非常熟悉的图形,而且是比 a 图形更熟悉的图形。由此可见,第二个例子中的正方形和第一个例子中的"格栅",比起图 30a 的六边形,在它们的背后有着更多的经验。对于这种异议的第一个回答是,它解释不了为什么在 a 图的 3 次重复和 520 次重复之间的差别并没有对结果产生任何影响。第二种异议是,b 图的形状不是在所有情形中都比 a 图的形状更加熟悉,正如图 32 所示的例证那样。确实,通常情况下,简单的形状就是熟悉的形状,这种巧合使得经验主义理论变得颇有道理,而且,这种巧合也决非偶然。如果组织的规律是一些真正的规律,那么我们一定会期望人类活动的产物是简单的,因为人类活动的产物将它们的存在归之于组织过程,这是十分自然的,因此,简单便成为常事。由于单一性和熟悉性之间的这种联系,因此当富克斯证明并不是某些图形的熟悉性,而是它们的单一性构成了图形填充的原因时,这一点具有基本的重要性。我们可以为我们的答复补充第三点:戈特沙尔特设计了一种独特的方法,用来测量在每一个 b 图中找出 a 图的困难程度。现在,如果这种异议正确的话,那么,包含最熟悉部分的那些 b 图应当成为最困难的图形。不过,类似的情形没有一种是正确的。图 31 比图 30 更加容易,正方形要比格栅更加熟悉。在戈特沙尔特的 b 图中,三个最容易的图形之一具有大家都很熟悉的图样。因此,这种貌似聪明的异议无法经受事实的检验。

另一种异议是这样的:并不存在关于 b 图的经验,当 a 图被体验时,它始终处于不同环境之中,因此,人们当然会把"整体情境"(total situation)包括在内。

"整体情境"

这一论点之所以貌似有理,是因为"整体情境"这个术语的缘故。但是,事实上该术语并不意指任何东西。在每一个"整体情境"中,有些部分与我们正在研究的特定效应相关,有些部分则与我们正在研究的特定效应无关。于是,"整体情境"这个术语反而使问题变得含糊了。让我们回到前述的图形系列中去,在图 28 中,我们曾把经验主义理论用于该图。在这一应用过程中,由于我们没有提及"整体情境",因此,我们在那些特定的"整体情境"中确实看不到十边形、长方形、六边形和正方形。论争完全集中在以下的事实上,也就是说,我们经常看到这些图形本身,而不是那些图样中未曾显现其形状的图形。看来,经验主义的论争可能不得不如此,否则的话,它

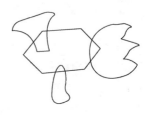

图 33

将有思辨假设之嫌。例如,如果经验主义的论争声称,在我们系列图样的第一个图样中,我们之所以看到内部有一些线的十边形,是因为我们曾经看到过这种图形或者类似的图形,那么,我们就要询问:"为什么我们在这些刺激条件下单单看到这种形状而不是其他形状呢?"换句话说,如果经验主义者用这种方式来争辩的话,那么,他将犯我们所谓的经验错误。

最后,产生一些整体情境是相当容易的,这种整体情境是全新的,而且根本不会干扰对 a 图的辨认。苛勒曾在其著作中(1929 年,p. 210)为这一事实提供了十分确切的论证。图 33 用一种我们以前经常使用的图样作了同样的说明。如果有些"整体情境"并不干预(或很少干预)特定部分的形状,而另一些"整体情境"则完全抹去特定部分的形状,那么在那些"整体情境"中肯定存在某些特定因素,它们与这种差别有关。在我们的自发组织定律(laws of spontaneous organization)中,我们已经把这些因素筛选出来了。

线条图样的三维组织

这些定律要比我们迄今为止考虑的二维形状解释更多的东西。在图 34 的三种图形中,当图 a 在没有图 b 和图 c 的情况下呈现时,它是一个平面图形,一

图 34

个有着对角线的六边形,或者是一种十字形或星形图形;另一方面,图 c 看来好似一个立方体,这是就三维角度而言的,而图 b 则既可以看作二维的,又可看作三维的:也就是说,当把图 b 看作二维图形时,人们可以看到图 35 的图形

位于一个六边形的上面,而当把图 b 看作三维图形时,它便成为一个立方体了。实际上,所有这些图形都是同一个用铁丝作边缘的立方体的投射图像,它们中的任何一个都可以构成这样一个立方体的视网膜意象。简单应用我们的定律便会表明,为什么这些不同的投影图像具有这样一些不同的效应。由于图 a 既具良好形状又具连续性,因此作为一个平面图形,它是完全简单和对称的,而作为一个立方体,那些长的直线则必须断开。对于图 c 来说,情形恰恰相反,把图 c 看成平面图形是有点勉强的,因为这种平面图形很不规则,不成其为一个简单的平面图形,所以很难这样去看它。在图 b 中,力得到更多的平衡,

图 35

不论是二维方面还是三维方面都是有规可循的。立方体的更大对称性使图 b 倾向于三维性,而中心垂直线的连续又使它倾向于二维性。鉴于这一原因,图 b 比图 a 或图 c 都要更加模棱两可。科普费尔曼已用其他一些图形发展了这一思想;我也试着去表明为什么经验主义解释是错误的,我运用的论点与我在批驳三维形状的经验主义理论时用过的论点相似(1930年)。

图 36

也许所有的图形中最为简单的证明是下面这个图形了。图 36 看上去好像是有点变形的长方形。如果你把这页纸对着光①,你便可以看到图 36 呈现两个面,一个面在纸的平面上,而另一个面好像有点翘起或者离你而去。这里,由于将一根线引进了十分简单的图形中,从而产生了这种差别。如果没有这根线,那么这个面便是统一的,有了这根线,这个面便被划分了,而面的各部分关系在三维外表上要比在二维外表上更好些。

空间知觉理论的结果:先天论和经验主义

这些实验把深度知觉理论(the theory of depth perception)十分清楚地揭示出来了。像立方体那样的图形的三维方面,以及其他一些透视图形,通常是由经验来解释的。甚至先天论者(nativists)也承认,深度感觉是存在的,它由视网膜刺激的不一致而引起,这种视网膜刺激的不一致就是视差(parallax)。先天论者把这一点仅仅视作一个微不足道的基础,在此基础上,我们的三维空间结构,正如我们实际上知觉的三维空间结构那样,是由经验创造出来的。在经验对我们的空间知觉所作出的巨大贡献这一问题上,先天论者和经验主义者之间并不矛盾,唯一的差异在于,经验主义者否认任何一种原始的深度知觉,而先天论者却接受深度知觉,并把它视作其余知觉的基础。美国心理学中的机能(functional)观点已经接受这种现状,但是又对其理论意义的模糊之处作了补

---

① 这种方法借用自彪勒。

充。伍德沃思（Woodworth）谈到了"距离的信号"（signs of distance），这些信号在"三维空间的视觉中一起得到运用"。当大多数信号被习得以后，也就是说，有了经验的结果以后，伍德沃思认为"某个距离信号，也许是双目信号，很有可能不必学习"。这种"机能主义者"的深度知觉理论显然是解释性理论的一个例子，关于这种解释性理论，我们已经在本书第三章予以驳斥了。它所增加的模糊性来自"信号"概念。因为我们必须要问信号是什么，以及含义何在。这两者是否都在直接经验中被提供呢？如果确实如此，那么双目信号是什么？如果不是如此，那么我们究竟有什么权利使它们中的一个（例如信号）实体化为经验的一部分和一个符号？

三维空间的组织理论

针对所有这些理论，我们的假设认为，三维形状在方式上与二维形状一样，也是组织问题，而且有赖于同样的定律。我们远未否定双目视差作为三维原因的重要性，但是，正如我们后面将要表明的那样，我们认为，原因在于组织之力，这些组织之力既可能与其他组织之力合作，也可能与之发生冲突。我在否定经验对深度产生的影响方面还应当格外小心。在我们了解经验意味着什么之前，经验的引入并不具有任何解释价值；只有当我们把经验作为组织本身的一个过程来加以理解时，它方才对我们目前的问题有所帮助。

组织之力和双目视差

此时此刻，我们的主要观点是，除了双目视差以外，还有其他一些三维组织的力量，这些力量可能比双目视差这一因素还要强大一些。对此有两个证据：第一个证据包含在我们上述的一切实验之中，其中二维图形看上去像三维图形。因为在所有这些例子中，双目视差的缺乏是把视觉过程组织在一个平面上的一种力量。如果任何一种视差都具有正的或负的深度值的话，那么，视差为零也就等于深度值为零；那就是说，所见的场的一切部分，在没有视差的情况下，应当出现在一个平面上。对我们的一切图形来说，其双目视差值为零，因此，如果这些图形被视作三维图形的话，那么该事实就说明了其他一些组织之力的强度。这些力量不仅克服了视差的缺乏，而且还克服了倾向于在一个平面上进行组织的其他一些条件的缺乏，这些图形所处的那页纸作为一个平面而有力地被组织，这些线条以某种方式从属于这个平面。然而，它们却产生了三维效果。在我们的所有例子中，都发生了二维力量和三维力量的冲突①。如果排除这些二维的力量，三维效果应当会强大起来。这一简单的推论是正确的，它已为众所周知的事实所证明，即当一个人闭起一只眼睛，然后去看透视图形时，

---

① 这个词组是"分别产生二维或三维组织之力"的缩写。

透视图形便显得更为三维的了。然而，有一个事实也经常被提及，一个透视图形，即便用单眼去看，也不及用双目视差的体视镜（stereoscope）去看时所产生的那种深度印象来得生动。如果我们的假设是正确的话，这种情况必然会这样，因为在体视镜中，视差的三维力量与组织的其他一些三维力量合作；代替力量之间冲突的是，体视镜的视觉引入了相互强化。

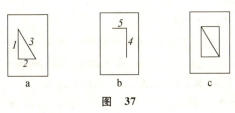

图 37

双目视差可为其他组织之力所克服的第二个证明是由科普费尔曼的特定实验所提供的。在这些实验中，线条图样的不同部分以不同距离被客观呈现，办法是把这些线条图样画在玻璃板上，玻璃板以 2 厘米的间隔距离一块隔一块地插在匣子里。观察者朝匣子里面看，并描述他所见到的东西。如果每一块玻璃板上的图样与其他玻璃板上的图样没有关联，那么，图像便始终在它们正确的相关距离中被见到。但是，如果不同平面上的图样组成一种共同图样的话，那么，这种图样将有赖于我们所知道的组织之力。如果这种力的运作与那些由于视差而产生的力的运作处于同一方向，那么，正确的深度将被见到，否则的话，这一结果将有赖于各种力量的相对强度。在科普费尔曼的实验中，图样是这样的，即内部的组织之力比视差更强大。我们提供三个例子：在图 37 中，a 和 b 是两个幻灯片，一个接着另一个呈现在观察者面前，c 是实际上看到的图形。图形的单一性破坏了深度效果。在图 38 中，从几何学角度讲与前面的图 37 差别不大，因此，产生的图形统一性较差；甚至作为一个平面图，它将导致双重的组织，而不是单一的组织。相应而言，这两个部分是一前一后地被看到的。最后是图 39 的三个图样 a、b、c，它们始终被看作一个立方体图样 d，也就是说，看作一个三维物体，该立方体的基础由线条 1、2、3、4、5 组成，它们分布在所有三块玻璃板上①。

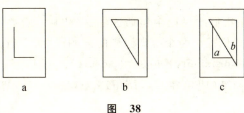

图 38

---

① 这一讨论将在第七章继续进行。

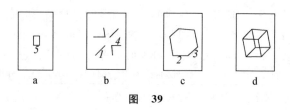

图 39

深度的"初级"和"次级"标准

三维理论作为一种特定的组织形式,是与实验事实相一致的。三维理论要求抛弃初级的(primary)也即"先天的"标准和次级的(secondary)也即"经验的"标准之间的差异,以便有利于组织的外力和内力理论。所有这些传统的次级标准,像形状的重叠、阴影、清晰度的缺乏,等等,必须被解释为组织因素,而不是凭其自身的头衔被解释为经验的项目,即带有特定含义的经验项目。这里,我们将仅仅指出,即便在图40那样的图样中(它是经验主义影响的一个典型例子,而且按图式的角度来说,这种图形与我们从远处的山岳中获得的印象是一致的),我们仍

图 40

必须根据直接组织来找到它的解释。我们在现实中看到,而且在某种程度上也从图40中看到,在较近的山岳后面是部分地被遮掩的群山,尽管双目视差不起任何作用,因为在真实山岳的例子中,距离实在太大,以至于视差不起作用。

我们的讨论使我们回到了本章的开头。在本章的开头处,我们讨论了贝克莱的论点,他反对深度视觉的可能性。现在,我们已经熟悉了一组新的事实,可以用来支持我们的批评。先前,我们看到,在没有刺激的异质所产生的强制力量的情况下,视野中的颜色将自行分布在所有三个维度中;现在,我们看到,组织的内力也可以产生三维的形状,而不是二维的形状。第二步实际上是伴随着第一步而发生的。这种情形并不意味着所有影响同质地填补的空间的一切力量之分布将会把它转化为一个平面。有些分布将会做到这一点,而其他一些分布将会把它转化为三维物体。

刺激、线和点的非连续异质

现在,我们将在我们的讨论中包括这样一些图样,它们不再是连续的线和点。这些东西将为我们提供两个组织原则的证明,这两个组织原则我们已经提到过,也就是接近性(proximity)和闭合(closure)。为了便于充分讨论,读者应当转向威特海默的原文(1923年)和苛勒的文章(1925年,1930年)。

接近性

接近性的因素是很容易证明的。在图41和图42的图形中,圆点和线条形

成对子,在这些对子中,接近的圆点和线条自发地联合起来。确实,人们也可以任意地看其他的对子,尤其是当距离的差别不是太大时。但是,在同一时间内看到的对子不可能超过一个或两个,这样的对子越多,同时看到远距离的对子就越困难,而其他一些对子则随着对子间增加而获得了稳定性。此外,接近性是一个相对的术语,这是明白无误的;同样的距离,在一个图样中可能是对子内的距离,而在另一个图样中则可能成为对子间的距离。当然,这一定律也是有限制的;当距离太大时,便不会发生任何统一,对子内距离越小,对子便越稳定。

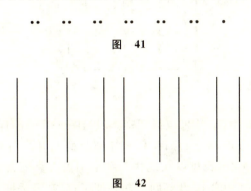

图 41

图 42

接近性和等同性

然而,若要系统地阐述接近性定律也不是一件易事。迄今为止,我们只不过证明了,当场包含了若干相等部分时,相等部分中具有更大接近性的一些部分将组织成较高的单位(对子)。这种组织必须被视作与一个同质点的组织同样真实的组织。正如我们用实际的力量对后者作出解释一样(这些实际的力量将一致的区域结合在一起,并将该区域与场的其余部分相分离),我们必须把我们的组群形式视作是由于组群成员之间吸引的实际力量。这不只是一种假设,也不只是一个名称,因为这些力具有可以证明的效果,正如我们以后将会看到的那样,当我们研究有机体对场内的这些力进行反应时,我们可以看到这些力具有可以证明的效果。

然而,我们的接近性定律迄今为止有赖于接近中的一些部分的等同性(e-quality)。即便具有一定的限度,它仍是十分重要的。但是,我们将设法了解,我们能在超越这一限度多大的程度上对它进行概括。在图 43a 中,该原理仍对归并(grouping)起决定作用。我们看到的归并对子由一条蓝线和一条红线组成,而不是由两条蓝线和两条红线分别组成①。

---

① 由于我省却了用彩色复制图形的麻烦,所以,读者若想证明这段陈述,可以按图 43 的图样将这些图形画下来。

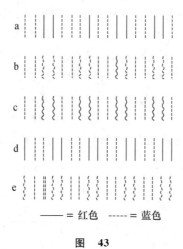

图 43

但是,在图 43b 中,该结果值得怀疑。因为图 43b 的图样是更加模棱两可的。我们可以看到接近部分的归并和相等部分的归并。前者(接近部分的归并)看来略占优势,至少,我可以在这些归并中相当容易地看到所有的线,可是在后者(相等部分的归并)中,我倾向于既丢掉了直线,又丢掉了曲线。因此,尽管接近性看来仍支配着等同性,但是,这种优势已经消失,这应归功于我们所引入的一种新差别,也就是说,形状对颜色。我们发现,形状的等同比起颜色的等同来是一个更强的组织因素。在图 43c 中,两种因素结合起来了,现在,等同性显然超过了接近性,那些对子由相等的线形成,而不是由接近的线形成。在这三种图形中,相对距离犹如1~3。对这些因素的相对强度进行测量是可能的,正如威特海默已经揭示的那样,通过改变这些相对的距离来对这些因素的相对强度进行测量是可能的。如果我们使它们都相等,我们便把等同因素孤立起来了。这种情况在图 43 的 d 和 e 里面都做到了,在这两幅图中,由于形状的差别,e 比 d 更加稳定和更少模棱两可,而 d 仅仅在颜色上有差别。

这一讨论似乎要求对接近性定律和等同性定律作如下的系统阐述:场内的两个部分将按照它们的接近程度和等同程度彼此吸引。如果这种说法正确的话,如果接近性和等同性这两个因素中任何一个因素的值为零的话,那就不会发生吸引,从而也不会发生归并。对于接近性来说,这是容易证明的,因为接近的程度,或者它的对立面,也即距离,可以容易地予以量的改变。我们只要将两个场的部分彼此完全分离,吸引之力将会消失,至少就一切实践的目的而言,吸引之力将消失。可是,由于等同程度还不可能被测量,因此也不可能从实验角度去确定当两个场部分完全不同时是否会发生任何归并。然而,我们可以对后一种说法加以限定。分离的部分不会与背景归并在一起;所有的归并在背景上的图像之间发生。因此,在那个意义上说,也就是作为图像来说,如果归并出现，那么就一定存在等同性。这就为等同性这个术语提供了十分重要的判据。至少，迄今为止，等同性与接近性具有同样的立足点；在这个意义上说，没有等同性便没有归并，正像没有接近性便没有归并一样。

这一论争的目的在于声称，单凭接近性，或者说单凭任何一类事件之间的接近性，并不产生组织之力，力的产生和力的强度有赖于接近状态中的那些过程。上述句子的后一部分已经由我们的上述例证所证明：处于恒常接近条件下的组织有赖于等同性程度，有赖于组织中过程之间的差别。上述句子的前一部分（即单凭接近性不是充足条件）也是正确的，它可以导源于图形—背景（figure-ground）的清晰度。在下一章中，我们将用较大篇幅来讨论图形—背景的清晰度。如果单是接近性成为组织原因的话，我们便与我们在物理学中了解的组织知识发生矛盾。"无论何处，只要 A 和 B 在物理学中彼此相关，人们便会发现，其效果有赖于 A 和 B 彼此相关中的特性"（苛勒，1929 年，p. 180）①。于是，两个物体按照它们的质量而相互吸引，而且，它们越是接近，则吸引力越大，但是，两个物体也可能在相互之间并不施加任何电力（electric forces）的情况下彼此接近，如果这两个物体在电学上是中性的话。因此，在我们的心物组织中，当两个异质部分由于接近性而形成一个对子时，它们一定在某个方面是等同的，从而能够彼此产生影响。

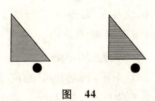

图 44

（实心＝红色，影线＝蓝色）

实际上，我们可以单单通过接近性而将任何一类部分结合在一个组群中，假定这些部分完全可以从其他部分中分离出来的话。我们的图 44 提供了一个例子。但是，这并不意味着，单凭接近性能将任何东西都集合在一起，而是这些部分具有作为部分的共同特性，这些共同特性解释了这些部分相互作用的原因。

让我们对接近性和等同性作最后的说明。在图 43(a～e)中，可供选择的归并和使形状得以产生的接近性等同，而从任何一种归并中产生的整个图形又是有规则的和一致的。但是，当结果不是有规则的或简单的图形时，接近性和等同性又将如何运作，这个问题尚未进行过研究。像在许多其他方面一样，我们在这一方面的知识仍然不够完整。

---

① 苛勒的论点虽然直接针对传统的联想概念（concept of association），但也同样适用于我们关于空间组织的问题。为了便于我们后面关于联想的讨论，记住这一点是可取的。

闭合

让我们现在转向闭合(closure)。在前面的讨论中,我们曾主张,闭合区比不闭合区更加稳定,从而也更容易产生。我们将通过与接近性因素和良好连续性因素相对的闭合组织来证明这一点。图 45 引自苛勒(1929 年)的研究①,它是关于闭合组织不考虑接近性因素

图 45

的一个例证。从占支配的角度而言,并不是那些最接近的垂直线形成对子,而是那些闭合空间形成对子。尽管在图 45 中,闭合空间的内部距离(两根垂线之间的距离)为两根接近垂线之间距离的三倍,此外,两根短斜线的端间距离与两

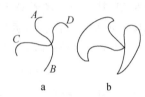

图 46

根接近垂线之间的距离正好相等。而且,在图 46b 里面,也包含图 46a 的 A、B、C、D 四个部分。但是,在图 a 中,按照良好连续因素的原则,B 是 A 的连续,D 是 C 的连续,可是在图 b 中,两个闭合区都表现为次级整体(subwholes),以至于 A 不再由 B 连续,C 也不再由 D 连续。闭合作用并不总是战胜良好的连续,这是由威特海默论文中的若干图像所说明的。关于这篇论文,我在这里省略了,不过,我想证明闭合原则的效用。

我从点子图中选取了一个例子,用以说明并非所有的闭合作用都同样地好,与此同时也证明了单位形成和形状是组织的两个不同方面。在图 47 所呈现的两个图形中,b 是一个熟悉的图形,使人回忆起北斗七星的犁状星座,而前者看上去则完全是新的。这两个图形由赫兹(Hertz)以不同方式联结了七个点而构成。其中图b 的联结方式是我们在天空中常见的星座,而图 a 的联结方式,尽管在某种意义上说是较为简单的,因

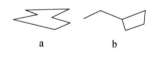

图 47

为它产生了单一的闭合图形,然而没有人见过这种图形,原因是这个闭合图形十分不规则,而图 b 的闭合部分却十分简单。

其他一些异质刺激

我们将通过考虑一些不太人为的刺激条件来结束这场讨论。通常,既非完全同质的分布引发整个刺激模式,又非不同的同质区域构成了整个刺激模式。

---

① 图 45 已经略加修改,将良好的连续因素排斥在外。在苛勒的图形中,良好的连续因素与闭合因素沿同一方向运作。

一般说来,位于刺激发生的跳跃之间的区域,其本身并不同质。关于这种异质性,我们考虑了两个特例。最简单的例子是那样一种异质性,在该异质之中,刺激在一个方面是恒定的,但是作为距离其他维度上一个特定点的线性函数而变化着,例如,一个分级圆盘,从中心到边缘一致地变得更淡或更浓。正如马赫(Mach)于1865年发现的那样,这些分布看上去一致,我们还必须补充一点,这些分布发生的区域,在我们的视野中产生一个充分界定的单位。实际上,两个特例必须加以区别;在第一特例中,一致性是完整的,而且在该特例中,所见的区域性质是一样的,好像刺激的平均数一致地分布在该区域上面一样。在第二个特例中,一致性并不完整,而是仅仅涉及颜色的一个方面(它的色质),而不是涉及其他方面(它的"明度"或"亮度")。一个大房间里的白墙看上去遍体雪白,但是,在它远离光源的地方,白墙就变得"暗一点","亮度差一点"。让我们把第二种特例的讨论推迟到后一章中,现在我们回到第一种特例上来。

如果我们通过引入精细轮廓的方法把一致地变化着的刺激区域分成两个或两个以上的区域,那么,色彩的一致性便将在整个区域内消失,而且只保留在新形成的部分区域内,这些新形成的部分区域现在看来彼此不同,每一个部分区域均按其自身的平均刺激而不同(考夫卡,1923年a)。当刺激的变化不一致时,也可能发生同样情况;在该情况中,变化率(rate of change)逐点发生变化。在第一种情形里,$i=f(x)$,其中 i 代表刺激强度(或者其他充分界定的特征),x 代表与任意来源(arbitrary origin)的距离,因此 $di/dx=$常数,可是,在第二种情形里,不仅 $i=g(x)$,而且 $di/dx=\varphi(x)$。如果二阶导数 d^2i/d^2x 的绝对值不是太大的话,那么,该区域看上去仍将一致。在这些条件下,刺激的平均数仍将有效,正如我已经证明过的那样。

但是,如果变化率的变化过大的话,便会产生某些新的东西,这就是我打算讨论的第二种情况。为了更好地理解这种情况,我们将使用刺激分布的图解,这是我们在本章开头时已经介绍过的。一致的变化用一根向着 x 轴倾斜的直线来表示,如图48a所示,而第二种类型的分布则由图48的b和c来例证。如果我们选择一个 p 点,那么,当刺激的变化处于恒定状态时(图48a),它的刺激将与其毗邻的平均刺激一样。但是,当变化率随着 x 而变化时,这种情况便不再正确了。于是,在图48b里面,p 点将比它周围的平均刺激接受更多的刺激,而在图48c里面,p 点将比它周围的平均刺激接受更少的刺激。在这些条件下,如果 p 点的刺激和它毗邻的平均刺激之间的差异十分大的话,那么将会出现一种奇异的和有意义的结果,马赫早在70年以前就已经发现了这种结果。当 p 点的刺激比它毗邻的平均刺激更强时,p 点处将出现一根明线,可是,当 p 点的刺激比它毗邻的刺激更弱时,p 点处将出现一根暗线,尽管在这两种情形里,一侧的刺激比 p 点刺激更弱,而另一侧的刺激比 p 点刺激更强。当这些刺激是由转动的圆盘提供时,那么这些线便自然而然地变成了圆环。于是,马赫环(Mach rings)证明,部位结果不是部位刺激的结果,而是有赖于刺激在大范围里面的分布,这一点已由马赫本人十分清楚地指出了(1865年,1885年)。我们只想在一个方面对马赫的理论作进一步阐述。马赫认为,这种结果纯粹是色觉,而且他的实验作为与亥姆霍兹的心理学理论相对立的生理对比理论(physiological theory of contrast)的最后一个证明,出现在许多早期的教科书中,可是现代的教科书则倾向于把它省略了。但是,圆环的出现(也就是说,一个区域内的新形状)是一个组织问题。这个问题是由 M. R. 哈罗尔(M. R. Harrower)和我本人根据这一观点提出的,而且,我们明确地阐述了这样的事实,即有利于特定形状组织的一些条件将会产生马赫环,而当一般情况不太有利于这种组织时,这些圆环将不会出现或者不太明显。我们已从利布曼(Liebmann)效应中了解到,亮度差异在产生分离方面要比仅仅产生色彩差异来得更加有力。因此,哈罗尔博士和我得出结论认为,如果马赫环是组织结果的话,那么单单色彩变化是不会产生马赫环的。索利斯(Thouless)已经开展了这样的实验,这些实验证实了上述的结论;在一组精心设计的实验中,我们证实了索利斯的发现,与此同时,确立了针对马赫环而设立的硬色和软色之间差别的效验。

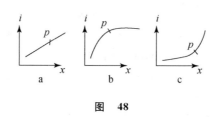

图 48

组织和简洁律:最小和最大的单一性

现在,我们已经到达了我们讲座中的某个阶段。我们已经在若干不同的条件下对组织进行了研究,而有关这种组织的一些有效原则也已经建立起来。把我们的成就与本章的引言相比较是适当的,在该引言中我们系统阐述了我们研究的指导原则,也即简洁律(law of pragnanz),它把产生的静态组织(stationary organizations)与某些最大最小原理(maximum-minimum principles)联系起来了。实际上,该定律遍布于我们的整个讨论;我们已用各种形式遇见过这个定律,如统一(unity)、一致(uniformity)、良好的连续(good continuation)、简单的形状(simple shape)和闭合(closure)。但是,还遗留一点,它在开始时曾被提及过,但在后来的讨论中没有展开,那就是我们所谓最大事件和最小事件的单一性之间的差别。现在,我们必须根据这一观点来进行我们的讨论,并补充一些证据,以便为我们的区分提供更多的材料。

概略地说,最小限度的单一性将是一致的单一性,而最大限度的单一性则是理想的清晰度的单一性。在我们的例子中,两者均用图形表示;第一种在后象(after-image)实验中用图形表示,并在减弱组织的外力的其他效应中用图形表示;第二种则体现在良好的形状和良好的连续等例证中。我们能否从产生这两种结果的任何一种原因或条件中得到一点暗示呢?遗憾的是,我们对我们的问题缺乏特殊的系统调查,但是,如果我们用其他一些事实来加以补充的话,则我们可以从我们熟悉的一些事实中得出某些结论。例如,当我们注视一幅肖像照片时,我们看到一张具有形状和表情的脸;但是,如果我们试着发展这幅肖像的后象,那么,我们所见的一切便是一团模糊不清的东西了。后象缺乏清晰性,这是与知觉相比较而言的,但是却比知觉一致得多,前者表现出最小程度的简化,而后者则表现出最大程度的简化。

图 49

然而,要想产生一张脸的后象是不可能的,原始的脸一定比任何一张普通的照片具有更强的对比度;于是,图 49 将产生关于冯·兴登堡总统(President Van Hindenburg)的一个很好的后象。

其次,让我们看图 50 的图形①。倘若你偶然一瞥,你会看到这幅图形好似乱七八糟的一些线条。但是,当你被告知,这幅图形是一张实际的图片,并要求你努力去发现它时,你便会发现,这是一个胖乎乎的老年绅士的幽默脸庞。

关于我的上述那个例子,我想回到调节(accommodation)的讨论上来,在这一讨论中,我们学会了把调节的功能作为一种为清晰度服务的运动反应来理解。现在,让我们想象一下,当你十

图 50

---

① 这幅图形以稍加简化的形式引自哈兹利特(Hazlitt)。

分疲劳但又不得不出席晚间演讲时，对这样的讲座你会比平时更感厌烦。这时，会发生什么情况呢？你会将目光集中于演讲者，借以保持清醒，但你却不会注意他的形态，正像福斯特博士(Dr. Faust)书房中的那条卷毛狗一样，那位演讲者的形象将逐渐增大，最后或多或少与房间的墙壁融合在一起。显然，你的调节已经让步，现在你的调节以这样一种方式运作，它给你最小的清晰度，同时却给你最大的一致性。

这些例子暗示着下述一种结论：当有机体处于积极状态时，用亨利·黑德爵士(Sir Henry Head)的术语来讲，当有机体处于高度警戒状态时，它将产生良好的清晰度；当有机体处于消极状态时，也就是警戒程度低下时，它将产生一致性。在第三章结束时提出的警戒解释中，我们曾提出，高度的警戒性意味着有机体具有可以任意调遣的许多能量。如果我们将这一解释用于我们上述的例子，那么，它意味着最大程度的单一性(也就是高度的清晰度)会在有机体可供调遣的能量巨大时发生，而最小程度的单一性(也就是一致性)会在有机体可供调遣的能量微小时发生。我们的所有三个例子均适合于这种解释。疲劳或低的警戒性是能量下降的条件。在第二个例子中，寻找有意义的图形的态度产生了清晰度，这显然也是较大的可供调遣的能量的例子，因为在这里具有能量储存的自我系统(Egosystem)承担了构造。第一个例子是最难理解的。但是，一张普通肖像的负效应和兴登堡图形的正效应之间的比较扫除了这一困难。在第二个例子中，外部的组织之力要比第一个例子中强大得多，这是由于在不同的场部分之间刺激的更大跳跃之故，而更大的清晰度就是由于这种更大的组织之力。因此，如果较大的清晰度意味着在该过程中消耗了更多能量的话，那么，这些较大的力一定也释放了更多的能量，正像一台正在运作的电动机要比一台闲置的电动机消耗更多的能量一样。

我已经强调了能量和清晰度之间的这种联系(也许我所提供的证据相当不充分)，这是因为，从理论上讲，这种联系是坚实的。让我们重复一下苛勒的一段话："最后的不依赖于时间的分布包含了能够做功的最低限度的能量"。这种情况尽管在一切情形里都是正确的，但在特定的情形里需要一个十分重要的系定理(corollary)。假定我们正在考虑的系统变化由一个相对来说小的亚系统(subsystem)和一个大的蓄积库组成(从这个蓄积库中我们可以根据需要提取尽可能多的能量)。在我们将我们的观点用于这一情形时，我们必须把最后的能量变得最小的那个系统当作由亚系统和蓄积库组成的整个系统。我们发现，在这一过程中，小的亚系统从蓄积库中尽可能多地提取能量，以至于在这一过程之后，它自身的能量比它先前的能量更大。苛勒在1924年将这一原理用于有机体的成长及其不断增加的清晰度。看来，这也同样适用于我们目前的问题：如果特定的反应系统能够吸取许多能量的话，那么它就会这样做，从而获得清晰度，也就是说，获得最大程度的单一性；如果它的能量供应中断，或者仅仅局限于很小的范围之内，那么将产生最低程度的单一性。

来自数量、顺序和意义等观点的组织

到目前为止尚未忘记本书纲要的读者（本书纲要在第一章中已经刊布），可能会怀疑作者在本章的详细讨论中是否已经忘记了他的一般观点。因此，让我们暂停此处，看一看我们迄今为止对于在本书开头时提出的问题作出了什么贡献，如果确有什么贡献的话。我们看到了心理学在其整合作用（integrative function）中的特定价值，我们的科学正处在自然、生命和心理的交会点上。我们的讨论有没有对这种整合作出过贡献呢？我们已经从这三个会聚领域的科学中提取了三个指导性概念，它们是数量（quantity）、顺序（order）和意义（meaning）的概念。根据这三个术语，我们的讨论意味着什么？

数量

我认为，就数量而言，我们的讨论已经证明了这样一些推论，这些推论是当我们第一次研究量和质的关系时达到的。我们的简洁律具有量化的特征，该特征同时也是质的特征。作为最大和最小的原理，简洁律是定量的，而作为单一性原理，它又是定性的。显然，量和质的特征并非两个彼此独立的特征，而是同一原理的两个方面。在实际的实验中，质的方面领先；对于任何一种实际的组织来说，我们未能提供确切的量化公式。但是，作为实际的组织，单位和形状必须具有一个公式，该公式从数量上对单位和形状加以表述，正如物理格式塔也有它们的公式一样。我们的质的知识与这种量的知识只是在精确性程度上有所不同，而不是在种类上有所不同。

顺序

我们发现，有效的组织定律解释了我们的行为环境为什么是有序的，尽管刺激的空间复杂性和时间复杂性有点令人手足无措。单位正在形成，并保持着与其他单位的分离和相对的隔绝状态。请考虑一下，当你的双眼连续不断地东张西望时，视网膜的组成要素将会发生什么情况：如果双眼以迅速的相继方式注视物体，而且没有任何顺序，那么，视网膜的要素将时而受到白光的刺激，时而又受到绿光的刺激；一忽儿刺激变强，一忽儿又变得很弱；伴随着绿色的是红色或蓝色，一种万花筒般的变化。与视网膜各点上刺激的忙碌景象相一致的是什么东西呢？一个完全稳定和井然有序的世界；当我的眼光扫视时，我的书桌上的香烟盒仍然是香烟盒，台历仍然是台历；我在我的行为环境中体验不到变

化,尽管我在"我自身"内部体验到一种变化,感觉到我的双眼在静态的物体上移动。确实,我们对这种特殊的效应尚未作出过解释,但是,我们看到,如果没有我们的组织原则,物体便不成其为物体,因此,由这些刺激变化产生的现象变化将如同刺激本身的变化一样无序。于是,我们把顺序作为实际的特征而接受下来,可是,我们无须特殊的动因(agent)去产生顺序,因为顺序是组织的结果,而组织则是自然之力的结果。以此方式,我们的讨论表明了自然如何产生顺序。

意义

最后,我们的讨论为我们提供了一个理解"意义"(significance)的基础。良好的连续和良好的形状是有力的组织因素,而且,两者在实际的意义上都是"可以理解的":一根线在其自身内部携带着自己的定律,一个有形的区域或容积也一样。由于外力的作用而违反这个定律被视作是一种违反;它们与我们的合适感(feeling of the fit)发生冲突,从而有损于我们的美感。我们在任何时刻看到的形状并没有通过将部位价值分配给每一个形状的空间要素而被恰当地描述,而是被视作一致的整体;它们像威特海默的天堂访问者听到天堂的音乐一样,而不像台子或音调的纯经验公式那样(这是威特海默的其他一些天堂探险家能够详加阐述的)。

我们的讨论处理了一些十分基本的物体,这些物体远离心理的各种表现形式,在这些表现形式中,"理解的"心理学家对它们发生兴趣。但是,即便是这些微不足道的物体,也揭示了我们的现实不只是基本事实的并置(collocation),而是由一些单位所组成,在这些单位中,没有一个部分是靠它自身而存在的,其中,每个部分都指向它自身以外的地方,从而意味着一个较大的整体。事实和意义不再是属于不同领域的两个概念,因为在内在的一致的整体之中,一个事实始终是一个事实。如果我们把问题的每一点分离出来,逐一予以解决,我们便无法解决任何问题。由此可见,我们确实看到了意义的问题如何与整体及其部分之间的关系问题如此紧密地相联结。我们曾经说过:整体大于它的部分之和。我们还可以更加确切地说,整体除了它的部分之和外,还有其他某种东西,因此,计算总和是一种毫无意义的方法,而部分—整体的关系却是有意义的。

第五章

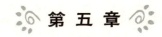

环境场——图形和背景格局

事物和格局。图形—背景。双重呈现。轮廓的一侧功能。图形和背景的功能性依赖：作为格局的背景。图形—背景差异的功能性证明。图形—背景清晰度的动力学。为什么背景比图形更简单？图形—背景清晰度的一般方面。边缘和中央视觉：前者为"背景感觉"，后者为"图形感觉"。正常的行为环境中的图形—背景：为什么我们看到事物而非它们之间的空洞。

事物和格局

迄今为止，我们的讨论涉及我们行为环境中相对简单的一些方面。我们居住在充斥着人工制品的世界里，这些人工制品充分适应于揭示组织（organization）的规律，充分适应于表明力（forces）的有效性。但是，从这些简单的形状到我们所了解的环境尚有很长的一段路要走。现在，让我们回顾一下第三章的开头，也即我们关于事物（things）、非事物（non-things）和格局（framework）的讨论。与此同时，我们对这一讨论也贡献了某种东西。我们已经讨论了一个非事物的性质和起源，也即产生完全同质的刺激的充满空间的雾，还讨论了一种属性，我们发现它是事物的特征，也就是"形状的边界"（shaped boundedness）。于是，在提出单位形成（unit formation）定律、分离（segregation）定律和形状定律方面，我们对事物的问题已经作出了第一种贡献。但是，我们还必须做得更多，我们必须着手处理其他一些事物特征，并将格局包括在内，后者是我们迄今为止完全忽略的。

图形—背景

如果事物具有形状，那么，我们可不可以得出结论说，格局不具有形状呢？

如果格局确实不具有形状，那么产生这种差别的原因何在呢？鉴于系统的和历史的理由，在我们将第三个维度（dimension）包括进去之前，用两个维度来研究我们的问题是方便的。这是因为，同样的区分也适用于面（surfaces），在关于面的研究中，先驱性的工作是由鲁宾（Rubin）于1915年开创的，即所谓图形和背景（figure and ground）之间的区分。

双重建构：一个依赖于另一个

对于我们来说，介绍"双重建构"（duo formation）的最佳办法是捡起我们在上一章丢掉的思路。在上一章中，我们发现，可能存在几种双重建构，并将其中之一的讨论搁置了，这就是关于"一个图形'依赖于'另一个图形或'在另一个图形中'形成"的讨论。当我们翻回到本书第126页的图27上去时，这一点便显得清楚了。我们现在要调查的正是这种双重形式。我们看到一个叶子般的四边形图形在一个椭圆形之内。这种简单的描述意味着若干重要结果。

双重呈现

当我们说这个小图形有赖于一个椭圆形时，我们认为那个较大的图形是一个单位（unit），那就是说，较大的图形并不停止于较小图形存在的地方，而是在较小图形后面伸展或在较小图形下面伸展。这再次意味着，整个场（field）的一部分（与小图形的区域相重合）在我们的环境场里得到双重呈现，一方面它是作为小图形本身来表现的，另一方面它又作为较大的椭圆形的一部分来表现。

让我们再来为这种双重呈现（double representation）说几句话。这种双重呈现始终涉及空间的第三维度，尽管程度很低。处于同一方向的两个事物肯定具有不同的距离，如果它们确是两个事物的话。于是，当我们说椭圆形位于小图形后面时，便可理解个中的道理了。然而，在我们的例子中，深度差异（depth difference）是最不可能发生的，而且很明显，它一定会这样，因为我们处理的是二维图形，而不是三维图形，也就是说，我们处理的是组织，在这些组织中，一般的动力条件（dynamic conditions）要求没有深度的平面形状。一旦我们改变了我们的条件，我们便可获得更为清晰的三维性质。于是，台子上的书并不破坏台面的统一性，台子显然在书的下面。这就导致了另一个问题，也就是关于双重呈现的问题。我的书是红的，台面是黑的。我看到红的书在台子上面，然而，在我看到书的地方我看不到任何黑色，尽管与此同时我并未见到台子破裂了。

没有颜色的呈现

那么，我们如何解决这种佯谬现象呢？传统的心理学可能会提供一种与可以观察到的事实相抵触的解决办法。传统心理学已经确立了这样一种成见：即我们所见之物都有颜色。因此，凡是无色的地方，我们便见不到东西。书下面的台子被解释为来自有机体某个非感觉部分的贡献。这样一种解释对于传统心理学来说似乎是不言而喻的，以至于它不会花力气去讨论这种情况，至少就我所知是这样的。传统心理学真是太容易解释什么东西表现为 A 或 B 或 C 了。当一名心理学家说："A 实际上不是 A, 而是其他某种东西"时，没有什么东西能比这时的心理学家更觉骄傲的了。这方面的一个最佳例子是詹姆斯—兰格(James-Lange)的情绪理论，根据这一理论，一种情绪实际上不是一种情绪，而是一组动觉的(kinesthetic)和机体的感觉，它们是由对情绪情境作出反应而引起的感觉。所有这些解释未能解释为什么我们认为 A 就是 A。这是因为，即便当心理学家告诉我们 A 实际上是 B 的时候，我们却仍然顽固地坚持说 A 就是 A, 并且把它作为 A 来加以处理而不是作为 B 来加以处理。当我们谈到一曲音乐柔板(adagio)所表达的悲怆情调或贝多芬(Beethoven)的一首谐谑曲的欢乐气氛，而不是谈到我们不同的机体感受时，是不是由于我们的刚愎并缺乏向专家学习的愿望呢？为什么我们会如此无望地愚蠢以至于把烛光映照的餐桌的台布颜色称为白色，而亥姆霍兹却告诉我们台布是黄色的呢？亥姆霍兹(第三卷)试图对这第二种愚蠢作出解释，但是，在他的解释中仍然保留着一个错误，这是我们常犯的错误，而且当我们知道它是一个错误时仍然坚持犯下去。我们将在别处讨论这第二个例子，并且看一下，当我们一起排除了错误的概念时，我们可以更好地描述和解释这些事实。从长远的观点看，把 A 作为 A 来接受，并且如此作出解释，要更加有利一些，这一点已得到证实。那就是我们试图用我们的例子(即黑色台子上的红色书)来解释的东西。

把 A 作为 A 来接受，意味着我们承认我们看到了红书以及红书下面的台子，尽管在看到红书的地方我们见不到黑色。倘若接受了这一主张，就等于拒斥了传统的理论，这种传统的理论认为我们见到的每样东西都是有颜色的①。从正面的角度讲，这意味着：缺乏颜色的可见物体可能出现在我们的行为环境之中。这就再次暗示，如果没有那些化学反应(我们把它们与颜色的出现联系起来)的参与，可见的组织仍然可能发生。在这一结论中，没有任何一种东西是不可能的。确切地说，存在着这样的可能性，即在脑场(brain field)中，组织的开始先于实际产生的颜色过程。如果我打算对组织的这个方面加以解释的话，将需要对非彩色的假设予以详尽的讨论，这就过分干扰了我们目前的论争②。但是，在格式塔理论得到陈述的第一篇论文中，这种可能性被清晰地正视。威

---

① 在一般的意义上讲，颜色当然包括彩色和非彩色。
② 读者可以在苛勒(1920 年和 1932 年)的著作中找到必要的解释。

特海默(Wertheimer)在1912年的著名论文中描述的"似动现象"(phi phenomenon)是一个引人注目的例子;我们可以在没有看到任何东西移动的情况下,甚至在看不到一点颜色的情况下看到运动。让我们用一个文学的例子来结束讨论:根据这一理论观点,艾丽丝*在没有猫时的露齿而笑并不是寻开心的胡闹,而是一种良好的现象学现实,正如路易斯·卡罗尔(Lewis Carroll)也许会充分了解的那样。

我们需要再次暂停一下,以免我们产生一种误解。我们声称,台子在书的下面被见到。但是,一名正在进行盘问的律师会从这样的陈述中得出什么结论呢? 我们可以十分容易地想象法庭上进行的下列场景:

律师:"书在哪里?"证人:"先生,书在台子上。"律师:"那么,书底下是什么?"证人:"是台子,先生。"律师:"你怎么知道的呢?"证人:"我看到了,先生。"律师:"你愿意发誓作证说,书底下的台子没有任何开口,也就是能使一支左轮手枪掉下去的开口吗?"证人:"当然不愿意,先生。"律师:"为什么不?"证人:"因为我无法看到它,那本书压在它上面。"律师:"那么你是在说,你看见台子在书底下吗? 谢谢。"

律师履行职责而作上述盘问是无可厚非的,但是,他的观点的真实性——"你无法看到书底下的东西"——与我们的陈述或证人的陈述并无抵触之处,这是因为,我们和他都看到它在那里。很显然,律师所谓的"看见"与我们所谓的"看见"并不意指同一件事。我们的证人在接受盘问时,把我们的意思十分自然地转移到了律师所指的内容上去,从而产生了令他本人自相矛盾的现象,实际上他说的是真话。当我们说看到一样东西时,指的是在我们的视觉行为环境中该东西以这样或那样的形式出现;可是,当律师说在一种视觉环境中看到一个物体的外表时,指的是在这样一些条件之下,如果该物体的对应物(counterpart)在地理环境(geographical environment)中不出现的话,那么,该物体在行为环境(behavioural environment)中也不会出现。律师对后面这种情况情有独钟,证人的行为世界对他来说仅仅是到达地理世界的一种手段而已。然而,我们却对行为环境本身感兴趣。对于我们来说,行为环境是目的而不是手段,或者,如果它是一种手段,那么,它也是找出有关脑场的某种东西的手段,而不是找出有关地理环境的手段。今天,声称在书下面见到台子的那位心理学家有可能被他的批评者盘问,其盘问方式就像律师盘问证人那样。尽管批评家就是心理学家,从而应该更好地了解,但是,他们仍然使用"看见"这种认知的含义,它是以恒常性假设(constancy hypothesis)的含蓄使用为基础的,而不是以纯描述的含义或现象学的含义为基础的。

---

* 英国童话作家路易斯·卡罗尔的作品《艾丽丝漫游奇境记》中的人物。

双重呈现（续）

在我们以法庭的例子作短暂的离题以后，让我们重新回到双重呈现上来。在双重呈现中，其中一者没有颜色，则这种情形仅仅是一种可能的情形。另外一个极端是物体前面有一个透明面，或者在一个金属屏幕或一块玻璃前面有一个透明面，不论是有颜色的还是无色彩的，我们均可通过透明面看到东西。关于透明性问题，我们将在以后讨论。这里，我们引入该情形仅仅是为了把我们的双重呈现与其他一些可以明显描述的呈现联系起来。人们可能会怀疑，透明的情形在同样的意义上也是双重呈现的情形，因为实际上确有两个物体，每一个物体均被呈现，而在我们早先的例子中，较小的图形位于较大的图形里面，于是只有一个物体了。但是，这样一来，人们便犯了经验错误。在这种情形里，在一个透明的物体位于一个不透明的物体之后的情形里，视网膜上的情况是基本相似的。在视网膜上，我们只有受到不同刺激的区域，它们中的有些区域在行为环境中与两个物体而不是一个物体相一致。双重呈现在某些条件下比在另一些条件下更容易发生，正如科普费尔曼已经发现的那样，因而双重呈现也成为一种形状决定因素（shape determining factor），而且，这种因素也应补充到我们在第四章的最后几节中讨论过的因素里面去。

轮廓的一侧功能

但是，我们对此感兴趣的这种双重呈现还具有另一个十分重要的方面，它在我们的图形里充分地得以证实。正如我们前面说过的那样，在双重呈现中，其中一者的呈现是一个完整的图形，而另一者的呈现与此相反，只是一个较大图形的一部分。在呈现一者的情形里，场的这种"同样"部分与其余部分相分离，可是在呈现另一者的情形里，场的这种"同样"部分却与其余部分相联结。轮廓形状是它的内侧，而不是它的外侧，或者，正如鲁宾描述过的那样，轮廓只具一侧功能（one-sided function）。

我们在上一章遇到了轮廓的另一种不对称（asymmetry）现象，这种现象尽管与我们目前正在讨论的内容有联系，但并不与它一致。后来，我们谈到轮廓图，并考虑了这样一个事实，即一个闭合的轮廓线，尽管由同样刺激的跳跃在其任何一侧与场的其余部分相分离，但仍属于闭合的图形，并与周围的场相分离。我们目前关心的不对称现象并不单涉及轮廓图，它同样充分适用于面的图形，它们的轮廓就是它们的边界。如果我们修改一下图27，以便得到图51的话（在未经干扰的长方形里面一个小的叶状图形），那么，同样的双重组织（duo organization）仍然会发

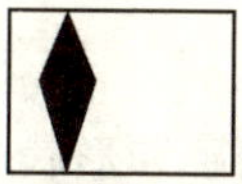

图 51

生。该叶状图形的轮廓或边界不过是较小图形的边界,而不是较大图形的边界,至于图 51 中那个中心图形的任何一侧都有一个五边形,它们通常是不被注意的。

由此可见,边界或轮廓的一侧功能,以及双重呈现,都只是同一组织过程的两个方面而已;它们表明了在同样的场区内建立起一个以上的组织区域。无论何处,只要轮廓具有两侧功能,那么这种双重组织便不会发生;相反,我们倒是有了双重协调(duo of coordination),正如我们在前面图 22 中见到的那样。因此,特殊的力量在使轮廓成为单侧方面负有责任,并对场的双重部分负有责任。在我们的例子中,这些力是容易发现的。以长方形轮廓作为边界的较大的图形,其本身是一个简单的形状,这个简单的形状不会因为引入一个比它更小的形状而遭到破坏。此外,撇开那个插入的小图,它在颜色上是一致的(uniform),以至于等同性因素(factor of equality)也为它的统一(unity)作了贡献。但是,如果像图 52 那样,在那个较大的长方形的右半部和左半部着上不同的颜色,以破坏这种等同性,那么它的统一性也就被打破了。新图形的主要特征是中央的那个形状,而其余部分描述起来就困难得多了。然而,有一件事情看来是十分清楚的,那就是双重呈现的消失并没有引起清晰的两侧(doublesided)轮廓作用。至少可以这样说,我要想在同一时间里看到红、白和蓝这三个图形是困难的。如果插入的图形很不规则,正如图 53 所示的那样,那么情况更可能是这样的了。在这一领域里,系统的实验是缺乏的,因此,人们必须格外谨慎地从这里呈示的少量材料中作出推论。正如轮廓的一侧功能需要特殊的力使之有效那样,轮廓的两侧功能也是一样。这并非一个简单的逻辑区分问题:轮廓的功能不是单侧的就是双侧的,两者必居其一;如果不是单侧的话,就必然是双侧的。然而,现实公然蔑视用原始的逻辑规则进行的这种处理。我们已经了解了一些情况,即组织的一般条件产生了具有双重呈现的单侧的轮廓作用;我们还了解了其他一些情况,也即条件使轮廓成为双侧的,并创造了协调的双重性。当这些条件中的任何一个条件都无法实现时,便产生了一种很不清晰和稳定的组织,我们能够从中得出结论的事实不会比下述事实更多:在彼此之间不具内在联系,而仅仅是简单相加的若干部分中,组织是特别困难的而且不能经常实现。

图　52　　　　　　　　　　　　图　53

轮廓和形状的单侧功能

让我们重新回到单侧的轮廓功能上来。它具有这样的特性,即为那个与它邻接的场的部分提供形状，而不是为其他部分提供形状。因此，如果在这两个场里有着其他一些产生形状的因素，那么，它们的结果将随着轮廓的结果而不同。为了证明这一点，我们采纳了由鲁宾（Rubin）发明并主要由他运用的一种方法，也就是说，一种产生图样的方法，这些图样就其双重特征而言是模棱两可的。为了简洁起见，现在我们介绍鲁宾的术语。鲁宾将较大的图形（在该较大的图形上面或里面可以见到较小的图形）称为背景（ground），而将较小的图形称为"图形"（figure）。关于

图 54

这一术语如何运用，我们将在后面表述；现在，它有助于我们界定我们图样的模棱两可性：它们被如此组织，以至于同样的场部分既可用图形形式呈现，也可用背景形式呈现。我们在前面曾经用过这样的图形。现在，我们介绍一种修改形式，这种修改形式只是对鲁宾的一个图样稍加变化而已。这便是图54所示的形状。人们从这个图形中可以看到弧线状的影线十字形，或者直线状的影线十字形。在这两种情形的任何一种情形里，人们都会见到一个十字形。差别出现在影线之中。在第一种情形里，弧线将是弧线，而在第二种情形里，弧线却成了整个圆的四个部分；与此相对应的是，在第二种情形里，直线将被限于十字形的四条臂中，而在第一种情形里，直线形成了整个圆的四个部分。由此可见，双重呈现使人一目了然的程度实在令人惊讶，正如轮廓的单侧功能一样，它限制和形成了图形，而不是背景。这种图样证明了后一种说法。看到整个圆要比看到未受干预的直线更加容易一些，这证明，弧线与直线相比，前者更强烈地要求连续，这一事实已由其他一些实验所证明。在本章开始时，我们曾提出过这样的问题：由于事物具有形状，那么格局（framework）是否就没有形状。现在，我们已经朝着这一问题的答案迈出了第一步。确实，我们正在处理的是一些特例，在这些特例中，格局的概念尚未出现；但是，一方面，在事物和图形之间存在一种联结，另一方面，在背景和格局之间存在一种联结。记住这点，我们便可用这种方式来表述我们的上述结果：形成图形的轮廓并不形成它的背景；如果后者具有形状的话，那么应该归功于其他的力量，而不是那些在它上面产生图形的力量。

轮廓的单侧功能或不对称功能也可以用下述的说法来描述，即轮廓有一个"内侧"和一个"外侧"。这种描述并不武断，而是受制于组织本身。在模棱两可的图形中，同侧既可以是内侧也可以是外侧，但是，当它是内侧时，就不可能同时是外侧，反之亦然；这种内侧或外侧的特征，在每种情形里均属于轮廓，而不是属于"我们"。

图形和背景的功能性依赖：作为格局的背景

迄今为止，我们描述了图形—背景的关系，我们说，图形有赖于背景。但是，这种描述，尽管在考虑实际的经验方面是十分完全的（这里，所谓实际的经验是指组织的产物），但是仍然没有考虑组织过程本身的一个决定因素。图形就其特征而言有赖于背景，图形出现在背景之上。背景起着一种格局的作用，由于图形悬浮于其中，因此格局决定了图形。我们越是使背景概念一般化，我们就越是发现这个规则具有更大的应用性。这里，倘若我们把自己限于较大图形上的较小图形方面，我们便可以根据背景对图形形状的影响来表明背景的格局特征。

我们用下述事实来说明问题，一个方块因其空间位置可以有两种不同的形状，即可以是一个正方形，也可以是一个菱形。从功能上讲，这两种形状实际上是不同的，哈特曼（Hartmann）借助闪光融合（flicker fusion）方法已经证明了这一点（参见第四章）；菱形比正方形具有更大的临界融合率（critical fusion rate）。至于这两种形状中哪一种形状将会实际地实现，很大程度上取决于图形的定向（orientation）；那就是说，如果图形的一条边平置在背景上，它便呈正方形，如果其一角站立，便呈菱形；或者，对此情况也可用不同的表述，当两条边呈水平状态时，将见到正方形，当一条对角线呈水平状态时，将见到菱形。但是，这后一种阐述并不等于前一种阐述；确实，它根本不是一种确切的阐述。在取自科普费尔曼的两组相伴图形中，我们在图 b 中确实见到了菱形，那里的一条对角线是水平的，而矩形的两条边都是水平的，但是，在图 a 的两个图形中，这些关系倾向于相反，尽管图 a 的两个图形比其他图形更加模棱两可。图 55a 看来十分像一个正方形，尽管它的对角线是水平的，而图 56a 则至少可以十分容易地看作是一个菱形，尽管它的两条边都是水平的。其中的原因是容易理解的。在图 55a 里面，小图的两条边与外框的边平行，可是在图 56a 里面，小图的对角线与外框的边平行。于是，定向（作为决定我们图形形状的一个因素）不是一个绝对的问题，而是一个涉及格局的相对问题。即便如此，a 图与 b 图相比，仍然是更加模棱两可的。这种情况也是容易理解的，因为在图 55 和图 56 中，外框本身处于一个更大的外框之中，这个更大的外框是本书的一页，因此，至少有两种格局在起作用。图 b 中的外框在方向上与本页的外框相一致，而且在效应上也一致；可是，图 a 中的外框与本页的外框发生了冲突，较小的外框与里面的小图更接近，而较大的外框（即书的一页）则距离更远。由于这两种外框之间的矛盾，致使这些图样中的小图比其他图样中的小图更加模棱两可。最后，把正方形的效果与菱形的效果相比较，根据"绝对"定向，似乎正方形的效果更容易实现，于是，图 56a 很容易被看成是一个正方形了。在某种意义上讲，它完善了我们的图形，因为我们从哈特曼的实验中了解到，正方形要比菱形更简单一些。实际上，我们必须区别我们图样中的三个运作因素：两个外框①和由此产生的小图的单一性。读者可以自己动手作图，在该图形中，这三种因素结合起来构成我们的四个图形。

图 55　　　　　　　　　　　图 56

图形和事物

在我们先前的讨论中，格局像行为环境中的部分那样是作为非事物（nonthing）而出现的。那么，图形有没有相应的事物特征呢？鲁宾提出过这个问题，他首先引入了我们的区分，而且已为后来的研究者们所进一步证实[参见苛勒(kohler)，1929 年，p. 219]。在从背景向图形的转变过程中，一个场部分变得更加稳固，而在从图形向背景的转变过程中，一个场部分变得更加松散，这是在对这里出示的任何一个图样进行观察时将要证明的。此外，我们"关心的"是图形本身。我们记得的也是图形本身，而不是背景。我们在场的图形—背景的清晰度中找到了事物—非事物差异的开端。那么，它能告诉我们多少有关事物特性方面的事情呢？只有当我们描绘了图形和背景彼此区分的特性时，才会看到。

形状和背景的比较

在图 57 所示的模棱两可的图形中，我们把图形部分与背景部分彼此进行比较，总是发现后者（即背景部分）比较简单，这是就更大的一致性意义上而言的，我们也发现后者比前者清晰度更差。在十字形图样中，图形是十字而背景则是圆（见图 54）或"切掉边的正方形"（见图 4）。在图 57 中，黑白图形在形状上也有区别，即 T 形图对叶状图，但是各自的

图 57

---

①　实际上，存在着比上面提到的两个框子更多的框子。我们生活在明确的"空间水平"（space level）中，该空间水平起着一个十分巨大的格局作用。

背景则彼此更加相似,两者都是条状的,黑色条纹在其下方边缘邻接着一根波形线。

图形和背景的颜色

图形和背景之间的清晰度差异是普遍的,不仅表现在它们的形状中,而且也表现在它们的颜色中。我们先前曾遇到过高度清晰和颜色之间的联结问题。因此,我们应当期望,同样的场,当它是图形时要比当它是背景时,看上去更加色彩鲜明一点。这一点已由事实加以证实。如果有个人将图54画成交替的绿色部分和相等的灰色部分,以至于这些部分不会由于它们的影线而不同,而是在颜色上产生差异,那么从一个十字形向另一个十字形的转变将伴随着清晰可见的颜色变化。例如,灰色背景上的一个绿十字形变成灰暗的绿色背景上的一

图 58

个鲜明的红十字形。由此可见,在从图形向背景的转变过程中,绿色部分丧失其颜色,而在从背景向图形的转变过程中,红色部分却获得了其颜色。红色是一种对比色,因此,这项实验重新证明了我们在上一章讨论过的纯累积的对比理论(purely summative contrast theory)的不适当性。我们的结果已由弗兰克夫人(Mrs Frank)于1923年进行的实验进一步证实了。她将彩色纸剪成一个图形(该图形正好与图58中央的那个十字形相一致),要求被试展现这个图形的后象,然后将该后象投射到我们的图样上来。如果在这图样中,中心部分被看作为图形,那么,在它上面的后象比起它被看作为倾斜的螺旋桨般的背景来,看上去更加色彩鲜明。

图形—背景差异的功能性证明

尽管这些差异在简单的观察中是清楚的和令人回味的,但它将大大改进它作为真实性的地位,只要我们能够证明存在着与此相应的功能性差异。这种证明已用众多方式被提供,以至于我们只须选择一些突出的例子便足够了。

我们的第一个想法是将哈特曼(Hartmann)的试验用于我们的区分之中。把一个黑白十字形以快速的连续形式呈现两次,然后测量临界的呈现时间,在这一时间里,当白色部分或黑色部分中的任何一个部分作为图形而出现时,闪烁(flicker)便停止。哈特曼用下述方式做到了这一点,该方法像先前的一样,只有白色部分为闪烁提供客观条件,黑色部分一直是黑色。试验的结果表明,在四个系列的平均数中,对于白色十字形来说,比之对于白色背景来说,临界的呈现时间必须缩短12.3毫秒,两次呈现时间的缩短相差大约12%。可是,当一个场是背景和当一个场是图形时,两者之间融合难易程度的差别,或多或少与简

单图形之间的差别是一样的。

我们描述的差异之一是,图形更加坚实(事物般的),背景更加松散(涂料般的)。如果这种情况确实的话,那么图形应当由比背景更强的力结合在一起,也就是说,该图形应当对另一种图形的入侵提供更大的抵抗力。这种推论在盖尔布和格兰尼特(Gelb and Granit)的独创性实验中得到证实。观察者通过一根管子注视图59,图59充斥了整个管子的开口处。图样是一个灰色背景上面的灰色十字。这个十字既可能比背景深一些,也可能淡一些。我们通过一个简单的装置,例如使用光线反射,使一个小的彩色斑点既可能产生自十字形的下臂,也可能产生自十字形右边的背景上,而使这个斑点可视的光线量也可以被测量出来。当然,场越暗,所需的彩色光的强度也越小,这两种测量的比较对于图形和背景之间的差异讲不出什么东西,因为所比较的这两个场部分将具有不同的亮度。该程序因而变得越加复杂了。对于任何一种图形—背景的结合,存在着第二种情况,即图形和背景的亮度交换了位置。于是,对每一种亮度的结合来说,必须确定四种阈限。如果 d 代表深灰而 l 代表浅灰,f 代表图形而 g 代表背景,那么,四个阈限分别为(1) lf,(2) lg,(3) df,(4) dg,在这四个阈限中,两个极端阈限和两个中间阈限分别属于同样的图形。通过把(1)与(2)以及(3)与(4)进行比较,我们可以直接确定场的组织对于在其中产生一个新图形所施加的影响,这是因为,在这些比较中,亮度是保持不变的。结果是清楚的:偶数的结合总是比对应的奇数的结合提供更低的阈限,这证明了我们的推论,即一个图形场要比一个背景场更有力地被组织起来。

图 59

事实上,这个结论并非强制性的,因为在这个图样里面图形场始终是两个场中较小的一个场,而且也因为先前的研究者们业已发现,在较大的场内确定的阈限要低于在较小的场内确定的阈限(这一结果已以一种相当复杂的方式被解释为累积的对比效应)。然而,格兰尼特于 1924 年进行的第二种实验(我将省略对该实验的描述)实际上使这种解释成为不可能了。当我们把这两种实验联系起来时,为我们的推论提供了充分的证明。

由 M. R. 哈罗尔(Harrower)和我本人提出的一些事实,为图形和背景的功能差别补充了证据。我们的研究涉及利布曼效应(Liebmann effect),这些研究使得我们发现硬色和软色之间的差别,后者比前者更明显地展示了利布曼效应。在上一章里我们已经报道了这方面的情况。但是,由于我们是通过使图形与其背景的亮度相等来研究利布曼效应的,于是便产生了这样的问题,即图形与背景的差异是否就是硬或软的差异。为了回答这个问题,我们首先颠倒图形—背景的结合,也即使用彩色背景和非彩色图形的办法,然后发展到把颜色既放入图形中又放入背景中。结果十分清楚:软和硬在图形中比在背景中更为重

要。如果 h 代表硬色而 s 代表软色,f 和 g 又分别代表图形和背景,则下列结合表示了组织的等级顺序,顶部提供了最清楚的清晰度,底部则提供了最佳的利布曼效应:

	f	g
(1)	h	h
(2)	h	s
(3)	s	h
(4)	s	s

上述等级顺序是在量化实验中发现的,并在辨别实验和易读性(legibility)实验中得到进一步证实。我把后者简要地描述如下。在一些长宽各 30 厘米的灰色纸上书写一些字母,字母的高度为 10 毫米,宽度为 1 毫米,字母和背景都相等,其中之一着色,另一个则为非彩色。对于每一种颜色(红、黄、绿和蓝),都使用两张这样的纸,一张灰色纸上面写着彩色字母,另一张彩色纸上面写着灰色字母。每两张纸作为一对,贴在一间长房间的墙壁上。被试开始时站在距离墙壁 30 英尺的地方,然后要求他们描述所见的东西。接着,让他们朝墙壁移近 3 英尺,再作一次新的描述,嗣后,再朝墙壁移近 3 英尺,直到所有字母都被读出为止。下表提供了每两张纸的尺数的平均差异,颜色涉及字母而非背景:

红—灰	3.3
黄—灰	1.2
灰—蓝	7.9
灰—绿	3.8

这意味着,灰色背景上的红色字母与红色背景上的灰色字母相比,平均距离要大出 3.3 英尺方才能被看到。人们可以看到:当彩色字母为硬色时,它们便会被优先看到,对灰色字母来说,它们则居劣势,它们又反过来变成软色背景上的硬色和硬色背景上的软色。于是,我们看到,软色背景上的硬色图形与硬色背景上的软色图形相比,前者提供更好的清晰度。然而,根据我们的等级顺序,背景的硬性和软性也是有效的:(1)和(2)之间的差别,以及(3)和(4)之间的差别,分别都只是背景的差别,在这两种情形里,硬色背景提供了较好的清晰度,这一点也在刚才提及的辨别实验中得到证实。

图形越具硬色,其结构就越有力,而且给人印象越深刻,这后一个确定显然与前面两个密切相关,因为印象的深刻性有赖于该区域内能量的密度。图形给人的印象也可以从功能上加以证明,例如,从双目竞争中加以证明。在属于单眼的视神经束中产生的背景部分将更易于受到干扰,或者与图形部分相比被排斥在实际的视野之外(正如我已经在一个十分简单的实验中指明了的那样,在这里省略了该实验),这一事实似乎也来自海林(Hering)的早期实验(1920 年)。

图形—背景清晰度的动力学

现在,我们必须提出一个问题,也就是决定图形—背景组织的定律问题。这个问题包含两个方面:① 为什么场以这种特定的方式来组织;② 场的哪些部分会成为图形,哪些部分会成为背景?对此,人们已经完成的实验不多,从这些实验中,我们可以为解答这个问题收集一些资料。然而,即便是已经完成的这些实验也只涉及第二方面。因此,对任何一种情形里获得的所有条件进行完整的研究是十分重要的。我们将步步为营,用特定的例子作为开端,并逐步限定我们的范围。

让我们以我们先前的讨论中用过的模棱两可图形作为开端。最简单的图形是各种形式的十字形,而且,对这些十字形来说,其特征表现在,除了十字形的影线以外,图形的所有轮廓也是背景的轮廓,而图形却具有背景所没有的些轮廓。那么,在上述条件所界定的图样里,有没有条件决定哪些部分将属于图形,哪些部分将属于背景呢?在我们迄今为止已经加以利用的完全对称的图样中,显然不存在这种条件。在此情形里,如果我们忽视了颜色的差别①,那么,就不可能存在有利于两种组织中的任何一种的客观因素。但是,我们可以对这些图样稍加改变,以牺牲一种组织为代价,使之有利于另一种组织。

(1) 作为一种决定因素的定向

我们将它们作不同的定向,使一个十字位于一种有利的位置,一对臂呈垂直方向,另一对臂呈水平方向,而使另一个十字形的各条臂处于倾斜方向。于是,前者与后者相比处于有利位置。这一事实尽管是由鲁宾(Rubin)发现的,但是却从未由统计实验证实过;但是,仅仅从检验角度讲,我可以确定无疑地说,这是一个真实的事实。它的重要性相当之大,因为它表明了一个较小的场的组织有赖于场外的一些因素,例如一般的定向。确切地说,它表明空间中存在一些主要的方向,也就是水平方向和垂直方向,这些方向通过比在其他方向上使图形组织更加容易而对组织过程施加一种实际的影响。我们可以用此方式来系统阐述我们的结果,这是因为,不论我们见到的是哪一种十字形,背景始终是对称地分布在所有方向上,从而在十字形后面形成一个完整的圆形或方形。

(2) 相对大小

如果我们改变十字形各条臂的相对宽度,那么,其结果是十分清楚的:狭臂

---

① 由 M.R.哈罗尔开展的未刊布的实验表明了相对明度的影响。但是,这些实验的完成有待于得出明确的结论。

十字形与宽臂十字形相比,前者居优势,而且,宽度差别越大,前者所占优势便越大,这已经由格雷厄姆(Graham)予以量化的证明。图 60 可以很好地说明这一问题①;相对而言,该图 b 里面的那个白色十字比 a 里面的那个白色十字更容易见到。这里,我们获得了一条对组织本身来说固有的定律:如果所有的条件是这样的,即在较大和较小的单位之间产生分离,那么,在其余条件保持不变的情况下,较小的单位成为图形,较大的单位成为背景。

图 60   图 61

这种阐述,听起来似乎有点道理,实际上是不恰当的。一方面,它忽略了一个必要条件,另一方面,严格地说,它用未经证明的假定来论证。我们用后一个论点作为开端,因为它把我们直接引向第一个论点。我们已经看到,背景并不受到图形的干预,它在图形后面伸展着,因此总是比图形大一些。于是,在我们的上述图形里,当具有宽臂的十字形被视作为图形时,其背景仍然很大,这是因为,根据双重呈现(double representation),十字形不仅包括狭臂,也包括宽臂。因此,我们的大小定律能够这样被阐述:如果条件是这样的,即可以看到一个较小的图形或一个较大的图形,那么,在其余条件保持不变的情况下,前者将被视作图形。但是,这样一种陈述并没有为我们提供任何顿悟去了解该过程的实际的动力(dynamics)。然而,我们仍然可以用不同的方式来陈述我们的定律:如果条件是这样的,即两个场部分彼此分离,接着发生双重呈现,那么,在其余条件保持不变的情况下,图形将以这样一种方式产生,即在图形的面积和背景的面积之间的差别为最大时产生,或者,用更为简单的表述方式来讲:图形将尽可能地小。这种系统阐述不只是一种关于事实的陈述,它还包含了一个动力的原因(dynamical reason),我们将在进一步研究双重呈现时见到。如果没有双重呈现的话,我们的相对大小律就不再站得住脚,正如图 61 所示,其中那条小的黑色条子不再位于矩形的白色背景上了。这里,不论是白色长方形还是黑色条子,都是图形,我们在协调中获得了双重形式。不过,在我们继续这个讨论之前,先引入一个新的因素。

(3) 正在闭合和已经闭合的区域

在图 62 里面,多角形轮廓之内的部分可被视作为图形,而多角形轮廓之外

---

① 由于事实上这些图形都印在白纸上,黑色部分和白色部分对成为图形来说没有相等的机会,因此在这方面黑色部分有利。

的部分将不会被视作为图形,尽管后者比前者小。鲁宾已经陈述过这样一条定律,如果两个区域被这样分离,即一个区域把另一个区域封闭起来,那么正在闭合的区域将成为背景,而已经闭合的区域便成为图形。这条定律可以根据组织的动力学来理解。我们知道,按照双重呈现,背景充斥了整个区域。换言之,在背景被见到的那些地方,没有与之相对应的部位刺激(local stimulation)。由此可见,背景的

图 62

组织是一个过程,这一过程与我们在盲点(blind spot)实验中研究过的过程相类似,也与在偏盲(hemianopic)患者的实验中研究过的那些过程相类似。现在,我们理解了相对大小因素和闭合因素。在一个特定的区域内,即将成为背景的那个部分越大,它就越不要求"完整"。背景由外朝里闭合比起由里朝外闭合,前者更加容易一些。在前者的情形中,由各条边确定的一个区域必须通过聚合(convergence)来充斥,而在后者的情形中,必须通过分离(divergence)来充斥。聚合有其范围,这是由背景本身中的消失部分界定的。然而,分离的范围却不是这样决定的;正如图62所示,如果它由圆形轮廓来决定的话,那么,圆形轮廓和多边形之间的那些部分便会成为图形,这一决定将产生自图形的边界,而不是产生自背景的边界。背景必须到达这条边界,而不是被拖向这条边界,它是从核心地点出发被推向这条边界的①。

这些纯理论性推论在描述中找到了一个对应部分。冯·霍恩博斯特尔(Von Hornbostel)强调了凹面体和凸面体之间差异的普遍性,以及包围和入侵之间差异的普遍性,这些差异是与背景—图形差异相一致的。如同每个场部分的动力那样,这些力量至少模糊地反映在意识中,也就是说,反映在行为环境的特性之中。

(4) 能量的密度

我们的第一个因素主要通过决定图形来决定图形—背景的清晰度,我们的第三个因素则显然直接通过背景而发生作用。那么,第二个因素(即相对大小的因素)的情况又如何呢?迄今为止,我们是把它作为一个"背景的决定因素"来处理的,但是,相对大小因素也会直接通过图形来起作用。在某些条件下,正如苛勒于1920年表明的那样,作下列假设似乎是有道理的,即在一定的区域之内,图形和背景的制作能量是相等的。那就是说,如果我们在一个较大的背景上有一个较小的图形,那么,图形中的能量密度一定比背景中的能量密度大一些,而且与背景区域和图形区域之比成一定比例。因此,图形应以较大的能量

---

① 闭合性并不是解释图62中图形—背景分布的唯一因素。如果这种分布被颠倒过来的话,就会看到六个不相联系的图形,而不是实际看到的那个整体图形。

密度来界定,这一定义与实验证明了的图形特征是完全符合的(阈限和双目竞争实验)。很清楚,在一个恒常的场里面,图形部分的区域越小,与有关的背景部分相比,其相对的能量密度就越大。如果条件规定,前者的能量密度比后者的能量密度更大是一个必要条件的话,那么,较小部分必定是图形无疑。然而,只有当该条件既适用于图形之外的背景,又适用于图形之后的背景时,该条件才能被作为必要条件,否则,该条件就会被我们的上述图样所扰乱。于是,我们关于小图的原则也失去了其价值,因为该图形始终是比较小的,正如我们在上面认为的那样。但是,如果我们能够将此陈述为组织发生的一条定律(至少在某些条件下,我们以这样一种方式来陈述,即图形尽可能成为一个图形),那么,相对大小通过其对能量密度的影响而具有直接的图形效应。这就意味着,存在着所谓"图形化"程度(degrees of figuredness),我们可以通过能量密度之比来界定它们,而能量密度又确实有赖于区域之比。由格兰尼特进行的阈限实验十分适合于这样一种解释,也即一种图形阈限对背景大小的普遍依赖。

可是,若想再深入下去也是毫无用处的,因为我们的理论推论缺乏实验的证据。也许有些读者能够在我们丢失线索的地方拾起那个线索,并充实我们对事实的了解。

场部分的内部清晰度

让我们拣起导源于相对大小的那个线索而继续前进:图形具有较大的能量密度。该线索来自一些简单的条件,在这些条件下,图形和背景制作中所包含的总的能量可被认为是相等的。但是,我们可以在场的某些部分内引入一些新的清晰度,例如,在我们十字图形的每个次要部分引入一些新的清晰度,尽管它们增加了图形的能量,但是却并不同时增加背景的能量。如果它们确是如此的话,那么它们的相对能量密度,以及由此产生的图形化程度,应当保持相同,正如我们将要看到的那样,我们能够容易地产生一些图样,其中的清晰部分作为图形要比同质部分更具优势。然而,并不是任何一种清晰方式都会产生这种效应。我只能凭自己的印象行事,这是为教室实验的结果所证实了的;如果恰当收集统计数据的话,则这些统计数据是可以反映出精细差别的,这些精细差别是纯粹的定性观察所难以察觉的;但是,我怀疑这些精细差别能够反驳纯粹的定性观察。在制作图63的时候,我曾认为,有影线的部分比起一致的白色部分更易表现为图形,而且在较长的一段时间里继续作为图形而保持。事实上,相反的情况却更接近于真实。如果弧线形成了背景的闭合圆圈的话,那么,这些闭合圆圈会令人吃惊地稳定,至少像在白色背景上弧影线的十字一样稳定。因此,人们不仅要考虑哪种清晰度适合于图形,还要考虑它对背景的影响。甚至图64也未以任何方式显示明显的优势,但是图65却清楚地显示出这种优势。在图65里面,人们可以充分地见到那个白色的十字形,但是这个十字形却不是位于一个清楚的和形状完好的背景之上,一旦人们试图分辨其背景的形状时,该十字形便会消失。于是,我们得到了关于图形—背景清晰度的一个新的和十分一般的因素:具有较大的内部清晰度的那些部分,将会在其余条件保持不变的情况下成为图形。关于这条定律的一个良好例子是海图。与普通的地图相反,海图上画的实际上都是关于海洋的详情,而不是关于陆地的详情,其结果是,海洋成了图形,陆地成了背景,从而使我们看来十分陌生。

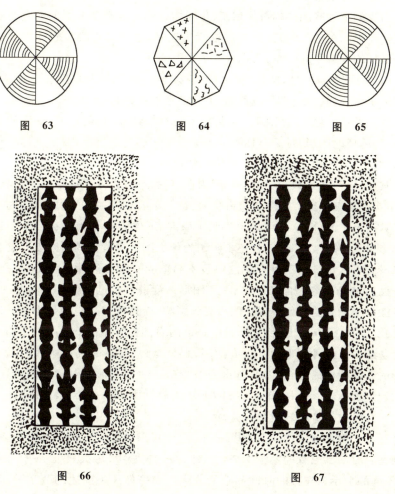

图 63　　　　　　　　图 64　　　　　　　　图 65

图 66　　　　　　　　　　　　图 67

(5) 作为结果而产生的组织的单一性:对称

第五个因素涉及整体中的组织,它是简洁律(the law of pragnanz)的一个直接结果。因此,图形—背景的分布,在其余条件保持不变的情况下将使产生的形状尽可能简单。这一点已由鲁宾的一名学生巴森(Bahnsen)在其有关对称性的实验中加以证明。巴森向观察者呈示了如图 66 和图 67 所示的图样,要求观察者描述他们所见的东西。在图66中,人们可以看到黑色的装饰性对称物,或白色的不对称条状物,可是在图67中,白色条状物是对称的,黑色条状物反而不对称了。背景不论是黑色还是白色,始终是清晰的。64名被试观察了四种这样的图形,一半具有白色的对称条状物,另一半具有黑色的对称条状物。在57个个案中,也即在89%的个案中,对称的条状物得到了报道,只有一个个案报道了不对称条状物,剩下来的6个个案(9.4%)是不稳定的和模棱两可的。

当我们把这些图样的可能组织(也即由它们的各个部分之间的色差所决定的这些图样的可能组织)彼此之间进行比较时,这种结果究竟意味着什么便可得到最好的理解了。于是,我们找到了如下的评述:

(1) 协调的双重性,即黑色和白色条状物,在灰色框内的整个场由高度清晰的图形所构成,其中一半是对称的,另一半是不对称的。

(2) 图形—背景的清晰度,可见的不对称条状物;也就是说,一致的简单背景(一种清晰的图形)是不对称的。

(3) 图形—背景的清晰度,对称的条状物。

其中,第三点是最简单的——因为在第三点里,力处于最佳的平衡状态,而且,事实上第三点比其他各点更占优势,这一事实证明,正是这种最佳的平衡决定了其结果。此外,这些结果也表明了原因,不仅表明了为什么一个图形比其他图形更经常地被看到,而且还表明了为什么图形—背景的清晰度会发生。我从来没有听人说过这三种可能性中最不简单的一种可能性。为了进一步确定单一性(simplicity)的含义,研究一下图形—背景颠倒过来的图样将是有益的,这种图形—背景的颠倒不仅使图形受到影响,而且使背景也受到影响。该类情形在我们的T形叶状图形(图57)中是正确的,但是,存在于我心中的那些变化的特殊结合在这种图形中并没有实现,那就是说,背景的高度一致的单一性与图形的不对称性的结合,以及背景的很少单一性与图形的对称性的结合,并没有实现。那么,在背景的单一性和图形的对称性中,哪一种因素更强呢?

一种组织对另一种组织的效应

让我们暂时把这个问题搁置一下,直到可以依据实验数据加以回答为止。我现在暂时回到巴森的实验上来。当然,在该实验中,每次只呈示一个图形,而且,不同的呈示为充分的时间间歇所分隔。如果你注视前述的两个图形(即图66和图67),那会使你有点难以相信。假设你首先注视图66,看到了对称的黑色条状物,然后又转向图67,这时,你很有可能不会再见到黑色条状物,尽管现在这些黑色条状物是不对称的。原因在于你的第一个组织影响了你的第二个组织。我认为,从功能上讲,这种影响是十分复杂的,需要特别的研究。然而,有一个因素是肯定可以进行分析的:当你见到黑色条状物时,也就是说,场的黑色部分形成了图形,这些黑色部分是你所关心的,可是,当你现在转向第二个图形时,你可能仍旧处于关心那些黑色部分的态度之中。我们在先前已经看到,图形成为我们兴趣的目标,现在,情况反过来了:在我们的兴趣所在之处,当其余条件不变时,一个图形很有可能会产生——这种因果的相互转变性是相当普遍的。我回顾了统一性(unity)和一致性(uniformity)的关系(参见第四章)。我的一个早期的教室实验充分说明了这个论点。我把班级分为两组,告诉其中一个组去注视屏幕上出现的某种黑色的东西,告诉另一个组去注视屏幕上出现的某种白色的东西。接着,我在屏幕上短时间地投射了那种 T 形叶状图形。结果始终是一样的:第一组见到了 T 字图形,而第二组则见到了叶状图形,当两组成员见到了彼此根据屏幕上出现的东西而画的图形时,都感到十分惊奇。

我们必须再次超越行为环境,并将自我包括在内。在自我中,起始之力可在场中见效,并共同决定它的清晰度。

为什么背景比图形更简单?

在有些情形中,背景轮廓也是图形轮廓,现在我们便可以用一般的方法试着回答下列问题了,也就是说,为什么背景比图形更简单。由于所有的图形轮廓不一定都是背景轮廓,因此,背景条件简单的话,其结果也一定简单,问题因而变成这样,即为什么这些轮廓具有它们的单方面功能。我们已经在一个例子中讨论过这一点了,这一点是伴随着简洁律而发生的。但是,一个更为简单的例子将会引导我们深入一步。为什么把图 68 这个图形(它是没有图形—背景清晰度的)看作具有共同顶角的八个三角形会如此困难呢?为什么轮廓也具有单方面功能呢?尽管从几何学上讲,它在两边中的任何一边上均为相同的区域包围着。我们将应用上述用过的同一种方法,也就是说,我们将对任何一种三角形的特性进行比较,不

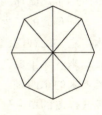

图 68

论把它作为十字形的一条臂,还是把它作为背景的一部分,还是把它作为八个相等的三角形之一。由于后者与这图样的几何学最为紧密一致,因此,我们将把后者作为我们的标准。于是,我们看到,如果把图 68 中的三角形看作十字形的一条臂,那么,它便获得了清晰度、坚实性和明确性;如果把它看作背景的一部分,那么它便丧失了上述这些方面的任何一个方面。由此可见,十字形的组织与八个三角形的组织的区别在于,在十字形组织的一些部分中,有一半更加清晰,而另一半则不那么清晰。

后象中的组织

这仍然是一种描述。一个简单的实验有助于我们把这种描述转化为解释。

我曾经设计了一个与上述图形相似的图形。不同之处在于大的八边形面积是画成蓝色的,而边和对角线则画成黄色,线条要比图68中的线条稍稍宽一点。接着,我展示了该图的后象,发现在后象中,十字形图形不再出现,被单调的八个三角形图样取代了——或者被一个顶上有四条深蓝色线的清晰的黄色圆形所取代,这简直使我大为惊奇。

上述结果意味着什么呢?对原始图样的凝视产生了知觉组织,如果凝视持续一段较长的时间,便会产生新的力。一方面,甚至在形成一个后象所必需的时间里,也会产生一两种颠倒的情况,正如苛勒已经指出的那样(1929年,p.185),这证明组织过程会产生一些条件,它们将干扰组织过程的继续发展,从而导致其他的组织。但是,与引起后象有关的凝视效果在种类上是不同的,至少在部分上是不同的。在上述实验中,后象的组织看来并不依赖知觉组织的形式。后者通过射入的光线依靠视网膜中开始的过程。上述实验的结果,如同罗斯希尔德(Rothschild)的实验结果和弗兰克(Frank)的实验结果一样,在我看来可用下述假设来予以最好的解释,即"后效"(after effect)主要在于过程的条件,而非过程的本身,也就是说,在于形成组织的那些过程中,而不是在于组织本身之中。通过持续的凝视,外周情况发生了如此的变化,以至于当图样被移去,并为一个同质的面所取代时,外周过程将沿着与原先的过程方面相反的方向发生,但是,在那个方面仍然与它们相似,也就是它们为心物场(psychophysical field)中的组织提供了条件①。因此,我们可以方便地谈到后象的视网膜意象,把实际见到的后象与它的视网膜意象相互关联起来,正如我们把实际看到的物体与它们的视网膜意象相互关联起来一样。于是,这一关系中的差异就变得明显起来。除了颜色被互换这一事实以外,原先的视网膜意象和该意象去除后保留下来的东西是一致的。通常,它们导致不同的组织,从后者产生的组织具有最低程度的单一性,而从前者产生的组织则具有最大程度的单一性。我们在前面就已发现,后象将被最低程度的组织的单一性所区分,并且已把这一结果归之于在产生一种后象的过程中能量消耗较少②。因此,在我们的例子中,图形—背景的清晰度是高能量的结果,这是与同等部分的并列(juxtaposition)相比较而言的。与此同时,图形—背景的清晰度更加稳定。只要通过表现单方面功能的轮廓,就能做到这一点。后者(正如先前表明的那样)需要背景的更大单一性,因此,它在其产生稳定组织的功能中找到了它的解释,无论何时,只要可使用的能量充足就行。

---

① 这些相反的过程究竟是发生在视网膜里还是发生在某个高级中枢里,这与我们的争论无关。
② 这个并不十分武断的假设是由下列事实(尽管尚未充分认识到)证明的,即在我们的日常生活中,我们极少见到后象,而且,向外行证明后象始终不是件十分容易的事,其解释是,这些低能量的过程必须让位于高能量的过程。

新的条件：图形完全处于背景区域之中

然而，我们刚才讨论过的条件尚未实现，图形和背景并不具有共同的轮廓，但是，图形的轮廓完全处于背景的轮廓之中，正如在我们组织"一个在另一个顶上"时所设计的标准图形那样。这里，我们的解释不再站得住脚。因为这里的图形和背景各有它们自己的形状决定因素，而且很有可能的是，背景的形状决定因素要比图形的形状决定因素更加复杂。这一情况尚未进行研究。图69是一个例子，我构思这个图形多少有点随心所欲，目的是为了看一看究竟会发生什么情况。在我看来，现在，在这个图形里，一个令人惊愕的事情似乎是，小圆不一定作为图形出现在由较大的图形构成的背景上（我甚至可以说，小圆并不自发地作为图形出现在由较大的图形构成的背景上），这个较大的图形也依次位于那个大圆的背景之上。确切地说，我把圆看作为大图形的一部分，它的凹面轮廓而不是凸面轮廓实施了分离功能，致使圆的内侧属于一般背景的其余部分。就这个例子

图　69

而论，它表明了清晰度——在不太简单的背景上的简单图形——不是很容易实现的。实际上，诸如此类的情况常有发生。但是，在大多数情况下，我怀疑，为较简单的图形充当背景的不太简单的图形将会很大，或者被特殊的力把它与图形分离。如果充当背景的不太简单的图形很大，那么，它应该是图形化程度相对较低的图形，致使较简单但较小的图形在那个特征上超过它（背景）。至于其他形式的分离，我主要记住的是三维分离形式。如果你将一枚硬币放在一个星形图上，该硬币看上去不会像星形图上的一个洞，除非你从很远的距离去看它。这里，硬币将从星形图上分离出来，后者将像一个理想的背景那样在硬币后面伸展。一个图形对另一个图形来说是背景，这一事实究竟在多大程度上影响它的图形化，对此我们讲不清。也许并不存在这种影响，但是我说大概有此可能，这种影响总有一天会得到证明，并被测量出来。

其他情况

即便有了上述的详情，我们仍然没有穷尽一切可能性。背景上仍然会有一些线，它们不在图形之内，例如图63和图64的图形那样。它们在第一个图形（即图63）中的作用已经讨论过了，但是，它们在第二个图形（即图64）以及其他一些相似的图形中的作用（这里所谓相似的图形常见于墙纸上的图案）一定被省略了。我们的理论总是过于领先经验的事实，致使对于它的讨论成为不值得的事情。除此以外，这并非一本阐述图形-背景清晰度的专著。我们意欲表明的一切是在这一基本组织中力的相互作用。但是，在这里，像在任何地方一样，

我们试图获得关于实际动力学的一个确切概念,但却受到了来自条件的巨大复杂性的阻碍,以及我们知识之不足的阻碍。人们不该为这种不足而责怪心理学,因为动力学成为一个心理学问题还是最近 20 年的事情。

图形—背景清晰度的一般方面

最后,我们将讨论图形—背景问题的一个新功能。它在其一切感觉方面是属于我们的行为环境呢,还是单单属于视觉范围?我们的回答必定很简短,因为缺乏实验的数据。但是,我们必须承认,这种区分适用于一切感觉。对于听觉来说,这是很清楚的;我们可以在雨点的嗒嗒声中听到讲话声,或者在山溪的奔腾声中听到讲话声。

其他感觉

如同这种区分是十分清楚的一样,当我们接近其他感觉时,它就变得困难了。但是,若要证明我们接触的硬色物体或软色物体,证明一块煎得很好的牛排,证明我们啜饮过的上等佳酿,证明紫罗兰的香气,证明我们对金属的热感觉或冷感觉,等等,始终是十分容易的,因为,所有这些经验都是图形般的。可是,它们的背景是什么呢?这里有一个问题是我不能自称解决的。让我们充实一下下列的说明:我们讲到把奔腾的山溪作为背景,在此背景上出现了我们朋友的话语。但是,这种听觉背景是"静止的",尽管对城里人来说并不是十分经常的事。为了支持这种主张,即静止并非意味着无,而是充当了背景,我将引证以下事实,即静止也可能成为图形,例如,当我们离开都市,在寂静的山岭中度过我们的第一个夜晚,就会发生寂静成为图形的情况。在我看来,很有可能的是,同类的背景性质也会为其他的感觉而存在,尽管它们(同类的背景性质)可能比描述性质更具功能性。这意味着,这些感觉的背景在功能上将对实际出现在我们行为环境中的东西产生影响,而无须任何一种可与视觉背景相比较的直接的对应部分。这将最终意味着,我们的最为一般的背景是超感觉的(supersensory),在这个意义上说,它把它的存在归之于潜在的存在着的一切感觉的贡献。我们在这样说的时候,还远没有为了我们的一般格局而将同样的重要性归之于一切感觉。

在我们回到视觉之前,让我们作若干补充。若要我们在不同的感觉中指出图形是不会有什么困难的。但是,有些感觉也会为我们提供背景,这些背景不仅仅是"空无一物"。我特别想到了嗅觉,它可以像一件柔软的披风把我们包裹起来,或者像神话中的圆形大厅的蓝色墙壁那样。可是,其他一些感觉背景往往不是(甚至主要不是)这些感觉图形的背景,而是决定了我们与这些图形的关系,以及在我们的特定的行为环境中与一切图形或事物的关系。房间的"氛围"也是我可以提供的一个佳例。这些背景要比我们迄今为止讨论的纯视觉背景更加综合和全面,因为它们既是自我的背景,也是自我发现它本身面临的事物的背景。因此,我们的结论是,图形—背景的区分尽管适用于一切感觉,但是,当我们越出视觉范围时,这种区分提供了新问题,这些新问题对行为理论有重大意义,不过,它们尚处于萌芽状态,没有必要予以进一步的讨论。

边缘和中央视觉:前者为"背景感觉",后者为"图形感觉"

现在,让我们回到视觉上来。所有现代的视觉理论都承认两种类型的感受器(receptor),即杆状细胞和锥状细胞(rods and cones),后者可在视网膜中央凹找到,而前者则在向视网膜边缘扩展时有比例地增加着。与此同时,视网膜中央与边缘的功能性区别在于,前者在形状和色彩上具有更高的清晰度,这已经成为众所周知的事实。此外,在视网膜上通常可以分出三个区域,一为全色盲区,二为部分色盲区,三为具有正常色觉的中央区。用两点阈限(引起感觉所需的最小限度的神经刺激)测量的清晰度,在向视网膜边缘发展时迅速下降,以至于专门由边缘刺激引起的分离的场部分既缺乏颜色的细节,又缺乏形状的细节;换言之,视网膜的边缘部分为我们提供了这样的场部分,它们显然具有背景的特征,而视网膜的中央部分则引起了我们关于图形的知觉。由此可见,边缘是背景感觉,中央是图形感觉,这样说似乎有理。

功能差异而非解剖学差异

对于我们视觉器官的这种描述,通过为不同部分安置一个共同原因而把它们统一起来了。毫无疑问,不同部分的区分有着解剖学上的理由,但是,解剖学上的差异必须被视作是次要的事实,而非主要的事实。让我们系统地阐述这一论点:(1)如果其余条件保持不变,那么,我们看到场的正在闭合的部分将变成背景,而已经闭合的部分则成为图形。由此,我们该不该认为,把视网膜中央作为图形知觉的媒介,而把边缘部分作为背景,这仅仅是一种巧合吗?如果我们认为视网膜中央是图形感觉的所在,因为它是中央,而它的解剖特性恰恰导源于这种功能,那么这难道不是一种更为有利的假设吗?如果确实如此的话,那么,当解剖学的中央区不再成为中央区时,它便不可能是最高清晰度的区域了。这一推论已为在偏盲患者中开展的实验所证实。

富克斯用偏盲患者所做实验的证明

对于这种效应所作的清晰证明当推 W. 富克斯(W. Fuchs,1920 年,1922 年)。在偏盲的视野中,解剖上的视网膜中央凹位于右侧或左侧。对许多偏盲

患者来说,这个解剖上的中央区已不再是功能中心,不论从部位化(localization)来讲还是从清晰度来讲都不再是功能中心。相反,偏盲患者发展了一种假视网膜中央凹(pseudo-fovea),也就是说,发展了视网膜上的一个新点,这个新点完全在未经触动的区域之内,从而成为最大清晰度和清晰性的所在。"这个最清晰视觉的新的所在在视网膜上没有固定的位置,而是构成了一个功能中心,也就是说,由实际的视觉材料决定的一个中心,它随着物体的实际形状或大小而改变其位置,或者说随着患者面临的整个场的形式而改变其位置"(1922年,p.158)。因此,偏盲患者在接受检查以前,对他们苦恼的性质毫无所知。他们仅仅抱怨说,他们的视力没有往常那样好了,但是,他们的现象视野与他们的功能视野十分不同。然而,后者具有准半圆形状(quasi-semicircular shape),邻接的直径穿过视网膜中央凹,前者则是准圆形的(quasi-circular)。此外,他们的视野大小随着他们接受的特定任务而变化。当我们讨论富克斯的若干结果时,我们须把这一点记在心中。把高度约1英寸的一些字母投射到一块屏幕上,字母旁边有一黑色标记,要求患者盯着这一标记,也就是说,以此方式使该黑色标记落在他的视网膜中央凹的地方。然后,要求患者指出哪些字母在他看来最清楚。现在,当患者坐在距离屏幕1米之遥的地方时,他选择了一个字母,该字母距离凝视点大约6厘米,接着,当距离增加一倍时,患者选择的字母只是稍稍远一点,大约距离凝视点6.5~6.7厘米远。与此同时,患者的视野趋向边缘的范围,远离最清晰的字母的程度大约与离开视网膜中央凹的程度差不多。因此,可以得出两个结论:最清晰的视觉位于实际视野的中央,而且并不与视网膜的一个明确部分相一致,这是因为,如果相一致的话,那么,在距离2米以外见到的离开凝视点最清楚的字母应当2倍于距离1米时见到的字母。

在接下来的实验中,患者与屏幕的距离保持不变,但字母大小却在不断改变。实验结果是这样的,如果实验者增加字母的大小,那么他便必须将字母移开,使这与凝视点距离稍远一点,以便将字母保持在最清晰的程度上。这种改变是相当大的,最小的字母(只有第一次实验中使用过的最大字母的十二分之一)在距离凝视点1.1厘米时最清楚,而最大的字母在距离凝视点6厘米时最清楚。小字母决定了小视野,从而使中心在界限上接近于视网膜中央凹。在第三个实验中,观察者的距离和字母大小都有变化,变化以下列方式进行,即视角保持不变,字母在观察距离增加一倍时,字母大小也增加一倍,如此等等。此外,客观上较大的字母必须比较小的字母离开凝视点更远一点,视角的恒常状态则一点也不发生影响。于是,我们看到了清晰度如何作为整个场及其特性的一种功能而表现出来,而不是作为先前存在的解剖学条件的一种结果而显示出来。在其他许多具有高度启发性的实验中,我将仅仅提及一个实验,该实验证实了我们的上一种说法,即由组织产生的实际单位,决定了整个场的结构,从而决定了场的各部分的清晰性,而不是刺激的安排或注意的因素。如果将一根垂直的虚线以完全的清晰度出现(见图70),然后要求观察者把注意力集中于这根线的其中一个中心部分,结果,这个被凝视的部分不但没有得到强调,反而缩小,变得模糊,而且,如果整体的维度及其部分都加以恰当选择的话,那么,被凝视部分还会完全消失,观察者在看得见的那根线的余下部分看到一个空缺。由此可见,通过把一个部分与其结构上的统一体相隔离,观察者就会破坏该部分。这是一个绝对的证据,它证明了作为一个客观事实的大的单位(the large unit)产生了它的可见性,而不是观察者的态度产生了可见性。

图 70

边缘的贡献:起作用的背景,强有力的组织　内力的图形或中心的协作

(2) 当我们说边缘部分是一种背景感觉时,我们的意思并不是说边缘部分可以在图形的产生方面进行无条件的合作,同样,我们也不主张,一旦认为中心是一种图形感觉时,便否认了它能在背景的产生中进行合作。但是,下述说法仍然是正确的:单单边缘可以产生一个背景,而单单中心则不能,甚至当边缘部分本身丧失了产生图形的一切能力时也是这样。后面这种说法被两类视力紊乱所证实。如果有人患了视网膜炎,他的视野就会缩小,以至于只有中心部分仍起作用,从一切实用目的上讲,这个患者实际上等于一个盲人了。另一方面,对某些癔病患者进行的视野计测试(perimetric tests),或者对某些患特殊功能性精神病的患者进行的视野计测试,均表明他们的视野都局限在一个微小的中心区内,这个中心区域的面积可能比实际上成了瞎子的患视网膜炎的患者的中心区域还要小。但是,这些患者仍能在视觉上为他们自己定向,而没有多大困难。

让我们简单地描述一下视野计测验。患者凝视着一点,而测验者从边缘处引入各种形状和颜色的小圆盘。患者必须在见到一个东西时马上指明这样东西,也就是他在边缘处看到的物体是什么形状,哪种颜色。通过这种测试图形产生的方法,发现了视网膜的三个不同色区。

由此可见,这类测验边缘地区图形产生的实验仅仅是通过边缘地区进行的。了解这一点十分重要。这是因为,如果我们记住我们正在测试的那种操作的话,那么,当我们发现测试结果有赖于我们所用的测试材料时,便不会感到惊讶了,更确切地说,我们应当期望用这些物体取得更好的操作,比起那些处于更加有利条件下的物体产生较差的清晰度来,当这些物体被人直接注视时会产生良好的组织。此外,当我们了解到由中心和边缘共同产生的那些场部分具有它们导源于中心区域的那些特点时(如果它们密切地联系一致的话),我们也不应该感到惊讶。这两种期待都得到充分证实①。甚至在普通的视觉敏锐性检查中,其结果在很大程度上有赖于所使用的测试材料。M. R. 哈罗尔和我的分辨实验都涉及上述的问题,这些实验表明,视觉敏锐性有赖于图形和背景的硬性(hardness)和软性(softness)。盖尔布(Gelb)于1921年也就边缘问题做过一个实验。把一个黑色的双重圆环画在一块大纸板上,圆环外径36厘米,黑线宽8毫米,中间的白色空间宽度为5毫米。被试用单眼注视双重圆环的中心。接着,把另一块白色纸板(上面的圆环有一个大约12度的缺口)放在第一块纸板的顶上②,并将该纸板朝观察者方向移近,致使两个小弧融合成一个弧,而且完

图 71

全抹去了中介的那个白色空间。因此,当遮蔽的纸板被移去时,整个的双重圆环以及双重圆环中间的那个白色的圆就变得清楚可见了。与此相似的是,如果不用一个黑色的双重圆环,而用一个彩色的单环,并将测试的物体推向被试,其距离如此之近,以至于被试在遮蔽物后面看到了一根非彩色的短线,当遮蔽物被移去以后,被试便将看到一个完整的彩色圆。不过,如果实验者不用圆环和圆,而是用两根直线,那么,便会产生相反的结果。如果在前面实验中确定的一段距离以外,被试注视这样一根线的一端,那么在没有遮蔽物的情况下,那根线将在离开注视点大约10厘米的距离上融合,而在大约20厘米的距离上,那根线的一小段仍被看作是两根。这种情况表明,一个场部分的组织程度有赖于组织的种类,也就是它的形状。良好的形状将成为较好的图形,也就是说,比差的形状更加清晰和具有色彩。双重直线的一小段比整根线更占优势,这一事实是由于注意力集中在这一小段上面的缘故。注意与态度一样,是始于自我的一种力,我们在后面将予以讨论。但是,我们将从该实验中提取这样一个事实,即注意力在向场的特定部分添加能量的同时,也将增强它的清晰度,如果那个场的特定部分原先不那么清晰的话。由于圆中的一些小部分与整个图形相比处于劣势,尽管它们与双重直线中的那些小段一样,注意力的增强也会对它们十分有利,但是,组织的内力比起注意能量的添加所产生的效应来,前者肯定更强些。

我们从这一讨论中提出又一个结论。眼科专家把视觉敏锐性的测验作为他们标准检查的一部分。这种测验是在特定条件下进行的组织测验,它不是关于视网膜解剖结构的一种测验,看来这种观点仍在眼科专家中间颇为流行[参见伯杰(Berger)]。这些测验结果也反映了某些解剖学的事实,但是这种反映只是间接的;我们在从组织过程退回到它的条件中得出结论,对于这些条件来

---

① 参见 C. 伯杰(C. Berger)对视觉敏锐性予以心理学陈述的现代文献。
② 图 71 用图解形式表示通过"遮蔽物"中的开口见到的双重线。

说,解剖学事实不过是一小部分而已。看来,补充这一评述是明智的,以便证明我们的实验和理论讨论也可能具有其直接的实用价值。

中心和边缘的合作

我们在上面提及,由中心和边缘刺激联合产生的那些场部分总是具有纯中心区唤起的部分的一些特性。当我们躺在山坡的柔软草地上仰望天空时,我们看到整个天空呈现蓝色,尽管我们视网膜的边缘是色盲的;或者,当我们站在一堵红色墙或绿色墙的对面,在距注视点的一定距离之内,墙壁并不变成灰色,尽管全色盲区和中心区之间的一个区域是红绿色盲区。这就是说,我们应当在边缘区单独作用和边缘区与中心区合作这两者之间进行区别。我们前面讨论过的那个盲点实验(即具有蓝色和红色臂的十字形实验)也应当从这个角度加以考虑。

中心和边缘在结构和功能之间的因果关系

(3)我们可将前两点的要旨归纳如下:业已证明,视野的组织有赖于两组因素,一是场内组织的内力,另一是视觉部分内部的解剖差异。即便边缘部分可能产生清晰性和清晰度,但是,在这些方面,中心部分仍占优势。现在,当我们声称中心部分是图形感觉而边缘部分是背景感觉时,我们在这两种因素之间建立起一种联结,它是以下列事实为基础的,也就是说,当中心区被另一区域包围时,它将倾向于成为背景上的图形。现在,我们必须考察一下这种联结属哪种联结。为什么中心区具有图形感觉而边缘区具有背景感觉?为什么视网膜的解剖结构,乃至大脑的解剖结构,以这样一种方式发展呢?这显然是一个发生学(genetic)和生物学的问题,而且,只有当我们对种系发生(phylogenesis)的实际情况了解得很多之后,才能找到最终的答案。但是,就目前来说,可以勾划出一个一般的轮廓。如果我们能够从较少的结构状态(或较多的结构状态)下产生的行为结果中得出有机体的形态学状况的话,简要地说,如果我们能够从功能中推论出器官的话,那么,我们便可以对任何一种有机体或有机体的任何一个成员的形态学状况(morphological status)进行解释了。作为一个原则问题,这不是不可能实现的,苛勒(1924年)已经对此进行过说明①。任何一个过程都会以化学产物的形式留下痕迹,而且,唯有以这样的方式进行,方能促进其自身的发生。因此,如果同一类型的过程在同一区域内反复发生的话,那么,该区域便会逐渐改变,以便使相似过程的发生变得越来越容易。我们将这一观念用于我们的视觉问题。由于已闭合的区域将倾向于比正在闭合的部分更容易

---

① 对于结构和功能之间的这种联结的解释,有一种稍微不同的假说,它是由麦考迪(Maccurdy)提出的(p.217f.)

形成图形,因此,视网膜的中心部分比边缘部分有更大的机会产生图形,甚至当中心部分和边缘部分在解剖学上等同时也是如此。然而,在图形—背景的清晰度方面有着如此众多的因素运作着,因此,中心部分由于其中心位置而产生的优越性有可能不足以为它提供一个有意义的超过边缘部分的优势。

频率因素

但是,还有另一个因素也参与进来了。如果场的情况是这样的,即作为结果而产生的组织是背景上的一个图形,这个图形位于边缘,以至于视野不能像单一图形位于中心时的情况那样很好地得到平衡;已经闭合的部分使一个场部分成为一个图形,这个因素添加到其他因素上面会增加它的图形化程度,而且,当图形尽可能地成为图形时,朝向最大可能清晰度的场将因此而更加稳定地被组织。我们也可以这样讲:正如闭合性构成了图形的组织一样,图形的组织也有一种趋向闭合性的压力。这种压力(pressure)是可以减轻的。因为,眼睛与刺激物的关系,从而与视网膜上接近刺激(proximal stimuli)分布的关系,并不是固定不变的;眼睛、头部和躯体可以移动,通过这类运动也转移了刺激的分布。因此,我们将期盼这样一种单独的图形,它能引起眼睛的运动、头部的运动或躯体的运动,直至它的接近刺激落入中心区为止。当我们讨论行为理论时,我们将阐释这个基本的论点。不过,就目前而言,我们从这一论点中得出的推论是,图形组织从视网膜中心出发时所具有的频率(frequency)肯定比我们原先有理由去期望的更高。因此,按照刚才阐释的一般原则,我们必须期望这一区域将变成一个特别有利于产生图形组织的区域①。当然,这并没有为我们提供有关该过程之实际细节的顿悟,它并没有说明为什么视网膜中央凹内的感受器密度要比边缘区的感受器密度大得多,也没有试图在杆状细胞和锥状细胞之间推论出什么差别来。可是,尽管我们的理论是不完整的,但它至少是一个开端。而且,即便在这开端中,迄今为止共存着的大量的事实也开始变得统一和易于理解了。

正常的行为环境中的图形—背景

现在,我们将这一图形—背景类别用于正常的行为环境中去。它是由视网膜刺激创造的,这种视网膜刺激与我们迄今为止讨论的一些例子中起作用的视网膜刺激属于同一类型,但是,它在其分布上更加复杂。此外,新的组织因素通常也因双目视差(binocular parallax)而被引进。然而,由于行为环境的主要特

---

① 从种系发生上讲,视网膜中央凹的组织学结构必须与它的心物学功能相联系,这一观点已由富克斯于1920年提出。

征在单目视觉者身上与在双目视觉者身上并无基本差别,因此,目前我们将暂不考虑这个因素。一切正常的视野,除了形式的细节以外,还有大量的深度细节。与此同时,在一切正常的场里面,轮廓都具有单方面的功能。用冯·霍恩博斯特尔(Von Hornbostel)的话来说,我们看到的是事物而不是事物之间的空洞(holes)。

为什么我们看到事物而非它们之间的空洞

现在,我们可以试着回答为什么我们如此这般的问题了。迄今为止我们所讨论的两种组织因素,在我看来,是以下结果的最重要原因。首先,发生的分离和统一将把不同程度的内部清晰度区域进行分隔,而且,按照我们的定律,更加高度清晰的区域将成为图形,其余部分将彼此融合以形成背景。你只要看任何一张风景照片,便可以见到事物的形状,山脉、树木和建筑物的形状,但是却见不到天空的形状。具有同样重要性的第二个因素是良好的连续和良好的形状。我们见到的事物具有较好的形状,它们与较好的轮廓相邻接;可是那些空洞呢,我们可以看见,但是实际上却看不见。在例外的情形中,这些条件却颠倒过来,我们看到空洞而不是事物,正如在两块具有鲜明外形的岩石之间,其空隙处的形状可以被看作像一张脸,像一头怪兽,或者其他某个物体,此时,岩石本身的形状却消失了。

对经验主义答案的拒斥

这一解释是与传统的思维方式相对的。然而,对于传统的心理学来说,我们场内的事物的清晰度,或者我们场内的图形和背景的清晰度,可以被视作一个清楚的经验例子或学习例子,我们的理论把这种清晰度解释为刺激分布的直接结果,也就是说,解释为由刺激的镶嵌(stimulus mosaic)而引起的自发组织。因此,让我们详细地考查一下经验主义对这种清晰度的解释意味着什么。该工作实际上被经验主义者忽略了,他们从来没有想到应对他们的理论的真实性发生怀疑。经验主义理论可能接受也可能拒绝我们把图形—背景的差别描述为一种组织问题。如果经验主义理论接受这种描述,就会把它还原为经验,并认为不论见到的是空洞还是事物,轮廓的一侧将具有分离功能。经验总是不断地以牺牲一个为代价而对另一个倍加青睐。第一种主张(认为空洞和事物具有同样机会的主张)是严重违背图形—背景清晰度定律的,这些定律是我们从经验主义证据中得出的。如果这是正确的话,那么,根据图形—背景清晰度的原理,那些我们没有经验过的图样应当是绝对模棱两可的。然而,这种推论是与实验证据相矛盾的。至于经验主义者的第二种主张(即经验将使天平转向对若干可能的图形—背景组织中的一种组织有利),也缺乏任何一种根据。我们不知道哪种经验将具有这种效果,也不知道这些经验究竟如何引起这种效果。也许,经验主义者会在这里提出论点,认为事物的形状是恒定的,而空洞的形状则是可变的,这是因为同一事物与其他不同的物体处于不同的位置和不同的邻接。对此的回答仍然是简单的,也就是说,该论点犯了经验的错误。事物的视网膜意象随着事物和观察者之间位置的每一种改变而变化;引起同一种事物的条件与引起空洞的条件一样,很少是恒定的。不顾邻近刺激的变化,认为见到的事物总是恒定的,这是一个问题,而不是支持经验主义理论的一个事实。只有在事物或图形作为行为环境的部分而建立起来以后,才能获得有关事物或图形的经验。

如果经验主义者拒绝我们的主张(即认为图形—背景的清晰度是一个组织问题的主张),那么他必须首先解释它是什么。由于我所了解的唯一明确的观点是注意力的假设,而这种假设的不适当性已经多次反映出来,因此我克制自己不再对它进行深入的讨论(参见考夫卡,1922年)。

经验主义的读者,即便感觉到这些论争的力度,也不会轻易地放弃他的理论。因为这些论争未能说明为什么经验主义是一个如此受到欢迎的学说;读者很难清楚地看到,这种新理论是如何解释那些特定的事实或事实方面的(它们使他的经验主义对他变得如此之亲切)。当我们在后面讨论"恒常性"(constancy)问题时,这条鸿沟将得到填补。在那些"恒常性"问题中,经验主义的优势看来特别明显,而且经验主义在那个问题上的观点与在这里一样错误。为了避免误解:通过拒绝对图形—背景的清晰度作出经验主义解释,我的意思并不是说经验不可能是决定任何一种特定清晰度的若干因素之一。如果在某些条件下,即两种图形—背景的清晰度相等,其中一种已经发生过一次或若干次,那么很可能同样的清晰度将在同样的条件下发生。鲁宾认为他已经证明了这种"图形的后效"(figural after effect);然而,戈特沙尔特(Gottschaldt)于1929年进行的某些实验对这一证明的有效性提出了怀疑。正如我们以前所见的那样,要想证明经验的影响并非像经验主义理论引导我们进行构想的那么容易。不过,我个人的意见是,这样一种现实化的清晰度可能会促进类似的清晰度,在这个意义上说,经验可能会影响图形—背景的清晰度。进一步的实验必须表明我的信念是否正确,以及在何种条件下这种影响(如果它确实存在的话)会发生。

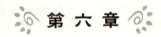

第六章

环境场——恒常性

格局：后象的形状和大小；定位；定位对格局的一般依赖；一般原理：场构成格局的主要方向；由格局的构成而引起的自我定位；在我们的各种例子中一般原理的应用：不变因素；自我定位的特例。格局的恒常性：方向，大小和形状的恒常性。知觉恒常性理论：形状恒常性；大小恒常性；白色和颜色的恒常性。

格　　局

在上一章中，我们提议对事物和格局(frameworks)进行讨论，并把图形—背景的清晰度(figure-ground articulation)作为那个更为一般问题的一个部分。现在，我们可以进行概括了，以格局为开端，并在结束时补充我们的事物理论。

一切知觉组织都是格局内的组织

现在，我们将证明，一切知觉组织(perceptual organization)都是格局内的组织，或者说，一切知觉组织都依赖于格局内的构造，借此证明格局的一些显著方面。

关于我们的证明，我们可以重新继续我们在上一章里中断的线索。在上一章里，我们就图形对其背景的功能性依赖作了一些说明。根据这些说明，我们看到一个小的图形形状如何依赖于它得以显现的背景。同样的事实也能够借助后象(after-image)来加以说明。如果把一个圆的后象投射到一个正面不相等的平面上，那么后象将呈现为椭圆。

后象的形状和大小

对于形状来说为正确的东西，对于大小来说也同样是正确的，一个后象的大小是该后象被投射之距离的函数。这种关系也有赖于投射的方向，我们已经

在第三章中讨论过，相对于水平线来说，线的高度越大，其大小就越小。但是，除了这个主要因素之外，还有一些次要的因素，它们有赖于形状和后象本身的清晰度。这些次要因素妨碍了后象大小和距离的严格比例（proportionality），一种由埃默特（Emmert）发现的比例，一种在逼真意象的调查中起很大作用的比例①。

后象的大小所依赖的背景之距离不是客观的或地理的距离（geographical distance），而是现象的或行为的距离（phenomenal or behavioural distance），对我们当前的目的而言，这是更为重要的事情。弗兰克夫人（Mrs. Frank）受沃克曼（Volkmann）早期实验的影响，在1923年的一个实验中，让她的被试将后象投射在一个平面上，从而在该平面上形成一个关于深的隧道的透视图。接着，后象的大小随着投射于其上的那张纸上的位置而变化；如果它投射在纸上的位置与隧道附近的部分相一致，那么，它就相当地小，如果它投射在纸上的位置与隧道远离的部分相一致，那么，它就相当大，得出的扩大倍数之比为3∶1。毫不奇怪，众所周知的视错觉（optical illusion）现象也显示了同样的结果。在这样一条隧道里所画的两个客观上相等的物体，较近的那个物体看上去会显得较小。

定位

但是，格局也会对定位（localization）产生影响。确实，如果没有稳定的格局，也就不会有稳定的定位，这是一个对空间知觉理论（theory of space perception）来说颇为基本的事实。让我们简要地描述一下海林（Hering）的部位化理论，以便发展我们的论点。在他的理论中，视网膜的每个点都有一对明确的空间值（space values），一个高度值和一个宽度值（height and breadth value），它们与方向相对应，在这个方向上，任何点都会出现，只要将头部竖起，双眼便会沿一个水平面的中央聚焦于一个无限遥远的点上。于是，视网膜中央便将具有"正前方向"的空间值，也就是说，宽度值和高度值都将等于零。垂直地处于上方或下方的点，除了负的和正的高度值以外，其宽度值仍将为零，如果正值是指这些点出现在下方，负值是指这些点出现在正前方向的那个点的上方的话。同理，在中心左右呈水平状的点，其高度值为零，朝着左右两边，其宽度值不断增加。最后，在这一理论中，视网膜的不一致为每个点提供一个深度值（depth value）。我们将在后面讨论深度知觉理论，所以，我们暂且把自己限于前两个维度上。

那么，如何检验这种凝视的视网膜点的空间值理论呢？威塔塞克（Wita-

---

① 参阅本人关于逼真意象之研究的回顾（1923年c），以及我与诺尔（Noll）合作的两篇论文（1923年b），在这两篇论文中，我证明了埃默特定律的例外情况。

sek)是这一理论的坚定信奉者,他于1910年建议进行下列实验。让你的被试置于一个完全黑暗的房间里,在被试面前安置一个光点,作为他的凝视点。然后,将若干不同的光点一个接一个地在被试面前呈示,并要求被试指明这些不同的光点出现的方向。在威塔塞克看来,这种实验是必要的,因为它并不完全遵循海林的理论,即认为一个视网膜点的高度值和宽度值随着它们离开中心的距离而成比例地增加。也许,这种关系并不简单,换句话说,视网膜点的现象空间值系统不是一幅标记这些点的几何学位置的地图。由此可见,把一根垂直线与一根水平线相比较,对垂直线的众所周知的过高估计,在这种理论中可由下列假设来解释,即高度值比宽度值增加得更快。

现在,让我们回到威塔塞克的实验上去。该实验从未真正实施过,原因很简单:因为它无法实施。如果你在一个只见一个光点的完全黑暗的房间里待上一段时间,那么,这个光点不久便会以飘忽不定的方式开始在房间里到处游动,游动范围可以达到90度。在这期间,凝视达到相当完善的程度,哪怕是轻微的眼睛抖动也不会产生。吉尔福德和达伦巴哈(Guilford and Dallenbach)曾证明,当光点游动范围在1度以下时,眼睛对光点的凝视会产生这种轻微的眼睛抖动。这些"游动"运动(auto-kinetic movements)证明,没有凝视的视网膜值属于视网膜点;它们在一个格局中产生部位化,但是,当这种格局丧失以后,便不再产生定位。这种对游动运动的解释是由下述事实所证实的,在对这些游动运动作连续观察以后,我们实验中仍保留着的格局的其余部分也开始丧失其稳定性;例如,观察者脚下的地板和他所坐的椅子都开始晃动了。

定位对格局的一般依赖

游动运动是对一般空间格局的存在和功能性效应的深刻证明,但是,这种格局的运作充斥着我们的整个经验。通过一根垂线,可以在我们眼睛的垂直子午线上投射一根线,如果我站在这根线的前面,并笔直地向前望去的话;或者,用一根水平线,在我们的眼睛上投射一根线,如果这根线正好在我书桌上的那张纸上,而我正好俯视那张桌子的话。同样,也可以用处于垂直和水平两者之间的任何一个位置上的一根线进行投射。而且,一般说来,我可按照实际情况看到这根线是垂直的、水平的或倾斜的。当然,我们知道,线的实际位置不可能对线的现象位置产生任何一种直接的影响;我们排除了对下列问题的这种"首选答案",该问题是:为什么事物像看上去的那样(见第三章)。此刻,我们把注意力集中在以下事实上,同样的部位刺激可以引起大量不同的定位,而且,反过来说,不同的刺激也可以产生同样的定位;我只需抬起和转动我的眼睛,在我面前纸上的线将投射到视网膜的新区域上,然而,还是像先前一样,那根线出现在同样的部位上。如果我把头转向垂线外面,那么,先前投射在垂直的视网膜线上的同样客观的线条,现在将聚焦于倾斜的视网膜线上,而且像以前一样,继续出现于空间上。我们无须讨论由经典的海林理论说明了的①这种方式,我们将把这一结果用于我们的格局理论。

在任何一个特定的时刻,我们视网膜上的垂线将引起一些现象线,它们部分垂直,部分水平,而且往往部分倾斜。此外,正如我们已经指出的那样,在视网膜上经常倾斜的线,像在"正常"条件下产生自垂直线的结果那样,也产生同样的结果。可是,另一方面,当视网膜上的一根垂线在行为环境中产生了一根垂线时,则一根非垂直的线不会被视作垂直线,除非在那个包含着非垂直线的场部分之内有一些特殊的因素在起作用。正因如此,如果一条倾斜的视网膜线使我们见到一条垂线的话,那么,一条垂直的视网膜线将会使我们见到一条斜线。因此,尽管视网膜线的方向是共同决定(codetermines)行为线方向的一个因素,但它不是一个由其自身来作用的因素。

两个问题

我们现在正在处理两个问题。尽管这两个问题彼此密切相关,然而还是可以区分的:① 等同方向的视网膜线将会同时产生不同方向的行为线;② 相同的视网膜线,在不同条件下,也就是在不同时间里,将引起不同的行为线。

让我们就这两种情形举一些例子。对于第一种情形,可供我们选择的例子如此多样,致使我们难以选择。在我面前的书桌上有若干册书;它们的边缘是垂直的,而且,如果我的头部保持笔直的话,则这些边缘便会投射到垂直的视网膜线上。在这些书的前面有一支铅笔,它朝向于我;铅笔的位置是这样的,当书的边缘投射到垂直的视网膜线上时,铅笔也是如此。为了简便起见,我省略了那本台历,它可以作为客观线的例子,也就是投射在垂直的视网膜线上的既非水平又非垂直的客观线。

我们已经提供过有关第二种情形的例子。一旦我们的头部倾斜时,垂直线便不再投射到垂直的视网膜线上②,以前看上去垂直的物体将继续被看作呈垂直状态,只要我们不是耽在一间完全黑暗的房间里,在这房间里,一根垂直的发光线是唯一可以见到的物体③。

我们把另一个十分重要的例子归功于威特海默(Wertheimer,1912年)。一面镜子能以这样一种方式容易地被倾斜,结果,实际上垂直线意象将被投射到倾斜的视网膜线上去。一名观察者通过一根管子注视这面镜子,这根管子把

---

① 参阅第九章。

② 我们眼睛的补偿性旋转运动通常难以完全补偿这种转换。

③ 这种情况(我们的格局理论对此尤感兴趣),在这里必须省去。在这些条件下发生的现象涉及奥伯特现象(Aubert phenomenon)。G. E. 缪勒(G. E. Muller)对此进行过精心的研究(1916年),而且,我在自己的文章中根据我的观点对它进行了解释,1922年(pp.572~576)。

在镜子外面可见的一切环境部分从视野中排除出去，观察者通过这面镜子观察房间以及房间里发生的一切。开始时，房间显得乱七八糟。从镜子里看到，人们在倾斜的地板上行走，物体以斜线形式纷纷落到地板上。但是，过了一会儿，这间"镜中的房间"将会一切正常；地板重新呈水平状，物体的坠落路线又呈垂直。

理论意义

那么，这些事实有何理论意义呢？关于我们第一个问题的事实清楚地表明，一根垂线所产生的现象方向（phenomenal direction）有赖于整个视野组织。我们的现象空间充斥着三维的物体和面。正常条件下的线，其本身并不是线，而是属于（或邻接于）这些物体的面的线，或属于（或邻接于）限制我们空间的面的线。因此，这些线在其方向和其他一些方面将受制于这些事物或事物所属的面。用另外一种方式来表述，便是：根据点或线来构建知觉空间是一项无效劳动，也就是说，根据点或线来构建"空间感觉"（space sensation）是一项无效劳动；我们再次发现，视觉空间只能被解释为场组织的产物。

一般原理：场构成格局的主要方向

为我们第二个问题所提供的例子把我们引向这种一般的陈述之外，并直接涉及格局。于是我们必须询问，为什么镜中的世界会对它自身进行矫正？在镜中的世界里，在它矫正了自身以后，组织如在现实世界中一样，同样的事物在同样的关系中被见到。不过，只有一个特征发生了改变，也就是说，视网膜线和现象线之间的关系发生了改变。这种变化的原理可作如下描述：尽管与看上去垂直的物体相应的视网膜上的线在一个例子中是垂直的，而在另一个例子中是倾斜的，然而，组织的主线（main lines of organization）在两个例子中仍被视作是空间的主要方向（main directions of space）。这些主要方向是垂直的和水平的，并具有其两个主要方向，在"正常的位置"中是正面平行和箭头状的。因此，水平的背景平面，以及位于其上的垂直平面，决定了我们的格局。在视网膜上没有任何一根明确的线具有将这种格局提供给我们的功能；更为确切地说，这是整个组织的主线的功能。由此可见，轮廓具有形成事物的单方面功能，但不是空间格局，它通过决定主要方向具有形成后者（空间格局）的功能。

对于为什么镜中的世界能进行自我纠正的问题，其答案已包含在我们的上述结论中。当我们乍一瞥镜子时，组织的主线并不在空间的主要方向中被见到；地板是斜的，垂直的物体也是倾斜的。情况肯定如此，因为在我们开始见到镜中世界时，我们仍处于我们的正常的格局中，在这种格局中，垂直的视网膜线产生垂直的物体线。因此，按照先前得出的关系，非垂直的视网膜线（它们与镜子反映的物体的垂直轮廓相一致）不可能呈垂直状态。但是，这种旧的正常

格局在镜中世界里得不到支持,而且,没有这种支持,其本身便无法维持下去。用于取代的是,新的组织主线起到了创造格局的作用:镜中世界对它自身进行矫正。这种矫正的结果原则上与我们第四章讨论过的彩色同质场(coloured homogeneous field)的结果是一样的。在这两种情形的任何一种情形里,新经验的问世肯定不同于它的后续阶段,在这两种情形里,我们必须考虑刺激的时间过程以及它的空间分布。

由格局的构成而引起的自我定位

关于另一个例子,我只能简要地提一下。这个例子将解释相似的论点。让我们根据同样的论点画两张关于房间的透视图。在一张透视图中,我们面向房间的墙壁,在另一张透视图中,我们稍稍转身,以便我们的脸不再与墙壁平行,我们的眼睛则朝向墙壁的另一部分。这两张透视图是不一致的,而且,相应地,我们关于房间的视网膜意象,在不同的可见部分的上方,将是不一致的。然而,我们还是见到同样的房间,也就是说,我们的行为环境仍将保持相同;但是,作为经验的一个数据,我们自己在行为环境中的位置将有所不同。我们必须再次超越环境,必须把自我包括在完整的描述之中。现在,我们看到(我们在非视觉的背景前发现的东西),视觉格局如同对行为环境中的物体来说是一种格局一样,对我们的自我来说也是一种格局。

但是,我们的例子须作详尽研究。在两种情形的任何一种情形中,作为我们组织之场的外部条件,我们在自己的视网膜上具有光和颜色的某种分布,它们在两种情形里是不同的。这种差异可以通过不同形状的两个房间来产生,也就是面对主要墙壁时看两个不同形状的房间。在这些条件下,该房间将提供像我们从倾斜位置上看到普通房间一样的投射,也即该房间有点奇怪。因此,问题便成为:为什么我们会在倾斜的位置上见到一个普通的房间,而在正常的位置上却见到奇怪的房间呢?

经验主义解释再次被排斥

传统的心理学,以及吸收许多传统心理学知识的门外汉,将回答道:这是因为,通过经验,我们了解自己的房间。于是,我们可以提出下列问题,当我们获得这种知识的唯一的视觉源泉是视网膜意象时,我们是如何成功地了解我们自己的房间的呢?我不想展开这一论争。读者可以通过亲自实施这种办法来检测他对这种反经验主义论点的理解。读者可以记住我们头部和身体的连续运动,并扪心自问下列问题,为什么从纯粹的经验主义观点出发,正面的平行位置应当成为正常的位置。我将引证一些观察来证明自己的论点,这些观察是与经验主义解释完全抵触的。我们都知道,树木、电线杆、房屋都是垂直站立的。如果一个人坐火车沿山间铁道旅行,铁轨以相当陡的坡度上升,那么这个人从窗外望去便会惊奇地发现,在世界的这些奇怪部分中,树木沿垂直方向以合理的角度生长着,而且,为了与树木保持一致,人们也用同样奇异的方式竖立电线杆和建造他们的房屋。我在最近的一篇论文中(1932年a),报道了另外一个特别引人注目的例子:"在卡尤加湖(Lake Cayuga)的西边,距离水平面约200英尺的地方,在朝湖边稍稍倾斜的广阔草地上屹立着一幢公共建筑物。对于每个人来说,这幢建筑物看上去以一种十分引人注目的方式向离开湖的方向倾斜。"

在我们的各种例子中一般原理的应用:不变因素

我们将拒绝把经验主义理论作为我们对格局的一种最终解释,但是,我们并不认为经验对它丝毫没有影响。这是因为,在我们目前的知识状况下,这种主张是没有保证的。在我们摆脱了经验主义偏见以后,我们在上述的例子中发现了一个十分简单的原理:行为环境的场部分,作为我们一般的空间格局的一部分,呈现出一种主要的空间方向。让我们看一下该原理在我们的例子中意指什么。当我们通过山间火车的车窗向外望去时,这扇窗便成为空间格局,而且呈现出正常的水平—垂直方向。通过窗子看到的物体轮廓并不与窗框直角相交。因此,如果窗框看上去是水平的话,那么,这些物体看上去便不是垂直的,而是在上坡时斜着离我们远去,在下坡时则迎着我们而来。如果图72提供的有关车窗和电线杆实际位置的图画稍稍有点夸张的话,那么,它同时也表明了,当车窗成为格局,而且被水平—垂直地定向时,为什么电线杆看上去不可能呈垂直方向。人们应做的是,把这张图转过来,使窗的底边保持水

图 72

平;于是,电线杆就会倾向右边,正如在我们的图画里,车窗向左边倾斜一般。电线杆和窗框之间的角度决定了这两个物体彼此之间的相对定位(relative localization),而它们的绝对定位(absolute localization)则受制于形成空间格局的那些场部分。如果有人将头伸出窗外,那么电线杆便会立即看上去呈垂直状态;当这个人一面看着那根电线杆,一面把头缩回来时,电线杆仍然保持垂直,可是车窗和整个车厢则是倾斜的。在这两种情境中的一个因素是"不变因素"(invariant),也就是背景和物体之间的角度。

若把同样的原理用于卡尤加湖西岸的房屋,也是很容易的。这里,大草坪提供了背景,从而看上去呈水平状态,而草坪上面的房屋反而呈倾斜状了。人们只需将图73稍稍转动一下,使代表倾斜草坪的那条背景线变成水平状,然后看看发生什么情况就可以了。

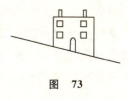

图 73

我们发现,同样的原理(自然涉及其他一些不变因素)也适用于颜色场和运动场:刺激分布的相对特性决定行为世界中物体和事件的相对特性,但是,后者的绝对特性有赖于一个新因素,这个新因素在我们的空间格局例子中是朝着主要空间方向的这种格局的应力(stress)。

自我定位的特例

我们的原理也适用于房间的例子,即当我们看到房间与墙壁平行或倾斜时的例子。这个例子比我们的上述例子更加复杂,因为它除了方向以外,还涉及其他东西。这个例子中的两个变量是:房间的形状和对于房间来说自我的位置。当我们呈直角地面对房间时,我们看到正常的房间,它具有垂直和水平方向,而我们自己在房间里也处于正常位置。可是,一旦视网膜刺激发生变化,我们也会看到形状古怪的房间,它具有倾斜的侧面,而我们自己也处于倾斜的位置上。如果 F 代表格局,E 代表自我,指数 n 代表正常,指数 a 代表异常,那么,我们便可以用如下公式来表示所有不同的可能性:$F_nE_n - F_aE_a$。当然,前项的选择是经常实现的选择:鉴于那种理由,看来也不包括任何问题。但是,一旦我们了解还存在着无数其他的可能性(这些其他的可能性都用 F_aE_a 来表示),那么,我们便可以看到这种正常情况也与异常情况一样需要作出解释了。在这种情况下,解释也是特别简单的:格局是正常的,而且,我们知道,一种格局趋向于朝正常方向发展,而自我的位置也是正常的,那就是说,从自我角度看,所谓"正前方向"是指与格局的主要平面之一呈正交状态(perpendicular to)。于是,两种方向系统(一种是由格局施加的方向系统,另一种是有赖于自我的方向系统)在这种情形里发生重合。这两种方向系统之间的冲突可能会明显地干扰我们"正前方"的方向,因为它不仅受制于我们自我的位置,而且也可能受制于格局,受制于这种格局的箭状方向,而不是我们自己的方向;实际上,甚至后一种决定因素也是模棱两可的,它可以指我们的眼睛,我们的头部,或我们的躯干系统。G. E. 缪勒(1917 年)是第一个建立这些不同的定位系统的人。我将引证一个十分引人注目的例子,即关于客观的和"以自我为中心的"正前方向相冲突的例子,这个例子之所以具有重要性,是因为它同时表明视觉格局并不是一种单单对视觉物体来说的格局。我的证明也是从听觉实验中得到的。被试的任务是判断来自正前方向的一种噪音。为了了解这一点,我们必须知道究竟是什么东西决定了左边或右边声音的定位。自冯·霍恩博斯特尔(Van Hornbostel)和威特海默的独创性发现以来,有关这个课题已经产生了大量的文献①。但是,最初发现的那些事实仍然未被触及。声音的左右定位有赖于时间差别,声波依靠这种时间差别到达两耳,定位发生在先听到声音的耳朵一侧,而朝向中线的角度便不断增加,至少在第一个近似值中,随着这种领先的量按比例地增加。

---

① 参见冯·霍恩博斯特尔(1923 年和 1930 年)和班尼斯特(Banister)的著述。

结果,当时差等于零时,一种声音将在正前方听到,也就是说,当两耳同时听到时,说明声音在正前方。了解了这一点以后,我们便可以做一个简单的实验了。先发出一种恒常的或反复发生的噪音,这种声音通过一组管乐器分别让两耳听到,它为每一只耳朵准备一种可变的曲调,例如一只长号的曲调。只要这两组管乐器发出同样的声音,那么,观察者的两耳也将同时受到刺激,他将从正前方听到声音。现在,如果把左边的长号移开,那么与右耳相比,声音到达观察者左耳所花的时间将大大地推迟,结果,观察者将听到向着右边传递的声音。现在,开始我们的实验:我们把一只长号安置在某个位置上,以便我们的观察者可以在某个角度上听到声音;然后,我们要求观察者将另一只长号移开一些,直到他在中央位置上听到声音为止,也就是在正前方听到声音为止。这可以很精确地完成。经过一些练习以后,一名优秀观察者的平均误差将不会超过半厘米,也就是说,他将长号移至一个位置上,这个位置距离另一只长号的任何一个方向平均不超过半厘米。让我们暂停一下,以便对这项成就作出评价。空气中声音的速度为 330 米/秒=33000 厘米/秒。平均 1/2 厘米的误差是指,当观察者听到正前方的声音时,两个通道之间的差异可能是 1/2 厘米。那么,根据时间又意味着什么?

$$c=s/t, t=s/c, t=0.5/33000 \text{ 秒}=0.015 \text{ 毫秒}$$

这一精确性是令人惊讶的,但是它有赖于一个条件,也就是,观察者必须面对房间中的一堵墙,以直角方向端坐着。如果观察者不这样做的话,他们的精确性将会遭受损失,在许多情形中,甚至当他们在观察期间闭起双眼时也会这样。客观精确性的丧失将伴随着主观自信性的丧失。我在战时工作期间,曾通过数千次这样的测量而获得了丰富的经验,但是,我仍然无法闭起眼睛工作,当我在房间里的位置处于不正常状况时,我无法找到良好的"来自正前方"的听觉。

在阐述了这一段题外话以后,让我们重新回到 FnEn 的例子上来。Fn 是 F(格局)的最稳定形式,从而是最容易产生的。在这种情况下,Fn 需要 En(自我)。因为变量 F 和 E 是紧密地结合在一起的,两者的结合方式与先前例子中所阐释的一样,是背景和物体两种方向的结合。我们可以这样说,在一切可能的组织中,由于各自的刺激分布,F 和 E 之间的关系是不变的,正像格局和物体线条之间的角度是不变的一样。

格局趋向正常性的倾向

现在,我们转向第二种情况,也即当我们在房间里的位置处于不正常时,我们对房间的知觉。这时,我们需要三个公式去描述一切可能的组织:FnEa—FaEa—FaEn,在这三个公式中,中间一个公式构成了大量的情形。这里,F 和 E 再一次结合在一起,不过,由于条件的改变,F 和 E 的结合方式与它们以前的结合方式有所不同。第一个公式再次得到实现,格局保持正常,自我却异常了。这种情况恰好可与卡尤加湖边的建筑物相比,那里的格局是正常的,可是格局上的物体,也就是建筑物,却变得倾斜了。如果 O 代表物体,那么这个例子可以用三个公式来表示:

$$FnOa \text{——} FaOa \text{——} FaOn$$

最后一个公式反映了"实际的知觉",建筑物呈现出垂直状态,而背景则倾斜。因此,趋向正常性(normality)的倾向是一种格局的倾向,而格局里面的自我和物体则受制于格局以及格局与其内容的不变联结,这里的内容意指物体和自我。

正常性和频率

迄今为止,我们在描述的和功能的意义上,而不是在统计的意义上,使用了"正常定向"(normal orientation)这个术语。对我们来说,所谓正常的情况并不是十分频繁地得以实现的情况。然而,看来我们的正常定向倒是十分频繁的定向,因为它是我们自发地假设的一种定向;我们往往具有一种倾向,使我们的椅子和沙发与墙壁平行,当我们意欲对任何事物进行调查时,我们往往直接面对这些事物。但是,这个"正常"的统计方面远非"正常"的功能方面的原因,而是"正常"的结果。运用上面介绍的象征手法,我们可以说:$FnEn$ 是一切可能的组织中最稳定的。而且,由于这样的组织一般可以通过我们的身体运动来实现,所以,如果没有其他场力来阻止这类运动的话,这类运动仍将发生。于是,正常就成为最经常的,原因在于它的正常性,但是,它也由于其最高频率而不成其为正常的——这是与这两对概念的许多讨论相关的一个观察,而且对于把正常实证地还原为统计的平均数是绝对的致命。

格局的恒常性: 方向、大小和形状的恒常性

我们可以把上述讨论的结果用另一种方式来描述,这种方式我们将在有关"活动"(Action)的一章中,详加阐释。我们发现,我们的眼睛、头部和身体等运动都改变了视网膜的图样,但是却使格局原封不动。由此,我们可以说:只要条件许可,格局尽可能保持恒常。这也同时解释了我们所见物体的方向、大小和形状的相对恒常性(relative constancy)。

大小恒常性的不变因素

我们已经讨论过线的方向、物体的大小和后象都有赖于它们所属的格局。为使这个论点更加清楚,我们可以再次引入我们的不变因素的原理。让我们回忆一下有关一条隧道的透视图的实验。投射于其上的后象是一根线的后象,使

该线的长度只有隧道附近垂直边缘长度的一半。这样一来,后象外表的大小将有赖于两个因素:一个因素是后象与隧道投射点上几何学高度的关系,另一个因素是后者的外表大小;这两个大小之间的关系就是不变因素。于是,当后象接近隧道前面边缘时,它看上去大约只有前面边缘的一半大小;如果后象靠近一根垂线,那根垂线看上去进一步深入背后,而且其长度只有前面边缘的一半,那么后象看来就与垂线一样长,因为视网膜意象是相等的,现在,这种相等性就是不变因素;但是,如果后面那根垂线看上去约与前面边缘一样长,那么,后象也会看作是大的,就是说,现在后象看上去相当于开始时的大小的 2 倍。

形状恒常性的不变因素

同样的观点也可以用于形状。形状与格局的关系尚不明确,但是,根据上述讨论,我们可以作如下推论。如果一个正方形的面产生了一个正方形的视网膜意象,而且,它在正面的平行位置上作为正方形被看到,那么,投射于其上的一个圆形的后象也会呈现出一个圆来。但是,当这个正方形被旋转,譬如说,围绕一个垂直轴被旋转 45 度时,它就作为一个不规则四边形被投射到视网膜上了,然而,它在一个非正常的位置中仍然被看作一个正方形。现在,投射到它上面的圆的后象看起来就不再像一个圆了。这是因为,如果一个不规则四边形可以看成是正方形,那么,一个圆便不再看成为一个圆,如果允许我们用某种椭圆来表示的话。相应地,正方形上的一个真正的圆将会在这个新的位置上产生一个椭圆的视网膜意象,但是它仍将被看成是一个圆,这是因为,当某个不规则四边形看上去像正方形时,某种椭圆也会看上去像一个圆①。这一原理恰与前述例子中的原理一样。而且,这里的不变因素就是不同形状之间的关系。由于这些关系比之大小和方向的关系来可能较为复杂,因此,这种不变的因素也可能较不完整。在这个领域中,许多有趣的问题等待实验。索利斯(Thouless)报道了一个证明上述关系的独创性实验。"让一名被试坐在一架幻灯下面。面对他视线的是一块正方形的纸板屏幕,屏幕上映出由幻灯投射的形象。现在,如果屏幕在观察者的正面平行面呈一定角度倾斜的话,图像的视网膜意象仍不会改变……。然而,从现象上看,图像变得歪曲,并被侧向拉长。尽管屏幕本身的视网膜意象被侧向压缩,但现象上它仍与一个正方形极少差别"(1934 年)。这已足以证明格局的恒常性和大小、方向、形状的恒常性之间的联结。我们关于知觉的基本事实的解释是非经验主义的。

对这些恒常性的经验主义解释,以及它们受欢迎的原因

然而,这些恒常性现象看来需要经验主义解释。这里,存在着的是恒常的

---

① 不规则四边形和椭圆之间的联结可能并不简单,因为正方形和椭圆均显示不同程度的恒常性。

物体和变化的视网膜意象。只要人们不去注视部位的视网膜意象以外的地方，那么，他就不可能了解不同的视网膜意象作为纯粹的感觉资料能够引起一致的形状。于是，人们便求助于经验：我们用这些变化着的视网膜意象所见到的东西，在大多数情况下，或多或少是与现实相一致的，这种现实不能直接地影响我们的感觉器官，以便被正确地见到。由此可见，对经验的求助是不可避免的。我们已经了解到，事物是恒常的，具有如此这般的特性，因此，经验不会对我们的感觉感兴趣，而是对事物感兴趣，我们不知不觉地按照我们对事物的了解来解释我们的感觉。但是，经验主义理论之所以似乎有理，仅仅是因为它暗示着恒常性假设(constancy hypothesis)，但是，在这里，它却站不住脚了，正如它在我们遇到的其他领域里站不住脚一样。我们已经通过动物实验对大小恒常性进行了驳斥(参见第三章)；当我们谈到我们的知觉与我们的格局定律和不变定律相一致，但是却与根据经验和现实所作的解释相矛盾时(如倾斜的电线杆和建筑物)，我们便会提出反对它的强硬论据；当我们讨论颜色恒常性时，我们将提出同样的也许更引人注目的例子。

对经验主义解释的拒斥并不证明我们是正确的。但是，至少我们可以声称，我们的理论用同样的原理解释了这些情况，它们显然符合经验主义理论——真实的知觉——以及与此不相符合的情况——幻觉。这些原理是十分简单的：用场的主要轮廓沿空间的主要方向建立起一个格局，以及刺激的某些方面之间的一种不变关系，于是不变性原理取代了旧的恒常性假设。

知觉恒常性理论：形状恒常性

即便如此，我们的假设仍是不完全的。该假设认为，如果一种结果 b 产生的话，那么一种结果 a 也会产生，但是，它并没有表明在哪些条件下第二种结果会产生。具体地说，我们并不知道什么时候一个正方形的视网膜意象会引起一个正方形知觉。我们通过增补这第二个条件(即正方形的视网膜意象是由一个实际的正方形产生的)而在我们的系统阐述中回避了这个困难。这仅仅是对实际问题的一种推诿。确实，在这种条件下，一个正方形的视网膜意象将会引起一个正方形的知觉，然而，在其他条件下就不会这样了(例如，在一个非正面平行位置上的一个不规则四边形)；为此，我们想知道为什么。在这种条件下提到的例子(也就是说，一个正方形产生一个正方形的视网膜意象)，毫无疑问是个特例。在许多方面是如此：知觉到的图形可能是最简单的(例如，与不规则四边形相对的正方形)，而且在图形的定向上也是如此(正面平行)，除此之外，知觉是真实的；那就是说，一个人见到的正方形既与距离刺激相一致，又与接近刺激相一致。把这种条件的独特性原因与这些方面中的一个方面相联系是很自然的,而且,人们必须最终在它们之间作出选择。这种选择落在最后一个方面,即真实知觉方面,这也是十分自然的。对于一个在我们的视网膜上投射一个歪曲图像的正方形来说,即使它没有以与视网膜意象相一致的形状被见到,仍不会完全作为一个正方形被见到,而是通常表现为一个矩形,即多少有点接近一个正方形的形状。现在,在这个例子中,行为客体的形状既不与距离刺激(正方形)的形状相一致,又不与接近刺激(不规则四边形)的形状相一致,而是处于中间地位。在这一发现中,使心理学家大为惊讶的是下列事实:知觉到的形状十分接近于"真实的"形状而非视网膜形状,而且该事实在下列陈述中被表达出来,即形状与大小和颜色一样,表现出相对的恒常现象,也就是说,由同一种距离刺激产生的不同知觉,比起相应的接近刺激来,其变化要少得多,并更加接近于刚才讨论过的(即在独特的条件下产生的)那种知觉。有两个概念决定了这种解释,也就是距离刺激和接近刺激(distant and proximal stimulus):依靠接近刺激的知觉近似于距离刺激的特性。正如我们所知,在颜色领域,可以获得同样的现象,人们引入了"转化"(transformation)这个术语,它意味着,像接近刺激那样的边缘过程因中心因素而被转变成更像距离刺激的一个过程。索利斯把该结果称做"向实际事物的现象回归"(phenomenal regression),这种结果在形状、大小和颜色领域中同样明显。

有关该问题的传统阐述的危险性

对于这一结果的阐释,已历史地被证明是正确的[①],因为它提出了一个十分重要的问题。但是,当试图对这一结果进行解释时,危险便发生了。这种情况甚至在该结果之量值(magnitude)的界定中也会出现。

为了说明这一点,我们将以椭圆形为例,并且把圆也包括在内,而非以包括正方形在内的矩形为例,因为在前者的例子中,透视图稍微简单一些。位于 O 点的一名观察者注视着具有水平轴的一个椭圆,水平轴 $AB=r$(r 是"真实的"),该椭圆绕着通过其中心的垂直轴转动,致使水平轴的位置为 $A'B'$。这根水平轴($A'B'$)对观察者来说是倾斜的,但是它像正面平行线 $CD=p$[p 代表"投射"(projection)]一样产生同样的视网膜意象,$CD=p$ 就是图74里面的粗线。这些椭圆像那个倾斜的椭圆一样具有同样的垂直轴,但水平轴有所不同,直到被试在其中找到一个椭圆,这个椭圆在他看来与那个倾斜椭圆的形状相同。这个正面平行的椭圆的水平轴 a 便将是那个倾斜椭圆的"明显的"水平轴。通常,而且也是由索利斯、艾斯勒(Eissler)和克林费格(Klimpfinger)在许多实验中发现的,a 将大于 p,但小于 r,也即 $p<a<r$。如果 a 等于 r,那么恒常性将是完整

---

① 参见我们关于颜色恒常性的讨论。

的,即向实际物体的现象回归。如果 a 等于 p,那么便不会有任何恒常性或回归。因此,a 的实际大小用来测量恒常性程度。

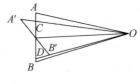

图 74

布伦斯维克和索利斯对恒常性的测量

由于零和总数之间恒常性的整个范围处于 $a=p$ 和 $a=r$ 之间,因此 $r-p$ 的差异被认为是整个范围,而 $a-p$ 的差异被认为是这个范围的一部分,它反映了在这个实验中获得的恒常性的特征。于是,恒常性本身是由 $c=(a-p)\div(r-p)$ 来测量的。如果 $a=r$,即完整的恒常性,则 $c=1$;如果 $a=p$,即无恒常性,则 $c=0$。由此可见,恒常性的一切程度都存在于 0 和 1 之间,或者,如果有人想避免出现小数点,便可在等式的右边乘以 100,于是 $c=100\times(a-p)\div(r-p)$,恒常性范围介于 0 和 100 之间①。

尽管出于特定的目的,这些测量可能十分方便和有用,但是,从理论上讲,我认为它们并不具有任何特殊意义②,问题出在它们关于可能的恒常性范围的假设。让我们考虑一个简单的例子。我们假设 $A'B'$ 线代表一个椭圆的水平轴,长度为 15 厘米,椭圆的垂直轴为 20 厘米,观察距离离开图形 450 厘米,朝向凝视线的角度为 45 度。这时,它的视网膜意象约等于一个正面平行椭圆的视网膜意象(后者具有相等的垂直轴,水平轴为 10.7 厘米),但是,它也约等于一个圆(直径 20 厘米)的视网膜意象,与凝视线形成 $15°30'$ 的视角。现在,这两个公式仅仅考虑了这样一些情况,即作为形状相等而被选择的正面平行椭圆,其水平轴 a 的长度不少于 10.7 厘米,但不超过 15 厘米,也就是说,它们排除了存在于后者的形状和圆(水平轴=20 厘米)之间的一切形状。根据因果推论,便没有理由去说,当水平轴 a 的长度为 15 到 20 厘米之间时,为什么它不该同样容易地出现。事实上,这种情况发生了。艾斯勒就我们陈述过的条件③报道了两个例子,并就其他一些条件报道了类似的例子。

---

① 这个公式的优点是简单,但也有缺点[见布伦斯维克(Brunswik,1933 年 a)和索利斯]。然而,这个公式仍为布伦斯维克的学生们所使用,而索利斯则专门采用一个对数公式(布伦斯维克也使用对数公式),它没有其他公式的弊端,也就是说,$c'=(\log a-\log p)\div(\log r-\log p)$。如果 $a=p$,即无恒常性,则 $c=0$;而如果 $a=r$,即完整的恒常性,则 $c'=1$。

② 我不准备讨论布伦斯维克为这些测量提供的理论证明。

③ 由于艾斯勒只报道了 C 值,因此我不得不亲自根据他的数据计算 p 值和 a 值。

这一测量的缺点

首先,这一测量不会减弱测量的值,在布伦斯维克的公式中,恒常性总是简单地表现为大于 100 的数值,而在对数测量中,则表现为大于 1 的数值。艾斯勒为我们的群集所引证的数值之一是 $c=164$,而对数值 $c'=1.45$ 是与这个数值相一致的。然而,我们还发现了大于完整恒常性的值,这是一件令人惊奇的事。该测量的优点在于:它们十分有用,因为通过将每个结果都归诸于充分界定的范围,它们便为各种群集产生可供比较的图形,每一个图形都具有以同样方式界定的范围。但是,我们发现还有大于完整恒常性的值,这一事实损害了这个优点。范围本身成了群集的一个功能,而且对一切群集来说,不再是 $r-p$。因此,对形状恒常性、大小恒常性和明度恒常性等场内产生的 c 值进行比较,即使它导致相似的发展曲线(克林费格,1933 年 a),看来仍不是一个完全正确的程序。

重新阐述的问题

现在,如果我们回到主要的问题上来,我们便会发现,一组条件的独特性和它的认知值(cognitive value)之间的联系,无论在何种意义上说,都不该用作对这种独特性的解释。相反,认知值应当导源于独特性。概括地说,被人们称为恒常性的问题应当以这种方式重新加以阐述:在各种完全的外部条件和内部条件下,哪种形状、大小和明度将与某种部位刺激模式保持一致?一旦我们对这些问题作出了回答,我们便将知道何时去期望恒常性,何时不去期望。确实,有些非恒常性结果就像恒常性结果一样引人注目,后者经常被强调,尤其是在颜色场和明度场中。

解决该问题的尝试

现在,让我们看一下,我们能在多大程度上解决有关形状的一般问题。我们以分析几个例子作为开端。在本章中,我们讨论过一个例子,一名被试对来自正面平行平面旋转 45°的椭圆形状作出判断,以确定它是否与正面平行平面中出现的另一个椭圆相等,也即当前面那个椭圆的两个轴分别为 15 厘米和 20 厘米,而后面那个椭圆的两个轴分别为 17.75 厘米和 20 厘米时,作出是否相等的判断。在另一个例子中,椭圆从正面平行平面旋转 60°,而它的水平轴和那个被判定与之相等的正面平行椭圆的水平轴,长度分别为 40 厘米和 35 厘米(垂直轴始终为 20 厘米)。因此,在每个例子中,我们发现两种不同的刺激产生了相等形状的知觉,不仅是不同的距离,而且是不同的接近刺激,产生了相等形状的知觉。只要水平轴决定接近刺激,我们便把水平轴长度称为 p;而把绝对测量

的水平轴长度称为 r。现在,当图形处于"正常"定向时(即处于正面平行位置时),$p=r$,但是,当图形从正常定向被旋转时,便不是这样了。我省略了把 p 和这种旋转角度联系起来的公式,我将就这两个例子列出取代 p 值的表。正常定向的椭圆的水平轴(该椭圆被判断为与旋转的椭圆形状相等)将再次被称为 a,图形旋转角度为 δ。

表 7

例	r	δ	p	a
I	5	45	10.5	17.75
II	40	60	20	35

在两个例子中,垂直轴的长度均为 20 厘米。因此,两种作为刺激的椭圆都具有相等的垂直轴,水平轴分别为 10.5 和 17.75 厘米,它们产生了同样的形状,而与这种情况相似的是,水平轴为 20 和 35 厘米的两个椭圆刺激也产生了同样知觉到的形状(尽管与第一对椭圆产生的形状相比是一种不同的形状)。

两个组成成分:形状和定向

如果两个邻近刺激在阈限上明显不同,无法产生恰好相同的结果,我们把这种现象作为一般规律加以陈述。如果这种结果在一方面是相等的,那么,它必然在另一方面是不同的。这里所谓的另一方面在我们的例子中是容易发现的:两个表现出相等形状的椭圆是在不同定向(orientation)中被见到的。因此,刺激模式的结果至少具有两个不同方面或者两种不同的组成成分,也就是形状和定向。这使我们想起了山区的铁路,这个例子是我们在前面已经讨论过的。在两条线中间有一个角度,例如,在窗框和电线杆之间有一个角度,它产生了一种知觉,我们在这知觉中也区分了两种组成成分,那就是角度和定向。我们发现,前者是由刺激角度决定的,而后者则不是,因此,我们把前者称做情境的不变因素(invariant of situation)。

本例中的不变因素

我们目前的例子也许是更加复杂的,但是,我们可以试着再次寻找一个不变因素。如果确有一个不变因素的话,那么,它不会是这般简单的类型,也就是说,一个方面在不受另一方面支配的情况下与一个刺激特性处于不变的关系之中。更为确切地说,知觉的这两个方面将结合起来,结果是,如果其中一个方面发生改变,那么另一方面也将发生改变。在这一方面,形状更加类似于大小,一般情况下,在知觉到的大小和距离之间存在一种比例关系,因此,如果两条相等的视网膜线引起了长度不同的两条行为线的知觉,那么,相应地,这两条线显然位于不同的距离。将此用于形状,这就意味着:如果两个相等的视网膜形状产生两种不同的知觉到的形状,那么,与此同时,它们将产生这样的印象,即这两种形状具有不同的定向。问题在于,形状和定向是否像大小和距离那样固定地联系着。

对那个与不变因素的假设相矛盾的实验证据的批判

根据艾斯勒的观点,这样一种联系是不存在的,因为,他曾报道过若干例子,其中的图形实际上不是处于正常的定向,但却在正常的定向中被见到,与此同时,具有相当程度的恒常性;但在一些相反类型的例子中,知觉的定向是非正常的,与实际定向相一致,然而,实际上却没有任何恒常性发生。第一种情况意味着:两个不同的视网膜意象产生了在形状上和定向上相等的知觉,第二种情况则表明:两个实际相等的刺激①产生不等的知觉,也就是定向上的不同。

艾斯勒的结果得到了克林费格的支持(1933年a,p.626),后者使用了十分相似的过程,也得到了霍拉迪(Holaday)的支持,后者在大小恒常性方面证实了这一点。所有三位作者在解释这种反论的结果时都说,"线索"(cues)可能在不丧失其结果的情况下在物体的知觉中丧失,或者功能上有效的深度资料无须成为有意识的,结果"对知觉事物的调解"发生在低于意识过程的水平上。

倘若否认这样一种解释的可能性,那便是固执己见了。不过,另一方面,根据现存的实验资料,我是不愿意接受这种说法的。它将使我们的知觉组织原理变得无效,也就是说,阈上(supraliminally)不同的刺激并不产生完全相等的知觉效果,从而将使一种可以理解的知觉理论成为不可能的事。这样一种激进的理论断言在我看来无法得到引证证据的保证。第二种情况——倾斜定向或距离差异可被知觉,而无须大小的恒常性——可以不予考虑,因为作者本人把它们称为罕见的(艾斯勒)和模棱两可的(霍拉迪)。另一种情况,也就是相对来说较高程度的恒常性,而无须对非正常定向或深度差异进行知觉(前述的解释是以此为基础的),也没有得到充分支持。艾斯勒总共列举了19个例子,其中有7个例子属于单眼被试,他们的结果与正常被试的结果在许多方面是有差别的。在余下的12个例子中,只有一个例子发生在正常条件下,所有其他例子都发生在对清晰的空间组织进行干涉的情形中,例如,单眼观察,注意力集中在两个比较物体之间的一点上,以便它们在边缘处被见到,通过半闭的盖子进行观察,等等。霍拉迪提供的例子也同样是正确的。

在这些情况下,不放弃基本原理在我看来是正确的,但须在其他地方寻求对反论例子的解释。我可以想到两种可能性。判断为在形状和定向上相等的两个椭圆形在第三方面有所不同,或者这种反论的结果是由于呈现的系列特征

---

① 如果恒常性为零,正面平行椭圆的视网膜意象便等于旋转椭圆的视网膜意象。

影响其结果的"痕迹"(trace)聚集。这两个不同假设还有待于进一步实验证明。然而,这种实验将填补我们的知识空缺:形状匹配(以及大小匹配)应当由定向匹配(以及距离匹配)予以补充。只有当我们拥有这些资料时,我们才能清楚地看到形状和定向究竟是什么关系(或者大小和距离究竟是什么关系)。

正面平行定向的一个独特例子:"正常定向"

这种知识对于形状恒常性理论来说是一个先决条件,但是这种知识本身不会对该理论有所补充。这是因为,一个理论必须回答下列问题,一个圆的视网膜意象何时导致对一个圆的知觉,何时产生一个非正常定向的椭圆,以及为什么在这两种不同的情况中会有两种不同的结果。这样一种理论可以从下列情形出发,即一个圆的视网膜意象引起一个正常定向的圆的知觉。这是一个我们在先前已经陈述过的独特例子,现在我们可以在为其独特性作贡献的各种因素中进行选择了。在我们扬弃了作为造成该独特性的一个因素的知觉"真实性"(veridicalness)以后,剩下来的便是在图形的最大单一性和定向之间进行选择。在这两种选择中,第一种容易排除,因为,通常说来,在正面平行位置上呈现的一个椭圆将按此形式出现,而不是作为一个定向不正常的圆出现。这就告诉我们,正面平行的平面是一个特例。该观点不仅为艾斯勒所接受,而且还可以从我们关于空间主要方向的若干发现中推断出来。从动力角度讲,该假设意指,就一个正面平行平面来说,其自身内部是充分平衡的,所以,若要瓦解它就需要特殊的力。在这样一个平面上,刺激模式将按照最简单的定律产生知觉模式,而且,我们对知觉形式的研究确实在下列条件下进行,在那里,图形在正面平行平面上(或其他某个相似的独特的平面上)呈现。

非正常定向中的形状:应力场中组织的产物

为了看出一个非正面的平行平面,就需要特殊的力,使该平面从其正常位置中旋转过去,这种特殊的力还会遇到一种将该平面拉回到它正常位置中去的抗力。于是,图形的刺激模式将会在应力场(a field of stress)中导致一种组织,这种组织的产物将与那个场不受应力影响时的组织产物(也就是说,正面平行平面)有所不同。在这种情境里,刺激模式引入了新的力量,它们将与对场中的应力负有重大责任的定向之力结合起来,而最终的组织将是这样一种组织,即所有这些力在其中获得最佳平衡。

从这一假设中推论出来的恒常性事实

让我们把这些想法用于艾斯勒实验的具体例子中去,一个围绕垂直轴旋转的椭圆使它的视网膜意象变得更加细长(水平轴相对来说较短),这是与正常位置中同样的椭圆的视网膜意象相比较而言的。结果,椭圆看上去旋转了,但是,如果它的视网膜意象是由一个正面平行的椭圆产生的话,它就不会像通常情况那样变得细长。换言之,椭圆平面中的力(由于椭圆已经旋转)使椭圆沿水平方向延伸。然而,它们并非是场中唯一的力,正如我们在考虑一个矩形以同样方式旋转的情形里所看到的那样。不仅它的视网膜意象由于这种定向的变化而变得更加细长,而且它的形状也从矩形转化为一个不规则的四边形(参见图75a 和 b,它们代表了一个矩形的正常图和非正常图)。因此,如果这个视网膜形状引起了一个矩形知觉的话,那么,肯定有一些力在起作用,它们把收敛线(converging lines)变成了平行线。在没有更多的特定资料的情况下,去推测非正常定向的平面上力的实际分布将是不成熟的,或者就脑场中的事件进行具体假设(脑场中的事件是与倾斜定向的图形相一致的),也将是不成熟的。

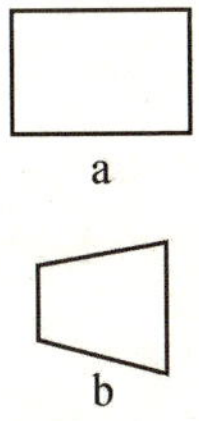

图 75

除了场中的这些力以外,还有其他两种力对知觉到的形状产生了作用,它们是内力(internal forces)和由接近刺激产生的外力(external forces)。我们在前面几章中已经研究过内力和外力,我们从中见到了后者(外力)的巨大力量。刺激之力是很强的,这一事实在我们目前的上下文中意味着,一种视网膜形状将十分容易产生那种与视网膜相一致的行为形状,那就是说,它将抗拒转化。换言之,场内那些倾向于"歪曲"视网膜形状的力将不得不与视网膜形状所施加的力作斗争。在我们的例子中:一个细长的视网膜椭圆在应力场中产生一个行为形状,该应力倾向于使它变得不那么细长。由于视网膜图形产生了力量,知觉到的图形不会完全屈从于这种应力,而且知觉到的形状将介于视网膜形状和"实际"形状之间的某处,除非组织的内力使这种情境复杂化。例如,让我们考虑一个细长的椭圆形的实际形状,其视网膜意象由于图形的方向,将会变得更加细长。因此,由于图形的非正常方向产生的场内之力,行为的椭圆将会变宽,而且,如果这种变宽十分充分的话,那么,行为的椭圆将使其形状与一个圆充分相似,以便组织的内力(在圆形中,组织的内力处于最稳定的平衡状态)成功地产生这种最简单的形状,或者至少接近这种最简单的形状。

于是,便有可能进行下列推论:最终的平衡将是一种对所有参与的力量来说的平衡。这意味着:知觉到的方向和形状将彼此依赖。如果一个视网膜形状拒绝场力引起的歪曲,那么,它将由此影响方向的表面视角。于是,有了这样一种可能,随着"形状恒常性"的下降,图形表现出来的与正常情况相背的程度也下降,那就是说,知觉到的形状越是与视网膜的形状相似,它与实际的形状便越是不相似。当然,那意味着,形状和方向的某种结合对于一个特定的视网膜形状来说是不变因素，正如我们先前阐述过的那样①。

实验证明

我们的若干结论已经得到实验的证实。首先，在通常的情况下，"恒常性"是不完善的，"现象的回归"(phenomenal regression)也是不完整的，正如艾斯勒(Eissler)、索利斯(Thouless)和克林费格(Klimpfinger)已经发现的那样。其次，恒常性随着方向的角度而减弱(艾斯勒)。该结果是可以从我们的假设中推论出来的，因为视网膜意象与"实际的"形状差别越大，越是需要更大的力量去产生与实际形状相等的知觉到的形状。如果场内的应力(来自非正常方向的应力)随着所需的力量将视网膜形状转变成实际的形状，那么，这种应力就会以同样方式增加，于是，恒常性就不可能成为角度的一种功能。现在，我们尚不了解这两种功能中的任何一种功能，不过，说它们是同一种功能，那是不可能的。让我们从后者开始讨论，即将视网膜形状转变为实际形状的必要力量有赖于方向和角度。按照我们的假设，一种视网膜形状建立起力量，以产生一种相似的心物形状。当形状出现于其中的那个面不正常时，这些力量便与场内的应力发生冲突。由于这种应力，视网膜形状转变成另一种形状，它更像实际的形状。现在，如果视网膜形状和实际形状之间的差别越大(由于图形转动的缘故)，那么，把视网膜形状改变成实际形状所需要的力量也越大。然而，说这种关系是一种简单的比例关系，那是不大可能的。从动力角度上讲，更有可能的是，随着这种改变进一步深入，它就变得越发困难，正如一根螺旋弹簧若要产生连续收缩便需要不断增加压力一样。如果我们旋转一个具有水平轴 h 的图形，使之绕着该图形的垂直轴转动，首先通过某个角度将图形的水平轴减去一定的量 m，然后通过另一角度将它的水平轴再减去另一个等量，于是这根水平轴现在该是 $h-2m$。如果需要力量 f 来把具有水平轴 $h-2m$ 的图形转化成具有水平轴 h 的图形，便需要 $2f$ 以上的力量。现在看来，由于非正常方向，场内的应力要像达到完美的恒定性所要求的力量那样随其角度快速增加是不可能的。恒定性应当像它经常发生的情况那样随角度一起减少。

其次，我在这里使用了"转化"(transformation)这个术语，我的意思并不是指最初的一个非转化形状是由后来成为中心的边缘刺激产生的。我之所以运用这个术语是为了表明一种效应，它将伴随着一组从它们的背景中抽取的力量，由于不同力量的结合而对抗实际结果。这里使用的"转化"术语仅指双倍的向量决定(double vectorial determination)，一个从卡多斯(Kardos)那里借用的

---

① 那种结合无法推论，除非人们拥有必要的经验主义数据，或者了解不同的相互作用的力量。此外，不变因素可能有赖于整组条件，而且在所有的环境下不一定都是一样的。

术语(p.170)。

第三,实际的图形越是转离正面的平行位置,便越是表现出非正常的定向。因此,朝着转化的场内应力随着方向的角度而增加,从而使这种转化也随之增加。这样一种测量由艾斯勒提供,$A=a-a/p$[①]。该值确实随方向的角度而增加,艾斯勒和索利斯(1931年)的实验都表明了这一点[②]。我们在前面讨论的"超恒常性"(super-constancy)情况完全适合于我们的理论;这些超恒常情况是在特定条件下从我们的理论中产生出来的,而且我在其他地方找不到关于它们的任何解释。艾斯勒对这些情况的讨论(尽管我在这里省略了),也完全符合我们的解释。

若把我们的解释上升至一种假设,尚有许多工作要做。不过,真正的解释必须符合与我的假设相似的思路。这是因为,对实际形状的"了解"并未说明该效应,这是索利斯(1931年a)已经通过特定的实验所表明了的。如果我向这位作者进行正确的解释,那么,他也会相信真正的理论一定是此处提出的这种理论。索利斯拒绝"累积说或整合说"(summative or integrative theory),并假设了一种"反应理论"(response theory)。根据这种理论,"用双眼观察一个倾斜的圆所见到的椭圆,与用单眼观察并消除距离线索后所见到的椭圆一样,属于同样顺序的知觉事实"(1931年a,p.26)。

恒常性和空间组织

在我们的理论中,由某种视网膜意象产生的行为形状有赖于空间组织,该空间组织是视网膜意象引起的。因此,知觉到的图形方向越"合适",恒常性便越强,也就是说,图形越是接近实际的方向。决定方向的所有因素一定会同时影响知觉到的形状。这一结论对我们的理论来说不一定是特定的结论,但它这种或那种形式包括在形状恒常性的任何一种理论之中,因为该结论已为事实所充分证明。艾斯勒十分系统地研究了一些条件,它们按照一般的空间组织而变化,并在这些条件和形状恒常性之间找到了清晰的相关性。人们发现,在这些条件中间,双目视差,也即视网膜像差(retinal disparity),具有特别的重要性。而中央区域图形的良好清晰度,以及周围区域的良好清晰度,几乎不是很少相关的。此外,他还发现,不同的深度标准可以彼此取代,而且基本上不会改变其结果。从图解角度上讲,这意味着:在 a、b、c 三种标准中,单单 a 可能与 a 和 b 的结合同样有效,但是,b 和 c 并不比 a 和 b 的结合或者 a 和 c 的结合更差。该

---

① 人们也可用 $Q=a/p$ 公式来表示,这是卡兹(Katz)在1911年研究明度恒常性时使用的一种测量。Q 指商数(Quotient)。

② 虽然索利斯没有使用这种测量,但他报告了有关其研究结果的一些原始数据,它们是很容易被计算出来的,由此可以证实艾斯勒的结果。

结果的理论意义只有通过深度因素本身的讨论才能获得发展,这个任务我们将在完成恒常性问题的讨论以后再予以处理。

态度的影响

如果被试的态度指向"投射"(projection)而不是指向实际形状的话,恒常性会受到极大的影响,这是由克林费格于1933年从事的形状研究所表明了的,霍兰迪(Holaday)关于大小恒常性的研究也表明了这一点。在这两种情形里,所得结果都不是恒常性的完全丧失;在"分析"的态度下,所选择的正面平行图形看上去与旋转的图形相等,尽管比之在正常态度下更加接近于后者的视网膜意象,然而,就方向上更相似于旋转图形的"实际"形状而言,正面平行图形仍然与旋转图形的视网膜意象不同;倘若在细节上予以必要的修正,对大小来说也同样正确。然而,用上述方式进行正常观察,比之分析态度和正常的外部条件,恒常性较低,所以改变外部条件是有可能的。

大小恒常性

我们关于大小恒常性还想补充几句,尽管我们在第三章已经讨论过这个问题。布伦斯维克(Brunswik)的另一名学生霍兰迪已经为此做了艾斯勒和克林费格在形状恒常性方面做过的工作,他调查了影响这种恒常性的一些外部条件和内部条件。所取得的结果与其他两位作者取得的结果很相似,这是我们在关于分析的态度这一内部条件方面已经提到过的。至于外部条件方面,恒常性再次随空间组织而变化,但是像差对大小的影响比对形状的影响更弱,艾斯勒和霍兰迪已经解释过这个事实,其例证是深度组织对形状恒常性比对大小恒常性更敏锐。

这一例证的不变因素

艾斯勒和霍兰迪所得结果之间的相似性表明了一种原因的相似性。对于大小恒常性来说,如同对于形状恒常性一样,某种结果就特定刺激而言将是不变因素,而且,这种结果将是大小和距离的某种结合。我们已经提及(见边码 p. 229),霍兰迪的有些结果似乎与这样一种假设相抵触,但是,我也曾经指出,为什么我不能把这些矛盾的结果视作决定性的。这种结合形式必须在今后的实验中设计出来,它将证明这种结合形式有赖于方向,即物体从观察者那里撤回的方向。我们在第三章讨论天顶—地平线幻觉时已有涉及。

对大小而言,没有一组独特的条件

然而,在一个重要的方面,知觉的大小理论肯定与知觉的形状理论有所不同：关于后者，我们已经发现了一个有关正常方向的独特例子，也就是正面平行面。可是，对于大小来说，就不存在任何这类独特的例证，实际上没有一种"正常的"距离可以与正常的方向相比较。一方面，正常的距离对不同物体来说是不同的，例如，对一张印刷纸、一个人、一幢房子、一座山等等，另一方面，这样一种正常距离的范围是相当广泛的，而且不是一个很好界定了的点。但是，在这领域内，其他某种东西起着类似的作用，看来也是有可能的。劳恩斯泰因(Lanenstein)于1934年①作了一项观察，按照这个观察，恒常性并非距离的一种简单函数，正如迄今为止人们所假设的那样，而是适用于明确的统一范围，在两种这样的范围之内，它们与观察者处于不同的距离，恒常性差不多同样地良好，尽管相互之间进行比较，较近的范围具有较大程度的恒常性。从这一范围概念出发，正如我们将在后面看到的那样，会在颜色恒常性领域内找到其对应物[卡多斯(Kardos)]，他的结论是，"实际的"（正常的）行为大小可能会出现在把观察者的行为"自我"也包括进去的范围之内。

知觉大小的可能理论

知觉的大小恒常性理论可能导源于知觉空间的理论，这在第四章已有所表明。如果清晰的空间倾向于变得尽可能大时，它就需要力量以便使一个物体在附近出现。该理论是我在与苛勒(Kohler)的一次讨论中了解到的，它提示了以下观点：让物体靠近所耗费的能量越多，使之保持大的可用能量便越少。该证明足以补充以下说法，即邻近性不一定是决定物体大小的唯一因素，还有其他一些因素，它们可能是"清楚"的清晰度，即可视性(surveyability)。视物显小症(micropsia)的事实看来支持了这样一种概括的理论，对于大小理论来说重要的一些事实早就为杨施(Jaensch，1909年)所认识，他在这个问题上首次发表的见解差不多具有划时代的意义。

H. 弗兰克的实验

苛勒理论的一种特殊形式已由 H. 弗兰克(H. Frank)在其实验室中加以测试(1930年)。在关于大小恒常性的普通实验中，两个用来比较的物体交替地被注视，也就是说，把一个在远处被注视的物体与一个在近处被注视的物体进行比较。在一定的范围内，大小恒常性是完善的，因此，同一个地理上的物体在1~2米距离内看上去是相等的，尽管在视网膜意象上，远处物体的面积只有近处物体面积的四分之一。但是，在向近处物体注视改为向远处物体注视时，"调节和聚合的肌肉紧张度下降。因此，如果人们认为，视野会为了'近刺激'的目

---

① 劳恩斯泰因的观察是在山顶上进行的：他在周围的距离之内看到无数个小土丘，差不多同样大小，他猜想它们是灌木丛。下山时，他发现它们原来是3~4米大小的一些干草堆。

的而不得不分离它的一些能量,而这种能量的丧失导致被注视物体相对缩小的话……那么,伴随着'远刺激'而引起眼部肌肉紧张程度的减少,也就是说,由视野引起能量的较小丧失,将会导致被注视物体的相应扩大,从而或多或少补偿了(中心区域)视网膜意象的缩小"(弗兰克,p.136)。由海林(Hering)等人所作的某些观察看来也证实了这种观点。不过,弗兰克进行了一些量化实验,以便使它服从于一种刻板的检测。把一个被直接注视的正方形连续地与一个在同样客观距离上被观察的正方形进行比较,而这种注视可以近些也可以远些。结果,与海林的观察颇为一致,在一个固定距离内的正方形,当它被注视时,比起当它位于注视点后面时,该正方形就显得大一些,但是比起它位于注视点前面时要更小一些。此外,非注视的正方形的大小随着距离观察者注视点的距离而变化,或多或少像调节和聚合发生的情况那样,除了下述事实,即这种一致性对近的注视点比对远的注视点更好一些。于是,除了在正方形前方和背后的非预示和非解释的注视不对称性以外,原先的假设看来可得到证实了。但是,其效应实在太小,以至于难以解释大小恒常性。让我们来提供一个例子:一个正方形,每条边为 8 厘米,距离为 200 厘米。如果在距离观察者 90 厘米的注视点上进行观察,结果与一个每条边为 7.5 厘米,距离为 200 厘米的被注视的正方形相等。在这个范围内,恒常性是完好的,也就是说,8 厘米的被注视正方形在 90 厘米的距离上看上去与 200 厘米距离的同等正方形相等。由此可见,通过改变与变化了的调节和聚合相伴随的注视,恒常性会略有降低。不过,距离为 90 厘米的一个正方形的视网膜意象是距离为 200 厘米的一个同等正方形大小的 2 倍。这就意味着,一个直径为 8 厘米,距离为 200 厘米的物体,如果提供了与一个同样大小但距离为 90 厘米的物体一样的知觉大小的话,那么,前者的"大小效应"(size effect)比后者大 200/90 倍。如果这完全是由于能量进入到较近物体的聚合和调节的应变(strain)中去的缘故,那么我们便可作下列的推论了。如果我们在 90 厘米处望着一个距离为 200 厘米的物体(8 厘米长),那么,根据邻近的调节和聚合,视网膜意象的大小效应是该物体被直接注视时的大小效应的 90/200 倍。因此,一个物体在 200 厘米处被直接注视时应该只有 8×90/200=3.6(厘米),然而在弗兰克的实验中,它的大小为 7.5 厘米。这种假设等于说,进入调节和聚合的能量恰好补偿了视网膜意象的所得。一个恒定的视网膜意象应当产生与注视的距离成正比的知觉大小①。在我们的例子中,缩小的范围从 8 厘米到 3.6 厘米,而实际上它只是从 8 厘米到 7.5 厘米。所以,尽管调节的注视能量可以对恒常性效应作出贡献,但是充其量也仅仅涉及其中的很

---

① 视网膜意象的大小变化是由于调节的变化,这一说法对该论点来说实在微不足道(参见弗兰克,p.141)。

小部分。

恒常性的发展

在我们转向颜色恒常性之前,我们还想说最后一点。在维也纳,有人对个体一生中恒常性的发展作了仔细而精心的研究。首先贝尔(Beyrl)在大小领域里进行了研究(见第二章),然后布伦斯维克于1929年在明度领域里进行了研究,最后克林费格于1933年在形状领域里进行了研究。所有这些研究看来都反映了同样的进展;针对年龄画出的恒常性曲线在所有三个领域都具有相似的形态。然而,即便人们不参考前述对曲线构成中使用的恒常性测量所作的批评,他们也可以怀疑,这三种曲线的相似性是否由于它们都反映了恒常性这一事实,或者是由于对所有三种调查来说共同的另一种因素。对这种可能性进行的考察甚至可能导致这样的观点,即并不存在恒常性的发展,曲线表明的年龄进展必须置于对外部因素的考虑之中。卡兹(1929年)在回顾了颜色恒常性领域中做过的近期研究以后提出了这一论点。他的学生伯兹拉夫(Burzlaff)重复了布伦斯维克和贝尔做过的实验,其方法是改变恒常性测试的手段,以此来扩大他的调查。然而,在维也纳学派的所有实验中,采用的方法是将一个标准物体(大小,非彩色,形状)与一个比较物体进行比较,两者处于同样的视野内。伯兹拉夫还引进了其他一些方法,它们具有一个共同的特征,即使用了一些同时呈现的物体,这些物体或者替代比较的物体,或者既替代标准物体又替代比较物体。由于后面这种方法在其结果方面与成对比较有所差别,而且被他用在颜色和大小上面,因此我将仅仅讨论这种方法。在大小实验中,使用了两个相等系列的白色纸板立方体,一个立方体是标准的,在涉及大小方面随机安排,不过都布置在距离被试1米远的一个台子的正面平行面上,第二个立方体也处于正面平行面上,但是根据大小顺序安排在距离4米远的台子上。在邻近的立方体中,给其中的一个做上标记,被试必须指出在那只较远的台子上哪个立方体看起来与这个做上标记的立方体相等。就明度恒常性而言,其程序是在细节上给予必要的修正,不同浓淡的灰色取代了不同的立方体。在这些条件下,4岁的儿童(在接受检测的儿童中最年幼的儿童)已表明具有完整的恒常性。卡兹和伯兹拉夫从这些实验中得出结论说,恒常性并不经历任何发展,而维也纳学派的结果是由于方法不当,它引入了一个外来的因素。"人们必须意识到这一事实,不论何处,只要现象为比较所控制,一个复杂的因素便被引入,对于它的效应人们尚未形成确切的概念"(伯兹拉夫,p.202)。

布伦斯维克在给克林费格附加的一条注释中(1933年a,p.619)驳斥了有关这一批评的正确性,尽管他接受了这些结果,部分地加以重复,而且并不怀疑在形状领域里可以得到类似的结果。他争辩说,伯兹拉夫方法的缺点是未能反映恒常性的发展,原因是它给观察者安排的任务太容易了。他认为,人们可以降低任务的难度以便让被试去完成,这样一来,便消除了他们之间的一切差异。一位意欲将学生分级的老师决不会发给他们一份大家都可以得到优良分数的试卷。

我发现,这一论点把恒常性的存在假设为某种绝对的东西,它可以服从于各种难度测验,但始终是同样的恒常性,正如在布伦斯维克的类推中,我可以通过向一名男童口述不同难度的课文来对他的拼音能力进行测验一样。但是,这样一种类推是完全虚构的。这是把恒常性现象视作其自身的某种东西的结果,而不是视作知觉组织过程的有启发价值的方面。维也纳实验仅仅证明,知觉组织在某些条件下对年龄较大儿童比对年龄较小儿童具有"更大的恒常性";换言之,这些特殊条件在不同年龄具有不同效应。根据这些事实,不难发现这些不同的效应。两个物体的成对比较,尤其当它们在空间上相互接近时,很容易在心物场中使它们之间产生这样一种交流,以至于它们彼此影响。另一方面,如果两个物体中的每一个物体是一组物体中的一员,正如在伯兹拉夫的系列方法中那样,那么要将它们从它们的特定环境中分隔出来会十分困难,要将它们与另一组物体中的一个成员相整合,也会困难得多。因此,如果年幼儿童在使用成对比较方法时比年长儿童表现出较低程度的恒常性,那么,人们可以推论,对年幼儿童来说,由两个相邻刺激引起的兴奋,比年长儿童更具相互依赖性,而在年长儿童身上,这种相互依赖性可能消失了。这种推测已为 H. 弗兰克的实验(1928 年)所证实。她在将自己的方法与贝尔的方法作了比较以后发现(在她自己的方法中,进行比较的两个物体相隔较远),她的方法比贝尔的方法产生更好的恒常性,而一种方法比另一种方法所具有的优越性在年幼儿童身上尤为明显。

大小恒常性、颜色恒常性和形状恒常性的年龄曲线的相似性证明,在由维也纳学派发现的节奏中,分离的场部分变得越来越彼此独立。然而,由于任何一种恒常性据推测在分离的物体和整个场之间存在动态交流,因此,恒常性本身应当在有利的条件下一开始便出现,这是因为进展并不存在于场部分相互依赖程度的创造或增加之中,而是存在于这种相互依赖程度的减少之中。

白色和颜色的恒常性

现在是讨论最后一个恒常性问题的时候了,它就是颜色和明度恒常性[①]。

[①] 还存在其他一些恒常性,我们在讨论中已予以省略了。我在这里仅仅提及一下"强度"恒常性(intensity constancy),按照这种恒常性,一个柔和的近音不会与一个大声的远音相混淆。此外,还有重量恒常性,它表现为下列事实,即我们像觉知绝对重量一样觉知"特定重量"。

正如我们已经见到的那样,所有的恒常性问题都具有相似性,这种相似性吸引了一些研究者,其中著名的要算索利斯和维也纳学派了。但是,相似性尽管有点相关,仍不至于蒙蔽我们的眼睛,以至于看不到每一种恒常性的特征。我们发现,甚至大小恒常性和形状恒常性在使之产生的动力因素中也彼此不同。而且,我们将在颜色恒常性和明度恒常性领域找到全新的因素。事实上,狭义上讲,我们不会发现明度恒常性和颜色恒常性是完全一致的。

明度恒常性和颜色恒常性要比任何其他恒常性得到更为广泛的研究。尽管直到1911年才刊布有关该领域的第一部论著,但是,马蒂乌斯(Martius)早在1889年就发表过对大小恒常性进行的研究。这个问题的最终出现要归功于海林的心理学洞察能力,他在最近出版的论述视觉(1920年)的著作中讨论了这个问题①,并引进了"记忆色"(memory colour)这个名称。但是,该领域的经典著作当推卡兹的论著(1911年,1930年)。在著作得以刊布时,它的重要性几乎无法低估。我不准备详尽地讨论各种研究的历史,因为卡兹和盖尔布(Gelb)两人都已提供了非同寻常的研究结果。在用英语发表的著述中,麦克劳德(Macleod)的专著被推荐为是优秀的导论。

旧理论的困境

明度恒常性和颜色恒常性理论发现自己悬于两极之间。一方面,存在一些用若干因素对它进行解释的尝试,这些因素本身与恒常性无关,另一方面,结果本身(也就是恒常性)进入到解释之中。这两极在海林的讨论中被继承,对其中一极,他试图用适应性、瞳孔反应和对比(用海林的话说)来解释这些事实,对其中的另一极,体现在他的"记忆色"概念之中。然而,所有这些原理被卡兹和杨施证明为是非本质的。恒定性在海林的外部因素被排除后的条件下仍然保持着,从一般的意义上讲,记忆无法解释这种结果,因为实验不是用众所周知的物体进行的,否则的话,其颜色就会被观察者记住,而是用纸张或色轮来进行的,就被试所知,这些东西可能具有各种颜色。

关于白色恒常性的标准实验

例如,在房间的阴暗一角呈示一张淡灰色纸,把具有黑、白部分的色轮置于窗子附近。被试必须在色轮上找出一种黑白混合色,它看上去像阴暗角落里的那张纸一样呈灰色。在此条件下,正如卡兹首先发现的那样,达到完全相等是不可能的。在一个或者更多的方面,靠近窗子(也即接近光线)的色轮与阴暗中的纸张看来始终不同。然而,被试能以合理的方式来完成这项任务。在实际操

---

① 这是该书出版的日期。最初引入"记忆色"这个术语是在1908年。

作时,色轮上的黑白混合色尽管比阴暗角落里的纸张颜色要深一些[1],但仍能将更多的光传至观察者的眼中。这一点可用卡兹引入的方法来容易地加以证明。卡兹的方法如下:将具有两个洞的屏幕放在观察者和两种匹配的灰色之间,以便其中一个洞为来自纸张的光所填充,另一个洞为来自色轮的光所填充。如果在引进这种"减光屏"(reduction screen)以前,两样东西看上去呈同等的灰色,那么,通过减光屏以后,由色轮填充的那个洞将呈更淡的颜色。如果人们改变色轮上的混合色,以便两个洞看上去相等,然后移去减光屏,那么色轮便会几乎呈黑色,比灰色纸张的颜色要深得多。

恒常性的若干测量

通过这种方法,我们可以用多种方式来测量恒常性。让我们假设一下,位于房间阴暗角落中的淡灰色纸张相当于 300 度的白色和 60 度的黑色,我们把它的值称为 r;在前面看上去与之相等(在没有减光屏的情况下)的色轮包含着 200 度白色和 160 度黑色,我们把它的值称为 a;而"减光后等于"那张纸的色轮为 20 度白色和 340 度黑色,我们把它的值称为 p。现在,我们可以说,r 代表了作为远刺激的那张纸的特征,p 代表了作为近刺激的特征,a 代表了正常条件下(没有减光屏)色轮的结果。为了简便起见,我们略去黑色部分[2],便可计算两个商数,即卡兹的 H 商和 Q 商。在第一个商数中,我们用 r 值除以 a 值,在第二个商数中,我们用 p 值除以 a 值。于是,在我们的例子中,$H=200/300=0.67$,$Q=200/20=10$。布伦斯维克指出,这些值有些缺点。如果恒常性完整的话,$H=1$,但是"没有恒常性"就等于没有任何固定的 H 值;在我们的例子中,它将是 $20/300$,可是在其他一些例子中,则是不同的值。恰恰相反,"没有恒常性"却有一个固定的 $Q=1$,但是,完全恒常性的这个 Q 值依靠占优势的条件。正是由于这个原因,布伦斯维克引入了他的 C 值,$C=100\times(a-p)\div(r-p)$。在我们的例子中,$C=100\times(200-20)\div(300-20)=100\times180\div280=64$。如果 $a=r$,完全的恒常性,$C=100$;如果 $a=p$,没有任何恒常性,$C=0$。尽管 C 值是有用的,但它却容易遭到异议,这是我们前面曾经提及过的。

我们的例子是许多实际实验的典型,一方面,它揭示了明度恒常性之间的另一种相似性,另一方面,则揭示了大小和形状恒常性。通常,恒常性是不完美的,用以比较的色轮的表面白色存在于标准色轮的反照率(albedo)和射入我们双眼的光线数量之间的某处。让我们回到术语上来,我们在第四章中曾对此作过介绍,我们把由一个表面反射的光称为 i,照到表面上的光称为 I,表面的反照率为 L;那么,$i=LI$。如果当 $L_1=L_2$ 时,处于不同的客观照明下的两个面将表

---

[1] 这意味着:色轮旁边的纸张(色轮看上去恰像该纸张)将比其他的纸张颜色更深。

[2] 实际上,人们当然必须对黑色部分补充白色值,黑色 360 度大约等于白色 6 度。

现出完美的恒常性,如果当 $i_1 = i_2$ 时,它们便显示不出任何恒常性,因此,$L_1 / L_2 = I_2 / I_1$(因为 $i = L_1 I_1 = L_1 I_2$)。在普通的情形里,两种反照率的关系不是这两者中的任何一者,而是位于它们之间的某处;用索利斯的术语来说,回归再度是不完全的。

不同的组成成分:白色和明度

此外,正如我们已经提到过的那样,靠近窗子的具有一定白色的色轮与阴暗处具有同样表面白色的色轮看上去不会恰好相像。这种情况再次与其他两种恒常性相似。一个旋转的圆,即便看上去还是一个圆,但是与正面平行的圆不完全相似,因为它表现出像一个绕着一根轴转动的一个圆;同样的道理,具有一定尺寸的距离为 a 的一根拐杖看上去与具有同样尺寸但距离为 b 的拐杖不会恰好相像;这两根拐杖,尽管大小相等,但由于距离不等而看上去不同。那么,在有关白色方面表现相等的两种灰色将在哪种特定的条件下表现出不同呢?用其他两种恒常性进行的类推表明,这样的一个方面必定会出现。卡兹在很久以前从事的实验证实了这个结论。事实上,存在着不止一个方面的差别,首先与索利斯的研究相一致的那个方面,我将称之为"明度",而卡兹则称之为照度(illumination);其次,是卡兹称之为"清晰性"(Ausgepragtheit)的东西。我们暂不考虑后者,而仅仅限于明度和白色的讨论,这是一个与索利斯相一致的术语,我们把它用于这样一个方面,即或多或少属于一个物体的永久性特性,像"白色""淡灰""黑色"一样。为了一致起见,我们必须谈论"白色恒常性",以代替"明度恒常性"那个传统的术语。

白色恒常性的不变因素

运用这个术语,我们可以从标准实验中得出另外一种结果。如果我们把色轮放在窗子附近,以便使之减光等于在房间背面的那张纸,也就是说,当我们处理与同样数量的光 i 相一致的 r 值和 p 值时,尽管它也与不同的 $L-I$ 结合相一致,而色轮看上去要比纸张更少白色,但与此同时却明亮得多。这就暗示着这样一种可能性,一种白色和明度的结合(很可能是两者的产物),对于在一组明确的完整条件下的特定部位刺激来说,是一个不变因素。如果两个相等的邻近刺激产生了不同白色的两个面,那么,这两个面也将会有不同的明度,较白的那个面不太亮,较黑的那个面会更亮[①]。

[①] 这方面的一个引人注目的例子是由卡多斯的一个实验提供的。在该实验中,同样的场部分同时变得更黑和更白,而在局部的邻近刺激方面没有任何变化(p.38)。

白色恒常性的理论尝试

那么,白色和明度是如何产生的呢?这是一种视觉理论必须回答的问题。为了找到一种可能的解答,让我们先从白色恒常性与大小恒常性和形状恒常性的比较开始。然而,由于后面两种恒常性同我意欲说明的论点很相似,因此,为了简明起见,我将限于大小恒常性方面。我们可以说:两个相等的邻近刺激(大小,光线强度)可以引起两种不同的知觉物体(大的—小的,白色—黑色)。

与大小和形状进行比较的白色特性

然而,使这种情况得以发生的条件在两个场内并不一致。大小场内的结果要求产生距离的差异,一般说来,这些差异无法通过大小之间的差异或梯度(gradient)而产生。正如视错觉所证明的那样,人们可以使两根相等的线看上去不同,办法是用其他的线将这两根相同的线包围起来,如图76所示,但是,当我们将此与白色场中的类比效果进行比较时,这种效果相对来说是较小的。这是因为,在这里,确有可能把一个局部刺激的效果从

图 76

黑色变为白色,只须改变视网膜上的强度梯度便可。让我们提供一个取自海林的例子(1920年):晚上,当我们的房间被灯光所照明时,窗子看上去是黑色的;但是,一旦我们把灯光熄灭以后——从而甚至减弱了来自窗格玻璃的光——窗子看上去反而相当的亮。用海林的空洞法(hole method)可以显示同样效应。将一块白色屏幕(上面有一个洞)置于充分照明的白色墙壁面前。起先,屏幕完全是暗的,接着那个洞便显出明亮的白色;随即屏幕被强光照明,结果那个洞转为黑色。同样的局部辐射,来自白色墙壁而穿过空洞,由此产生的白色或黑色视其与其余辐射的关系而定。当它处于梯度的顶端时,呈现白色,而当它处于梯度的底部时,便呈现黑色;条件的变化完全受制于辐射的强度。这里描述的现象被海林引证为对比的例子。但是,由于他的对比理论(contrast theory)不得不被放弃,正如我们先前表明过的那样,所以"对比"这个术语不过是我们喜欢回避的一个名词,因为它不是根据梯度来意指它的解释,而是按照绝对光量来意指它的解释(见第四章)①。

我们的白色恒常性理论将以这种颜色特征为基础,它仅仅是一般规律的一个突出例子而已。在如此众多的文章中,我们找到了证明这一规律的依据,即知觉的特性有赖于刺激的梯度。

---

① 我将仅仅提及我已经为下列事实提供了实验证明,"对比"依靠梯度而不是依靠绝对光量(1932年a)。

关于该理论的其他两个基本事实

在我们勾勒一种理论之前必须再补充两个众所周知的事实。第一个事实是反照率的范围。我们在实验室里使用的最佳的白色大约只反射最佳黑色光的 60 倍,当我们考虑到充足的阳光要比为舒适阅读而提供的人工照明强烈成千上万倍时,这只是一个很小的比例。第二个事实在第一个事实中已有暗示:我们可以在从黑色到白色的范围内产生一切非彩色的浓淡色,其方法是通过改变反照率,也就是说,通过使光强度从 1 到 60 的变化。

盖尔布的实验

我在两篇论文里(1932 年 b,1934 年)勾勒出的理论是从盖尔布描述的(1930 年,p.674)一个具有独创性的实验开始的。如果稍加简化,该实验是这样的:在一间黑暗的房间里,有一只完全均质的黑色圆盘在旋转;这只圆盘,而不是别的什么东西,由一台幻灯来照明。在这些条件下,圆盘看上去呈白色,房间呈黑色。接着,实验者拿一小张白纸置于旋转的圆盘前面,以便使它落入光的锥面(cone of light)以内。与此同时,圆盘改变了它的外表,从而呈现黑色。

盖尔布实验的解释:附属

如何解释这种结果呢?我们应当考虑产生自这些实验的刺激梯度。为了简便的缘故,我们将整个场分成三个部分:房间 A,圆盘 B 和纸条 C。实验开始时,这个场仅由两部分组成——房间和圆盘,在这两者中,后者比前者把更多的光射入观察者的眼睛。假定这些强度之比大约为 60∶1,则圆盘便位于整个梯度的顶端,它使黑色变为白色,房间则位于梯度的底部。结果,房间看上去呈黑色的,圆盘呈白色,这是与事实相符的。看上去白色的圆盘实际上是黑色的,但是这一事实对解释来说是完全无关的。在不太强烈的光锥面中,一个灰色圆盘看上去像强光中的黑色圆盘。这里根本没有什么恒常性问题。但是,一旦白色纸条出现,新情况便随之产生;现在,我们有三个场部分,即 A、B、C,这样一来,按照每单位面积的刺激强度,$A∶B=B∶C=1∶60$。根据我们的假设,我们期望该结构看上去是什么样子呢?B 在 C 引入之前必须呈现白色,因为它位于 60∶1 梯度的顶端。不过,在引入 C 以后,它仍然保持该位置,但是与此同时却位于新的 BC 梯度 60∶1 的底部,因此,B 便显示出黑色。由此可见,如果不引入一种新的假设的话,我们对我们的问题便无法提供任何答案。新的假设如下:一个场部分 X,其外形取决于它对其他场部分的"附属"(appurtenance)。X 越是属于场部分 Y,它的白色就越是由梯度 XY 决定;X 越是不属于场部分 Z,它的白色便越少依靠梯度 XZ。这一假设并不完全新颖,因为我们在前面已经遇到过"附属"因素或"从属"因素,也就是说,我们在对威特海默—本纳利(Wertheimer-Benary)的对比实验进行讨论时已经提到过这个问题。哪些场部分将归属在一起,这种归属达到多大程度,均有赖于空间组织因素。很清楚,处于同样明显距离上的两个部分,在其余情况保持不变的条件下,要比不同平面上组织起来的那些场部分更紧密地归属在一起。当然,这种组织最终有赖于两个视网膜上邻近刺激的分布。

我们现在可以回到盖尔布的实验上来了。这里,C(白色纸条)更紧密地从属于 B(黑色圆盘),而不是属于背景 A(房间);B 和 C 归属在一起,依着背景而出发。因此,现在 B 主要由 BC 梯度决定,从而呈现黑色,实际上也确实如此。可是,另一方面,A 位于一切梯度的绝对底部。它看上去呈黑色是十分自然的。但是,这样说还不够。它在 C 引入之前就呈现了黑色,而梯度 AB 是 1∶60。随着 C 的引入,一种新的梯度 AC 产生了,它是 1∶3600,该梯度的结果不可能像更小的 AB 梯度一模一样。A 和 C 之间的差别不可能单单为白色,因为这种差别的最大值是通过梯度 AB 而达到的。某种新东西肯定会发生:A 在新的维度或新的方面看来肯定不同于 C,而这种维度就是明度的维度。B 和 A 看上去都是黑色,但是 B 却与白色 C 看上去一样明亮,而 A 则暗得多。

对盖尔布实验所作的这种解释也由卡多斯作出(p. 84f.),在我看来,他的理论在一切基本的方面与这里提出的理论相符合。我发现,卡多斯在对附属问题的系统阐述中,以及在他的既简洁又引人注目的许多实验中(这些实验主要用来论证该因素的有效性),作出了重要的贡献。通过改变附属条件,他成功地运用了一些不同的方法来改变"有效梯度"(effective gradient),从而改变了有关场部分的外观。他的实验尽管在这里无法详述,却毫无疑问地证明了附属条件的作用,从而也证明了我们用来解释盖尔布实验的假设的正确。

该理论在其他情形中的应用

现在,让我们继续讨论我们的理论。我们再次考虑 A、B、C 这三个面,但是,假设 A 和 B 归属在一起,并依 C 为背景而出发。那么,A 和 B 应当呈现黑和白,这是在没有 C 的情况下所反映的,而 C 则看来肯定呈白色并且明亮(也许是照亮的),这样的结论也是由卡多斯得出的。如果条件并不那么简单,以至于 B 在很大的程度上不属于 A(或 C)而属于 C(或 A),那么,AB 和 BC 两个梯度将一起对 C 产生影响,结果使它既在白色方面又在明度方面看上去与其他两个表面不同,不过,在迄今为止讨论过的简单例子中,它与其中一个表面分享白色,而与另一个表面分享明度(在盖尔布的实验中,B 与 C 具有同样的明度,而且,与之相近似的是,B 与 A 具有同样的白色)。

为什么该理论仍不完整

我充分意识到,上述的假设远远不是关于我们通常所谓的明度恒常性事实的一种完整理论。但是,它至少是一种实际的理论,也就是说,从唯一可以得到的原因(引起知觉组织的接近刺激)出发对观察到的结果的一种解释。一个完整的理论必须回答下述问题:已知不同刺激的两个毗邻的视网膜区域,在哪些条件下，行为（知觉）场的相应部分将表现出不同的白色和相同的明度，或不同的明度和相同的白色？对于这个问题的完整回答，广义上讲能为颜色知觉的完整理论提供钥匙。

一些实验证据

由于缺乏这种答案，因此，我们必须努力探索，以便为我们的假设提供某种实验支持。它有赖于两项命题的真实性：① 知觉物体的特性有赖于刺激的梯度；② 就特定场部分的外观而言，并非所有的梯度都同等地有效；确切地说，一种梯度的有效性将随着这种梯度的两个条件之间获得的附属程度而变化。由于命题②已为卡多斯的新实验所证明，因此我们便集中讨论命题①。

在不同外观的客观上相等的环境场内客观上相等的内部场

让我们从下列例子开始。设想一下，如果有两个大的（环境）场 S_1 和 S_2，每个场中央均有一个小孔，我们把这两个小孔称为内部场 I_1 和 I_2。使 S_1 和 S_2 在反射的光强度方面相等，I_1 和 I_2 也与此相似。那么，在这些条件下，I_1 和 I_2 的外观是否相等？读者开始时可能会认为，这是一个微不足道的问题，而且显然可以作出肯定的回答，因为它仅仅叙述了卡兹的减光屏原理而已。但是，这种结论下得未免太过仓促了，我们知道，在每个单位面积上反射同样光量的两个场可能看上去彼此十分不同，也就是说，一个是白和黑，另一个是黑和亮。当我们用了减光屏以后，我们自然在这样一些条件下操作，其中两个孔（I_1 和 I_2）的环境 S_1 和 S_2 不仅在客观的光强度上相等，而且看上去外观也相等。但是，假设 S_1 看上去为白色，S_2 为黑色，那么，I_1 看上去会等于 I_2 吗，或者，如果 I_1 不等于 I_2，那么，它们相互之间在哪个方向上不同呢？一种论争方式可能是这样的：由于 S_1 看上去比 S_2 更白，因此，通过对比，I_1 看来比 I_2 更黑。这个预测忽略了这样一个事实，即由比例 S_1/I_1 来表示的梯度 S_1-I_1 恰恰等于由 S_2/I_2 来表示的梯度 S_2-I_2，因为从物理角度上讲 $S_1=S_2$，而 $I_1=I_2$。如果内部场的外观有赖于将它们与环境场联结起来的梯度，那么，I_1 应当比 I_2 看上去更白。当我们考虑这样一种情形，即两个内部场从物理角度看像两个外部场一样差不多具有同样的强度，以至于两者看来几乎相等时，上述情况将会出现。因此，看上去几乎等于 S_1 的 I_1 肯定呈白色，而 I_2 相应的呈黑色。

哪一种期望正确呢？在实际的操作中，I_1 看上去比 I_2 更白还是更黑呢？为了回答这个问题，哈罗尔（Harrower）和我在不同的环境中进行了实验（Ⅱ）①，然后又由盖尔布（1932年）以不同形式独立地进行了实验。尽管两者的著述都没有像这部著作那样对理论问题作出陈述，但是，实验者均明确地获得

---

① 可以肯定的是，在我们的实验中，内部场通常是彩色的，而不是非彩色的。但是，这并不影响主要的问题。

了同样的结果：I_1 比 I_2 显得更白。于是，该实验起了证明我们命题的作用，即场部分的外观有赖于将该场部分与其他场部分联结起来的梯度。

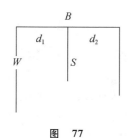

图 77

实际上，由杨施和缪勒(Muller)进行的早期实验也证明了同一论点。这类实验运用了一种由卡兹介绍的测量恒常性的方法。一种与墙壁成直角(墙上有窗 W)的一致背景 B(见图77)被置于一张台子上。在同一台子上与背景成直角的是屏幕 S，它向台子右侧投下影子，同时让台子左侧完全暴露在从窗外射入的光线之下。在背景的任何一侧放上两只圆盘，其旋转方式是这样的，也即使它们的减光相等，那就是说，左边圆盘 d_1 反射的光等于右边圆盘 d_2 反射的光。为此目的，d_1 必须比 d_2 具有更低的反照率，以便为它接收大量的光作出补偿。观察者坐在 O 处，观看左方较黑的圆盘和右方较白的圆盘。用经典的对比理论对这种结果作出解释是可能的，因为 B 的左半部包围着 d_1，比右半部接收更多的光，也反射更多的光，而右半部则将 d_2 包围起来了。因此，通过对比，d_1 应当比 d_2 更黑。为了排除这种解释，杨施和缪勒作了以下修改。他们不用一致的背景，而是采用两种不同的背景，左侧是较黑的背景，右侧是较白的背景。如果来自这两个背景的到达双眼的辐射相同的话，那么，除了以下事实之外，即 I_1 和 I_2 不再是屏幕上的空洞，而是屏幕前面的圆盘，我们便有了与上述讨论的那些条件相一致的条件，也就是说，$S_1 = S_2$，$I_1 = I_2$。按照纯粹的对比理论，I_1 应当看来像 I_2，恒常性应当消失，可是实际上，它们看来恰恰像原先的具有一致背景的实验装置那样，I_1 和 I_2 看上去是不同的[①]。因此，这种不同无法用对比来加以解释。然而，它直接来自我们关于梯度效应的命题。由于在杨施和缪勒的实验条件下两个背景看上去是不同的，尽管它们反射了同样的光量，与它们的各自背景具有相等梯度的圆盘也肯定看上去不同。这一论点与上述两个空洞的论点是相符的，也与我们在讨论形状恒常性时提出的论点相同。它能以这种形式来叙述：如果某种辐射产生了一个淡灰色物体的印象，那么，稍微强一点的辐射便会产生一个白色物体的印象，但是，如果第一种辐射产生了一个黑色物体的知觉，那么，第二种稍微强一点的辐射便将产生一个深灰色物体的知觉。在这一系统阐述中，我们通过将一个物体与另一个物体联结起来的刺激梯度解释了一个物体的外观，我们还通过后一物体的出现解释了一个物体的外观。事情本身未被解释，正如我们没有解释为什么在杨施和缪勒的实验中两个背景看上去不同一样。这种解释需要探索的条件超越了四个表面的讨论。

---

① 在杨施和缪勒的实验中，阴影处的那个白色背景实际上比光线中的黑色背景反射更多的光线。我们在本文中所提出的论点便毋庸置疑地被证实了。

这是一种我们已经阐述过的一般问题的应用。

关于现象回归概念的结论

这些实验(一方面是考夫卡—哈罗尔和盖尔布,另一方面是杨施—缪勒)清楚地归属在一起。最后,讨论一下恒常性或现象回归也许是明智的。两只圆盘d_1和d_2的表面差异显然与它们的反照率差异相一致(这是它们"实际"呈现的面目),而不是与它们的刺激差异相一致,因为在这一例子中,刺激差异为零。但是,在两个最初的实验中,这样一种观点是行不通的,因为该结果并不依赖于通过空洞看到的屏幕的反照率,而是依赖于经由空洞的辐射。所以,我不能同意索利斯的主张,他认为应当把"实际物体的现象回归"替代"恒常性"这个术语,以指明整个范围的事实。索利斯在1934年确实对恒常性这个术语提出过十分机智的批评,他指出,这个术语在许多情形里没有任何确切意义,相反,他自己的术语(即"实际物体的现象回归")倒是有意义的。但是,正如刚刚讨论过的这些情况那样,它们属于同一范围,证明索利斯的术语也未能把一切事实都包括进去。

考夫卡和哈罗尔对盖尔布原始实验的修正

迄今为止我们所引证的一些实验未曾考虑到盖尔布的研究,而事实上,我们是把它作为我们理论的出发点的。现在,让我简要地报道一下由我本人和哈罗尔进行的一些尚未公开发表的实验①。我们的这些实验抱有明确的目的,即检验我对盖尔布效应的解释。在这一实验中,有三个场部分(A、B和C),黑暗的房间,照明的黑色圆盘,以及同样照明的白色纸条。于是,辐射是$A:B=B:C=1:60$②。如果把C略去,B便呈现白色;一旦把C引入以后,B就看上去黑而亮,对此变化可用下列事实解释,即B是由梯度BC来决定的。如果这种解释正确,那么B就不再显示黑色,只要$C:B$的关系小于60:1,也就是说,只要人们用灰色纸条代替白色纸条;纸条越是不白,黑色圆盘(B)就越表现出不黑;不过,纸条本身看上去仍呈白色,尽管不太亮,原因在于以下事实,即$C:A$的关系仍然大于60:1。这个预期得到了证实,B的外观黑色(因而它的恒常性)是C的反照率的函数。在盖尔布实验的原始条件下,以及在具有空洞颜色的条件下,A是一个黑色的未被照明的屏幕,通过一个孔,B和C可被看到。

让我们再次使用先前用过的阐述方法,我们可以说:如果光照60i看上去是白色,那么,光照i就看上去呈黑色了;如果30i呈白色,那么i就呈灰色。我们在这一情形中的阐述要比在先前情形中的阐述更为恰当,因为我们懂得为什

---

① 我已经在两篇论文中简要地报道了这些实验。
② 仅仅第二个比例,即$B:C$,恰恰等于1:60。其他比例实际上更大些。

么 C（60i、30i 等）看上去呈白色。

我们还可以把盖尔布的实验颠倒过来。在一般条件下，我们有三个面即 A、B 和 C，于是，现在是 $A:B=B:C=60:1$。A 是强烈照明的白色背景，B 是一个与其边缘线相合的阴影中的白色圆盘，C 是与圆盘接近并处在阴影区里的黑色或灰色纸条。如果 A 和 B 单独展示，那么 A 将呈现白色，B 将呈现黑色。现在，以这种方式把 C 引进来，BC 归属在一起，B 就变成白色；再者，如果 $B:C$ 小于 60:1，那么，B 就变成更浓的黑色。

运用洞孔颜色，这种预示得到证实，尽管需要更强的措施来保证 B 和 C 比原先情形更加归属在一起。我们用了一套与盖尔布的实验装置相一致的装置，最后未能得到这种结果，也就是说，引入黑色纸条并不改变阴影中的白色圆盘的外观。我不想解释这种出乎意料的结果，我只想补充，相等的强度梯度具有不同的结果，主要根据受影响的部分是在梯度的顶部还是在梯度的底部。正如我们从其他实验中得知的那样，把中等灰色作为中心，黑白系列在功能上并不对称。

浅黑色和深白色之间的功能差异与同样的刺激强度相一致

看来，剩下来的问题是，用我们的理论可以解释多少事实。这个任务超越了本章的范围，这里，我们仅仅讨论其中一点。在我们讨论知觉的一些地方，我们曾试图用一些功能的事实去证明纯现象学的事实。在目前这个领域，我们也想照此实施。如果与相等的局部刺激相一致的视野的两个区域看上去不同，那么，除了它们的外观以外，它们在其他特性中是否也不同呢？实际上，人们已经发现了下列三种结果，第一种是由盖尔布（1920 年）发现的结果，他在实验中用了两名精神错乱的病人，如第四章所报道的那样。需要记住的是，这些病人并不观看表面，而是物体的颜色始终具有一定的厚度，颜色越黑，厚度越大。这些病人便拥有颜色恒常性了。例如，如果让他们操作边码 p.249（图 77）上描述的实验，那么，反射同样光量的两只圆盘 d_1 和 d_2 如同常人看来那样看上去是彼此不同的。与此同时，颜色的"厚度"规律仍然站得住脚：d_1 看上去更黑，但比 d_2 更厚。由此可见，具有相等局部刺激的两个表面不仅看来彼此不同，而且根据它们不同的外观，其组织也不同（盖尔布，1920 年，p.241）。

第二个实验是由明茨（Mintz）和我本人实施的。如果白色是比黑色更刺目的颜色［这是从第四章解释的意义上说的］，那么盖尔布的结果看来便可以得到解释了；也就是说，如果白色具有更强的组织力和内聚力的话，则盖尔布的结果便可以得到解释了。在一般的条件下，白色和黑色之间的这种硬性差别是由我本人和哈罗尔发现的；现在的问题是，它是否也适用于与同样的局部刺激相一致的黑色和白色。我们认为，如果它适用的话，那么，比起由同样的局部刺激产生的白色场来，一个黑色场对于引进一个彩色图形来说应当产生较少的阻力；

黑色场比之白色场较少需要颜色。我们的实验证明了这种推论,从而也提供了另一种结果,即两个这样的表面在其中发生差异的结果。

第三种结果是由哈罗尔和我本人发现的。对非彩色背景上一个彩色图形的颜色浓度来说,如果两者的白色越相似,浓度便越大;在重合点上(这里的重合点就是白色的等同点)浓度达到最高值[参见阿克曼(Ackermann),埃伯哈特(Eberhardt),G. E. 缪勒,1930 年]。用明度来对这种结果进行解释是符合习惯的,但是这种解释并未考虑下列事实,即同样的辐射可以产生不同的白色和明度的结合。先前关于彩色图形的颜色浓度或阈限有赖于背景明度的一切实验都是在这样一种情形里进行的,也即图形和背景处于同一平面上,并接受同样的照明,在这种情形里,背景的白色(明度)只能通过它的反照率的变化而变化。可是,哈罗尔和我在非彩色背景上制作了一些图形,我们的方法是将图形和背景的光源分开。这样,方有可能去比较将同样数量的彩色光反射到两个背景上去的两个图形,这两个背景尽管也反射了同样数量的(非彩色)光,但是看上去却是不同的,例如,其中一个背景黑而亮,另一个背景则白而暗。这样一来,不仅这两个图形的颜色看上去彼此不同(这是我们已经提到过的),而且颜色的最大浓度也不再能从那个重合点上获得。在该重合点上,黑色背景上的蓝色看上去比减光相等的白色背景上蓝色更浓,黄色在前者上也比在后者上看来颜色更浓。

颜色恒常性

现在,让我们转向狭义中的颜色恒常性;正如物体的颜色并不随着非彩色照明的强度变化一样[1],因此,它们也不遵循照明的彩色变化,尽管"颜色恒常性"比"明度恒常性"更不完善。卡兹将这类现象的调查收录在他的第一本伟大著作中,而且恒常性问题也主要地决定了该领域中的科研工作。此外,为了这一理论的缘故,正如我们在明度恒常性讨论中排除了颜色恒常性的讨论一样,我们在颜色恒常性讨论中也将排除明度恒常性的讨论。

最初的实验

让我们进行下列实验:在一堵由彩色光照明的房间的墙旁,我们安置了一个非彩色圆盘 d_1,离这圆盘不远处的墙壁上有一开口,通向另一间正常照明的房间,在这开口后面的那个房间内,我们安置了第二个非彩色圆盘 d_2,以遮住来自第一个房间的彩色照明。这样一来,d_1 反射了彩色照明的光,d_2 则反射非彩

---

[1] 我们仅仅讨论了非彩色物体的颜色。但是,色彩也遵循同样的定律;后者的引入并不涉及新的原理。

色光。在这些条件下,d_1 看来或多或少是非彩色的,而 d_2 则以一种彩色出现,作为对照明彩色的补充,而且,照明的颜色越浓,两种照明的发光度越是差不多相等。上述两种结果,即 d_1 的非彩色外观和 d_2 的彩色外观,都作为同一结果的例子,尽管 d_1 显示出恒常性而 d_2 并不显示出恒常性。由于 d_1 和 d_2 反射了不同种类的光,因而看上去不相等。如果反射彩色光的 d_1 看上去是非彩色的,那么反射非彩色光的 d_2 看上去肯定呈现彩色,这样一来,它的彩色与非彩色在同一方向上有所区别,而且像 d_1 的非彩色不同于照明的彩色那样,它在数量上也有所区别;也就是说,d_2 的色彩必须成为照明色彩的补充。如果人们通过非彩色照明的减光屏洞孔注视同样两只圆盘,那么,一个孔由 d_1 填充,另一个孔由 d_2 填充,于是,d_1 将看上去呈现彩色,并且处于照明的色彩中,而 d_2 则呈现非彩色。

颜色恒常性理论的尝试——两个原理

杨施是第一个看到 d_1 和 d_2 的外表归属在一起的人,他还由此发展了一种测量转化的方法,然而,其他一些心理学家却未能看到杨施论点的意义[1]。在我看来,d_1 和 d_2 外表之间的联结包含了颜色恒常性理论的关键,或者,如果我们不用这种特定的偏见来表述的话,它就是颜色知觉的理论。首先,它为我们提供了一个不变因素,也就是 d_1 和 d_2 之间的梯度。虽然量化证明仍然找不到——确实很难获得——我们仍然可以假设,刺激梯度 d_1-d_2 产生了相等的外表颜色梯度,不论有否减光屏都一样[2],但是,单凭这种梯度还无法决定这种外表梯度的绝对位置。如果 C_1 和 C_2 是同一种刺激色彩的两种不同的浓淡,那么具有固定差别的两种颜色的行为场将与这些刺激相一致,而且这两个场可以在颜色的最大浓度和补色的最大浓度之间的任何地方具有颜色。这种颜色的多样性可被视作一个固定的量尺,在该量尺上由两种刺激 C_1 和 C_2 产生的两种颜色彼此之间保持同样距离,但可能根据一般的条件而游离。我把这种现象称做水平转移原理(the principle of the shift of level)[3]。

由此可见,颜色现象与空间方向现象具有惊人的相似性,在空间方向中,两根线条之间的角度是一个不变因素,而知觉到的线条的绝对方向则有赖于一般的场条件。这一类推甚至还可深入。在我们关于空间方向的讨论中,我们发现某些方向起着独特作用,它们是水平方向和垂直方向,我们还发现,组织的主线往往倾向于成为方向的主线。在空间方向领域,我们发现一种类似的独特的群集(constellation),也就是正面平行面,而在大小领域和非彩色领域中,则没有

---

[1] 在我的文章中(1932 年 a),我已深入探讨了该问题的历史。

[2] 为了使其真实,必须满足某些条件。例如,如果由减光屏反射的光比通过洞孔射入的光更加强烈,那么,两个洞孔都会看上去呈黑色,它们之间的梯度将丧失。

[3] 这一概念首先由杨施在 1914 年加以运用。

这种独特的群集存在。然而，当我们考虑所有的色彩现象时（包括彩色和非彩色），我们又会重新找到这种独特的群集，因为在这里非彩色具有独特的位置。看来，它与系统阐述一个原理的事实完全一致，我们把该原理称做非彩色水平原理（the principle of the neutral level）（1932年a）。正像每个个别的空间方向有赖于一般的空间格局（spatial framework）那样，每个个别的知觉颜色也有赖于一种颜色格局（colour framework）或颜色水平（colour level）。而且，正像水平—垂直方向建立了空间格局那样，非彩色也充当了颜色水平。至于在每一个特定的情形中这种颜色水平是如何建立起来的，则有赖于特定的条件。在颜色领域，这些条件并不像在方向领域中那样容易进行系统阐述；但是，只要记住格局和背景之间存在的关系，我们便可以提出下列假设，那么一般的背景将决定水平，从而像条件许可的那样显现为非彩色。用此原理，加之水平转移原理，我们可以解释两种圆盘d_1和d_2的表现，不论它们是否通过减光屏而被看到。在第二种情形里，背景反射了照明的颜色；作为背景，它决定了颜色水平，从而看上去是非彩色的。圆盘d_1反射了同一种光，因此看上去也一定是非彩色的，而圆盘d_2反射的是非彩色光，因此看上去呈现补色的彩色。有了减光屏，屏幕反射非彩色光，于是成了背景，从而看上去呈非彩色；d_2也反射非彩色光，因此也肯定呈现非彩色；而d_1由于反射彩色光，即照明的光，因此看上去一定呈彩色。

本理论的缺陷

尽管这些原理允许我们引证大量事实，但是，它们还不能作为一个普遍的理论。这些因为，水平转移原理迄今为止只阐述了两种颜色，它们能在联结色圈两点并穿越非彩色中心（或色锥中相应的线）的一根直线上被描绘。但是，我们尚未知道，两种颜色之一的水平转移如何对另一种产生影响，如果它并不存在于这样一根线上的话。具体地说：假设我们实验中的d_2是绿色的，而第一间房间的照明是黄色的，那么，当d_1和d_2通过一个非彩色照明的减光屏而被看到时，d_1呈现黄色，d_2呈现绿色。如果我们移去减光屏，d_1重新变成非彩色，但是，d_2将显示什么颜色呢？它看上去与非彩色不同，这种不同犹如绿色与黄色的不同。对此问题的实验解决办法颇为容易；它将导致十分有趣的概括，即关于整个色彩系统的概括。

彩色物体在彩色照明中的恒常性

我认为，我们的原理在解释彩色照明中非彩色物体的恒常性方面是清楚的。那么，它们是否也解释了彩色物体的恒常性呢？为了避免对我们的假设多问几个为什么，我必须提及这样一个事实，它对女士们简直太熟悉了。女士们在挑选衣料时很少借助人工光线，因为在人工光线下，颜色恒常性没有明度恒常性来得完美，这个事实也由彪勒强调过。这样一种随着照明颜色的浓度而下降的不完美的恒常性，确实是与我们的假设相一致的，而且，一旦上述的一般问题得到解决,这样一种不完美的恒常性便可以从我们的假设中详尽地推断出来。让我们仅讨论两个例子。首先,我们选择在普通灯泡的黄光照明下的蓝色物体。我们知道,在这样一种照明下,一个反射黄光的非彩色表面看上去呈非彩色,结果反射非彩色光的表面看上去呈蓝色,而反射蓝光的表面将比非彩色照明下显得更蓝。现在,用黄光照明的蓝色物体会比正常照明时反射较少的蓝光,如果人们通过正常照明的非彩色减光屏向它注视的话,这一点是可以确定的。然而,现在这个较少蓝色的物体肯定会产生比它在非彩色照明下更加蓝的颜色。因此,照明有两种对立的作用。从物理学角度讲,它减少了来自物体的蓝光,但是从心物角度讲,它提高了这种光的蓝色效应。这两种对立的效应具有同样的量值,以至于可以相互抵消,从而产生完好的恒常性,这仅仅是多重性中的一种可能性,而且只有在少数情形中才能实现。由于照明的变化,从一个物体上反射的光的变化将有赖于照射到该物体上的光的组成以及它自己表面的选择性(selectivity)。看上去相等的两种光可能有十分不同的组成方式,而看上去相等的两个表面也可能有十分不同的选择性[①]。因此,呈现等同颜色的两种光可以产生十分不同的辐射,这些不同的辐射是从同一表面反射的,而且,同样的光能以不同的组成方式从两个表面反射出来,这两个表面在非彩色照明下看上去是相等的。该事实的另一个结果是当彩色照明取代非彩色时,来自两个表面的刺激之间的关系一般说来会发生变化;这再次意味着恒常性是不完整的,而照明强度的变化使这些关系保持恒定,从而保证了更高程度的(白色)恒常性。

关于我们的第二个例子,我们选择了一种单色照明(monochromatic illumination)。在这种情况下,由于只有一种光投射在物体上,因此由物体反射的光也就只有一种,唯一的刺激差异可能就是强度差异了;由此可见,所有的物体都应当呈现非彩色,因为根据我们的非彩色水平原理,整个视野应当呈现非彩色,而且强度差异表现为黑—白差异和暗—亮维度差异。

行为照明

对我们的理论可能提出的一个异议将有助于我们简要地介绍一种迄今为止被忽视的论点,尽管这种论点在讨论颜色恒常性的理论时起着重要作用。我们认为,一个非彩色表面在彩色照明下仍会呈现出非彩色。这样说,难道没与我们的原理发生抵触吗?我们的原理认为,两种阈上不同的刺激绝对不会产生恰好同样的结果。如果我们把彩色照明条件下的非彩色浓淡的恒常性视作对这些事实的完整描述的话,那么我们便会与我们自己的原理唱对台戏。可是,

---

① 在非彩色领域内,选择性与反照率相一致,但是,非彩色是一维的,而选择性,根据色彩混合定律,是三维的。这种差别解释了与白色恒常性相比较的色彩恒常性的巨大复杂性。

我们并没有这样做。这里又有一个新的方面,即非彩色照明的非彩色表面和彩色照明的非彩色表面彼此表现不同。在某些情形里,这种差异可以这样来描述,即这两个表面尽管具有相同颜色,但是在不同照明条件下呈现,于是可以把照明作为一种行为数据来考虑。在其他一些情形里,这样一种描述过于独特,而且仍有某种差异保持着,尽管我们的语言没有特定的言词去说明它。例如,当你戴上一副黄色眼镜时——景色会变得暖和和绚丽多彩;如果换上一副蓝色眼镜,看到的东西会变得冰冷和呆滞。我告诫自己不必再在这种观点上多费口舌。在我的文章中(1932年a),我已经发展了我的理论,以便处理照明的印象(p.349)。

某种实验证据

关于迄今为止阐释的这个假设,能说它不仅仅是一种推测吗?有否直接的实验去证实它?当我最初考虑水平转移和非彩色水平两个原理时,下面的论点就闪现在我的脑海里。假设一个反射非彩色光的场呈现蓝色,因为环境场反射黄光而呈现非彩色,那么,客观上非彩色的场应当不再呈现蓝色,如果环境场呈现黄色的话。与此同时,如果它在客观上变得更黄,那么原先显示蓝色的场的非彩色化将证明,它的蓝色不是由于传统意义上的对比,因为环境场的对比应当增加,如果环境场的颜色浓度增加的话。这种论点导致一个十分简单的实验。在一间由漫射日光照明的房间里,我旋亮一盏普通的电灯,它将一个固定物体的阴影投在一张白纸上。该阴影产生一个区域,它在一个较大区域内反射非彩色光,而较大区域是反射黄光的(黄光由漫射日光和灯光所组成)。如果恰当地调节漫射日光的强度与灯光的强度,那么,白纸就呈现白色,而阴影则是浓浓的蓝色。这不是别的什么东西,不过是产生彩色阴影的众所周知的方法而已,也即一种经常由"对比"来进行解释的结果①,尽管这种解释忽略了这样一个事实,即非阴影区虽然反射黄光,却看起来是白色的。现在,我对实验进行修改,使环境场客观上变得更黄,而主观上则呈现黄色:我用一张相对来说低浓度颜色的黄纸盖在一张白纸上,白纸上投有蓝色阴影,仅让阴影部分不被盖住。于是,我使环境场比先前反射更多的黄光,但是让阴影区保持不变。结果,围着阴影的纸看上去呈黄色,而阴影部分则丧失了它的大部分或全部蓝色。如果我使用一张颜色浓度更高的黄纸,那么结果还要明显。当然,我改变条件,以便排除一些可能的解释,除了黄色以外,我还用了其他一些照明色。结果仍然一样(参见我的文章,1932年a,p.340)。在原来条件下阴影呈现蓝色,而在实验修改以后阴影变为非彩色,这一事实证明闭合区域的外观并不依赖它自己的辐射

---

① 除了克罗(Kroh)以外。他认为,确切地说,彩色阴影属于"转换现象"(transformation phenomena)。

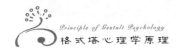

以及环境场的辐射,这是对比理论所坚持主张的。也就是说,闭合区域的外观有赖于以累积方式结合起来的两个因素,有赖于已闭合的辐射和正在闭合的辐射之间的一个梯度,有赖于后者得以出现的颜色。当它客观上被着色时,它就呈现非彩色,而一个非彩色的内部场一定会以补色出现;然而,当它呈现彩色时,内部场就会或多或少地出现非彩色①。

上面描述的一些实验倾向于使对比和"转化"之间的关系问题变得十分紧迫。很自然,这个问题使得该领域中的所有研究人员,从卡兹到卡多斯,忙于此项工作,而且将两种结果彼此分离的那些理论则与另外一些理论发生冲突,后者试图通过对比来解释转化(这是前面提到过的,业已证明是失败的一种尝试),或者通过转化去解释对比(如杨施等人)。我把这个问题暂时搁置起来,因为目前尚缺乏一些关键实验。然而,我无法相信这两种现象在其动力学方面是完全不同的。正如我确信的那样,如果所谓的对比效果还有赖于受刺激区域之间的梯度的话,而且,正如威特海默—本纳利实验已经表明的那样,如果所有这些梯度并不具有相等的影响,而是按照"附属条件"来施加它们影响的话,那么,这些对比效果一定是与"恒常性"效果密切相关的。让我们再次回到纯粹白色和明度的领域中来:我们看到,出现在同一平面中的两个区域将主要根据它们的白色程度彼此确定下来,而在不同平面中组织的区域也将相互确定它们的明度。第一种影响可能与普通的明度对比一致。这一观点得到威廉·沃尔夫(Wilhelm Wolff)的实验支持,他证明,反射同样数量的非彩色光并出现在同样的正面平行面中的两个相等的表面,当其中一个处在暗的背景前面,另一个处在淡灰色背景前面时(两个背景在客观上和主观上不同),仍会看上去相等,可是,如果把这两个表面置于两个背景上,它们的反照率就像第一个实验中的背景那样彼此不同,那么,这两个表面便会看上去不同。这种外观上的差异是一个普通的对比例子;但是,就内部场和环境场而言,由于在这两组条件中视网膜条件是相同的,其中一个条件只产生对比效果。沃尔夫的实验证明,对比不能单凭视网膜条件来解释,它有赖于空间组织,有赖于由视网膜条件产生的附属条件:当两个表面位于同样的平面上时,它就发生了;当两个表面不在同样的平面上时,它便不会发生②。

透明度和恒常性

在我们离开颜色恒常性这个课题以前,我们想提出一个与之密切相关的问

---

① 为了简便的缘故,我已经简化了这个论点。能从中发现缺陷所在的读者可以查阅我的原著,该书 p.342 在某种程度上提供了这一论点。

② 鲁宾(Rubin)于 1934 年进行的一个实验表明,对比也可以在与沃尔夫的实验条件相似的条件下发生。然而,这丝毫不与我们的理论相矛盾,我们的理论考虑一切有效梯度和它们的有效程度。倘若不对鲁宾的论证作进一步的实验分析,要想提供明确的解释看来是不明智的。我认为,它可在附属条件(和程度)中加以探索。

题,因为它为我们研究空间组织和颜色之间存在的密切的动力联系提供了一种新的洞察力。我们在讨论双重呈现(double representation)时,已经涉及这个问题。当我们通过另一个表面去看一个表面时,空间组织的这种形式的最明显例子便显示出来了。该现象得以发生的条件已由富克斯(Fuchs)于1923年十分系统地研究过,他指出透明度(transparency)有赖于空间组织的因素。富克斯使用的方法之一是节光器方法(episcotister method)。在一个带有颜色的大型色轮上有一个开口部分,该色轮在位于一个黑色屏幕前的某个距离上旋转着。黑色屏幕上有一幅彩色图形。让我们来选择一个简单例子:如果节光器是蓝色的,那么图形的补色是黄色。如果我们通过置有两个洞孔的减光屏观察这种群集,两个洞孔的位置是这样安排的,观察者通过一个洞孔(以及色轮上面的开口部分)可以看到黑色背景,通过另一个洞孔可以看到黄色图形,那么,这两个洞孔的颜色将由塔尔博特定律(Talbot law)所决定(参见第四章),也就是说,其中一个洞孔的颜色很浓,尽管带点深蓝色,另一洞孔则是蓝和黄的混合色。通过适当地调节蓝色和开口部分的大小,第二个洞孔可以使之呈现灰色(这是补色的混合物)。如果我们接下来移去减光屏,只保留盖住马达的屏幕,与屏幕在一起的是蓝色圈的下半部分,于是观察者便在黑色背景前的透明蓝色半圆后面看到一个黄色图形。图78表示了这种实验装置。对于这种知觉,是与下列邻近刺激相一致的:一个黑色区,一个蓝色区(蓝和黑的混合物),组成了除下列区域以外的色轮的可见部分,除外的区域便是位于该区域后面的图形,还有一个非彩色区(蓝和黄的混合),在这非彩色区内,色轮位于图形的前面。如果我们不去考虑黑色区,我们便会发现在刺激和知觉到的外表之间存在不一致。黄色图形区域是双重呈现的;一方面它作为未受干扰的蓝色透明半圆的一部分而出现,另一方面则作为一个黄色图形而出现,然而在视网膜上它既非蓝色又非黄色,而是灰色。一旦该区域失去了它的双重呈现特性,那么,当用减光屏去观察,它便变为非彩色了。因此,在另一个颜色后面见到一个颜色肯定是由于双重呈现的缘故。与此同时,所见的颜色是与"实际的"颜色相一致的。色轮实际上是蓝色的,图形实际上是黄色的,尽管视网膜意象(这是它们在结合中产生的意象)是非彩色的。然而,这最后一个事实不能进入到解释中来,确切地说,解释必须是这样的,即所见颜色和实际颜色的一致是伴随着它而发生的。正如我们已经说过的那样,解释必须从双重呈现这一事实出发。有着许多产生这种组织的运作因素——首先是我们先前讨论过的图形因素,其次是空间轮廓(spatial relief)的因素,它们使图形属于背景的平面。在我们的例子中,双重呈现指的是,半圆被看作单一的图形。由此可见,它具有一种以一致的颜色呈现的倾向(参见第四章)。看来,这种情况可以通过发生在其内部的刺激的异质来加以防止,在那里,一个非彩色的区域干扰了一个蓝色区域。但是,这个区域是双重呈现的,对它来说有两个表面与之一致,一个在另一个后面。前面的一个(属于透明半圆)处在变成蓝色的压力之下。如果我们可以作出如下假设,即一个非彩色刺激引起了两个表面的知觉,一个面是彩色的,则另一面必定是补色的,那么,事情就会得到解释。换言之,我们把颜色混合定律用于对非彩色刺激结果的裂半分析(splitting)上去。如果 $y+b=g$,那么 $g-b=y(y=$ 黄色, $b=$ 蓝色, $g=$ 灰色)。根据这种解释,圆形将会呈现黄色,这并非由于它是真正黄色的,而是由于在实验条件下引起的非彩色刺激,这种非彩色刺激被迫产生了两个平面,其中之一是蓝色的。

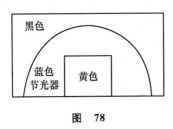

图 78

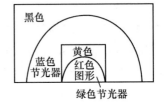

图 79

上述解释的有效性已由格兰斯·海德(Grace Heider)在一系列实验中予以检测。根据这种假设,非彩色刺激区域实际上由黄光和蓝光的混合所产生的这个事实丝毫不起作用。一切事实随双重呈现而发生,并且正面看上去是蓝色的。于是,便引入了下述的实验修改方式(见图79)。图形的下面部分绘上红色,与此同时,节光器的半圆内部是绿色,颜色和节光器开口是这样安排的,即通过减光屏,底部的红绿混合色看上去恰恰像顶部的黄蓝混合色。刺激条件的这种修改对于观察者的知觉不会产生任何影响,而且有了如下的确实发现:节光器看上去呈蓝色,图形呈黄色,颜色遍布它们的表面;在每一个区域内,刺激的差异在知觉组织中完全丧失了。同样的结果也可以在下列情形中获得,当较小的(绿色的)节光器和图形的下部(红色)被一个具有黑色和白色部分的色轮取代时,该黑色和白色部分像远离中心的蓝黄混合色那样呈现同样的非彩色[①]。由此可见,这些实验证实了我们的假设,同时指明了为什么一方面透明度通常由颜色恒常性相伴随,另一方面这种联结又不是组织的,原因在于,透明度也可能导向恒常性的反面。

透明度中空间和颜色的相互作用:图多尔—哈特实验

当我们引入这个课题时,我们已经强调过,透明度本身是一个空间组织因

---

① 为了简便的缘故,我用一种与实际的实验情形稍有不同的方式来描述G.海德的实验。实验结果表明,黄色地带突出在蓝色节光器的外部边缘以外,对此结果可作不同的解释,但是,也已经进行了一些特定的实验,以排除这样一种解释。为了省略这些描述,我选择了本文中的表达方式。

素,而且需要某些图形条件加以完成。图多尔—哈特(Tudor-Hart)通过特定的实验表明,在透明度的空间组织中,颜色和形状有着密切的相互作用。她改变了颜色和光线的决定因素,让图形因素保持原封不动。她在透明的表面和通过透明表面而看到的那个面之间找到了一种密切的相互依存关系。对于她的各种结果,我仅提及其中一些如下:

(1)"当一台节光器(上面描述的节光器方法是用来产生透明度的)在相似的颜色和明度的背景前面旋转时①,不论背景上有没有图形,节光器是看不见的。"

(2)"如果一台节光器在不同明度的背景前旋转,背景上有一图形与节光器在明度上相等,则节光器在中央区域看得见,甚至在图形前面也看得见。"

(3)"在其他条件相等时,节光器越暗,它便越透明"(p.277)。

(4)在其他条件相等时,背景越亮,节光器便越加透明。

(5)在节光器具有低透明度时,透明度便不一致,比起边缘区来,背景上图形前面的透明度更强。

(6)透明度在不同方面发生变化,视不同的条件而定。图形的鲜明性有赖于背景和背景上的图形之间明度的差异,这种鲜明性决定了图形的清楚或"模糊",而背景的明度则决定了节光器的"素质",如果它越厚,就越坚实,背景也就越暗。如果有两台相等的节光器,一台在黑色背景前,另一台在白色背景前,那么它们"在各方面均表现得如此不同,以至于说它们客观上相同似乎有点滑稽可笑"(p.288)。

我无须详细分析这些结果,我将指出,上述引用的图多尔—哈特的一些实验结果证实了刺激梯度的重要性,虽然它们是就空间组织而言的,但现在却对我们的透明度理论作了补充。它们补充了"裂半"的新情形,而所谓"裂半",就是一种非彩色分裂成两种相等的非彩色(在上述结果2中,灰色区与图形和反射同一辐射的节光器的混合相一致,该灰色区在双重呈现中作为透明的节光器部分而被看到,并作为同样明度的图形而被看到)。我还将指出,它们表明了白色和黑色之间的硬性差异。

---

① 图多尔—哈特并没有在白色和明度之间作出区分,而是专门用了后者的术语。两个方面肯定都起作用,白色方面占支配地位。

第七章

环境场——三维空间和运动

视觉组织不同方面的相互依存性。三维组织：网膜像差；不同"深度标准"的结合；空间的方向错误。可见运动：可见运动理论的一般原理；断续运动和实际运动；似动速度；布朗实验；布朗的结果和柯特定律；运动和时间；融合的选择。关于行为物体之性质的结论。小结。

视觉组织不同方面的相互依存性

传统上，从形状恒常性、大小恒常性和颜色恒常性（包括透明度恒常性）的观点出发来进行的现象讨论，应当已经证明了对于知觉的理解（understanding of perception）具有根本重要性的一般事实：我们的视觉世界的不同方面，包括大小、形状、颜色、方向（orientation）和定位（localization），都是由彻底的相互依存性（interdependence）所组成的。心理学在开始处理知觉问题时，还没有认识到该任务的复杂性。据认为，视觉世界的不同方面有其不同的和独立的根源，它们可以分别加以研究。起初，一种色觉和一种空间感觉得到区分，嗣后又补充了一种形状感觉，甚至可能还有运动感觉。由于将不同的问题转化成不同的现实，这样一种观点发生了错误。实际上，由局部刺激（local stimulation）产生的颜色有赖于一般的空间组织（spatial organization），包括大小、形状和方向，这些东西都是由它产生的。如果人们将不同的术语互换位置的话，这一命题仍然是正确的。在先前的讨论中，这种相互联结（interconnectedness）已在某种程度上被详细地论证了。

三 维 组 织

但是，还有一个方面（它的重要性表现在一切恒常性问题之中）尚未得到充分的研究。我指的就是三维组织（tri-dimensional organization）。现在试图对它进行系统的表述是不可能的。它不仅需要整整一章的篇幅，而且，最主要的原因是，进行这种讨论所需的事实尚未获得。道理很简单，在该领域已经从事的大量研究（所谓的一些假设工作）被证明不再站得住脚，况且，相对而言，从组织观点出发所开展的研究极少，尽管这种研究即将来临。因此，在本章中我将仅仅提出若干论点，尤其是网膜像差（retinal disparity）因素和所谓的深度标准结合问题（the problem of the combination of the dapth criteria）。

网膜像差

三维组织本身并不是由我们充分强调的网膜像差引起的。网膜像差在产生三维组织中起着十分重要的作用，这一点已无须叙述。这里，我们试图做的事情是把网膜像差视作一种组织因素，它有赖于组织。对此因素的传统处理方式是描述事实，而不试图对它们究根问底。一些相应的点被界定为这样一些点，当它们同时受刺激时，便产生一个物体的知觉，或者被界定为这样一些点，当它们受到刺激时，便会产生同一方向的知觉。于是，需要补充这样的说法，如果同一个地理点（geographical point）被投射在两个不相一致的视网膜点上，它将出现双重性，除非这种像差的量十分微小：在这种情况下，该点将作为一个点被看到，但其位置处在凝视点前或凝视点后的平面上，也就是处在"核心平面"（nuclear plane）上，这是根据像差的方向而言的。我可以省略细节，因为这些细节在大多数教科书中均能查到。为什么具有这些效应的像差未被提及，往往是因为人们假设了这样一个终极事实，即长波光的刺激引起红色的感觉，或者用这样一种术语来陈述——"有机体利用了一种距离线索"——实际上，学生的情况不会比第一种例子中情况更好些。

建立动态的像差理论的尝试

很清楚，我们目前正在试图建立的一种心理学是无法用这样一种陈述来满足的。对这种心理学来说，视觉世界是心物场内（in the psychophysical field）组织的产物，而且，它还试图了解这种组织的过程以及决定这种组织的因素。网膜像差的各种事实，正如通常陈述的那样，是一些几何学事实。然而，我们需要的是动力学（dynamics）事实。我们想知道由像差的几何学产生的力量。最初的两个尝试意欲发现这些力量的性质，一个尝试是由勒温（Lewin）和佐久间（Sakuma）做出的，另一个尝试是由我本人（1930年）做出的。在下列讨论中，我将多少省略前两位作者所作的困难的然而有意义的重要贡献，仅仅提出我的著述中的若干论点。

网膜对应和网膜像差的界定

这是界说对应和不对应的第一个论点。首先，这样一种界定看来颇为简单：人们只须在外部空间选择某个点，看一看这个点投射在两个视网膜的哪些点上。如果这个点作为一个点被看到，而且在核心平面上被看到，那么，它投射于其上的两个视网膜点便是对应(corresponding)的两个点；如果用来投射的外部空间的那个点看上去呈现双重性，或者不在核心平面上，那么视网膜点便出现像差。如果人们用此方式探索两个视网膜，那么，他们就会发现，它的两个中心是一致的，所有的点在来自两个中心的同一方向上具有同样的距离①。由此，人们已经达到有关对应点和不对应点的纯几何的或解剖学的界定，也就是说，一种纯几何学的方法，通过这种方法，一个视网膜上的任何一点，在另一个视网膜上具有相应的点。然而，若要把两个点的协调意义表述为对应或不对应，看来要比迄今为止出现的情况困难得多。假定我在左侧视网膜上选择一个点 X_l（l 代表左边），并用上述方法在右侧视网膜上找到与 X_l 相对应的点 X_r（r 代表右边）；如果我不用"对应"这个词，我如何才能表述这一过程的结果呢？我可以说，X_r 距离右侧视网膜中央凹与 X_l 距离左侧视网膜中央凹不论在方向上还是在远近上都相同，X_r 具有这样的特性，当它像 X_l 一样受到同样的外部点的刺激时，眼睛的主人就会在核心平面上看到一个点。该命题的麻烦在于，它把外部空间的一个点作为它的条件之一，也就是说，它对接近刺激(proximal stimulus)来说是外部的某种东西，因而能对视觉过程不产生直接影响。双眼"无法知道"它们是否受到同一个外部点的刺激；某些类型的接近刺激将会产生一个点时的知觉，尽管实际上存在着两个点（例如，在立体视镜中），这种知觉与实际上只有一个点时而看到一个点时的效果是十分一致的。因此，我们必须试着从我们的对应界定中把距离刺激去掉，而且，完全按照接近刺激对它进行表述。人们可以试着做到这一点，他可以说：当两个对应点以同样方式受到刺激时，那么，结果就会在核心平面上看到一个点。由此可见，刺激的相等对于对应的界定来说是必要的，也就是说，它是超越纯几何学的某种东西了。

对于对应点来说是正确的东西，对于不对应点来说也同样是正确的。如果我们说，Y_r 是对 X_l 的不对应，那么，这就意味着，当 Y_r 和 X_l 这两个点受到相同刺激时，结果不会在核心平面上看见一个点——而是看到两个点，或者其中一个点不在核心平面上。

像差的动力学

上述这种对应和不对应的界定，尽管并非完全恰当，但却涵盖了大量的事例。只要正确理解"等同性"(equality)一词的含义，我们便可了解其内涵所在。

---

① 实际上，情况要复杂得多，正如线条视野单像区(line horopter)的调查已经表明的那样。这一复杂的研究领域（其结果远没找到一个令人满意的解释）必须从我们的讨论中省略掉。该事实可以在威塔塞克(Witasek)的著作(1909年)中找到。然而，这篇文章的简化了的陈述对于下述论点来说已经足够了。

等同性并非指辐射的相等。如果在立体视镜的左半部插入一个灰色面,面上有一蓝点,并在立体视镜的右半部插入一个相等的面,面上有一红点,这些点在它们各自的面上差不多具有相同的位置,然后让一个具有不一致颜色的点在红蓝两色之间变化,该点将会被看到。这一情形证明,如果我们用辐射的等同性去界定刺激的等同性,那么,若干一致的点尽管受到不同的刺激,仍会产生正常的结果:在核心平面上有一个可见的点。在第二个实验中,立体视镜的两侧都是白色的,每一侧在一根想象的水平线上都有两个黑点,该想象的水平线将这些场一分为二,但是这些点在两侧彼此之间距离不同(参见图80)。在这种情况下,只有两个点,例如被凝视点 F_1 和 F_r,能够落在一致的点上,而 P_1 和 P'_1 则必须被投射在不一致的点上。如果这种不对应不是太大的话,那么,观察者将总共看到两个点,每一个点与一对刺激点相对应,P 点将位于右方,并在 F 点之后,因为 P_1 和 P'_1 都是不对应的点。这种情况与我们的不对应界定相符,因为 P_1 和 P'_1 这两个点在颜色上是相等的,而 P_r 点与 P_1 点在右侧相一致,它位于 P'_r 的左边,所提供的刺激不同于 P_1 提供的刺激,与此相似的是,P'_1 与 P'_r 在左侧相一致,它反射了不同种类的光。但是,我们从第一个实验中看到,在有些条件下,一致的点尽管受到不同的刺激,却仍然产生正常的效果。那么,为什么它们在这里却不一样了呢?当我们重新阐述这个问题时,这个问题的意义可能会变得更加清楚。我们把两种不同的刺激模式投射于两个视网膜上。对于一个视网膜上的每个点来说,在另一个视网膜上有着对应的一个点;结果,可以完全正确地说:不论这些刺激模式是什么,它们总是对一致的一些点的全体进行刺激。这种说法,尽管从几何学上来讲是完全正确的,但却是不恰当的。它没有给不对应的点留下任何余地,这些不对应的点必须被引入,以便解释除了最简单的刺激种类以外的结果。换言之,由两个视网膜模式构成的刺激效果,除了在特定选择的例子中以外,不会与我们第一次实验中的效果相一致。在第一次实验中,两种不同色彩的点投射在两个视网膜的一致点上,结果,处于变化的和中间的颜色的一个点在核心平面上被看见。作为一种替代,这种刺激通常导致一种深度轮廓(depth relief),表明不对应点决定了效果。这就意味着:在两个网膜上的进行合作以决定知觉组织的成对的点或线将有赖于两种网膜模式。这并非几何学或解剖学事实,而是动力学事实。在每一情形里,一定存在着实际的力量,它们导致一种协调而不是另一种协调。这些力量的直接根源并不在于网膜模式本身,因为它们是分开的,从而难以相互作用。相互作用只能在下列场合发生,即相互作用过程始于两条视神经束(optical tracts)通过网膜模式在大脑里的会聚。这些过程将按照它们的结构特性而相互作用;也就是说,图形与图形相互作用,背景与背景相互作用,而不是相反;一条曲线中的一个独特的点与另一条曲线中的相应的独

$F_1 \quad P_1 \qquad F_r \quad P'_1$

图 80

特点相互作用,不论它们是否被投射于一致的视网膜点上,等等。换言之,正是这些对应点和不对应点的概念成了组织概念的前提。

根据这个观点,我们可以回顾一下我们的两个立体视镜实验。在第一个实验中,各自位于体视镜一边的一个蓝色点和一个红色点将相互作用,每个点成为场内的唯一图形。正如我们将在下一章里看到的那样,眼睛能以这样一种方式进行自我调节,也即这两个点都被投射在一致的视网膜点上,这个事实是由同样的原理来解释的。可是,在我们的第二个实验中,同样的论点只应用于一个对子点,即 F_l 和 F_r[①],如果 F_l 和 F_r 落在一致的视网膜点上,那么,其他的两个点便无法落在一致的视网膜点上。然而,它们将相互作用;由于两个图形彼此贴近,因此它们将彼此吸引,它们的联合为其他两点的联合所阻止[②]。但是,没有理由可以说明为什么 P_l 应该与属于背景的 P_r 相互作用,或者为什么 P'_r 应该与 P'_l 相互作用。上面提出的问题得到答复,而且,这种答复已经为我们提供了对于双目视觉动力学的一种顿悟。在"结合区"("combination zone"),也即我所谓的心物场的那个部分(在该心物场内,一些过程始于双目结合),当我们用两对点子进行第二种实验时,产生了一种应力(stress),这是一个最简单的例子。我们现在引入一种假设,如果不对应不是太大,那么,这种应力便会导致两个互相吸引点子的统一,与此同时,也导致了深度轮廓,即一个单一的点比另一个单一的点出现得近些或远些。这个假设是与我们关于知觉组织的整个陈述相一致的,因为它把一种明确的结果归因于明确的力量。这样的假设也是不完整的,原因在于它无法推论为什么这种应力(根据这种应力的性质,它应当导致统一)产生了深度轮廓。事实上,人们可以争辩说,P_l 点和 P'_r 点的统一不可能像 F_l 点和 F_r 点之间的统一一样,因为后者把场内的应力减至最低限度,而前者却创造出应力,用纯空间术语来说,两种统一之间唯一可能的差异是深度差异。即便这样,下面一些情况仍然得不到解释,即为什么类型或方向的不对应会使统一的区域接近,而对立的类型的不对应却使统一的区域远离,还有一种情况也得不到解释,即为什么这种结果或多或少地限于与纵向的不一致正好相反的交叉的不一致上面,在我看来很有可能的是,对这些事实的解释必须在视觉部分的结构中才能找到,也就是说,在永久性的内部条件中找到(这是第三章已经解释过的)。

某种实验证据

我将引证三个实验以支持这一假设。前两个实验表明由图形因素引起的合作的网膜区域的选择,第三个实验支持了下列假设,即深度效应是由结合区

---

① 它同样也适用于另一对子。在该情形里,F_l 和 F_r 将起到如同 P_l 和 P'_r 那样的作用。

② 见第八章。

内的应力产生的。第一个实验可以追溯至亥姆霍兹的研究(Ⅲ)。在一架立体视镜里呈现两种透视图,如果其中一幅透视图是在白纸上画上黑色,另一幅透视图是在黑纸上画上白色,则立体视镜的效果不会改变。为了分析这个实验,让我们考虑并未投射在一致的视网膜点上的两幅透视图的对应角。如果左角是黑色,那么在另一只眼睛里的对应点也受到黑色的刺激,白色角在另一只眼睛里对一个非一致点进行了刺激,它在左眼的一致点也依次受到白色的刺激。假如 P_l 和 P_r,G_l 和 G_r 是两对有关的一致点,那么我们便有下列的刺激:

表 8

	左	右
P	黑	黑
G	白	白

然而,在这些一致的和相等的刺激对了中,以 P_l 和 P_r 为一方,G_l 和 G_r 为另一方,尚未相互作用,而是 P_l 与 G_r,G_l 与 P_r 相互作用;原因在于两个相互作用点在场组织中产生了相等的结构部分。

第二个实验是由我本人实施的(1930 年)。它极其简单,如图 81 所示。两组成对的线呈现在一架立体视镜的不同侧面,其中实线上的一点得到凝视。两条虚线以这样一种方式绘出,即一侧的点子与另一侧的白色间隙相对应,而且,左侧的虚线比右侧的虚线更靠近实线。从几何学角度讲,左侧的一个点与右侧的白色相对应;此外,

图 81

从原子论角度讲,右侧(像左侧受到一个点的刺激那样接受同样的刺激)没有不对应的点。让我们把左眼中接受一个 P_l 点的刺激的这个点称做右眼中 P_r 的对应点,右眼中的这个点受到与左眼 G_r 点相对应的一个间隙的刺激,而它的一致点则是左眼中的 G_l。于是,刺激图式如下:

表 9

	左	右
P	黑	白
G	白	白

首先考虑一下不同的视网膜点,为什么 P_l 该与 G_r 合作,而不与 P_r 合作,这几乎是没有理由的,因为两个点都受到了同等的刺激。然而,如果我们想要阐述发生了什么,那么,这恰好是我们必须说的东西;观察者总共看到两条线,一条线与立体视镜幻灯片的两条连续线相对应,而另一条线则与两条虚线相对应,后者尽管不需要连续,但也像图 80 中的 P 点那样位于另一条线的后面。实

际上,这一实验证明,相互作用并未发生在点与点之间,而是发生在整个线段与线段之间,也就是说,发生在单一的过程之间,这些过程始于由黑点分隔的每只眼睛。这些线条相互作用,因为它们是图形;不对应的一些点开始起作用,因为每个点是一个较大整体的一部分。在这两个实验中,业已证明,组织的因素抉择了哪些视网膜区域会导致相互作用的过程,哪些视网膜区域则不会导致相互作用的过程;与此同时,对应区域和不对应区域之间的差异被认为是受到解剖学的制约的;组织因素决定解剖学上的对应部分或不对应部分是否相互作用。勒温和佐久间试图更进一步,并且表明,对应和不对应本身是可以由组织因素决定的。然而,我不能确信他们两人提出的证据是否严密,我省略了对他们独创性实验的描述,而满足于提及另一种更极端的可能性。

第三个实验是由杨施于1911年实施的,该实验的目的是为了表明不对应本身并不产生深度。如果将三根垂线作这样的安排,其中两根垂线位于一正面平行面上,第三根垂线在两线之间并处于该正面平行面之前,于是,观察者会看到一种楔状结构,该结构的边缘正指向着他,这是与视网膜意象的不对应性相符合的。但是,正如在杨施的实验中那样,当这些线是处于一个完全黑暗的房间里的发光的金属丝时,这种楔状结构的深度便大大减少,而且,如果中心线并不明显的话,该楔状结构甚至会一并消失,从而使三根线都在一个平面上被看到了。这一事实支持了我们的理论,即深度效应是由于场的应力,它以下列方式引起:如果前面的线投射于对应点上,那么,另外两根线便投射于不对应点上,从而在结合区的边界上引起了两对"线过程"(line process),它们并不相符;在这四个过程中,两个过程是左边的,两个过程是右边的,它们十分接近,互相之间强烈地吸引,每一结果均导致单一过程。它重复了我们上面使用过的论点,也即我们在解释具有两对点子的立体视镜实验中使用过的论点。那么,为什么在黑暗的房间里楔状结构又变得扁平了呢?我们认为不对应的深度效应是由于结合区内的应力。结果,当没有深度效应出现时,我们必须假设这种应力尚未创造出来。其原因是不难发现的。在先于结合区的区域内,两根不对应线与对应线距离不同,而应力便产生自这样的事实,即通过它们在结合区内的融合,这种差异被消除了。在明亮的房间里,两根不对应投射线中的每一根线与大量的物体处于明确的空间关系之中,而在暗室里,唯一的其他物体就是那根对应投射的线。在明亮的房间里,两对不对应过程的融合比在暗室中须与更强的力作斗争;换言之,在"前结合区"(pre-combination area),线条的位置在房间被照亮时比之处于暗室中时更强烈地被确定下来。因此,在前者的情形中,由融合产生的应力肯定会比后者情形中的应力更大。即便不对应的线条在没有深度效应的情况下也发生了融合,那必定有某种应力存在。由于在线条的方向中,这一点并不明显,因此它肯定存在于环境场(the surrounding field)中,我们可以通过探索环境场来检验这一假设。

不同"深度标准"的结合

在第四章结束时,我们已经讨论了有关不同深度标准的传统观点。现在,让我们从另一观点出发回到这个问题上来。假如深度是空间组织的一个方面,而不同的深度标准是决定空间组织的一些因素,那么,我们该如何想象两者(深度标准/空间组织)的合作呢?在讨论形状和大小恒常性(constancy)时,我们发现深度产生各种因素以影响外观形状和大小,我们还发现了一些难以符合下述观点的事实,该观点认为,不同因素是按照代数的加法原理而结合的。乍一看,这样一种原理似乎是我们的动力学理论所需要的。如果不同的因素充当了组织之力,那么,它们的结果也应当能用代数来确定。然而,存在着不同的可能性,对于其中一种可能性,我们可借弹簧秤的例子来说明。如果我们把5磅重的物体放在这样一个弹簧秤上,那么,秤的量尺将下降到某个点上,当我们再增加1磅重量时,量尺还会进一步降低;与此相似的是,如果我们不增加重量,而是向载有5磅重物的量尺在向上的方向上施加相当于一磅的力量,那么,量尺便将上升到一个位置,这个位置反映了倘若没有这种反作用的发生而重物恰恰等于4磅重的时候的那个位置。由此可见,量尺遵循了代数的加法定律。但是,现在我们把弹簧秤的量尺尽量向下拉,将钩子钩在一根水平杆的下面,使量尺固定在一个位置上不动。然后,如果我们在秤上再置上重物,量尺就不会移动,如果我们再施以上举的力,秤仍然保持不动,只要这股力并不足够强大,以至于冲破了水平杆的阻力的话。由此类推,我们了解到,不同的因素能以这样的方式进行合作,即当其中一个因素具有稳定性的最大效应时,其他因素则完全不起作用了。我并不认为这种类推是一种解释,而认为它是研究不同深度因素的一个指导性原理。为了说明这个原理是有效的,我将从施里弗(Schriever)的一个有意义的实验中作出推论。施里弗对若干孤立的和结合的深度标准进行了仔细的研究。把一个扭曲的H形固体(见图82)悬挂在一个黑暗的背景前面,然后,从两个不同点对它进行摄影。这两张照片便用来当作立体视镜的幻灯片。于是,交叠的不对应和阴影结合起来,成为深度因素。如果在这实验中,立体视镜的两张幻灯片相互交换,以便使原来属于右眼的物体现在被左眼看到,原来属于左眼的物体现在被右眼看到,那么深度的轮廓不会改变;有些被试指出,现在的空间并不那么令人印象深刻了,尽管仍然具有充分的可塑性,但却与一幅普通的透视图的深度不同。在这种情形里,网膜像差不会产生任何结果。如果网膜像差仍起作用,那么,整个深度轮廓将会颠倒过来,H形(图82)物体的梁看上去将像凹形的角铁(L形角

图 82

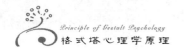

铁)。对于这种变化的解释,也可根据弹簧秤进行类推。上部的水平正面钢条可被视作一个物体,同样,下部那根水平方向的钢条也可被视作一个物体,不过,它被前者遮去了一部分。为了向前移动,必须直接穿越上面的钢条。然而,上面的钢条,作为固体物,是不能被穿透的,从而牢牢地把下面的钢条固定在它的位置上。确实,后者是一个实际的、地理的事物,而前者却是一个行为事物(behavioural thing)。但是,我们已经看到,所谓"事物"是许多行为物体的一种特性,我们认为,行为的"物体属性"在许多方面是与地理的物体属性或物理的物体属性相似的。对于这个假设,我们将在本章末尾详细地进行讨论,因为它解释了知觉的若干事实。

空间的方向错误

在作出上述这些评论以后,我们将结束空间组织动力学的讨论。然而,必须特别提及的是,现象空间或行为空间(phenomenal or behavioural space)具有一种特性,尽管我们在各个地方已经遇到过它。行为空间并非欧几里得(Euclidean)空间,而是方向错误(anisotropic)的空间,它在不同的方向具有不同的特性。必须区分方向错误的两个方向。一方面,图形和物体的组织创造了应力,这些应力并不限于分离的单位,而是在或大或小程度上对环境场发生影响。大家熟知的一些视错觉,诸如贾斯特罗(Jastrow)和松奈(Zollner)错觉,证明了这种效应,正如我在其他地方已经指出过的那样(1931年,p.1182,1931年a,p.1263)。另一方面,空间作为一种格局(framework),其本身是方向错误的,并通过方向错误决定了格局内部图形和物体的组织。我们已经强调了这样一个事实,即存在着主要方向,这些主要方向对组织产生功能性影响[①]。

两种维度的方向错误

但是,即便在其主要方向上,空间也并非均等的(isotropic)。所谓对垂直方向的过高估计也表明了水平方向和垂直方向的不等性;这种现象表现在除了圆以外的每一种图形的感知之中(参见考夫卡,1931年a,p.1228)。关于这种方向错误的其他表现,我已经在另一篇文章中(1931年a)提到过了,这里我将仅仅提及一下所谓的r运动。如果把一个图形作短时间呈现,那么它就以扩展的运动而出现,并以收缩的运动而消失[肯克尔(Kenkel)];两种运动都是从图形组织的动力学中产生的,这已为林德曼(Lindemann)、哈罗尔(Harrower,1929年)和纽曼(Newman)所证实。然而,这种运动的方向表明了空间的方向错误。林德曼和纽曼发现,一个正方形在水平轴上的运动要比它在垂直轴上的运动更

[①] 例如,把方向作为一种因素来讨论,该因素影响图形—背景的组织,第五章,见边码 p.190。

为有力。林德曼还发现,这一情况对于圆和椭圆来说也同样正确①。水平和垂直方向的另外一种方向错误是由 J. F. 布朗(Brown)于 1931 年发现的。在两种相等的运动中,一种在垂直方向上运动,另一种在水平方向上运动,前者似乎具有更大的速度。这一结果表明,该方向如同对垂直方向进行过高估计一样,但在数量上却大得多,对过高估计来说约达 4%～5%,而对速度差异来说约达 30%。最后,奥本海姆(Oppenheimer)也已发现,垂直方向构成了主要的运动物体的参照系(见下述)。

三维方向错误

然而,当我们考虑相对来说不是很小的表面,而是最大可能程度上的整个空间时,视觉空间的方向错误就变得格外清楚了。首先,它表现出第三维度在功能上与前两个维度有所不同。有关的实验资料不是太多,而且广泛地散见于各种研究之中。这些资料[诸如奥—福视角现象(Aubert-Foerster phenomenon)]的心理学意义是由杨施发现的(1909 年)。奥—福视角现象与那些决定表面大小的因素有关,其他的资料可在视觉运动领域收集到,还有一些资料则取自脑损病人的实验。

我选择了一些实验结果,它们充分表明了方向错误的一些事实。

1. 表面色的丧失

我想起了盖尔布(Gelb)的两位病人,他们失去了表面色(surface colours),这在第四章已经讨论过了。我们发现,对于这两位病人来说,与背景相分离的一个表面色沿所有的方向传播,但是,这种传播在第三维度中要比在第一、二维度中大得多。我们在第四章提供的解释可以用来表述方向错误。例如,病人望着白色背景上的黑色方块。视网膜分布是知觉组织的第一原因;场内的梯度(gradient)不仅创造了图形与背景的分离,而且还导致了它在一个平面上的定位。现在,对这些病人来说,这种定位是不完善的;白色背景有某种程度的"厚度",而黑色图形是一个大得多的图形,并稍稍延伸到它的客观界线以外的地方去。这样一来,视网膜条件在前两个维度中产生的凝聚力(force of cohesion)要比在第三维度中产生的凝聚力更为有效;由此可见,三个维度不可能完全相等。

2. 第三维度的运动

另一种实验(在第二章已有描述)也表明了类似的方向,那就是虹膜光圈(iris diaphragm)实验。借助虹膜光圈,人们可以在一间完全黑暗的房间里看到一个明亮的表面。如果光圈开着,白色圆圈便似乎趋近,当光圈闭合后,白色圆

---

① 纽曼仅仅使用了一些表面图形,但是在一个圆或一个星形图形中没有发现这种不对称的情况,也许是因为一个表面的圆作为图形来说太强了,以至于并不屈从于方向错误的力量,正如一个圆在被持久地呈示时仅仅是一个图形而已,它并不表现出垂直方向的过高估计。我希望不久就会有实验证据来表明这种解释是否正确。

圈便退向远处——这种结果比起没有趋近和退远的可察觉的扩展和收缩来更经常发生。在这种情况下，视网膜意象在前两个维度中的变化引起了第三维度的行为变化，它表明这些变化更容易产生，从而证实第三维度不等于前两个维度。

冯·席勒(Von Schiller)通过视觉运动实验证明了上述解释，我们将在后面讨论这个问题。这里，引述一下作者的话已经足够了：第三维度中的断续运动(stroboscopic motion)似乎比另外两个维度中的运动更为明显。

3. 邻近性和清晰性

第三维度本身表明了方向错误，这是由于组织与呈现的物体距离具有差别。我们已经知道当物体被看成较近而不是较远时，同样的视网膜意象会引起较小的行为物体的大小(这一事实构成了大小恒常性的基础)。与此同时，当物体受到高度照明时，它可以更清楚地被见到，而且通常显示出"更明亮"。一方面是外表大小，另一方面是清晰度和明亮度，两者之间的联系在"视物显小症"(micropsia)中尤其明显。这种视物显小症很容易产生，只须将低折射力的凹透镜放在眼睛前面，便可引起视网膜意象的减小，这种情况与实际知觉物体所观察到的缩小是不成比例的。杨施把这一结果称为科斯特现象(Koster phenomenon)。赛恩默斯(Sinemus)最近表明，视物显小症既改变白色(或者，更一般的说，改变物体颜色)又改变明度。这些变化取决于客观照明的强度。就我所能看到的而言，这些作者尚未提及上述事实与表面距离的关系。然而，有一种简单的观察，它对大多数去剧场看戏的人来说是相当熟悉的，我认为这种观察无疑建立了这种关系。把一架普通的望远镜在长度上放大2.5～3倍，但是，当我们用这架望远镜观看舞台上的演员时，演员的身高看来并不比用肉眼看到时更高些。人们可以使自己确信以下的事实，如果一个人用下列方式使用望远镜，即把左侧目镜放在右眼的前面，让左眼保持裸眼状态，接着转动望远镜，使同一个外部物体的两个图像(一个正常图像，另一个放大图像)并排地出现。于是，观察者便会知觉到它们之间在大小尺寸方面的巨大差异；然而，当这个人恢复到正常地使用望远镜时，物体便显得比放大的图像小得多。与此同时，通过望远镜看到的物体显得更清楚和更接近。由此，视网膜意象的放大对于行为物体具有三种不同的效应：(a) 它使行为物体稍稍放大，这是最不显著的效应；(b) 它使行为物体变得更加清楚；(c) 它使行为物体变得更加趋近。效应(a)证明，尽管听起来有点似是而非，但使用一架剧场望远镜确实产生了"视物显小症"——但是，只要我们不把用望远镜或不用望远镜看到的物体大小进行比较，而是把看到的物体大小与各自的视网膜意象进行比较，这种似是而非便会消失。在这一例子中，也有可能在其他一切例子中，较大的邻近性伴随着较大的清晰性。

我认为,奥—福视角现象(Aubert-Foerster Phenomenon)表明了同样的空间方向错误。可是,由于弗里曼(Freeman)表明,引起它的条件并非像杨施原先认为的那么简单,因此,我将省略详细的讨论,并且仅仅提及这样的论点,即奥—福视角现象表明了视力敏锐性对所见距离的依赖,在这个意义上说,用视角来测量的敏锐性,在小距离时要比在大距离时更大。

4. 天顶—水平线错觉

另外一种方向错误已由天顶—水平错觉所证明(见第三章)。我们能以这种方式进行系统阐述:我们在一名观察者的居中平面上描绘若干具有不同半径的圆,把他两眼之间的中点作为圆心,并使它们在一个水平半径和一个垂直半径的末端附着相等的圆盘(水平半径用 $h_1, h_2, h_3, \cdots$ 表示,垂直半径用 $v_1, v_2, v_3, \cdots$ 表示,换言之,我们使用具有不断增加的半径的圆周),而且,我们首先比较相同圆上 h 和 v 的外观,然后把一个 h_k 和 v_k 之间的关系与一个 h_n 和 v_n 之间的关系进行比较。于是,我们发现,在趋近的圆上,行为的 h_n 和 v_n 将相等,但是,随着不断增加的距离,h 看上去会比相应的 v 增加更大。这种现象说明,按照空间的方向错误来表述的大小恒常性,在水平维度上要比在垂直维度上更大。正如我们在第三章的讨论中所看到的那样,依附在 h 和 v 之间居中位置上的一些圆盘将会表现出一种中间大小(intermediate size),它表明方向错误遍及整个空间。这种方向错误不仅与表面大小有关,而且还与表面距离有关——天空的形状不是球状的,而是水平的;但是,距离的方向错误的量化方面还没有像大小方面那样被很好确定。

方向错误和位移:冯·阿勒施的实验

我们把这种方向错误与下面的事实联系起来,即我们都生活在地面上,而且主要以水平方向在地面上穿行。如果这种联系是有效的,也即它并非从经验主义角度进行解释,而是作为整个神经系统结构的一种结果,那么,具有不同位移(locomotion)的动物空间也应当是不同的。这一论点是由冯·阿勒施(Von Allesch)提出来的,他进行了一项实验测试,用人类被试的若干空间功能与一个动物的空间功能进行比较,该动物生活于树林中,其位移主要是攀爬和跳跃。如果空间不对称且与位移方向有联系的话,那么,人们可以指望,对于这样一种动物来说,垂直方向将优越于水平方向,月亮位于天顶时将比位于地平线上时要显得大一些。冯·阿勒施选择了狐猴作为他的被试。他并不测试能够直接证明上述结论的一种功能,而是测试了两种其他的功能,那就是,距离分辨和大小分辨,他发现,对人类来说,当用笔直向前的物体进行测试时比用笔直向上的物体进行测试时,前者的阈限更加细微。对于他所测试的动物来说,也是一样。也许,单凭这样一个实验尚不足以证明这样的假设。不过,该实验看来是十分有意义的,使之具有相当程度的可能性。人们期望,新的实验将决定这一特别重要的问题。

5. 方向错误和恒常性

知觉空间的方向错误与大小和形状恒常性有密切关系,从而与物体的恒常性也有密切的关系。与大小恒常性的关系是已经提及过的话题。现在,我补充几句关于形状的问题。我们来回顾一下关于旋转图形(椭圆,矩形)的讨论,我们可以这样说:一根网膜线越是出现在对凝视线来说正常的一个平面之中,它看上去就越短,也就是说,它的整个长度越是显得与观察者保持等距。我们把对这一结果负有责任的那些应力解释为构成心物空间的方向错误。由于这种方向错误导致对现实的确切认知,从而比均等的空间(isotropic space)导致更加协调的行为,人们可以把它与它的生物利益联系起来。然而,在我看来,只要人们对这两个术语之间的因果联系尚未形成概念的话,这些推测便是具有欺骗性的。利益本身并非原因。一种发生学解释(genetic explanation)(它认为个体经验只起很小的作用)将不得不考虑这一事实,即知觉空间的方向错误通过或多或少消除实际空间中的透视效应来实现其认知结果。

可 见 运 动

迄今为止,行为世界被陈述为是由不变的刺激引起的,从而相应的包含了一些静止的物体。这样一种含蓄的假设把我们的研究领域限于一些在十分特殊的条件下才能实现的独特事例上。通常,运动的物体位于我们的场内;例如,此时此刻,在我自己的场内便有我的钢笔,我的手指使它在一页纸上移动;现在,有一只嗡嗡叫的苍蝇飞过我的视野,而且,一旦有客人进入办公室,他不会如此刻板地冷静,以至于产生不变的视网膜意象;但是,即便我独处一室,我也会靠在椅背上,开始思考一个问题的解答方法,我的双眼不会固定不动,而是改变它们的视线,从一个物体移向另一个物体,从而产生视网膜图像的改变。在第一个例子中,实际的运动物体出现在场内,视网膜图像的转移导致了物体的行为运动,不论我盯着一个非运动的物体看还是追随一个运动的物体,该转移都导致了物体的行为运动;在第二个例子中,当我的双眼在静物之间漫游时,这样一种视网膜转移便不具有这种结果。尽管两个事实密切相关,但是,对于第二个例子,我们将在第九章进行充分的讨论,也就是说,在我们介绍了自我(Ego)以后,再来开展讨论。这里,我们把注意力主要集中在第一个例子上面,即便我们尚不能完全避免涉及第二个例子。因此,让我们现在转向可见运动(perceived motion)的理论上来。下述事实是大家所熟悉的,即视觉运动的论述是格式塔心理学问世的标志。威特海默(Wertheimer)于 1912 年根据他的经典研究简要地阐述了若干新的原理,借以构成格式塔心理学理论。即便我们在其他领域发展了这些原理,并在其他事实的帮助下发展了这些原理,我们仍试图用威特海默的著述来讨论我们当前的课题,这样做也遵循了该领域的心理学发展史。然而,我将选择一种不同的方式,根据现在可以得到的所有知识,系统地描述各种事实和理论,并在进行这样的尝试时,将注意力更加集中于嗣后问世的著述,而不是先前的著述。尽管人们对先前的著述相当熟悉,但是,它们充斥着一些实验,这些实验驳斥了当时为人们所推崇的理论,今天看来这些实验已经过时了。由于我已经陈述过这个课题(1919年,1931年),而且在1931年刊布的一篇论文中予以相当确切的表述(这篇论文包含了大量细节,这里将省略),因此,如果再这样做,便是单纯的重复了。

威特海默的论文以及随之而来的一些著述主要地或专门地讨论断续运动(stroboscopic motion),也就是可见运动是由静物产生的。由于这一发现已经毫无异议地被证实了[威特海默、瑟麦克(Cermak)和考夫卡、邓克尔(Duncker),1929年;布朗,1931年,范·德·沃尔斯(Van der Waals)和罗洛夫斯(Roelofs),1931年],因此,就心物动力学而言,在断续运动和"实际"运动①之间没有任何差别可言,也就是说,可见运动由实际运动的物体所产生。为此,从后面的例子开始我们的讨论,看来较为合适,因为诸如此类的例子是十分常见的。

可见运动理论的一般原理

我们从非常一般的陈述开始,这是由苛勒(kohler)明确地加以阐述过的(1933年,p.356)。可见运动②的生理相关物肯定是整个生理过程模式中的一种实际的变化过程。假定知觉场除了有一个点作穿越它的运动以外是完全同质的(homogeneous),那么,这个点的运动便不会导致我们所假设的这样一种变化,因为在整个同质场里面,它处处展现同样的应力,一切位置从动力上说都是彼此不可区分的。在这样的条件下,知觉不到运动,而且,尽管这种条件是不可实现的,但它的讨论仍然阐明了那些可以实现的条件的意义③。在这个意义上说,我们的知觉场决非完全同质的。甚至在完全黑暗的情况下,我们的知觉场还有上和下、右和左以及远和近之分;如果穿过知觉场的一个点改变了它与视网膜中央凹的距离,则除了按照这三种决定而改变其位置以外,同时还通过了具有不同功能特性的区域。整个场的异质性(inhomogeneity)以及异质场内一个点的移置,是引起心物运动过程的两个必要条件。这是因为,在异质场内,一

---

① 这个证据一度具有很大的理论重要性。我们将偶尔提及一二点。
② 尽管我们主要把自己限于视觉运动方面,但是,触觉运动和听觉运动基本上仍然属于同样的类型(见拙作,1931年)。
③ 与此相似的是,牛顿(Newton)的第一运动定律陈述了一种不可实现的情形,而且具有重大意义。

个物体的运动改变了它与整个生理过程模式有关的动力条件。据此,我们可以推论,比起较少异质的场来,较大异质的场更有利于引起可见的运动。这样的推论已为事实所证实。一切运动阈限在相对来说同质的场内要比在异质场内更高一些(见拙作,1931年,p.1194),而且,客观上用同样速度运动的物体的似动速度,在异质场内要比在相对来说的同质场内运动速度更大一些(布朗,1931年,p.218)。这两个事实紧密相关,这是布朗(1931年 b)已经证明了的。

我们的结论是,视野中的可见运动以那些与场的其余部分相关的物体移置为前提,这一结论也符合我们据此开始讨论的那些事实。如果物体在地理环境中移动,那么,不论我们凝视它们还是一个物体处于静止状态,它们的视网膜意象会由于其他物体而被移置,可是,眼睛穿越静物的运动将使这些静物与周围物体的关系保持原封不动。确实,眼动也产生了视网膜上图像的转移,从而肯定具有某种可见运动的效果,不过,这种运动不该属于场物体。我们在后面将会看到,我们对我们眼睛的知觉,或者甚至对"我们自己"的知觉,像运动一样,是这种转移的结果(邓克尔)。

邓克尔的实验

这种关于运动知觉起源的观点必然导致十分明确的实验。邓克尔于1929年完成的杰出研究完全取决于上述观点。假设场处于同质的黑暗中,其中只包含两个发光物体,一个发光物体处于客观运动状态,另一个发光物体则处于静止状态。于是如果运动的速度不是太大的话,那么,主要的决定因素将是两个物体的相对移置。根据我们的理论,它导致可见运动,不过,我们的理论并不允许我们去推论这些物体中哪个物体是运动的载体,只要它们相对移置,没有任何其他因素起作用便可。但是,我们的理论包含了其他概念,它们提示了解决这个问题的一种方法。

参照系

让我们回到物体和格局的区分上来,回到格局比格局内的物体更加稳定的知识上来。如果我们将此用于运动的情形,我们必须推论出以下的命题:如果两个场物体中的一个具有对另一个场物体的格局功能,那么,这个场物体将被看成是静止的。而另一个场物体将被看成是运动的,不论这两个场物体中哪一个实际上是运动着的。另一方面,如果这两个物体都是事物,那么,在对称条件下(在它们之间凝视或者自由地漫游式注视),两者将以相反方向运动。

上述两种推论在邓克尔的实验中均得到证实。他还发现[特林(Thelin)在他之前已经发现],对两个相等物体之一进行凝视,倾向于使它成为运动的载体,不论它在客观上运动与否,对此事实,他暂时用物体—格局的区分来解释,或者用图形—背景的区分来解释,凝视点保持了它的图形特性,而非凝视点则成为背景的一部分。邓克尔的发现为奥本海姆(Oppenheimer)的一项研究所详细证明,该研究报告刚刚问世。对于奥本海姆的研究结果,我只想提出两点:① 物体的相对强度起着一种作用,较强的物体倾向于成为较弱物体的参照系(frame of reference);因此,如果其余条件保持不变的话,较强的物体将处于静止状态,而较弱的物体则处于运动状态;② 物体的形状的下列方式决定似动运动(apparent motion):如果两个物体之间的相对移置以这样的方式发生,即它的方向刚好与一个物体的主要方向之一重合,而不与另一个物体的主要方向之一重合,那么,前者比后者将倾向于看上去移动得更远些。由此可见,相对移置并不决定运动载体,而是在这些条件之下,决定了运动的量。这是一个不变因素(invariant),不论一个点在运动时被看到,还是两个点在运动时都被看到。事实上,正是邓克尔引入不变因素这一概念(尽管他并没有使用这个术语),这种不变因素的概念在我们讨论的知觉组织方面硕果累累。如果只有两个物体参与其中,那么,不论是两个物体彼此相等还是其中一个是另一个的格局,运动振幅的不变性都能适用。一旦第二个物体进入,这种不变性便不再保持。如果 a 是 b 的格局, b 是 c 的格局,而客观上 b 是运动着的,那么,就会发生两种不同的相对移置;b 在它自己的格局 a 里面改变了它的位置,而 c 则在它的格局 b 里面改变了它的位置。由此条件产生的两种可见运动之和将比下述情况更大,即如果 b 的运动恰恰与先前一样,而物体 a 或物体 c 却被移去,由此产生的可见运动与上述的两种可见运动之和相比,前者将会更大。邓克尔讨论了第三种物体和其他两种物体之间的可能关系,并且用实验方法指出,对可见运动的影响有赖于它们之间附属(appurtenance)的种类和程度。格局的多元性,或者参照系,还具有另一种重要的效应,该效应首先由鲁宾(Rubin)于1927年予以确认。他那独创的精心设计的实验由邓克尔给予补充。这里,我将仅仅讨论一个十分简单的例子,正因为它为人们所熟悉,从而显示出其独特性。如果我们连续地观看地面上滚动的车轮,那么,我们可以同时看到两种运动,一种是圆周运动,一种是直线平移运动。实际上,轮子的每一点除了轮子中心以外,都在描绘旋轮线(cycloids),它的形状与圆的形状完全不同;而轮子中心则进行了纯粹的平移运动。但是,轮子的各点都以轮子中心作为它们的参照点,而中心本身则涉及一般的空间格局,或者说,当房间处于黑暗状态时,轮子中心则涉及观察者自己(参见下一段)。实际观察到的双重运动是这种参照系分离的结果。如果在轮子转动时,轮子中只有一点(不是轮子中心)可以看到,那么,旋轮线曲线上的运动便可见到。如果加上轮子中心(邓克尔),那么上述现象便立即发生变化,不同的现象产生了,它部分地依赖于轮子的运动速度,而轮子的全部运动具有这样的共同特征,即边缘的点描绘出旋转的运动。如果我们不去加上轮子中心,而是加上像第一点一样的同心圆上的一点,那么,根据鲁宾的实验(他是以稍稍不同的运动模式进行实验的)进行判断,我们便可看到两个这样的旋轮线运动。

如果我们增加这些点的数目,便可以很快得到正常的轮子效应,也就是说,我们看到所有的点围绕一个看不见的中心旋转,与此同时还看到平移运动。

作为场物体的自我

读者可能提出的一种异议将把我们引向一个十分重要的概括。我们已经选择了一个最简单的例子,在该例子中,两个物体都在场内。但是,有可能也看到运动中的一个点。这难道不与我们的理论相冲突吗?如果我们的考虑仅限于"环境场"的话,那么将会发生冲突,不过,这样一种限制将是不适当的;我们在不同场合曾经看到,场过程不可能在不包括自我(Ego)的情况下进行详尽的处理。自我如何适合我们的理论将在后面两章加以讨论;在我们讨论的这一点上,就其本身而言,我们必须把它视作一个场物体。一个点的运动是两个物体的彼此移置,也就是说,这两个物体是点和自我。实际上,当场内有两点时,我们需要处理三个物体。然而,邓克尔成功地排除了自我的影响,他通过缓慢的速度和小的偏移来进行研究,结果使它们对自我来说成为阈下的了,或者是阈上的了。如果它们是阈下的话,那么,仅仅两点的相对移置便具效果;如果它们成为阈上的话,那么便会出现新的结果。作为第三物体的自我可以如此强烈地与两点中的一点结合起来,致使它参与到它的运动中去。这种结合是通过凝视来达到的。一个被凝视的物体并不改变它与自我的视觉体系的关系,不论它在客观上是运动的还是静止的。因此,在用点来进行的实验中,对客观上静止的点进行凝视的被试看到该点处于运动中,并同时体验他们自己眼睛的活动(邓克尔,p.201)。如果两个物体之一是一个将另一个点封闭起来的矩形,而且,如果这个非运动的点被注视着,那么,"一个人关于静止的自我印象便丧失;空间水平成为不稳定的了,甚至会发生晕头转向现象,即一个人觉得自己的身体僵硬地与那个点相联系,沿着那个(在现象上或多或少静止的)矩形移动"(邓克尔,p.206)。

因此,"自我"的表现如同任何其他场物体一样,这种观点可由两种普通的观察来证实:月亮看上去从浮云中穿过;当我们站在桥上,凝视着水中的一座桥墩时,我们似乎在溯流而上。这两种情形的道理是一样的,被闭合的物体载着运动,而第二个例子中的自我则参与了它的运动,因为通过凝视自我牢牢地与它结合起来了。

同一性:过程的融合

现在是陈述我们理论中迄今为止一直隐藏着的一个方面的时候了。我们把运动知觉解释成是由于过程模式的离位(dislocation)。如果一个物体被看作处于运动之中,我们便假设,与它的知觉相一致的过程分布(process distribution)依照其他过程分布而被移置。这意味着,在可见运动的过程中,与一个物体相一致的过程分布在动力上保持同一,尽管它在其他过程分布的场内进行转移。由于我们迄今为止只在静止场内处理统一和分离,也就是说,不涉及时间,因此，改变其位置的一个过程的同一性（identity）便是一个新问题，正如我们将在后面看到的那样，它充满了有意义的结果。我们能以下列方式表述这个问题：如果一个光点穿过视网膜，那么，新的锥状细胞便会不断受到刺激，新的过程便不断地传入视网膜中心。锥状细胞是一些分离的结构，它们以具有可变强度的精细镶嵌遍布于视网膜上；因此，一个连续移动的光点会根据光点经过的锥状细胞数目引起分离的和有限的神经兴奋。在有些地方，这些连续的分离的兴奋肯定会变成一种连续过程，如果一个物体的移置发生的话；也就是说，始于锥状细胞中的兴奋不能彼此保持分离，而必须融合（fused）起来。由于在我们的例子中，它们在性质上和接近性上是相等的，因此这些神经过程将以巨大力量相互吸引，以至于它们的最终融合可从我们的前提中推论出来。

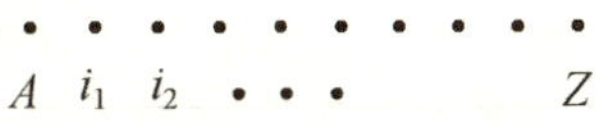

然而，我们可以设法改变这些条件，并且观察这些改变将对过程的融合产生哪些影响。可以改变的第一个因素是过程之间的距离。让图 83 中的 A 和 Z 分别代表两个终端的锥状细胞，它们被从左到右运动着的一个光点所刺激，而两者之间的一些点，如 i_1，i_2，⋯ 均代表中间的锥状细胞。由此，网膜边缘发生的事件，即最终引起可见运动过程的事件，能以这种方式来予以描述。首先，在很短时间里（e_A）A 将受到刺激；然后，是一个很短的间歇（$P_A - i_1$），在这很短的间歇中，没有任何刺激发生；接着是刺激 i_1，嗣后又是另一个沉寂的间歇期，如此等等。按照我们的理论，在 i_1 开始的兴奋与在 A 处开始的兴奋相融合。现在，让我们用一定量的时间 e_A 先对 A 进行刺激，接着是一段沉寂的间歇期 $P_A - 2$，这样一来，e_A 和 $P_A - 2$ 之和便等于光点以中等速度从 A 到 Z 通过所花的时间。那么，Z 点上的兴奋会不会仍然与 A 点上开始的兴奋相融合呢？这一论点把我们从普通运动知觉引向断续运动知觉（perception of stroboscopic motion）。在最简单的一种断续实验中，我们先在 A 处呈示一个物体，然后，经过一段间歇期，又在 Z 处呈示另一物体，于是，相继地进行短时刺激的只有两个点，与两个邻近的锥状细胞相比，这两个点相隔更远。

图 83

断续运动和实际运动

历史上，这个可见运动理论首先是由断续运动发展而来的[哈特曼（Hartmann），苛勒，1923 年 a]①，在该领域中，由肖尔茨（Scholz）开展的一项专门调查

---

① 范·德·沃尔斯和罗洛夫斯驳斥了这一理论（1930 年）；不过，我发现，他们自己的理论（撇开保守的概念体系不谈）包含着同样的，或者至少是相似的概念，也就是说，第二物体的定位在运动知觉期间连续发生改变。两个融合兴奋的相关方面（不论它们仍处于激发状态、静止状态还是衰退状态）是融合所依赖的重要因素。这种情况并不是范·德·沃尔斯和罗洛夫斯理论的特征，而是在苛勒的理论概述中特别陈述的。

证明了这一点。两种相继过程之间的融合产生自它们之间的吸引。这种力量的实际存在为下列事实所表明：两根断续展现的线条比起两根特久展现的线条，前者的出现彼此之间相隔较短距离，而且当它们在最适宜的运动中被见到时，其距离的缩短量达到最大值。

按照这一理论，断续运动问题在于建立一些条件，在这些条件之下，两个（或两个以上）分离的兴奋之间的融合便发生了，或者，当吸引对被吸引过程的影响足以使它们移置时（尽管这种吸引还不够有力以产生融合），便会产生这种现象，即两者或两者中任何一者被看到沿该路径的部分运动（威特海默的双重和单一的部分运动）。以这种方式进行阐述，断续运动问题与实际运动问题没有什么不同，正如我们已经看到的那样，在实际运动中，分别开始的过程也一定会发生融合。但是，由于在实际运动中，相互作用过程之间的空间距离十分之小，以致产生了很强的吸引力，结果使其他因素与它们相比就显得较小，并难以证明，而这些其他因素在断续运动中发挥更加重要的作用，在那里，由于过程之间的较大距离，力量显得较弱了。关于这些其他的因素，我提及一下时间的决定因素，也就是说，展现的时间和间歇；我还想提及一下强度（或者，更好的提法是，图形和背景之间的梯度），也就是说被展现物体之间的距离，它们的大小和形状。我们将在后面对它们进行讨论。

现在，让我们回到理论上来。断续运动和"实际"运动是基本相似的，这是对该理论有利的一个有力论点。要对一个静止物体通过与另一个物体的相对移置而"诱导"运动（induced motion）进行解释，并不会引起任何新的困难①。但是，还必须补充一点。邓克尔是通过将诱导物体相继地在两个不同位置予以展现，并将被诱导物体同时在两个相等位置上予以展现，来产生这种诱导运动的（p.224；参见图84，图中两次相继展现是以一个在另一个下方来表示的，而实际上它们是这样安排的，即两个点是重合的）。在特定条件下，断续移置中的闭合物体可能实际上表现为静止的，而被闭合物体（由于相继展现在同样地方）却包含了整个运动。在这种情况下，两个空间上相距甚远的刺激的融合并不导致运动，而两个空间上一致的刺激的融合却导致了运动。然而，这样做没有任何困难，因为按照我们最一般的原理，运动有赖于两个或两个以上场物体之间的相对移置，而对这些场物体如何构造不作任何限制。邓克尔所提及的实验说明了实际运动和断续运动基本相似。

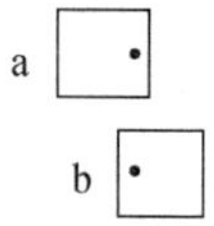

图 84

---

① 我将省略关于连续展现物体的时间联合问题，我们可以在后面一章（第十章）中找到这方面的讨论。

似动速度：布朗实验

现在，让我们更为具体一些，不是去调查运动本身，而是去调查具体意义的运动。运动是有方向和速度的，两者反映在力学和经验中。如果我们考虑实际运动的知觉，那么，看来没有什么问题；人们期望，似动速度(apparent velocity)在心理学的可能范围内等于实际速度，或者简单地依赖实际速度。这里，所谓心理学的可能范围是指阈下和阈上之间的范围。然而，J. F. 布朗(J. F. Brown)的著名研究表明，这种观点是错误的。我们目前暂不考虑由这个问题(实际速度被我们选作我们的标准)产生的困难，物体本身的速度，即距离刺激，或者物体的视网膜意象的速度，即接近刺激，都呈现出：只有当距离刺激与观察者处于同样距离时，这两样东西才会紧密一致；这是因为，与同一种距离速度相一致的视网膜速度随距离而成反比地变化。但是，暂且撇开这个问题不谈，布朗已经表明，一个被看作运动的物体，它的似动速度有赖于场和物体本身，也就是说，有赖于物体的大小和方向，而且，如前所述，也有赖于运动的方向(1928年，1931年)。在他的实验中，两种速度必须相互匹配。在两个光圈的孔径(diaphragm aperture)后面，图形被看作处于运动状态，这种运动是由两个旋转的鼓引起的，在鼓的上面一卷卷有图形的白纸伸展着，以形成没有尽头的带子。在每一次实验时，标准带子的速度保持不变，然而，可变物体的速度则发生变化，直到观察者判断两种速度相等为止。看上去相等的两种客观速度的关系便成为对客观速度和主观速度之间的关系的一种测量。

为了给这一程序提供一种具体想法，我将详细地描述一个实验。标准物和可变物都位于同样的距离，除了带子和图形以外，场是同质的(黑暗的房间，从后面照明的旋转带子)；标准物 S 的光圈孔径为(15×5)平方厘米；可变物 B 的光圈孔径为(7.5×2.5)平方厘米；标准物上面的图形是一些 1.6 厘米的圆，彼此之间的直径间距为 4 厘米，而可变物 B 上面的图形是一些 0.8 厘米的圆，彼此之间的直径间距为 2 厘米。总之，B 的大小恰恰等于 S 大小的一半。在 S 中，速度用 v_S 表示，是 10 厘米/秒，而在 B 中，平均速度用 v_B 表示(7 名被试)，它看来与 v_S 相等，是 5.25 厘米/秒，$v_S/v_B=1.9$，或者近似等于 2。这意味着：如果在一个同质场中，一个图形在所有线条维度方面是另一个图形的 2 倍，那么在这个图形中运动的物体看上去具有同样的速度，如果客观上它们的速度是(或近似于)较小图形中运动物体的 2 倍的话。据此，我们可以推论，如果客观速度相等，在较小图形中的物体的运动速度看上去为较大图形中物体运动速度的 2 倍。这种结果可用各种速度、各种大小关系以及一些控制因素来证实。所有这些实验的结果由布朗正确地归纳如下："如果在一个同质场中，人们可在运动场的所有线条维度方面变换其位置，那么，他就必须用一种相似的量来转变

刺激的速度,以便使速度的现象同一性(phenomenal identity of velocity)得以产生。随着一个场的线条维度从 1 转变到 10,v_S/v_B 的商也倾向于从 1 到 10 发生改变"(1931 年,p.126)。

从我们的理论中可以容易地看到,场必须同质,以便使这种结果成为现实。如果场是异质的,那么用图形纸覆盖的光圈,以及在两个场内的移置,便不再限于具有不同大小的孔径的格局了,而是涉及那些在 S 和 B 的图样中十分相似的异质。结果,这些东西之间的差别应当减少,布朗已经证明了那种情况(异质性增加了业已提到过的似动速度)。

如果只有一些维度发生改变,而其余的维度则保持不变,那么,速度方面的相应变化比起所有的维度都发生变化来,前者的变化肯定较小。这一情况在光圈孔径的长度变化、光圈孔径的宽度变化以及物体大小在一系列不同结合中的变化中已经得到证明。我将提供两个例子:在图形保持不变的情况下,S 中孔径在长度上为 B 中孔径的 2 倍,那么商 v_S/v_B 便是 1.38,如果图形也发生变换的话,则商为 2。如果光圈相等,图形大小不等,那么,较大的图形必须比较小的图形移动得更快,方能表现出相等。这就意味着:在相等的刺激条件下,大物体(在现象上)比小物体移动得更慢。

如果场除了照明量以外恰巧相似的话,那么,较亮场内的物体必须客观上比较暗场内的物体移动得更快,方能显得速度相等。"现象明度的增加减少了现象速度"(1931 年,p.223)。

最后,朝着运动方向的一些线条,从现象上看,比起那些与运动方向呈直角交叉的线条移动得更快些①。

从布朗的结果导出一般原理的可推断性

业已证明速度是一种受到场条件制约的现象。要想从布朗的结果中推断出一般原理,此刻尚无此可能。然而,有些暗示是可以适当考虑的。似动速度对维度的依赖可以从移置原理中推断出来(如果它能被具体阐述的话),以便使量化的预示成为可能。目前,我们尚不知道如何对移置实施量化。但是,一个简单的例子将解释我的原意(参见图 85)。在两根终端线之间有一个点以一致的速度移动着,从左侧线的 O 点开始,时间为 t_0,在时间 t_1 时到达 a 点,如此等等,直到它一直到达右侧线为止。在第一个时间间歇 t_1-t_0 期间,点和左侧线之间的距离从零向 O_a 转变,在下一个时间间歇 t_2-t_1 期间,距离的变化从 O_a 到 O_b,如此等等,在相等的时间间歇期间,一切增长数都是相等的。但是,这些相等的距离增长数是否对引起可见运动同等有效?或者,先前存在的距离越小,增长

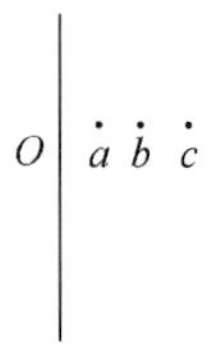

图 85

---

① 在细节上作了必要修正后,由奥本海姆加以证实。

数是否将更加有效？也许在下述形式中，即根据对数定律，相等的增长数并非同等有效，而是除以先前存在的距离后得出的相等增长商数。在那种情况下，点的移动离开 O 点越远，来自 O 点的进一步移置将变得更不有效，然而，与此同时，涉及右侧线的移置将变得越加有效，这两种变化以下述方式结合起来，即在路径的中央，同样的客观移置将对运动产生最小的影响。从量化角度讲，这一假设不可能正确，但是，同样不可能的是，绝对相等的增长数具有相等的效果。布朗本人报告说，在阈限实验中，运动先在光圈孔径的边缘出现，只是到了后来才在中央部分出现（1931 年 b）。从质化角度讲，如此的考虑导致这样一种推论，即较小的场一定比较大的场具有更大的速度，但是，只要我们的知识不超出目前所掌握的范围，那么，我们除了指出对布朗的转换定律（Brown's law of transposition）负有责任的这样一种关系的可能性以外，便不可能做别的什么事了。在这些条件下，如果去猜测由运动着的物体的大小对似动速度产生的影响与光圈孔径的大小对似动速度产生的影响属同样类型，或者大小或容积是否会向运动着的物体提供一种惯性，这种惯性本身将会使较大物体运动得更慢，恐怕是不成熟的。朝着运动方向的线条比那些与运动方向成直角交叉的线条移动得更快，这一事实至少提示了这种严格的"动力"解释的可能性，这种"动力"解释从下列事实得到了支持，即在断续实验中，德西尔瓦（De Silva）发现较宽的线条移动速度比较窄的线条移动速度明显地更加缓慢，后者的运动在大小和距离关系似乎不起作用的条件下更加平稳。

最后，明度效应成为可以理解的，如果我们把明度作为图形—背景的梯度来解释，作为图形的更强清晰度来解释，那么这是与布朗的仪器相一致的，也与他为场的强烈变暗效应所提供的描述相符合，在场的强烈变暗情形中，图形轮廓变模糊了（1931 年，p. 223）。我们可以下结论说，物体的图形特性越明显，它的运动性就越小。

提出这些建议（不仅为人们所需要，而且也能够得到实验证明）已经足够了。它们至少反映了布朗结果的理论可能性。

布朗的结果和柯特定律

我们现在从布朗和柯特（Korte）的研究中提取其他一些结果，也就是说，它们涉及断续运动。从现象上讲，断续运动像任何一种现象运动一样具有一种速度，尽管没有与此相一致的物理速度，因为从物理角度看，不存在运动。但是，我们能够通过以下考虑来界说客观的断续速度。在断续的呈现中，一个点在 t_1 时刻出现在 A 上，持续一定时间（e_1），然后经过一段时间间歇 P 以后，另一个点在 t_2 时刻出现在 B 上。于是，我们可以说，客观的断续速度是一个点所具有的速度，如果该点在 t_1 和 t_2 两个时刻之间实际上从 A 处向 B 处移动的话。

假如用 v 表示客观的断续速度,我们可以解释 $v=AB/(t_2-t_1)$,或者由于 $t_2-t_1=e_1+P$,$v=AB/(e_1+P)$。最后,用 s 表示距离 AB,用 t 表示 e_1+P,我们便得到 $v=s/t$①。

现在,让我们想象一下,我们已经成功地产生了一根线条穿过一定距离 s 的断续运动。于是,我们增加两根相继展现的线的强度。这样,根据布朗的结果,我们便可预言将会发生什么事情。由于现象运动在较亮的场内比较暗的场内速度更慢,因此,两条较亮的线将显得移动得更慢。为了使它们移动得像较暗的线一样快,我们必须增加其客观的断续速度 v。只要我们增加 s/t 商数里的分子 s,或者减少分母 t,都可以达到增加客观的断续速度 v 的目的。这是因为,通过 s/t,v 得到了界说。实际上,如果 s(距离)不小的话,那么,断续运动对距离、时间和强度的变化是十分敏感的;它不仅仅用速度的变化来对这些变化作出反应。如果 t 变得太大或太小,那么便看不见任何断续运动;在第一种情形里,两个物体是作为相继的两个物体而呈现的,在第二种情形里,则是作为同时出现的两个物体而呈现的。在相继出现和同时出现这两个阶段之间存在着一个最佳的运动阶段,在它的任何一边都有一些中间阶段围绕着(威特海默,1912年),我们省略了它们的细节,除了变得似动的速度差别以外。现在,我们可以把对改变强度的情况所作的推论阐述如下:如果我们增加以最佳的运动阶段得以产生的方式展现两根线条的强度,那么,现象将朝着相继阶段变化,它可以通过增加两个物体之间的距离,或者通过减少第一次展现和第二次展现之间经过的时间而被重新建立起来。由柯特在 20 年前表明的这一情况是正确的,柯特的前两条定律说的正是这种情况。

柯特的第三定律论述两个物体的距离和时间分配之间的关系。一旦我们把自己限于 s 和 t 之间的关系上面,我们便可以看到,如果我们再次从最佳的运动状况开始并增加 s,那么通过界说,我们增加断续速度 $v=s/t$。如果可见速度是断续速度的一种线性函数,那么,我们便应当以增加 s 的同样比例增加 t,以便维持同样的似动速度;总之,如果断续速度和现象速度处于业已表明的那种简单关系的话,则 s 的一种变化要求 t 的成正比的变化。柯特的第三定律简单地表明,s 或 t 的增加可被 t 中或 s 中的增加所补偿,无须涉及量化关系。这条定律比其他定律更使心理学家感到迷惑不解,我必须承认,当我和柯特发现这一定律时,我自己也感到惊讶;在柯特工作时期,人们倾向于如下的想法:如果有人将两个相继展现的物体在空间上或时间上越发分离,那么,这个人就会使这两个相继展现物体的统一变得越发困难。由此可见,距离的增加应当由时间

---

① 也许这并不十分正确,因为该点在 B 处展现期间,时间 e_2 也有影响。但是,这一界说也可充当第一个近似值。

间隔的减少来作补偿,反之亦然。

与这一推断不相符合的事实驳斥了整个思想方法,正是由于该原因(如果不是由于其他原因的话),我仍然认为柯特定律是有价值的。直到我读了布朗的论文以后,我才见到了本文中提出的那种联系。在柯特定律中,令人惊讶的不是 s 和 t 直接地相互变化的事实,而是已经包含在柯特表格中的一个事实,该事实没有引起他(和我)的注意。然而,这一事实却由我本人和瑟马克在十分不同的条件下所进行的实验中明显地显示出来了,也就是说,s 和 t 之间的函数不是成正比的函数,而是 t 比 s 增加得更慢。下列表格取自柯特,包含了最佳运动在三种不同距离上的 t 值,其中 $\sigma = l/1000$ 秒。

表 10

距离(厘米)	最佳运动的 t 值(σ)
2	183
3	219
6	256

(摘自柯特,p.264)

人们看到,当距离为原来的 3 倍时,t 值与原来的 t 值的比例为 1.4:1。或者,如果我们在 2 厘米和 6 厘米的距离上计算断续速度的话,即 v_2 和 v_6,那么,我们便发现它们的关系是 $v_6/v_2 = (6/256)/(2/183) = 2.1$,而 $s_6/s_2 = 3$。如果我们不是这样,而是选择 3 厘米和 6 厘米的值,我们便得到 $v_6/v_3 = 1.7$,以及 $s_6/s_3 = 2$;在这两种情形里,速度之比要比距离之比更小。将这些值与上面摘引的布朗的值相比较,实际速度的关系为 v_s/v_B,其中 S 场的线性大小是 B 场的二倍(在长度和宽度上),然而图形是一致的。这里,与线性场大小 $F_s/F_B = 2$ 的关系相一致的是 v_s/v_B 的商 $=1.38$。正如在柯特实验中那样,断续速度的商比距离的商要小一些,因此,在布朗的实验中,实际速度之商比场的大小之商要小一些①。

我们系统地阐述了布朗的结果。我们的观点认为,似动速度越小,场就越大。我们也可以把这样的阐述用于柯特的结果上去:一个在断续中移动的物体,其所通过的距离的增加会减少物体的现象速度。因此,当我们用增加 s 的办法来改变断续运动的群集时,我们产生了两种相反的结果。一方面,在纯粹

---

① 严格地说,这些图形是不可比较的,因为对于布朗来说,两个群集之间的差异要比柯特的群集差异大一些,由于布朗不仅改变了场的长度,从而改变了运动物体移动的距离(正如柯特所实施的那样),而且也改变了场的宽度。场的宽度本身具有一种影响,这是布朗所证明了的。遗憾的是,对于我们的比较而言,他并没有报道作为 S 和 B 之间唯一差别的场的长度的有关实验。

运动的基础上，我们增加了断续速度 v，另一方面，我们减少了 v 对可见速度的影响，因为较大的场具有较慢的似动速度。一般情况下，第二种影响不如第一种影响那般强烈，因此，为了对 s 的增加进行补偿，我们必须增加 t，尽管增加的程度较低。只有在布朗的补偿定律站得住脚的那些例子里，这两种影响才会一起消除。

如果在两个场内，一切线性维度分别为 f 和 nf，那么，相等的断续速度 v_{ns} 和 v_s 一定在 $v_{ns}/v_s = n$ 的关系之中。因此，假如我们把 t_1 和 t_2 分别称为两个场内的时间，则 $(ns/t_1)/(s/t_2) = n$，$t_1 = t_2$。在这种情况下，而且只有在这种情况下，柯特的第三定律便无法坚持了。并非由于这种情况是个例外，而是因为它是一种限制情况，其中的两种影响刚好彼此抵消。这一推论为布朗所证实，他发现，当一个场的所有线性维度以同样比例发生变化时，断续速度也必须以同样比例发生变化，也就是说，尽管 s 改变，t 必须保持不变①。

当柯特定律被发现时（在布朗发表他的结果之前），该定律一直保持着纯经验主义的概括。一些作者在某些条件下证实了柯特定律，而其他作者，由于他们在其他条件下工作，从而未能证实这些定律。此外，瑟马克和我已经补充了一条新的定律，即区域定律（the zone law），它以某种形式限定柯特定律的有效性。这一定律认为，当 t（和 s）不断变小时，产生最佳运动的 $s-t$ 结合的范围（区域）便不断变大，因此，在这范围内，柯特定律便不再站得住脚了。区域定律无疑是正确的，但是，我并不认为该定律一定能限定柯特定律的有效性。瑟马克和我的检验是最佳运动对分裂的检验，可是，我们并没有观察到似动速度。如果这些东西也予以考虑的话，那么，柯特定律大概也会在这些"区域"内站住脚。我还认为，同样的考虑也能对不同研究者的互相冲突的结果起调解作用。

即便作为纯经验主义的概括，柯特定律也有其自身的价值。柯特定律除了对断续运动理论所作贡献以外，它们还被我和瑟马克用来证明可见的断续运动和实际运动的动力相似性，这是用已在这里省略的一些论点和实验来加以证明的，从而使我们认识到运动和闪烁融合现象（flicker-fusion phenomena）之间的联系，该现象是由布朗（1931 年 b）直接证明的，并由梅茨格（Metzger）在一种稍为不同的环境中加以证实（1926 年）。在柯特定律和布朗定律之间建立起来的那种联系使它们上升到纯经验主义的概括，并且证明它们表述了知觉组织的基本事实。就其本身而言，它们并非真正的定律，而应当恰当地称之为"柯特规则"（Korte rules），不过，它们是从一些尚未完全认识的基本定律

---

① 我的推论不是在布朗的结果之前作出的，而是根据布朗的结果作出的，这样说比较公平。布朗本人并未看到他的发现和本文中提到的与柯特定律之间的联系。我可以补充说，有些细节尚未得到解释，例如，对 t 的两个组成部分——e_1 和 P_1 而言，其中任何一个部分的变化都能对断续运动产生不同的影响。

中产生的。在柯特、塞马克以及布朗的结果之间的逻辑一致性(这些结果是在不同时间用不同的方式获得的)确实是一个有利于说明这些结果和推论之意义的有力论点。

运动和时间

布朗的理论推断及其实验的独创性把我们对运动过程的了解引向深入。我们已经讨论了现象速度和现象距离,还没有讨论现象时间。然而,如果不考虑时间因素的话,真正的速度界定是不可能作出的。在动觉(kinematics)中,速度被解释成 ds/dt,对于不变的速度来说,它相当于 s/t。那么,有否可能将这一界定转化成行为速度或经验速度呢?也就是说界定 $v=s/t$,其中 v 代表现象速度,s 代表距离,t 代表时间。布朗不仅引入了这一假设,而且还用严密的实验对它进行证明(1931 年 a)。这一假设的含意确实是令人震惊的。假定我们有两个不同照明的等场(equal fields)。我们知道,如果客观速度相等,那么,在较亮场内的似动速度 v_b 比之较暗场内的速度 v_d 要慢一些。明度差异,至少像布朗所使用的那种明度差异,并不影响似动的大小。因此,我们可以写出 $v_d > v_b$,$s/t_d > s/t_b$。由于在这一不等式中,两个分子是相等的,而分母不相等,则 t_d 一定小于 t_b,而且,由于客观上 $t_d = t_b$,则时间在较暗的场内一定会比在较亮的场内流失得快一些。这一结论不仅令人惊讶,而且不可避免。它使时间的经历成为一种新的受到场条件限定的特性,但其本身并不如此令人震惊;令人震惊的事实是,经历的时间应当受到与时间没有什么关系的场因素的影响。布朗对他的论点之逻辑并不满意,于是使用实验来检验其论点。在这些实验中,观察者必须把一个看到的运动的持续时间与由两种(视觉或听觉)信号所标示的时间间隔的长度作比较。后者的时间间隔保持不变,可是观察到的运动速度是变化的,直到它的时间长度与时间间隔看上去相等为止。如果两种运动群集的似动持续时间都等于标准持续时间,那么,它们的似动速度也必须相等。不过,我们从先前的实验中得知,为使这些速度看上去相等,较亮场内的实际速度必须比较暗场内的速度更大些。在一个特定的群集中,据发现 v_b/v_d 的关系为 1.23。$v_b/v_d = (s_b/t_b)/s_d/t_d$,并且由于 $s_b = s_d$,所以 $v_b/v_d = t_d/t_b = 1.23$。

如果我们已知 t_d 或 t_b,我们便可预示另一个。为使看上去与由信号所标示的时间间隔具有相等的时间长度,较亮场内(t_b)的运动持续时间必须是 1.45 秒(5 名被试的平均数)。根据我们上一个等式,我们推断出 $t_d = 1.23, t_b = 1.23 \times 1.45$ 秒 $= 1.78$ 秒。这充分证实了预见。

布朗以同样方式测试了有关各种其他群集的时间假设,包括场的维度的全部和部分转换,以及对或多或少同质场的假设。所得结果证实了预见,甚至当 v_S/v_B 的商(预见是以该商为基础的)由其他观察者所决定,而不是由那些对两种持续时间进行比较来证实预见的观察者所决定时,也是如此①。实验足以证明一般的假设,这是毫无疑问的,我们可以认为这种一般的假设在下列情形中(即在尚未由特定实验所证实的情形中)也是正确的。如果我们把一切群集都包括在内(对它们来说,现象速度得到了研究),我们便可以说:时间在较小的、较暗的和较近的场内流动得较快,而且运动方向越垂直,它就越不处于水平状态;此外,速度的完全转换定律(the law of complete transposition of velocities)是与持续时间的完全转换(complete transposition of durations)相平行的。

  布朗的这些推断和实验开创了科研和推测的广阔领域。关于我们的时间经历的生理相关物问题,最近已由波林(Boring,1933年)进行过讨论,他充分意识到这个问题的困难,意识到以下事实,即这种生理相关必须是一个过程,或者说是一个过程的一个方面。苛勒关于运动(以及定位)的论点在时间领域内同样得到了应用。在第十章,与此问题有关的某些假设将会得到发展。这里,我们仅仅指出,如果看到的时间与一个过程或一个过程的一个方面相一致的话,那么,发生在一个场内的一些过程的性质(不仅仅是场的其他特征)将决定场内发生的事件的持续时间。对于这个复杂问题尚未开展过研究,尽管布朗提及过这一事实,而且在其实验中予以证实,即"充满的"时间("filled"time)在现象上比"不充满的"时间("unfilled"time)更长一些。未来的研究可能会发现现象空间和时间之间的基本的相互依存性,这已为贝努西(Benussi,1913年,pp.285f.)和盖尔布(Gelb,1914年)在类似的实验中所指出,并为赫尔森(Helson)和金(King)的更为彻底的研究所表明,这里略去了后者的研究。

融合的选择

  现在,我们转向可见运动的最后一个方面,让我们讨论上面阐述过的那个问题。我们对运动的解释(不论是实际运动还是断续运动)是把边缘分离过程的融合作为部分假设来对待的。我们现在调查一些因素,它们决定了与迄今为止所讨论的内容有所不同的融合。如果在断续运动中只有两个物体被展现,那么,即使发生融合,也只能在与这两个物体相一致的组织过程之间发生。但是,如果在这两次相继展现中,每一次展现包括一个以上的物体,那么,问题便发生了,也就是说,第一次展现的哪个物体将与第二次展现的哪个物体发生融合,换言之,哪种运动将被看到。同样的原理也适用于实际运动。如果只有一个物体通过场,那么,就不会有什么问题了:随着对不同的锥状细胞的相继刺激,在视网膜上引起的过程将彼此发生融合。但是,如果两个相等物体以不同方向通过

---

  ① 当实际距离相等时,现象距离一定相等,这一说法并不适用于所有情形。如果在这些情形中允许存在这种不一致,那么,证明仍然是完整的。

场,并且同时通过同一个点,那么,"选择"的问题便又重新产生。有三种调查对这一问题进行过探索,前两种调查由特纳斯和冯·席勒(Ternns and Von Schiller)用断续运动进行,第三种调查则由梅茨格(1934年)用实际运动进行。

特纳斯的实验

为了介绍特纳斯的问题,我们来比较一下两种简单的断续实验。在这两种实验中,每一次展现由两个点组成,致使其中一个点(即 a 点)在两次展现中均出现在同一地点,而另一个点则出现在不同地点(分别在 b 和 c 处)。由此可见,在两次展现中,第一次为 ab,第二次为 ac,两次展现之间的唯一差别在于三个点的安排,如图 86 的 A 和 B 所示,其中●表示第一次展现,○表示第二次展现,⊙表明这一事实,即一个点在同样位置上展现两次。在 A 图中,我们看到 a 处于静止状态,而另一个点则从 b 向 c 的位置移动。然而,在 B 图中,情况则不同了,可以看到,没有一个点处于静止状态,两个点均处在运动之中,一个点从 b 向 a 移动,另一个点从 a 向 c 移动。由此可见,在第一种情形里,融合在出现于同一地点(a)的两个兴奋之间发生,并在出现于不同地点的两个其他兴奋之间发生,而在 B 图中,出现于同样地点(a)的一些过程并不融合,相反,a_1 与 c_2 融合,a_2 与 b_1 融合。由此可见,融合必须依赖其他因素,而不仅仅依赖空间的接近性(空间的同一性被认为是最有可能接近的例子)。那么,这里所指的其他因素究竟是什么呢?"现象同一性主要由格式塔同一性(gestalt identity)所决定,由各部分的格式塔同源性(gestalt homology)所决定,也就是说,由整体特性而不是由部分关系所决定"(特纳斯,p.101)。让我们通过我们自己的两个实验来对这种主张进行解释。在第一个实验中,即图 A 中,a 通常作为一个摆的支点而出现;因此,a_1 和 a_2 是格式塔同源的,与此相似的是,b 和 c 也是同源的,因为它们作为摆臂的两个终端点。可是,另一方面,在 B 图中,a_1 是一对点子的右点,a_2 是左点,因此 a_1 和 a_2 不是同源的,a_1 与 c_2 同源,a_2 与 b_1 同源。当 a_2 在第一个实验中出现时,它选择了过程 a_1 来进行融合(a_1 是出现于同样地点的),但是,当 a_2 在第二个实验中出现时,它并不选择"同源"(syntopic)过程 a_1,而是选择了同源过程 b_1。

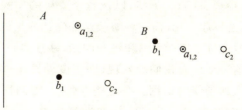

图 86

部分的同源性(它在质的方面也可能取代空间的同源性)并未详尽无遗地包容特纳斯概括的要义。其他的组织因素加入进来了。从特纳斯研究的各种例证中,我仅仅报道一个例证,这是

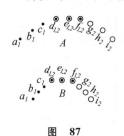

图 87

由图 87 的 A 和 B 所表明的例证。在图 87A 中,融合的发生是与 d、e、f 各点的一致性位置相背的,而在图 B 中,这些一致点(d、e、f)便融合了,而且 c_1 与 g_2 融合,b_1 与 h_2 融合,a_1 与 i_2 融合。在图 A 中,人们可以看到一条曲线作为整体而移动,并在它自己的曲线中向右方移动,在图 B 中,人们可以看到一个静止的水平臂(d、e、f)和一个倾斜臂,该倾斜臂从一个位置向另一个位置跳跃。就各点的同源性而言,两种图形实际上是相等的;在第一次展现时,左边端点是 a,在第二次展现时,则是 d,如此等等。但是,在其他方面,这两种图形又是不同的。在图 A 中,由于六个同时可见的点一致地结合起来,而它们在图 B 中却有两个独特的点,也就是 d 和 f,那里的图形十分清晰,从而可以一分为二。与此同时,正因为这些特性,图 A 中的六个点可以从它们的第一位置向第二位置移动,而使整个曲线的形状不发生任何变化,可是在图 B 中,虚线只有通过暂时的变形做到这一点。因此,与空间同一性相背的具有选择作用的单一运动发生在图 A 里面,而不是发生在图 B 里面,后者的整个图形分裂为两部分。

冯·席勒的实验

冯·席勒对选择问题进行了实验,但不区分空间上一致的和不同的展现。他从下述事实出发,即许多刺激群集在接着发生的运动方面是高度两可的。于是,图 88 既可导致两个垂直点顺时针方向的旋转,又可导致逆时针方向的旋转。迄今为止,这种两可性已使若干作者得出结论,即视觉运动从本质上说是任意的和不可预示的,它是一种心理定势或态度,刺激模式只具次级的重要性。冯·席勒用潜在的两可图形批驳了这种观点,并证明组织

图 88

因素决定了选择。根据与图 88 类似的一种图形,他引入了各种修改方式,借此改变了展现图形的距离、性质和形状,以及整个安排的模式。他发现同样的定律也对断续运动的选择起作用(而这种断续运动的选择是威特海默在研究静态组织时发现的)。他论证了接近因素和等同因素,并且表明,明度的差异比色彩的差异更加有效,这一结果为我们的发现(即明度差异比单纯的色彩差异具有更强的组织力量)增加了新的论据。在这些实验中,等同性因素具有特殊的意义。假设一下,在图 88 中,点子 a_1 和 d_2 都为深蓝色,b_1 和 c_2 都为浅红色。如果运动遵循着等同性因素的话,那么,在运动期间蓝点保持蓝色而红点保持红

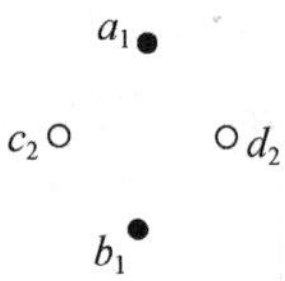

色,如果断续运动以逆时针方向发生,那么蓝点将变成红色,红点则变成蓝色。这涉及整个图形的变化,而一些图形则抗拒这种变化。于是,等同性可能产生与接近因素相反的一种运动,而且,要是使用的等同性方面(颜色、明度、大小和形状)的数目越大的话,这种运动将会越强烈。在极端的情况下,甚至当十字形交叉的一些线条彼此位于15°角时,方向也可能遵循着等同性,结果,运动通过一个75°角而产生,较小角度的巨大优越性为等同性因素所过度地补偿了。这种对变化的抗拒,加上最短的路径因素,在适当条件下导致三维运动的产生。如果人们将图89的两个形状交替地加以展现,那么,最经常看到的运动便是通过第三维度绕着对称的水平轴的一种旋转运动,较少看到的运动是绕着垂直轴的图形平面运动,十分罕见的运动是一种下—上—下的运动,并在运动期间产生形状的歪曲[施泰尼希(Steining),冯·席勒]。最后一个定律是与接着通过的路径相关的;使整个途径(一切运动部分的途径)尽可能变得简单和形状化的倾向可在该因素与等同因素发生冲突的情形中得到证明。

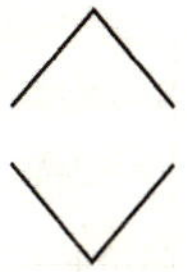

图 89

梅茨格的实验

单凭这一简短的归纳,我们无法对梅茨格的系统研究进行充分的和适当的陈述。梅茨格的系统研究考察了下列情况:两个或更多的运动物体同时经过同一个点。在他的大多数实验中,运动物体是一些垂直的影子,这些垂直的影子是由插在旋转圆盘中的一些垂直杆产生的,它们经历一定距离沿水平方向前后

图 90

运动。通过改变杆子以及杆子与圆盘中心之间距离的角度,他改变了那些移动的影子的状态和速度。这个问题若在图90的帮助之下可以得到最佳的叙述。在图90中,横坐标代表空间距离,纵坐标(向下读)代表时间。于是,该图代表两个点,其中一个点从左到右以均匀速度移动,另一个点则从右到左以同样速度移动,两个点在其轨道的中点相遇,这个中点是O。当两个点通过O点时,只有一个视网膜点(在每只眼睛里面)受到刺激;在此之前和在此以后,则两个点均受到刺激。无疑,观察者应当看到两个点的直线运动。当我们把这个图形视作空间图形时,我们确实一眼就会看到两根线相互交叉;a和b、c和d将会归属在一起。然而,我们又无法看到两个直角彼此之间在它们的角顶处相接触,致使a和b归属在一起,b和c归属在一起(其他的结合,ac和bd,则可以不予考虑,因为在运动中可能没有平行现象,只有运动轨迹的相继部分可以形成一个完整轨迹的一部分)。对于我们同时知觉这种空间图形来说是正确的东西,对于运动的知觉来说也同样可能:视网膜几何学并不包含这样的因素,即把ad是一个轨迹,cb是另一个轨迹的事实排除在外的因素。但是,在运动中,还

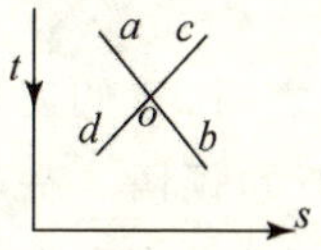

存在着更多的可能性。由于在 O 点只有一点受到刺激,因此这种刺激模式也可能与下列情况共存,即两个点(或者两个点中的任何一个点)都在 O 点上消失,并且有两个新的点从 O 点上冒出来。有否定律去决定实际上发生的事呢?

梅茨格的主要结果能以下列方式进行阐述:如果有人运用图 90 的图解产生的运动并加以描绘的话,那么,当我们注视该图形时所出现的或占支配地位的空间模式通常与我们注视着运动影子时出现的或占支配地位的运动模式是一样的。这就意味着:相继组织定律(也就是决定融合物体选择的定律)与支配空间模式之组织的定律是同样的。梅茨格十分明确地陈述了这种一致性。我们仅仅提及一点:与纯空间组织中良好的连续因素相一致的有运动的平稳曲线因素,以及空间—时间组织中的连续速度因素。

显然,情况可能是这样的:不同的因素有利于不同的结合。这些客观因素之间的冲突越大,模糊性便越大,从而使定势和态度等主观因素的影响也越大。上述这种结果,对于特纳斯、冯·席勒和梅茨格等人的研究来说是共同的。它表明了有一种观点是何等地错误,这种观点认为,主观因素在引起运动过程方面是首要的。梅茨格有一论点令人注目地表明了这种观点的荒谬性。运动的可能轨迹数随物体数和旋转周期数而急剧地增加。于是,在他的圆盘上,根据圆盘上杆子的安排,10 根杆子在半个循环周期中提供了最少为 3 628 800 个可能性,而最大的可能性为 35 184 372 088 832。对于一个完整的旋转周期来说,最大值是 1.2×10^{27}。梅茨格的被试在大量的旋转期间偶尔观察到 10 个成员以上的群体,然而至多只能意识到少数不同的运动轨迹。

空间和感觉道

在我们从上述的研究中了解了威特海默的组织定律的意义之后,我们还从加利(Galli)的一项研究中获得了对知觉到的空间性质的一种新的顿悟。在断续运动中,一种过程与另一种过程相融合,甚至当两种过程在颜色、大小和形状方面不同时,也会发生融合。但是,在迄今为止报道的一切实验中,断续地呈现的不同物体均属于同样的感觉道(sense modalities),它们都是视觉物体,先前已经提及,它们也可以是听觉的或触觉的物体。但是,如果两个相继呈现的物体属于不同的感觉道,例如光和声音的结合,或者光和触觉的结合,将会发生什么事呢?如果视觉、触觉和听觉是三种不同的空间,仅仅由经验把它们联系在一起,那么,这种呈现就不会导致运动的印象,这是因为,按照我们的理论,这种印象意味着同一个心物过程通过(同一个)空间。因此,如果断续运动可以由不同感觉道的印象产生的话,那么,根据我们的理论,我们必须得出结论说,知觉空间是一个可以由不同感觉道的物体所填充的空间。有关的实验就是用来研究第二种选择的。加利通过把两种或三种刺激结合起来的方式(它们属于视觉、听觉和触觉道)来产生断续运动。被试多次体验一个运动着的物体的运动,该运动物体以不同方式对"被试产生影响"。这些实验使动态运动和知觉空间结构更清楚地显示出来。

关于行为物体之性质的结论

在我们结束本章以前，我们将评价一下有关物体研究的结果。在我们关于知觉场的整个讨论中，物体和格局的区分已被证明是最基本的。在第三章里，我们确立了事物的三种主要特性，也就是说，形状的界限、动力特性和恒常性。对于这三种主要特性来说，第一种已经在第四章详尽而充分地探讨过了，因此，对此论点无须详述。然而，本章将其他两种特性的大量知识汇集到一起。事实上，由于这两种特性彼此之间密切联系，所以能够结合起来探讨。根据这些方面的观点，人们试图对我们的先前讨论冒险作出下列概括：对于一种刺激的变化所作的反应会使事物尽可能地保持它们的特性。在运动领域，我们发现这一原理是起作用的；过程和路径的融合倾向于如条件许可的那样将事物保持原封不动。该情形的一个方面是我们转动眼睛时事物的稳定性，这是因为，在该情形里，视网膜意象的形状是始终变化的，然而，事物却不改变它们的形状。同样的效应也为形状和大小恒常性所表明。旋转一个物体，改变它的视网膜意象，所见事物的形状将保持相对地不变，而视网膜意象的变化由方向的改变所引起。对大小和距离的应用是简单的。甚至明度和颜色恒常性也归入同一规律之下：客观照明的改变主要引起知觉到的明度（或亮度）的改变，而不是知觉到的物体的颜色特性的改变。

形状和大小恒常性既可与事物的能动性（motility）相结合，也可与观察者的能动性相结合。事物能够现象地运动，而观察者的自我也是一个事物，这一事实使事物在视网膜意象发生变化时仍保持它们的形状。相反，运动只有在视网膜意象发生变化，知觉的事物得以产生的情况下才有可能。这两种主张是同一组织事实的不同方面。一个事物是整个场整合得特别好的部分。它的整合越强，使之整合在一起的力量就越强，在刺激变化的情况下，它将越加经久不变。这一结论看来已得到事实充分的支持①。

上述讨论中使用的恒常性与我们在不同"恒常性"的讨论中使用的恒常性并不具有十分相同的含义。我们提到同一事物在不同时刻（它们可以为任意长度的时间间隔所分隔）的外表。现在，我们所说的恒常性主要指这样一些情况，即在刺激的连续变化期间事物保持它们的特性。然而，这两方面必须是相关的，尽管这种关联不是很清楚；除此以外，它还涉及记忆，这是我们迄今为止排

---

① 例如，请比较第三章报道的贝尔（Beyrl）的一项结果。

除在我们的讨论之外的。在后面几章,我们将通过时间来重新提及物体问题。

正如上述的物体一样,现象物体是具有明确特性的。它们除了具有抗变形的力量以外,我们还发现了它们的不可测知性(impenetrability),以及它们的惯性,即较大物体比较小物体运动得更加缓慢。按照我们的理论,现象物体和实际物体之间的这种一致性主要不是一个经验问题(尽管我们并不否认,经验可能会对事物的特性产生影响),而是组织的直接结果。从心物学角度讲,与知觉物体相一致的过程分布在若干方面肯定与物理事物相类似,于是我们必须在"心物同型论"(ismorphism)的基础上得出结论说,行为事物具有与实际事物相类似的一些特征。这里,正如在众多的其他领域中一样,一个纯粹的经验主义理论必然会进行循环论证(run in a vicious circle)。我们的理论不仅回避了这一点,而且,与此同时还避免了德国哲学家康德的先验论(Kantian apriorism)。

小　　结

在前面几章,我们试图对下列框架进行填充,这个框架是由我们对这样一个问题的最终回答来提供的:为什么事物像看上去的那样? 我们已经对组织进行了多方面研究,得出了一种知觉理论,尽管它还十分不完整。与此同时,我们也试图对我们的组织含义进行描述,对我们的理论目的和方法予以洞察。在这个意义上说,这几章为后面几章充当了导言的角色,在后面几章里,我们将扩大我们的研究范围。但是,在我们即将研究的广泛范围内,我们仍然受制于同样的方法论原则,并且,仍想发现在我们的讨论中建立起来的"组织定律"(laws of organization)的巨大力量。

第 八 章

活动——反射；自我；执行者

行为的结果。行为问题。汉弗莱的一般原理：守恒和发展。反射。自我：作为一个场物体的自我——它的分离问题；没有自我的行为世界的一个例子；与自我相结合的经验的条件是什么？自我的复杂性。执行者。执行者的控制：三个例子。需求的特征。离题谈一下美学。物体和自我之间的动力关系：决定我们行为的事物。执行者的实际控制。活动的一般原理。

行为的结果

心理学涉及行为(behaviour)，在所有的自然事件中，行为是最有趣的事件之一。让我们把生命出现以前的地球状态与地球现在的状态作一比较，以便为我们的这一观点提供要旨。于是，我们可将一处"纯粹的"景色(如我们现在可在极地或山顶上发现的景色)与我们的都市作一比较，与我们的农村、我们的港口和我们耕种的田野作一比较。就纯粹的地理事件而言，这种变化是惊人的。矿石从地球内部开采出来，经过提纯，制成钢和铁，这些东西又变成围绕着地球的铁轨，支撑我们城市里高大建筑物的构架，纵横驰骋于海洋上的船只，并在各种机器里为我们日夜工作。与之相似的是，煤炭被挖掘出来，亿万吨的煤炭正在被人们消耗着，以便使发动机转动，并保护我们免受恶劣气候之苦。河流改道，山谷被淹，杂草丛生的土地让位于有规律的植物轮作，这些是人们生活所不可缺少的农作物。城市纷纷崛起，每一座城市都有一种复杂的结构，具有一种人类出现以前从未有过的秩序，也即人类在发展其自身的文明以前从未有过的秩序。此外，城市里还发生了以下一些奇怪的事情：在有些建筑物内，每夜挤满了人，他们在半明半暗的光线中观看白色银幕上活动的东西，聆听一台复杂的机器发出的声音；在其他一些建筑物内，人们摩肩接踵地注视着一块块涂着油彩的画布；在另外一些建筑物内，人们安静地坐在那里翻阅一种称为"书籍"的

奇异东西,这些书籍需要人和机器方可制造出来。于是,便有了一些滑稽可笑的纸片,称之为钱,钱从一个人手里传递到另一个人手里,而且以巨大的数目保存在称做银行的建筑物里,银行反过来又支配着亿万人的行为。我可以毫无止境地描述没有生命的世界和今日世界之间的地理差别;所有这些重大变化都是由行为来产生的。

由此可见,作为行为的代理人,我们对自己的行为发生兴趣便不足为奇了。我们对行为发生兴趣,其本身便是一种行为。然而,尽管这种兴趣是巨大的,而且我认为对我们未来的文明也是很基本的,但是,从历史的观点看,这种兴趣却出现得较晚,并且是次级的或第二位的。"对行为发生兴趣"的行为肯定要比"对世界发生兴趣"的行为出现得更晚一些。起初,我们只关心得到食物、庇护所以及取暖,后来才关心我们自己,也即这些生活必需品的提供者,最后才关心我们自己在这种劳动中的活动。

行 为 问 题

我不准备在历史问题上多花笔墨。确切地说,我将以我们今日面临的问题为出发点。我们看到行为的具体表现,于是对它进行解释;到目前为止,我们已经倡导了一种特殊类型的行为,称之为科学,科学反省它自身,并试图在心理学事业中遵循它在其他领域中已经发展起来的一些方法。

科学的解决办法能否在不考虑它的有序的和有意义的结果的情况下继续进行呢?

由于行为已经成为世界上的一股有力力量,因此,当我们在解释行为时,如果忘却行为已经取得的成就,我们有希望得到成功吗?也就是说,为了解释行为,我们是否应该先得到关于行为的那些普遍知识(这种知识对行为的成功起关键作用)呢?实际上,当我们拥有文明时,如果用文明来衡量的话,这种文明此刻可能显得有些混乱,对此,与行为结果无关紧要的一些原理能很好地解释这种混乱,那么,单单介绍一些这样的解释性原理行吗?我们能否运用一些能使任何一种文明的或然性,以及人和动物生存的或然性变得无限之小的原理呢?我们能否把不可能性这样的事实通过叫做"机遇"的东西,使其变为现实呢?这样一种解释会不会最终导致放弃任何解释呢?如果我们知道我们在实施行为期间我们的每一根神经、每一块肌肉、机体的每个独立部分发生了什么情况的话,那么,能否用此来解释我们的铁路系统,我们的文学、艺术和音乐,以及我们的科学呢?当人们把一块石头从甲地运往乙地,不论这种行为仅仅是一种运输,还是建造金字塔或哥特式大教堂的巨大工程的一部分,其过程是一样的。人类的行为始终具有建筑类型的性质,而不仅仅是搬运而已。那么,对行为作出解释的任何一种尝试能否在排除其基本原理的情况下期望获得成功呢？换言之，根据我们第一章介绍的条件，行为科学能否在没有秩序（order）和意义（meaning）的情况下贸然启动呢？

导向生机论的机制

用这样一种方式继续下去的任何尝试迟早会发现，它永远无法完成其任务——把行为视作创造文明的力量，把那些在不断变化的环境中维持个体的行为视作我们方程里的 X（未知数），任何一种这样的尝试必然会把人们引向此路不通的墙壁。不甘于这种障碍的人类心理靠自身建立起梯子，以越过这种障碍；也就是说，引入一种新的原理，它与那些把人类心理从其目标中脱离出来的原理全然不同。我们在第一章里介绍的二元论（dualisms）或多元论（pluralisms）已经成为所有这些尝试的必然结果。由于机械论（我们是用它们自己提供的名称来称呼它们的）始终未能解释为什么行为是有序的而不是混乱的，因此这些理论为生机论（vitalism）所补充。生机论将秩序和意义归之于一种新的力量，也即生来就具有秩序和意义，并把它们强加于机械论的性质之上。起初，我们拒绝接受这样一种解决办法，后来，我们表明秩序和意义怎样才能保留在这个理论体系之中，而无须充当临危解困的神仙。这项研究是在知觉领域里完成的。

汉弗莱的一般原理：守恒和发展

我们的第一个目的是在行为场（field of behaviour）达到同样的结果。"可以这样说，有机体的行为像一种物质过程的复杂系统，在不断变化的情况下积极地倾向于保持一种复杂的模式"［汉弗莱（Humphrey）. p. 41］。

这一观点（经过作者的发展）为我们提供了第一个原理。该原理声称，有机体是一种特殊的系统，这种系统在无机界也可以找到，其构成的标志是，它的一切反应都具有守恒的倾向（conservative tendency）。我们也可以说：如果我们把有机体及其（地理的）环境视作一种系统的话，那么，对该系统之平衡（equilibrium）的任何一种骚扰都将导致重新建立起一种平衡状态，一种对有机体来说独有的平衡状态①。有机体的平衡是一种稳定的平衡，是在骚扰以后重新建立起来的平衡。当然，严格地说，这并不正确；一个活生生的有机体的新的平衡不同于旧的平衡。实际发生的事情并不仅仅是一种守恒，还有其发展（development）。系统是守恒的，同时也是发展的。如果系统不是守恒的，而是处在瞬息

---

① 读者可以重新回到我们关于行为的定义上去（见第二章）。

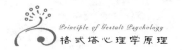

万变的境况之中,那么,就不可能有同一个有机体,一个能使我们长时间去这样称呼它的有机体。如果它只有守恒,以至于始终回复到同样的境况,那么它便不成其为一个有机体了。"客观地考虑,有机体的同一性(identity)不同于一个毫无活力的事物的连续同一性……提供给有机体的并非物质的同一性,也非形式的同一性,而是发展和变化形式的时空统一性;我们可以说,任何一种有机系统的渐变模式是单一的长久事件,它受制于外部变化,与此同时,又在内部进行调整,而且,如同我们经验中的一切事件那样,它在四种维度中发生着,三种是空间维度,一种是时间维度"(汉弗莱,pp.54~55)。汉弗莱已经调查过系统的哪些特性使得这种行为成为可能。我们不想追随汉弗莱的一般方法(他的方法既包含了物理学和化学的一些部分,也包含了生理学和心理学的一些部分),我们将坚持特定的心理学问题,并探索汉弗莱的一般原理如何在那里得到证明。

在我们开始探索以前,我们想再讲几句。乍一看,我们取自汉弗莱的一般原理与我们需要的原理相距甚远,也就是说,我们需要的原理应该面对行为的有序的和有意义的结果。那么,汉弗莱的原理与文明究竟有何关系呢?显然,该原理还有不足之处,它既可用于动物,又可用于人,而动物是不会产生文明的。承认这一点,也就承认我们不得不做更多的事情。但是,我们仍然可以看到,这一原理至少把我们引向正确的道路,以便找到我们需要做的那些事情。首先,它排除了把混乱作为行为的结果;其次,它考虑了系统的发展,为我们称之为文明的行为结果留下一个席位。在这个意义上说,它满足了我们提出的要求。我们的任务是去填补鸿沟,以便表明使人类行为超越动物所能达到的结果的显著特征是什么。大体上,可以预期下列答案:有机系统建立的新平衡有赖于旧系统受到的干预。倘若我们可以期望干预的可能性,我们便可使平衡的可能性在种系发生系列(phylogenelic series)中得到增强,尤其是使低于人类的动物在向人类跨出的步伐中得到增强。

反 射

传统的理论

传统的活动理论(theory of action)是以所谓的反射(reflexes)为开端的,也就是说,用相对孤立的刺激引起相对孤立的运动;膝跳反射以及瞳孔的收缩和扩张可以作为例子来说明。传统的理论以两种方式来运用这些反射:首先,它提出一种关于反射发生的极其简单的假设,这种假设以某些解剖学发现为基础;其次,传统的理论把这些简单的反射视作元素(elements),我们的一切活动都是通过这些元素的结合而发展起来的。根据上述两个方面,反射理论是我们在第三章中讨论过的感觉理论的直接对应物。然而，反射理论同样不能令人满意。由于我在几年前刊布的一本著作中（1928年）已用较大篇幅讨论过这种理论，还由于这种理论很快地从心理学理论体系中消失（如果不是从教科书中消失的话），因此，我在这里只能从简了。反射作为一种过程，已在一种结构中找到自己的解释，那就是所谓的反射弧（reflex arc）。反射弧是由一个传入神经元，一个传出神经元，以及普通的神经元或更多的中间联结神经元组成。起始于一端的兴奋通过整个反射弧进行传导，于是刺激将会引起反应。显然，这种理论属于这样一种类型，不久以前我们说过，它不可能为行为提供令人满意的解释；这种理论没能为行为的有序性和意义性提供可以遵循的任何原理。有机体被赋予大量的反射弧，其中众多的反射弧同时受到刺激，由此产生的行为是有序的，它使系统守恒，而不是通过每一种反应使它发生改变，这究竟是怎么一回事？此外，一种刺激模式伴随着另一种刺激模式而发生，在这个序列中，大量的刺激完全是任意发生的；可是，行为不是任意的，而是有目的的，有目标指向的，也就是说，是有序的和有意义的。

眼动

现在，让我们讨论一组反射，它们在有机体整个行为中的作用是具有专利的，那就是我们的眼动（eye movements）。每只眼睛有六块外部肌肉附着于眼球上面，使之沿着其轨迹转动，这六块肌肉受制于三根不同的颅神经，后者起源于不同的皮质中枢。此外，每只眼睛均有其内在的睫状体肌肉①，它们专司调节。于是，从解剖学角度讲，动眼系统（oculomotor system）的复杂性是巨大的。该系统产生三种可以分辨的运动：① 调节，② 凝视和追踪，③ 会聚。

调节

我们已经相当充分地讨论过第一种运动（第四章）。调节（accommodation）意指为清晰的组织创造最佳可能的条件。当清晰度相当好时，便达到了平衡，也就是说，当感觉过程已经达到最大性能时，平衡得以实现。如果无法达到一定的清晰度，就像我们看着一块屏幕，上面放映着聚焦得很差的图像那样，则动眼系统便处于经常的紧张状态，我们的眼睛会感到疼痛。调节具有真正反射的一切特征，它是自动的，而且"无意识地"发生着，我们对它的发生简直毫无察觉。然而，根据刺激弧理论：可供调节使用的刺激是什么？调节发生之前受到刺激的同样一些视网膜元素嗣后仍然受到刺激，尽管这种刺激稍有不同。但是，除了把它归之于它的成功以外（这里所谓的成功就是随后发生的视觉过程的组织），没有一种系统的方法来描述这种差别。于是，第一个例子表明，纯粹

---

① 我们把瞳孔括约肌排除在我们的讨论之外，它调节瞳孔的宽度。

的反射弧理论毫无帮助。同时,它表明了一种正确的理论:反射被视作良好组织过程中的一个部分事件。

凝视和追踪

尽管我们尚未直接讨论过动眼系统的第二种作用,即凝视和追踪(fixation and pursuit),但我们却在引发视网膜中心的图形功能时已把它作为一个例子而加以运用了。我们把它与以下事实相联系,如果视觉组织是一个同质背景(homogeneous ground)上的一个图形,那么,眼睛的运动方式便是为这个图形创造条件。通过使之成为闭合部分来尽可能将它视为图形,也就是说,把它转移到中心部分,通过对它的凝视使这个图形尽可能表现出来。我们可以补充说,如果图形居中的话,则在这样一个简单条件下,整个场的平衡将十分稳定,因为这是最大对称的条件。在这一简单情形里,我们对凝视的解释与我们对调节的解释是一样的:感受器的运动以这样一种方式发生,即产生自感受器刺激的组织会尽可能完善。

让我们把这一解释与流行的解释比较一下。"当我们仔细地进行考察时,这些过程反映了视网膜各点的光线印象和眼动的独特冲动之间相互联结的复杂而又分化的系统。严格地说,不同的运动肯定产生自不同的视网膜点;因此,视神经的不同纤维肯定与控制眼动的运动神经具有不同的中心联结"[彪勒(Buhler),1924年,pp.103f]。我已经以若干根据与这种解释进行过争辩(1928年,pp.78f)。首先,必须记住的是,从每一个视网膜里引出大约100万根感觉神经纤维,总共大约存在200万个独立的联结。然而,我们不该被单纯的数字所吓倒。应当使我们中止的倒是下列令人吃惊的事实,即这200万个联结必须以这样的方式安排,以至于通过这种安排,产生了凝视的有序结果。观察到的事实是,不论在一间暗室的何处,只要有一个光点出现,它就会被凝视;换言之:终级状态在单个光点投射于视网膜中央凹时被达到,不论开始时的状态如何,也就是说,不论这个光点在何处被初次投射。那么,究竟是谁或什么东西产生了这种安排呢?正是这个困难使得亥姆霍兹(Helmholtz)等人在眼动问题上求助于一种经验主义的理论,这种理论如同在其他领域一样在这里也是无益的,它与观察到的事实极少一致。然而,拒绝经验主义解释并未改善先天论解释的处境。我们对实际事件的简要阐述,即终极状态与开始状态互不依存的观点①,直接指向了一种不同的解释,其特征对于大量单纯的物理事件是共同的,这些事件是在没有这种特定联结(正如关于凝视运动的先天论所假设的那样)的系统中发生的。被一根绳子悬挂起来的摇摆的重物最终将在同样的位置上停息下来,不论它摇摆的方向如何,也不论它摆动得多远,原因在于,在这个位置上,

---

① 参见苛勒(Kohler),1927年a,以及汉弗莱的有关著述。

实际的力(一方面是地心引力,另一方面是绳子的弹力)处于完全的平衡状态之中。

其次,我认为,提供的例子是过于简化的。尽管最终结果不受眼睛的最初位置的支配,但是,使最终结果得以实现的实际运动却非如此。由此可见,不是我们发现需要假设那200万个联结,而是我们不得不假设几倍于200万个的联结;如果第一种系统本身具有微不足道的可能性的话,那么,这种可能性仍将无限地减少。再次,我提及由玛丽娜(Marina)从事的几项移植实验(transplation experiments),它们直接驳斥了这一理论。这里,我不准备对此详述。相反,我提出第四个论点,也就是说,这一理论涉及经验错误,如果没有经验错误,它就不可能产生一种对反应而言的刺激。总之,我认为,在这方面,凝视和追踪是与调节相似的。

在迄今为止描述的这个实验中(即一间暗室中出现一个单一的光点),似乎没有出现什么困难。但是,随着凝视的发展,这种情形与下述相反的情形没有什么差别:在一个同质的明亮场内的某处出现一块黑斑。然而,在日常生活中,情形要更加复杂得多。如果我们暂且不去考虑由我们的态度和兴趣施加于凝视的影响,那么,我们的眼睛便仍然处于这种情形,即我们的眼睛向四周无目的地张望,时而停留在这个物体上,时而又停留在那个物体上,但是,通常情况下,不会停留在物体之间的空间上。这样,便产生了追踪运动,在追踪运动中,我们的凝视目光追随着一个运动物体,最后,便出现下面的事实,即我们把眼睛转向突然朝我们发出的声音的方向,洛温弗尔德(Lowenfeld)发现,这种反应在三个月的婴儿身上尤为典型。

那么,我们从上述四个例子中可以作出哪些推论呢？如果明亮背景上的一个黑点与黑暗背景上的一个亮点具有同样效果的话,那么,作为一个物理事件的刺激便不再受到限定了。在这种情况下,除了引发反应的一个点以外,整个视网膜均受到刺激。因此,在上述两种情形的任何一种情形里,并非一个点的刺激启动了反射运动,而是一种刺激的异质性启动了反射运动,当这种刺激的异质性被带入视网膜中心时,运动便以这样的方式发生。用此方式进行阐述,凝视的事实便不再表明像神经元联结(先天论所假设的)的复杂系统那样的任何东西了。这是因为,整个过程的原因不再存在于一个视网膜点上,也即边缘的反射出发点上,而是存在于整个视网膜中,或者存在于一个产生异质刺激的足够大的部分之中。现在,我们知道这种异质刺激将产生分离的图形,而且我们把整个过程理解为视野的清晰度和平衡的过程。

我们到处张望的眼睛受到事物轮廓的指引,并且停留在事物上面(而不是停留在背景上面),这一事实强调了同样的论点。整个视网膜再次受到刺激,视网膜上的每一点与不同的眼动相联系;那么,为什么刺激模式的某些部分而不是另一些部分被带入视网膜中央凹呢？单凭机械论的观点或类似机械论的反射理论（这种反射理论无法为这一效应安排恰当的刺激）是无法回答这一问题的，而当眼动被认为与场组织的整个过程相连接时，结果便容易得到解释了。我无须重复追踪运动的论点，现在让我们转向对一种声音的凝视。这种反应的作用与所有其他凝视的作用是基本相同的，也就是说，将暂时显著的图形带入场的中心区域。由此情形所补充的一个新事实是，这种图形既可以是视觉图形，又可以是听觉图形。于是，根据我们的观点，这种情形并不涉及新的原理。但是，眼动的反射理论又是怎么一回事呢？这里，反射弧的最初一端是什么东西呢？

会聚

现在，我们讨论最后一个动眼功能——会聚（convergence）。这是一种典型的双眼功能，它保证在任何特定时刻外部空间的许多点尽可能被投射到两个视网膜上的相应点上。对于这种功能，肯定存在着一种解剖学基础，这是没有任何疑问的；海林（Hering）早就指出（1868年，p.3），可把双眼与由同一根缰绳牵引的一列马队相比较，如果不让其中一只眼睛参与视觉活动的话，两只眼睛仍然会一起运动。但是，我们已经了解到，一种解剖结构的存在可能主要是一种功能的结果，它的影响是次要的。在我们用轻松状态来证明的例子中，这一点是正确的，即两眼的正常合作能被轻易地改变，只要这种改变服务于视觉的目的。把一块具有一般折射力的棱镜放在你的一只眼睛前面；你不会把事物看作是双重的。让我们假设一下，当这种偏斜装置被引入时，双眼仍保持其位置；接着，同样的外部点便不再被投射于双眼的相应点上，因为在未被阻碍的眼里每样东西都将保持不变，而视网膜图样将会被转移到另一个图样上去。我们应当看到每件东西都是双重的，而事实上我们却并非如此，这个事实证明已经发生了眼动，以便重新建立起原来的情况，也即大量的外部空间点被投射到视网膜的相应点上。

因此，尽管存在着会聚的解剖结构，但是，我们仍然必须在其他地方寻找我们对会聚的解释。我们运用了一种眼动的例子，关于这种眼动，苛勒已经作了大量的但尚未公开发表的实验来证明他的理论，这种理论如同构成前述讨论的基础一样将构成新一轮讨论的基础[①]。我们从空间组织的研究中得知的一个事实出发，那便是接近定律（law of proximity）。在我们的视野中，两个相似物体将相互吸引，随着物体之间距离的增加，吸引力减弱。当我们注视两根相当接近的平行线时，这种力量将没有把它们进行移置的可测量效应[②]。但是，如果我

---

① 参见苛勒，1925年b。
② 就我所能知道的而言，尚未产生过测量这种效应的任何尝试。然而，要做到这一点看来不是不可能的。可是，在短促的相继展现条件下，这种改变的发生可能会把距离减少到它正常大小的一半还不到，肖尔兹（Scholz）已经证明了这一点。

们用立体视镜(stereoscope)或双眼视觉仪(haploscope)将这些线条分布于双眼时,这种力量的效应便会立即显来。只有一根线条将被看到,双眼以这样一种方式自动地移动,致使把两根线条带入双眼中相应的线条上面去。这样的原理解释了为什么我们在一般情况下不把事物看作双重的原因。让我们来考虑一个一般凝视的例子,我们的凝视点是一根垂线的中心。会聚状态的任何一种轻微摇摆将会产生两根线条的不一致,从而产生轻微的双重现象。但是,吸引力会立即产生,因为距离很小,吸引力将很强,它会以两根线条重新合在一起的方式支配眼部肌肉的神经,于是,完善的会聚得以重建。由此看来,我们对双重意象缺乏的解释就会变得动力的了。我们承认存在一种促进双眼正常协调的解剖结构——这种结构将以我们在上面讨论视网膜中心和边缘的结构差异时描述过的方式建立起来,但是,我们并不认为这样的结构已经尽善尽美,以至于无须任何特殊力量便可排除双重意象。可以这样说,没有一种凝视是完善无缺的,在所有的连续凝视期间,轻微的摇摆运动总是发生着。这又变得难以理解了,因为双眼中对视网膜一致现象的轻微移置以一种难以觉察的微小程度改变了场组织。另一方面,由于凝视"机制"是不完善的,我们怎样才能假设一种完善的会聚机制呢?我们不该忽略两个例子之间的差异,因为在这里,与完美程度的最微偏差将会引起强大的力,它可以立即把系统推回到正常的位置上去。由此可见,会聚是汉弗莱守恒倾向的一个精彩事例,也是有机体的平衡稳定性的一个精彩事例。

让我们归纳一下自己的观点。传统的先天论无法处理调节问题,为了解释凝视,该理论必须假设一种十分复杂的结构,它以一种秩序井然的方式完美地运作着。这种有序性是由于结构,并非"真正的"有序,而只是偶然的有序①。我们的理论仅仅作出一种假设,也就是说,知觉场的条件(通过对它的启动和"掌舵")影响着动眼系统。这种假设存在于传统理论的反射弧概念之中,即传入兴奋引起传出兴奋。我们的假设是十分一般的,与此同时,也是一个十分有力的理论工具。根据这一假设,其余一切都随之发生:如果感觉系统和运动系统之间的交流存在的话——这种存在是不容置疑的——那么,这两个系统便成为一个较大系统的部分系统(part-systems),最终的平衡也就是这个较大系统的一种平衡。因此,最佳的平衡不仅是较大系统在其中得到平衡,而且也是两个部分系统中的每一个系统本身得到平衡。因为动眼系统的平衡主要由于眼肌的排列,以及由此产生的张力(stains),看来在双眼轻度歧异时可以达到这种平衡。只要视觉发生着,尽善尽美的平衡便不会达到。结果,只有在视觉是一种

---

① 读者应当参考第二章关于生理模式的讨论,那里提出了同样的问题,即实际的几何问题对纯粹的几何问题。

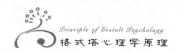

对抗运动系统的平衡时,方才可以获得实际的平衡。然而,在广泛的位置上,动眼系统的张力是很小的,以至于感觉系统产生的力决定了最终的平衡。只有在眼睛的极端位置上,动眼系统中的应力(stress)才会表现出高度的价值,因此必须把它们视作最终平衡的决定因素。如果我们在我们的极端左方或右方尝试着注视一个点的话,那么它将迅速地分裂成双重意象,感觉场中的吸引力不再强大到足以克服动眼系统中相反的力。

由此可见,眼动被视作典型的反射,对它们的解释不应在解剖结构的事实中寻找,而应该在由组织过程产生的系统平衡的事实中寻找。

作为汉弗莱原理的特例的反射

我们现在终于看到,试图通过反射弧理论的反射结合来解释行为,将是一种多么不可救药的错误。相反,我们可以从我们的讨论中得到这样的线索,即行为可以按照汉弗莱的原理来得到解释,也就是把行为视作平衡的建立过程。

"完全无意识的"反射

现在,我们将扼要地讨论一些反射,它们没有意识的对应物,正像大多数健身反射那样,它们不断地调整我们整个肌肉系统的弹性,从而保持我们的姿势和平衡。那么,它们能否按照我们的概念来提供解释呢,或者,它们是否至少属于旧的反射弧模式呢?我毫不怀疑第一点是正确的,它们要去保持的平衡是大脑低级中枢和脊髓中的一种组织平衡。在某些条件下区分出这些反射的单一性和刻板性肯定是由于下面的事实,即在这些条件下,受到干扰并重新得以建立的次级系统相对而言较小,并且相对而言与其余部分相分离。当我们把心物场(psychophysical field)扩展到行为环境的范围以外时(见第二章),反射就会像我们假设的那样出现。本书的宗旨并非对这种观点亦步亦趋,但是,这样的评论也是必要的,免得读者认为,至少就几种反射而言,传统理论是站得住脚的。读者如果对这个问题特别感兴趣,可以参阅戈尔茨坦(Glodstein)关于这一课题的论文。

作为"内隐"和"非内隐"的反射和组织

这是我们文章中的另外一个重要之点。一般说来,我们对于眼动的动力学尚未直接了解。关于调节运动和会聚运动,我们的陈述是正确的,然而,我们还知道,我们的目光到处游荡,先是停留在这个物体上,然后又停留在那个物体上。但是,即便在这里,我们仍意识到自己的眼动与实际的眼动是十分不同的,换言之,这里所谓的眼动是我们行为世界的眼动——当然,这些眼动属于行为自我(behavioural Ego),而不是属于行为环境(behavioural environment)。在心理学家开始对这个课题发生兴趣以前,没有人知道当我们阅读时,我们实施的是何种眼动。据认为,每个意识到自己眼动的人在阅读时所体验到的是眼睛连续地移过一行字。然而，我们现在知道，眼睛在大部分时间里是静止的，当阅读一行印刷文字时，快速扫视不会超过三行或四行。但是，我们多半意识不到这些运动。当我们意识不到时，前面讨论中曾经描述过的整个力的相互作用在经验中便没有任何对应物，这种情况如同产生感觉组织的力的相互作用几乎完全保持在经验以外一样（经验仅仅包含了这些动力学的结果）。苛勒是强调感觉组织的这个方面的第一个人，他将此现象称做"内隐的组织"（silent organization）（1929 年，p.371）。于是，内隐也指对这种组织有所贡献的一些运动。

然而，正如我们已经提及过的那样，我们的凝视和追踪运动并不始终是内隐的。对它们的体验并不意味着总是真实的，这一事实是有意义的。我们给阅读时眼动的例子再补充两个其他的例子：在许多实验研究中已经发生过这样的情况，当被试得到指示，在一段明确的间歇时间内对某个物体进行注视，被试报告说他们的眼睛完全保持稳定，可是客观记录却表明，他们的眼睛实际上作了明显的运动，有时甚至是相当可观的运动；另一方面，一名眼睛保持不动并注视着一个后象图形轮廓的被试，对他的眼睛已经参与了探索也会有明显的印象[鲁宾（Rubin）]。于是，在这些例子中，对眼动的体验并不是由于来自眼球的分离感觉或来自眼肌的分离感觉，而是整个场组织的结果，正如知觉到一个物体的运动可能不是由于传导运动中物体的实际运动一样。

然而，在一个方面，凝视实际上超越了这些范围：当我们感到自己的目光停留在某个物体上时，我们无法转移目光，然后，随着我们赋予巨大的意志力量，将目光转移到别处以后，我们又会发现有一种几乎无法抗拒的强迫力量在把我们的目光重新拉回到这迷人的物体上去。这里，对我们的凝视进行控制的力是在经验中被反映的，我们视觉活动的运动方面便不再"内隐"。不过，在这些例子中，眼睛不只是无足轻重的感受器，它们在为我们工作，但却不把它们的工作告诉我们；在这些情形里，眼睛是我们自我的十分明确的部分，不仅眼睛如此，我们的整个自我也被引向那个富有吸引力的物体。因此，这种情况使我们超越没有自我参与的活动情形。

我们已经探讨了本章纲要中的第二个要点（该要点是在第二章结束时提出的），现在我们必须转向第三个要点。探索第三个要点需要采取新的步骤，尽管这种新的步骤一再被推迟又一再被期待。也就是说，我们现在要介绍自我了。舞台既已搭好，主角就须登场。

自　　我

但是，这位主角该如何进行自我介绍呢？他的开场白是什么？许多现代心理学教科书（如果不是大多数教科书的话）对此问题保持惊人的沉默。事实上，

它们会使你觉得心理学与自我无关,自我如同灵魂一般完全从心理学中消失了。卡尔金斯(Calkins)曾为自我心理学而勇敢奋战,但是她的孤单声音仍旧不被注意,同样,W. 麦独孤(W. McDougall)处理自我的方式也未对心理学的理论潮流产生过任何影响。围绕着自我概念已经汇集了太多的哲学思索,以便使这种自我概念为具有科学头脑的心理学家所接受。心理学家需要事实,需要可以观察的资料,借此把训练有素的内省(introspection)转向所谓的自我,然后,也许没有发现什么东西,或者发现了动觉或情感(kinaesthetic sensations or feelings),但是就是找不到自我这个特殊的元素。这是不足为奇的;由于他们的先入之见,他们不得不在探索自我的经验基础时运用一台心灵显微镜(mental microscope)。但是,如果人们通过显微镜观察的话,他就不会发现像脸这种东西的存在。

以此方式对待自我的心理学家和看到自我从心理学中消失的心理学家在处理形状、事物和运动方面不会做得很好。如果运动不过是一种"灰色的闪烁",那么,自我可能仅仅是"身体处于张力状态时躯干或躯体若干部分的动觉"〔铁钦纳(Tichener),1911 年,p. 547〕。由于我们已经建立了形状、事物和运动的现实,因此我们在建立自我的现实方面将不会遇到更多的困难。

确实,倘若讨论行为环境而不把自我包括在内,这业已被证明是不可能的事。一方面,我们发现环境本身依赖自我,依赖它的注意和态度;另一方面,我们发现自我的方向与空间格局的组织同时建立。这两组事实都将被用作我们介绍自我的线索,但是,我们把第一组事实与第二组事实(自我定位、自我方向和自我运动)放在一起处理,因为它与前面的讨论相一致。

作为一个场物体的自我——它的分离问题

首先,自我作为一种行为,如同场内其他分离的物体行为一样。那么,以此方式处理自我是否正确呢?我们的第一个问题是:分离的力量是什么?我认为这个问题还没有得到系统阐述,下面一些段落中提供的答案只是暂时性的,而且是不完整的。如果自我在许多方面虽与其他场物体有所不同,但是仍然被作为场物体来处理,那么,我们至少需要知道,哪些可能的因素会产生自我的分离。我们已经使用了"自我"这个术语,但尚未予以明确的界定,这是因为,在我们刚开始讨论时,没有一种定义是恰当的;甚至可以说,自我不可能是恒常的,自我不可能限于不变的范围之内。测试这一范围是对该措施的一种探索,通过这种探索,自我可能被触及。想象一下,一个敏感的人处在粗俗和狂暴的人群中,他的自我将会收缩,以此作为防范他们粗鲁和情绪爆发的手段。运用通俗的说法(这可能比我们通常想象的更接近于事实),也就是他缩进壳里面去了。进一步说,也就是火刑柱旁边的殉难者;他缩到里面去的那个壳并不包括他的身体，因为身体的多重性不能再对它的自我施加任何影响。另一方面，在更加正常的条件下，我们的身体属于我们的自我，这是显而易见的。正是这个"我"，把球打到对手球场的角落里去，也正是这个"我"，快速奔跑100码的距离，还正是这个"我"，艰难地攀上"烟囱"。这个"我"并非某处的一个精神点（spiritual point），而是在做了这各种事情以后使我的身体成为整体的某种东西。

或者，让我们观看另一面的一番景象：畸形、痣、假牙、头发的脱落，等等，这些都是我们尽可能隐藏起来的东西；再也没有比M先生的议论更刺伤N小姐的自我了，因为M先生说，她的好看还不及她朋友的一半。

但是，皮肤的需求决非自我的界限。如果M先生说，她的朋友比她穿得更漂亮，N小姐同样会觉得受了侮辱。确实，我们的服饰[如弗吕格尔（Flugel）议论的那样，在我们自己和外部世界之间形成了中间层]也很容易成为我们自我的一个真实部分。对一位花花公子来说，它们进入了他的自我中心。

限制还可以再放宽一些。P太太认为Q小姐是一个可憎的人，一个坏教师，因为Q小姐声称P太太的孩子是一个懒惰的和愚蠢的小鬼。P太太的自我通过她孩子而被触及，因为她的孩子属于她的自我。年轻人意欲从父母那里自我解放出来的斗争是一个冷酷的事实，这个事实是许多斗争的基础，而那些斗争往往具有悲剧的性质。但是，此类斗争的范围并不限于家庭方面；如果你攻击共和党或保守党，那么，你也会在一个好公民身上激起狂暴的情绪。我们无须再赘言了。自我的界限随着情形而变化，而且，同一个人在不同情形里，自我的界限也有变化。在有些情形里，诸如巨大的悲伤、极度的沮丧等，自我的界限会发生收缩，但是，也有一些情形会扩展自我的界限，直到它实际上包括整个世界，如同在真正的狂喜状态中表现出来的那样。

但是，这种非恒常的界限并不是自我完全独有的特征，也不是在外部（行为）世界中没有任何对应物。现在我们见到了整个台球桌，而台球只是其中一个项目而已；当我们观看台球比赛时，这里，整个台球桌便成了台球比赛这一更大单位的一部分了。扩展并非一种连续的过程，而是在更高单位界限的规定下跳跃式前进。自我也是一样。从我们的皮肤到服饰，从服饰到我们的家庭，如此等等。我们补充这段评论并不是想把自我的特征缩小到最低限度，而是去减少下列批评，即界限本身的非恒常性证明我们不能把自我当作场内的一个物体来处理。

如果自我的界限是可变的，那么，在每一种情形里它仍然是一种界限，而我们的问题是，哪些力量产生了它？

解决我们的问题所迈出的第一步

这个问题尽管未被系统阐述，但是，就躯体自我而言，或者至少就可见的躯体自我而言，已经由苛勒提供了部分答案（1929年，p.224）。我坐在写字台旁写

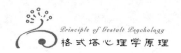

这本书。桌面、写字垫板和钢笔在我的行为环境中是一些可以清楚分辨的、充分分离了的单位。我的笔在哪里？它由我的手握着，我的手像钢笔、垫板和桌面一样是我的场内的一个单位。把我的手从钢笔那里分离出来的力与那些垫板从桌面那里分离出来的力属于同样的类型，我们在第四章已充分讨论过这些力。同理，我能看到我身体的其他部分，当然也是正确的。在我的视野里，它们是分离的和统一的，就像视觉行为环境中的任何一个部分一样。

第二步：为什么我把视觉上分离的手看作"我自己的"手？

余下的问题是：为什么我把这只手看作我自己的手，把这条手臂看作我自己的手臂（而不是仅仅看作熟悉的手和手臂），或者看作考夫卡的手和手臂，就像我看到 X 和 Y 的手和手臂那样呢？有充分证据表明，婴儿把他们身体的一些部分看作外部物体。苛勒的另一个论点（我曾经听到他用于讨论）使我们更接近了这个问题的答案，这是一个典型的心理学问题，尽管在我们的标准心理学教科书中还未被提及过。它是由行为环境开始的：那儿是房间的墙壁；墙壁前面有一张桌子；桌子上有各种物品；右边和左边还有一些其他的墙壁，在墙和我本人之间有其他一些物体；但是，空间不仅在前面和侧面（空间不很清晰，未被清楚地界定），空间也在后面。这后面的说法是正确的，也是容易表明的，尽管它从未在心理学教科书中被提到过。设想一下，我正站在讲台上讲课，讲台后面的地板突然下陷几千英尺。讲台的宽度足以使我在上面舒坦地行走，但是，我在这种讲台上的举止行为会不会像在普通的讲台上的举止行为一样呢？当然不会。因为事实上我的讲台后面现在是危险的空洞，它时刻决定着我的活动。因此，我在讲台上的正常活动为我的"后方"所左右；那意味着后方是存在的，行为空间并不面对着我，而是包围着我。现在，苛勒的论点继续道，在前方的最后一个物体和后方之间存在什么东西呢？那里的空间是绝对空的吗？答案是：肯定不是：在"前方"和"后方"之间的"这里"是我称之为我的自我的那部分行为世界。根据这一论点，我们可以得到针对我们问题的下列答案："前方""左方和右方""后方""上方和下方"都具有涉及一个物体的空间特征，该物体才是空间协调系统的真正起源。这个物体从其功能而言不同于其他物体，因为它决定了基本的空间方面。我们应当期望这个物体具有不同于其他一切物体的特性。我们在自己的研究中获得了第一条线索；我们称之为自我的那个物体在一个决定性方面不同于其他一切物体，正如自我这个术语意味着它与其他一切物体之间的差别一样。这就是第一条线索，非它莫属。唯有自我的一个方面，而且相对来说表层的一个方面，才是空间组织中其作用的结果。有了这些限定，我们便可建立某种东西。现在，我们可以为该问题（为什么我的手尽管像一支笔、一只匣子或者另一只手那样由同样的因素组织而成的，但它仍被看作为"我的手"）提供第一个答案了。如果它确实属于决定"前方""后方""左右"的核心物体的话,它必定会被看作为"我的手"。

最后一步:可用的组织定律

我们仍与一个完整的自我理论相距甚远,我们甚至还没有回答我们的第一个问题,即在整个场内哪些力量分离了这个单位。但是,我们已经表明,单凭组织原因,该单位必须属于一种特殊的类型。现在,让我们回到我们自己的问题上来。根据我们第四章介绍过的原理,在一个完全同质的场内是不可能有任何分离的。我们在第四章考虑了纯粹的视觉场,而且看到了当视觉场完全同质时它们将成什么样子。现在,我们来谈自我;也就是说,我们尚未调查过整个场处于完全同质的那些条件。至于能否在实验室里把这些条件创造出来,我是抱怀疑态度的,因为它们完全是非自然的。但是,它们确实发生了。

没有自我的行为世界的一个例子

我知道有一个极好的例子,它来自一位曾在万丈深渊的冰隙中昏迷后醒来的著名登山运动员的报告。这篇文章写于1893年,我在看了这篇文章后进行了思考,尽管作者尚未明确地陈述这一观点。尤金·拉默教授(Prof. Eugen Guido Lammer)是维也纳的一名教师,他独自一人首次从北面攀登舍威塞斯山峰(Thurwiesers pitze),四周均是冰山峭壁,他爬过西面的山脊准备返回到下面的冰川上。他在下山的途中经过了东阿尔卑斯山(Eastern Alps),一个最为险恶的冰川,该冰川为白雪覆盖的、迷宫似的冰隙所撕裂,他通过的时候正巧是白天最热的几个小时,原来踏上去很坚硬的冰块,这时却由于太阳的热量而软化了。他差不多快要通过该冰川了,这时,那座他已经踏上去的雪桥突然出乎意料地断开了,于是他掉入了裂口之中,好几次撞到了冰隙的两侧冰壁上,最终失去了知觉。现在,我尽可能不加夸张地翻译他当时的描述:"……雾……黑暗……雾……呼呼声……带有小亮点的灰色幕帐……雾……昏暗的曙色……柔和的哼哼声……呆滞的不安……雾……某人发生了某事……朦胧的雾……总是那个光点……一种颤抖的战栗:冷湿的东西……雾……那是怎么回事?……努力思考……啊,还是雾……;不过,在那个光点外面又出现了第二个点:对啊,那就是我!……雾,沉闷的铃声,霜……是一个梦吗?……对,确实,一个荒唐的、荒唐的、荒唐的梦!——已经梦见——不,更确切地说,我已经梦见……"①。我不想把这段话摘引到底,也即充分地意识到这一情境,我也不想谈论这位勇敢的登山运动员如何通过他自己的努力成功地解救他自己。迄今为止摘引的这段描述已经足以供我们开展讨论了。如果这段描述正确的话,而且生动的和令人印象深刻的描述使它很可能做到这一点,那么,这段描述便说明,从现象上

---

① 我曾被告知,在吸进"笑气"以后恢复意识的经历与此情况十分相似。

讲,有相当长的一段时间是在没有自我的情况下度过的,正如我们可以想象的那样,这段时间是以一种完全的同质开始的。自我甚至没有与场的第一个清晰度即光点一起出现,也甚至没有与第一个不安的感觉一起出现,显然也没有与第一个有意识思维一起出现,尽管这个有意识思维很快导致自我的短暂建立,然而,这种建立是相当不稳固的;它重新消失,复又以更大的稳定性和更好的组织重新出现,这种经历似乎是一场梦。

从这个例子中得出的结论

尽管上面这段描述十分有趣,但我们不准备在这里进行讨论。我们从中得出的结论是:自我,如同任何其他的场物体一样,在场具有大量异质以前是不会分离的。让我们设法收集当自我出现时场的不同组成成分:有视觉资料,如黑暗的雾和雾中的光点;有听觉资料,如一种柔和的哼哼声;有机体觉(coenaesthetic)资料,如呆滞的不安感、颤抖(那也标志着温度觉资料);最后,便是思维。所有这些资料从现象上和生理上说都出现在同一个场内,它与我们假设的心物同型论(isomorphism)原理是一致的,也即所有这些过程,从身体的各个部分开始,都发生在同样的脑场里。这种说法并不新颖,因为我们以前已经表明,同一空间包含了不同感觉性质的物体。首先,这些过程或多或少不加区别地分布在整个场内,接着,组织便发生了,于是场便成为两极的,其中视觉图形,即光点,成为一个极(客观上讲,这个光点是拉默往下掉时身体撞开冰隙使光线通过雪桥中的一个洞孔而产生的),而自我则成为另一个极。我们可以假设,形成自我核心的这个点将把躯体资料引向它那里,而听觉和视觉的资料则与外部一极保持在一起。至于这个核心点(point core)本身究竟如何形成,我们尚不得而知。不过,它一定与那个遭难的登山运动员早先的自我有很大关系,也就是与他的愿望、恐惧、决心有很大关系,它们现在开始起作用了。我可以肯定地说,一个婴儿在这样的情况下是决不会体验一种自我的;事实上,一个婴儿会在没有自我组织的情况下过一段相当长时间的生活,而且还有一段更长时期的生活是在十分动摇和不稳定的自我组织情况下度过的。

但是,即便我们不考虑那个人的历史,我们仍有充分的东西供我们理解自我的分离,因为我们一方面有视觉和听觉的资料,另一方面有躯体的资料,包括一般的寒冷感觉。看来,后面这些资料有其共同之处,它们从其他资料中分化出来,自身形成一个单位,而它们在整个场内的地位将受制于其他资料。于是,我们作出这样的假设,单凭纯视觉上同质的刺激,场就只有雾,雾里没有任何东西,甚至没有一个自我在后来得以出现的空洞。只要没有东西去打破刺激的同质性,也就不该有任何东西去干扰这个雾,而雾是构成整个行为场的。因此,分离是由异质产生的,分离是由于相似性定律,即等同的过程自行巩固,并与其他过程相分离。低级感觉的资料比之高级感觉的资料,其彼此之间的差别要小得多,这个众所周知的事实倾向于支持我们的观点,它将导致这样的结论:在早期的演化阶段,也即在不同的感觉开始分离以前,没有一种自我世界会发生。遗憾的是,这个结论是尚未得到验明的结论。

然而,在这些感觉过程的差异发生的地方,自我组织开始变得可能了,不同兴奋之间的界面(boundary surface)可能成为"界膜"(boundary membrane),它将自我系统结合起来,并使之与场的其余部分相分离。这种解决问题的首次尝试是对还是错,我说不清楚;但是,这种解决问题的思路或类似的思路肯定是正确的,除非我们的整个理论都错了,这一点是十分明显的。

其他的假设:与自我相关的某些经验

为了使这一假设的含义更加明确些,我将把它与其他可能的假设相比较。人们可能认为,有些过程或经验就其本质而言是自我经验(Ego-experiences),这些自我经验不同于任何组织,但却通过它们自身构成了自我。这些自我经验可能是:快乐、痛苦、情绪、需要、愿望、欲望以及我们的思维。但是,对于它们中的大多数来说(如果不是对它们的全部来说),我们可以表明,它们既可属于我们的自我,又可属于环境场的一些部分。让我们以情绪为例,它在过去曾被十分经常地用作"主观的"(也即与自我相关的)经验的典型例子。甚至当我们自己感到高兴时,我们仍然可以看到一片灰暗的景色;一株白杨看上去并不自豪,一株幼桦看上去并不害羞,而且伍德沃思(Woodsworth)也没有使黄水仙的欢欣成为不朽!传统心理学会反驳道:正是你把这些情感投射到自然界的物体中去;你不能严肃地认为景色实际上是悲哀的,黄水仙实际上是欢欣的。你通过一种称做移情(empathy)的过程,用你自己的情绪影响了这些物体。这种异议的貌似有理在于两种假设,一种假设显然是错误的,另一种假设将这个论点转向那邪恶的圈子。第一种假设是,当我们把悲哀归于一种景色时,我们指的是地理景色。这当然是荒谬的,不过,同样荒谬的是对我们观点的这种解释。悲伤也好,欢欣也好,以及我们使用过的其他特征,用于这些描述主要是对行为物体来说的,而不是对地理物体来说的。这些特征是行为物体的特征,我们的对手也明确地承认了这一点,他们试图解释这些行为物体如何变成这个样子的,也就是说,通过投射,通过移情,而变成这个样子的。第二个假设认为,情绪实际上是主观的。如果确切一点的话,那么这种论点便是这样的,外部物体看来被赋予了情绪,这些情绪按照刚才陈述的假设,纯粹处于主观状态,而我们则把这些情绪投射到物体中去了。这一推论的说服力存在于情绪主观性的假设之中,移情并不证明这种主观性。相反,只有当我们作出这种假设时,我们才被迫假设一种移情(一种不能被直接证明的过程),这对我们第一种描述的真实性提出了疑问,并用另一种假设取代它——景色实际上并不是悲哀的,而是我将自己的悲哀投射到景色上面去了。但是,对此假设并没有提供任何证明,而我们上面提到的事实(即此刻我们自己的情绪可能与我们看到的物体的情绪特征有所不同,甚至互相形成对照),把移情理论置于一种困难的境地。我们难道没把情绪作为我们的自我过程来体验吗?当然,我们是这样做的;人们从未认为情绪是外部行为物体的特征。但是,尽管极少有人认为情绪与自我相关,而事实是,它们在有些情形里,或者在大量情形里,一点也未被证明是这样的。因此,如果说情绪既可以由我们自身携带,也可以由(行为)物体携带,这样说看来更加自然些,情绪既可进入我们称为自我的那个单位,也可进入场内的其他组织单位,这样说也更加自然些;我甚至倾向于这样认为,不包含自我组织的一个场可能是高度情绪化的,而且,我还相信,拉默教授的非凡经历是带点情绪色彩的(如果不是饱含情绪色彩的话),即在他的自我意识出现之前,是带点情绪色彩的。

上面分析了情绪。那么,愿望、需求和欲望又怎么样呢?就我所知而言,回答也是同样的。我们看到那张脸上的"贪婪",但是并不体验到这是我们自己的欲望,我们会对朋友眼中闪耀的坚定决心表示钦佩,但是我们自己却下不了决心。甚至非生物也会出现需求,例如未完成的曲调,或者当曲调在结束前突然中止,或者一幅不完整的图形等。

那么,我们的思维又怎样呢?在我的自我之外能否体验到思维呢?我们可以看到一个人在沉思,这个事实并非一个恰当的例子。因为我们不知道他的思维是什么。但是,也有其他一些例子证明思维可以属于外部物体,对一切正常人而言,外部物体是指其他一些人。许多人做过与下述内容相像或相似的梦:他们正在和一群同事参加口试;测验者向他们提出一个问题,他们无法回答,于是,测验者转向下一名应试者,他立即提供了正确答案。在这样的梦中发生了两种思维,两者在头脑中都不是做梦者的自我,尽管它们都出现在他的梦中。问题是由测验者提出的,正确答案是由一位学生提供的,而做梦者的自我却无法产生它。于是,答案发生在做梦者的场内,而不发生在构成他自我的那个场部分内。尽管我还缺乏证据,但是我仍然相信,在剧作家和小说家的作品里,同样的事情也会发生。作者将会直接获得思维和言辞,作为"他脑中的孩子"的思维和言辞,而不是作为他自己的思维和言辞。

还有喜悦和痛苦。从拉默的报告中我们知道,不安的感觉可以在没有自我的情况下被体验,于是我们没有理由排除下列假设,即适度喜悦也能以同样方式被体验。当我们懒洋洋地在太阳下取暖或者在热水浴缸里瞌睡时,我们便接近这种情况了。然而,强烈的疼痛,看来始终是自我的事情。如果确实如此,那么它不过证明自我确在那里,所以强烈的疼痛才能被体验到。在所有的体验中,唯有疼痛通过自身成为自我的载体。如果没有直接的证明,这种情况便不大可能为人们所相信,尽管疼痛(或者确切地说通常导致疼痛的这类刺激)可能在特定条件下对自我组织作出特别巨大的贡献。

与自我相结合的经验的条件是什么？

我们从这一讨论中得出结论认为，自我特征表明，它不可能通过过程本身或在隔离状态下产生，它必须与自我系统相结合，以便获得这种自我特征，有些过程比其他一些过程更适合于这样的结合。但是，在每一个特定的情形里，问题还是存在着：为什么这个过程在此刻属于自我而不是属于外部物体呢？这个问题与另一个问题密切地联系着：此时此刻使自我保持分离的那些力量是什么？我们在先前曾经推测过有些力量可能对这种分离负主要责任。但是，我们也提到，自我问题不能单在空间的三个维度中予以恰当处理，如果不考虑时间因素的话，我们将失去自我的主要方面。现在，我们将精心阐述这一观点。

对我们问题的一个答案

让我们回到我们的问题上来。尽管我们此刻尚未真正了解那些把自我统一起来并与其余部分相分离的力量，但是，我们必须假定自我是一个特定的场部分，它与场的其余部分处于不断的相互作用之中。现在，我们可以转向另一个问题了——为什么某些过程并入这个亚系统（subsystem），而另外一些过程则不并入这个亚系统。并不是所有发生在特定时刻的过程都可以形成自我的部分，这是从我们的理论中得到的一个简单结论：没有一种自我能作为特殊的系统而存在，除非它把自己与其他系统分开。

不同的感觉资料和自我

与我们自己的身体资料相区别的视觉资料将保持在自我之外，这一事实直接导源于视觉经验的性质。视觉经验在大量分离的物体上具有丰富的清晰性。如果视觉为我们提供空间上分布和分辨上清晰的许多物体，那么，视觉肯定主要地为我们提供非自我的东西了。我们身体的可见部分究竟是什么？为什么它们被归入自我中去？关于这个问题的答案只能提供一个轮廓，但是，这种轮廓却是相当清楚的。因为，我们对自己肢体的了解不仅来自视觉，而且也来自其他一些来源，它们使我们注意我们身体的不可见部分。这些过程产生于内感受器和本体感受器（entero and proprioceptors），正如我们已经解释过的那样，它们是形成自我组织的第一批材料。因此，如果可见的身体资料的位置正好与属于身体同一部分的其他资料的位置相重合（这里的所谓"重合"，当然指在行为空间中的重合），那么，我们应当运用我们的接近性定律来解释为什么视觉资料与自我特征一起被体验了，即"我的手""我的腿"，等等。对于局部的动觉过程来说，由于它们作为一个整体有助于组织自我，因而不是独立的局部事件，而是一个更大事件系统中的部分事件。因此，如果一个视觉资料与一个动觉资料结合在一起的话，那么，它也肯定成为一个更大整体中的一个部分，也就是说，它肯定被并入自我系统。正如先前提到过的那样，这种合并不是发生在生命的开始,因为婴儿对自己身体和其他物体的区分要到婴儿一周岁以后才会变得清楚起来。

为什么我把我面前的这只手看作是"我的"手,而不是仅仅作为一只手,当我们发现它是一个问题时,心理学却长期以来被相反的问题所占据了:为什么我看到的东西在我的身外而不是在我的身内?这个问题产生自一种糟糕的混淆,即把自我作为经验的一个资料,把身体作为现实世界的一部分。一旦这种混淆得到澄清,这个问题也就烟消云散了。上述情况在苛勒的《格式塔心理学》(Gestalt Psychology)中已经得到极好的证明,这里已无须重复。此外,读者应当能够自行提供这个论点。

情绪和思维

情绪的定位看来没有多大困难(排除情绪本身的性质问题,对这个问题我们将在后面进行研究)。但是,如果我们承认情绪是具有某些特性的过程,那么,它们在自我或外部物体中的定位将有赖于接近性问题。当我看到一匹用后腿站起的马,并且听到它疯狂的嘶叫声时,由这些过程携带的情绪将与这匹马相结合。相反,肯定存在着一些特殊的因素,它们使得该情绪看起来像我自己的情绪,它们与马的系统中后腿站立和嘶叫的自我系统具有同样的关系。此刻所说的将仅仅是推测。对情绪来说行得通的推测对思维来说也行得通,除非我们缺乏具体的资料去支持我们的解释。我们将把这个问题留给未来,而仅仅满足于已经提出的问题,以及解决该问题的可能性。

需求:与行为世界相偏离的自我恒常性

关于需要,我们可以说同样的话,但是它们必须引入一个新的和十分重要的论点。情绪和思维都是过程,尽管它们在有机体内留下自己的痕迹,但在它们发生以后便不再存在。可是,正如我们将充分地讨论的那样,需要是一种紧张状态,它们一直坚持着,直到放松为止。我们的最一般目的会变成持久的,因为紧张状态在我们生命的大部分时间里将持续存在。由于这些需要是我们的需要,因此它们当然属于自我系统。现在,我们已经讨论了至少一种情况,即行为场根本不包含自我。那么,我们该不该假设,自我系统已经暂时地完全消失了呢?这样一种假设是不符合事实的,因为人的需要是不受那种偶然事件支配的。他不仅在此之前和在此以后仍是同一个人,具有同样的兴趣和理想,他还相信,他从冰隙裂口中逃生的行为主要是由于他以前生活中确立起来的需要。我们可以把他的描述重新翻译成下面的话:"回想起来,在整个登山期间,我的意识从来没有完全清醒过。我的活动的目的性或多或少像一名站在屋顶檐槽里的梦游者的目的性;我的大脑像钟表一样,多年来干了我曾经计划去干的事情。我无法十分热情地建议,人们会通过想象中的一切可能性而获得做梦的习惯。尽管它使一个人更加怯懦,但却说明了闪光般的'心理呈现',它拯救了我"。我们的结论是清楚的：自我从行为世界中消失，对于正常人而言，意味着自我的消亡。即使当自我未在意识中呈现，它仍然作为心物场的一部分而幸存下来。这使我们得出这样的结论，即当自我存在于我们的行为世界中时，这种现象的或意识的自我并非是完整的自我。有可能的是，自我首先在组织中形成，该组织在意识水平上行进。在自我形成以后，它变得越来越稳定，越来越不受暂时的组织条件的支配，最终成为我们整个心物场的一个永久分离的部分。正如我所看到的那样，这是各种精神分析理论(psyohoanalytic theories)的正确论证，这些精神分析理论研究了该永久性自我的特性，包括其中的紧张和压力。精神分析的术语至少是误导的。精神分析学家使用无意识(unconscious)这个术语是令人遗憾的。我们曾在第二章简要地提到过它，我们曾说，如果我们把如此指定的现象陈述为场事件，则运用该术语的理由将不复存在。我们的自我概念满足了这一承诺。自我是一个更大场内的亚系统，甚至当这个场不是行为场，甚至当自我没有意识时，它仍然是一个更大场内的亚系统。在我看来，对"无意识"的强调似乎是为了表明对意识的过高估计，尽管听起来有点自相矛盾①。无意识这个术语使"意识"成为一切心理活动的参照点。无意识事件被陈述为似乎是有意识的。根据我们的观点，心理方面(如果你喜欢的话)或行为方面超越了现象方面或意识方面，后者不过是更大场事件的一小部分而已。

但是，若要正确地解释精神分析原理，便不能仅仅靠耸耸肩就可予以否定的。任何一个精神分析学派都声称，它可以面对公正而严厉的批评。精神分析的发展受到两极的影响(这两极曾经影响了整个心理学)，一极是机械论(mechanism)，它在弗洛伊德(Freud)的早期研究中占据首要地位，另一极是生机论(vitalism)，甚至带点神秘色彩的生机论，它在后来的发展中十分重要，尤其在荣格(Jung)的研究中。我敢于预言，当精神分析从机械论和生机论的偏见中摆脱出来以后，它将进入一种新的和更加健康的发展状态。

两种结果：

1. 时间上恒常和发展的自我；一种人格理论的基础

在长期以来尽可能贬抑自我观点的科学里，是不大容易正确评估持续的自我系统这一概念的重要性的。它对整个心理学的影响可能要比我们目前看到的更大。此刻，我仅仅提及它所具有的两种结果。首先，它为我们科学地理解人格(personality)发展提供了一个真正的基础。在行为场的一切变化中，自我继续保持为一个分离的部分。这种分离不会始终沿着同一条界线行进，也不会不变地具有同样的强度，在场内自我的相对重要性将会变化。整个场内的自我

---

① 参见拙作，1927年。

似乎仍然可与它的地理环境中的物理机体相比较。两者都是在一个更大的系统内有力地组织起来的稳定的亚系统,而且,如同在一切变化中一样,有机体保持了它的同一性(identity),促进了它的成长和发展,自我也通过使自身保持在行为环境的不断变化中,或者更一般的说,保持在心物场的不断变化中,而得到了成长和发展。把活动作为行为来研究,恰似在整个场里研究使自我亚系统得以平衡的连续过程,这样一来,就有可能把我们从汉弗莱那里接收过来的有机体的行为原理用于自我。现在,在不断变化的条件流(stream of conditions)中保持其同一性的自我,必须按照干预的原理来发展。在这个意义上说,自我与任何一种实际环境中的实际有机体没有什么不同。这些干预在不同的情形里会发生不同的变化,这一点如此之明显,以至于无须重提。但是,自我本身(在它们首次形成时,而且,由于个体的心物构成之性质)具有不少的差异。我们将在后面深入地讨论这些差异。这里,我们只想强调,心理发展像任何其他发展一样,不仅仅是一种偶然事件,尽管偶然性对其影响较多。自我系统的稳定组织使其免于每一种新潮流引发的变化。此外,稳定性这个术语必须正确地加以解释。我们在任何时刻,甚至撇开外部影响不管,都不能把自我看作是完全平衡的,完全静止的;自我本身基本上是时间的,它不是一种独立于时间的状态。自我总会走到某个地方去,因此,自我的稳定性只有在它的运动方向中被见到。被我们视作空间组织因素的良好连续定律(law of good continuation)将会在这个最具生气的心理学问题里找到其用武之地。人们期望,今后的研究将会确立这一原理的运作。对它进行系统阐述也是瓦解在科学心理学和理解心理学之间人为构筑的障碍的一个步骤,因为,这一步骤为人格研究提供了"理解心理学家"在心理学的科学主体中所遗漏的东西。还有一些老问题,如遗传和环境,本性和教养,也将从我们的自我概念中获得一种新的意义(考夫卡,1932年)。

2. 与记忆不同的心理保持

其次,我们的自我为我们提供了与人们通常理解的记忆不同的"心理"保持和连续("mental"permanence and continuity)。心理学在抛弃了灵魂以后,只剩下瞬间即逝的过程,包括意识流(stream of consciousness),尽管心理学家把前后不一的观念或意象陈述为实际上持续的物体。能够用来说明心理上一致的唯一因素是记忆,这是一个在众多的心理学著述中得到更加广泛运用的概念,而不是一个得到清晰界定的概念。我们将在后面探讨记忆问题;这里,我们只须强调,自我的保持在我们的理论中不是一个记忆问题,而是一个通过时间的直接持续问题。时间上的同一性(通过时间的持续)可能会具有不同形式。对此进行讨论将越出本书的范围①,不过有两个极端的例子可以提一下:一颗钻

---

① 参见勒温(Lewin),1922年a,以及汉弗莱的有关著述。

石的持续性是以下列事实为特征的,即昨天构成这颗钻石的材料与今天和明天构成这颗钻石的材料是一样的;可是,一个有机体从胚胎到死亡的持续性就不同了,有机体得以构成的材料经常处于变化之中,即使材料得以组织的形式也不是恒常的。第二种持续性几乎不能称为记忆。因此,与有机体的持续性相似的自我的保持也不能称为记忆。另一方面,正如我们将在后面看到的那样,这种自我的保持使得记忆在某种程度上成为可能。但是,如果自我作为一个分离的系统(甚至当它在意识中消失,或者当意识完全消失时)而存在的话,那么它必定存在于一个与之分离的环境中。我们刚才对自我所作的结论,原则上也可应用于行为环境。如果自我作为一种现实性而不仅仅作为一种潜在性来保持的话,那么,对于自我得以存在的行为世界也同样正确。我们将在后面一章看到,这一结论必定会影响我们的整个记忆理论。

自我的复杂性

现在,我们来详细地研究在特定的时间上构成的自我。我们已经看到,自我的界线是可变的,这一事实意味着,除非自我缩小到微不足道的程度,否则,它便是复杂的,是由作为亚系统考虑的多种部分构成的。现代心理学把自我的复杂特征的概念归功于勒温(Lewin,1926年)的研究。它的经验主义基础在于心理动力学(mental dynamics)的事实,在于活动的领域。如同先前存在的状态处于不断变化中一样,所有的活动都需要力来使之启动。于是,便提出了关于这些力的性质问题。

活动的原因

我给一位不在此处的友人写了一封信。是什么原因促使我这样做呢?在最近的20年间,行为主义者(behaviorist)以及那些追随行为主义的心理学家已经对这个问题以及与此相似的所有问题进行了回答,答案是:由于写信是一种反应,因此它必定由一种刺激所引起,正如膝盖下方的腱被轻叩所刺激而引起膝跳反射一样。这种刺激—反应(stimulus-response)的概念曾经使心理学家着迷,尤其是在美国,而且,若要与它进行争辩是困难的,因为人们在活动问题上所提出的每一种原因都会立即被下面的问题所推翻:难道那不是一个刺激吗?如果没有刺激的话,反应又如何发生呢?因此,如果我现在说,我之所以写这封信是由于我的意愿促使我这样做,那么,他们就可能反驳道,这种意愿便是刺激。接着,他们开始做文字游戏了。在这游戏中,词的刺激将会失去它原来的意义。根据原来的意义,词本来是一种由外力引起的感官感情。这样一种外力(或者从正统的意义上讲这样一种刺激)不能被引申来说明我的活动的原因。由于既找不到钢笔又找不到纸张,从而使我的意愿化为行动。如果我想写信,可是手头没有所需的材料来执行我的意愿,于是我便跑到文具店去购买文具。

如果文具也买不到,我便在"自己心里"写信。当我最终把信寄出去时,我尽管仍看到笔和纸张,但已不会重新写信。写信的活动肯定是由于一些力,它们随着写信的活动而消失,也即写信的活动是由于某些张力,这些张力随着我的写信而缓解。这些张力肯定是自我系统内的张力,而活动看来则是解除这些张力的一种措施。

自我结构的复杂性:蔡加尼克实验

现在,这样一种简单的反射立即导致这样的结论,即自我必定是复杂的。让我们来探索这种复杂性,办法是考虑一下迄今为止从勒温学派中产生的最为精细的一些实验,也就是由蔡加尼克夫人(Mrs. Zeigarnik)从事的记忆研究。由于这项研究从技术角度看是无懈可击的,从取得的结果看是不同凡响的(它证明真正的实验能在比我们曾经报道过的心理学问题更加接近的领域中进行),因此,我将稍稍详细地谈论该研究的细节。这个实验的程序是向被试布置若干任务(在一个系列中为 22 个任务),其中一半任务允许被试去完成,而另一半任务是在被试操作的过程中予以干预,即当他们正在通往解决问题的途中给他们提出新任务。

被试事先并不知道他们是否被允许完成这些任务;他们不知道这种为干预而干预乃是实验的主要特色之一。在实验结束时,实验者要求被试告诉她刚才他们在干什么。由于在每一项任务以后,"为了保持桌面整洁"而把一切材料都放进抽屉里,所以在这情境中没有什么东西与这些任务具有直接的联系。被试们列举了一些任务,对 32 名被试而言,回忆出的任务在 7~19 之间不等,平均为 11.1,占 50%;在另一个系统中,有 20 个不同的任务,被试 14 名,回忆出的任务在 7~16 之间不等,平均为 10,还是 50%。然后,实验者根据这些任务的完成和不完成情况将它们进行分类,从而发现这些类别中的任何一种类别是否受到回忆的青睐。由于某些任务本身自然地比另外一些任务更容易被记住,因此全体被试被分为两组,他们虽然接受同样的任务,但是按照完成情况而受到不同的对待;对一组被试来说允许完成的任务对另一组被试来说则受到了干预。回忆出未完成任务与回忆出完成任务之间的关系用 $RI/RC=P$ 表示,它是对任何一种偏爱的数字表述。如果 $P=1$,那么 RI 和 RC 之间便没有任何差别;如果 $P>1$,那么未完成的任务更容易被回忆;如果 $P<1$,则完成的任务更容易被回忆。

未完成任务的优势

在具有 32 名被试的第一个系列中,P 等于 1.9,而在具有 14 名被试的第二个系列中,$P=2.0$。那就是说,未完成任务得到回忆的程度是完成任务得到回忆的程度的 2 倍。这些任务的种类多样,且难度不一;它们包括图画,例如一个蜂窝状图样的延续;包括其他一些手工技巧,例如串珠子和打孔;包括独创性的结合,例如拼板游戏;包括某些记忆测验,例如从同一个指定的字母开始找出一位德国哲学家、一名演员和一座城市等。得到的结果视任务而不同;在有些任务(第一系列中的 4 项任务)中,P 的商大于 3,有三项任务 $P<1$。我们暂且不去考虑任务的影响,而是转向对这一在团体实验中被充分证实了的清晰结果的解释。在团体实验中,49 名大中学生的 P 结果等于 1.9,而在 13～14 岁的 45 名小学生中,$P=2.1$。

对这种优势的两种可能性解释的驳斥

第一种解释基于干预引起的情绪震动。由于受到干预,因此接受那些被干预的任务时产生的情绪色彩可能与事后容易回忆有关,这是符合下列观点的,即一种感情色彩有利于记忆。

这一假设是用下列方法来检验的。某些任务必须被干预,以便赋予情绪的震动,然后又被提供以使完成。这种新的提供之所以增加了它们的回忆价值,是由于两个原因:一方面,它们由于第二次被提供,从而引发了第二个情绪色彩;另一方面,由于重复同样的任务,理应增加它的记忆价值。

用这种方法来实施两个系列。在第一个系列中,给 12 名被试 18 个任务,其中一半任务被干预,不让其得到完成,而另外一半任务则先被干预,接着又让其完成。在第二个系列中,也给 12 名被试 18 个任务,但是现在任务分成三种,即完全得不到完成的任务,完全得到完成的任务,以及那些先被干预然后又得到完成的任务。在这两个系列中,任务的种类通常是一样的。第一个系列只产生一个商数,即未完成的任务数除以先干预后完成的任务数,得 $RI/R(I-C)=P'$,第二个系列仍然是原来的 P 商数。

在这两个系列中,第一个系列的商数 P' 是 1.85,也就是说恰巧与旧的商数 P 值相同,从而创造了一个有利于下述结论的有力推测,即先干预后完成的任务完全等于径直完成的那些任务。这一结论是在比较了第二系列中 P 和 P' 之比以后才证实的,前者是 1.94,后者是 1.9,对于不同的被试来说,P 和 P' 两个商数之间的相关系数是 0.8。于是,原先的假设证明不能成立。不予完成的任务比完成的任务记得更牢,不论后者是暂时地被干预还是未被干预。由此可见,由干预引起的情绪震动不可能成为未完成的任务得以较好回忆的原因。

对于未完成任务的优越性的另一种解释是这样的,被试可能认为,他们会被要求以后完成这个受干预的任务。奥尔(Aall)证明,当被试在学习前被告知,他们需要把材料记住一长段时间,这要比他们得到指令为立即回忆而进行学习记得更牢。尽管蔡加尼克实验中的情境与奥尔实验中的情境有所不同,但是类似的因素可能已经发挥了决定作用。这是由两个新的系列来进行检验的,每组有被试 12 名;在第一个系列中,告知被试,当他们在完成一个任务的途中

受到干预时,这个任务实际上还是要在以后完成的;而在第二个系列中,实验者表明这种干预是终局性的,即这个受到干预的任务以后不会需要完成。如果上述正确的话,那么,在这两个系列中,未完成任务的优势在第一个系列里应当比在第二个系列里更大。事实上,第一个系列里的 P 是1.7,而在第二个系列里,P 是1.8。即便这种差异并不显著,但是,我们以此作为出发点的假设还是证明不能成立。

正确的理论:回忆时刻的张力

因此,这种解释必须在回忆时刻获得的条件中去寻找。这里,张力(tension)的系统理论随之出现。例如,实验者提出问题:"这一小时里你正在做什么?"这个问题在被试身上引起张力,然后通过实际回忆而解除了这种张力。与此相似的是,每个任务都建立起一种张力,只有当任务实际上被实施时,这种张力才会解除,但是,对于受到干预的任务来说,张力仍然未能解除。所以,在回忆时刻,存在着由这两种张力派生出来的两个矢量(vectors);第一种矢量指向在这小时里被试所从事的一切任务的回忆,第二种矢量指向未完成任务的完成。实验结果表明,后者对回忆是有效的,它使未完成任务更容易完成。另一方面,它还表明,回忆未完成任务和完成任务的实际关系必须依靠这两种矢量的相对强度。蔡加尼克在对其实验结果进行十分彻底的讨论时表明,这两种假设都能被证明是正确的。确实存在一种朝向任务完成的应力(stress),它可由一种抗拒(resistance)和一种倾向(tendency)来加以证明,所谓抗拒是被试对干预的反应,而所谓倾向是在其他工作完成以后恢复任务的意向。这种倾向被奥西安基娜小姐(Miss Ovsiankina)作为一项特殊研究的目标,对此,我们只能在这里提及一下。该倾向在儿童身上显然比在成人身上更加强烈,前者对待这些任务比后者更加认真。即便过了几天以后,儿童还会提出要求,允许他们去完成那些未完成的任务,然而,他们绝不会提出要求去重复一项已完成的任务,无论该任务可能是多么有趣。与这种趋向于恢复未完成任务的应力相一致的是,儿童也具有较高的 P 商值,为2.5,而成人则为1.9。

张力对回忆的影响可以通过不同被试的比较而进行研究。有些被试把回忆当作一项与其他任务相比较而言的新任务,或者甚至认为这是实验的主要部分,于是,在他们看来该实验似乎是一种记忆测验;相反,另外一些被试并不把实验者提出的问题与实验本身联系起来,而是把回忆作为一种非正式的报告来对待,也即作为一种社交行动来对待。前者的 P 值为1.5,而后者的 P 值为2.8。由此可见,由于前者比后者记得更多的已完成的任务,从而降低了他们的 P 商数值。

因此,同样的指令,并不保证被试从事同样的任务;唯有个别的分析,而非统计的处理，才能反映出这种差别以及它们的动力效应。这对于干预的效应来说也同样是正确的。对一项任务进行干预，尽管它未在客观上被完成，而是在主观上被完成，也将具有完成的效应；对被试来说，尽管未在实际上解决问题，也会解除他的张力。相反，客观上的完成并不要求与主观上的完成相一致；被试可能会感到，他的成功或多或少是一个偶然事件，他并没有真正掌握这项任务，而且也不会容易地再次去完成它。这些客观上完成任务的事例是未完成任务的动力事例。对 P 商的个别分析证明了这些论点。

最后，接受一个任务本身对不同的个体来说也是不同的。我们已经看到，对于儿童来说，这些任务意味着比对成人来说更多的东西，但是，也有可能完全剥夺个别任务的特征，致使每一个个别任务成为总任务的一种单纯说明，也就是说，像一名好被试那样去做，照实验者告诉你的那样去做。对这样的被试来说，不可能有未完成的任务，因为对他来说所谓干预与实际完成任务一样是完成他的总任务。这一推论从 10 名中学生被试的表现中得到验证。老师告诉这些学生，他们必须到心理实验室去看看这样一种地方究竟是什么样子的。实际上，他们对任务本身并不感兴趣，只是对下列事实感兴趣，即在一所心理实验室中，这样的任务正在得到应用。结果，他们的平均 P 商为 1.03，其变化范围在 1.5 和 0.8 之间。然而，在第一个系列中，平均 P 值为 1.9，而其中的变化范围竟在 6.0 到 0.75 之间！由此可见，客观上未完成任务并不对回忆施加任何有利的影响；正是这种未完成任务造成了真正的张力。

自我的复杂性质：不同的亚系统

现在，我们可以运用这些实验来证明自我的复杂性质了；我们可以明确地宣称，在这个讨论中，什么东西是毫无疑义的。我们谈到了由每个任务引起的张力和由未完成任务保持的张力。当然，这意味着，在这些未完成的任务中，每一个任务都是一个亚系统，相对地独立于其他的亚系统。如果没有这种程度的独立，那么张力的释放将会遍及整个系统。另一方面，未完成任务能更好地被记住，这一事实证明了它们实际上属于分离的系统。但是，这种推论再次服从于新的实验测试。整个实验是这样实施的，不同任务的分离变得更加困难或者完全被阻止了。实验程序是十分简单的。在实验开始的一小时里，告知被试他们将在这小时内从事一切任务。这样，他们的任务就变成了：所有这些事情是我必须做的，而在其他实验中，每个个别问题都是一项任务本身。按这个新指令进行工作的 8 名被试提供了 P 商，其值为 0.97，变化范围在 1.25 和 0.75 之间；也就是说，在完成的任务和未完成的任务之间其平均值不存在差异。究其原因，是由于以下事实，即在该小时结束时，整个任务（也就是对已知的不同问题进行操作）已经完成了。

疲劳阻止了充分隔绝的亚系统的建立

在张力条件下建立起来的分离系统，也可以通过其他一些手段来予以阻

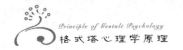

止。如果被试在完成任务时感到疲劳①,那么,P 商便小于 1,10 名被试的平均 P 值为 0.74,变化范围在 1.2 和 0.5 之间。对于这 10 名被试来说,有 5 名被试曾经在 6 个月以前参加过这种正规的实验。当时他们的平均 P 值为 2.18,然而,现在为 0.79,重复本身这个事实没有任何影响,正如其他实验所证明了的那样。因此,在疲劳时,能够保持其张力的隔绝的亚系统不是那么容易产生的——但是,倘若说这些隔绝的亚系统丝毫不能产生,也许为时过早,因为对于成人来说,这些任务包含相对来说一些无关的问题,它们不该被认为是一切可能的张力中的典型问题;我们的解释是,在疲劳时,系统是不太牢固的,在不同部分之间难以建立起有力的隔墙。

从处于兴奋的被试中得到了同样结果,即 $P=0.78$,在这种情形里,那些导致兴奋的可变的额外张力阻止了小型的亚系统的建立。

完成的任务比未完成的任务更加稳定

为什么在这些例子中 P 小于 1 而不是等于 1 呢?蔡加尼克对此问题提供的答案是令人感兴趣的,而且,我们将在后面看到,由 M. R. 哈罗尔(Harrower)从事的完全不同的实验,也证明了同样的原理。回答是这样的:一个完成了的任务是一个闭合的整体,留下了一种充分组织的和稳定的性质之痕迹,而对未完成的任务来说,其留下的痕迹并不具有朝向完成的那种张力,也缺乏由完成的闭合所产生的那种稳定性。由于不稳定,这些痕迹不大可能存在下去,从而在未来的回忆中也不够有力。蔡加尼克指出,这个论点为她的主要结果(即回忆中未完成任务的优势)增添了新的分量,因为它证明了"在我们的实验中,与完成形式的稳定闭合相比,各自的准需要(quasi-needs)的动态张力对于回忆来说具有无可比拟的重要性"。然而,考虑到哈罗尔的最新实验,简要地提及一下稍有不同的解释看来也是应该的。正是那些留在未完成任务系统中的张力可能使它们保持更大程度的组织。蔡加尼克设定的彼此对立的两个因素并不是相互独立的;正如哈罗尔已经证明的那样,回忆在很大的程度上有赖于一个痕迹所具有的组织,而蔡加尼克的张力则是一个因素,它对于保持这类组织有所贡献。

张力的持续性

那么,这些张力究竟会持续多久呢?这取决于将亚系统与自我的其余部分相分离的那种隔墙的持续性。而这种情况又依次成为隔墙的原始牢度的一种功能,以及向它们发起进攻的力量。然而,由于在我们醒着时,越来越多的张力被创造出来,并在我们的整个自我系统中被解除,因此,任何一种亚系统的隔墙将始终暴露于外部的压力之下,除非隔墙的牢度强大到足以能够经受住这种持

---

① 分别对问题进行操作和回忆的一些特定实验表明,回忆时的疲劳无此效应。

久的攻击，我们才能期望亚系统内部的张力会消失。在蔡加尼克实验中创造出来的亚系统不可能具有那种性质，所以我们应当期望未完成任务的优势将会消失，如果在最初的实施以后很久才进行回忆的话。这种预测通过特定的实验已被证明是正确的。让 11 名被试在最初的工作以后经过 24 小时再进行回忆，结果得到的平均 P 值为 1.14，其中有 8 名被试，他们在 6 个月以前参加过这种正规的实验，曾得 P 值为 2.1，现在的 P 值则为 1.13。

时间本身并不是产生差异的原因，而是由于它包含了其他一些发生的事情，这已为新的实验所证明。这些实验在操作和回忆之间设计了更短的时间间隔（10～30 分钟），然而，在这段时间间隔内充满着高度的情绪体验；正如蔡加尼克所指出的那样，被试的系统被彻底动摇。6 名被试得到的平均 P 值为 0.64。

如果时间间隔是在醒着时或睡眠时消逝的话，那么，是否 12 小时的时间间隔对于保持应力系统具有不同的效应呢？了解一下上述问题将是有趣的；詹金斯（Jenkins）和达伦巴哈（Dallenbach）根据上述模式所作的倒摄抑制（retroactive inhibition）实验对这个问题具有决定性影响。在小型的亚系统中，强度不太高的张力可能会随着隔墙稳定性的丧失所产生的"泄漏"而消失，这种情况已经得到证实。但是，在根据这些情况而对更高张力和更大亚系统的其他情况进行概括时，人们应当谨慎从事。人们确实有可能被诱使去解释下列微不足道的说法，即时间会通过这一原理治愈一切创伤。但是，当我们考虑属于自我核心的十分强烈的需求时，这种泄漏过程的动力学可能属于不同的种类。

与自我的中央部分的交往：自己

这个问题把我们引向与蔡加尼克研究相关的最后一个要点。迄今为止，我们把张力归因于被试对任务的接受，也就是说，归因于他们解决这些任务的意图。但是，存在着两种其他的可能性：(1) 任务本身的未完成状态（撇开解决任务的原始意图不谈）也可能产生朝向完成方向的应力。这个原因（在我们后面探讨思维问题时加以讨论）也许在蔡加尼克的实验中被忽略了。(2) 这些任务不一定像我们假设的那样处于交流状态。蔡加尼克发现，在她的被试中有 9 人似乎特别雄心勃勃。这些被试的平均 P 值为 2.75（这是与一般的平均值 1.9 相比较而言的），变化范围为 6～1.5。这究竟意味着什么？对于一个具有雄心壮志的人来说，失去了解决任务的办法意味着"失败"，意味着成就已经跌到了他的"个人标准"以下，意味着自我系统（Ego system）的那个部分的一种明确的感情[我们把这个部分称之为自己（self）]。关于这个自己系统（self system）的重要性，它在行为中的动力学，以及它与成功和失败的关系，我们将在后面加以讨论。这里必须强调的是，如果实验任务与自己（self）的交流是通过雄心进行的，或者是通过其他渠道进行的，那么未完成任务的张力一定会变得格外强烈，但是，有些被试则把他们的自己完全排除在实验以外，他们瞧不起这种孩子气的拥有，结果，他们的张力就远远处在平均水平以下，他们（6名被试）的 P 值为 1.1。

自我的复杂结构的结论

这些实验把我们导向基本的界限以外。在这些实验所研究的相对暂时的亚系统上，它们把我们直接引向一个永久性的亚系统——自己(self)，它的张力比其他亚系统的张力大得多，反映了一种与我们的表面意图的准需要相反的真正的需要。这为我们提供了一种对自我复杂性的性质的新的洞察：亚系统并不简单地并行存在，它们是以各种方式被组织起来的。一种组织原则是表面—深度组织(surface-depty organization)。自我(Ego)是有要核的，这个要核便是"自己"(self)，而包裹着这个要核并与这个要核进行各种交流的是其他亚系统，不同层面均是如此，直到我们到达表面为止（它是最容易触及的，而且也是最容易释放的）。另一种组织原则涉及不同系统之间的交流，这是第三个相关的优势。

执 行 者

我们在前面说过，活动是解除现存应力的结果。该目的能以各种方式达到，对此我们将介绍"执行者"(the executive)这个名词①。执行者包括解除应力的活动或对这种解除作出贡献的活动等方式。

并非所有的应力解除都是活动

然而，并非所有的应力解除都是活动。例如，感觉组织（其力量的相互作用导致感觉场中剩留极小的张力）就是没有活动的应力消除。活动发生在这种组织的场内，并经常减弱场内的应力。但是，也有可能产生这样的情况，即在第一种感觉组织实现以后，其中的应力如此强大，以至于在没有活动的情况下，也就是说，在对执行者不加干预的情况下也能使之改变，而且我们能在思维过程中找到类似的事件。我们暂且不去考虑这些情况，而是讨论执行者的运作。在大多数情况下，执行者将通过人体产生的运动或人体某些部分产生的运动来解除应力。于是，在视觉中，执行者通过调节、凝视和会聚来工作；促使我写信的应力通过我的实际写信（当然还包括实际的躯体运动）而得到解除。如果说在许多事例中它是正确的，那么能否说它适用于一切事例呢？也就是说，执行者是心物场开创并调节身体运动的力量吗？对于这个问题的回答是否定的。我能

---

① 勒温运用了"Motorik"这个术语，只能翻译成"运动系统"。我之所以不采用这个术语有两个原因：一方面，加上"系统"这个词会引起意义的不明确，因为在我们使用"执行者"这个词的意义上，执行者并不构成一个系统。另一方面，张力除了通过身体的实际运动或身体部分的实际运动来得以解除以外，也可以通过其他手段来消除。因此，我更喜欢本文中广义的术语。

够考虑至少两类应力解除的情况,其中,一般的运动现象丝毫不起作用,或者不起决定性作用。态度属于其中一类情况,思维则属于另一类情况。让我们以后者开始我们的讨论。我们曾在前面提到过,我想写一封信的愿望可以通过仅仅在"我的大脑里"写这封信而暂时得到满足,也就是说,在"思维"中写这封信。通常,这不会减轻我的欲望,但它确是一个在某种程度上减少现在张力的过程,这是事实。现在,在该活动中没有实际的运动需要发生,或者即使发生了,如同内心独白前的早期发声那样,这些运动本身也不会以调节那样的方式来解除应力,正像我觉得太热时脱掉外衣一样。思维过程本身在我们的例子中具有决定性作用,这些发声运动只有当它们对思维来说必要时才有意义。另外一个例子是:我面临着一个我想解决的科学问题。一种应力存在着,但仅仅通过思考它又可重新得到解除。至于这是哪一种过程,我们将在下一章讨论。但是,不论它是什么,它可能属于执行者。

现在,让我们转到态度上来。有人向我们展示一幅心理测验图,像波林(Boring)发表的"我妻子和我的岳母"那种图。我们看到一张脸,然后我们又奇怪地发现另一张脸。我们该怎样消除这种张力呢?我们只须面向着这幅图,改变一下我们的"注意力"所聚焦的那个点,把图形保持在我们的兴趣范围内,并且等待着。当我们处于这种态度下时,图画本身进行了重组,结果我们看到了迄今为止隐藏着的那张脸,于是张力得到释放。当然,我们的态度可能是更加特定的,我们可能试着把某条线看作一张嘴,把某个区域看作一个下巴,如此等等,但是,所有这些尝试随着感觉组织的变化只具有一种间接的效应。随着我的心中有了这些效应,我便给执行者下定义,我认为,执行者解除压力或对解除这种压力作出贡献。

执行者的直接效应和间接效应

这就为我们提供了一种标准,通过这种标准,我们可以把各种执行者的作用区分为直接效应和间接效应。这种区分是根据执行者所涉及的过程来进行的。活动的实施也可能只具有一种间接效应;例如,在我们上述的心理测验图中,凝视的变化就可能有助于产生组织的变化,或者开电灯可能减轻我们黄昏时阅读所感到的不舒服这一张力。正如我们后面会看到的那样,同样的观点是可以应用到思维上面去的。

我们的两个例子已经使得下面的情况变得十分明显:解除张力的间接方式可能有多种形式,它们可以作为对活动及其动力学进行分类的一个原则。

执行者的控制:三个例子

但是,对于执行者不同形式的区分,还有另一个同样重要的观点。让我们来比较三个例子：调节、写信和逃离危险。在第一个例子中，应力完全局限于感觉场；它是通过由场应力(field stress)来启动和调节，并且与自我没有什么关系的一种运动来解除的。在第二个例子中，应力完全存在于自我系统之中；解除是由这种应力启动的，它所承担的活动的实际实施可由场（我的笔、纸、垫板，等等）来调节。在第三个例子中，应力在自我和一个场物体（譬如说，一条蛇）之间产生。这种应力引起运动，并或多或少受到其他场力的导向。执行者与自我的关系，在这三个例子的每一个例子中都是不同的。在第一个例子中，自我与执行者没有关系；在第二个例子中，自我是执行者的主要原因；在第三个例子中，应力存在于自我和一个物体之间，随着该物体被移去，应力也就正常地消失。

对上述最后一个例子的两种可能解释

上述最后一个例子是我们先前没有考虑过的，它提出了一个困难的问题。在第一个例子中，执行者显然在感觉场的控制之下；在第二个例子中，执行者同样明显地在自我的控制之下。但是，在第三个例子中，情况又是怎样的呢？有可能出现两种选择：第一种选择是，自我—物体(Ego-object)的应力控制了执行者；第二种选择是，在这个例子中，实际的控制也属于自我。对这第二种可能性的争论将是这样的：蛇引起了恐惧，也就是说，在自我内部有某种强烈的逃脱的需要，而且正是这种自我需要引起了实际的运动。这种解释可能指出下面的事实，活动在产生应力的物体已经从场里消失以后仍还保持着。人们在脱离危险以后还会为昂贵的生命奔跑一段时间，而恐怖的情绪即便到了那时也不一定会平息下来。此外，对特定场物体或事件的强烈反应可能在系统里留下张力，这些张力将会作为神经症状一次又一次地爆发出来。总之，有充分证据来进行下面的假设：在这些例子中，一个或更多的自我系统受到强烈影响，自我系统的张力是产生行为的原因，执行者完全处于自我的控制之下。

勒温关于需求和需求特征之间交互关系的理论

勒温关于需求和需求特征之间交互关系的理论看来也采纳了这种解释。他说道："在某种程度上，下述两种观点是相等的，即'存在着这种或那种需要'和'这种或那种物体范畴具有对这些或那些活动的需求特征'"（1926年a，p.353）。

这种观点导源于若干事实，在这些事实中，由于需求得到满足，需求特征也消失了，从而导致了特定张力的解除。吃过一顿丰盛的晚餐后，即使美味佳肴也不会再吸引我们了；那只使我们的谈话中断，并使我穿过马路去寄一封重要信件的信箱，在我返回的路上又与它擦肩而过，这时它对我毫无吸引力了。此外，"当一个人的基本目的改变以后，他的世界也经历了一场基本的改变"（勒温,1926年a,p.353),这是因为,一切需求特征也发生了改变;原先无关紧要的事物现在变得有诱惑力和重要起来,令人厌恶的事物可能让人觉得无所谓,吸引人的事物却变成讨厌的事物,如此等等。

其他的可能性

但是,这种论点中没有一种是绝对结论性的。第一种论点可能意指,在许多诸如此类的情形里,原始应力来自场物体,自我变得充实,以至于它自己的应力参与到执行者的控制中去,而且最终具有对执行者的完全控制,尽管原来执行者是处在物体—自我应力的影响之下的。另一方面,勒温承认他称之为"场活动"(field-action)的那种活动类型,"也就是说,这是一种直接按照场力而发生的活动"。

如果我们承认物体—自我的应力能够作用于自我的话,则我们便承认物体对自我施以直接的影响。一个同样似乎有理的假设是这样的,同样的应力可能影响执行者。事实上,很可能这种影响比其他影响更快速;用张力去充实一个自我系统,借此控制执行者比起它直接地去影响执行者,前者要花更多的时间。由情境引发的一种迅速活动往往先于情绪而产生,这一事实似乎支持了这种解释。但是,在我们以更大的信心来采纳这种选择之前,我们将必须深入到需求特征的本质中去。

勒温所谓的需求特征是什么呢?让我们根据一个十分普遍的观点来探讨这一问题。

需求的特征

迄今为止,我们对整个场的描述是不完整的。我们已经强调过若干分离的物体(形成行为环境的物体和构成我们自我的物体)中场的清晰度,但是,我们没能明确地强调下述的观点,即组织的产物是一个统一体,尽管在这统一体内各种部分都有其不同程度的独立性。随着行为环境的发展,这种独立性通常十分巨大。从我办公桌的右方搬走电话机并不改变我面前的书本,无数的其他例子也证明了同样的观点。另一方面,把一堆烟盒放在埃及小雕像旁边,在某种程度上破坏了后者的效果,同样,我们也不会把一幅雷诺阿(Renoir)的画和一幅丢勒(Durer)的画并排挂在一起,或者把一只中国花瓶放在一只现代的钢桌上。这一事实表明,行为物体的分离并不是完全的,每一个物体都有一个围绕着它并由它所决定的"场",因此,从相反角度讲,如果这个场被另外的物体或另外物体的场弄得变形的话,那么它也会受到影响。事实上,我们对此情况已经讨论过一个引人注目的例子,也就是贾斯特罗错觉(Jastrow illusion,第二章),

我们看到,一个场物体对另一个场物体施加的影响不仅仅局限于人类领域,而且也已经证明适用于小鸡领域。当然,在一个方面,贾斯特罗错觉是与我们的其他例子不同的。在这种错觉里,让我们再次运用苛勒的术语,其效果是"内隐的"(silent);我们看到两个大小不同的圆环部分,而我们一点也不知道这种差别是由于它们的相互作用。相反,在其他一些例子中,变化的实际效应要比错觉例子中的效应更少引人注目——例如,若想描述在引进了雷诺阿的图画以后,丢勒的图画在哪个方面发生了变化,这是更加困难的——但是,经验本身出现了相互影响,也就是那种不相容的感觉,它阻止我们以这样的结合方式把图画悬挂在一起。

人们肯定不会反对这样的论点,即总是会有许多人既不会在雷诺阿的图画挂在丢勒的图画旁边时察觉到丢勒画中的变化,也不会感到这样一种安排有着哪怕是最轻微的不和谐。我们谈论的影响是存在于图画之间的影响,这些图画不是作为地理物体,而是作为行为物体来看待的,行为物体是依赖有机体的,行为物体是有机体的行为物体。只有当两幅画都被"适当地"观看,而不是仅仅作为两幅画来观看,或者作为价值几千美元的艺术作品来观看时,雷诺阿的画才会对丢勒的画产生影响。

离题谈一下美学

关于什么是两幅画的"适当的"外观这个问题纯属美学问题。我们想对此稍微讲几句,因为这个讨论将有助于我们解决此刻使我们感兴趣的问题。

一件艺术作品的"适当特性"

许多心理学家和相对论者(relativist)一般会问,究竟有没有观看一幅图画,倾听一段音乐,理解一首诗歌,欣赏一部戏剧的"适当"方式呢?科学除了尽可能描述所有方式以外(在这些方式中,艺术作品广义上讲得到了理解),还可以做更多的事吗?科学怎样在人与人之间作出区分,并将更大的权重归因于一个人的理解而不是另一个人的理解呢?科学怎样引入价值(客观标准),按照这种价值,一个人会对另一个人说:你应当以这种特定方式而不是那种方式看这幅画呢?

这种相对主义的论点似乎有点道理;它还从下列事实得到了支持,即由于美学家和评论家坚持并拥护一些绝对标准,因此当他们拒绝欺诈性地强加于一些艺术作品上的不实之词时,常常容易被人们误解。然而,正是这些艺术作品后来却被人们公认为传世名作。文艺评论家的这种失败(在任何一种艺术的几乎每一个新运动中都曾发生过)难道不是结论性地证明,科学家除了登记一些不同的反应以外，倘若不对艺术作品的内在价值作出评价的话，便不可能做更多的事情吗？评论家拒绝接受凡·高(Van Gogh)并阻止他在有生之年出售他自己的作品，难道当年的那些评论家比我们今天欣赏凡·高作品的那些评论家更加愚蠢吗？

我们可以轻易地拒绝这样一种简单的解释，不接受相对论者从这样一种拒绝中得到的结果。首先，相对论者的论据忽略了图画作为地理物体和行为物体的区分。但是，单凭评论家不同意行为物体这一事实，并不表明他们发现了事物的美或丑，如果我们所谓的事物是行为事物的话(这些事物是唯一能够直接影响他们美学判断的事物)。地理事物在我们的两位评论家中间会产生两种极其不同的行为事物，这种情况是有可能发生的，而且是必然会发生的。如果我们把两位评论家称为 A 和 B，把地理图画(或者其他艺术作品)称为 P，把两个行为的艺术作品称为 P_a 和 P_b，那么 A 之所以喜欢 P 是以 P_a 为根据的，而 B 之所以不喜欢 P 也是受 P_b 所制约的。还有一种可能性是，A 像 B 一样不喜欢 P_b，而 B 像 A 一样喜欢 P_a，如果两人中任何一人能意识到这些行为物体的话。现在，尽管不可能使任何一个 P_a 都绝对像一个 P_b，但是，使它在基本方面做到这一点是有可能的，即基本到可使 B 从谴责转变为钦佩，或者使 A 从街头赞美转变为蔑视。在艺术欣赏中，对我们的大多数教育而言(如果不是最重要部分的话)，所要达到的正是这个目标，而且，正如我认为的那样，已取得了相当的成功。于是，美学家就该提出他的问题，即关于一般标准的存在问题，首先是关于 P_a、P_b 的一般标准，然后是 P_a、P_b 和 P 之间的关系，这是一个他无法回避的问题，因为艺术家创造了一个 P，只有通过中介 P，才能产生 P_a、P_b。我们只能考虑第二个问题，即关于油布上的油彩和图画体验之间的关系问题，因为它是对我们先前问题的更为一般的阐述，即是否存在观看一幅画或倾听一段音乐的"适当"方式。这样一种适当的 P_a(如果它存在的话)是好还是坏，将视情形而定；为什么它好或坏，是一个我们不想作答的问题，因为艺术理论不是我们的课题。

让我们回到事实上来，P_a、P_b 并不是 P 的简单功能，而是 A、B 的简单功能。我们可以用公式来表示，即 $P_n = f(P, N)$，该公式是运用我们定理的一种简明形式，它表明，对于艺术欣赏而言，每个行为物体依赖外部条件和内部条件。为了理解 P_n 与常数 P 的可变性，我们必须考察 N 的可变性。如果我们将 N 的范畴限于正常的个体，那么我们就把一些诸如色盲、缺乏清楚发音能力等不正常的个体排除在外了。这便留下了对我们的特定问题来说具有更大重要性的其他一些人。这是因为，每个 N 都是拥有自身历史的一个有机体。每一位评论家，在面对具体情形时，已经见过许多幅图画，而且已经形成对这些图画的品味。那么，这究竟意味着什么？为了回答这个问题，我们必须引入一个新概念,一个与我们的格局类别相似的概念。若要这样做,我们必须正视每个个体的全部现实(这里所谓的全部现实还包括时间),我们还应当对行为世界本身补充另外一个新特征。当我们把行为世界描述成在特定时刻由若干分离的物体所组成时,我们便提供了一种真实的写照。但是,当我们超越特定时刻时,我们又必须加上另外一段陈述:从时间上考虑,出现在我们行为世界中的大多数物体并不是完全孤立的;一个新物体出现了,它是大的、黄的、带有紫色的装饰物,用银色的书夹来装饰;等等。总之,这个新东西与我们以前见到的每个东西有所不同,原来它是一本书。我们走在纽约的街道上,看到男人和女人,尽管他们都是陌生人。概括地说,若从时间上考虑行为世界的话,它是由大量的物体类别所组成的,这些物体类别的数目比一切个别物体的数目要小得多。这样一种类别是一个十分实际的心理学现实,因为它决定了个别事物的实际出现。对我们来说,穿着本土服装的一名中国人或巴布亚岛人可能显得奇怪,但是,与此相似的是,如果中国人或巴布亚人第一次与白人进行交往,那么,我们对他们来说也显得有点奇怪。在这些例子中,存在着力的冲突:一方面,其他民族的人仍表现出人类的各种特征;另一方面,他与业已建立起来的人类类别的图式(schema)并不相符。这种冲突的结果可能采取多种形式,我们将仅仅提及其中两种形式。如果这种冲突并不孤立地发生,而是变得相当有规律,那么,类别图式本身将会受到影响:人类将会变成这样一种东西,他的皮肤可能具有颜色,他的主要特征能以不同形式来呈现。但是,尽管这是解决冲突的最稳妥的办法,遗憾的是,这种稳妥的解决办法不是很容易达到的。通常,类别图式保持着不受影响,并决定了个体的特征,尽管这些个体提高了属于类别图式的要求,但仍然在某些令人注目的方面与这种类别图式发生偏离。因此,类别图式形成了一种格局,或者说标准,与这种格局不相配的东西,或者与这标准不一致的东西,都被视作低劣的。那个陌生人被视作野蛮人;他在每个方面都是低劣的,仅仅因为他与类别图式不同;他的智力较低,不够诚实,反应呆滞,等等①。这可以简单地用于我们的文艺评论。当我们看到一幅图画时,我们不仅看到了这个与所有其他物体不同的特定物体,而且,我们还看到了这样一种图画,也即一种类别的成员。它的性质在很大程度上有赖于它与我们图画图式的相配程度。在一些伊斯兰教国家里,照片刚刚被介绍进来,由于对此没有什么标准可言,因此这个新发明受到了欢迎,每张照片都是合乎情理的。于是,在撒马尔罕(Samarkand,苏联一城市名)人们看到沿街站着一些摄影师,他们拥有最蹩脚的背景,即以粗俗形式画的油画,上面描绘着丑恶的物体,顾客们便站在这些背景前拍照。请注意,这种事情发生在具有华丽外表的伊斯兰建筑的城市里。道理很简单,伊

---

① 讨厌陌生人的另一个原因将在后面一章讨论。

斯兰宗教禁止拍照。那里的人民是在没有照片的环境中成长起来的；但是，随着旧的政治体制的崩溃，宗教体制也崩溃了，照相技术因此被介绍进来，而且作为新秩序的一部分，其本身是一件好事。当然，结果可能太容易，致使这些建立起来的照片图式是一个很糟糕的图式，这是确实的。由于这些人缺乏天生的品味，因此他们无法解释从可怕的照片中得到的喜悦，这也为下面的事实所清楚地证明，即他们不接受爵士音乐。他们有自己的音乐，而且还忠实地坚持这种音乐。

然而，我们的评论家也有一种照片图式。如果他们的图式与我们的大多数图式一样刻板，那么，他们必然会把一个不符合他们图式的新的艺术作品理解为低劣的。但是，从历史角度讲，图式并不是不可改变的。新的作品产生得越多，它们越会对照片图式作出贡献，尤其是因为不同图式相互之间不是互不关联的。促使一个或几个画家画出新图画的同样一些需要，也会使得建筑师建造出新的大楼，音乐家创作出新的音乐，诗人写出新的诗篇，甚至使裁缝设计出新的时装。同样的力量出现在不同的场内，形成不同的类别图式，而且彼此支持。此外，也有一些人，他们的图式并不十分刻板，以至于在一个新物体出现时不会无动于衷。因此，如果我们的评论家对凡高感到欣赏的话，倒不是由于他们本身是更优秀的评论家，而是由于他们比起那些拿着凡高的画当众嘲笑的人更有机会去发展其他的图式。

小结：作为我们整个行为环境的时间特征的类别

让我们暂停一下，以便考虑迄今为止我们的收获是什么。我们已经在描述和解释我们的行为环境时补充了一个类别，暂且撇开它在美学中的价值不谈，它在把时间引入我们世界的结构方面具有高度的重要性。风格、时尚、方式，甚至还有伦理道德，都是同一基本原理的反映，也即用它们的特殊"水平"(levels)发展类别图式。这些类别水平(class levels)起着一种完全可与空间格局相比较的作用，因为它们也"使事物各就各位"。

由于引入了类别水平，并且表明它对事物外观的影响，因此我们至少为在美学中引入绝对标准敞开了大门。如果一个艺术作品由于不符合图式而受到谴责，那么，并不是它的优点受谴责。用我们的上述术语来表述：作品 P 被拒绝是由于它看上去像 P 而非 S，P 是由它与图式 S 的偏差所决定的，而不是在没有任何图式的情况下出现的，或者在没有评论家的特定图式参与下出现的。

类别图式和绝对值

相对论者可能会承认所有这些陈述，将此作为支持他自己观点的一个论点来解释它。他将说：每一个 P_n 必须被视为在特定条件下发生的一种经验。我

们甚至还可以深入一步,并且发现,从历史角度讲,P_n 倾向于首先出现,而且逐步消失,以有利于其他成分。通过研究这些变化的原因,我们甚至能够解释美学欣赏的历史,但是,我们在任何地方都不会超越单纯的事实而进入价值领域,在整个调查的任何一点上,不会出现"适当的" P_n 问题。但是,持这种论点的人恰恰忘记了艺术家,他们创造了 P,他们在这样做的时候意欲创造某种明确的东西,他们在自己的创作中受到我们称之为 P_a 的观念的指导。我们在这里并不关心这样的问题,即任何一种特定的 P_a 究竟是好还是坏,我们也不关心这样一种区分是否有效;我们并不考虑艺术家所创造的那个 P 是不是对 P_a 的适当表述,也就是说,P_a 是一个事物,它将在合适的人身上产生一个基本上与 P_a 相像的 P_n。这里,我们的观点是:P_a 的存在引入了一个标准,通过这个标准,我们可以在 P_n 之间作出区分。它们中间最合适的 P_n 将最接近于 P_a。如果我们知道这个 P_a 是什么,那么这将是一个完全有效的标准。但是,一般说来,艺术家除了为我们留下 P,再没有什么别的东西了。然而,P_a 的存在证明了我们对艺术作品的适当理解和不适当理解的区分,即便我们在一个特定事例中无法决定哪一个是适当的理解。看来,这可能是一个小小的收获。对于一切实际的目标来说,这个小小的收获将使相对论者的地位不被动摇。但是,我们还可以深入一步,尽管我在这里所说的只是指出这一步可能选择的方向。

　　我们到音乐会去聆听一位钢琴家弹奏一首乐曲。评论家会对他的弹奏进行一番议论,无非是好还是不好。这究竟意味着什么?其中的一个标准是这样的,他按乐谱来弹奏,也就是说,他把乐谱的一切音符都弹奏得很正确,速度和节奏也很适当。但是,用此判断一位钢琴家的演奏是既不充分又不必要的。有个人可能会以完美的技巧和正确的方式来弹奏,然而,评论家和听众仍然感到失望,因为他那翻版式的演奏显得空洞无物。但是,另一个人可能以极大的自由度来弹奏,并不拘泥于乐谱,但是他却产生了激动听众的效果,致使评论家这样说,尽管他弹得不够正确,但是他却对作品的精神给予了比那位弹奏得正确的钢琴家更为忠实的处理。我毫不怀疑作曲家会同意评论家的这种判断。一位著名的演奏家或指挥家往往比作曲家本人更好地表现作品,这也是作曲家会欣然承认的。看来,上述事实表明,在伟大的艺术作品中,P 要求某个 P_n,而不是另一个 P_n,而艺术家的演奏(他在 P、乐谱和 P_n 之间起着中介作用)是根据产生适当的 P_n 的能力来判断的。

　　这完全不是什么新东西。当我们讨论知觉定律时,我们看到,对于大多数刺激分布来说,有一个十分稳定的组织。当我们第一次观看图 50 的图形时,我们感到困惑;在这幅图形中,有的东西不正确。我们可以把它作为一些杂乱的线条而加以抛弃,但是,当我们反复观看它时,我们将对它的混乱性质感到不满。看来,图形中的某种东西要求较好的顺序。一旦那张脸出现,一切都迎刃而解了。于是,张力消失了,而且,当我们再次观看同样图形时,我们发现很难再看到原来的混乱状态。现在,看来很清楚,在这个例子中,脸是适当的 P_n,线条的杂乱则是不适当的 P_n。我们看到,以纯粹的心理学为基础,我们必须承认,在理解一件艺术作品时存在着适当和不适当两种方式。

行为环境中非内隐的力量

现在,让我们回到我们的主要问题上来,即在行为环境中一个物体对另一个物体施加的非内隐影响(nonsilent influence),例如一尊埃及小雕像与一堆烟盒之间的不和谐。我们说,感到这种不和谐的人们,会以不让这种不和谐出现的方式来布置房间,那么,这些人便具有良好的审美力。据此,我们的意思是说,他们能以适当方式来观察事物,并且用统一性看待行为世界的较大部分。也有可能在不存在第二种情况的状态下做第一种情况的事情,例如,在拍卖场上,各种东西都是一目了然的。这里,对从事购买的行家来说,其适当的态度是尽可能将每一个物体分离出来,但是,为使我们居住的房间看上去更好些,我们就应把各种物体(它们的场并不相互冲突)看作是一个统一体。反之,如果一个人越不能把一个房间看成是一个统一体,那么他就越不会体验到这种冲突,他对他的房间也就越不会反映出审美能力。但是,对有些人来说,物体的任何一种结合都是可能的,这一事实并不证明(对于另外一些因为风格或特性的不和谐而感到不舒服的人来说)这些丑陋的特征和糟糕的品味就不存在了。由此可见,这种"不相容性"(incompatibilities)是那些对之有体验的人的行为世界中的真正特性。我们看到,即便在行为环境中,组织也不是完全内隐的。

物体和自我之间的动力关系:决定我们行为的事物

根据我们行为环境中围绕着物体并影响其他物体的力量场(fields of forces),我们现在转向存在于物体和自我之间的动力关系。如果我们忽略了这样一个事实,即有些物体是有吸引力的,有些物体是令人讨厌的,还有一些物体则是无关紧要的(这里"有吸引力"和"令人讨厌"两个术语是从广义上讲的),则我们对行为环境中物体的描述将是不完整的和不适当的。现在,对一个物体来说,具有吸引力就意味着场内有一些力起始于物体,它们倾向于缩短物体和我本人之间的距离;相反,令人讨厌的事物也是一样,而无关紧要的物体则不会对我施加这样的压力。在吸引人的物体和令人讨厌的物体这两组物体中,还存在着各种特征。一只把手被旋转,一个台阶吸引一名 2 岁孩童爬上去跳下来(勒温),巧克力被人吃,山被人爬,等等。但是,令人讨厌的一组物体则较少区分,这是很自然的,因为一种消极的行为在其具体执行过程中很少依赖特定物体

(消极行为是通过这种特定物体而启动的)。然而,我们可以区分出逃脱和回避反应,以及破坏性反应。逃脱和回避反应的范围很广,从单纯的眼睛转向到惊恐的逃离;至于破坏性反应,我们认为,它的存在范围从撕一张纸到现代战争的猛烈炮火。

这些力量的起源

无论如何,我们环境中的事物告诉我们它们究竟干了些什么;它们可能或多或少紧迫地这样做并以任何一种程度的专一性这样做。但是,它们这样做表明了这些物体和我们的自我之间的一个力量场,一个在许多情况下导致活动的场力,而且,它在大多数情况下属于非内隐类型。那么,这些力量是怎样起源的呢?

例子:

1. 信箱

为了回答这个问题,我们必须举几个例子。让我们从信箱开始。当我们口袋里装着一封信时,信箱便具有吸引力,但是,当信寄出去以后,信箱便成为无关紧要的东西了。在这个例子中,信箱作为视觉物体,其特性不对我们的活动负有责任。英国的红色信箱与美国的绿色信箱或德国的蓝色信箱具有同样的效应。我肯定知道,这些东西都是信箱,换言之,这些物体肯定获得了与我的行为的一种明确关系。然而,这些物体一旦获得了信箱的特征以后,便将只有在特定条件下才会直接影响我的行为,也就是当我想去寄信的时候才会直接影响我的行为。因此,它们的动力功能是去影响一个延迟的活动的实际实施;它们以这样一种方式影响自我,即原先处于张力之下,对执行者尚未施加控制的系统(也就是去寄信的意图),此时却获得了控制。然而,活动本身最终是从这一意图中产生的,也就是说,是从特定的自我系统的张力中产生的。这个例子是众多例子中的典型例子。它是勒温关于需求和需求特征的相互作用理论的例证,因为正是红色物体或绿色物体或蓝色物体的这个方面使我接近于它,并将一封信投到它里面去,勒温把这个方面称之为它的需求特征。确实,如果没有寄信的需求,那么,尽管这个物体在我的场内不是作为一个有色物体出现,而是作为一个信箱出现,仍然不具有这种特定的需求特性。因此,动力的情境是这样的:我有一种需要,此刻无法得到满足;接着,在我的场内出现一个物体,它可以解除这种张力,于是这个物体便具有了一种需求特征——特定物体的出现,以及它被赋予一种需求特征,实际上是在两个不同时刻出现的,但是,也有可能物体与需求特征同时出现,在这种情况下,需求将会在物体的第一次组织中起作用;由于我们对这两种情形中的任何一种情形得以实现的条件尚不清楚,所以我们忽略了这种差别。

下一步是,我们的行为发生了变化,未被解除的张力控制了执行者;但是,活动却由具有需求特征的物体来调节;换言之,执行者也必须处在力的影响之下,这种力作为需求特征,也是由物体派生的。由此可见,从动力角度讲,这种情况是十分复杂的,因为自我在其中扮演了一定的角色。首先,它通过它的一个亚系统的张力决定了场的组织,然后,它的活动被已经具有吸引力的(或令人讨厌的)物体所决定。然而,即使在这一情形里,如果我们不让自我和物体之间的力量对执行者施加某种影响的话,尽管在物体出现以前就存在的自我张力是执行者的主要促动者(或者说是执行者的主要司令官),我们也无法描述这种情境。

2. 食物

让我们从暂时的准需要、意图、决心等转到更为基本的动机上来。饥饿的动物会被食物所吸引,但是,饱餐以后的动物则对同样的食物不予理睬——这再次说明了需求和需求特性之间的紧密相关。当我们经过长途跋涉返家时,牛排显得多么的美味,但是,盛宴以后,我们对它又何等地冷淡。它不再被看作是同样的东西了,因为它失去了需求的特征。然而,还剩下一个问题:为什么是牛排而不是餐巾或烛台使饿汉看起来美味可口呢?提出这个问题似乎很蠢,因为前者可吃,而后者不可吃,这是我们通过经验习得的。但是,我想改变一下我的提问方式。为什么一个幼小的饥饿动物,例如一只小鸡,去啄食某些东西而不啄食另外一些东西呢?小鸡怎么知道它啄食的东西是可以吃的呢?这个问题很容易通过反问而被撤销,我们可以问:我怎么知道小鸡会知道呢?

本能对反射理论

这种截然相反的观点是有关本能(instinct)讨论的精髓。有些心理学家试图在自己的理论中保持有序性和目的性(这是他们在动物行为中观察到的有序性和目的性),他们在这些例子中会谈到本能活动,就像现在我们正在讨论的那样;然而,也有一些心理学家把有序性排除在他们的前提之外,他们只谈反射,也就是刺激—反应的联结。这两种解释之间的差别,就其在这里对我们的影响而言,可以归纳如下:反射理论把行为与刺激直接联系起来,而本能理论(根据我们的术语)却把行为与动物的行为环境联系起来,或者把行为与动物的心物场联系起来,以此方式,本能理论把唤起特定反应的这些特性归之于特定的场部分。于是,麦独孤(MacDougal)说:"反射活动是对一种刺激的反应;而本能活动在许多情况下则是对一个物体的反应",知觉能力"是由动物的天生结构提供的,基本上是整个本能倾向(或本能)的一部分,如同实施吸引我们眼睛的一系列身体运动的能力一样";最后,麦独孤还说:"我们可以把'一种本能'界定为一种天生的倾向,它决定了有机体去感知……某种类别的任何一个物体,而且在它出现时去体验某种情绪兴奋和活动的冲动……"(1923年,pp. 75,99,110)。根据我们的术语,这意味着,动物由于其本能的赋予,将把某些东西看作是可以吃的,其他东西是可以被杀死的,还有一些东西是它们需要逃离或躲藏的。换句话说,本能理论的追随者们将会宣称,由于动物的本能,它们将看到某些物体是具有某些需求特征的。我们可以容易地回避引起争议的"本能"术语,但仍然保持本能理论的要旨,因为我们一直倾向于用刺激—反应联结来解释活动,而且反过来确立了活动对心物场特性或动物行为环境的依赖。我们关于动物觅食时进行选择的原因问题是一个完全合理的问题。动物在饥饿需求的应力下会接近某些物体,并最终吞食它们。这就意味着,物体中一定有某种东西使之具有吸引力,只有当动物饥饿时,它才拥有这种需求特征。由于从一开始便存在某种选择,由于不是一切物体都被赋予需求特征,因此,在这些物体中肯定存在着能够说明这种选择的某种东西。在进行系统阐述时,我们的结论是这样的,我们把原因置于(行为的)物体之中,而不置于动物本能的神秘知识之中。当我们考虑对本能理论的许多抨击时,这是一个值得提及的观点。但是,如果确实如此的话,那么需求特征不可能完全依赖需要和动物先前获得的知识。确切地说,我们必须把某些物体假设为具有某些需求特征的行为物体。让我们回忆一下高兹(Gotz)提出的事实(见第三章),小鸡更喜欢较大的谷粒而不是较小的谷粒。这一事实是不可能用经验来解释的;同样的偏爱也由老鼠对向日葵籽的选择所证明。在老鼠的选择中,颗粒大小的差异只存在于不可食的外壳而非真正的种子[吉冈(Yoshioka)]①。由于从较大的向日葵中去掉外壳得到种子要比从较小的向日葵中去掉外壳得到种子花费更多的力量和时间,因此,如果经验与这一活动确实有点关系的话,那么,经验应当对较小的种子予以偏爱,而不是对较大的种子予以偏爱。我们可以有把握地假设,不可能获得对较大种子的偏爱。因此,它只能意味着,较大的食物具有较强的需求特征。再者,运动的物体比静止的物体具有更强的需求特征。总之,我们的假设是,某些行为物体自身拥有需求特征,这已为事实所证明。需求特征和需求之间的关系仍然存在,但是,我们认为,它不足以解释需求特征的唤起。

这两个例子中的内隐组织对外显组织

让我们根据另一观点来考虑需求特征及其相应的需求和准需求(意图)。从我们对后者(准需求,意图)的讨论中可以看到,动力情境是何等的复杂。那么,究竟有多少复杂性是内隐的,有多少复杂性是"明显的"(manifest)呢?意图或需求是外显的,或者至少在许多事例中是外显的;与此相似的是,需求特征也

---

① 也参见托尔曼(Tolman),pp. 30~31。

是外显的；例如，我们看到信箱，把它作为我们需求的适当物体来贯彻我们的意图；牛排令人馋涎欲滴，也是外显的；最后，我们的活动与需求和需求特征两者的关系，在大多数情形中也是外显的。当我们穿过马路以便到达信箱时，我们知道我们为什么这样做，当我们把一块牛排送到嘴边时，我们也充分意识到这一活动的含意。但是，需求特征和需求之间的功能关系是内隐的。当我们饥饿时，我们并不知道放在桌面上的那些美味佳肴会在我们吃饱以后失去它们的全部魅力，除非间接地由于相当复杂的经验，否则我们意识不到这一点；同样，我们也意识不到，信箱之所以具有吸引力，是由于我们寄信的意图。最后，固有的需求特征（我们发现有必要进行这样的假设）像物体的形状和颜色一样，以同样的方式属于物体，也就是说，由于内隐的组织。如果我们能够接受我们关于力量的感觉（它使我们按实际的场力量的指示去行事），换句话说，如果我们关于外显组织的概念是正确的话，那么，我们的执行者就必须直接服从存在于自我和场之间的力量。

3. 电话铃：信号

现在，让我们转向第三个例子：我们听到电话铃声，然后赶紧走到电话机旁，或者，当我们坐定下来，想美美地睡一个午觉，电话铃却响了起来，即使我们实际上不想服从铃声的召唤，并对这种骚扰感到愤怒，我们仍然会体验到它的要求。电话铃声这一特定的需求特征是经验的产物，这是十分明显的；它也体现了我们的某些需要。但是，看来这还不是事情的全部。由于这种"信号"(signal)，正如由于其他许多东西一样，我们必须提出这样的问题，它为什么受到选择。在我们试图回答这个问题时，我们将会发现，我们之所以选择我们的信号，是因为它们尤其适合于成为信号。由于它们自身具有某些需求特征，从而使它们适合于表现出一种特定的意义。突然性、强度、铃声的重现，都是这些特征的表现。

注意

上述三个特征与其他一些特征一起被列为"注意的条件"。其中，我们仅仅提出"特性"这一特征：诸如一种苦味，麝香的气味，以及黄颜色等特性都对注意具有特别强烈的影响。25年前轰轰烈烈地开展过的关于注意条件的讨论，曾在心理学这出戏剧中发挥了主导作用，现在，心理学家对此已不再感兴趣。造成这种变化的原因，在我看来，不仅仅在于人们为这场讨论提供的材料，例如在注意的概念方面提供的材料。现在，回顾这些陈旧的概念已无多大用处。相反，我们将根据我们的一般系统来对注意进行界说，以便达到一个与通俗语言中使用的注意含义完全一致的定义。当我们前面谈及"注意"这个词的时候（第五章），我们说它是一种导源于自我的力量，并指向一个物体。当我们说"请注意我正在说什么",或者"请把注意力集中于你的问题上"时,我们通常指的就是这个意思。把注意视作一种特性、属性或场物体的维度(称做清晰度)[像铁钦纳(Titchener)所做的那样,1910年],结果把注意的主要特征[即注意的自我—物体关系(Ego-object relationship)]给剥夺了。如果我们把注意界定为一种自我—物体力量,我们就可以对所谓的有意注意和无意注意(voluntary and involuntary attention)做到一视同仁了。对前者来说,力量导源于自我;对后者来说,力量主要导源于物体。用此方式观察注意,自然不是绝对新颖的。由于心理学家把自我,以及与自我在一起的一切心理动力学都拒斥在他们的学科以外,从而使注意未能获得合适的地位。但是,当我们阅读斯托特(stout)的定义时:"注意是思维对优先于其他物体的这个或那个特定物体的指向"(1909年,Ⅰ,p.203),我们承认这个观念与我们的观念是一样的。我们用自我去替代斯托特的"思维",这也是正确的。

  强度、突然性和重现等注意的条件,在我们的定义下具有十分明确的含义。注意作为整个场内的一种力量无法由刺激直接引起,而是由场物体(它们依次将自身的存在归之于刺激)所引起。结果,我们说,这些物体由强烈的、突然的、重新发生的刺激所引起,由特殊性质的刺激所引起,这样的物体拥有一些特征,它们通过这些特征来对自我产生影响。如果关于注意条件的这些陈旧描述正确的话,那么,它们再次表明,需求特征可能属于与产生它们的自我需求相脱离的场物体。

4. 相貌特征

  最后一组例子将会引起这样一种结论,它一再强加于我们身上,以便达到一种确定的状态。我们去参加一个关系到我们整个前途的访谈。我们决定尽可能装得亲切和文质彬彬。接着,我们会见了一个人,他的脸却使我们难以执行我们的决定。我们强颜欢笑,使用礼貌的语言,但是说真的,我们的内心由于反感而退缩,并且正在尽最大努力不让我们的真实感情流露出来。我们认为,已无必要再多举例子。正如在我们上述例子中脸的需求特征是消极的那样,要想找到脸的需求特征是积极的例子也是相当容易的。但是,我想提醒读者去注意一个实验,这是苛勒用黑猩猩来进行的实验。他准备了一块涂上油彩的纸板,在上面画了一个僧伽罗人(Singhalese)的魔鬼面具,如同鬼脸一般。然后,他走进动物饲养场。那些黑猩猩像往常一样走过来迎接他,但是当他突然戴上面具以后,除了一只动物以外,其余的动物都纷纷逃入一只箱子之中。当苛勒再走近几步以后,原先那只例外的动物也被吓得逃走了,并在箱子中与其他动物会合。

  我们得出结论说,场内的物体可能具有一些既不能用形状和颜色来表示,也不能用实际用途来表示的特征,这些特征倾向于对我们的行为产生有力的影响。对我们来说,这些特征在人类身上最为突出,但也可能属于差不多任何物体。我们对实际用途的先入之见,以及科学上可以归类的一些特性,已经夺走了我们世界中的大量特征。对普通的人来说,一具尸体有着极其可怕的强烈特征,但是,对于成批地解剖过尸体的医学院学生来说就不再感到可怕了。如果我们能够放弃实用的和科学的态度,我们便会意识到许多这样的特征。在我们中间,诗人和艺术家最不愿为追求效率的思想所支配。确实,对他们来说,世界在这些特征方面要比对我们来说更加丰富。我曾经提过伍德沃思(Wordsworth)的黄水仙,我也可以用诗歌和散文来增补大量的例子。里尔克(Rilke)的小说《Malte Laurids Brigge》尤其充满了这种例子。甚至一件微不足道的家具也可能具有这些特性,在伦敦的坦特美术馆里,一幅凡高的油画表明了这一点,在这幅油画中,我们见到一把简单的椅子,它似乎载有全世界的同情心。

但是,在我看来,把这些特征称做需求特征似乎并不恰当。我选择了一个在现代心理学中占据十分重要地位的术语,也就是"相貌特征"(physiognomic character)。有些心理学家认为,在人类的原始发展阶段,例如对儿童和未开化的人来说,这些相貌特征比起在我们的行为世界中起着更大的作用[舍勒(Scheler),沃纳(Werner)]。正如沃纳指出的那样,原始的行为世界是一个相貌的世界,这意味着,场的组织是以牺牲我们认为是显著特征的那些特性来提高和加强相貌特征的。于是,如果食物在没有先前经验的情况下被选择出来,那么也一定具有相貌特征,这种相貌特征可能存在于它的外表上,或者甚至更多地存在于它的气味中。因此,我们关于与实际需要相一致的需求特征的讨论,以及关于属于信号的需求特征的讨论,都期望引入我们行为环境的相貌方面。如果一个女孩子有"性感",那么她就有明确的相貌特征。

关于经典的感觉理论的一个结论

如果我们根据这个观点来观察经典的感觉理论,那么就会得到一个完全不同的方面。感觉和感觉的属性是人类在高度发展的文明中获得的一种特殊组织的产物,而不是使一切意识得以建立的原料。"我们必须假设,像'威胁'或'诱人'等特征,比起我们在心理学教科书中把它们作为'元素'来了解,是一些更为原始和更为基本的知觉内容"(考夫卡,1928年,p.150)。或者,我们从威特海默那里摘引一段话:"一个孩童或一个未开化的人能否从感觉特性的科学意义上去体验某种红颜色呢?可以肯定的是,他的实际体验更接近于'兴奋的''欢乐的''强烈的'……"(1925年,p.15)。如果不用这种观点,我们就难以理解原始人的神秘世界或幼儿的行为。

相貌特征的起源

尽管在我们的行为环境中特征已被可靠地建立起来,但是,当我们试图提出有关相貌特征的起源问题时,我们又不得不进入纯粹假设的领域中去。对于有些例子来说,相貌这个术语尤为贴切,也就是说,相貌有助于了解别人的情绪。对此,苛勒曾经提供过一个令人满意的理论,我们将在第十四章中讨论这种理论。这里,我们设法以更为一般的方式接近我们的问题,为关键的考虑和可能的实验提供一种假设,这种假设必须与我们的体系保持一致。换言之,我们的假设必须是关于场组织性质的假设。我们从最突出的相貌特征中,例如从可怕的、威严的、迷人的相貌特征中,提取我们的线索。这些用来描写事物的词语与我们自己有关。那么,我们能否贸然作出假设,认为这些特征是从包含自我在内的组织中产生的呢?这并不意味着它们属于自我;我们在找到它们的地方(也就是在某些物体中)离开了它们,但是我们声称,这些物体只有在包括特定"自我"的组织中才会拥有这些特征。这样一种假设将完全符合我们先前提到过的那个事实,即在更为原始的水平上,相貌特征比在我们目前的文明水平上更加突出。这是因为,自我与其环境之间的分离随着文明的进展而增加。由自我和环境组成的整个场越是单一,环境就越被赋予特征。缺乏分离意味着动力的相互作用。因此,如果在一个组织中,自我的出现对环境部分影响越大,那么,自我的分离程度就越小。这种说法是与威特海默的观点完全相符的,他认为原始的自我—环境关系不是一种纯粹的认知关系,其中,自我仅仅觉察到物体,而是一种意动的关系(conative relation),其中,自我将其行为适应于环境(1925 年,p. 15)。我们再次被诱使去涉及本能行为;人们往往将"本能的"这个术语应用于这种情境:一个人做了正确的事而不知道为什么,并且觉得他必须这样做。当我们说:女人比男人更依赖本能,我们指的正是这种情况,在女人的行为中,自我很少与环境分离,而在男人的行为中,则不是这样,因此,对女人来说,一方面是那些决定行为的力的相互作用,另一方面是相貌特征,两者都是比较强的。有多少男人接受过他们妻子关于一位新相识的判断,甚至关于老朋友的判断呢,又有多少女人接受过她们丈夫的判断呢?因此,普遍使用"本能的"这个词看来是有充分依据的,也是可与行为理论和谐共存的。在这个意义上说,它也完全适用于业已引起众多争议的动物的本能活动。确实,与人类相比,动物的自我很少分离,因此,我们应当期望动物的行为对动物的行为环境有着更为直接的依赖,认知越少,直接反应则越多——但是,当然不是从刺激—反应意义上或反射概念意义上这样说的。

现在,让我们回到相貌特征上来。根据我们的假设,相貌特征在物体中产生之时,正是这些物体与自我处于动力关系之际,换言之,当一种张力状态存在于物体和自我之间时,相貌特征出现了。这种张力将随不同的相貌特征而变化,记住这一点是重要的。不仅是它在信号上有所不同——积极的或消极的——以及在程度上有所不同,而且在性质上也有所不同。这种张力将决定我们的反应：攻击、脱逃、趋近、同情、冷淡、救援等等。

我们假设中的缺陷

由于我们还只能把一些相貌特征转化成张力（也许需要很长一段时间才能做到），我们将不得不满足于对相貌特征及其活动的关系进行行为描述，而不能为它们安排十分明确的力量分配，这反映了我们假设中的第一个缺陷。此外，我们的假设还包含了另一种更为严重的缺陷：在如此众多的事例中，我们还不知道为什么某个物体拥有它的相貌特征。我们可以把张力和突然刺激所引起的物体的坚持性与明显的梯度联系起来，通过这种明显的梯度，物体从承担大的潜在差异和张力的场内显现；同样我们可以把颜色的相貌特征，尤其是红色和黄色的印象，与颜色的硬性联系起来，这再次意味着较好的分离从而也是较大的张力，但是，对大多数其他事例来说，我们不得不坦率地承认我们的无知，我们只希望把我们在较简单情形中发现的可能解释当作较复杂情形中的线索。

我们甚至可以怀疑我们假设的一般有效性。所有的相貌特性都需要一种自我—物体的组织，这样说是否正确？没有自我的参与，相貌特征就不可能在外部场的组织中产生吗？我并不是指构造没有达到自我水平。在这样的组织中，张力必须用行为术语来描述，既不作为自我—情绪也不作为相貌特征来描述，而是描述成能使两种经验中的任何一种在以后得以出现的某种东西。尚未分化成自我和物体的整个场，总的说来将是满意的或者不满意的，是我们从醒着的生活向睡眠过渡中可以接近的一种状态。我指的是对立的极端，即具有强烈的自我分离的组织。在这些条件下，相貌特征出现退化，这是我们已经强调过的。与此同时，场的清晰度也在其他许多方面获得。我们是否应该把保持下来的相貌特征归因于保持下来的自我—物体关系，或者，我们是否也应该正视这种可能性，即它们可能是由于环境中力量的相互作用呢？我将满足于提出问题，而不试图提供答案，因为这种答案就目前而言只不过是猜测。

回到执行者控制的问题上来

我们现在准备回到执行者是否能由自我和环境场之间的力量直接地予以控制这个问题上来。我们已经发现，物体不仅拥有需求特性，这些需求特性是物体通过先前存在的自我—张力而被赋予的，而且还拥有相貌特征，这些相貌特征并不依赖任何一种特定的应力，尽管在许多情形中，也许可能在所有情形中，为了这些相貌特征的出现而预先假设了自我。也许这种区分可能成为一种真正的术语区分；只有在两种因素似乎被结合起来的情形中（例如，在食物的食欲特征中），这种区分才会变得模棱两可。一个可食物体的吸引力可被称做一种需求特征，因为这种需求特征在饱食情况下消失，而所谓相貌特征，是因为它依赖食物本身的特性。我们让这个术语问题暂时搁置起来，而仅仅满足于指出不同力量的相互作用。那么,对于执行者是否能够直接由物体—自我力量来控制的问题,我们的回答是什么呢?

动力情境的复杂性

在对相貌特征进行直接反应的情形里,答案看来是最简单的。这里,至少在开始时,执行者似乎确实处于这些力量的控制之下。自我—场的关系是不稳定的,而执行者则在这种关系的更大稳定性的方向中改变该情境。事实上,这种简单性质的明确情形是十分罕见的。如果自我—场的关系不稳定,那么,自我本身也将变得不平衡,也就是说,物体—自我应力将产生自我内部(intra-Ego)的应力,这种应力开始对执行者实行控制,以便使自我重新得到平衡。在这些情形中,把最初的活动动力或对执行者的原始控制都归因于自我—物体应力,看来是有道理的。

关于情境由于典型的需求特征而变得更加复杂的问题,是与我们先前关于动力情境的讨论直接相随的。考虑到这种复杂性,我不愿把这些情形中的整个控制都归因于自我。至少人们必须在自我的直接影响和间接影响之间进行区分。第一种影响直接来自需要,第二种影响则通过需求特征,尽管它是由需要创造的,至少部分是由需要创造的,但是却是一种自我—物体力量。

托尔曼的相貌特征理论及其与此相一致的活动

有否可能去简化我们的解释,与此同时使它更合适呢?托尔曼(Tolman)提出了一个理论,根据我们的术语,该理论把物体—自我的应力从执行者的控制中排除出去,而仅仅把它留给自我本身。我摘录如下:

"与此相似的是,称做害怕的不安状态(the state of agitation)……并不仅仅或者主要地作为具有危险性的'干扰刺激'(disturbing stimuli)的一种结果而引起,而是作为一种最初的内部生理状态的结果而引起,为了找到一个较好的名称,我们可以把这种最初的内部生理状态称为胆怯(timidity),这种胆怯肯定存在,否则动物便不会对这种'干扰刺激'产生敏感"(pp.273~274)。

托尔曼提出这种解释的主要理由是,同样的实际物体可能引起不同的情绪,以及与这些情绪相应的反应,例如,害怕和好斗。这里我再摘引一些片段:

"恐惧和好斗是对激发性的干扰刺激情境的脱逃。但是,在这两种情形里,其脱逃方式是明显不同的。""当情境是同一种环境物体时,恐惧和好斗特征中的这种差异尤其明显和突出……它在一个个体中引起恐惧,而在另一个个体中则引起好斗。……如果以往的训练是相等的或相似的,……如果它(动物)具有我们称之为胆怯的大量起始的生理状态,那么,便会引起它的恐惧冲动……,另一方面,如果……它具有大量好斗的起始状态,他的好斗冲动将被引起"(pp. 280~281)。

我将试图根据我们的术语和我们的体系讨论这个观点,暂且不顾下述事实,即"胆怯或好斗的大量起始状态"几乎不可能作为最终解释而被接受。为了评价托尔曼的论点,我们必须区分两种情形:在第一种情形里,把同样的实际物体用两种不同的相貌特征呈现给两个不同的人;在第二种情形里,相貌特征相同,但反应却不同。

我们为第一种情形选择了下面的例子:两个人遇到了同一个流氓。两个人中一人是作家,从未参加过任何体育锻炼,另一人则是一流的职业拳击手。对第一个人来说,流氓看上去是令人生畏的,但是对第二个人来说,流氓看上去仅仅是一个软弱无力的牛皮大王。这究竟是为什么?因为第一个人具有大量的胆怯性,干脆地说,他是个胆小鬼,可是,第二个人却具有等量的好斗性,我们是否也可以直率地称他为一个无赖呢?至少我暂时不承认这种解释是必须的,尽管它是可能的。我们的作家也许是极度好斗的,而我们的拳击手,像卡塞尔·庇隆(Cashel Byron)那样,结婚以后变成了一个完全温雅的人,可是,对前者来说,流氓仍然显得可怕,而对后者来说,流氓则显得可鄙。我们关于相貌特征的假设允许我们解释这种可能性。我们从此刻实现的特定的物体——自我组织中派生出相貌特征。这种组织像一切组织那样,有赖于被组织物体的相对特性。现在,在作家的场内,有着这个庞大而又笨重的家伙,也就是生理上的巨人,还有作家自己的自我,它在生理上是微小而脆弱的:这便是流氓看上去显得可怕的充分理由。相反,对职业拳击手来说,其生理自我可能比他对手的生理自我强大得多,结果,流氓的相貌特征成为虚假的力量。我们同意托尔曼,因为我们也强调自我对另一个人的相貌特征的影响,但是我们在对这种影响的解释上与托尔曼意见不一。

我们将使我们的例子更深入一步。这两个人在遇到流氓时怎么办呢?根据托尔曼的理论,作家是否设法逃跑,而职业拳击手则"对流氓的颚骨予以重重地一击"呢?这又是一种现实的可能性。但是,也有可能发生这样的情况,即作家投入了战斗,结果被惨重地打了一顿,而拳击手则仅仅轻蔑地耸耸肩膀转身走了。这类行为尤其令人感兴趣,因为它们反映了行为的一种新的复杂性,这是我们尚未讨论过的。然而,我们充分意识到这样的事实,一切活动都对现存的组织产生影响,并且倾向于使有机体不受伤害。我们也将同样的概念应用于整个场的自我部分。那么,如果我们的作家逃走的话,他的自我将会发生什么情况?很可能他避免了人身伤害,但他肯定会感到羞辱,这种影响是每个人都能理解的,我们将在后面给予系统探讨。这里,我们可以充分地说,如果作家逃走的话,那么,他的自我系统将会建立起新的应力,尤其在自己(self)内部,建立起新的应力,如果这些应力十分强烈的话,那么我们的作家便不会转向脱逃,而是会面对危险。我们当然没有必要将同样的思路应用到职业拳击手身上。我们的讨论已经向我们表明，托尔曼的讨论基础太狭隘了，行为的复杂性从动力角度讲要比他的系统所容许的大得多。

现在，让我们转向第二种情形。一个物体看上去具有威胁性，对此，如同每种情形的讨论所表明的那样，也有两种或两种以上的活动方式。至于这些方式中哪一种方式实际上被采用，这要视大量情况而定。活动对自我产生的影响是其中之一，但是，其他情况也同样起作用；我们的反应会以最迅速和最简单的方式产生解除，这一事实可能决定了实际的选择。至于在某种情形里，动力的应力条件只有一种解除方式，问题也只有一种解决办法，这种情形在心理生活和机体生活中是极为少见的。甚至在知觉中，当我们研究两可的图形时，我们也发现了同样的情境。总之，认为脱逃导源于先前存在的胆怯状态，战斗导源于先前存在的好斗状态，看来这不是一种恰当的解释。动力情境是十分复杂的，在这种动力情境中，自我—物体力量可能在控制执行者方面发挥重要作用。

执行者的实际控制

当我们考虑控制执行者的所有因素时，尽管动力情境看来较为复杂，但它实际上要复杂得多。这是因为，无论何时，尽管有许多因素不在控制之中，但它们可能是相当复杂的。自我（我们已经表明，它是一种复杂的结构）包含了大量处于压力之下的亚系统，它们可以通过某种活动或其他因素而得到解除。但是，大多数应力肯定暂时得不到解除，这是很自然的。于是，问题便产生了，在所有可能的因素中，哪些因素会在特定时刻得到控制——我们必须在这些可能的因素中包括纯粹的场力和物体—自我的力量，还有纯粹的自我力量。依照我们目前的知识，不可能对这个问题作出回答。这样一种答案（当它为一些具体的例子所提供时）不仅要考虑个体本身的因素，而且还要考虑它们的相互作用，包括自我系统的结构和相互联结，因为任何一个活动所具有的结果，不仅涉及特殊力量，而且涉及整个自我及其与环境的关系。

活动的一般原理

一切活动都是使存在于整个场内的应力得以减弱或解除的过程。由于这种张力的多重性及其相互依存，活动的可能性实际上是无限的。小的活动可能具有巨大的效应。一种活动可以在一个与自我的其余部分相分离并充分支配执行者的自我系统中解除一种应力。这种活动的结果可能彻底改变人的整个生活。

第 九 章

活动——调节的行为、态度、情绪和意志

本章的任务。调节行为的问题。行为环境如何指引行为。循环过程。行为世界的"适合性"。外显组织的认知价值：现象行为中的外显组织——它的认知价值，顿悟；动眼定位的特殊问题。指向的活动——力的图解；动力特征的可变性；行为物体的功能特征。态度及其对行为环境的影响。情绪。根据组织的动力观点研究情绪；内隐的和外显的组织；情绪的动力理论；实验证据；情绪行为的生理变化。意志：麦独孤的策动论；勒温的概念。结论和展望。

本章的任务

在上一章，我们讨论了我们第二章系统阐述过的纲要的第(3)点和第(4)点。我们已经研究过自我(Ego)，证明了将自我与其环境场(environmental field)联结起来的一些力量。这两种研究必须继续下去。与第(3)点有关的是，我们必须讨论自我中情绪和情操(sentiment)的地位，这个问题在前面曾被相当偶然地提到过，至于与第(4)点有关的问题，我们必须十分详尽地讨论自我—场的关系(Ego-field relationships)，尤其是场在自我的影响下所经历的稳定转化，它的需要和准需要(quasineeds)，它的欲望、意愿、决心和态度。最后，我们必须补充第(5)点，也就是最后一点的讨论，它涉及行为与地理环境(geographical environment)的关系，行为的认知方面或调节方面(cognitive or adjustive aspect)。

调节行为的问题

我们将用上述的最后一个问题来开始我们的讨论。根据我们的理论，行为(behaviour)是由整个心物场的(psychophysical field)特性来决定的，也就是说，

是由自我的动力结构(dynamic structure)和自我的心物环境的动力结构来决定的。那么,"适应的"行为(adapted behaviour)又是为什么的呢？在有机体的心物场内导致新的稳定的行为,为什么还要完成在它的地理环境中保护有机体的任务呢？关于这个问题的答案存在于地理环境和行为环境(或心物环境)之间的关系之中,存在于这种关系所引起的行为环境(或心物环境)在任何一种行为活动中经历的变化之中。

我看到一个物体在我前方上空飞过,我站在一旁,或者伸手想去抓住他。在第一种情形里,物体(譬如说一只球)在我的行为环境和我的地理环境中飞过我的身边；然而,在第二种情形里,恰恰相反,如果我十分熟练的话,球将被我从行为角度和地理角度抓在手中。因此,在正常条件下,行为场内的某些结果只能通过地理环境中的相应结果而产生。只有当实际的球与我实际的手真正接触时,行为的球才出现在我的行为的手中。由此可见,由行为世界所指引并与行为世界相适应的行为,一定会在与此情形相似的情况下与地理世界相适应。

行为环境如何指引行为

这里,可以提出这样的问题,即行为世界如何指引行为,或者,用我们的术语来说,它是如何控制执行者的呢？如果有一个物体朝我们飞来,毫无疑问,我们会挪动身子以回避它。但是,在我们的神经系统里又发生了什么情况呢？对于这一运动物体的知觉,神经系统是如何支配我们的肌肉的呢？

拒斥刺激—反应理论

在我们的反射活动(reflex action)理论中,我们曾讨论过一个相似的问题。我们发现了传统的通路假设(pathway hypothesis)或联结假设(connection hypothesis),按照这种假设,神经支配被解释成神经兴奋从业已建立的反射弧(reflex arc)的传入神经向传出神经进行简单的传递。一种类似的假设被提出,以解释我们的上述例子；有些心理学家很可能倾向于把反射弧概念直接接纳过来,而不做任何修改；心理学家把我们躲避飞来的射箭的这种活动解释为是由于刺激和反应之间的原始联结。但是,只有通过偷偷摸摸地引入刺激—反应这个词,这种反射弧理论的简单传递才有可能。反射弧假设是一个解剖学假设,反射弧是一个带有真正的传入部分和传出部分的神经结构,这些传入部分和传出部分会合于神经系统的一个确定地点。从感官表面的某一点出发的一个兴奋被传导到神经中枢的一个确定地点,然后再从那里传至一个特定的传出神经元。但是,如果我们对一块飞过来的石头作出反应的话,反射的起始部分不是我们视网膜上的一个点的刺激或一个图形,而是产生自由实际活动引起的中枢神经系统内的一个运动过程(见第七章)。这样,兴奋从反射弧上的传入神经向传出神经传递的那个端点便丧失了。换言之,反射并非由刺激所引起,传出冲动并非起始于神经中枢的一个特定地点,而是起始于一个由时空刺激模式引起的过程。总之,传统的反射弧或刺激—反应概念必须被修改,以便适应这种情况。事实上,不可能将这种概念还原为简单的例子(反射概念就是从这些简单的例子中派生出来的)。这样一种还原只能采取将兴奋点与反应相联结的方式。正如陈旧的理论在每个视网膜点和动眼系统(oculo-motor system)之间假设一种分离的联结,以便对凝视作出解释那样(见第八章),在我们作出回避反应时,运动物体的位置应当通过它当时被投射于其上的那个视网膜点来决定传出冲动的通路。作出如此声称的一种理论至少是自相一致的。但是,它又是荒谬的。我冒着被人们批评为战胜一名虚假对手的风险,将不加修饰地提供我的论点,因为这样做将有助于读者在复杂的情形里应用刺激—反应概念时谨慎从事。首先,在稍瞬即逝之际,那块石头的位置并不意味着决定视网膜点上的刺激

图 91

点,它也有赖于当时眼睛所在的位置。还有,这种反应可能与我们眼睛的位置没有多大关系;我会向旁边挪出一步,以避开飞来的石块,不论我在此之前是直接注视着那块石头,还是注视着石头左边或右边的一个物体,上方或下方的一个物体,前方或后方的一个物体。用此方式来讲,视网膜上的每个点实际上都是与同样的反应联系着的。其次,同样的视网膜点会导致不同的反应,包括根本没有反应,这要视整个通道以及飞行中的石块速度而定。例如,在图91中,E 代表一个人,P 代表石头在反射弧的传入部分建立起来的兴奋点,而三条线(线1、线2和线3)则代表三条不同的抛体轨道(trajectories)。于是,同样的刺激——我们之所以这样说,是因为在所有三种情形里,P 都投射于同一个视网膜点——将在三种情形里产生三种不同的反应:在第一种情形里,那个人可能向左跨出一步,也可能向右跨出一步;在第二种情形里,那个人将跨向左方;可是在第三种情形里,他将一动也不动。这样一来,速度差异便不予考虑了,而这种速度差异对第一和第二种情形极为重要,对第三种情形则无关。

由此可见,严格地应用简单的反射弧理论便成为不可能的事了。任何一种修改都将必须把运动作为一种刺激,这里所谓的运动既不是外部物体的运动,也不是视网膜意象的运动,而是大脑里作为一个过程的运动。但是,这种修改等于完全抛弃了原先的反射弧假设,由于它已经通过大脑里的一种过程取代了传入神经的兴奋,从而也摧毁了联结主义(connectionism)的整个概念。

我不想去创立能充分保存所谓反射理论的旧概念的某些假设。相反,我将设法提供一种既能解决问题,又用不到创立任何新假设的答案。

动力理论

如果那块石头沿着适当的方向飞行,那么便将在场内建立起一种主要指向自我的强大力量。另一方面,如果石头的飞行方向有差异,那就不会产生这种力量。结果,在后者的情形里,便不会产生任何运动,因为没有力量去促进这种运动。

力量之源

在我们继续讨论力量得以建立的那种情形之前,我们必须提出这样的问题:这些力量为什么产生。读者也许会倾向于从经验中寻找原因。人或动物都知道,一个具有某种特征的物体将会对他(它)构成伤害,如果他(它)对该物体不作反应的话。这些情形的存在是无可否认的,但是,人们也同样会强烈地认

图 92

为,没有证据表明这些情形是所有情形的典型。相反,威特海默(Wertheimer,1912 年)在其经典实验中证明,一个场内的运动会对接近运动路线的其他场物体(field objects)施加一种力。在他的一个似动实验中,他展现了下列相继刺激的图样(见图92),a 代表第一次呈现中展示的物体,b 代表第二次呈现中展示的物体,c 代表一个物体,既可与 a 和 b 中的任何一方一起呈示,也可与 a 和 b 两者一起呈示。如果条件是,被看到的一根线从垂直方向转向水平方向,那么便会经常发生这样的情况,即 c 构成一个传出的运动,正如一个小箭头加以表示的那样。由于我们已经证明,在许多方面,尤其是与运动有关的方面,自我必须被视作为一个场物体,我们没有理由排斥这样一种可能性,即运动的物体在没有经验的参与下直接对自我施加一种力,一种必须依靠运动的方向和速度的力。此外,由于我们有充分理由相信,组织越是原始,整个场就越是统一,因此,我们可以得出结论认为,这种直接的影响在原始水平上要比在高度发展的水平上更加强大。儿童心理学和动物心理学的实验将最终决定我们的推论是否正确。

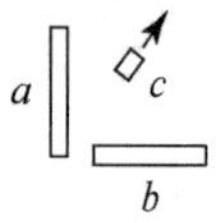

力的方向和反应:经验的影响

一种力是一种矢量(vectorial magnitude),也就是说,它具有一种方向。人们难以理解,在一个物体直接朝着一个方向运动的情况下,这个方向可以是任何一种其他的方向,而不仅仅是运动本身的方向。这就产生了一种困难:为什么我们不从飞过来的石头方向逃走,反而向旁边闪开呢?我倾向于用经验来解释这种反应,认为第一次反应也许确实是直接朝着石头飞来的方向逃走的反应。实验将再次提供最终的决定。但是,偶然的观察似乎也证实了下列观点:每一位驾驶员的耐心是由马路当中的小鸡和其他动物来检验的,这些动物设法逃离朝向它们开来的汽车,但逃离的方向却是直接面对汽车。我清楚地记得有一次在西部由于一小群未经驯服的马挡在路上,从而使我丧失了半小时宝贵的

时间。至于这种直接趋向场力的行为怎样让位于更加合理的行为（闪向一边），我们无法在这里加以探讨。这个问题将在讨论学习理论时再行提及①。这是因为，把这种行为的变化形式视作经验的产物，仅就这一点而言，我们并不认为得到了真正的解释。在经验或学习理论得到发展以前，不求助于经验也是一种解释，而且，这样一种理论将与传统的联想主义理论（associationistic theory）十分不同。

动力论的继续：感觉场和运动场之间的动力联结

现在，让我们回到那块飞石的讨论上去，由于物体的运动方向，运动物体和自我之间的一种力得以建立。这样一种力如何决定有机体的行为？如何控制执行者？在这样一种力的应激之下，有机体的行为从动力学角度讲与小的场物体的行为十分不同[在威特海默最近描述的实验中，这种小的场物体接近一个运动场（a motion field）]。后者发生了行为场中，而不是发生于地理场中，此外，它是一种直接效应，通过这种直接效应，物体作为一个整体服从于场内的一种应力（stree）。有机体的行为在这两个方面是不同的。在行为场内，物体—自我关系的变化是由地理场内物体—有机体关系的变化造成的，这种变化并不是直接的；有机体并非作为一个整体被其他东西推来推去，如同被一阵狂风吹动那样，而是通过对有机体那些导致肢体运动的肌肉部分进行神经支配来实现这种变化的。在这方面，我们的例子与眼动（eye-movements）的例子没有什么不同（关于眼动的例子我们在第八章已经讨论过）。因此，适合于那种例子的解释也将适合于我们现在的例子。在眼动的例子中，环境场内的一种应力为眼动所解除。为了解释这种情况，我们必须假设的是，在视觉场和动眼系统之间存在一种联结。在我们目前的例子中，应力存在于自我和物体之间，并通过有机体的身体运动而得以解除。所以，我们必须假设，这种应力可能与脑内的运动中枢相联系，或者与中枢神经系统的低级部分相联系。在那种情形里，运动系统将投入活动，行为所采取的形式由此被决定下来。"未被适应"的运动既可能使应力保持不变，也可能使应力增加，而"适应了的"运动将会减少这种张力（strain），并且最终解除这种张力。于是，适应的运动必须为纯粹的动力学原因而作出。适应的运动朝着平衡的方向变化，而不适应的运动则不然。它们只能在其他力量同时运作时发生（这些其他的力量要比我们正在考虑的力量更强一些）。这样一来，即使我们没有实际的解剖学和生理学方面的知识，我们也能够推知行为的适应性了。

---

① 参见第十三章。

循环过程

苛勒(Kohler)于1925年为眼动的例子而描述过包括上述行为在内的"循环过程"(circular process)。我们把苛勒的概念用于我们关于场行为的例子中。我们区分了远距离刺激 S_d 和近距离刺激 S_p,由后者唤起的场 F,以及由动物 M 实施的运动,然后我们将用数字 0,1,2,…表明不同的时刻。由此,我们一开始便有了 $S_d S_o F_o$ 等群集(constellation)。现在,运动开始了。它在远距离刺激物体和有机体之间形成一种新的关系,于是我们有了 $M_1 S_{p1} F_1$。M_1 是 F_o 的结果,它通过改变 S_p 而改变了 F_o。而且只有通过使 F_o 失去它的导致 M 的力才能做到这一点;也就是说,F_1 和自我之间的力必须比 F_o 和自我之间的力更小一些。F_1 将依次产生 M_2,M_2 按照同样的原理导致 S_{p2},从而导致 F_2,等等,直到有机体和 S_d 之间达到一种关系,在这关系之中,S_{pn} 产生一个 F_n,该 F_n 不受引起运动的那种张力的支配。当然,实际上这个过程是连续的;具有各自特征的不同时刻并非真正的实体(entities),而是虚假的抽象物(abstractions),目的在于解释这个原理。这一论点中的要义是:从 F_{n-1} 向 F_n 的变化方向是由情境的动力学(dynamics of the situation)决定的。与 F_{n-1} 相比,F_n 肯定处于较低的张力状态。作出相反的假设就等于去假设水会自行往山上流。当然,我们可以用水泵把水抽到山上去,但是,这一事实并不证明水不会自行往山下流;相比之下,用水泵将水抽上山去的力必须大于将水从山上往下灌的力。行为也是同样的情况。新的力可能被引入,如果这些力比原始的场力更强的话,那么,F_n 将比 F_{n-1} 处于更大的应力之下。离开拳击台的角落去迎战对手的职业拳击手正是处于这个位置上。或者,跳出战壕的士兵也正是处于这个位置上。迎战的意志,士兵的纪律,都是对这些结果负有责任的新的力量。无须新的原理对它们进行解释,正如我们不需要一种新的物理学来解释用水泵抽水一样。在我们的上述例子中,实际作出的运动也可减少整个应力,正如部分的应力可由运动来增加一样。然而,诸如我们上述例子那样的情形引入了一种行为的新可能性。由行为增加的部分应力可能变得如此强大,以至于与其他的应力相等。接着,运动将会停止,或者更确切地说,行为将会发生变化,因为向有机体展示的整个应力是巨大的,而应力的解除将采取由整个场的复杂性所提供的任何一个过程。自我本身可能会垮掉,并受到严重伤害,正如炮弹休克症病例所表现的那样,该例子可再次与我们的流体动力学(hydrodynamic)例子相比较,在后者的例子中,墙内的水管可能爆裂。

可预测的克分子行为而非分子行为

我们关于行为的动力学解释与传统的机械解释相反①,它容许另外一种由事实支持的推论。不论何处,凡能预测动物或人类行为的地方,我们便能将行为作为一种克分子现象(molar phenomenon)来加以预测(见第二章),但是,如果说我们能够预测行为的分子(molecular)方面,也就是肌肉收缩或实际的肢体运动,那将是十分罕见的。例如,我们能够预测一个动物将朝着诱饵运动,或者营巢,我们也能预测某个人将写一封信,或者勃然大怒,但是我们却无法预测动物实施的肢体运动,甚至更难预测对它们产生的肌肉活动所施予的神经支配。后者有赖于一些次级条件(secondary conditions),它们完全超越了我们的认识范围,而且在大多数情况下不会影响最终的结果或活动的一般方向。

能量关系:驾驭

我们必须为实际的动力情境再说上几句。在我们的理论中,整个场内的力引导有机体的躯体运动。当然,这并不意味着这些运动所消耗的能量是从整个场内产生的,因为我们肌肉里消耗的能量与脑场(brain field)消耗的能量属于不同的等级。由此可见,正如苛勒已经指出过的那样,动力关系是释放和驾驭的关系(relation of release and steering)。释放的概念对传统心理学来说是十分熟悉的,但是驾驭的概念却不是那么一回事了,正是这一功能才解释了场和活动之间的实际关系。至于大的能量如何被小的能量所驾驭,已经在无数的技术性驾驶过程中得到了佐证,例如,驾驶汽车便是这样的佐证②。

我们理论中的功能和结构关系

我们可以用下面的说法来简要地表达我们的行为动力学理论的基本含义:解剖学结构并不决定哪些肌肉将受到神经支配,哪些活动将发生,而是由瞬间的场条件所要求的活动决定了解剖学的基质(substratum),在这基质中,整个过程的最后部分将会发生。为了说明这样一种解释至少在其他一些心理学家的理论中有过预兆,甚至在极端的行为主义倾向的理论中有过预兆,我将从 J. R. 坎特(Kantor)的一篇文章中摘引下面一段文字:"神经器官对肌肉的控制是不是比肌肉和腺体对神经器官的控制更多一些呢?在任何一种反应中涉及的特定通道之所以被涉及,是由于某些肌肉或腺体需要发挥功能,这难道不是事实吗?"(p.28)。

---

① 关于这个相反的解释,请参阅苛勒的《格式塔心理学》(Gestalt Psychology),第四章。
② 请参阅我们第三章的讨论。

行为世界的"适合性"

现在,我们可以回到我们最初的问题上来了,即为什么由心物场的组织所引导的行为也适应于地理环境?我们已经看到,解决它的办法有赖于从事指引的力的性质,有赖于地理环境和行为环境之间的关系。在讨论过前者以后,我们现在必须转向后者,并且根据"适合性"(adequacy)观点对它进行考虑,这是在对第三至第七章中调节这种关系的定律进行研究后实施这种考虑的。在那几章里,行为世界的组织被发现有赖于接近刺激(proximal stimuli)的分布。行为世界(使适应的行为成为可能的一种组织)的"适合性"必须依靠远刺激的特性,它们通过相应的近刺激而产生了组织。由于这个问题已经在苛勒的描述中得到了解决(1929年,p.172),因此,这里可以不必赘言。实际的物体是由于材料和结构的差异才与其环境相分离的,这些差异在一切正常的情形里将表现为表面结构的差异,从而也表现为沿着界线(这些界线在行为场中产生分离的物体)的近刺激的异质(inhomogeneities)差异。对外部的清晰度来说是正确的东西,对内部的清晰度来说也是正确的。因此,在正常的条件下,地理物体将产生适合于唤起活动(该活动适合于地理场)的心物场的组织。

十分不完整的对应

但是,我们必须谨慎从事,以免过高估计两个场之间的对应(correspondence)。组织在这两个场内得以发生的条件确实是十分不同的,在许多方面行为组织根本不会重复地理组织。我们已经在先前的讨论中(第三章至第七章)提供了充分的例子。这里,我们只需补充一点便可以了:在特定时刻一个地理物体的形状并不取决于良好的连续定律(the law of good continuation)所反映的力量——例如一个山脊,它的目前状态是由于腐蚀的影响,一般说来,这种腐蚀作用由山脊自身侵蚀了它的每个部分——行为物体始终取决于这些力量;正如我们见到的山脊那样,作为心物场内部的一种组织,它是一种动力的形状,并且服从于良好的连续定律。我们在前面讨论过的伪装是产生这种不一致性的人工方法,从而导致了非适应行为。

于是,适合性的行为问题已经把我们导向知觉中的认知问题。尽管我们只能简要地勾勒解决这个问题的办法,但是我们的这种勾勒表明,这样一种解决办法能在较大规模上被制定出来。然而,知觉的认知只能是十分不完整的,这一点是十分清楚的。即使知觉物体在某种程度上重复了实际物体的某些特性,它们也远不是完美的复制品。一方面,它们具有相应的实际物体所没有的一些特征,另一方面,它们缺乏实际物体的所有那些特性,也即在影响我们感官的这些可见的表面性质中找不到表达的那些特性。

时间特性：运动

但是，我们不该忘记，在这一系统阐述中，我们已经忽略了时间，对于空间物体的组织来说，远刺激的时间特征和接近刺激的时间特征是同样重要的。一个实际物体的运动在大多数情况下会产生行为物体的运动。认知产生自与实际过程相似的心物过程。然而，尽管地理场和行为场中的两个事件是一致的，但却具有不同的原因，当我们想起可见运动（perceived motion）的理论时，这些不同的原因就变得清楚起来了。那个转轮的例子是特别能说明问题的[鲁宾（Rubin），1927年]。轮子的每一点所通过的轨道是一个旋轮线（cycloid）。然而，我们看不到这种旋轮线的路径，取而代之的是，我们看到了轮毂的平移运动（translatory motion）和轮缘的圆周运动（circular motion）的结合（参见第七章中的讨论）。根据认知的观点，这通常是十分真实的景象。如果一节车厢是由马或火车头来拖拉或推动的，那么所施予的力便是一种直线的力，而且在施予车厢的这种直线的力之下，车轮开始围绕着轮轴旋转；或者，当车子被其自己的力所推动时，施予轮子的力使轮子围绕轮轴作环形旋转，结果便产生了平移运动。如果观察者的眼睛保持稳定的话，那么，撇开透视图的歪曲不谈，车轮的每个部分在视网膜上描绘出一根旋轮线，也即从圆周运动和平移运动的结合中产生的曲线。但是，当轮子边缘上的一个亮点随轮子在完全黑暗中滚动时，我们便见到了旋轮线。通常，我们看到两种运动，一种是圆周运动，另一种是平移运动。当然，我们所见的事实并不是由客观运动直接造成的，而是由于组织的内部力量。在行为世界和地理世界中，事件的一致性并不是由另一个世界对一个世界的直接描绘，而是由于以下事实，即不同原因可能产生相似的结果。然而，由于不同的原因通常不会产生相似的结果，因此我们在把行为世界的资料作为地理世界的真实信息而加以接受时必须十分谨慎，尽管在讨论行为问题时，前者可能是适当的。

力：因果关系

我们现在考虑两个物体以影响彼此的相对运动的方式相互碰撞。最简单的例子是一只台球撞击另一只先前处于静止状态的台球，这时，前者将它的运动传递给了后者。在现实世界中，我们都体验过运动的实际交换，对于这种情况，我们通常是这样表述的：碰撞中运动的球导致了静止的球的运动。那么，在行为世界中究竟发生了什么？天真的人们也许会说他看到了因果关系过程，也即他见到了一只球如何去推动另一只球，前者的力如何传递给后者。

实证主义的论点及其拒斥

但是，自休谟（Hume）以来，我们一直被教导说，那位天真的人被误解了；他没能看到运动或力的迁移，因为在刺激条件下（在光波中），没有东西能产生这样一种知觉。力并不反射或放射光波,只有物体能做到这一点,因此,我们所能看到的一切是一只球在运动,直到它撞击到另一只球为止,然后它便静止不动了,这时被撞击的那只球却开始运动。此外,当我们被告知我们看不到任何其他东西时,我们看到的可能仅仅是这一点,而不可能再看到另外的东西了。这个论点对以往100年间哲学的发展和哲学的氛围产生了深远的影响。它是实证主义(positivistic)的科学态度的基石之一,关于这种科学态度,我们曾在许多场合予以抨击。但是,它的强度和不易受攻击性是显而易见的。为了一致起见,我们必须说:我们无法见到运动,因为运动并不是反射光线的东西。确实,行为的运动是场过程的结果,也就是说,是大脑里面发生的过程,无须实际的运动物体来产生的。因此,随着论点向纵深发展,我们应该否认运动是可见的,这是某些心理学家已经采取的一个观点[德里施(Driesch),林德沃斯基(Lindworsky)]。但是,这样一种观点与我们的日常经验形成十分强烈的对照,与我们关于动物行为的知识和我们的实验形成十分强烈的对照。我们只想提及一点,也即为了解释布朗(Brown)的实验结果(他的被试必须与运动物体的速度相匹配),如果我们不承认具有速度的运动是可见的,如果我们不承认它是我们行为环境的一部分,那么,我们必须作出哪些高度人为的和复杂的假设呢?

因此,我们能够接受一般的观点:尽管运动缺乏任何一种特定的刺激,但它是可见的。如果这一观点得到承认的话,那么实证主义的论点便站不住脚了。我们的行为世界确实拥有无穷的特性,对于这些特性来说,不存在特定的局部刺激(local stimulation)。一个圆是"圆的",这页纸的边是"直的",箭头是"尖的",一个装饰图样是"对称的",我们在这里只需列举几个这样的特性便够了①。实证主义者也可能声称,世界上根本没有什么圆的东西或对称的东西,因为不论是圆也好,对称也好,都不会反射光。而且,如果人们观察一下心理学的历史,他们便可追溯到遥远的过去,曾有一个时期,形状的特性被视作非存在的实体(nonexistent entities)。在我们的第四章里,我们花了很大的力气来证明形状的现实性,我们不得不这样做,因为在实证主义的偏见之下,形状从心理学家的眼光中消失了。

如果我们不把形状和运动从我们的科学领域中排斥出去,那么,我们又有什么理由把力的体验或因果关系从我们的科学领域中排斥出去呢?由于某些空间刺激的分布产生了各种形状,某些空间—时间的分布产生了运动经验,所以其他的分布也引起了力的知觉和因果关系,我们能这样说吗?我们在第三章对行为环境进行了测量,我们列举了行为环境各组成成分之间的"力"。我们已经看到,这些力如何为心理学家所处理,尽管这个场极其需要实验调查,以反对

---

① 若想进行更为充分的讨论,请参见苛勒的著作,1929年,第六章。

实证主义建立起来的因果关系的偏见。儿童心理学家已经开始对这个场进行研究,主要归功于皮亚杰(Piaget)的开创性工作。赫安格(Huang)的研究以皮亚杰的工作为基础,进行了一些相当具体和明确的实验,使实际发生的动力过程清楚地显示出来。

因果关系所涉及的认知问题的双重性

单单把因果关系视作我们行为环境的一个特征,则我们仍未解决所涉及的认知问题。确实,这个问题有两个方面,也即地理环境和行为环境,或者更确切地说,涉及心物环境。关于前者,我们已无须赘言。由于在许多情形里,行为运动是地理运动的真正指标,因此没有理由认为为什么行为的因果关系在某些条件下不该是地理的因果关系。这可能意味着下述两种情况中的任何一种情况:即便我们被迫放弃这种主张,即因果关系是描述现实世界的适当类别,并用单纯的有规律的序列来取代,行为的因果关系仍可能表明我们正面临这种有规律序列的情形。但是,还存在着其他一些更为重要的可能性,也就是说,行为的因果关系为我们提供了关于实际世界之构成的真实线索。那将意味着,实证主义在选择行为资料以便建立实际世界的理论的过程中是坚持不可知论的。我们把运动视作实际世界的一种真正特征来加以接受,而且,在这样做的时候,我们或多或少按照我们在自己的行为世界中所了解的运动来考虑运动,而不是把运动仅仅视作一种距离—时间的函数(distance-time function)来加以考虑;与此相似的是,我们的速度概念仍深深地扎根于我们关于行为速度的经验之中,而不局限于 ds/dt 这种抽象的表述。再者,也没有理由认为为什么行为力量不该为我们提供关于实际力量是什么东西的直接暗示,即便我们把它界定为 $m(d_2s/dt_2)$。我们不能继续追踪这条思路,因为我们不是在与认识论(epistemology)打交道。然而,我们的评论已足以使下列问题得以再现,即我们可以合理地使用哪种材料来构成我们关于世界的景象。我们也并不认为,依据我们的批判态度,我们可能射偏了靶子。我只需提及一下哲学家兼数学家怀特海(Whitehead),他也支持这一观点。

然而,因果关系的认知问题的另一面也涉及行为世界,或者更确切地说,涉及心物场本身。我们必须提出这样的问题:如果在我们的行为世界中,物体 A 对物体 B 施予一种力,使之开始运动,或以某种其他方式对它施加影响,那么我们能否提出这样的假设,即 A 作为心物场内的一个过程实际上对心物过程 B 产生了影响呢?当我们想起台球的例子时,可能表明这样一种假设是不必要的。因为第二个行为的台球将保持静止状态,不管第一个行为台球撞击它时所用之力何等强大,除非第二个实际的台球实际上在运动。这样一来,实际台球的运动便成为行为台球运动的必要条件,看来,似乎没有必要为这种独特的原因再补充另外一种纯粹假设性的原因了。另一方面,我们从前述报告的威德海

默实验中了解到,一种行为运动可能会产生另一种行为运动,而无须一种相应的实际运动[或者它的相等物——电影摄影的相位转换(kinematographic shift of phase)]。由此可见,我们关于正在运动着的行为台球对静止台球的直接影响的假说并非完全假设性的,并非完全没有事实支持的。如果我们的假设正确的话,那么,第二个台球的运动在其起始阶段应当稍稍有点不同,不论它是否经历了另一个台球的影响;若要通过实验来检验这一结论,也不是不可能的。

在谈论实验之前,还存在着三种可能性,A和B之间因果联结的经验可能成为:

(a) 一种符号,即在两种心物过程的组织 A′ 和 B′ 之间存在着一种实际的因果动力关系;

(b) 它们之间某种其他的相互关系的一种符号;

(c) 在 A′ 和 B′ 之间并不存在这种关系,这种因果关系的经验导源于第二个原因。

在这一划分中,第二点就其本身而言是不可能的,致使我们把它从进一步的考虑中排斥出去。那么,我们该不该在(a)和(c)之间作出选择,或者把问题完全搁置起来不予解决呢?(c)是传统观点,与联想主义(associationism)密切相关,对此我们将在后面予以充分驳斥。(a)与我们的整个场组织理论完全一致,而且,与此同时它也是心物同型论(isomorphism)的一个清晰例证。此外,我们还将讨论一些事例,在这些事例中,经验的联结和实际的联结确实一致起来了。由于充分意识到实验将提供最终的定论,因此我们接受了(a)。事实上,我们已经在上一章里这样做了,也就是说,我们在行为环境内引入了外显的组织(manifest organization)。让我们回忆一下曾经讨论过的一个例子,我们感到雷诺阿(Renoir)的图画对丢勒(Durer)的图画起了干扰影响,毫无疑问,这种感觉是有充分基础的,因为当我们将两幅图画充分分离时,这种相互干扰便消失了。

外显组织的认知价值

外显组织具有一种认知价值,它超越了内隐组织(silent organization)的认知价值;它为我们提供了有关地理世界中一个部分(也就是说,我们称做自己大脑的那个部分)的若干事件的直接信息;而内隐组织则仅仅为我们提供了有关世界同一部分的间接信息。

这种直接的信息是不完整的。它极少告诉我们实际上动力的相互影响,而且它往往只提供一部分有效的力量;换言之,这种组织通常是部分地外显的和部分地内隐的。它可以像轻易地被低估一样而被轻易地高估。但是,知道了这种信息源可能被误用并不一定妨碍我们正确地使用它。

现象行为中的外显组织——它的认知价值，顿悟

现在，让我们转向场和自我之间的外显力量上来，在上一章里，我们已经充分讨论过自我。这个讨论必须明确这样一个观点，即这里的行为力量和心物力量之间存在着一致性，不论前者是以一种需要特征出现，还是以一种符号特征出现，或以一种需求特征出现，或以一种相貌特征出现。外显的组织具有一种特别重要的认知价值，因为它向我们呈现了我们行为动力学的一幅图景。我们不仅活动，而且还知道为什么活动。苛勒曾以一种十分相似的方式说过（1929年，p.371），"不论在什么地方，只要属于这种情形，我们便应用'顿悟'（insight）这个术语"。因此，在这个术语中，外显的自我—场组织的存在相当于顿悟的行为。然而，我们需要再次对这种顿悟的认知价值考察一番。那么，对于构成实际行为之基础的力量来说，其指征（indication）达到多大的程度呢？如果读者还记得本书的开头部分，则他将会想起，我们并没有把它作为充分的指征而接受下来。在第二章里，我们讨论了活动的类型，其中外显的力量充其量只是实际力量的一小部分而已，在这实际力量的一小部分中，顿悟就其表面价值而言，是具有欺骗性的。遗憾的是，我们无法保证说所有的有效力量都会变得外显。但是，顿悟可能被错误地使用的这个事实并不一定妨碍我们正确地使用它，而且将它具有的那种重要性归属于它。通过顿悟，现象的行为变得有意义起来，正如实际的行为通过有机体的守恒倾向而变得有意义一样，这是在汉弗莱（Humphrey）的原理中系统阐述过的。不论是实际的行为还是现象的行为，我们在任何一个方面都不会遇到事件的任意序列（haphazard sequence），我们在这两个方面的任何一个方面都发现事件具有明确的指向。这难道不会给心物同型论提供支持吗？

没有顿悟的意识

我有没有成功地留给读者这样的印象，即对我们的现象行为来说外显组织所拥有的那种重要性呢？让读者来描绘这样一个人，他被赋予意识，但却没有任何一种外显组织，使他能把这种意识与他自己的意识作比较。这个人处于物体的包围之中，感到他本人正在接近一个物体，同时又正在避开另一个物体，在有些条件下感到喜悦，而在另一些条件下则感到愤怒。仅此而已。譬如说，这个人感到口渴，因此喝了一杯水，接着他感到他的口渴平息了，但是他却不知道他饮水是由于口渴，同样，他也不知道他的口渴之所以消失是由于他饮了水。又譬如说，他见到一位美丽的女子，他趋近她，听到他自己说了最为动听的言辞，并发现自己身处一家花店之中，于是订购一束长梗的红玫瑰送给那位女士，他甚至听到他自己在向该女子求婚，他的求婚被接受，然后结婚，但是，用高尔基（Gorki）的作品《浅洼》（*Lower Depths*）中那位男爵的话来说，"为什么？没有

任何概念。"当然,他实际上不能说这些话,因为他不知道这个"为什么?"究竟意味着什么,一个"为什么"构成了外显组织的先决条件。假设这样的一个人有可能成为科学家和哲学家——尽管我看不到他怎样才能成为科学家和哲学家——他的哲学将会成为什么样子?毫无疑问,他的哲学将会成为休谟式的极端实证主义。但是,与这个想象中的人相比,我们的经验与其经验如此不同,比他丰富得多,我们为什么要发展一种与这个想象中的人相似的哲学呢?

这种意识的图景清楚地向我们表明,拥有意识本身并非一件有价值的事情。这个想象中的人倘若没有意识的话,同样会过得很好,如果不是更好的话。于是,我们便回到了第二章结束时曾提出的那个论点上来,我们在那里讨论了所谓"心物同型论"的唯物主义偏见。

用于行为环境的顿悟

在我们想象中的那个人的世界里不存在任何力量。一个台球会滚动,与另一个台球相接触,停止下来,然后另一个台球开始滚动。这纯粹是一种事件序列。有两列火车相撞,引起火车出轨,车厢翻个朝天,并被彻底撞坏,这是另一种事件序列。我们已无须赘言。就这个想象中的人的现象行为而言,他的行为世界要比我们的行为世界更差些。我们也在我们自己的行为环境中体验到外显的组织,"不仅其结果被体验到了,而且它的许多'为什么'和'怎么样'也一起被感觉到了……"总之,苛勒关于顿悟的定义既符合现象行为这个方面,又符合行为环境这个方面。我们的行为世界始终比那个想象中的人的行为世界更充满顿悟,而且更具意义。

当我们讨论记忆和思维时,认知问题将会再次提及。现在,我们继续本章的讨论,也即处理内隐组织和外显组织问题的另一方面。我们已经看到,至少大多数外显组织包括自我。但是,如果就此从这一事实中得出推论说,自我参与的一切组织都是外显的,那便是错误的了。实际上,我们曾在第六章里讨论过自我在其空间格局中的定位(localization),这便是一种内隐组织的情况。

行为中的自我和格局

现在,我们将把这种自我格局的定位与活动联系起来讨论。我们已经看到,格局如条件允许的那样是恒常的。当我们活动时,我们改变我们实际身体的位置,从而也改变了视网膜的分布。在整个行为世界中,一种变化必须与我们行为世界中的条件之变化相一致,但是并不是行为世界的这个部分也一定会变化。正如我们在第五章里所指出的那样,变化是不变因素(invariant),行为世界中的运动或变化来自有效条件的特定变化,但是不一定是行为环境中的一种变化。事实上,在正常的身体运动情况下,格局将保持恒定,而自我则将成为运动的载体。例如,我们走过一间间房间,我们的视网膜意象不断地发生改变,但是行为的房间却保持静止状态,而行为的自我被体验为处在运动之中。邓克尔

(Duncker)关于诱导运动(induced motion)的研究已经表明为什么情形必须是这样的。如果实际的相对运动发生在两个物体 S 和 E 之间,那么,在其余条件保持不变的情况下,E 这个闭合物体而不是 S 这个包围物体将显现出运动状态。我们也可以用下面的说法来表述:我们的活动改变了我们与地理环境的关系,从而也改变了我们从地理环境中接受的近刺激(proximal stimulation);可是,从这种变化着的刺激中产生的行为世界是这样的,即格局保持恒定,而自我和其他一些物体则处于运动之中。

动眼定位的特殊问题

邓克尔还将他的理论应用于空间知觉这个老问题上去。定位的经典理论必须区分稳定凝视的定位和动眼的定位,在这两种不同的方式中,第二种方式——动眼定位——是一种正常的情形,它对这个理论提出了更大的难题。一个主要的问题是,当视网膜意象由于我们的眼动(eye movements)而使得我们看到行为物体穿越视网膜而运动时,行为物体仍旧停留在它们的原地,这究竟是怎么一回事呢?海林(Hering)的理论尽管具有独创性,但仍表现出他那时代理论研究的附加特征(1879 年, p. 531)。按照他的理论,在眼睛处于正常位置时,正如我们前面所见到的那样,每个视网膜点具有一种明确的空间值。例如,视网膜中央凹具有的空间值为 0,而它左边一个点 L 所具有的空间值为 +X,也就是说,它出现在"正前方"的右方(见图 93)。当我们通过与距离 FL 相一致的角度将我们的眼睛转向右边时,原前投射于 L 上面的物体现在便被投射到了 F 上面,而原先投射于 F 上面的物体现在则被投射到了 R 上面,由于 FR=FL,因此,R 点具有的空间值(大约)=-X。如果视网膜点在眼动期间保存它们空间值的话,那么我们的两个物体便应当经历向左方的移置过程。而实际上,它们表现出处于静止状态。结果,海林作了这样的假设,在眼动期间,一切空间值都以这样的方式变化,以至于它们被一定量的运动所取代。这是根据该理论对事实所作的正确描述,它也将从下列表格中清楚地反映出来。在该表格中,我们列举了三个视网膜点的空间值,也就是 F、L、R 在眼动前后的空间值。

图 93

表 11

视网膜点	在眼动之前,物体 A 投射于 F 上,物体 B 投射于 L 上	在眼动以后,物体 A 投射于 R 上,物体 B 则投射于 F 上
F	0	+X
L	+X	+2X
R	-X	0

当眼睛转向右边时,便向每个视网膜点上增加一个与眼动量相一致的"右侧"空间值。结果物体仍旧留在它们的原处,而物体投射于其上的那些视网膜点的转移,正好被视网膜点上各自空间值里的转移所补偿。物体 A 原先投射在 F 上面,它的空间值等于 0,而且显现在一定的位置上,其特点是笔直向前。然而,在眼动以后,物体 A 便投射在 R 上面,R 原先的空间值为 $-X$;也就是说,在眼动以前,投射于这个点上的一个物体将出现在那个"正前方"的左方。但是,随着眼动,一切空间值都已通过 $+X$ 而被改变了,因此,对物体 A 投射于其上的 R 点来说,其所具有的空间值为 $-X+X=0$,也就是说,该物体出现在它原先出现过的地方。

作为一种纯粹的描述,这一图式是与事实相符的。但是,比之它作为一种描述来说,它有着更多的东西,它要求包含现象的解释。因此,它必须把视网膜点所经历的空间值的变化归之于一种原因。按照海林的理论,这个原因存在于注意之中。当我们自发地移动眼睛时,我们的注意与此相伴随,或者更确切地说,我们的注意在我们的眼动之前便发生了,从而导致了空间值的这种变化。希尔布兰德(Hillebrand)甚至试图表明,为什么注意的变化会导致这种空间值的改变,不过,他的理论太复杂了,以至于我们在这里无法加以报道。同样,我也不打算批评该理论的一些细节,而只想指出其中一点,即该理论忽略了一个基本的数据:在我们转动眼睛以后,我们确实在原先看到这些物体的同样地方看到这些物体,但是,与此同时,我们也意识到,我们不再朝正前方看了!这最后一个事实恰恰被海林—希尔布兰德的理论给完全疏忽了。然而,它可以直接从邓克尔的理论中引申出来,以我们在实际的身体运动期间引申格局恒常性的同样方式去引申它。视觉系统是自我的一部分。由于视网膜图样的移置而导致的行为世界的运动,既可以由整个自我产生,也可以由自我的这个部分所产生,只要具备这样的条件,即自我的其余部分保持恒常。

然而,还有一个事实对海林的理论提供了特别有力的支持,该事实现在也必须与邓克尔的理论相一致。在眼睛肌肉局部麻痹的病例中,当病人转动眼睛时,他们看到了在他们的视野中处于运动状态的物体。这一现象与海林理论的关系是十分简单的。让我们假设一下,右眼外部肌肉是局部麻痹的肌肉,致使眼睛不完全听从于与一种运动有关的神经支配,结果,实际发生的运动将比"意欲进行"的运动要小一些。因此,按照海林的理论,它一定会导致物体的移置。让我们回过头来看一下我们的那张表格。在病人的案例中,空间值的变化与我们表中反映的变化是一样的,因为它有赖于"意欲进行"的运动,也就是说,它有赖于我们意图的特征——注意的变化。但是,物体在视网膜上的转移将是不同的。这样一来,物体 A 不是转移到 R 点上,而是仅仅转移到空间值为 $-Y$ 的 R' 上,而 $Y<X$。然而,另一方面,由于注意的转移,所有的视网膜点将通过 $+X$ 来

转移它们的空间值。结果,在眼动以后,A 出现的地方将是 $-Y+X$,而 $X>0$,那就是说,物体沿着眼动方向移动,我们可以说,物体已经从眼睛那里逃离出来。正如我们用我们的手指按压眼球使眼睛转动从而看到物体在运动那样,这个事实也证明该理论不可能像我们所阐述的那么简单。在正常的情形和上述后两种情形之间的差别是这样的:在最后一种情形里,眼动是在没有动眼系统参与的情况下进行的,而在前一种情形里,眼睛是由部分瘫痪的运动器官来进行运动的,在第一种情形里(即在正常的情形里),运动和由此产生的视网膜意象的转移是通过神经和肌肉的正常功能而发生的。看来,似乎在这些条件下,自我的眼睛系统只有在动眼系统参与的程度上才成为运动的载体,而且不受最终达到的结果的支配。因此,当动眼系统根本不参与的时候,如同通过按压眼球而发生移置那样,眼睛不会体验到在运动,而刺激的转移量将出现在物体的运动中。可是,另一方面,在眼睛肌肉局部麻痹的病例中,眼睛系统传送的运动要比视网膜意象的实际转移所产生的运动更大一些,那就是说,如果呈现的物体处于静止状态,那么,物体和眼睛之间的相对运动便会太大,原因在于体验到的移置量将成为由实际移置量决定的不变因素。因此,物体也一定看上去与眼睛的运动一样,在眼睛运动的同一方向上移动着。读者也许会发现他难以理解这样的推断。为此,我将以另一种方式来阐释我的论点。现实中,视网膜上的两个物体 A 和 B 彼此之间处于相对的运动之中;而在经过了一段时间 t 以后,其相对移置量的大小为 s。因此,按照我们的不变性定理(invariance theorems),具有 s 程度的一种运动是应当被察觉的,依特定条件而分布于行为物体 a 和 b 的中间。让 a 和 b 在时间 t 期间沿着直线 ab 而运动。因此,由 a 通过的路线将是 s_1,由 b 通过的路线将是 s_2。由此可见,在运动结束时,a 和 b 之间距离的变化$=s_1-s_2$。按照我们的不变性定理,也就是$=s$;$s_1-s_2=S$。如果 $s_1=0$,那么,$-s_2$ 便$=s$,而如果 $s_2=0$,那么,s_1 便等于 S,这是很自然的,它反映了这样的情况,即一个物体被看到处于静止状态时,另一个物体便成为运动的唯一载体。显然,在上述例子中,任何一种物体的运动肯定是相反方向的,也就是说,当 s_1 为正时,s_2 为负。如果 $s_1<s$,那么$-s_2>0$,因此 $s_2<0$;这样一来,物体又在不同方向中运动了。但是,如果 $s_1>s$,那么 s_2 一定>0,也就是说,两个物体一定沿同一方向运动。我们可以把这种情况直接用于眼动的例子,s_1 是体验到的眼睛运动,s_2 则是物体的运动,而由视网膜移置 s 所决定的 S 则代表行为的眼睛系统和物体之间的整个相对转移。在正常的情形里,$s_1=s$,因此 $s_2=0$。可是,在肌肉局部麻痹的病例中,$s_1>s$,因此 $s_2>0$,物体必须在眼动的同一方向上运动。然而,在通过用手指按压眼球而使眼睛产生运动的例子中,$s_1=0$,因此 $s_2=-s$,物体便成为唯一的运动载体,并且以一种与眼动方向相反的方向而运动。最后,我们可以考虑一下眼部肌肉完全瘫痪的病例。在这里,$s=0$,从而

$s_1=0$，物体和眼睛系统之间不可能经历任何移置。但是，由于 $s_1>0=$，因此 $s_2=X$，病人觉得他的眼睛和物体以同一方向运动，并且具有同样的角度移置。这种情况很有启示性，因为它表明我们的呈示是过分简单化的，这里，我们具有 $s=0$，况且还察觉到运动，它表明一个第三系统（即身体系统）也必须加以考虑。$s=0$ 可以与没有运动被体验的情况完全一致，也就是说，可与既非体验到物体的运动又非体验到眼睛的运动这种情况相一致。实际上，眼睛的运动是被体验到的，因而物体的运动也被体验到了。可见，该过程的原因不可能单单是视网膜意象的转移，因为，如果真是这样的话，我们便无法理解为什么在这种情形里会发生运动的体验。相反，我们必须假设，自我内部（intra-Ego）的力量开始运作起来，并直接决定了 s_1 的规模。所以，正是由于不变性定理，s_2 也受到了制约①。

  为了便于我们的解释，我们还想补充两个事实。第一个事实曾在第三章讨论天顶—地平线错觉时提及过，它便是知觉特性（perceptual properties），像大小等等一样，知觉特性有赖于动眼系统的条件。因此，当我们现在把对物体定位和运动的决定性影响归之于动眼系统时，我们并不是提出一种全新的主张。第二个事实是，肌肉局部麻痹的病人只有通过他们周围物体的干扰行为才了解他们的残疾，而不是通过转动眼睛时感到不方便才了解到眼睛肌肉出了问题。即便一个外直肌（rectus externus）全瘫的患者也往往会产生这样的感觉，即好像他的眼睛在向右边运动，尽管他的眼睛实际上是不能动的。

  还有其他一些例子也表明，眼睛似乎在移动，而实际上它们却是不动的。在邓克尔的实验中，经常发生这样的情况，两个被凝视的物体中有一个物体被看做在移动，即便实际上当时那个未被凝视的物体恰恰是运动的载体。这里，主要的结果是被凝视物体的诱导运动；由此出发，按照不变性定理，眼动必然像我们先前例子中描述的那样以同样的方式跟着运动。由于不存在任何移置，因此，眼睛和物体之间没有一种相对运动可以被体验到。由于物体以运动形式出现，眼睛也必然以运动形式出现；被试以为他用自己的眼睛跟随着运动着的物体，而实际上他用眼睛盯着一个非运动着的物体。这种情况完全符合我们的解释，因为在这样的情形里，动眼系统是与知觉系统直接相联结的，正如我们已经见到的那样，如果没有这样的联结，凝视将是无法解释的。

对一个不稳定格局的自我的影响

  所有这些影响都是包括自我或自我的一个亚系统的内隐组织的影响，它们受制于格局稳定性的规律。在一个不稳定的格局里，一切活动都受到严重阻

---

① 参见苛勒，1933年。

碍,因为姿势和平衡都受到严重影响。心理学家对此如此忽视,这是令人惊讶的。然而,即使是最简单的实验,也表明了一个稳定的空间格局在维持我们的身体平衡方面具有极大的重要性。对于任何一个正常的人来说,只要他睁开眼睛,用单腿站立是相当容易的。不过,如果闭起眼睛来试一试单腿站立,你将会惊奇地发现这是多么的困难啊,而且,你还会惊奇地发现,你将很快地不得不使用另一条腿来保持平衡,以免跌倒。我们甚至可以这样说,我们靠眼睛站立,正如我们靠双脚站立一样,或者靠眼睛站立也许更好一点,因为我们借助我们的眼睛保持平衡,甚至借助我们的眼睛将身体靠在周围的物体上面,正如借助手靠在周围物体上一样。我们这样说毫不夸张。这使我们想起了哈特根布奇(Hartgenbusch)的一个例子,即重量级运动员未能打破现存的记录,原因在于他们注视的墙壁缺乏清晰度(参见第二章)。对于我们的平衡得自视觉这一事实,一个令人印象深刻的例证是,当我们试图直立在一座狭小的山峰上,两边是几百英尺或者几千英尺的深渊。我引述一下索利斯(Thouless,1928年)的话,他已经刊布了有关这种情况以及类似问题的论文:"如果要求一名新手直立在那佩斯尖峰(Napes Needle)的山顶上,那么,对他来说,保持身体平衡的困难几乎是难以克服的。确实,他本来是无须攀登那么高的。如果他登上一块孤单耸立的顶部平坦的岩石,离开地面 8 英尺,那么,他也会发现,直立于这块岩石上面是十分困难的"(p.162)。在第一种情况下,没有视觉格局为那位登山者提供支持,在第二种情况下,格局被这样的事实给歪曲了,即一个清晰的场存在于站在岩石上的那个人的"背后",而不是存在于他的前面。因此,这个人存在着从前面掉下去的危险。索利斯的解释尽管在细节上稍有不同,却也推论出了视觉垂直线的错位(dislocation)。

由于我们把身体的平衡托付给一个凝视的格局上面,因此,格局稍有不稳或者稍有变化,便将对我们的行为产生深刻影响。华生(Watson)列举了失去支持引起恐怖反应的两个主要刺激之一。这一事实从我们的观点来看也是可以理解的。失去支持意味着一种格局的不稳定,正如我们在先前曾经指出的那样,我们的空间并非完全视觉的(参见第四章)。尤其是当涉及空间格局时,它在相当程度上有赖于我们刚刚提到过的那些因素。失去支持会影响前庭(vestibular)以及深度感觉因素,这些因素在一名具有很不清晰的视觉空间的婴儿身上将成为格局的主要基础。由此可见,失去物理的运动,对于婴儿来说,便意味着通过格局的不稳定而失去了行为的支持。用华生的话来描述,这种格局的不稳定产生了剧烈的影响。我们可以通过纯粹的视觉手段来重复这种体验。在乡村集市上,用来吸引大众注意的旋转式房间便是这种例子。这里,如果参观者想要接受一点刺激的话,他便被领到一间外观极为普通的房间里面,它的墙壁会突然地高速旋转起来,致使参观者感到头晕目眩,该情景如同他本人在旋转一般①。格局的这种转换效应是十分明显的。下面我以爬山为例再举一个例子。当一个人爬上一条相当陡峭的山脊时——这种体验与我们问题的关系已经由索利斯进行过充分的讨论——他来到一块水平方向的休息地带,尽管他在这块地方可以相当容易地站立,但在最初的瞬间这个人反而会感到相当地不舒服;约在一秒钟左右的时间里,世界失去了它的稳定性,它开始摇晃,而这个人也被诱使着与它一起摇晃。我们对于这种现象的解释仍是格局转换的缘故。当一个人爬山时,山脊从现象上看是垂直的,或者几乎是垂直的;它形成了一个人空间格局的主要部分。现在,当这个人站立起来以后,格局就必须转换,而这种转换还没有很好地得到限定,因为山岭的两边都被空气包围着,而最近的物体也相距甚远。

小结:格局和姿势

我们已经看到格局对活动是何等的重要。尽管所有的特定活动都是指向物体的,而不是指向格局的,然而,姿势和平衡(没有它们活动是不可能的)却在很大程度上有赖于格局。当然,姿势也是活动,它是由神经支配的不断的相互作用来保持的。换言之,姿势的保持也是执行者(executive)的一项任务,在这任务中,看来执行者主要受制于格局—自我的力量(framework-Ego forces)。

指向的活动——力的图解

如果现在我们从姿势活动转向指向活动(directed action),那么,我们便会发现极其重要的场内之物了。对于每一个个别情境来说,人们必须试着发现正在运作的力量,以及限制活动自由的场内的强制因素。勒温(Lewin)及其学派已经使用了这种方法,通过特定的图解(从这些特定的图解中,作为结果而发生的活动可以被推断出来)呈现各种场。一个相对来说简单的例子便是一个孩子遇到一个相当具有吸引力但被禁止的物体,或者这个孩子遇到一个不愉快但却可以获得报酬的任务。读者可在1931年勒温的文章中找到各自的图解。

在这样一个场内,物体按照自我的行为具有各种特征;有目标物体(goal objects)、导向目标的路径、工具、符号和信号、障碍、弯路,等等,其中有些特征已由托尔曼(Tolman)恰当地加以讨论过了,尽管在我看来,这位作者用其符号—格式塔(sign-gestalt)概念把该图景过分简单化了。通过符号—格式塔,他

---

① 新近的调查表明,在某种速度范围内,这种效应最强,也就是说,在实验的特定条件下,以3~5秒转上一圈,可以得到最强的效应。所谓实验的特定条件,是使用一只鼓,上面交替地涂着黑色带子和白色带子,宽度为1.5厘米,这只鼓便成了旋转物体[沃格尔(Vogel)]。

把重要性归于符号,而在我看来符号不过是许多不同种类的动力事物中的一种而已。我们在第二章中关于场行为的描述应当根据我们上述讨论的观点来重读一下。

动力特征的可变性

当用这种动力学方式考虑我们的场时,我们必须避免错误地高估物体动力特征(dynamic characters)的恒常性。我们已经看到,需求特征(demand characters)会随着需要而发生变化。但是,这仅仅是可能发生的变化中的一种变化而已。一条弯路可能变成一条直路,一块绊脚石可能变成一块垫脚石,一个玩具可能变成一件工具,一个具有吸引力的物体也可能在活动进行过程中变成一个令人厌恶的东西,这全靠瞬间的条件而定。这些变化将在我们讨论学习问题时进行阐释,因为它们可能或多或少地具有持久性。这里,我们只想强调对活动来说具有重要性的一个问题。

行为物体的功能特征

让我们回忆一下第四章和第五章提出的行为环境问题,我们发现一些极重要的东西被遗漏了。我们探讨的行为环境除了由正方形、圆形、椭圆形和其他一些形状所组成的之外(它们具有不同的颜色,位于不同的地方),也由立方体、球体和其他一些固体所组成。但是,由此引申出来的组织定律(laws of organization)并未解释为什么我们看到了椅子和桌子,房子和桥梁,或者邮局、信箱、汽车等等。组织定律不可能提供这样的解释,因为它们仅仅处理心物场的外部,或者说环境部分中的力量,这些力量不可能单凭它们自己产生出我们日常使用的物体。我们所提到的一切物体的特征(这是我们先前的理论所忽略的)是,它们与我们自己的活动有关。对一位异乡客来说,伦敦街道上的红色柱状物不过是奇异的柱状物而已;但是,正是这些红色柱状物的用途使它们成为邮箱,同样,当一名来自澳洲丛林的居民到达纽约港时,还以为他突然进入一个蛮荒多山的乡间。相反,对一名艺术家来说,一间房子可能成为一个立方体,一座山可能成为一个圆锥体,而这不仅仅对立体派艺术家来说是这样。由此可见,像大多数相貌特征(physiognomic characters)一样,这些"功能"特征("functional" characters)是物体——自我组织(object-Ego organization)的产物,与先前的特征不同,因为事实上,它们不是这些组织的主要结果,而是只有当特定物体在行为活动中发挥作用时才会显现的特征。所以,这些特征像需求特征一样,有赖于先前存在的需要,但是却以不同方式实施这种依赖。通常,需求特征将随着需要而来去。可是,功能特征则不同,它是持久的,只有当它作为一种特殊力量的结果时才会消失,正像艺术家的特殊

态度那样。一切需求特征是相貌特征的前提，或者说是功能特征的前提，我认为这样的观点是正确的。正因如此，那边的那只绿色箱子不会使我偏离我打算寄信的行走路线，而是邮箱才会使我这样干；我也不会用这个T形的东西把一枚钉子敲进墙壁里面去，而是一把榔头才会使我这样做；如此等等。但是，曾几何时，这样一种T形物体由于可以被当做一件工具来使用，因此它也一度成为一把榔头。现在，让我们回到功能特征和需要之间的关系上来。只要不产生使用一把榔头的需要，便不会有任何榔头，不论周围可能会存在多少合适的T形物体。但是，对我们来说，一把榔头就是一把榔头，甚至当我们不需要它时也一样，尽管这时它不会通过它的榔头特性来决定我们的活动；如果它进入我们的行为之中，它便可能以许多方式这样做，既可以作为敲击钉子的工具，又可以作为镇纸的重物，等等。它的"需求"特征一直在变化着，而它的功能特征却保持不变。首先，这意味着，通过它的使用，物体经历了持久的组织变化，随着这种持久的组织变化，它不再是一种自我—独立（Ego-inde-pendent）的东西（像我们在先前的论证中曾经用过的那些正方形和十字形的东西），而是成为与自我具有一种持久关系的东西。其次，这意味着，这样一种重新组织可能会变得持久。关于这种陈述的一般意义，我们将在记忆一章中加以讨论（见第十一章）；此刻，我们只须作出这样的评论便可以了，即生物体在其生命的任何时刻，其行为环境有赖于生物体早期时刻的行为环境。这种陈述本身是一种陈旧的说法。事实上，心理学家都受过这样的教导，即知觉有赖于经验和记忆；正如我们在第三章的讨论中所了解到的那样，传统心理学通过记忆的参与来界定知觉，并把它与感觉区分开来。但是，这种理论与我们在这里发展的理论是有极大区别的。一方面，它把恒常性假设（constancy hypothesis）用于感觉的解释；另一方面，它根据同化假设（assimilation hypothesis），通过为这些感觉补充新的要素——意象（images）来对知觉进行解释。我们在第三章中已经对所有这些传统的假设进行了驳斥，现在，我们用一种新的假设来取代所有这些传统假设。尽管这种新的假设此刻有点模糊——甚至在我们后面的讨论中也不大可能使它变得更加明确——但却避免了在反对旧理论的过程中所出现的一切异议，而且与我们的基本假设是完全一致的。在这个新理论中，经验仍然具有它的位置。如果它没有位置的话，那么我们的理论确实够愚蠢的了。可是，在我们的理论中，经验的作用并不是在旧的理论上加一点新的元素，而是改变先前的组织。

然而，在支持我们关于"功能特征"的理论方面，我们所掌握的实验证据还很少。就人类实验而言，我们可以引证由阿赫（Ach）于1930年实施的"能适应性"["quality of pliancy（——Gefugigkeitsqualitat）]方面的研究，在这个研究中，阿赫通过让被试对无意义音节（nonsense syllables）作出反应的方式，建立了无意义音节的功能特征。就我从阿赫的简短报告中所能见到的而言,其结果是与我们的理论完全一致的。但是,若要使这些实验成为概括的基础,则实验的条件过于人为化,材料与其功能特征之间的关系也过于任意化。自苛勒用黑猩猩进行经典的实验研究以来,动物实验已经变得更加合适。在动物心理学中,让动物对熟悉的物体予以新的使用也已得到了实施,因此,如果允许我们进行类推的话,则可以认为动物行为环境中新的功能特征已经产生。遗憾的是,用类推法进行的这种推论无法直接地得到证明,尽管有些足智多谋的实验人员可以发明一些间接证明它的新方法。如果我们列举这些实验的细节(这些实验对大多数心理学家来说是颇为熟悉的),也不会为我们的论点增加什么说服力。我们不得不等待在人类被试身上开展理想的实验;根据我们的宗旨,人类被试得到青睐的原因(与动物相比较而言)不仅在他们能说话,能报告行为物体经历的变化,而且在于人类被试有更多的需求,并能创造一些新的需求,正因如此,与各种需求相一致的功能特征可被创造出来。

态度及其对行为环境的影响

尽管我们在自我—物体力量所引起的功能特征方面缺乏直接的实验知识,但是,我们却在自我是否能够影响行为场这个一般的问题上处于更为有利的地位。不仅日常经验促使我们对这个问题作肯定的回答,而且很好控制的实验证据也促使我们对这个问题作肯定的回答。在第四章里,我们已经提及这样的事实,即一个点的能见度(visibility)有赖于观察者的态度;在实验心理学的初期产生了这样的问题,注意究竟能否改变一种感觉的强度(intensity of sensation),而设计用来解决这个问题的实验结果表明存在这样一种效应[1]。在具有注意的特定指向条件下,对乐音(clangs)可以进行分析,它们的陪音能被听见,这些事实属于我们科学所拥有的最古老的知识库存,尽管对这种效应的实际解释直到第一次世界大战后几年才真正作出[埃伯哈特(Eberhardt),1922年]。组织问题对于旧的心理学来说是个未知数,至少这本书所表现的形式对旧的心理学来说是个未知数。行为环境的变化,不论这些变化是由于注意、态度、还是由于诸如此类的东西,它们主要是组织的变化。作为这样一种组织因素,态度已由戈特沙尔特(Gottschaldt,1926年和1929年)做过彻底的调查,苛勒也在这方面讨论过来自日常生活的许多例子。

---

[1] 例如,参见斯顿夫(Stumpf)的讨论。

态度和注意的界定

在我们描述戈特沙尔特的实验之前,对我们关于态度和注意的含义进行界定是合适的。根据我们先前对这两种概念的讨论,很清楚,我们所谓的态度和注意,意指参与整个动力情境的实际力量,也就是存在于场和自我之间的实际力量。如果我们将更为一般的意义归之于态度这个术语,而将更为特定的意义归之于注意这个术语,那么看来是一种更为合适的用法。由此,注意便将成为一种特定的态度,也就是朝着一个物体的非特定的指向,而其他一些态度则是更加特定的,例如对或多或少明确的某种东西的期待,将重点放在一个地方而不是另一个地方,表示怀疑,产生好奇,等等。在讨论注意时,我们对下面两种情形进行了区分,一种是力量之源在于自我之中,也就是有意注意(voluntary attention),另一种是力量之源在于物体之中,也就是无意注意(involuntory attention)。这样的区分是否可以应用于其他的态度,这里将不作决定;可以肯定地说,在许多情形里,这些态度发源于自我,发源于自我的需要或准需要(needs or quasi-needs)。这些态度在意识中表现它们自身的程度是可变的。在戈特沙尔特的实验中,态度的存在和效应是由它们的结果来证明的,而不是由被试的报告来证明的(被试的态度在积极的探索和被动的信念之间变化着,而所谓被动的信念,是指被试被动地相信将会向他们呈示某种图样)。

戈特沙尔特的实验

我将从戈特沙尔特从事的许多实验中仅仅报道其中一些实验。让我们从下列一些实验开始,它们随着我们在第四章中图 30 报道的他的实验之后发生。在向被试第一次呈示 b 图形以后的一天里(读者必须回到第四章里以寻找有关方法和术语的解释),先前曾见过 a 图形 3 次的第一组被试,这次再为他们呈示 2 次,对于第二组被试,他们先前曾见过 a 图形 520 次,现在再为他们呈示 20 次。然后,让两组被试观看 b 图形,每组呈示时间为 2 秒,并给予指令,要求他们从中寻找先前看到过的 a 图形之一。我们用像先前一样的方法来描述其结果(参见表 6),并在第Ⅰ栏和第Ⅲ栏中补充我们旧表格中的数字。结果是很有意义的。如果我们将第Ⅰ栏和第Ⅱ栏作比较,并将第Ⅳ栏和第Ⅲ栏作比较,可以说明新的指令的效应,而第Ⅱ栏和第Ⅳ栏的比较,正像先前第Ⅰ栏和第Ⅲ栏的比较一样,表明重复的积累是无效的,第Ⅱ栏和第Ⅳ栏中的数字则表明了新指令的成功量。很显然,探索的态度是有某些影响的,而单纯的重复则根本不会有任何影响,不过,同样明显的是,在大多数情况下,与这种探索态度相一致的力量不足以克服图形中组织的内力。然而,态度也可能对组织产生影响,这是一种不能还原为经验的影响。

在另一篇论文中，戈特沙尔特刊布了一些用来显示态度影响的新实验。在其他一些方法中，他使用了本书 p.116 描述过的实验装置，通过这种实验装置，图形以逐步增加的区分度加以显示。一旦被试看到任何一种新东西时，实验者便停止显示，然后要求被试把他们已经看到和正在看到的东西画在纸上。这样，便可以对图形的逐步发展加以研究，而且可以作出决定，如果 a 图形和 b 图形具有不同的发展顺序，那么 b 图形的顺序是否可能受到包含在 b 图形中的 a 图形的体验的影响。可是，实验结果再次表明，只要特定的态度被排斥在外，结论便是完全否定的，但是，当这些态度被唤起时，更会发生激烈的变化，这种变化不是由特定的指令所引起，而是由实验系列的短暂过程所引起。两个主要的 ab 结合得到了应用，如图 94 和图 95 所示。

表 12

	第Ⅰ组		第Ⅱ组	
	中立的 3 次重复，5 次重复，92 例	探索的 520 次重复，93 例	中立的重复，242 例	探索的 540 次重复，248 例
a 有影响	6.6	31.2	5.0	28.3
a 没有影响	93.4	68.8	95.0	71.7
	Ⅰ	Ⅱ	Ⅲ	Ⅳ

让我们把图 94 称为十字—正方形，而把图 95 称为箭头—圆形。图 94 的 b 图形以这样的方式正常地发展着，即正方形首先被看到，而那根垂线直到后来才加到正方形上面去。与此相似的是，在图 95 的 b 图中，圆形先于箭头部分发生。于是，便安排了一系列显示，其中，两幅图中的 a 图交替出现 12 次。如果我们给每次呈现标上一个数字的话，那么，开头的 24 次显示将是 a 图形的简单交替，十字形出现在奇数中，而箭头则出现在偶数中。这样的序列

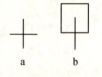

图 94

只有一次轻微的中断，因为在 3 次交替以后，也就是说，在第 7 次和第 8 次显示时，出现的不是 a 图，而是相应的 b 图。所有 6 名被试看到的是与这些图形的正常发展顺序（即先看到十字形然后看到箭头）相矛盾的，在他们看到整个图形之前，实验就被中断了，因此，就被试而言，交替的序列并非真正地被打断。但是，在第 24 次显示以后，又引进了另外一种变化：这时，或者在第 25 次是一个 b 图形，不过，这时圆形代替了十字形，十字形作为第 26 次而接着出现；或者，第

图 95

25 次仍然是正常的，即呈现简单的十字形，但是接下来是同一幅图里（即十字形—正方形）b 图出现了，这便是第 26 次显示，而这个系列以 b 图圆形的第 27 次显示而告结束。现在，6 名被试中有 5 名看到这些正常显示的图形，即正方形和圆形先出现，它们不受与它们相一致的 a 图形呈现的影

响,而 a 图形曾经决定了 b 图形的出现。此外,在第二个交替方案中,b 正方形(第 26 次显示)紧接着 a 正方形(第 25 次显示)而出现,然而,在所有三种情形里,正方形先出现,而不是十字形先出现。这个实验证明,单为重复而重复,在这一实验条件下(在这一实验条件下,组织的内力是十分强大的),对知觉组织是不会产生任何影响的,但是,在图形显示的瞬间,观察者的态度具有十分直接的影响。那么,b 图形的第一次显示和第二次显示之间究竟有何区别呢?在第一次显示中,b 图形发生在它们与 a 图形相对应的地方;这些 a 图形是得到期盼的,从而 b 图形的组织也发生了改变。在第二次实验中,b 图形不是出现在与 a 图形相对应的地方,而是出现在另一个被期望的 a 图形的地方。这里,不会出现 a 图形的影响,因为这种期望并不符合由刺激产生的任何一种可能的组织。在图 96a 和 b 中,描绘了另外两种显示系列。在第一个显示系列中,系列的时间结构是这样的,即在十字形第一次显示(标号为第 11 次)以后,便期望另一个十字形出现,结果是正方形 b 开始与十字形一起发展,而不顾及这样的事实,即一个简单正方形在十字形第一次显示之前就已经显示过 5 次了。与此相反的是,在第二个系列中,b 十字—正方形图形在十字 a 图形之后直接出现(十字 a 图形在该系列中已经显示过 8 次),不过以被试期望一个新图形的方式显示。结果,b 图形得到正常发展,是正方形而不是十字形带了头。

结论

我们可以因此得出结论,戈特沙尔特的高质量实验证明,发源于自我的力量可以通过影响自我组织的办法来对自我的行为环境产生影响。与此同时,戈特沙尔特证明,这样一种影响存在着十分明确的范围。在以上描述的三种系列中,使用的 b 图形都是属于下列情况的,即 a 图形或者是箭头—圆圈图形中的实际部分,或者与 b 组织并不存在很大的冲突。换言之,在这些条件下产生的 a 图形必须与相对较弱的力量作斗争。正如戈特沙尔特在特定的实验中已经表明的那样——也正如上文所报道的用探索指令进行的实验中表明的那样——态度无法克服组织的强大内力,也就是说,当图形 a 按照结构原理在 b 图样中完全消失时,它们是不会产生一个 a 组织的。

用于乐音的分析

由于我们曾经提及把乐音分析作为态度对行为环境产生影响的一个经典例子,因此我们现在可以补充说,这种影响还是一种组织变化的例子,正如埃伯哈特博士已用实验证实了的那样。对陪音进行"分析"并不使先前存在的音调感觉"得到注意",而是通过用音调体验的双重性去替代统一而又丰富的乐音来改变刺激的结果。

非实验情境中态度的影响

态度对那种可以克服内部组织之相反力量的场组织具有明确的影响。这些相反力量越弱,场就越加为态度所决定。事实上,在戈特沙尔特研究的一些例子中,组织的内力仍然相当强大的情况在知觉场里是十分罕见的,尽管它们可能在思维场里发挥更大的作用。在实验室外面,我们极少有机会将一种图形改变成另一种图形。不过,我们先前关于态度对点子知觉的影响的讨论证明,场通过态度得以重组的情况在实验室外面起着某种作用,读者也可以用许多其他的例子来扩充这个例子。但是,通常说来,我们的态度影响了相反力量根本不存在或者很弱的场组织。在一个取自苛勒的例子中,我将聚集在桌子周围的对子分类,或者把他们看做是对立的一对,或者把相邻的两个人看做是一对搭档,这个例子很能说明问题。如果我把他们视作一对桥牌搭挡,如 N 和 S 小姐,E 和 W 小姐,则他们将形成一个亚组(subgroup),如果我们把他们视作欢乐的聚会,则 N 将与 W 小姐归入一类,E 将与 S 小组归入一类。在实际的结构中,没有什么东西(即使有,也极少)会以牺牲另一种组织的方式来促进一种组织,从而使组织十分容易地遵循态度。现在,这种情况不断得到实现,因为我们始终以明确的态度看待我们周围的事物。由于态度本身变化很大,因此由态度引起的场内变化的可能性实际上是无限的。

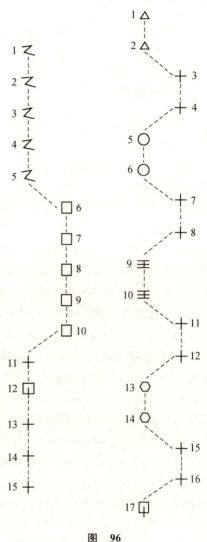

图 96

情　　绪

我们在上面列举了不同的态度,而这些态度,像怀疑、好奇甚至期待等等,都明确地暗示着一种情绪(emotions)。换句话说,我们已经接近情绪和情操(sentiments)的范畴,因为正如注意的态度可以影响场一样,一种憎恨的态度,或者

一种极端不信任的态度也可以产生重组(reorganizations),这种重组不仅不同于单由注意引起的变化,而且在程度上大于单由注意引起的变化,憎恨和不信任在其持续的和潜伏的阶段称做情操,而在它们爆发并支配执行者的时候,便称做强烈的情绪。因此,我们现在必须转向情绪和情操的讨论,但是我们把精力集中于前者,因为我们关于实际动力情境的知识还不够充分,以至于无法对它们分别陈述。

关于情绪的传统陈述

关于情绪的心理学理论是十分不能令人满意的。读者可在两本现代教科书中找到有关情绪领域中业已完成的实验研究和理论工作的描述,这两本教科书由惠勒(Wheeler)和伍德沃思(Woodworth)所著,它们证实了我的判断。一方面,心理学家致力于对情绪进行描述、分析和分类;另一方面,他们对情绪的生理学症状进行研究。第一种尝试导致了简单情绪和复杂情绪的区分,以及原始情绪和派生情绪(primary and derived emotions)的区分;第二种尝试使一些事实(即关于像呼吸、心跳、内分泌等不同人体功能的事实)得以清楚地显示,但是却没能在这两种发现之间建立起协调。当然,长时期来,这一领域中的研究深受著名的詹姆斯—兰格(James-Lange)理论的影响,该理论尽管有某些优点,但仍然不过是19世纪心理学的典型产物。我看到该理论在反对抽象的"组织主义"(structuralism)中所表现出来的优点,因为组织主义把情绪解释成特殊的心理元素,或者解释成特殊的心理元素的独特复合。我认为,该理论的真正成就是它始终坚持了这样的事实,即情绪不仅仅是意识的内容,情绪涉及整个有机体的过程,而且足以涵盖整个有机体。但是,这个理论的错误在于它过分坚持用来论争的那种观点,把情绪解释为有机体过程的感性知识。尽管詹姆斯是一位伟大的作家,尽管他十分欣赏这样一种似是而非的论点,说什么"悲伤是意识到泪腺的活动",但这样的论点确是一种荒谬的论点。

情绪理论深受我所谓的心理学家的平静态度之苦。一种情绪被视作是一种事物,心理学家"陶醉于把我们无论怎样的命名都给予具体化的自然倾向之中"[麦独孤(McDougall),1923年,p.314],这是一种我们在第三章开头时讨论过的倾向。当然,情绪无法用事物类别来适当地处理。我们不可能把情绪整个儿取来,然后将它们割成一块一块,以便察看它们究竟由什么东西组成。我们与麦独孤的意见完全一致(麦独孤强调了"这样一个明显的事实,即不存在所谓'情绪'这样的东西"),而且更喜欢那个术语的形容词形式,而不喜欢那个术语的实体形式,正如在惠勒的著作中有一章标题为"情绪的行为"(Emotive Behaviour)而不是"情绪"。这就意味着:对于某些心物过程来说,我们运用"情绪的"(emotional or emotive)术语,这些术语具有动力特征,它们与"加速的"、"逐渐增强的"、"上下波动的"术语具有同样的意义,都是过程的动力特征。

根据组织的动力观点研究情绪

心物过程是组织中的过程。正如我们已经看到的那样,对构造的研究必须继续。这种继续可以通过寻求潜在的动力原理和决定特定组织过程的特定条件来实现(在每一种具体的情形里,这些一般的原理引起了特定的组织过程)。在我们的调查中,分类起着很小的作用,因此,在情绪领域,我们也就很少关注分类。分类对于临时规划研究领域也许有用,但它不可能在研究完成之前或在达到完善阶段之前为我们提供有关其物体的最终知识;分类也许可以为一个业已完成的理论提供系统的概览,但是,我们关于情绪的知识与这样一种状态相距甚远,这是很自然的。作为一种代替的办法,我们不得不对动力特性中的组织进行研究,也就是说,我们不得不分析情绪情境,以便发现实际起作用的力量。

内隐的和外显的组织

如果我们应用我们对内隐组织和外显组织的区分,那么完成这项任务就会容易一些。一旦我们这样做了,我们便必定会看到,行为的情绪方面(至少在某种程度上说)是组织的一个外显方面。对于我们经常强调的这种外显特性,我们并未高估它的重要性。指出这一点以后,我们现在便可以继续解释所谓情绪的外显特征究竟意味着什么了。当我们感到兴奋时,或者换言之,当我们处于高度紧张状态时,我们的心物场也处于这样一种张力状态,这可以由在这种条件下随时会发生爆发性行为这一点来加以证明。再举个例子,我们的愤怒情感在我们的自我系统的不稳定状态中具有它的对应物,可是,一种愉快的满足感则与处于较低张力水平的心物场相一致,也与较为稳定的心物场相一致。主观感觉和客观上对行为的观察,或者对生理症状的客观观察,都处于最为可能的一致状态中。这一点对于我们的情绪理论是基本的。如果缺乏这种一致性,如果我们可在超越一切可能的控制范围外感到兴奋,如果我们的心物场像中午时分晴空下的高山湖泊那般宁静,那么,我们的情绪理论,不仅如此,甚至我们的整个心理学,都将不得不与现在的情况有所不同。这样一来,它肯定不可能是心物同型论了。可是,实际的事实支持了我们的心物同型的方法论(isomorphistic methodolgy)。

然而,我们还可以深入一步:当我们感到害怕时,我们通常不是简单地害怕,也就是说,我们的意识中充满着特定的情绪特性,但是,我们害怕某个东西,我们的外显行为表明,或者至少我们的含蓄行为表明,这个东西实际上对我们的活动产生了影响。确实,苛勒从这些事实中得出了他关于非内隐组织(nonsilent organization)的概念。可见,情绪的外显方面不仅反映了存在于心物场内的张力程度和类型,而且还反映了张力的方向。

麦独孤的理论

这一事实已为麦独孤所清楚认识,他把该事实作为其情绪理论的基石。"情绪特性具有一种认知的功能;它们向我们表示的主要不是事物的性质,而是我们对事物作出冲动反应的性质"(p.326)。或者:"当我们害怕时,我们感到有一种从那个使我们感到恐怖的东西处退却或逃离的冲动;当我们感到愤怒时,我们感到有一种对那个使我们发怒的东西实施攻击的冲动;当我们感到好奇时,我们也感到有一种向那个激起我们好奇的东西靠近一些,并对那个物体进行察看的冲动"(p.321)。尽管这里所用的术语与我们的术语稍有不同,但是,这些话语却反映了这样一个事实,即它们与我们迄今为止坚持的观点是基本上一致的。我想说的是,这种一致并不意味着麦独孤的一般原理与我们的一般原理是相同的。麦独孤在他的《社会心理学导论》(*Introduction to Social Psychology*,1908年)中刊布了有关其理论的基本原理,这是格式塔心理学问世之前很久的事了,不过,另一方面,格式塔心理学在其体系方面与麦独孤的一般理论观点不同,甚至在许多方面基本上与麦独孤的一般理论观点不同。我之所以如此坚持这种一致性,在我看来,是由于不带偏见的观察,以及在理论思考中运用这种不带偏见的观察方式。

然而,麦独孤的名字是与比这种理论更加特殊的情绪理论联系在一起的,这种特殊的情绪理论认为,"原始的'情绪'基本上是本能冲动的指征"(p.325)。至于麦独孤所谓的本能,我们在前面已经引证过了,也就是说,一种感知和活动的先天倾向。正是在这一点上,我们无法继续追随麦独孤了;实际上,在我看来,他已经在某种程度上陷入了一种错误,而他曾经在许多情形里以极大的辨别力批判了这种错误,这个错误便是把抽象概念具体化(reification),作为一种心理倾向,本能毕竟是一种持续的统一体,是一个事物之本质的某种东西。可以肯定的是,麦独孤的概念并不粗俗,但是,把本能界定为先天倾向,至少冒有这样的风险,即放弃了对行为作出真正的动力学解释,也就是说,放弃了对一个在特定时刻实际运作着的力量的解释,而且用一种达到某些目标的统一体来替代这种解释。由于这种力量并非他理论中的一种机制,因此,肯定存在某种东西,"它与物理科学所构想的始终机械地运作着的能量十分不同"(p.317)。指出麦独孤在表白他自己时所持的那种谨慎态度是颇为重要的。他避开了这样的主张,即认为目的性行为是与物理过程十分不同的,他只是把目的性行为与机械构想的过程相区分,并且在其著作的开篇部分中,他承认了这样一种可能性,即世界上一切过程都属于同一类型,尽管他认为这不可能是机械论(mechanism)(p.203)。我并不知道麦独孤是否把我们对纯物理过程和心物过程,包括目的性过程的陈述都称做为是非机械的。他没有做过任何尝试去改变他认为的物理学家对物理过程的解释,因此,他为了在心理学中保持非机械论解释而引入的概念,看来不仅与机械论者的解释不一致,而且与任何一种物理学解释不一致。我认为,他的本能概念证明了我的一种论点。"于是,当逃跑的本能被激发时,冲动便自行发泄,并且主要通过位移(locomotion)而达到其目的"(p. 322)。现在,我无法用任何一种方式把这视作是对实际发生的事情的一种解释。我所想要的东西是对涉及的实际动力学进行更为具体的描述,而不是"一种本能激发"的概念。此外,唯有这样一种对实际场的具体动力学描述才会支持麦独孤对情绪理论所作的宝贵贡献,也就是他关于组织的外显特征的观点(实际的场是在这些组织中发生的)。正如麦独孤的理论所坚持的那样,上述的观点展现了对这种理论的异议,它向这种理论发起了攻击:说什么任何一种本能活动都带有与其本能相对应的情绪,这是不正确的。更确切地说,情绪越大,有机体越不能活动。

一个用来证明用动力学理论补充麦独孤理论之必要性的例子

我在这里将讲述一个例子,这个例子解释:物体 A 在个体 P 身上激起逃跑的本能。P 有了逃跑的冲动;如果冲动是"起作用的",那么他便会逃跑,而表示冲动起作用的指征是恐怖的情绪。现在,异议出现了,恐怖感越强,个体 P 具有的运动自由度便越小;还可能有这样一种极端的例子,没有恐怖感也会产生快速的逃跑。我认为,这种异议本身并未对麦独孤的理论实施致命打击,因为他可以说,随着逃跑,由 A 引起的逃跑冲动将会继续减弱,从而使情绪不断减弱。如果激发的程度有赖于 A 和 P 之间的距离,则他必须使激起本能的物体和物体本身之间的关系变得更为动力一点。但是,即使没有任何一种恐怖反应,也可能激起"逃跑的本能",正像一名短跑运动员在遇到一个躯体笨重且面目狰狞的敌人时发生的情况那样。因此,逃跑可以说是逃脱本能的作用,但是,它也会伴随一种欢乐,对此,麦独孤可能会将此归因于自信本能(assertive instinct)的激发。因此,有两个问题尚待回答:① 为什么逃跑本能并不伴随着恐怖情绪?② 什么东西激起自信本能?

我确信,一种情绪理论可以在不受这些困难所左右的情况下得到发展,而且我将设法表明它是如何做到这一点的。我暂时把本能从讨论中搁置一会儿,并且像前面建议的那样,通过对各种起作用的力量进行考察来探讨这个问题。我们先前提及过的勒温的场力图解方式在这里尤其有用。登博博士(Dr. Dembo)的研究表明了这一点,下面,我们将对此展开讨论。

情绪的动力理论

该理论所持的一般态度是这样的:整个场充满着力,这些力使场保持平衡状态,或者产生变化和活动。力的相互作用作为整个场的一个亚系统(sub-system)而应用于自我。在我们的理论中,情绪行为被认为是这些内部自我力量的动力,并把有意识的情绪视作这些动力的外显方面。内部自我力量的动力经常超越自我的范围,即指向场内物体的情绪,我们必须把这些物体——自我动力包括在我们的情绪界定之中。至于这样一种观点如何予以概括,以便与我们先前的说法相一致(即情绪不一定属于自我,而有可能出现在行为场的其他部分),我们将放在后面进行解释。这样一种观点并不遭遇曾经阻碍过麦独孤理论的那些困难。逃跑可以与恐怖相联结,也可以不与恐怖相联结,这要视一般的动力情境而定。在我们前面所举的那个短跑运动员的例子中,他的逃跑运动不会伴随着恐怖,原因在于,由于他的自我和危险物体之间的动力关系,在他的自我中不会引起任何张力。

对麦独孤情绪分类的应用

一般说来,情绪问题并非一种分类和内省分析(introspective analysis)的问题,而是一种动力和功能分析的问题。至少在目前,我并未看到诸如原始的、次级的或混合的情绪与派生情绪之间的区分在这一领域中会对我们的进展有多大用处。麦独孤在前两种情绪(即原始情绪和次级情绪)之间所作的区分是完全正确的;他说道:"这样一种复杂的情绪经验(以愤怒和厌恶为基础)并非完全由分离的兴奋所形成,而是两种情绪(即愤怒和厌恶)一起出现,以及随后的混合;更确切地说,它是对复杂情境的直接反应"(p. 331)。这是完全正确的。次级情绪(secondary emotions)的动力不同于原始情绪(primary emotions)的动力,随着条件的变化,次级情绪也可能转化为原始情绪,这也是正确的。至于,"混合情绪"(blended emotions)这个术语,在我看来,鉴于我的理由,也鉴于麦独孤自身的理由,是不恰当的,而且,只要人们还没有成功地为简单的和复杂的条件建立起有效的标准,那么,"次级的"这个术语也是危险的。如果这些标准能够建立的话,那么,把从最简单的一组条件中产生的情绪称之为原始情绪,把从较复杂的一组条件中产生的情绪称之为次级情绪,便不会有任何异议了。但是,此刻,我宁可不去考虑这种区分。麦独孤引进了他的第三种分类——派生的情绪(derived emotions),快乐、惊讶和沮丧均属于此类,因为对有些情绪来说,找不到与之相应的恒定的本能冲动(p. 338)。由于我们拒绝接受麦独孤的本能—情绪联结理论,因此我们无须讨论这组新的情绪。我们的这位作者运用了其他一些特征把派生的情绪与前两组情绪进行了区别,而前两组情绪中有一组情绪在我看来是有意义的和重要的。"原始的情绪可被说成是一种力量(这种说法不很严格,但却没有严重错误),因为它始终由一种朝着某个特定目标的冲动伴陪着……。然而,另一方面,派生的情绪不能被视作一种力量。它们不过是本能冲动之运作中的一些附带事件(incidents)而已,而这些本能的冲动则是促进和保持思维与活动的真正力量"(p.346)。如果我们不去考虑本能这个术语的运用,如果我们让这个问题搁置起来不予解决,直到我们拥有进一步的知识为止(这个被搁置起来的问题是:对于实际讨论的情绪而言,这种区分的应用在多大程度上是正确的),那么我们便被提供关于不同情绪动力性质的有价值的暗示。我们也许可以用我们的术语对此进行重新描述,我们的说法是这样的:情绪,至少作为体验到的情绪,可能属于整个动力情境的不同部分或不同方面。随着张力的产生,张力的运作,以及张力的解除,都可能产生情绪。我们说"派生的情绪"这一术语确实是不适当的,但这不过是小事一桩。

自我中未被体验到的情绪

在我们报告为我们的理论提供支持的实验材料之前,我们必须简要地论述一下在我们的定义和我们刚才提及的一种论点之间的明显矛盾。场内的情绪又是怎样的呢?应该承认,在人类中,正是非自我情绪的情绪得到最经常和最强烈的体验,在高级动物中,这种情绪的体验程度仅次于人类。这一事实也许主要对我们已经批驳过的(第八章)移情(empathy)理论负有责任,并对我们后面将要批驳的类比推理(analogical inference)理论负有责任。这些物体与我们自我之间的相似性,一定会对上述两种理论产生巨大影响,然而,这种相似性还具有另外一个方面,它导致另一种更加直接的和站得住脚的解释。因为人类和人类的近邻高等动物是我们行为环境中最复杂的物体。与此同时,也许至少部分地是由于它们的巨大复杂性,它们之所以超过其他物体,正是因为它们处于力量的中央,并为力量的场所包围着。在这些作为行为物体的物体中,有可能产生一种内部物体、物体—物体甚或物体—自我的动力,它们可与内部自我动力和自我—物体动力相比较,我们把后者视作情绪的真实基础。运用这种方法,我们的理论能够容易地得到概括,以便说明非自我情绪体验的原因。作为行为物体,人和动物究竟如何拥有我们归之于他们的动力,对此问题我们准备放在后面一章进行讨论(在后面一章里,我们将探讨有关他人情绪的知识)。然而,我们的概括必须广泛,以便把无生命的行为物体也包括进去,例如,悲哀的景色就属于无生命的行为物体。我们的整个问题主要涉及相貌特征问题,因此,当我们从事我们的讨论时,我们将深入到这种关系中去。

实验证据

这种情绪理论尽管或多或少是用我自己的话来表述的,但主要是勒温及其学派在过去15年间坚持不懈地发展起来的那些理论的成就。正是从勒温学派所作的两个贡献中,我们获得了主要的支持。这两个贡献来自卡尔斯坦(Karsten,1928年)和登博(Dembo,1931年)的研究。

登博的调查

登博博士的问题是对愤怒的动力情境进行调查。她在一篇冗长的论文(共

144页)中报道了她取得的结果,这里只提及若干突出的论点。但是,如果人们想对勒温的力场法(method of fields of force)获得真正的了解,那么,他便可以读一下登博博士的论文。

登博的实验方法是让她的被试面对一项不可能完成的任务(选择两项不同的任务),然后要求完成这些任务。她的实验持续1~2小时,而且通常在第二天继续进行。实验者和一位专门的报告员与被试同处一室,前者有时打断被试的活动。在所有的例子中,都激起了真正的愤怒情绪,这些愤怒情绪用发誓、威胁、许愿和破坏性行为等表现出来,甚至在一个例子中有一名被试冲出房间,并在另一个房间里痛哭流涕。

愤怒的动力学

这种情绪的实际症状或表达随不同的例子而不同,但是,动力情境的一些基本方面对所有的人来说都是共同的。我可以引述登博博士的话:"尽管所有这些过程是异质的(heterogeneous),但是从动力学角度上讲,它们能以一种相对来说单一的方式从一些基本因素中取得。在拓扑学(topology)和情境场力的基础上产生了一种冲突,一种在十分不同的方向上表现出来的场力的对抗。不断增加的情境失助(hopelessness of the situation)产生了强大的张力,这些张力同时又引起整个场的界线的松散与破坏"(p. 117)。①

登博的论文十分详尽地探讨了引起这些张力的各个方面及其它们的结果。让我们选出其中一些论点。这些张力的原因是什么?登博的答案是:存在着限制活动的障碍。所谓障碍的存在有两种情况:第一种情况是内部障碍(internal barrier),它阻止被试去解决问题。这种障碍可以是一个实际的物理障碍,它成为完成这项任务不可排除的困难。这种障碍很快被赋予一种消极的需求特征,致使被试处于一种力的冲突场中:他被任务的矢量(vector)和积极的需求特征(由他完成任务的愿望来呈现的目标)拉向障碍,并由于障碍的消极需求特征而被障碍所排斥。这两种矢量的相对强度并不恒定,被试可能交替地被吸引和被排斥,也就是说,他可能朝着障碍移动,然后又离开障碍而去。这种摇摆确是"我们实验中最引人注目和绝对正常的现象之一"(p. 63)。然而,如果障碍的消极矢量比积极矢量更强,那么,为什么被试不干脆一走了之呢?原因在于,他被第二种障碍,也就是外部障碍(external barrier)阻止了,这种外部障碍可以是物理的,或者,在大多数情形里,可以是心理的。在这些实验中,外部障碍是由一般的社会情境和职业情境提供的,这是被试在实验中进行合作的一个事实。在日常生活中,习俗、方式和伦理道德通常构成了这种外部障碍。外部障碍限制

---

① 正如 R. P. 安吉尔(R. P. Agier)已经指出(1927年,p. 390)的那样,以冲突为基础的情绪理论是陈旧的,而且数量众多。但是它们都没有登博的理论那么具体。

了被试的运动自由,他不能屈服于内部障碍的消极力量,而是必须继续留在场内,也就是说,继续屈从于场力。于是,被试重新开始同内部障碍进行对抗,并且再次被击退,如此等等,从而形成一种不断增加的张力。这种张力在一种不断增强的程度上决定了被试的行为;它仅出现在他的外显活动中,而且也出现在他的思维中。摆脱这种不断增强的痛苦情境的唯一出路,看来在于穿越内部障碍,尽管到目前为止所有这类尝试均以失败告终。不过,希望还是持续了很长一段时间,而且,张力越强,对于这样一种希望来说,它所要求的基础就越少(p.63)。

愤怒的表达,作为这种张力的结果,实际上发生在该过程的一切阶段,它在功能意义上的差异要大于外观上的差异。愤怒的表达和愤怒本身不一定被视作是同一的。首先,愤怒的表达是相当容易发生的。愤怒的爆发是张力的释放,但并未带来真正的解除,随着新的自我系统的卷入,张力倾向于增加。结果,被试将他的自我与场的其余部分越来越隔绝开来,用此小法阻止这种爆发。于是,自我—场组织的变化通过防止张力的释放,帮助增强内部张力而发生了。自我和场之间的隔墙,以及不同的自我系统之间的隔墙,便处于高压之下,它们最终不得不屈服于这种高压。对障碍的厌恶(在这些实验中,有些障碍是由实验者设置的)扩散开来,整个环境表现出似乎是一个未分化的充满敌意的场,而整个场便或多或少变得乱七八糟了。与此同时,内部自我的隔墙屈服了,中央核——自我(Self)开始越来越多的介入,系统失去了它们的孤立状态,不顾其他的场力而释放了它们的张力;被试开始向实验者吐露她的个人隐私,尽管与此同时被试对实验者是憎恨的。最后,当张力变得过于强烈时,发生了爆发,自我越是与场割断联系,爆发力便越强。当然,并非每一种爆发都带来真正的释放,这是完全可以理解的,因为这些爆发无法真正改变使张力得以保持的那些条件。相反,它们将产生新的张力;被试会对她的活动感到害羞,从而蒙受由这种害羞而产生的新张力的折磨。如果实验者告诉被试:"你的任务是不可能完成的,你已经做了我希望你做的一切,你可以走了。"这样一来,情况将会十分不同。它将释放一切原先的张力,尽管由愤怒活动引发的张力仍可能保留着,并且更为强烈地指向实验者,因为实验者是一切麻烦的根源。在这个简短的概述中,我们省却了有关被试和实验者之间的社会关系,因为我们将在后面一章讨论这个问题。但是,应当提及一下,在登博博士后来的实验中,他已经证明,一种纯"客观"的愤怒,也即一种并不指向人的愤怒,也可能发生。在这些实验中,让被试单独留在一间房间里,通过纸条接受实验者的指令,而实验者则躲在另一间房内,并从这一间房内观察被试的动静。

卡尔斯坦的调查

卡尔斯坦的早期调查是与登博的实验结果完全一致的。她的问题并非调查情绪本身,而是情绪的饱和状态(saturation),也就是说,同一个任务重复次数的增加会在某些条件下引起有力的力量,这些力量阻止工作的继续,并最终中止工作。实验时,为被试提供一些任务,告诉他们只要愿意干就去完成它们。当被试们表现出中止的倾向时,便鼓励他们继续干下去。在大量的任务中,主要的任务是在一张张纸上画笔划(期间不作进一步的说明,只以规定的数目画笔划,例如3划和5划为一组,或4划和4划为一组)和读一首诗。在有些方面,动力情境与登博实验中的动力情境相似。鉴于目前讨论的缘故,这些任务都被赋予强大的消极矢量,它们将"驱使被试离开"。但是,他又不能离开场,因为如同在登博实验中那样,整个情境构成了一种外部障碍。结果也与登博的一样,经常产生导致情绪爆发的强大张力。

饱和的动力学

卡尔斯坦研究的特殊贡献是对饱和之源的调查,也就是说,试图解释为什么一项任务的连续执行反而会引起阻碍其继续进行的力量。在登博的实验中,内部障碍的消极特征是容易理解的:内部障碍位于被试和目标之间。这里,没有什么东西干扰任务的执行,然而与内部障碍相似的某种东西却产生了,其中有些因素阻碍任务的执行,阻止张力的解除(这些张力是与指令唤起的准需要相一致的),从而导致张力的稳定增加。我们可以用下面的说法来表明这一事实:在某些条件下,任务的执行反而增加了张力,而不是解除张力。那么,导致这种效应的条件是什么?导致这种效应的原因又是什么?为了回答这个问题,最好将这些情境与没有饱和现象的其他一些情境进行比较。一名被试在经过1小时20分钟的努力后拒绝继续进行她的任务(她的任务是在纸上画一条条破折号)。在她表现出不耐烦迹象之前好久,她那在纸上画破折号的工作已经恶化,因此需要鼓励她,以便坚持工作。过了几天以后,这名被试连续工作2小时半而丝毫不显出饱和迹象,她结束时的工作质量与开始时的工作质量一样好,要是没有实验者从中打断的话,被试愿意而且能继续工作下去的。当我们一旦发现被试面对第二次工作并颇有兴趣地想弄清楚她究竟是否能够任意地继续这项工作时,上述结果的自相矛盾之处便消失了。可是在第一次尝试中,她确是全神贯注于为她提供的那项工作的。从动力学角度讲,这名被试从事的两项任务实际上是十分不同的。在第二次测验时,尽管在纸上划破折号,而且连划12张纸,并不真正解决问题,但是,随着每一张新纸划满了破折号,她努力工作的每一分钟都使她更接近于任务的完成,也就是说,任意地工作直到任务的完成。当这种情况发生时,她已经"赢得了比赛",实际任务得以完成,而张力得以解除。这里,没有理由说明为什么任务的执行会增加张力。相反,在第一次测验时,这种情况在由学生充当被试而进行的实验中是十分典型的,任务的实施未使被试更接近于她的目标。在划了一张纸或两张纸甚或20张纸以后(如果她能划这么多纸张的话），她与目标的距离仍然与以前一样远，原因在于这个实验中实际上没有任何目标可言。能量一直在消耗着，但是，由于无法改变使能量消耗成为必需的情境，因此，能量便留在系统内，从而引发了阻碍这一过程继续下去的力量。举例来说，如果人们往车胎里充气感到越来越困难的话，那么，这是由于车胎内的压力十分巨大，结果等于打气的人所用的力量，这样一来，打气过程也就结束了。我们的实验情形也是如此。张力程度变得如此巨大，以至于继续工作成为不可能的事情；代之而起的便是爆发，张力通过其他渠道获得释放，如同登博的实验一样。

这一解释得到下述事实的证明，几名失业者被雇用来从事此项工作，他们的行为表现如同第二次测验时被试的表现一样。其中有些人工作了整整四个小时，他们喜欢这项工作，并且显示出行为的均衡和平静，这种情况与正常被试在短促的时间里表现出来的不均匀性形成强烈的对照。对这些失业者来说，该任务涉及一个真正的目标，每当他们划一条新的破折号时，他们就向这个目标接近了一步。能量自由地流动着，没有建立起任何相反力量，从而也不发生任何饱和状态。

通过对不同任务进行比较，这种解释进一步得到了证实。下述的期望似乎是有点道理的，即被试不喜欢的任务会很快导致饱和，而那些对被试具有吸引力的任务则表现出缓慢的饱和率，至于无关紧要的任务，一般来说占据中间位置。但是，这种期望是难以实现的。共使用了9种不同的任务，对每一种任务来说，例子数从8个例子到16个例子不等，具有规律性的是，无关紧要的任务最后达到饱和状态，愉快的任务其次达到饱和状态，而不愉快的任务则首先达到饱和状态。但是，十分愉快的和十分不愉快的任务比愉快的和不愉快的任务更快地达到饱和状态，而十分愉快的任务甚至比不愉快的任务更快地达到饱和状态。这种情况结论性地表明，任务与自我的关系是一个决定性因素。在无关紧要的任务中，自我并不"参与"，鉴于这一结果，自我的张力就不那么容易产生了。

对于这种解释的另一种证实导源于下述事实，即在划破折号的实验中，被试很快产生变化，甚至早在画第二条破折号线的时候已经开始产生变化，这种情况可在那些显示饱和状态的被试中观察到。线与线之间的间隔被搞得很不一样，破折号的大小或长或短，进程的方向从自左到右向自右到左发生变化，如此等等。最初自发出现的这种变化，可以期望在后来的整个系列中得到继续，这就表明，饱和过程会很快开始，实施的过程创造了阻碍该过程继续进行的力。

饱和和疲劳

我们在第三章结束时曾预期过这些力量，当时我们讨论了心物过程所依赖的一些条件。现在，我们必须补充几句，以便把它们与疲劳区别开来。表面上看,饱和与疲劳似乎十分相似,被试抱怨说她的手发生痉挛,不再能够握住铅笔,在朗读了诗句以后声音发生嘶哑,以及其他一些类似的症状。但是,深入一步的分析使我们发现,不能把"饱和"简单地解释成"疲劳"。同样的肌肉实际上可以从事同样的运动,如果这些运动属于不同的任务的话。我们只需回顾一下那些失业工人缺乏饱和状态的情况,以及那些意欲检测自己能力的学生,便可了解这种说法的真实性。然而,我们可以补充更多的证据:一个把3划和5划归为一组交替地划破折号的被试,经过1小时10分钟的测验以后,达到了完全的饱和状态。早些时候,她把破折号画得很轻,目的是为了使她那只"过度疲劳"的手少花点力气;她常以滑行方式画线,致使画的线很不规则。在她拒绝继续划以后,她被告知去尝试一种新的图样,也就是说,把4个破折号归为一组,并不再交替划。"同样的破折号,用同样的肌肉来画,原先以弯曲和潦草的形式来显示的一幅完全的格式塔分离(gestalt-disintegration)的图像,现在则以完全整齐和正确的方式产生出来了"(p.160)。这个例子是许多例子中的一个典型。新的证实产生于完全饱和以后的时期,当被试拒绝从事与划破折号有关的任何任务,理由是他们不再能够握住钢笔或铅笔时,实验者对此加以默许,要求被试报告他们在整个实验过程中的体验,结果被试却能够颇为轻松地握住铅笔并画出破折号,以便表明他们先前的行为。由此可见,饱和不可能是疲劳,尽管在大多数情况下(如果不是在一切情况下的话),疲劳很可能包含着一个饱和的组成成分。在纯粹的饱和状态中,作为一种单单运动的活动仍可以完成,只有在从事特殊类型的活动时它才会被阻断。这种现象实际上证明,一定存在着某些正在起作用的力量,它们把执行者与特定的任务隔绝开来。

饱和与知觉阻断

我们先前遇到过一些力量(第五章),它们由一个过程而产生,并阻断了该过程的继续。我指的是对两个图形的犹豫不决的原因。卡尔斯坦(p.244)和苛勒(1929年)都认为这些力量与产生饱和的力量属于同一种类型。

饱和的范围

饱和并不局限于特定的任务,而是很快地传布至更加广泛的范围,所以,饱和的问题导致了饱和的范围问题,这个问题在卡尔斯坦的研究中曾得到特别的调查。我们只能在这里提及一下,需要强调的是,我们将遇到一种类似的现象,即当我们讨论学习问题时,以及讨论学习的一个特定方面[传统上称为迁移(transfer)]时,一个效应的传播超越了它的原先范围。

饱和与成功

饱和是一种情绪行为。对于饱和的分析反映了自我系统内使张力得以增加的那些力量的相互作用,这种张力明显地表现出协作性减弱,杂乱行为增多,以及被试体验到情绪的抗拒。为此,需要更加专门地探究一些条件,即把一个活动的释放功能予以剥夺，从而使它产生越来越强烈的张力的条件。这将引导我们去研究成功问题。对此问题，随着饱和问题的讨论，已经清楚了不少：无论"成功"是否具有心理学意义（按照本书之前的界定，我们把成功仅仅视作一种成绩），成功作为行为的成功，作为体验到的成功，一定起着决定性的作用。这种区分常常在论及成功的文学中被搞得含糊不清，但是，它由勒温的另一名学生霍普（Hoppe）巧妙地加以处理了。由于这个问题的陈述广义上涉及社会行为，因此，我们将把有关这一调查的讨论推迟到第十四章。

情绪行为的生理变化

我们必须在情绪引起的生理变化这一问题上补充几句，这样方能结束我们关于情绪行为的讨论①。在我们的理论中，为情绪行为的生理变化安排适当的位置相对来说是容易的。我们在讨论詹姆斯—兰格（James-Lange）理论时，已经清楚地指出，情绪行为涉及整个有机体。其理由是容易找到的。身体任何部分的张力都将在整个系统引起反响（reverberations）。从功能上讲，这些反响可能属于两种反响中的任何一种。一方面，张力本身会直接涉及系统中越来越大的部分。这种情况在勒温称之为"无休止活动"（restless activity）的肢体运动领域变得相当明显，每当指向活动受到障碍物的阻碍，从而使张力变得足够强烈时，这种"无休止活动"便会发生。因此，在勒温拍摄的一部电影中，一个婴儿围绕着一支圆形钢笔兜圈子，圈子的中央置有诱饵，或者，当钢笔在里边而诱饵在外边时，婴儿将会前后摇摆。但是，这些张力的直接活动并不限于骨骼肌肉。恐怖和愤怒通过抑制胃液分泌来干扰消化，而在兴奋和疼痛状态下，肾上腺素被过量地释放到血液中，由此产生的结果是将血液输送到外部肌肉中去，从而增加了血压。另一方面，系统将对渗入整个有机体的张力予以抵制，以便尽可能维持原有的平衡状态。自主神经系统中交感神经和副交感神经的对立活动表明了上述第二种可能性的存在。

由此可见，生理变化在我们的理论中并未丧失其重要性，但它们不是情绪的基本要素——这与谢林顿（Sherrington）和坎农（Cannon）的研究结果完全相符。最后，在我们的理论中甚至还存在着这样的可能性，即这些生理变化可能诱发情绪。如果系统的某个其他部分的张力得到增强，那么它们会对自我产生影响，正如我们理论中的自我张力一样，它们会传播到远离中心的系统中去。为了对这种假设进行检测，马拉农（Maranon）给一些人类被试注射肾上腺素，结果发现，只有在个别例子中，真正的情绪会接着发生（对此，马拉农用暗示和预先倾向来进行解释），可是，其他一些被试则根本没有表现出情绪，或者仅仅表

---

① 若要了解更为具体的内容，我向读者推荐惠勒（Wheeler）的讨论，参见他的著作第八章。

现出"冷淡的情绪"(cold emotion),一种"好似害怕"(as if afraid)的情感。该项研究由坎特利尔(Cantril)和亨特(Hunt)予以重复,他们基本上证实了马拉农的研究结果,但除了下面的事实以外,即他们无法用马拉农的假设来解释真正情绪的若干事例,因而只得把它们解释成肾上腺素的直接结果或它的生理效应。我将就"冷淡的"和"真正的"情绪从这些作者中各摘引一个例子:"我感到我似乎被惊吓了,它不是恐怖,而好似巨大恐怖以后的一种反应。我并不感到不愉快。如果确有任何一种感情状态的话,那它便是愉快。我感到身体上有某种不安定,但它不是担心、心事重重或精神上的焦虑"(p.303)。与这种情况相对照的是下列真正的情绪:"极度的恐怖存在着,但此时对它来说还不满足。也许是一种无意识的原因,但此时只有恐怖而无其他。接着,便是最强烈的反应。我发现自己颤抖着,强度在迅速地增加,我突然认识到,我正处于极度害怕之中"(p.305)。

这些实验似乎肯定地回答了我们的问题。由注射肾上腺素而产生的张力可能传播并涉及自我系统,从而引发真正的情绪。它们可能完全处在自我范围以外,因而没有情绪会发生;第三种可能性,也就是冷淡的情绪,存在于这两个极端之间的某处;自我似乎可以在没有控制性指令的情况下明确地受到影响。不论对最后一种效应的确切解释可能是什么,在我看来,这些实验证实了我们关于情绪行为的解释,以及生理变化在其中所起的作用①。

意　　志

我们不可能在不介绍意志(will)概念的情况下便结束关于活动的讨论,或者在不区分随意活动和非随意活动(voluntary and involuntary actions)的情况下便结束关于活动的讨论。我们已经推迟了对这些术语的介绍,因为这些术语的模棱两可性会使我们的论辩更加困难。下面的讨论再次以勒温的研究为基础,他对这个问题的明白而又清晰的分析,也许是把意志(volition)问题作为心理学的首要问题而重建起来的一个最强的力量。

麦独孤的策动论

在这方面,如果我们忽略了麦独孤的策动心理学(Hormic psychology,1930年),那是很不公正的。麦独孤一再坚持,如果不了解行为背后的"内驱力"(drive),便不可能理解行为。然而,我认为,对麦独孤的主张而言,尽管其表现

---

① 有些作者对此作出不同的结论,把原始的自主反应视作情绪的必要条件,然而,这一结论未得到其研究结果的佐证,而且有悖于谢林顿和坎农的研究结果。

形式具有力量和热情,但对心理学的实际进展仍只产生很少的影响。在麦独孤的理论中,意志,或者更确切地说原始冲动(primeval urge),即策动 X,至少在目前看来与具体的科学概念相距甚远,以至于不能被广泛地接受,或者甚至得到公正地批评。根据我的观点,它深受本能的具体化(reification of the instincts)之苦,这个问题我在前面曾经提到过,并给予了批判。麦独孤的理论不只是一种特殊的心理学理论,它也是哲学的形而上学理论,它表达了一种向唯理主义(intellectualism)发起挑战的世界观(Weltanschauung),它鼓吹与阿波罗(Apollinian)的宇宙观相对立的狄俄尼索斯(Dionysian)的宇宙观。正是由于我十分同情麦独孤的终极目标,所以我认为(正如他认为的那样),基本的心理学理论不只是(或者不应当是)一些特殊的假设,这些特殊的假设之所以建立起来,是为了解释数目有限的一些事实,并限定了一门特殊科学的体系。我还认为,现代心理学的这种超唯理主义(super in tellectualist)态度在最近出版的一些著作中令我震惊。最后,我认为,我对他支持一项不受欢迎的事业而感到钦佩,从而使我不情愿批判他的观点。但是,我必须这样做,因为它出现对我来说似乎是太不稳定,以至于难以作为心理学研究的真正基础。

批判:机械论—生机论,唯理主义—反唯理主义

我的判断是,麦独孤尚未解决机械论—生机论(mechanistic-vitalistic)的冲突。在我们的第一章里,我们已经看到,把机械论视作一切无生物行为(inorganic behaviour)的原理使生机论成为一种不可缺少的东西。麦独孤不一定接受这个假设,他所考虑的无生物过程很有可能是策动论的。但是,在一个方面,他的理论仍然是生机论的:它的主要概念是人们必须形成的概念,如果人们以机械论哲学作为出发点的话,将会发现它的不适当性,并设法通过补充来对它进行补救。麦独孤的策动论在我看来至少是这样一种补充的概念,即便它准备去包罗万象。当我们考虑麦独孤对唯理主义的态度时,同样的观点也出现了。所谓唯理主义(intellectualism),是我们西方文明中所达到的特定场组织的结果,在这种特定的场组织中,自我的某些亚系统居于支配地位,从而影响场的其余部分,以及与之相伴随的我们的哲学。它预先假设了亚系统的区分和分离,以某种方式创造了它的对立面,正像机械论创造生机论那样。因此,采纳这种对立的观点对我来说似乎不是一种最后的解决办法,因为它接受了上述所说的那种分化,并为迄今为止被疏忽的部分提供了不恰当的显著地位。今日的某些政治倾向也使我证实了我自己的判断。实际上,我认为对理智的完全放弃将会导致比对它进行颂扬更加危险和更具破坏性的后果。根据我的观点,激进的解决办法通过走向分化的背后而得到发展,通过把业已肢解的东西统一起来而得到发展。因此,阿波罗的理智可能具有狄俄尼索斯的特征,而狄俄尼索斯的冲动也可能表现出阿波罗的明晰性。我们应当学会去理解,为什么在某些时期,在某些人身上,阿波罗的倾向占优势,可是在另外一些人身上,则狄俄尼索斯的倾向占优势。

勒温的概念

我们关于麦独孤理论所作的评说引发了远远超出我们目前讨论范围的问题。因此,让我们尝试着用勒温介绍的方法来处理意志问题。我们至少在两种不同背景里运用了随意活动(voluntary action)这个术语:一方面,我们把它与冲动和本能活动相对照,另一方面,我们又把它与自主活动(automatic action)相对照(勒温,1926 年 a)。于是,当一只狗在我们给它一块肉时猛咬一口,我们便不会说这是随意活动,同样,当一个人跳开以躲避汽车的车轮时,我们也不能说这是随意活动。在其他一些情形里,能否把一个活动称之为随意活动,我们也存在怀疑。例如,我们周期性的穿衣服和脱衣服,我们坐下来吃饭,我们步行或开车子去上班,我们有礼貌地回答一些客套的问题,等等。另一方面,意图(intentions)的贯彻一般称做随意活动,而且是自发的,没有预见的,并在一场争吵中不作有意干预的活动,或者,对一个不客气的问题给予礼貌的回答等。诸如上述这些例子具有双重目标。从消极意义上讲,它们告诫我们在科学地运用这些流行的术语方面必须谨慎从事。流行的术语通常充满着意义和关联,但同时却不大适合于作为一种科学分类的基础。正因如此,我们看到把一切活动截然分成随意活动和非随意活动,事实证明是不可能的,也就是说,这种分类原则肯定是错误的。从积极意义上讲,我们的这些例子为我们提供了问题的复杂性,并使我们熟悉我们称之为随意活动的一些特征。

如果我们尝试着把所有的例子结合在一起,从中提取它们的共同经验,以此发现随意活动的本质,那么这样做显然是荒谬的。如果用一种"我想"或者"我同意"的经验去界定在此之前发生的随意活动,并用这种经验的强度去测量意志的强度或至少去估计意志的强度,那将是错误的。正如勒温已经指出的那样,像"我想干这干那"这种十分强烈的决心,多半表明了我实际上不需要它,结果便是我实际上不去做它。这并不意味着,在其他一些条件下,决定去做这件事而不是那件事,"我想干这件事"的经验可能并不真正表明强大的和决定性的力量。

场活动和控制活动

但是,我们的程序不可能从这些意志—经验(will-experiences)中出发。我们必须记住,我们的例子表明,我们把许多活动称为随意活动,它们是不伴随着这种经验的。相反,我们必须对不同情境中的动力进行功能分析。这样一种分析使勒温把"场活动"(field-actions)和"控制活动"(controlled actions)进行了区分。这种区分涉及对执行者进行控制的力量,但它不是对下述情形的简单区分,即把完全受环境力量或环境—自我力量所控制的活动称做场活动,把完全受自我力量所控制的活动称做控制活动。对于纯粹的冲动或本能活动来说,诸如一个饥饿动物的活动,主要是受自我力量所控制的,而一种真正的控制活动,诸如从燃烧的房子里营救一个人,则是在环境的有力控制下进行的。如果有人冲进他那着火的房子,结果抢出来只是一顶破旧的帽子,而非那些无法替代的手稿,那么,这个人的活动便不能称之为控制活动。另一方面,如果在一个活动中,自我未被动力地涉及,那么,我们也不能把这样的活动称之为随意活动。但是,这种区别不是具有自我之力的活动和不具有自我之力的活动之间的区别,而是自我组织和非自我力量之间的区别,它解释了勒温的区分。在讨论一种意图的无控制执行时,勒温说道:"在这种情形里,该过程似乎是通过先前存在的情境力量[心理场(psychic field)]而发生的,意图作为一种新的力量而被补充,活动本身按照这种新的力量分布而以完全冲动的、无控制的方式自行发展"(p.377)。

意图

根据我们上面摘引的话语,一个意图的执行在这个意义上说是无须控制的活动。我们可以称它为随意活动,我们这样做是因为下决心的活动"受到控制"。在这种情况下,需要的创造是有控制的活动,而需要的解除可能仍是有控制的或无控制的。

力的冲突

如果自我和场力具有同样的方向,那么我们是否仍应谈论有控制的活动,这就很值得怀疑了,因为这些力中究竟哪一种力更强是没有什么意义的。例如,我决心对A这个人表示友好,我期望中的A是一个自负而骄横的人。结果A来了,他快活而简朴。于是,我自己的友好反应便不再受到控制。可是,当A与我的期望一致时,情况又完全不同了。这里,场力将通过自身的作用激发我去给他一点教训,但是,我的决心又把我从不同的方向拖了回来;只要我坚持自己的决心,我的活动是会得到控制的。所以,控制的活动意味着冲突的力量,这一观点是与那些认为意志导源于冲突的意志理论[例如克拉帕雷德(Claparede)的理论,1925年]完全一致的。

作为基本的动力学结果的随意活动的多样性

这样的冲突将依靠力的组织来解决,而力的组织依次依靠自我的场组织。一旦具有强大的场—自我的统一,那就极少有冲突发生或者甚至没有冲突发生,这时场活动将具有规律。如果自我被强烈地分隔,那么一切便有赖于运作力量的相对强度,而运作力量又依次依靠特定自我的性质。麦独孤在他的《概论》一书中讨论了与意志行为有关的各种人格类型。有道德的运动员瞧不起任性和放纵,并与环境进行斗争,以便增强他的优越感;而一个以码头和海港为家的流浪者则是另一个极端,他到处漂游,他的自我已经丧失了一切自尊。在这两者之间还存在着无数的其他可能性,正如在场和自我之间存在着大量的分隔一样。这就是为什么在许多情形里我们无法确定是否把一种活动称为随意活动或非随意活动的原因。前面,我们批判了一种夸张的唯理主义,它是西方文明的典型。同样,事实也诱使人们对过度膨胀的唯意志论(voluntarism)进行批判,这种唯意志论是从同样的土壤中冒出来的。给一名克制自己的欲望并做出仁慈举动的人以较高评价,而对于另一名愉快地做出仁慈举动的人则评价较低,这是整个场内过度隔绝自我并给它过大的支配权这一倾向所产生的荒唐结果。鉴此,我们可以向一名在教会学校读书的中国学生学习,他严肃地批判了那则葡萄园寓言,因为在他看来,那个拒绝前往并最终前往的儿子要比他的兄弟差得多,道理很简单,他的拒绝冒犯了父亲。自我—环境动力学不仅具有个体情境的特征,而且具有个体的特征,以及较小的团体和较大的团体的特征。它们甚至会使民族的特征,伟大的历史文明的特征,清楚地显示出来,不论是古还是今,不论在西方还是在东方,情形都一样。

特殊的问题:遗忘、习惯

我们关于意志的讨论还把我们引向虽低下但却十分紧迫的任务,因为它们对于确切地阐述我们的要义是必要的。具有真正实验性质的心理学研究可以这个理论为基础。这些观念确实是勒温学派的研究赖以完成的基础,我们经常提及它们,而且我们将会重新遇到它们。此外,我将仅仅提及(但不进入具体细节)G.比伦鲍姆(G. Birenbaum)对意图遗忘(forgetting of intention)的研究。这个问题实际上不是一个记忆问题,而是意志活动的问题。遗忘这个术语在我们的习语中有两个极端不同的含义。一方面,它意指我们"不能"记住,另一方面,它意指,尽管我们的记忆能力未受损伤,但在特定时刻却未能记住。你可能已经忘记了开普勒定律(Kepler's laws),无论如何努力都使你无法回忆起这一定律——这是第一种含义的例子。当你去上课时,你原本打算在路上寄出一封信,可是你却忘了,现在你记得信仍旧在你的外衣口袋里——这是第二种含义的例子。比伦鲍姆所关心的正是这第二种含义。它产生了一种情境,在这情境中,如果决定得到立即贯彻,结果是张力的解除。但是,如果决定未被立即贯彻,则决定必须再度贯彻。它表明,在什么样的条件下,需要将被再度创造出来,而在什么样的条件下,需要则不会被再度创造出来;在第一种情形里,随意活动将得以贯彻,而在第二种情形里,随意活动将被遗忘。

另外一个遭到实验抨击的问题是意志对习惯的问题。我们把这个问题推迟到我们讨论"习惯"时再提及,也就是搁至第十二章再讨论,至于第十一章,我们将讨论遗忘的一般问题。

结论和展望

让我们在作出结论时回顾一下我们关于活动的讨论取得了哪些结果。这一讨论贯彻了我们根据场力来描述行为的大纲。为了做到这一点,我们必须引入自我,我们必须论证我们关于环境场的知识,这些在前面几章中已经提及过。行为问题本身被分解成自我—场格式塔的变化问题,也就是自我的亚系统之间的关系所经历的变化。通过我们对外显组织和环境物体的动力特征的讨论,我们至少能够表明行为的真正地位和含义。我们看到自我和环境之间的界线是如何发展的,更大的分化是如何取代先前更大的统一性的。我们懂得,如果把自我—物体的关系视作认知的关系,那么这种自我—物体的关系是虚假的(见第八章)。甚至对认知问题而言,我们也可以得出几个重要结论。行为的丰富性和多样性是可以理解的,无须刺激和反应这类简单的公式,它们是在遵循动力学的一般定律的基础上发生的。然而,我们对行为的描述仍不完整。我们偶尔遇到三种不同的欠缺:首先,我们反复地看到目前的行为有赖于早期的行为。尽管我们不断地抨击传统的经验主义,但是我们本身仍坚持经验的影响。我们甚至还介绍了一种新的记忆假设,它与我们的主要理论紧密相关。但是,鉴于我们目前的有限知识,它仍然只能向人们表明记忆如何起作用,经验如何获得,过去如何影响目前,等等。换言之,我们必须在最为广泛的方面研究学习问题。然而,对这个问题的陈述不会使任何一种新原理的介绍成为必要。学习遵循着迄今为止我们已经确立了的组织定律,如果在我们的考虑中包含更多条件的话。本书的一贯做法是,从简单条件开始,进而引入越来越多的复杂条件,由此观点出发,学习必须放在后阶段讨论,因为在学习中运作的条件具有很大的复杂性。

我们遇到的第二个欠缺可由思维这个词来表明。使我们的行为得以实施的环境不仅是实际地和明显地存在着的行为环境,而且也是我们想象的或思考的环境。这种环境是人类巨大成就的原因。没有这种环境便没有科学和艺术。与这种环境紧密关联的是我们的语言和我们业已发展了的相似的符号功能。如果没有一种语言理论和其他的符号功能,最终解释思维和想象问题是不可能的。但是,我们却把语言研究从我们的课题中排除出去了。这种限定是必要的,因为除了对这个令心理学家十分感兴趣的问题提供极端肤浅的陈述之外,我们不可能提供更多的东西。

最后一个欠缺涉及行为的社会方面。行为环境除了包括其他一些物体之外,还包括我们的生物伙伴,不论是我们人类,还是狼或蜜蜂。这些生物伙伴对我们行为所起的决定作用远远超过其他一些环境物体。如果不研究社会方面,那么不论行为环境,还是自我或行为,都不可能实际上得到理解。只有作为群体的一员,作为社会的一个部分,人类才能借助其行为来产生文明。由于我们以这样的方式处理行为,以便使这些结果可以理解,因此,我们将对社会心理学的若干问题开展讨论,以此作为我们最后的贡献。

第 十 章

记忆——痕迹理论的基础：
理论部分

记忆的作用。记忆不是特殊的官能。记忆和时间。记忆能否完全还原为痕迹？——时间单位。斯托特的主要保持理论。时间组织的自我决定：良好连续。空间和时间组织的比较。对我们痕迹假设的异议。捍卫思辨假设。

记忆的作用

没有哪种事实能像下述事实那样对心理学家提出挑战，这个事实便是我们具有记忆(memory)。借助记忆，我们可以时刻与过去和未来相联结。如果没有记忆，我们便无法进行学习，我们所面临的每一种情境都像初次面临时那样；如果没有记忆，我们便无法按照计划和决定行事。毫无疑问，在心理学的发展中，记忆发挥了它理应发挥的作用。在心理学家和心理科学家的眼中，记忆成为调节行为(adjusted behaviour)的主要原因，成为把生活和心理与机械般的自然界区别开来的一个特殊因素。一匹马在同一条路上拉过几趟车以后将会熟悉路线，马车夫乐得在归途上放心地睡觉，因为他确信那匹马会把他带回到家里。但是，一辆汽车的驾驶员却没有这等幸运了，他不可能闭起双眼任凭汽车自行奔驰。原因在于，马有记忆，而汽车则没有记忆。由此，心理学家得出结论说，前者的行为之所以得到调节是由于记忆，而后者的行为之所以得不到调节是由于缺乏记忆。心理学家甚至走得更远，他们把一个动物是否拥有记忆作为这个动物是否具有意识的判断标准，某些有利于生机论(vitalism)的论点也是以记忆为基础的。由此可见，两种截然相反的哲学——生机论和经验主义——都起源于对记忆的独特特性和成就的承认。

记忆不是特殊的官能

然而,在冷静的评论家看来,记忆不过是一个具有大量成就但又得不到解释的名词而已。对科学的进步来说,没有什么东西比这样一个名词更具危险性了,因为这个名词倾向于使抽象概念具体化(reified),倾向于成为能产生所有不同效应的实体(entity)。早在1866年,休林斯·杰克逊(Hughlings Jackson)就批判了记忆的官能概念(faculty concept)[①],并且含蓄地表示了这样的愿望:如果我们能从这样一种纯粹的言语解释中摆脱出来,那么我们就一定会对业已提出的各种记忆理论产生影响。目前,这种决心已经成为有意识的了。在我看来,惠勒(Wheeler)之所以意欲取消记忆痕迹(memory trace)的概念,便是出自上述的愿望;汉弗莱(Humphrey)在谈到打字技能的获得时曾十分清楚地表述道:"确实,据说他今天打字打得很好是由于他对课文'记忆'的缘故;或者说,是一种'记忆的积累'或'铭刻'(engram)使他打字打得很好。这些特殊的术语与神秘主义只差半步之遥。它们像下列中世纪的解释一样都是有害的,中世纪的解释认为,水之所以能在水泵中升起是由于自然厌恶真空"。

记忆和时间

相反,汉弗莱从下列观点中看到了解决记忆问题的最终办法,这个观点便是将空间和时间同等地加以考虑。"具有保持能力是生命的高级形式之特征,它表明高级形式的行为在较长的时间里被整合起来;在这时间间隔期间,把有机体生活史中的事件串联起来的可能性客观上与一种因素相一致,这个因素就是所谓拥有'较好记忆'的因素"。如果这种观点正确的话,那么,记忆将不是一种新的和特殊的因素,而是行为本身的时间因素。让我们追随这条线索。

时间概念的困难:芝诺的矛盾

亨利·伯格森(Henri Bergson)告诫我们注意下列事实,即从理智上讲,我们处理空间关系要比处理时间关系更具准备。所谓"现实"(real),被认为是无时间的,也就是说,被认为是瞬间的空间群集(spatial constellation),而瞬间是没有广度的时间,它既非现实又非时间。然而,我们仍倾向于说:唯有当前(the present)才是现实的,在此之前发生的就是过去,从而不再是现实,至于接着发生的便属于将来,因而也不是现实的。尽管这样一种观点貌似有理,但却包容

---

① 参见 H. 黑德(Head),1926年,p.40。

着一种荒谬性。因为"当前"是不可界说的。我们可以认为一个时间间隔变得越来越短,但是,不管多么短,它仍为一种时间间隔,它仍具有持续时间。让我们从一种时间间隔开始,这种时间间隔与每秒振动 100 次的音叉振动周期相一致。现在,我们将时间间隔逐步减少到与 $\frac{1}{2}, \frac{1}{10}, \frac{1}{100}, \cdots$ 循环周期相一致。从理论上讲,我们可以无限地继续下去,而且不会到达 0 值。如果我们这样做的话,我们便将既失去时间间隔又失去与之在一起的时间。然而,人类的心理还想去作出这样的转化。在人类的经验中,时间似乎可从空间中分离出来,因而人类心理一再犯有将这些不可分的东西进行分离的错误。人们也许都知道芝诺(Zeno)反对运动现实的著名论点,该论点就是以这种错误的分离为基础的。让我们回顾一下他的矛盾:一旦阿基里斯(Achilles)让一只乌龟起跑以后,那么不论他跑得多么的快,决不会超越乌龟。阿基里斯从他的起跑线上出发,而乌龟则在他前面 10 米的另一条起跑线上。如果现在阿基里斯奔跑的速度是乌龟的 10 倍,那么将会发生什么情况呢?当阿基里斯来到乌龟的起跑线上时,乌龟已经又在前面 1 米远的地方了,也就是说,当阿基里斯离开自己的起跑线达 10 米时,乌龟离开它的起跑线也有 1 米的距离了。接着,当阿基里斯到达乌龟现在的这个地点时,也就是说离开他原来的起跑线 11 米的距离时,乌龟仍旧在他的前面,领先的距离这时变成 $\frac{1}{10}$ 米了。这种情况一直继续下去。无论什么时候,每当阿基里斯到达乌龟在此之前呆过的地点时,乌龟又在他前面了,尽管两者之间的距离越来越小,但是两者之间的距离决计不会缩小到零。表 13 清楚地反映了这种情况。Δs 表示两个对手(阿基里斯和乌龟)之间的距离,而 Δt 则表示所考虑的两个连续时刻之间经过的时间,即把阿基里斯每跑 10 米所需的时间作为一个单位。最后一栏表明,芝诺的论点是不现实的,不仅在运动方面,而且在时间方面,都是不现实的,因为在起跑线和起步后任何一个位置之间经过的全部时间以两名对手之间距离不断缩小的同样方式来增加,例如,时间的增加如下:1.0—1.1—1.11—1.111…,因此,人们可以看到,芝诺的论点只包含了时间的一个很小部分,确切地说,少于 1.11111111 个时间单位,即以 $\frac{11}{9}$ 个单位作为它的上限。由于时间单位可以任意缩小——人们只需给乌龟一点优势,并给两个对手以更大的速度差距,而不改变这一论点的力度——因此阿基里斯不能超过乌龟的这段时间可以随心所欲地缩小;由于这个论点表明阿基里斯永远超过不了乌龟,因此时间本身就消失了。实际上,一个没有时间的世界是不可能有任何运动的。这揭示了芝诺的错误。他的论点涉及一种错误的循环,因为它含蓄地否认了时间的现实性,从而也否认了他赖以得出结论的运动的现实性。但是,这个论点之所以有影响,是由于我们倾向于把空间与时间分开,从而只把现实与空间一致起来。换言之,他对这场赛跑的陈述预先假设了所要证明的东西,即运动是不存在的,因为它列举了赛跑者在赛跑的各个阶段的位置。但是,一个运动着的物体决计不会在任何一个点上,相反,它会通过一个点。因此,为了描述现实,我们必须具有既包含空间成分又包含时间成分的概念。这些概念的最简单例子是速度概念,因为我们汽车里的速度计对那些不懂机器的人来说也已经十分熟悉。例如,如果速度计指着 50,那么,它意味着,我们的汽车此时此刻正以"每小时 50 英里"的速度行驶着。可是,我们如何检验我们测量仪的精确性呢?我们可以在一条笔直的道路上以 50 英里距离作一标记,然后发动汽车。当汽车经过第一个标记时,速度计指在 50 上面。然后,我们以恒定的速度行驶,并测量我们通过第一个标记和第二个标记之间所需的时间。如果花去的时间正好是一小时,那么我们的速度计便是正确的了。但是,那并非我们实际要做的事情。实际上,我们应当选择一段很短的距离,譬如说 1 里路,然后将驾驶速度控制在 50 英里上,我们便可测量用这种速度开过 1 里路所花的时间。如果我们测量出所花时间为 1/50 小时,也就是等于 1 分钟又 12 秒,那么,说明我们的速度计也是精确的,即我们的速度为每小时 50 英里。至于在我们起初的 50 英里路程之内,我们选择的 1 英里标准路段究竟放在哪里是没有多大关系的,因为只要我们以同样速度行驶,测量结果也将始终是一样的。我们还可以将距离间隔缩小,使它越来越小,例如 1 英尺甚至 1 英寸,小到使我们的仪表仍然能够测出为止。但是,这对于最终结果不会产生什么影响;被测量空间的每一次减少,始终会有与之相应的在通过这段空间时所花时间的按比例减少,所以,距离与时间之比 s/t 始终不变。我们的测量结果是不受我们的测量所支配的,如果测量是去反映某个真实事件,那么它本应该是这样的。可是,有一件事我们无法做到,我们无法使距离不断缩小,一直缩小到零。如果没有距离需要通过的话,那么便不需要任何时间去通过它;我们的 s/t 将会变成 0/0,后者是没有任何意义的。因此,如果我们说我们的车子在旅途的某个点上具有明确的速度,那就意味着我们自由地选择距离,并测量通过这段距离的时间,只要车子不改变速度,只要它以均匀的速度行驶。但是,确切地说,这种说法是无意义的,因为速度和一个数学上的点是互相排斥的,不论速度多么之小,它始终意味着一段特定的距离。

当我们的车子不是以均匀的速度行驶,而是加速或者减速时,情形就会变得格外令人印象深刻了。这里,我们先前的测量方法不再适用,其结果必须受到我们测量方法的支配。我们不仅需要在一个限定的时间里开始我们的测量,因为如果我们不这样做的话,我们的结果将会不同;而且我们测量的速度也将随着我们赖以测量的距离而变化。这里,一个真正的点速度(point velocity)似乎是由问题来要求的,但是,点速度在这里如同在均匀性速度的情形中一样是荒谬的。为了解决这个问题,导致了微分(differential calculus)的引入。对于了解微分的读者说来,对此已无须赘言了。对于其他读者来说,大体地叙述一下最初的步骤还是容易的,但我不想这样做,我只是坚持,速度的概念(不论是变化的速度还是均匀的速度)涉及一定的空间距离和时间间隔,而不是涉及非存在的时间点。在改变速度的情形里,这些时间间隔必须是小的,而且是通过公式 $v=ds/dt$ 来表示的。如果速度是均匀的话,它就与我们上述的公式 $v=s/t$ 相等。

表 13

时 间	阿基里斯	乌 龟	Δs	Δt
0	0	10	10	1
1	10	11	1	1
2	11	11.1	.1	.1
3	11.1	11.11	.01	.01
4	11.11	11.111	.001	.001
5	11.111	11.1111	.0001	.0001
.	.	.	.	.
.	.	.	.	.
.	.	.	.	.

每个事件都有赖于先前的事件

现在让我们回到记忆上来。如果我们试图把记忆界定为一个事件的后来部分对这个事件的先前部分的依赖,我们便把这个术语的一切特定含义都给剥夺了,除非我们限定"事件"这个术语。如果没有这样一种特殊的限定,记忆一词将可用于一切事件。假定你从伦敦(London)出发前往爱丁堡(Edinburgh),那么从约克郡(York)到纽卡斯尔(Newcastle)的火车运动是以伦敦到约克郡的火车运动为前提的。如果我们把依靠即刻之前的事件的事件与依靠遥远过去的事件的事件进行区分的话,那么便将改变我们关于记忆的界定。我们应当把后者称做具有记忆的事件,而把前者称做没有记忆的事件。

物理学中的记忆

假定我们应用这个定义,我们便可找到一些纯粹的物理事件,它们配得上记忆这个名称①。例如,我们夹住金属线的一端,通过一定的角度以顺时针方向扭转,让其保持在这个位置上达2分钟。然后,我们放松金属线,便可观察到它

---

① 以下例子取自卡门(Karman)。

又回复到原先未扭转的位置,接着我们以同样的角度将这根金属线以逆时针方向扭转,经过较短时间以后,又将金属线松开。金属线会慢慢地松弛,但它不会停留在原先未扭转的位置上面,而是超过这种位置,即向顺时针方向扭转。如果我们在原先的顺时针方向上扭转时保持时间越久,则金属线向顺时针方向超越的程度就越大。放松以后发生的事件清晰地表明,它不仅仅由放松时刻的张力(tension)所决定,而且还由先前的张力所决定,尽管先前的张力现在已不复存在。物理学家博尔茨曼(Boltzmann)已经将记忆这个名称应用于这一情形,并认为有可能在一种"记忆功能"(memory function)的帮助之下用数学方法处理这些事件。但是,物理学家并不就此满足,他不想处理由时间来分隔的事件之间的效应,而是转向金属线的分子结构(molecular structure),以便找到更为令人满意的解释。当我们给金属线某种逆时针方向的扭转时,它的张力,不论我们先前是否给过它顺时针方向的扭转,始终是一样的。但是,张力是一种"宏观的"量值("macroscopic" magnitude),因此,这个量值的同样值可能与大量微观的(microscopic)或分子的分布相一致,正如一定容积的气体的同样温度与其中大量的分子速度的分布相一致一样。宏观的量值是所涉及的所有分子量值的平均数,而同样的平均数可与正在平均的那些项的大量不同分布相一致。于是,下面三组:5—5—5,2—6—7,2—3—10 具有同样的平均值 5,而且,如果只知道它们的平均值,这三组数字是无法区分的。物理学家试图在两种情形里建立起不同的分子分布,从而将该事件还原为非记忆的事件,也就是完全由即刻之前的事件所决定的一个事件。

应用于心理学:痕迹

上述最后一个论点与我们的问题具有直接的关系。我们的金属线与汉弗莱例子中的打字员十分相似。打字员的目前操作很大程度上有赖于早先的操作,从而称做一项记忆成就。然而,如果我们仿效物理学家的方式,我们必须用微观事实来解释这个宏观事实,记忆应当从打字员的例子中消失,正如它从金属线中消失一样,除非我们给它一种全新的界说。当然,大多数心理学家或多或少遵循了物理学家的例子。记忆痕迹的概念是试图用现在的状况去解释过去的影响。正如我们的金属线用保持扭转的方法在其分子结构中发生改变一样,我们那位打字员的大脑通过她的打字实践也发生了改变。而且,正如金属线一样,当它被放松时,如果没有分子结构的改变,它是不会发生改变的,与此相似,当打字员接受一项打字任务时,她便将从事在她的大脑通过实践而发生变化之前所无法从事的事情。但是,从打字员的例子中也难以引申出关于记忆的界定,也就是把记忆视作"有组织的材料的特殊官能",正如海林(Hering)在其著名的演讲中(1870 年)所称呼的那样。

在这种关于记忆事件的解释中,一个事件及时地影响了另一个事件,后者在有限的时间间隔以后紧接着前者而发生,不是直接地发生,而是通过前者留下的某种效应而发生,为了简便起见,我们把这种效应称之为痕迹。这个术语并不意味着有关该后效(after-effect)特殊性质的任何东西。在我们的金属线例子中,我们应当说,经过第二次扭转,金属线的行为是由于第一次扭转产生的痕迹,同样,我们把那位训练有素的打字员的完美操作归之于她持续的练习所产生的痕迹。

物理记忆和心理记忆的进一步比较

我们可以进一步分析我们的两个例子:具有痕迹的金属线将在若干方面表现出与不具有痕迹的金属线不同的行为,但并非在所有方面都是如此。金属线的传导性(conductivity)、磁导率(permeability),以及其他一些决定它特殊反应的特性不会发生改变,因此,在许多方面,具有痕迹的金属线与不具有痕迹的金属线是按同样方式作出反应的。与此相似的是,打字员经过训练以后,会在某些情境中作出与她先前所作出的反应不同的反应,而在其他一些情境中,她则不会作出与她先前所作出的反应不同的反应。例如,她能打出各种稿件,尽管她只受过数量有限的不同稿件的打字训练,但是,反应中的这种变化将或多或少限于打字技术方面,而不会扩大到其他的指法活动,如书法活动。

然而,这种类比乍一看并不那么密切,传导性和磁导率都是宏观量值,它们与许多不同的分子过程相一致。有痕迹和无痕迹的金属线具有同样的传导性和磁导率并不证明金属线中发生的电的和磁的传导过程是以同样方式发生的。因此,痕迹在其一切反应方面改变了金属线,这是有可能的。但是,对打字员来说,情形就不同了。她的家务,她的娱乐,以及她的书法都将一如既往,好像她的打字训练从未发生过一样。当然,人们也可能反驳道,这种比较是不公平的,因为我们发现,不受痕迹影响的打字员的操作是宏观的现象,而我们发现依靠痕迹的金属线的反应则是微观的;确实,据发现,金属线的某些宏观现象也是不受痕迹支配的。我们应当在两个方面的任何一个方面比较宏观现象或微观现象,而不是一面是微观现象另一面是宏观现象。尽管逻辑上讲这种异议是正确的,然而,对我们两个例子之间的明显差别来说将是不公平的。这是因为,在打字员的例子中,我们没有理由去假设,她的训练甚至影响到她的其他活动的微观方面,而在金属线的例子中,这方面却有所不同。反之,在第一个例子中,我们没有理由去假设,不同的功能是以任何一种方式联系起来的,我们知道,为金属线的记忆现象负责的同样一些分子也是电和磁的载体。

迁移问题的第一个界定

然而,我们的两个例子之间的差别并没有完全破坏这种类比。它仅仅指出,与非生物的记忆相比较,有机体的记忆具有更大的复杂性。对于有机体来说,产生了下列问题:哪些功能将会受到痕迹的影响?在特定的情形里使痕迹产生影响的东西是什么?第一个问题是对迁移(transfer)问题的一般表述,而第二个问题,正如我们后面将会看到的那样,则应用于与我们目前正在讨论的领域不同的一个领域。

事实是,痕迹只影响所有功能的一部分。这一事实必须与场组织(field organization)的一些事实相联系。正如我们已经见到的那样,这种组织产生了一些相对来说独立的亚系统(subsystems),一方面是自我(Ego),另一方面是环境场(environmental field),两者中的任何一者根据同样的原理被组织。因此,痕迹必定限于一种或几种这样的亚系统,结果以这些亚系统参与痕迹的方式影响行为。

作为痕迹问题的记忆

本讨论表明了在我们解释某些记忆成就中假设"痕迹"的理由,这个讨论已经使我们远离最初反映的东西。如果痕迹是刻板的或不变的,那么,我们可以说痕迹是空间化的时间(spatialized time),在这个意义上,当然不能说它是无时间的,但是,痕迹又是不受时间支配的,它是不随时间而变化的。留声机唱片上的纹路构成了一种纯空间的模式,它是不随时间而变化的,可是,它们是由时间中的一种过程产生的,从而能够引起产生这些纹路的过程的复制。一旦把记忆还原为痕迹,则记忆问题便将是这些痕迹如何产生,以及它们如何影响未来的行为,但是,它同时取消了我们在本章开头时讨论过的特定的时间方面。

记忆能否完全还原为痕迹? ——时间单位

可是,记忆能否完全还原为痕迹呢?让我们列举另一个例子。在这个例子中,当前的一个事件有赖于先前的事件,而这个先前的事件不一定是即刻之前发生的。我们选择鼓上轻叩的节奏,吟唱的曲调,或者乐器上演奏的曲调。在节奏中,每一个拍子,作为我们行为环境(behavioural environment)中的一个事件,有赖于在此之前发生的拍子。于是,在抑抑扬格节奏中(in the anapaestic rhythm),声音响亮的叩击∨ ∨—∨ ∨—∨ ∨——……从先前的柔和叩击中获得了它们作为"重音"的特征,而与此相似的是,柔和叩击也从先前发生的响亮叩击中获得了它们的特征,或者从先前发生的整个一组叩击中获得了它们的特征。这是很容易得到证明的。如果我们用一组新的节奏——■——■———■——来取代这个节奏,其中单个线段表示与第一组节奏中重音拍子的强度相等的强度,而黑块则对应于较大的强度,于是,旧的强度拍子便不再携带重音了,现在它已经由更响的拍子来接管。反之,如果我们产生一个节奏,其中原始的柔和拍子是最响的拍子,而在此之前通常有两个更柔和的拍子,于是这个柔和拍子将携带重音。与此相似,同一个音调根据在此之前发生的音调将会具有不同的音乐"含义"(meaning)。例如,在一个曲调中,C 可能是主音,但在另一个曲调中则是全阶第五音,而在第三个曲调中却成为"主旋律",如此等等;此外,不同音调也可能具有同一的含义——如果它们发生在一首曲调中的同一地方,它们实际上是彼此难以区分的。于是,以 C 大调来演奏的一个曲调中的 g,如果用 f 大调来演奏,就是"同一"曲调中的 C,而如果用 b 来演奏的话,就等于升 f 调。我们可以容易地把这些结果称做记忆效应,如果我们这里所说的记忆仅指下面的事实,即一个事件并不依靠即刻之前发生的事件。在我们的所有例子中,我们具有由听觉刺激产生的知觉经验,而在每一个经验中,特定时刻的刺激效应有赖于在此之前刺激的结果。如果这些先前的结果随着刺激的停止而完全消失的话,那么,我们既听不到节奏,也听不到曲调,更甭说言语了。

斯托特的主要保持理论

正是由于这个原因,斯托特(Stout)把所有这些事件视作是主要记忆(primary memory)的结果,或者,称之为主要保持(primary retentiveness),即为再现观念(reproductive ideal)而保留了记忆这个术语。在这样做的过程中,斯托特发展了与记忆痕迹理论相似的主要保持理论。我摘引如下:"同一刺激的节奏重复效应是特别具有指导意义的,因为每一个相继印象的外部诱因是贯穿同样刺激的,所以在该过程的历程中引起的意识变化肯定是由于保持的作用,即由先前的印象遗留下来的累积倾向(cumulative disposition)的作用。物理刺激的序列是 $a,a,a,\cdots$,而心理状态的序列是 $a_1,a_2,a_3,\cdots$。a_2 作为一种重复而出现在意识前面,作为同一种类的另一个东西,这一事实构成了 a_2 与 a_1 之间的重要差别"(p.179)。或者说:"一首曲子的最后一个音符可能是在它作用于耳朵这个时刻我觉知到的唯一音符。但是,其中的曲调在某种意义上说是存在的。它在意识之前作为十分独特的整体的一个部分而出现,并从它在该整体中的位置上产生出一种特征。由先前音符的有序序列所产生的累积倾向与听觉器官的新刺激进行合作,随之产生的意识状态是两个因素彼此改变的联合产物"(p.181)。他还说:"在阅读一个句子或段落时,一旦我们达到最后一个词,作为一个整体的句子或段落的含义便呈现在我们的意识中。但是,这仅仅是先前过程的一个累积效应而已。作为特定的资料,直接为我们提供的是最后一个词本身及其含义"(p.181)。

对斯托特理论的批评

在上述摘引的材料中,有不少材料,尤其是第二段,听起来有点像格式塔心理学(gestalt psychology)。事实上,斯托特也承认许多格式塔问题。若要表明他那作为一个整体的体系为什么基本上不同于格式塔理论,将会破坏我们论点的连续性。我们将通过节奏、曲调和句子的主要保持来探讨他的解释。在他的原文中,我用斜体标出的一些特定词背叛了它的显突特点:在产生意识的资料中与刺激合作的累积倾向的概念,以及作为呈现时刻一个事物的资料。唯有曲子的最后一个音符,句子的最后一个词,是实际地呈现于意识中的,尽管由于累积倾向,它们携带着整个曲调和整个短语。

"实际的呈现"

然而,这种情况立即把我们导向无时间的呈现(timeless present)概念所包含的困难。关于无时间的概念,我们在上面已经讨论过了。让我们选择一个人们熟悉的例子,即在严格的连奏中演奏赞美诗的开端部分。

当第三个音符弹出时,它是"我们意识到的唯一的音符"。但是,"意识"是一个真实的事件,从而需要时间。那么,需要多少时间呢?这也许是我们应当回答的,只要这个音符为演奏者所保持的话。可是,这种情况对于不同的音符来说是不同的,我们的第四个音符长一些,而第五个音符则比其余的都短。这就意味着,我们的这个"呈现"(present)有赖于刺激特征;一个较短的音符具有较短的呈现,一个较长的音符则具有较长的呈现。此外,音符的"含义"也在很大程度上有赖于音符的长度,因此,所谓"呈现"的资料的含义也有赖于它所具有的"呈现"的类型。

用来解释的组织概念

但是,这还不是问题的全部。时间是连续的。如果我们把时间分解为一系列小的时间间隔,那就肯定会有一个使这些时间间隔得以确定的原则在起作用。于是,我们可以合理地问道,这些相继的呈现为什么与相继的音符相一致呢?存在着这样的可能性,譬如说,一个呈现时刻开始于第二个音符的中间,并且持续到第三个音符的中间,然后紧跟着一个新的呈现时刻,它包括第三音符的后半部和第四音符的前半部。这个问题与空间组织中的单位形成(unit formation)问题是一样的。由于每一个音符都是"呈现的",因此它被视作是一个分离的单位,而这种分离在刺激中却未被包含!在刺激中间,存在着变化,与这种刺激变化相一致的是知觉分离,正如在空间组织中分离是由刺激的异质性

(inhomogeneity)引起的一样。在空间组织中,同质刺激的部分将它们本身与场的其余部分分开,并且变成单位。同样,音符作为一定时间间隔中的一种同质刺激,是与其他音符相分离的,并通过其自身的同质性(homogeneity)和与其他音符的差别而使自身统一起来。换言之,时间的整体(诸如节奏、曲调、句子等等),如果没有组织的概念,从理论上讲是无法进行讨论的。我们用另外一个例子来表明空间组织和时间组织的相似性。下面这段曲子听起来好似两段中断的乐章,一段从 C 升到 C',另一段从 $C^\#$ 下降到 $f^\#$,第二次下降的音符位于第一次下降的音符之间。两段乐章在音符 a 相遇。这个音符 a 并不作为一个长音符被听到,而是作为正常长度的两个音符被听到,一个属于上升音阶,另一个则属于下降音阶。这里,一致性或同质性的因素已为良好连续(good continuation)的因素所克服。后一个例子,除了表明时间组织中的良好连续定律以外,应当显示出比前一个例子更大的"呈现"难度。因为在这里,我们遇到了一种情形,其中的"呈现"并不与一个音符相一致,其中的一个音符反而引起两个"呈现"。

像任何一种时间组织一样,一首曲子不能用相继的状态来描述,正如阿基里斯和乌龟之间的赛跑不能通过两者之间所处的不同地点来描述一样。我们在前面讲过,一个运动的物体决计不会停留在一个地方,它总是通过一些地方。一首乐曲也是如此,我们可以这样说,除非这首乐曲结束,否则它决计不会停留在一个音符上面,而是通过这个音符。

用于知觉运动理论的斯托特原理

关于运动和乐曲的类比可以再深入一步。因为,斯托特的累积倾向原理也可以像应用于一首曲调的知觉那样应用于运动的知觉。如果一个物体运动着穿越我们的视野,相继地刺激了视网膜元素 $a,b,c,d,\cdots$ 并作为一个运动中的物体而被看到,那么我们就可以按照斯托特的原理来解释这种现象,我们可以说,如果视网膜的每一个元素单独受到刺激的话,便将为我们提供在某个位置上有一个点的体验。但是,由于系列刺激的缘故,在第一个点刺激以后的每一个点刺激,将会与在此以前发生的点刺激所保留下来的倾向进行合作。我们可以依照斯托特的原理而争辩道,在任何时刻,上一次位置的体验应当是我们直接意识到的唯一位置,但是,它是作为特定整体(运动路径)的一个部分而来到意识面前的,从而被赋予一种特性,也即它的速度。有意思的是,斯托特本人并未提

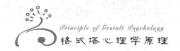

出这样的观点,因为这种观点不符合他的运动理论赖以建立的事实,在他的运动理论中,它是作为一种感觉来处理的。尽管我们自己的理论与斯托特的理论是不同的,而且比他的理论更加具体,但它同样不同于我们依照斯托特的累积倾向原理而概要地描述的理论。我们把运动的知觉解释为是由于心物场(psychophysical field)内特殊的动力过程,也就是说,是一个从不停留在任何地方,而是通过一系列地方的事件。因此,在运动中,我们具有明确的依赖时间(time-dependent)的经验,它不可能用个别的"呈现时刻"来进行解释。但是,如果这些过程的存在一旦确立,我们为什么不该寻找在解释像乐曲一类的其他一些消耗时间(time-consuming)的事件中相似的动力过程呢?换言之,在我们解释这些事件时,我们将不得不超越"主要保持"——超越痕迹意义的记忆。

斯托特的累积倾向理论

这把我们导向斯托特的另一个基本概念上去,那就是倾向的概念(the concept of disposition)。"我们可以把心理倾向视作一种心理结构的建构,这种心理结构通过意识过程而不断地形成和变化,并不断地对决定和改变继后发生的意识过程作贡献"(p.22)。"我们通过它们的效应而得悉它们的存在,通过它们的必不可少的功能,也即作为决定意识生活流的因素,而得悉它们的存在。质量和能量以类似的方式,也即作为决定物体在空间运动的不可缺少的因素而为物理学家所了解。对于'它们究竟是什么东西?'的问题,可以这样充分地回答,即它们的性质是由它们的功能和起源来界定的……"(p.24)。然而,我们来看下面一段话:"我们的大部分心理获得是作为心理痕迹或倾向而为我们所拥有的,而非以实际的意识形态来呈现的"(p.21)。最后,斯托特把这种倾向视作心理的倾向,尽管他承认有这样的可能性,即"一种生理倾向也是一种心理倾向"(p.26)。我们看到,除了该体系的心身二元论(mind-body dualism)之外,斯托特的倾向(从我们界定这个术语的意义上说)实际是一些痕迹。对斯托特来说,关键问题是对这些倾向的运用。通过运用这些倾向,他将一种时间过程还原为瞬间过程的序列,而在瞬间过程的序列中,后面的瞬间过程受到前面的瞬间过程所遗留的痕迹的影响。"如果我们用 a、b、c、d 来表示感觉经验之特定项目的序列……,那么,a、b、c、d 并不意味着适当地代表作为整体的过程。这是因为,当 b 发生的时候,由此出现的意识状态是 b 和保持倾向联合的产物,或者说是由 a 遗留下来的后效与 b 联合的产物。与此相似的是,当 d 发生的时候,由此出现的意识状态是由于 d 与 a、b、c 遗留下来的保持倾向合作的缘故。我们可以指出 m_1 产生了 a 的后效,m_2 产生了 a 和 b 的后效,等等。整个系列可以由 a,bm_1,cm_2,dm_3 来呈现"(p.183)。m_2 和 m_3 是"累积倾向"。如果人们将乐曲分解成元素和呈现时刻的话,可以肯定这是提供给一首乐曲的最佳描述了。

该理论缺乏一种使这些倾向发挥效用的选择原理

除了我们刚才指出的这个过程的不可能性以外它还有一个无法治愈的缺陷,那就是它在区分有效的倾向和无效的倾向时没有包含任何标准。然而,这样一种标准是必要的;因为以斯托特例子中的 d 来说,尽管它依靠在此之前发生的 a、b、c,但是,它却没以同样方式依靠在它之前发生的其他项目。在曲调的第四个音前面播放汽车喇叭声仍可能听得见,汽车喇叭声使 d 完全不受影响;按照斯托特的术语,它仍然作为 dm_3 出现,它仅仅依靠 a、b、c,而不依靠汽车喇叭声,它既是一个良好体验又倾向于留下痕迹。或者,让我们回到第二个音乐例子中来。如果为了方便起见,我们在第二种声音进入以后给音符编号,那么我们就可以看到,一个奇数音符将主要依赖在此之前发生的奇数音符,也即它们在音阶中的延续,而不依赖在此之前发生的偶数音符,尽管其中一个偶数音符在它之前直接发生。偶数音符也会对奇数音符产生影响,反之亦然,但是,这与奇数音符产生的影响属于不同的种类。我们看到同样的问题又再度出现了:哪些项目将综合成单位,它们将与哪些其他的项目相分离?——这个问题只有根据组织来解释。

时间组织的自我决定:良好连续

一首乐曲是一个用时间来组织的整体。它的后来音符依赖先前音符,这正好与下列事实相对应:一个可见圆形的右上角扇形部分(四分之一圆)依赖左下方的扇形部分。两个例子之间的差异仅仅在于,在后面一个例子中,我们处理的是一种静态分布,而在前面一个例子中,我们处理的是时间的变化过程。一首乐曲的前面音符之所以对后面音符产生影响,是因为它们已经启动了一个要求确定连续的过程。一首乐曲,一个节奏,一句句子,是不能与一串念珠相类比的,即便我们假设(如同斯托特的假设那样),后面的念珠依靠前面的念珠,可是,乐曲、节奏和句子等均是连续过程,在这些过程中,后面部分对前面部分的依赖不能用斯托特的最终累积方式来处理。在处理心物时间组织时存在一种困难,它导源于下述事实,即知觉事件,诸如听到乐曲或节奏,有赖于外部所创造的新条件的呈现,也就是说,有赖于"刺激"。但是,我们已经看到,这些事件很快具有它们自己的形状,这种形状要求特定的连续。至于良好连续定律如何在心物事件(诸如听到乐曲)中找到其具体的运用,我们将在后面详述。

时间组织的某些实验证据

对于这一论点,我们再补充两个证据。第一个证据取自我的论文。在这个调查中,我用光刺激产生的节律体验进行实验。在我的第三个系列中(仅是一个十分不完整的报告),我向我的被试呈示了少量的闪光,质量和强度都相等,并出现在同一地点,但是闪光和闪光之间具有不同的时间间隔,然后要求被试把它们理解成一个节律组,他们首先在他们自己的心中继续这个节律组,嗣后再用轻叩来继续这个节律组。这不仅仅是测量记忆的准确性,因为在刺激方面任务还没有完全确定。如果 a、b、c 三种光呈示时,a 和 b 之间呈示的时间间隔为 P_1,b 和 c 之间的时间间隔为 P_2,而且,如果被试必须继续这种节奏的话,那么他就必须在最后的可见光 c 和第一个再现的光或拍子 a 之间"创造出"一个时间间隔,这样一个时间间隔将在每组3个光或3个拍子出现以后重新发生。这个时间间隔 P_3 必须被"创造",因为刺激中没有什么东西会去决定它。但是,7名被试中有5名对这一事实完全意识不到。对他们来说,时间间隔 P_3 像时间间隔 P_1 和 P_2 一样,是原先呈现时的一个资料。至于累积倾向的假设如何解释这一情况,我不知道;因为这一假设通过累积倾向和刺激的协作解释了任何一个时刻意识的效应。可是,在我的实验中,有哪种刺激去与一种累积倾向进行协作呢?另一方面,如果我们假设,光的呈现启动了具有它自己"形态"的过程,那么该结果便是一种必然的结局。我关于时间事件是组织事件的另一个证据,直接取自黑德(Head)的研究。"大脑皮质损伤所引起的最普遍的缺陷之一是难以确定时间;一个有节律地反复呈现的刺激'似乎一直在那里'"(1920年,Ⅱ,p. 754)。这种效应可与视力敏锐性的剧烈减退相类比。在该情形中,一个病人将把一个由若干个点组成的线条看做一根连续线,正如黑德的病人听到一种连续的声音而不是听到一系列分开的拍子一样。我们在第五章里(见边码 p. 205)已经表明,视觉敏锐性是一个组织问题,我们可以把取自黑德的例子作为一个新的证据,以表明一种节奏系列是组织的产物,它让位于另一种更加简单的组织,如果神经系统以特定方式受到损伤的话。在这方面,我们可以补充说,戈尔斯坦(Goldstein)和盖尔布(Gelb)已经发现了一位缺乏运动知觉(perception of motion)的病人;由此,我们在上面建立的运动和乐曲或节律之间的联结得到了充分证实。

空间和时间组织的比较

我们论据的要义是,对时间上扩展的整体所作的解释并不完全依存于痕迹的累积,因为这些整体不只是"主要保持"的表现。如果没有组织的概念,它们便无法被处理。尽管它们的组织在许多方面相似于我们在第五章和第四章曾探讨过的纯粹的空间组织,但是,它们却在一个特殊的方面不同于纯粹的空间组织,原因在于它们是时间的组织。我们必须考察这个特殊的方面。我们将讨论两个简单的例子,每次比较一个时空组织的例子。一个黑色面上的一个白点——一个恒定的音调在绝对的寂静中响了一段时间。我们业已看到,不论点的统一抑或音调的统一,均是组织的产物。我们还知道,点被聚合在一起,与背景相分离,依据的事实是,点的自身内部是一致的,而且与其环境不同。我们推论说,邻近的相等过程彼此施加吸引力,而过程之间的不连续则创造了彼此之间分离的力。正如前面提及的那样,我们也可以把同样的解释用于音调;但是,两个例子之间的差别仍旧存在着,我们现在正在调查这种差别,也就是说,在一个空间单位和一个时间单位之间的差别。那么,这种差别在组织过程中究竟是如何出现的呢?在这过程中,空间的同质和时间的同质之间的差别在何处变得明显起来了呢?

一种连续音调的时间单位问题

为了回答这个问题,我们必须记住一个事实(一个我们迄今为止并未关注的事实),也即一切组织都是时间中的一个过程。当我们关注具有稳定形式的空间组织的结果时,我们可能忽略了这个事实,因为稳定的组织是不受时间支配的,原因在于它们不随时间而变化。然而,所有这些稳定的空间组织都因力的相互作用而聚合在一起,这些力从单位里的每一个点传播到其他的点是需要花时间的,尽管所花时间可能很短。引入这一事实,将有助于我们澄清空间组织和时间组织之间的差别。空间单位内的任何两个点在涉及时间方面均是相等的;从 a 点出发的力到达 b 点所花的时间与从 b 点出发的力到达 a 点所花的时间是相等的。而且,由于力同时始于 a 和 b,因此 b 和 a 也同时受到它们的影响。因此,整个过程便缺乏方向了①。

对子的时间单位问题

人们会立即明白,将同样的描述用于音调上面是完全不可能的。很显然,并不存在彼此相互作用的不同点子,也没有力量会通过空间而传播,以便成为这个单位组织的主要原因。在我们尝试解释这个过程之前,我们将转向我们的第二个例子:在一个黑色背景上有两根相邻的白线,以及十分紧密地相继呈现的两下轻叩,线和轻叩可以作为对子而被察觉。关于这两条线,无须补充什么。它们通过它们的相等性所产生的力而紧挨在一起,形成了一个对子,这些力所起的作用恰与我们第一个例子中讨论过的力相似。因此,让我们转向两下轻

---

① 人们可以把方向这一术语用于两种不同的含义。我们可以完全有把握地说,纽约市的大马路差不多都是自南向北的;当然,我们也可以说,这些大马路的方向是自北向南,这样说也是正确的。另一方面,在其中一条马路上行驶的一辆公共汽车则可能朝南或朝北,而不可能同时既朝南又朝北。本文中提及的"方向"一词,是从后一意义上使用这个术语的。

叩。如果我们听到它们是成对地出现的,那么它们也一定是由力而结合在一起的。但是,这个例子不同于空间例子,理由有两个:一方面,这两下轻叩是出现在同一地方的,另一方面,当第二声轻叩出现时,第一声轻叩已经停止。很清楚,在存在的某物和不存在的某物之间是不可能存在任何力量的。若要产生一对轻叩的单位需要力量,单是这样一个结论,就迫使我们作出这样的假设,尽管第一声轻叩已经停止存在,但是一定还保留着某种东西,它充当着力量所施加于其上的点。换句话说,一对轻叩是组织产物的结论直接导致这样的假设,即第一声轻叩遗留下了痕迹。

过程和痕迹在大脑中的不同定位

我们的结论把我们引向深入。我们必须假设,第二声轻叩的过程在大脑中发生的地点不同于痕迹发生的地点,尽管这种差异是极小的。如果情形不是如此,那么,两声轻叩的情况将不同于两条线的情况。如果第二声轻叩的过程发生在与第一声轻叩留下痕迹的地点相同的地点,那么,我们便不可能理解对子的形成了。确实,第二声轻叩可能通过发生在一个充满着痕迹的地方而与第一声轻叩有所不同,因为第一声轻叩是发生在一个无痕迹的区域里的;这一假设符合斯托特的理论。但是,所谓结对并不是一个轻叩加上另一个带有新特性的轻叩。此外,如果我们继续我们的一系列轻叩,那么,第三下轻叩也可以像第一

图 97

下轻叩那样容易地被听到,等等。而且,被听到的系列的时间方面将不同于实际系列的时间方面,一个对子中两个成员之间的时间间隔仿佛比一个对子的第二个成员与下一个对子的第一个成员之间的时间间隔要小一些①。如果在图97中上面的点子代表客观的轻叩时间顺序,那么,下面的点子就将代表在由两声轻叩组成的对子中主观节律发生时所听到的序列。这类事实以下述假设为基础似乎是不可理解的,这种假设是,痕迹的地点与过程的地点是一样的,因为,如果真是一样的话,则第一个兴奋的痕迹将会被第二个兴奋完全改变,以至于丧失了它的同一性。我们对斯托特痕迹理论的异议导致了同样的结论,尤其是那两个相互交织的上升和下降的音阶。这一基本的结论(即过程的地点不同于痕迹的地点),最近已为劳恩斯泰因(Lauenstein)所强调,他的考虑与我们的考虑稍稍不同,与大多数当前的学习理论有所不同,他从这些考虑中引申出同样的结论。"尚未直接提到的这些理论都以这样的假设为基础,即当有机体在相继的场合从事习得的活动时,同样的大脑细胞一定参与其中……"(汉弗莱,p. 210)。

---

① 请参见考夫卡(Koffka),1908年,p.43。

由化学淀积之间的动力交流所产生的组织

两声轻叩所构成的一个对子,按照我们的论点,有赖于一个兴奋区和先前兴奋的痕迹之间的动力交流。这就使得寻找使这种动力交流成为可能的两个区域的特征变得十分必要。劳恩斯泰因发展了苛勒的心物组织论,提出了一个用以解决这个问题,并导致深远影响的结论的假设。这种相互作用可能是由于两个区域之间接触时所发生的电势(electrical potential)的跳跃,或者是由于两者中的一者与它们间的场之间发生的电势的跳跃,如果它们不是毗邻的话。假如刺激在两个毗邻区域中是不同的,则按照这一假设,两个相应的心物区域中的化学过程将导致参与反应的分子和离子的不同浓差(concentrations),由于正负离子的速度不同,也一定会产生势能(potential)的差异①。如果这两个区域为不同刺激的区域所分隔,那么,由三个区域构成的整个场将成为单一的动力场,它的特性也有赖于三个区域里的相对浓差。劳恩斯泰因讨论了一个同质背景上具有不同明度的两个灰色点(见图 97a)的例子。在这个例子中,假如两个方块具有功能关系,那么,直接依靠两个方块之间差异的场内一定会产生某

图 97a

种东西,从而能传递它们差异之经验。他引证了若干例子,以表明哪种事件必须在这个中介的场内被假设。我将复制一个最简单的例子,尽管大脑里的具体过程肯定是完全不同的:"往两个有着大的水平十字形底部的容器注水,使它们达到不同的水平面,两个容器由一根狭窄的管道连接着。在连接管道的每个十字形部分中,流动速度(或压力梯度)可以用来测量两个容器中的水平差异"(p.145)。

人们看到,该理论也包含了上图的例子,其中两个分离的小方块是相等的;在流体动力学的例子中,速度为零的情况将与这种情况相一致。

这些假设也可用于我们的两声轻叩中去,它们与两个分离的小方块相一致,而不是与毗邻区域的例子相一致。在第二次轻叩时,大脑区域内产生了某种浓差。第一次轻叩的痕迹,也就是说,从第一个兴奋中产生的淀积物,正如我们所推论的那样,存在于一个稍有不同的区域;另一方面,它也有它自己的浓差,多少有点像第一个过程产生的浓差一样②,而且其中存在着具有其浓差的间隔痕迹。鉴此,两个相继轻叩的例子已还原为两次同时出现的小方块的例子:两个轻叩是行为单位,因为在第二次轻叩产生的淀积物和第一次轻叩遗留下来的痕迹(由间隔遗留下来的痕迹)之间存在着一个场过程。

---

① 有关的详情可参阅苛勒的《物理格式塔》(*Physische Gestalten*)和劳恩斯泰因1933年的著述。
② 我们现在将探讨第一个兴奋停止后这种浓差所经历的变化。

迄今为止,我们的假设解释了两次轻叩的对子特征:在第二次轻叩时,我们不仅假设了与它相一致的兴奋,而且还假设了一个场兴奋,它将这个兴奋与先前发生的那个兴奋的痕迹联结起来。应当牢记的是,我们把经验与兴奋关联起来,但不是把它与痕迹关联起来。因此,第一次轻叩只有通过场兴奋才"处于意识之中",这种场兴奋指向它的痕迹,而非作为一种意象(image),也就是说一种分离的经验。

我们的理论包含了关于这个场过程之原因的一种暗示。由于我们在兴奋区和痕迹区的浓差中(或相等中)推知出这种暗示,因此它仅仅与兴奋过程本身间接地联系着,也就是说,只有通过该过程赖以发生的浓差。这里,该理论显然是不完整的。当第二个兴奋过去以后,它的痕迹还保留着,从而在两个区域之间也存在着浓差的区别。因此,如果场事件单单依靠这一区别的话,那么,它便应当无限地进行下去;我们也将不再听到任何叩击声,而仍能意识到对子的特征。我们在前面曾坚决主张这种经验是可能的①,但是,它们肯定不会一直发生,如果我们的理论完整,它们本该如此。

在我们继续论述我们理论的这个方面之前,我们必须纠正另外一个错误,也即我们呈现中固有的一个错误。我们已经把第二个兴奋视作一种基本上独立的事件,它随之与第一个兴奋过程的痕迹发生联系。这是一种并不合理的简化方式,之所以引入这种方式是为了使读者更易于跟上这一困难的论点。实际上,第二次轻叩的兴奋将在由第一次轻叩的痕迹所决定的场内引起。这一点在我们后面的讨论中将证明具有很大的重要性。

时间组织中兴奋的作用

为了进一步发展我们的理论,我们现在将区别四种不同的例子:(1)两个灰色小方块的经验,如图97a那样;(2)两次相继轻叩的经验;(3)前者的痕迹;(4)后者的痕迹。由于我们在此之前尚未讨论过(2),因此,现在有充分理由把它视作为一个空间单位的痕迹代表。空间单位被解释为,依其内部发生的过程之性质,而与那些结合在一起的区域相一致并与其余部分相分离。由于痕迹直接有赖于这些过程,因此,它们将"绘制"(map)这些过程,而且作为"地图"(maps),它们将从围绕过程的痕迹中被分离出来,并在它们自身内部结合起来。换言之,正如我们不得不推论一个场过程在第二次轻叩结束以后将在两次轻叩的痕迹之间得到继续那样,我们也必须假设场过程将在空间单位的痕迹内发生。如果它们不发生,那么这些痕迹单位将不再成为单位。

在第三章里,我们了解到单位形成包括形状。由此,原始过程的分布形状

---

① 比如猫的龇牙咧嘴。

也必须以痕迹的动力形状加以保持。这样,空间单位的痕迹是应力(stress)下的系统,正如我们后面将会见到的那样,由此说法可以得出进一步的结论。

现在,当我们把例(2)和例(4)进行比较时,我们发现它们在许多方面是基本上相似的。在这两个例子中,痕迹都是由三个部分组成的一个统一系统,它与两个小方块和轻叩以及它们之间的间隔相一致,这种间隔,就痕迹而言,在两个例子中都是一种空间间隔。确实,这种空间间隔在第一个例子中是由于以下事实,即在与经验相一致的原始过程中,具有三个组成部分的整个事件是在空间上得到扩展的,而在第二个例子中,空间间隔把它的存在归之于时间序列,兴奋发生于与痕迹的地点不同的地点上。但是,实验证据(我们将在以后讨论)表明,这种起源的差异至少对发生在统一的痕迹系统中的若干结果没有影响。因此,我们将把这两个例子结合起来处理。

倘若痕迹只是没有新兴奋的痕迹,则在我们的行为场里就没有东西与之相一致。但是,对于由经验相伴的未来过程来说,它是一个条件。这里所谓的经验,指的是认知、辨别和回忆。另一方面,我们还被导向这样的结论,这些统一的痕迹系统处在应力状态之下。让我们把这些系统中与第一个成员相对应的部分用 a 来表示,把与第二个成员相对应的部分用 b 来表示,把与间隔相对应的部分用 i 来表示。于是,如果 a、b 和 i 都是不同的浓差区域,那么,它们之间便将有一种势能的跳跃模式,它有可能在 aib 系统中产生相等过程,或者产生其他东西。另一方面,经验中没有什么东西提示存在着这些过程。很显然,我们的论点已经导向一种矛盾。然而,这种矛盾无法通过从我们的假设中取消关于痕迹系统中动力状态的假设而消除。正如我们不久将会看到的那样,若干实验事实像我们的推断一样,使得这种假设成为必要:这些痕迹系统随着时间而变化,这可以用它们的后效(after-effects)来证明。结果,我们必须解释,为什么这些过程在我们的行为场中未被呈现,换言之,为什么它们没有由意识伴随。

我们把前两个例子纳入我们的讨论,以便为这一解释获得一条线索。在例(1)中,我们体验了一个对子,它的两个成员是同时呈现的,而在例(2)中,当对子被体验时,其中的一个成员已经过去了。这种经验的差别是与过程的动力差别相一致的:在例(1)中,有两个兴奋(或者,更确切地说是三个兴奋,因为我们必须把两个小方块之间的间隔也包括在内)和与此联结的动力场①。在例(2)中,只有一个兴奋,而与这个兴奋相联结的场过程带有两个在此之前发生的兴奋痕迹。根据我们面临的两个例子,我们必须推论,一个场内的一种或多种兴奋决定了场的时间特征或空间特征。如果 b 区通过 i 区的中介而与 a 区联系的

---

① 这是一种对兴奋的区分和场的描述,之所以选择这种描述,是为了强调一个特定的点;它并不是实际发生情况的良好描述,其中的兴奋和场不是"联结"的。

话,如果 b 区单独成为一个实际兴奋的所在地的话,那么,这种联系除了说明 aib 的组织之外,还为 b 提供了"比 a 更晚出现"的特征,或者"第二兴奋"的特征。

时间方向和兴奋

于是,我们可以说,过程的"方向"(direction)有赖于这样的事实,即它是否含有一个或多个兴奋,但是,方向这个术语也必须谨慎对待,因为有些过程的方向是不受兴奋所支配的。可见,如果 a 区比 b 区具有更高浓差的话,则过程便将从 a 指向 b,而当 b 成为更大浓差的区域时,便一定具有相反的方向,即从 b 指向 a,不论 a 是一个兴奋还是一个痕迹。确实,我们可以在第一个例子中看到 a 比 b 的颜色更淡或更深(按照小方块的排列),我们也可以在第二个例子中听到 b 比 a 更强或更弱(按照两声轻叩的相对强度)。在我们的假设中,有赖于兴奋的方向是时间方向本身。

我们的假设包含了例子之间的差异,也就是例(1)的小方块和例(2)的轻叩之间的差异,即使把场事件归因于 a 和 b 之间浓差的区别,情形也一样;如果在例(2)中,a 只是一种痕迹,那么它的浓差便是它的存在,因为它被遗留下来,因为对它来说没有发生任何新东西①,然而,b 处的浓差则是在整个过程持续的那段时间里由兴奋创造出来并加以维持的。另一方面,在例(1)中,a 和 b 的浓差在动力上是相等的,两者都是由兴奋创造和维持的。在 a 和 b 处发生的差异——在例(2)中,一方面是静态条件,另一方面则是动态过程,而在例(1)中,则是两个动态过程——肯定能够说明那些直接解释过程的时间方向的其他差异。为了能够一方面解释例(1)和例(2)之间的差异,另一方面解释例(2)和例(4)之间的差异,我们必须作出这样的假设,在缺乏任何兴奋的情况下,两种痕迹之间发生的过程具有不同的强度,也就是说,具有不同的速率(rate),或者,当其中一个区域处于兴奋状态时,与此同时发生的过程属于不同的种类。这将意味着这样一种假设,即一个过程必须具有某种强度,按一定速度发生,以便在行为场中被描述,或者,换言之,由意识伴随着,不过,这是一个似乎不可能的假设。然而,如果无此可能,则速率方面的差异可能是由于种类方面的差异;例如,人们可能认为,纯粹扩散的过程——在其他过程中间——将会在"已死的"痕迹之间发生,这些过程将会十分缓慢,以至于不能视作是经验的对应物②。在那种情况下,成为经验载体的一种生理过程的特性将不一定是它的速度,而是它的种类。

---

① 我们再次忽略了这样一些变化,即它可能在与 b 和场的其他部分交流时经历的变化。
② 参见苛勒,1920年,p.16。

空间和时间记忆的相似性

在我们结束本讨论之前,我们必须从例(2)和例(4)的相似性中再作一次推论,也就是说,根据两种同时产生的灰色小方块所遗留下来的痕迹,以及两个相继产生的叩击中所遗留下来的痕迹来进行推论。如果我们以此为基础的假设和论点正确的话,那么,我们的时间序列记忆(memory of temporal sequences)与空间模式的记忆(memory of spatial patterns)相似,因为在痕迹中时间已经变得空间化。这一推论看来已为事实所证实。在回忆我自己往事的过程中(这些往事是有序列地先后发生的,如在海滨度过一天的各个事件那样),我回忆的这些事件在不同地点展开,尽管我知道这些事件在时间上是一件接着一件发生的,但这种知识与空间模式(在我的回忆中拥有的事件)相比属于不同的经验。这些事件在我的回忆过程中以明确的空间图式展开,然而,它们却缺乏成为时间序列的直接特征,正如我们已经十分充分地讨论过的那样,这些时间序列区分了两声叩击。看来,关于它们之间的时间关系,更多的是一种动力关系,这种动力关系把时间关系与自我(Ego)联系起来,而不是在它们自身内部把时间关系结合起来。这种说法,就其发展而言,使我们的推论增加了分量,但是,它并未排除这样一种可能,即具有真正的时间序列的记忆可能发生。

一种连续音调的时间统一问题得到解释

现在,让我们回到第一个例子上面来。为了便于第二个例子的讨论,我们曾放弃了第一个例子。我所谓的第二个例子是指在一个确定的时间里听到恒定的音调。是什么东西给了它统一性呢?假如我们关于对子形成的解释正确的话,那么,有关我们问题的答案可能只有一个了:正如两下叩击之间的统一性是由于与两下叩击相一致(以及与它们之间的间隔相一致)的两个区域的化学淀积之间发生的过程一样,一个音调的统一性也由于"淀积",这些淀积是由不同地点的连续振动产生的。组织再次是空间的,并且像其他的组织一样,从下列事实中获得它的时间特征,也即整个淀积单位除了它的"顶端"(tip)外是由已死的痕迹组成的,而所谓的顶端,则是指刚由一个兴奋构成的地方。这些兴奋连续发生,因此,淀积列(column of deposits)也连续增加。通常,兴奋在任何时间不会一致,例如,一种声音将被另一种声音伴随着。对于这些正在变化着的刺激,如果我们的假设正确的话,一定会有部分淀积列与它们相一致,而该淀积列是与一致的兴奋周期相一致的,按照我们在讨论空间组织中发现的等同定律,淀积列是由这种一致性而结合起来的。另一方面,兴奋的变化,伴随着淀积的改变,会使这些淀积列以与空间组织相类比的方式彼此分离。如果马赫环(Mach rings)的等值能在时间场内被发现的话,那么,这将是对该假设的令人鼓舞的证实。在声学中，人们会在音高和强度中寻求这样一个等值。人们会去产生一个滑奏(glissando)，既可以是频率的滑奏，也可以是强度的滑奏，并在这一滑奏的速率中引入一个突然的变化。我们的图48将提供这些例子的例证，如果现在用横坐标表示时间而不是距离，纵坐标表示频率或强度，则就能证实这一论点。因此，如果与马赫环相似的现象发生，我们将把图形 b 和 c 作为在 p 时刻具有非连续性的上升滑奏的刺激来听，这种非连续性在图形 b 中具有突然上升或下降的特征(在音高或强度中)，在图 c 中，这种非连续性具有突然下降和上升的特征。然而，该实验并非终极性的。尽管它为我们的假设提供了很重要的证据(如果实验结果是积极的话)，但是，即使产生消极的结果也不会使我们的假设变得无效，因为淀积列中的空间组织无须在一切方面都与同时发生的空间场内的空间组织相等。

我们的假设导向另一种推论。如果刺激时间十分短促，那么，由于系统的惯性，在兴奋建立起新的淀积时将没有时间让"死亡的"淀积继续保存下来。发生的一切将是一个兴奋带着它自身的浓差，紧跟其后的是另一个兴奋。这种情况与空间中"点"的情况十分相似；这种短促的声音，例如电话机上发出的咔嗒声，或音乐中的一个短音符，都没有任何持续时间，正如点没有任何延伸一样——当然，这是就现象学角度而言的，而不是就物理学角度而言的。

我们现在必须回到我们第一个例子的另一个成员上来，那就是同质背景上的浅色小方块。开始时，我们仅仅根据空间组织观点对它进行了讨论。但是，我们现在必须记住，这样的小方块也持续地通过时间；因此，它像音调一样包含同样的问题，而这个问题也肯定会找到同样的解决办法。现在，我们必须把我们的痕迹列(frace column)假设用于与小方块相一致的空间组织的(形状的)淀积中去，当然，这也同样适用于我们行为世界中的一切持久性物体。

我们的理论与斯托特理论的比较

为了了解我们的假设达到了何种成就，让我们回到我们曾对斯托特提出的批评上来，以便看一看我们自己的理论是如何摆脱这种批评的，这样做无疑是很策略的。我们在前面曾经发现，依据斯托特的理论，"直接的呈现"(immediate present)是刺激持续的一种功能。我们的假设包含了为什么它肯定是这样的理由，也即为什么经验中的一个时间单位将与一种连续一致的刺激相对应。正如目前将看到的那样，我们的假设认为，它意味着一种与刺激持续和经验单位持续之间的几何对应有所不同的功能。我们反对斯托特的第二个论点是，他的理论缺乏"直接呈现"的整合原则。这种原则已经再次被我们的理论所补充了。不过，我们究竟如何对待两个音阶的例子呢(其中一个音阶从时间上看嵌入另一个音阶之中)？我们在批评斯托特的"直接呈现"概念时，也就是在批评他对乐曲音调作后效的分析(他还把这种后效称之为它们的"意义")时提到过它,我们还在批评斯托特未能区分有效的倾向和无效的倾向时提到过它。所有这些方面现在都将一并考虑,因为,它们都指向良好连续定律的效应。

首先,人们会问:为什么在我们的例子中那个长音符听起来像两个短音符?为什么按照我们的理论这种时间体验的统一性在不顾刺激的一致性(这种刺激的一致性应当产生一种同质的从而是一致的痕迹列)的情况下被中断呢?答案可在先前的陈述中找到:如果假设刺激产生兴奋,因而它的淀积不受先前发生的刺激的支配,则我们的假设便无法处理这些事实①。因此,正如我们先前强调过的那样,每一种兴奋都必须在痕迹场内被正视,它发生在痕迹场的"顶端"。

然而,在我们假设的框架内,这究竟意指什么呢?我们考虑一种刺激序列,它引起了一个时间单位。当 n 次刺激生效时,这一时刻究竟发生了什么?就在这一时刻之前,存在着一种痕迹列,它由第一个 $n-1$ 刺激所产生。这种痕迹列形成了一个一致的和有组织的场,在这个场里充满着力量,这些力量把痕迹列结合起来,使之与其余痕迹列分开,并决定它自己的清晰度。现在,我们从空间组织的讨论中得知,形成一个分离单位的力量也会渗透到外部的场里面去。假如单位是"开放的"或者"不完整的",那么,与这个欠缺相一致的场部分将成为特殊力量的所在地,这些力量在引起闭合过程(processes of closure)方面要比引起任何其他过程更加容易。当然,这种闭合是由图形的其余部分所要求的闭合,一种良好连续的闭合。在某种意义上说,甚至在闭合不可能发生的地方,一种结构也将影响它的场,从而导致在它邻近的地方,尤其在它的末端,某些过程将比其他一些过程更有机会发生。譬如说,如果呈现图 98a~n 的一些点,则增加 p_1 点将比增加 p_2 点更加容易一些。威特海默(Wertheimer)曾在他的未发表的阈限实验中表明了这一点。我们的痕迹列,在序列已经到达它的自然尽头之前,是这样一种开放的或不完整的空间组织,因此它将促进这些兴奋,也即适当地将它延续下去,并最终导向闭合。该组织是痕迹列中的淀积,它只有通过新的淀积才能延续,并使之完整。因此,刺激产生的兴奋将以这种方式由场力来决定,以便产生那种淀积,它使存在的痕迹列得以适当继续。换句话说,兴奋 n 将因场力而倾向于产生一种淀积 n,它与先前的 $n-1$ 兴奋创造出来的痕迹列相配合。那么,n 次兴奋是否将实际上成为那种兴奋,这当然有赖于刺激的性质。后者是一种组织的外部力量,而场则提供内部力量。甚至当刺激阻止了"适当的"兴奋的发生时,场力仍将证明是有效的。例如,如果刺激是一首曲调的音符,而 n 次音符是降半音或升半音,那么它将作为音调以外的东西被听到;如果它与合适

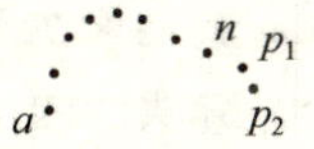

图 98

---

① 这将是一种时间恒常性假设。

的刺激完全不同,那么,它将作为"一种惊奇"而被听到。

现在运用我们两个音阶的例子变得简单了。长音调将作为两个短音调被我们听到,因为对两个交织在一起的痕迹列来说,每一个都有利于产生一个短音调。在这个例子中,正如在一切类似的例子中一样,这些力量,由于遵循良好连续和闭合定律而包围了场系统,因此要比活跃在分隔部分中的那些力量更加强大,后者是由于过程的同质,并按照等同律而活动。在某种意义上说,我们的讨论已经证实了斯托特理论的一个方面:在我们的理论中,痕迹和刺激之间也存在着"协作"。但是,与此同时,还有一条原理,它解释了这种协作的选择性,在斯托特的理论中则是缺乏的;该原理将很快予以充分讨论。

时间单位的动力特征:兴奋的一种新作用

如果时间单位的每一个成员既依靠它自己的刺激,又依靠先前成员产生的场,那么,我们便可以了解为什么随着这个序列的深入,单位的方向会越来越得到确定。随着每个新成员的产生,场的范围不断扩大,从而力量也不断壮大①。场的力量在强度上不断增加,单位持续时间越长,力量的组合效应也变得越强。当然,这种效应是有限度的。正如空间单位有它们的限度一样(这种限度有赖于特定的条件),时间单位也是如此。在两种场内,单位不能被随心所欲地搞大。不过,这一论点虽与斯托特的理论相一致,并不意味着我们接受了他关于乐曲的描述,即乐曲是由具有意义的音调组成的。因为这样一种描述实际上把一首乐曲的动力特征给剥夺了。

我们现在必须解释为什么在我们的音乐例子中,我们听到了两个交织的音阶。开头的四个音符已经建立了一个痕迹场和一个过程,这个过程既被第六个音符 g 十分恰当地继续着,还被第五个音符 C 升半音继续着。当 g 发音时,它将"来自"由头四个音符确定的方向,从而扩展这个痕迹系统,相对地保持着不受先前 C 升半音之痕迹的支配。下一个音符 b 的情况恰恰相反,它将与该痕迹紧密联系等等。人们可能质疑,一个过程怎能通过另一过程的呈现而继续,也就是说,两个音阶中每一个音阶的运动怎能经得住另一个音阶的介入音调而存在下去。这里,我们又看到了与视觉的类比性,也即与所谓隧道运动(tunnel motion)的类比性,这种类比并不是十分困难的。若要证明一个物体穿越一个未被中断的轨道而运动,这是容易的,尽管轨道的一部分由一个不同的物体充斥着。运动的物体被看到在障碍物"后面"通过,好像它通过一条隧道一样。在某种意义上讲,这是"双重呈现"(double representation)的又一个证例。

---

① 不仅场被逐渐地组织起来,而且它也可能被重新组织;于是,第三音可能成为主音,从而使原先处于这个位置的第一音脱离这个位置。

痕迹的新作用

我们虽引入了连续过程,但却留下了解释痕迹系统的重担,正如斯托特在论述他的累积倾向时所指出的那样。我们已经避开了斯托特的理论可能受到的那种批评,其办法是把痕迹系统视作组织系统(它们服从于我们在一个完全不同的场内研究过的同样的组织定律),不仅从痕迹场内推知单位形成,而且还推知时间单位的特定的动力特征。该理论的主要特征是,它把组织力量归之于痕迹场。根据我们的假设,良好的连续并不由于运动本身,而是由于偏爱某些运动而不偏爱另外一些运动的场,也就是说,不仅由于牛顿(Newton)的第一运动定律,而且还由于神经系统中摩擦的极端程度,其中如果没有力,运动便不可能发生,所有无活力的速度都将被破坏[①]。

关于特殊运动过程的假设对于解释每一种时间单位并非必要。我们业已看到,有可能完全通过淀积之间的过程来解释两声轻叩的对子特征。对于一个单一的对子来说,假设的运动将是动力的方式,第二个成员以此方式出现,与第一个成员相比或"上升"或"下降"。于是,劳恩斯泰因发现有必要区分两种相继的比较过程;在一个过程中,两个淀积之间的纯动力关系产生了统一,而在另一个过程中,在该场条件之下发生了一种"运动"过程,即第二个成员的"跃升"或"下落"。

人们很容易看到,这两种假设如何用于不同的例子。无论何时,当一个音乐片段由快速的音调序列组成时(这些音调产生一种上升运动、下降运动或起伏运动),统一运动的假设就成为必要的了:没有一种音调会无限持续,以便靠自身"成为"某种东西;它不过是较大运动中的一个阶段。另一方面,当一个音调保持相对来说较长的时间时,譬如说,贝多芬(Beethoven)第五交响曲中的第四个音符,那么,兴奋的假设便不够了。确实,这种音调的出现需要这种假设,即从 e 降半音到 c 的下降;但是,当 c 持续时,它保持其位于底部的特征,为了解释,这就需要淀积—梯度假设(deposit-gradient hypothesis)。这种纯粹的梯度假设将足以解释被比较的两个经验之间具有相对长的时间间隔的相继比较的例子。

对我们痕迹假设的异议

尽管我们的理论尚未完成,但是,看一看对此可能提出的异议,以测定我们的假设是否有理,这似乎还是可行的。

---

① 参见苛勒,1927 年 a。

1. 时间的空间化需要一个实际上不存在的空间第四维度

在大脑里将时间空间化,是我们假设的特色之一。然而,这也马上引发了下列困难:我们的大脑是三维的,我们已经假设过,为了感知三维物体,我们的大脑也会有与之对应的三维过程分布。那么,对于时间维度来说,它的位置在哪里呢?如果任何一种行为物体的时间统一有赖于行为物体的心物过程得以建立的痕迹的空间统一,那么,又该如何解释一个点作为一个点被记住,一条线作为一条线被记住,一个面作为一个面被记住,而不是把点记成了线,把线记成了面,把面记成了立体呢?我们又怎么记住一个立体的持续呢?对此,我们必须争辩说,点的痕迹在空间上是不同的,在我们的行为世界里,当每个点通过一段可估计的时间而得到持续时,它必定留下痕迹,该痕迹与最短的可能时间里见到的一条线的痕迹相似,如果线的方向与彼此叠加的痕迹方向对应的话。与此相似的是,一根直线通过痕迹的积累而变成一个椭圆、一个圆、一个圆柱体,而且,由于我们没有可供支配的第四维度,我们便无法看到什么东西将变成立方体,甚至无法看到我们假设中能够体验到的一个三维物体的持续。

尽管这个论点是有力的,但我却并不认为它对我们的假设是致命的。事实上,困难仅仅涉及记忆效应本身,而不涉及知觉的持续。因为持续地知觉一个点和暂时地知觉一条线在我们的假设中属于不同的心物事件。在前者的情形里,兴奋尽管始终发生在痕迹线的顶端,但在每一瞬间都只是一个点的兴奋,而在后者的情形里,兴奋本身便是线性的。因此,按照我们的假设,在知觉中,我们的两种情形肯定表现为不同,对于其他例子来说,也是同样的道理。让我们仅仅补充一点有关立方体的讨论:即便"时间方向"(也即痕迹得以累积的方向)必须与立方体的某个方向相一致,痕迹列仍然无法歪曲对立方体的持续感知,因为兴奋本身保持不变。

但是,当我们转向持续的记忆效应时,更加严重的困难随之产生了。如果对一个点的知觉兴奋在持续了一段时间以后停止了,那么痕迹仍然保留着,而且,正如我们刚才陈述过的那样,痕迹形成了一条线的图样。与此相似的是,一条短暂展现的线的痕迹也具有一条线的图样。那么,这两种痕迹图样之间的差异在于何处呢?差异,肯定是存在的,因为我们在记忆中并不混淆注视达 15 秒钟的一个点和短暂一瞥的一条线。这种差异只能存在于一个地方,即两种线状痕迹图样的内部组织,也就是说,存在于它们形成单位的方式。线状痕迹是由一种空间延伸过程产生的,我们将因此作出这样的假设,线状痕迹是空间上一致的痕迹,一种点与点并不分离的痕迹。相反,点的痕迹的时间图样是由最小空间范围的兴奋产生的①。由此,我们可以得出结论说,点的时间痕迹图样通过

---

① 为了简便起见,我们忽略了这一点:实际上,线和点在背景上都是可见的,所以,整个痕迹在空间上得到延伸。

其整个范围保持了它的似点特征(puncti-form character)。而线的痕迹则是这样一种痕迹,即在时间上延伸的点的痕迹可被视作是大量个别点的痕迹,在它们的图形中并不失去点的特征。我们从后面即将进行讨论的劳恩斯泰因和冯·雷斯托夫(Von Restorff)的调查中了解到,相等的或相似的痕迹如果紧紧挨在一起便将彼此影响,该影响以同化(assimilation)形式进行。当痕迹持续时,我们必须期望一种更强的效应,但是,我们不能期盼这些痕迹的相互作用(尽管毫无疑问它们会发生)会通过把它们整合成具有更高维度的新痕迹来改变它们的空间方面或图形方面。时间痕迹图样内的相互作用是解释时间统一的一种必要假设;它已经为不同方式的实验所证明。但是,这种相互作用不可能从根本上破坏整个图样内每个部分痕迹的空间界线。时间痕迹图样发生的变化朝着最小种类的单一性运动;当痕迹系统不被理会时,它在许多情形里无法接近外部能量。另一方面,从较少的痕迹系统中建立起更多的维度结构将是朝着最大种类单一性的一种变化。劳恩斯泰囚和冯·雷斯托夫实际上观察到的一些变化是符合这种结论的。复合的痕迹系统不是由相等的成分组成,而是由相似的成分组成,这些相似成分倾向于失去它们的同一性,融合成统一的系统①。此外(同样变化的另一方面),我们经验的时间方面有许多已在记忆中丧失,这是我们曾经提到过的。譬如说,我们记得,前不久我们在这里见到过一个点,在那里见到过一条线,在风景画中见到过一幢房子,等等,但是,通常说来,我们并不记得我们见到的点、线和房子有多长时间②。我们的第一个异议就说这么多。

2. 拉什利的研究与痕迹理论的关系

现在,我们转向另一个异议,它是在反对以拉什利(Lashley)的著名研究为基础的痕迹假设时提出的(1929年,pp. 100,107,109)。拉什利发现,正常老鼠获得的迷津习惯随着皮质损伤而以这样一种方式受到干扰,即迷津习惯的恶化程度是大脑组织受到破坏的直接结果,但却完全不受这种破坏的地点的支配。对于这一事实,我们也可以换一种说法,也即上述这种习惯"似乎是没有定位的"(拉什利,p. 87)。再者,用惠勒(Wheeler)和帕金斯(Perkins)(p. 387)的话说:"大脑并非一团结构,每一部分均有其自身的独特的和独立的功能。鉴于这些事实,痕迹理论是不可思议的。"上述这段话的第一部分是完全可以接受的,如果人们强调它的结论性从句的话:凡痕迹均不具有独立的功能,甚至不是一种独立的存在。但是,上述话语的最后一句并不意味着可由拉什利的结果来证

---

① 具体的说明可参见第十一章。
② 语言和概念思维使得这个问题复杂起来。文章中涉及回忆的陈述尽可能不受这些因素的影响。它们为我们提供了不用回忆这些持续时间的持续知识。

明，拉什利本人也不相信这一点。这是因为，拉什利发现，他在迷津习惯方面解释得通的东西，在其他三种习惯方面却解释不通，这三种习惯是：明度分辨，斜面箱①，以及双重平台箱。在谈论后者时，拉什利说道："该习惯在具有明确的记忆痕迹定位方面与明度分辨的习惯相似……"(p.87)。随着这三种习惯的获得，当皮质的某些部分受到破坏时(枕叶部分与第一种习惯相对应，额叶部分与其他两种习惯相对应)，这三种习惯都会丧失，而在任何其他区域受到损伤时，则对这三种习惯不产生影响(p.121)。这些成就一旦习得以后，便会使大脑的某些特定部位发生变化，也就是说，这些成就留下了一些痕迹，它们说明了这些习惯的保持，而且，正如拉什利指出的那样(p.133)，这些习惯在性质上要比迷津习惯更为简单。当拉什利说迷津习惯没有定位时，他并不意指学习不留下后效，也就是说，不留下痕迹。对迷津习惯来说，这些痕迹是分布在整个皮质区域的，该说法与拉什利的结果完全一致。在与我们问题有关的特定实验中，将老鼠置于迷津中进行训练，直到10次连续无误的尝试都达到为止。十天后对它们重新进行训练，接着立即给它们施以手术，切除不同数量的皮质(使皮质下区域造成损伤)。十天后再对这些老鼠进行训练。得到的平均学习时间是以秒来计算的，皮质的平均破坏率为17.7%。

原始训练时间	手术前重新训练时间	手术后重新训练时间
1911	64.8	2221

根据上述这些数字，我们可以争辩说，这些实验结果无论如何不能证明手术通过痕迹的破坏而导致了习惯的退化。拉什利也发现，这一事实表明，大脑损伤的动物比正常的动物学得更慢，它们的迟钝是损伤程度的直接结果，并且认为单凭这一事实便可以说明该结果的原因。上述表中第三个平均值比第一个平均值更高，正是这一事实似乎支持了该论点，它声称，这些平均值并不测量一种学习成就和一种再学习成就，而是测量在不同的神经条件下实施的两种学习活动。但是，只要该平均值与经过同样平均程度的手术后而获得习惯的动物的平均值相一致，并且只要不发生这种情况，即第三个平均值比第一个低，尽管仍有意义地高于第二个平均值，那么上述论点便将是结论性的了。实际上，后面一种情况在拉什利的图表中将可找到9个例子②。他的图表的三个平均值是：3386、94和1115。这里，动物在手术后比它们在第一次接受训练时学习得更好，而比它们第一次手术前的再训练成绩差得多。这两个事实只有用下列假

---

① 在斜面箱中，老鼠必须奔向箱子顶上一块倾斜的平面，以便打开箱子上的门而取得里面的食物；双重平台箱"是一只问题箱，上面装有一扇门，该门可以通过预先决定的顺序进行连续撤压而被开启，两个平台附于箱子的相对两侧"(拉什利，p.27)。

② 在他的9个例子中，动物编号为：70,72,74,78,90,91,99,110,112。

设才能得到解释,即有些效果或痕迹已从先前的活动中继续下去,但是却有大量的效果或痕迹已被手术所破坏。

我还求出了编号为88～114的动物在手术后重新训练的时间平均值,其皮质破坏的平均百分率为22.6%,幅度在15.8%～31.1%之间,同时还从拉什利的表1中(即动物编号为10～25)求出控制组的皮质破坏平均值为24.5%,幅度在16.1%～32.0%之间。这些动物手术后学习同样的迷津,其他动物则进行再学习。得到的数字如下:手术后再学习时间为3630秒,手术后学习时间为4521秒。也许例子的数量还不够,难以得出制约性的结论,但是,它们为拒斥痕迹论点提供了充分证据;因为上述数字表明,在手术前学习过迷津的动物比起手术前未学习过迷津的动物,前者在手术后进行再学习时速度更快。这说明原来的学习一定留下了能够用来解释这种差异的效应,即便再学习时花费的时间要比整组的平均训练时间长一些。

由此可见,拉什利的实验与痕迹假设并不相符,它需要这样一种假设。"定位的"痕迹与实际上遍布于整个皮质区的痕迹之间的差别是容易被解释为由于原先产生这些痕迹的过程。对于迷津习惯来说(正如拉什利本人经常指出的那样)这些过程肯定或多或少地涉及整个大脑,而明度辨别的有意义方面则是一个更为孤立的事件。因此,前者的痕迹应当比后者的痕迹波及更广的范围,这是没有任何疑问的。

在为这一论点作出结论时,我们应当指出拉什利实验及其结果的两个显著方面。首先,他们调查的结果并不是我们迄今为止主要讨论的那种简单的痕迹模式,而是在不同时期建立起来的整个痕迹系统,每一次新的尝试都为先前尝试的痕迹补充了某种东西。于是,便产生了这些痕迹系统的累积问题。很明显,重复一次奔跑,即便它发生在与上次奔跑相隔相当长的时间,但它不会留下一种不受先前痕迹支配的痕迹。更确切地说,学习在很大程度上有赖于新的储存与旧的痕迹结合的方式。其次,我们不该忽视这一事实,即拉什利的方法主要给他提供了成绩的数据,而不是行为的数据,这些术语是以上述界定的意义来采纳的,即使他用行为的数据予以补充。因此,我们并不知道一种成绩的同一性(identity of accomplishment)是否与行为的同一性(identity of behaviour)相对应。我们对大脑损伤之后果的了解仿佛表明,类似的成绩可以由正常人和脑损病人的不同行为来产生。当我们欲对拉什利的结果作出最终评价时,我们必须把这一点牢记在心。

3. 惠勒对痕迹理论的异议,以及他试图不用痕迹来解释记忆

我们将通过对惠勒的观点稍加讨论来继续分析痕迹的假说。正如业已表明的那样,他完全拒绝痕迹的假设。看来,对他的论点开展讨论是颇为重要的,因为他是美国首屈一指的格式塔理论的拥护者,他的痕迹观点便以这些原理为

基础。他的论点具有完全不等的价值。一个取自拉什利实验的论点我们已经拒斥过了;不过,另一方面,我们却愿意接受那些直接反对原子痕迹论或突触痕迹论的观点。还存在着一个重要的论点,尽管我们实际上在前面讨论过这个论点,但是对它仍值得予以特殊的讨论。"大脑正在不断地受到刺激,所以'痕迹'也将不断地发生变化,朝着越来越精细的模式分化的方面变化,直到大脑产生一种同质的情形,从而无须任何'痕迹'存在为止"(惠勒和帕金斯)。我们用下述的假设排斥了这种批评,我们的假设是,兴奋并不发生在先前贮存痕迹的地方(见上)。为了证明他们的论点,惠勒和帕金斯借物理学提供了一个例子,我将部分地重复这一例子,以便说明他们错误结论的根源。

"假设把一块水平的金属板的一边固定在一根竖直的杆子上。金属板的表面均匀地覆盖着一层沙子。现在,如果让这块板以恒定的速度振动,那么振动将使沙子均衡地分布于金属板的表面。但是,假设当金属板在振动时,用小提琴的弓弦把它没有与竖直杆子固定的其中一条边突然拉一下……,这样一拉就会暂时产生一些额外的振动,这些额外的振动肯定会与已经进行着的其他振动进行调节。于是,沙子本身将形成四个相等区域,其中有两个条状区是没有沙子的,这两个条状区将正方形的金属板平分成四个相等部分。原来施加于金属板的力量继续保持,以稳定速度使之振动,这种速度是在用小提琴弓弦拉动之前就建立起来的,结果,当弓弦停止拉动时,沙子将逐步地达到最初存在的平均分布状态。

"上述的证明有助于我们了解在苛勒的失衡理论(theory of disequilibration)中大脑里存在的情况。原先平均分布的沙子情形代表了神经系统中原先的力的平衡。恒定的振动则代表了这种情况的动力特征。用弓弦拉一下则相当于某种外部刺激模式对该系统的冲击。在金属板的例子中,用弓弦拉一下建立了四个相等区域的应力模式,这是由沙子的分布所表明的。存在着两种应力的相互调节,一个是由第一种振动之力建立起来的,另一个是由弓弦的拉动而建立的。结果,在沙子里建立起一种'非过程情况'①。这便是形成四个正方形区域的模式。然而,当弓弦停止拉动时,这四个正方形区域开始消失。沙子又立即接近平衡状态,也即由原来的振动引起的平均分布"(pp.389,390)。

遗憾的是,这种与克拉德尼物理图形(Chladni figures of physics)的类比是完全错误的*。上述的沙子模式尽管表明了振动过程,但并非该过程的一个条

---

① 所谓"非过程情况"实际上是一种痕迹,它是我在讨论无意识结构的一篇文章中(1927年)引入的一个术语。

* 克拉德尼(Chladni),1756—1827,德国物理学家。——译者注

件;实际上,金属板的振动是由于两种力量的叠加而导致那种运动形式的。沙子与此形式没有任何关系;如果把沙子移走,金属板照常振动。因此,沙子是无法与痕迹相比的。此外,沙子和振动之间的因果关系是单向的(unilateral),当振动回复到原来形式时,沙子也回到其原先的模式。没有哪位物理学家会把克拉德尼图形称做记忆的例子。当一个目前的事件在不涉及过去事件的情况下发生时,人们不能用此作为来自物理学的记忆证明的类比,而这恰恰是惠勒经常做的事情①。正如我们已经见到的那样,物理学知道记忆结果的实际类比,但是,为了对它们作出解释,不得不假设反应系统(即某种痕迹)内发生的变化。

惠勒的其余一些论点均是以克位德尼图形为基础的,对此无须赘言,因为它并没有补充什么新东西,仅仅重复着把一个过程的一种结果与立即成为该过程的共同决定因子的一种结果混淆起来了。

> 如果在克拉德尼的金属板上覆盖着一种比沙子的分量更重的黏性物质,那么,类比也许会更好些。在黏性物质本身以一种稳定模式被安排以前,总是需要花费一定的时间;与此同时,鉴于黏性物质的重量,鉴于它并不迅速地跟上由振动物体产生的力量,所以,它将共同决定这种振动,它将成为一种真正的条件。当它随振动已经达到稳定的分布时,它将在一种新的刺激下共同决定金属板的振动,从而决定它自己的重新分布。

那么,惠勒怎样才能不用痕迹假设来解释记忆的效应呢?根据我对他理论的了解,他的理论忽视了一个要点。

> "人们经常谈到下面这则故事,一匹马曾在一条乡村小道上被驱赶前进,到了某处,因一张报纸被风吹起,马受到惊退。大约过了三个星期以后,这匹马复又来到同一条路上的同一个地点,它再次作出惊退的表现,但是此时却没有任何报纸"(W. P. 帕金斯,p. 397)。"如果原先的经验没有留下任何印象的话,那么马为什么第二次又会被吓退呢?第二次被惊退的原因与第一次被惊退的原因恰恰是一样的!一张报纸被吹起,于是马对整个情境(total situation)作出反应。整个刺激模式诱发了反应,这种反应在特征上是构造的(configurational)。同样的刺激模式,或者与此相似的刺激模式,准备以它第一次产生反应的同样原因重新产生一次反应……。如果用一个痕迹来解释第二次反应是必要的,那么,用一个痕迹来解释第一次反应便也是必要的!"(W. P. 帕金斯,pp. 398,399)

上面这段引言由于使用了"整个情境",从而使之貌似有理。它表明当我们对这一概念进行批驳时我们的证明是正确的(参见第四章)。当有人问为什么

---

① 参见惠勒和 W. P. 帕金斯(p. 388)著作中关于蜡烛引起气流的例子。

马在其他路段不会受到惊吓时,这里,所谓的"整个情境"是,该路段使马不受惊扰,如果报纸恰巧不在马路上被吹起的话。因此,认为马在那个地方第二次受惊吓是与第一次受惊吓具有同样原因的话,那便是不正确的。为了使这一论点更加清楚一点,让我们来假设 A、B 和 C 而不是两次旅行。在 A 和 C 两次旅行中,关键地点 X 不发生任何情况,可是在 B 次旅行中,风将报纸吹过道路。在旅行 A 中,马通过 X 点时不受任何惊吓,然而在 B 和 C 中却受到了惊吓。这就证明 X 的"整个情境",像在 A 和 C 中一样,对于马的惊吓是没有关系的,因为它在 A 中并没有引起马的惊吓。A 和 C 之间的唯一差别是 B 先于 C 发生,而不是先于 A 发生。我发现,A 和 C 中的行为差异是由于 B 的影响,也就是说,是由于 B 中的经验留下的痕迹,作出这样的结论在逻辑上是必要的。

我尚不肯定我是否描述了惠勒的全部记忆理论。在他的第一部著作中有一段话,人们可以从中得到这样的印象,他把学习过程或者归因于化合物的发展,或者归因于积累。第一种假设已遭拒绝,至少对大多数记忆效应来说是这样,因为发展过程太慢,而第二种假设则相当于我们提议的那种痕迹理论,尽管惠勒拒绝接受这个名称。然而,惠勒的这种解释也许是错误的,或者不再代表他目前的观点,因为在第二本书中他写道:"一种特定的经验不能由大脑模式来代表,除了刺激情境正在使模式得以建立以外。在刺激被移去的一刻,大脑模式也消失了。"(p.387)在我们的理论中,对兴奋模式来说这是正确的,但是对痕迹模式来说就不正确了,而在惠勒看来,这些字里行间否认任何一种他所谓的大脑模式的持久性。

4. 冯·克里斯的论点

对传统的痕迹理论的批判可以追溯到 30 多年以前。最早是由冯·克里斯(Von Kries)提出的,但他并不用此反对任何痕迹理论,而仅仅反对在他那个时代流行的并在此后继续流行的那些痕迹理论;几年以后,比彻(Becher)系统地阐述了这种批判。对于比彻来说,这种批判是对一切痕迹理论的最终驳斥,由此证明了记忆的生机论解释(vitalistic interpretation)。

关键的论点可用下述方式来提出:记忆效应一般说来无法追溯至个体的最初兴奋,而是可以追溯至记忆效应的形式或模式。我再认出了一首乐曲,它是我曾经听到过的,尽管当初由一支管弦乐队以 G 大调来演奏,现在却以 F 大调或 B 大调或 C 大调被人哼唱着。虽然声音不同,但是记忆效应仍然清楚。再现的情况也同样如此:如果我尝试吟唱或吹奏一首熟悉的乐曲,我再现的音调将极少与原作的音调一致。或者,一个人具有阅读方面的长处,他将或多或少不受他所遇到的原作类型或书法的支配,而且他还将能够书写,也就是用牙齿咬住笔杆笨拙地书写,像任何一个人可以尝试的那样去书写,尽管他以前从未尝试过那种特殊的书写动作。痕迹理论究竟能否解释那些远非例外的情形,而是典型的记忆效应的事实呢？

痕迹的重新作用

我们业已提出的假设比之冯·克里斯用其论点反对的旧的痕迹假设作了更充分的准备，以迎接这种困难。在我们的假设中，痕迹形成了"组织系统"，也就是动力的整体，它的模式像组织系统的材料一样是一种现实。为了了解痕迹系统的这一特性在多大程度上引导我们解决自己的问题，我们必须考虑，当这样一种痕迹系统被"重新激活"时将会发生什么情况，也就是说，在这种新的兴奋中进行合作时将会发生什么情况。为了保持一致，我们不得不作出这样的假设，即这样一种新兴奋发生的地点与痕迹系统本身发生的地点有所不同，而且为痕迹系统所决定。这种假设是必要的，因为在大多数情况下，我们能够记得这种个别的回忆过程或再认过程，至少过了一段较短的时间还能记住，而不会丧失我们回忆或再认第一次场合的能力。这证明该过程在没有破坏旧痕迹的情况下已经留下了新的痕迹。与此同时，新的兴奋必须强烈地依赖正在讨论中的痕迹系统。很明显，按照记忆的不同功能，这种依赖必须能够假设大量不同的形式。在再认和回忆中，情况将有所不同，不仅表现为当痕迹系统为解决一个新问题而提供资料时情况会有所不同，而且在获得性技能的情形中也有所不同。现在，我们把自己限于前两个问题上面，即回忆和再认这两个问题上面。

由新兴奋引起的痕迹选择

由于我们已经强调过，每种新兴奋发生在一个新的地点，因此，痕迹系统的作用在这两种情形里都不是"重新兴奋"的作用。据此，我们的理论看来与大多数（或者全部）先前的痕迹理论有所不同，而且比它们优越，因为很难理解一种兴奋过程怎样才能在一个痕迹系统中被启动。但是，这种新的兴奋，既然现在正在发生，必须与一个痕迹系统相联系，既在再认方面又在回忆方面与痕迹系统相联系。于是，便产生了这样的问题，它就是联系的原因。这个问题作为下述问题的一个部分被提了出来，后者是指，目前的兴奋怎样从各种痕迹中选择出"合适的"痕迹。当我们讨论冯·克里斯反对传统痕迹理论的论点时，正是再认和回忆的作用这个方面使我们感兴趣。我们将追溯这种讨论，只要它与我们目前的上下文有关，而且我们将在第十二章里继续这种讨论。到那时，我们已经对痕迹作用有了更多的了解。

我们可以用两种方法从中寻找这些选择的原则；一方面，我们可以收集事实，从中产生我们的原则；另一方面，我们可以试着将这些选择原则用于我们目前的问题中去，正如我们先前发现它们在其他领域中起作用一样。如果第二种方法成功的话，将具有这样的优点，它从一开始便在一种更为宽阔的范围内正视记忆作用。用此方式发现的原则不会仅仅是记忆定律，而是既可用于其他事件又可用于记忆的定律。记忆将失去成为某种独特事物（即加到有机体非记忆

功能上面去的某种东西)的特征,这一结果正是我们在本章引言中提议要达到的。

因此,我们将利用这一方法寻求熟悉的选择原则。寻求这些原则将是一件容易的事情,因为我们在第四章中讨论的空间组织可被视作就是这些原则。这些原则为我们解决下列问题提供了办法:如果通过一种视网膜刺激模式而产生各种兴奋,那么,这些兴奋中的哪些兴奋将被结合起来呢?人们看到了与我们目前问题的相似性:一个过程与某些其他过程相结合,但继续保持与其余的过程相分离,这里,一个新的过程与某些痕迹系统相互作用,但不是与另外一些痕迹系统相互作用。因此,对上述两种情况,我们可以应用选择概念。我们已经发现了等同性(equality)和接近性(proximity)定律,以及闭合律和良好连续律(laws of closure and good continuation)。那么,这些同样的定律是否可以应用于我们的新问题呢?如果我们还记得另一组事实,也即第五章结束时报道的那组事实[这组事实来自特纳斯(Ternus)的实验],我们对这个问题的答案也就得到了促进,因为在这些实验中,选择类型比起纯粹的空间组织来更相似于我们现在正在讨论的类型。在特纳斯的实验中,两种刺激模式彼此相随,以便产生一种行为模式的似动(apparent movement)。假如第一个模式由 a_1、b_1、c_1、d_1 等点组成,而第二个模式由 b_2、f_2、c_2、g_2 等点组成,其中数字是指时间顺序,而在其他方面,等同的字母则与等同的点相对应,那么,在某些条件下,兴奋点 b_2 不会与 b_1 相结合,c_2 也不会与 c_1 相结合,而是 b_2 与 a_1 结合,f_2 与 b_1 结合,如此等等。这些条件是指由刺激模式产生的整个过程的那些条件。如果兴奋点 f_2 在第二个模式中具有与 b_1 在第一个模式中同样的意义,那么,这两个点便会相互作用,而不是"绝对地"相等的 b_2 和 b_1 的相互作用。因此,相继过程的相互作用被证明有赖于这些过程的整体特征,而"等同性"则必须被解释为整体内部功能的等同性。

如果我们把等同性定律应用于由兴奋而产生的痕迹选择问题,那么我们将期望这种等同性主要是整体特征的等同性。如果其余情况不变,一个过程便应当与具有同样整体特征的痕迹系统进行交流。这必须是一个由同样整体特征的过程所产生的痕迹系统,因为我们假设痕迹以张力或应力的形式保持了该过程的动力特征。在本书图43中,我们曾经证明整体特征的相似性在空间组织中具有这样一种整合效应①。同样的效应也可以在更加简单的条件下发生,这可通过图99得到证明。图中相似的形状倾向于聚在一起②。因此,如果某种整合能在一种兴奋和一种痕迹模式之间产生的话,我们将可以理直气壮地假设,

---

① 与苛勒的文章中[见《1925年的心理学》(*Psychologies of* 1925)(p.169)]相类似的一个模式。
② 也请比较冯·雷斯托(Von Restorff)的图形,在第十一章加以复制。

动力模式的相似性是决定性影响之一。它将对冯·克里斯用来反对传统的痕迹理论的那些再认事实作出解释。因为该模式在广阔的范围内是不受大小、颜色和部位支配的,正如我们的再认不受这些东西支配一样。关于具体的再认过程,我们还可以讲更多的东西,但此处不是讨论的地方。我们必须推迟对回忆和再现进行讨论,但是,目前的论点在解释这些效应方面已足以克服存在于旧的痕迹理论中的困难。我们在这里仅需补充一句:我们的记忆痕迹说在某个激进的方面不

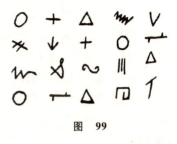

图 99

同于旧的形式。我们先前曾看到,心理学家意欲把单位形成(unit formation)和形状还原为经验,也就是最终还原为痕迹①。有两个原因使得这种企图在我们的假设中变得不可能。首先,我们必须把痕迹假设为构造系统,那就预先假设了产生痕迹的过程本身被组织;它们的构造因此无法成为痕迹的一种结果。其次,我们看到,由过程引起的痕迹选择(按照这些定律,一种兴奋与一种存在的痕迹系统进行交流)有赖于兴奋和痕迹之间的模式相似性,这再次意味着,一种兴奋在与痕迹系统交流之前必须被仿造,否则的话,它将不可能在众多痕迹中(这些痕迹始终留在有机体内)选择合适的痕迹。

迄今为止,我们仅仅考虑了等同性因素,尚未考虑接近性因素、闭合性因素和良好连续因素。但是,所有这些因素在兴奋和痕迹之间的关系中都发挥了它们的作用。如果其余情况均相同,则旧的印象要比新的印象在再认和回忆方面表现较差,这个事实尽管也有赖于其他因素,但是却证明了接近性定律。良好连续和闭合显然是有力的回忆因素。

组织定律应用的广泛范围

我们关于冯·克里斯反对痕迹理论的讨论比之仅仅捍卫痕迹假设做了更多的事情,它也把空间组织定律引入记忆的领域。然而,这些定律的应用要比我们迄今为止所讨论的具有更加广泛的范围。不仅兴奋和痕迹之间的关系由它们来调节,而且痕迹本身的命运也由它们来调节,单一的痕迹系统由于它们内在的应力而经历了许多变化,那些变化由于新痕迹的积聚而发生。我们后面要讨论的实验将使这些事件更加清楚地显示出来。

捍卫思辨假设

对于一位准备反对我的所有假设的评论家来说,他将指出,基于如此不充

---

① 例如,参见第三章结束时关于同化假设的讨论。

分的事实,为什么会有这么多的思辨呢？我应当这样回答：如果我想贯彻我的计划,并在目前尽可能地为有关的心理学事实提供系统解释,那么,我便必须以具体方式引入痕迹概念；该概念必须被充分地界定,以容许具体的解释。它必须正视存在于它内部的一切困难,并试图以下述方式去克服它们,也即以发展了的整个思维体系和我们迄今为止了解的事实去克服这些困难。我深信,在适当的时间,我们的假设也将改变,因为它们将与新发现的事实发生冲突。但是,我也坚信,如果没有一个假设体系(尽管它是刻板和具体的,甚至是思辨的),那么任何系统的研究便无法进行。当我认清时代的趋势时,勇敢而非犹豫应该成为我们的口号。

第十一章

记忆——痕迹理论的根据：实验部分和理论构建

实验证据：相继比较和时间误差；梯度的功能效应；冯·雷斯托夫的实验；回忆和再认的痕迹聚集效应。沃尔夫及其继承者的实验：个体痕迹内部的变化。痕迹理论的复燃：我们假设的不足——技能的获得；知觉的重组。一种新关系的学习。痕迹和自我。遗忘：痕迹的可得性。

实 验 证 据

尽管前面一章的理论讨论试图与事实保持接触，但是，现在用实验证据给它们作些补充看来还是合适的。实验的事实服务于两个目的：一方面，它们为我们的理论结构提供更为广泛的基础；另一方面，它们使下面一点变得十分清楚，也即这些假设(就它们与可测试的事实相背离的意义上说是属于思辨的)已经证明对研究来说是富有成果的。这些假设业已取得长足的进步，这对实验研究来说是有影响的。我期望，今后几年的发展将为它们的启发性价值补充新的证据。

相继比较和时间误差

由于我们的痕迹(trace)假设主要以苛勒(Kohler)和劳恩斯泰因(Lauenstein)的研究成果为基础，因此，以他们的实验研究为开端看来是可取的。该研究始于一个偶发事件。博拉克(Borak)于1922年在《心理学探索》(*Psychologische Forschung*)第一卷中刊布了一篇关于提起重物之比较的文章，在这篇文章中，他证明并强调了人们在很久以前发现的一种效应[①]，但是，它的真正意义

[①] 关于这个课题的参考文献是由苛勒的文章(1923年)提供的，近期的参考文献在劳恩斯泰因的文章中提及。

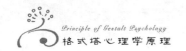

早已被忘却了。该效应称为"负的时间误差(negative time error)";它存在于下述事实中:如果两个刺激以相继比较(successive comparison)形式被呈现,那么,据发现,当较强刺激接着较弱刺激而出现时,比之较强刺激在较弱刺激之前出现时,其差别性阈限(differential limen)要小一些。这就意味着,如果有 A 和 B 两个刺激,其中 B>A,在全部呈现不到 100% 时,两种刺激在可以再认方面彼此是十分相似的,那么,AB 序列将比 BA 序列产生更多的正确判断。它还意味着(正如苛勒后来指出的那样),即使在两种情形里判断都正确,第一种序列看来要比第二种序列涉及更大的差别(L. C., p.163)。

博拉克试图为其效应寻求一种生理学解释,但是,由于他关于其假设的实验测试已被证明是错误的,因此他便一并放弃了这种尝试,以利于一种心理学理论。正是在这里,苛勒插了进来。他提出了另一种生理学假设,从中得出一些结论,并用新的实验予以证实。最后,劳恩斯泰因在分析了苛勒的假设以后,区分了其中的两个部分,接受了其中一个部分,并发现有必要在其自己的实验基础上拒绝另外一个部分。他那产生自苛勒假设的理论是十分一般的。关于发展史我就讲这么多。从现在起,我们将按照目前存在的问题开展讨论,而不考虑历史序列。

我们已经在讨论时间单位(temporal units)时提及过劳恩斯泰因的理论。劳恩斯泰因把它作为一种比较的解释提了出来,这种比较既是同时的又是相继的。如果我们比较两个项目,这些项目必须形成某种单位,比较的结果将有赖于这些单位的类型。在前一章,我们复制了一幅取自劳恩斯泰因论文的插图,在处于功能性关系的同质背景(homogeneous background)上有两个灰色斑点。尽管在那个讨论阶段,我们尚未深入到这种功能关系的本质之中,但是我们在心中却记住它恰恰是"对子"特征,而不是明—暗关系。劳恩斯泰因正是就这一特定方面而提出了他的理论。正如苛勒于 1918 年首先指出的那样,我们的两个例子(配对和比较),在许多方面如此相似,以至于它们的动力特性必须被视作是属于同一类型的①。

与此相似,我已经介绍过梯状现象(the stepwise phenomeon,1922 年),以便描述和解释比较过程。当我们比较图形中的两个灰色小块时,这些小块便形成了这样一个"阶梯"(step);也就是说,具有两个成员的一个整体,两个成员之

---

① 我们不准备详细研究这种区分。人们可在苛勒的文章中(1923 年和 1933 年)找到有关这种区分的充分讨论。我只想提一下,也可以用与本文和苛勒文章中不同的方式来完成一种比较:有两个彼此并不交往的项目,进入一个具有整体分级系统的功能关系(functional relation)之中,A 与一个部分有关,B 与另一部分有关;而比较则有赖于该系统中这两个点的相对位置。因此,A 可能表现为淡灰,B 则表现为深灰。对 A 和 B 进行比较的那个人会说,A 比 B 更淡,尽管实际上 A 与 B 并不处于直接的功能关系之中。

间存在着潜在的梯度(gradient)。当我们比较两个相继提起的重物或两种音调时,这种潜在的梯度便存在于新兴奋的集中点和在此之前兴奋的痕迹之间。如果这一假设正确的话,那么,不论第一种兴奋的痕迹是保持恒常,还是在第一次应用和第二次兴奋之间的间隔期间经历了变化,它肯定会产生一种影响。例如,假定两种相继刺激 A_1 和 A_2 是等同的话,那么,我们便应当期待大多数判断是等同性判断,只要 A_1 的痕迹保持不变,直到 A_2 出现时为止。然而,假定 A_1 以改变其结构的力量来呈现的话,那么,a_1 和 a_2 的集中便不再等同,相应的,我们应当期望大多数判断是 $A_2>A_1$,或者 $A_1>A_2$,而不管在时间间隔期间 A_1 是减少还是增加了它的集中程度。负的时间误差的这个事实是与可供选择的 $A_2>A_1$ 相一致的。正如我们上面已经解释过的那样,如果序列 AB(其中 $B>A$)会产生比序列 BA 更多的正确判断的话,那么,"第二个刺激比第一个刺激更大"的判断将比"第二个刺激比第一个刺激更小"的判断更容易被诱发出来。结果,如果两个刺激是等同的话,第二个刺激仍然会在大量情形里被判断为较大而不是较小。假如我们可以作出这样的假设,即在时间间隔中,第一个兴奋的痕迹在集中方面减弱了,那么,负的时间误差便可得到解释。尽管我们无法对这一假设进行直接的测试,但是我们可以进行间接的测试:如果痕迹被有力展现,那么在这些力量越是被容许起作用的情况下,痕迹的变化将会越大;根据实验,负的时间误差应当是时间间隔的直接作用。这一预言在苛勒用电话咔嗒声所作的实验中得到充分证实。该实验表明,对于小的时间间隔(对有些被试来说达到 3 秒),时间误差是正的,而对于较长的时间间隔来说,时间误差便不断变成负的了。下面的表格可以充当一个例证;它代表了"第二种刺激较响亮"和"第二种刺激较柔和"的判断的百分比,这是由 8 名被试对成对的等同刺激所作的判断。等同判断的数字尚未复制。作为 100 和两种其他判断之和之间的差别,可以很容易地被计算出来。

表 14 在两个等同的电话咔嗒声之间可变的时间间隔的
判断百分比(相等同的电话咔嗒声用 A_1A_2 代表)

(以秒为单位的时间间隔)

判　　断	1 1/2	3	4 1/2	6
第二种刺激较响亮	4.2	29.2	54.2	62.5
第二种刺激较柔和	62.5	50.	25.	8.3

(摘自苛勒,1932 年,p.152)

于是,便产生了这些变化的原因问题。我们暂且不去考虑最初发生并引起正误差的那些变化,而把注意力集中于其他变化,它的持续时间较长,在苛勒的实验中导致负的时间误差。"我们可以假设,一切痕迹逐渐地被新陈代谢过程所破坏，从而导致具有较长时间间隔的负的时间误差，或者，我们也可以作出这样的假设，在这些实验条件下，相邻的实验痕迹彼此之间发生同化。在那种情形里，负的时间误差可以这样来解释，即第一种兴奋的痕迹与那个缺乏刺激相对应的痕迹发生同化"（劳恩斯泰因，p.152）。

劳恩斯泰因试图用实验来寻找这些可供选择的假设之间的决定因素。在这些实验中，从一个同质的时间背景上产生两种临界刺激（critical stimuli），而同质的时间背景则是由作为两种临界刺激但具有不同强度的同样性质的刺激产生的，在一组实验中较强，在另一组实验中则较弱。他既用视觉又用听觉进行实验。在视觉实验中，他运用了我们在第四章中描绘过的梅兹格（Metzger）关于整个同质场的实验装置。临界刺激是由该场成对的五种不同的强度来提供的。在一组实验中，这些刺激中断了一种较为黑暗的状态，大的屏幕通过从幻灯机和实验者的阅读灯里逸出的漫射光束进行照明。在另一组实验中，屏幕则由两盏强光灯进行照明，即在两个临界刺激曝光之前、曝光之间和曝光之后进行照明。表15展示了这一结果。它反映了8名被试对暗和亮的"背景"以及各种时间间隔的平均时间误差。对时间误差的测量已用下列方式作出计算：所有"第二个刺激较亮"的判断之和是与所有"第二个刺激较暗"的判断之和相减而得到的；然后把所减之差乘以100，再除以一切判断之和。这些数字测量了判断较亮或较暗的相对优势。当前者（判断较亮）占优势时，数字便是负的；当后者（判断较暗）占优势时，数字便是正的——这与正的和负的时间误差的术语是相一致的。

表 15　　　　　　（以秒为单位的时间间隔）

背　景	5	10	20	40
暗	+3	−20	−24	−37
亮	+29	+27	+47	+6

引自劳恩斯泰因，p.157。数字代表了判断较亮的相对优势（−）和判断较暗的相对优势（+）。

在听觉实验中，两个80周的音调都响了2秒钟，这是临界刺激。在两组实验中，背景由相同的音调组成，这种音调在两个临界刺激之前、之间和之后响起。但是，在一组实验中，组成背景的音调是比临界音调较低的音调，而在另一组实验中，则由比临界音调较高的音调组成。

后面的表16基本上与前面的表格相似，汇集了13名被试的实验结果。

这些结果十分清楚。在两种感觉场内，出现了具有两种背景的较短时间间隔的正的时间误差，嗣后出现了时间误差——随着时间间隔的长度而增加——这种时间误差对较弱的背景来说是负的，而对较强的背景来说则是正的。

于是，痕迹中两种不同的变化得到了证明：（1）起初是持续时间较短的变化，在此期间，痕迹的强度在增加；这种效应，正如强弱两种背景发生的那样，不能归因于背景对痕迹的影响。这是我们对于该效应所能说的一切。(2)一种渐进的变化约在 1 秒钟以后开始,它使个别痕迹与其背景的痕迹系统相同化,从而引起了渐进的时间误差,该误差为正还是为负,完全视背景的性质而定。这关系到劳恩斯泰因的选择得以作出的第二种变化,以及按照他的第二种假设而作出的决定。事实上,正如劳恩斯泰因指出的那样,这个第二种选择早在 1899 年已由本特利(Bentley)提及了,并且用实验方法给予证明。本特利用灰色圆盘进行的实验仅仅利用了空间背景,因此,将他的结果包括在内,对痕迹中假设的同化效应来说,经验主义证据更加普遍了。

表 16 （以秒为单位的时间间隔）

背 景	2	5	15	45
柔和	+15	-3	-19	-48
响亮	+22	+25	+29	+36

摘自劳恩斯泰因,p.160。数字代表较响亮(-)判断的相对优势或较柔和(+)判断的相对优势。

苛勒的结果,即关于寂静背景的负的时间误差,按照这种解释,可用声音痕迹向无声痕迹的同化来解释。普拉特(Pratt)以十分有趣的实验为基础开展了论争。他的论点是:寂静可被视作最低程度的响度。结果,如果我们把完全寂静的背景与"柔和的"背景作比较,那么,时间误差在第一种情形里应当比在第二种情形里更大。为了证明这一点,他评价了两个系列的实验。在第一个系列实验中,两个临界刺激是从各种高度掉下的一个音摆(asound pendulum)发出的响声,标准刺激确定在 45°上。两个临界刺激之间的时间间隔恒定地保持在 4 秒钟。

把下列三组实验进行相互比较:(1)正常,其中无时间间隔;(2)响亮,其中时间间隔期间引进强烈响声,摆通过 70°角而坠落;(3)柔和,20°的中间刺激。

下表包含了这些结果,数字代表第二噪声主观等同性的平均点,它是从普拉特的表中计算出来的。

表 17

群 集	正 常	响亮的中介噪声	柔和的中介噪声
	44.1	48.8	42.2

摘自普拉特,p.295。标准噪声 45°。第二噪声主观等同性的点。

在第二系列实验中,比较了提起重物的情况。这次仅用两种不同的群集,即正常的群集和具有轻的中介重量的群集。标准重量是 100 千克,两种临界重物之间的时间间隔为 4 秒。下表概述了这些结果。这次的数字计算与摘自劳恩斯泰因表格中的计算方式是一样的,也就是以同样方式测量时间误差的方向和大小。我再次取了普拉特 3 名被试的平均结果。

表 18

群 集	正 常	轻
	−16.7	−38.9

摘自普拉特，p.296。标准重量为100千克，较重判断(−)的相对优势和较轻(+)判断的相对优势。

对普拉特实验的新条件而言，证实了劳恩斯泰因的结果。然而，将该表中第一个数字与第三个数字进行比较，以及将第二张表中的两个数字进行比较，则包含了一个新的结果。与时间间隔部分地充斥一种刺激（这种刺激在类型上与临界刺激相同，但是强度较低）相比，当时间间隔为无时，负的时间误差要小得多。普拉特从这些结果中得出结论说，如同劳恩斯泰因在其理论中假设的那样，同化作用往往在临界刺激之间的时间间隔充满着或高或低的强度刺激时发生；"但是，当不存在任何中介刺激，或者不存在任何可见的背景时，痕迹便减弱了"（p.297）。

尽管这些实验是有趣的和有启发性的，但是，在我看来，它们除了提出一个问题以外，没有做更多的事情；它们并没有证明普拉特的论点。我不准备强调下述要点，即在每一系列实验中只有一种时间间隔得到了调查，如果将调查向更长的时间间隔延伸，有可能改变局面。相反，我将强调下述观点，在两种其他印象之间插入第三印象并不等于包围两种临界印象的背景。至少在开始阶段，前者的影响要大于后者的影响，这似乎是一种貌似有理的假设。当普拉特将无中介的群集与充满着强度较弱的刺激的群集进行比较时，他实际上是在将由一背景施加的影响与由一新的图形施加的影响进行比较，在他的结果中得到的差异可能完全是由于这种差异，从而无法支持他自己的结论。在这个问题被阐明之前，必须从事更多的实验，未来的研究将会补充现今还缺乏的资料，对此我毫不怀疑。其中一个实验会采取下列形式。在两个临界刺激之前和之后，应当有一个像劳恩斯泰因使用过的那样一个背景，它们之间是无中介的。只有毫无中介才会具有普拉特实验中所具有的那种作用。我们可以用下列图解来表示劳恩斯泰因和普拉特的实验：

劳恩斯泰因　　　　　　　　普拉特

刚才建议的实验具有下列特征：

动力上活跃的痕迹

1. 时间误差的变化

不论这些实验的结果如何，劳恩斯泰因已经证明（正如他之前的本特利已经证明的那样),兴奋结束以后留下来的痕迹并不都已消亡,而是至少在某些条件下与其他痕迹处于功能的关系之中。通过这种功能的关系,遗留下来的痕迹经历了种种变化。在劳恩斯泰因和苛勒的实验中,同样的结论也从其他结果中得出。苛勒发现,当实验连续进行了几天以后,负的时间误差就会逐渐变小。我在表19中重现了几个数字,这些数字是从苛勒的一张表格中计算出来的(p.159),它代表了"第二个更响刺激"的判断(一)和"第二个更柔和刺激"(+)的判断的相对优势(该判断如先前所解释的那样被决定),这是在三天时间里从5名被试中得到的。这些数字概述了从三种不同的时间间隔中得出的结果,这三种时间间隔是3秒、4 1/2秒和6秒,而苛勒的最短的时间间隔1 1/2秒则被省略了,因为在那种时间间隔里,时间误差几乎在第一天就已经是正的了。

表 19 (较响亮判断或较柔和判断的优势)

日 期	2/12/21	5/12/21	6/12/21
相对优势	−38	−22	+17

摘自苛勒,p.159。

结果是十分明显的。在咔嗒声的现象中伴随着显著的变化。在实验的第一天里,该系列似乎包含着大量的"上升的"步骤,其中许多步骤相当之大,而在第三天则出现了大量"下降的"步骤,上升的步骤反而没有生气了。这些事实反映了痕迹的另一功能特性,它位于劳恩斯泰因所证明的痕迹特性之上:由"相似"刺激产生的痕迹并不彼此保持独立,而是形成了较大的痕迹系统,它们以特定的方式影响新形成的痕迹。对于一个痕迹来说,它第一天就在内部对子的时间间隔(intrapairinterval)期间朝着集中程度较低的方向变化,以便产生负的时间误差,那么,第三天它在同样的时间里将增加其集中,从而产生一个负的时间误差。这种说法实际上包含了两种不同的观点:(1)在更大的系统内痕迹的相互依存性;(2)痕迹的动力组织并不单单遵循它们的时间安排,还有赖于痕迹本身固有的特性,根据我们的讨论,还有赖于它们的相似性。相似的音调将依靠整个条件,因此,刺激的等同性对于兴奋和过程的等同性或相似性来说并不是充分的标准。然而,痕迹的组织是由内在的痕迹特性决定的,这种情况对于记忆理论具有极端的重要性。它表明,在蜡版上进行经验追踪的陈旧类比是极其不恰当的。这是因为,蜡版上每一种印象不受其他印象的支配,而痕迹的序列可能完全是相倚的(contingent),它们按照内在特性而把本身组织起来;这样一种纯粹的时间上的偶然安排被充分有序的系统所取代。为了避免可能的误解,我将仅仅补充一点:等同性原理并不是支配痕迹系统组织的唯一原理。

2. "中心倾向"

劳恩斯泰因在其结果中还探知了痕迹系统内的另一种效应,一种人们已经熟悉的效应,霍林沃思(H. L. Hollingworth)称之为"判断的中心倾向"(the central tendency of judgment)。由于我以前已经对霍林沃思的实验进行过描述(1922年),因此我将对此仅仅简单地提及一下。他调查了"无差别点"(indifference point),也就是一个得到正确再现和再认的分级系列内的刺激,较小的刺激得到过高估计,而较大的刺激则得到过低估计。在一种实验形式中,让被试的手臂按一段可变距离移动,然后被试必须再现这种手臂动作;在第二个系列实验中,向被试呈示大小不同的正方形,然后经过5秒的时间间隔,被试必须凭记忆从30个同时出现的正方形中选出业已见过的正方形来。在这两组实验中,某些小的刺激(动作和正方形)都被过高估计了——也就是说,再现的动作和挑选的正方形都比原来的要大一些,而其他一些大的刺激则被低估了,但是有一个刺激正好在无差别点上。霍林沃斯研究的积极贡献是证明了下述事实:无差别点的位置不是绝对决定的,而是始终与所使用的刺激范围的中心相一致。由此可见,同样的刺激可能被高估,也可能被低估,或者正好在无差别点上,这要视它所属的刺激系列而定。当然,这证明了痕迹系统对每一个新创造的痕迹所产生的影响,以及痕迹系统内的平均效应(averaging effect)。

劳恩斯泰因也以下列方式表明了类似的效应。在他的第二个听觉实验系列中,他运用了在柔和背景上和响亮背景上呈现的五种不同强度的咔嗒声。然后,他计算了对客观上等同的刺激来说"较响亮的"判断和"较柔和的"判断的相对优势,并把两个最低强度的值(Ⅰ和Ⅱ)与两个最高强度的值作了比较。我用下列图表表示他的数据。

表　　20

进行比较的对子	以秒为单位的时间间隔					
	1	2	3	5	10	20
Ⅰ-Ⅰ和Ⅱ-Ⅱ	+38	+23	+20	+23	+8	-10
Ⅳ-Ⅳ和Ⅴ-Ⅴ	+8	-35	-23	-70	-80	-100

摘自劳恩斯泰因,p.172,表7。对具有不同时间间隔的成对的等同刺激来说,作出"较响亮"判断和"较柔和"判断的相对优势。Ⅰ是最柔和的刺激,Ⅴ是最响亮的刺激。背景是柔和的。

表　　21

进行比较的对子	以秒为单位的时间间隔					
	1	2	3	5	10	20
Ⅰ-Ⅰ和Ⅱ-Ⅱ	+43	+60	+75	+75	+80	+78
Ⅳ-Ⅳ和Ⅴ-Ⅴ	-8	+13	-3	0	-8	+10

除背景是响亮的以外,其他一切同上表。

在上面两张表格中,对于柔和的背景和响亮的背景来说,响亮的对子比柔和的对子更多一些负的数据,或者说更少一些正的数据。现在,在第一张表格的实验中,每一个个别痕迹以较柔和背景的同化影响来展现,正如我们先前已经表明过的那样,然而在第二张表格中,这些痕迹却以较响亮背景的同化影响来展现。因此,我们可以这样说,第一张表应当以负的数据占支配地位,而第二张表则以正的数据占支配地位。这里的数据都是时间误差,因此正负数据指的便是正负时间误差。实际上,上述第一种结论只有对响亮对子来说是正确的,第二种结论只有对柔和对子来说是正确的。结果,一定有其他一些力量在起作用,它们对处于相反方向的柔和对子和响亮对子产生影响。这些力量在痕迹系统中肯定有其根源,但它不是背景的,而是先前的个别咔嗒声。正如我们从霍林沃思的"中心倾向"实验中得到的结论那样,如果这类痕迹系统经历了一种平均的效应,那么,一对柔和对子的第一个成员之痕迹应当"上升",而一对响亮对子的第一个成员之痕迹则应当"下降"。因此,具有柔和背景的响亮对子应被优先判断为"上升"(负的时间误差),因为两种对子的第一个成员之痕迹都被背景的咔嗒声痕迹和平均的咔嗒声痕迹降低了;与此相似的是,具有响亮背景的柔和对子在大多数情形里应判断为下降的,因为它们的第一批成员之痕迹都服从于使它们上升的两种力量。在两种其他的情形中,两种力量处于冲突之中,结果使整个效应不太清楚。

痕迹系统内的这种平均效应具有高度的重要性。它解释了所谓"绝对"判断(absolute judgments),按照这种"绝对"判断,一个重物看上去"重"或"轻",而无须与其他特定的重物进行比较,一种音调听上去响亮或柔和,如此等等。"绝对印象"(absolute impression)必须根据较大的痕迹系统来解释,这是苛勒的结论。这种绝对印象与我们在第八章遇到过的"类别"概念(class concepts)具有紧密的关系。在这样说的时候,我的意思并不是指概念便是这些平均数,而是仅仅意味着,在我们的痕迹库存中具有许多系统,这些系统通过凝聚和同化过程,形成了"类别"知觉的基础。如果由此作一概括,认为我们的一切概念都不过是平均的痕迹系统,在我看来是错误的。

梯度的功能效应

上述论点证明了不同痕迹的功能依存。它是以这样一种假设为基础的,即这种比较是建立在两个比较的终极成员之间集中的(或者其他某种特性的)梯度(gradient)之上的。这种假设的建立越是坚固,我们的论点所携带的确信程度就越大。因此,在为痕迹的功能特性提出新的证据之前,我们将报道这些用来强化我们基本假设的实验结果。正如 M. H. 雅各布斯(Jacobs)和苛勒(1933年)已经指出的那样,我们从梯度中得到的比较动力学这一事实,意味着比单单从两个分别的地点中获得的潜在差异的假设要更为丰富。梯度既是这种差异的一种功能,也是两个点或两个区域之间空间距离的一种功能。因此,具有恒定差异的这种比较仍将是兴奋区域之间距离的一种功能。

5年前,我曾试图直接去建立这样一种差异。如果 A_1B_1 和 A_2B_2 是两个灰色正方形的对子,致使 A_1 看起来像 A_2,B_1 看起来像 B_2,但在空间上,把 A_1 和 B_1 之间的距离与 A_2 和 B_2 之间的距离作一比较,A_1 距离 B_1 更远,那么,与 A_2 和 B_2 相比,A_1 和 B_1 彼此之间应当显得很少有差异。我们应当找到这样一种似非而可能的关系:$A_1 = A_2, B_1 = B_2$,但是 $A_1 - B_1 < A_2 - B_2$。主要由 A. 明茨(Mintz)博士进行的实验未能证实这一预言,因为在具有四个图形的场内,存在着极其复杂的关系,其中自发组织与为了必要的比较而强制实施的组织处于冲突之中①。因此,这些实验从未公开发表。但是,M. H. 雅各布斯的实验却为我们的一般假设提供了间接证明:由不确定判断和等同判断的数目来测量的差别阈限(difference threshold),直接随着被比较的两个物体之间的空间距离而增加,这正是我们所期望的,如果差别的体验有赖于潜在梯度的话。

然而,我们已经提出的理论甚至还要求更多的东西。正如劳恩斯泰因已经指出的那样,在相继比较中,差别阈限也应当有赖于两个刺激之间的时间间隔,因为在我们的理论中,由于痕迹形成了"痕迹列"(trace column),一种时间距离被转化为一种空间差异。劳恩斯泰因提及,他的实验证明了这一结论。我已经从劳恩斯泰因的统计表中计算了不确定判断的数目,并重新制作了一览表,反映在下列三张表中。

在所有这三张表中,这些图形的一般倾向都作了充分的标记;随着时间间隔幅度的增大,不确定的判断数目也增加。因此,劳恩斯泰因的这些结果很好地证明了我们的结论,按照我们的结论,时间间隔应当像空间间隔一样起同样的作用,因为时间间隔在大脑里被转换成了空间距离。

表 22

背 景	以秒为单位的时间间隔				
	5	10	20	40	小 计
暗	0	0	1	3	4
明	2	0	1	6	9
小计	2	0	2	9	13

摘自劳恩斯泰因,p.157,表2。不确定的判断数,视觉实验,8名被试。

---

① 然而,也表明了另外一种结果:它似乎区分了 A_1 和 B_1 之间的明显差异,而不论场内是否存在着 A_2B_2 的另外差别。这种效应并不有赖于个别成员相互之间的"对比"影响。一种过程似乎直接影响另一种过程。

表 23

背　景	以秒为单位的时间间隔				小　计
	2	5	15	45	
柔和	2	1	2	7	12
响亮	2	6	5	15	28
小计	4	7	7	22	40

摘自劳恩斯泰因，p.160，表 3。听觉实验，其余均与上表相似，13 名被试。

表 24

背　景	以秒为单位的时间间隔									小　计
	0	.2	.5	1.0	2	3	5	10	20	
柔和	3	1	0	3	8	5	4	9	12	45
响亮	6	9	11	14	11	9	24	41	48	173
小计	9	10	11	17	19	14	28	50	60	218

摘自劳恩斯泰因，pp.163～166，表 4a、b 和 5a、b 的结合。听觉实验，最后一张表，18 名被试。

然而，如果按照这些结果，我们将较大（图形）和较小（图形）的印象与两个地点之间的梯度联系起来，那么，对于时间误差的解释就要比苛勒和劳恩斯泰因两人的处理更加复杂一些了，原因在于时间间隔具有两种不同的效应，它们可以有多种结合。在一种情形里，时间间隔仅仅充当了一种时间，在此期间，痕迹系统内的同化过程进行着——这是苛勒和劳恩斯泰因的解释——而在另一种情形里，时间间隔产生了在新的兴奋和先前兴奋的痕迹这两个地点之间的一种空间距离，从而使梯度变平了。如果两种刺激是等同的话，那么，第一种因素便对时间误差负责。当痕迹消退时，时间误差便是负的，当痕迹上升时，时间误差便是正的，而且这种效应肯定直接地随时间间隔的长度而变化。可是，另一方面，时间间隔的增加弄平了梯度，从而使之在集中时脱离差异的完整效应，而这种集中则来自第一种效应。为了了解在不相等的两种刺激情形里两种因素的合作，我们必须区分下述四种可能的情况：

Ⅰ．背景低于刺激，刺激下降（Ld）；

Ⅱ．背景同上，刺激上升（La）；

Ⅲ．背景高，刺激下降（Hd）；

Ⅳ．背景同上，刺激上升（Ha）。

在Ⅰ中，即在 Ld 的情形里，时间间隔期间第一个兴奋的痕迹在新兴奋的方向上消退，结果，时间间隔越长，两种潜能之间的差异越小，因此，几乎没有机会作出"第二个兴奋较小"的判断。与此同时，不受这种效应支配的是，随着痕迹和新兴奋之间空间距离的增加，梯度也随着不断增加的时间间隔而变平。两种因素在同一方向上起作用，以产生负的时间误差。

在Ⅱ中，即在La的情形里，第一个兴奋的痕迹因第二个兴奋而消退，因此，随着时间间隔的不断增加便有机会作出"第二个兴奋更大"的判断。与此同时，梯度的变平肯定倾向于在潜能中减弱增长的差别效应，而在相反的方向上起作用的两个因素则被认为是终极效应。

与此相似的是，在Ⅲ中，即在Hd情形里，作为正的时间误差中的两种效应表现出冲突；而在Ⅳ中，即在Ha情形里，作为正的时间误差中的两种效应则表现出合作；一般规律是这样的，无论什么时候，只要第一个兴奋的痕迹通过有效力量，在时间间隔中不断地与第二个兴奋相似，这两种效应就会互相增强；如果在时间间隔中第一种痕迹发生变化，以使它第二个兴奋越来越不同，于是，两种因素便处于冲突状态之中。

苛勒和劳恩斯泰因的原始数据可以证明这些结论，但是，公布的数字却未能作出这样的证明。

然而，上述的三张统计表也包含了另一种重要的结果，它与我们上述推论的一般假设有某种关系。由于两种刺激一般说来并不用于直接的相继形式，梯度为具有其自身特性的场所中介。这种介入的场的特性不可能不对梯度产生影响。实际上，在我们所有的统计表中，当背景"高"时比起当背景"低"时，不确定判断的数目便更大些（例如，参见我们统计表中的最后一栏）。这为研究工作开创了新的有趣的思路。

然而，对上述最后一点还必须提一下。我们利用雅各布斯和劳恩斯泰因的实验结果以证明我们的下列主张，即空间梯度和时间（空间化的）梯度基本上是相似的。在这样做的时候，我们却忽视了这两位作者之间的区别。雅各布斯发现，不确定判断和等同判断随着空间距离而增加；而劳恩斯泰因却发现，只有不确定判断随着时间距离而增加。劳恩斯泰因强调说，雅各布斯的判断是"不确定的"和"不相等的"，这种情况并不完全消除两种判断结果之间的差异，因为，在劳恩斯泰因的判断中，等同判断随着不断增加的时间间隔而下降，致使等同判断和不确定判断之和也随着时间间隔的增加而显示出明显的下降。因此，如果我们采纳这个和，而不采纳我们等同判断的数目，那么，雅各布斯的结果和劳恩斯泰因的结果便将彼此发生冲突，从而也与我们的理论发生抵触。我本不该用我使用过的方式来呈现劳恩斯泰因的结果——因为随着这种方式的发展，它便与他自己的相一致——我并不认为这种矛盾仅仅是一种外表的矛盾。因为，存在着这样一种解释，它说明了劳恩斯泰因的等同判断随着时间间隔的增加而下降。明茨尚未出版的著作（我曾在前面讨论我的比较理论时提到过他的著作）具有一种肯定的结果，这种结果对雅各布斯尚未调查过的非常之小的空间距离作了补充。但是，这种差别阈限的最小值并不存在于最小的空间距离之中;相反,当人们不断地减少空间距离,则可得到差别阈限的最小值,不过,如果这种距离进一步缩小,阈限又会开始上升。假如两个被比较的物体彼此十分靠近,并且十分相似,那么,它们便将相互同化,接近性又一次作为一个统一因素而出现在它的功能之中。现在,事件的痕迹在具有一个短暂的时间间隔情况下彼此跟随,它们肯定会十分靠近,以至于一个新的因素肯定会在有利于等同判断的条件下运作起来。如果这种推论正确的话,那么,劳恩斯泰因结果中的等同判断行为不会使我们的结论失效,反而把一种新的复杂性引入了相继比较的过程之中。

冯·雷斯托夫的实验:回忆和再认的痕迹聚集效应

让我们回到痕迹系统中动力联结的研究上来。迄今为止,先进的实验证据停留在相继比较的结果上面。但是,如果痕迹形成了真正的系统,而且在动力上是相互联结的,那么,它们的这种特征也应当像回忆和再认一样,在其他一些记忆效应中变得明显起来。苛勒和冯·雷斯托夫(Von Restorff)曾从事过一个调查,该调查以独创性和简洁性的出色结合而颇具特色,其效应已成为三个众所周知的效应的原因:(1)学习无意义音节系列的巨大困难;(2)倒摄抑制(retroactive inhibition);(3)前摄抑制(forward acting inhibition)。

苛勒—劳恩斯泰因的实验把相继比较的结果作为痕迹命运的标准。在讨论苛勒—劳恩斯泰因的实验时,我们讨论了比较理论,上述推论便是以这种比较理论为基础的。与此相似的是,在我们展示这些新的实验之前,讨论一下再认和回忆的理论似乎也是合适的。然而,我们不会这样做。我们不会因为考虑这些痕迹系统成为可能的过程而使我们关于痕迹系统的讨论停顿下来,我们将把这种讨论推迟到下一章里进行。这样一种程序是可能的,因为我们得出的结论并不受制于这样一种理论,而且假设,这些功能以某种方式依靠痕迹,这是我们在前面曾经捍卫过的一种假设。我们必须把再认过程和回忆过程的若干事实引入到我们关于痕迹的讨论中去,看来这是一种对程序的倒退,但是,这种把我们对一个课题的陈述与另一个课题的陈述混合起来的倒退做法,在我们遵循无论何种程序时是不可避免的。痕迹只有通过过程才能加以研究;后者(过程)只有通过前者(痕迹)才能被理解。

学习"单调"系列的困难

于是,我们转入这样一个问题,为什么学习无意义音节系列会如此困难和高度不悦。以前回答这个问题的一切尝试都集中在下述事实上,即这些音节都是无意义的,也就是说,从其中一个音节到另一个音节,没有自然的桥梁可资通过,而有意义的材料正是通过这些桥梁来加以区别的。毫无疑问,该因素起了某种作用。然而,正像雷斯托夫表明的那样,它并不是唯一的因素,在经典的记

忆实验中甚至不是决定性因素。在第四章中，我们遇到了一个事实，它以某种方式预期了这种结论：在讨论空间组织时，我们发现了一种特别强大的影响，那就是空间接近性对组织的影响(参见本书图44)。因此，假如同样的组织定律也适用于支配知觉的记忆的话，那么，当介于接近状态中不同条件的自然桥梁丧失时，单凭接近性也能成为一种强大的组织因素。因此，对学习实验心理学中标准的无意义系列会产生困难和不悦这个问题，不能认为得到了令人满意的解释。这些标准系列不仅是无意义的，而且还是同质的，也就是说，它们由一些完全属于同一种类的成分组成。雷斯托夫已经证明，这些标准系列的第二方面，也就是它们的同质性，并不是如先前想象的那样是它们的无意义特征，而是它们难以理解的主要原因。这种同质性效应是从痕迹过程中产生的，从而形成了较大的痕迹系统，在这些痕迹系统里，个别痕迹被同化，丧失了它们的独立性和个性①。这样一来，过程问题或成绩问题便转化成为痕迹活动的问题；痕迹系统的形成随着对业已建立的事实进行实验分析而得到了证明。

没有什么东西能比雷斯托夫的证明更加完整的了。雷斯托夫证实，材料的同质性本身是一种干扰记忆功能的因素。在第一组实验中，被试必须记住下列一些项目系列，将它们读2遍或者3遍：这些项目是这样组成的，每一个系列有8对项目，其中4对是由同样的材料组成的，另外4对则由不同材料所组成。这些联合起来的成对项目是：无意义音节、几何图形、二位数、字母、以及不同颜色的椭圆形等。于是，在一个系列中，4对无意义音节与其他材料中每一个材料的一个对子结合起来；在另一个系列中，图形出现在4个对子里，其余的出现在一个对子里，等等。共有5组不同的实验，每组包含5个系列，与5种不同的材料相对应，每一组实验有4名或5名被试参加，因此，到实验结束时共有22名被试得到了测试。对所有5组实验来说，结果是相同的；在某些技术方面，彼此之间有所不同。这里，足以概要地列出所有的结果，这些结果是用配对联想的方法，在经过各种时间间隔以后，通过对被试进行测试而得到的。

表25包含了所有被试在各组实验中对每种材料的"命中"数，按照这种材料是"孤立的"(I)还是"重复出现的"(R)而定。表中提供了绝对数字和相对数字，后者(相对数字)是在一切可能的命中数中实际命中的百分率。

---

① 看来，伍德沃思(Woodworth)也具有相似的理论，尽管很不具体，特别当他用"抑制"来解释下述事实时：我们可在一次阅读以后保留8个数字，但是需要多于一次的阅读方能保持12个或16个数字(1929年，p.176)。

表 25

材料	音节		图形		数字		字母		颜色		合计	
	R	I	R	I	R	I	R	I	R	I	R	I
绝对	31	61	29	65	23	55	52	65	49	82	189	328
百分率	41	69	33	74	26	63	59	74	56	93	43	75

摘自雷斯托夫,p.202。数字表示在总共22名被试中命中的绝对数和相对数。

41%的正确答案是从那些音节中获得的,它们发生在这样一些系列中,其中音节是由4个对子呈现的,但是那些音节中有69%发生在只包含一个这样的对子的系列中,等等。这些结果是绝对地一致的:不论什么时候,当一种材料在孤立状态中发生时,作为一种配对联想,要比重复状态下发生时得到更好的回忆。实际上,这些实验证明,孤立的材料要比重复的材料具有更大的优越性。在同样的系列中,孤立的材料也比重复出现的材料更能被记住;也就是说,如果音节是重复出现的材料,那么,4组音节要比测验的图形、数字、字母和颜色加在一起所提供的命中数还要少。这一情况表明,重复出现的因素或孤立的因素比一种学习材料与另一种学习材料之间的任何差异都要有力,因此,这一点就显得尤为重要了。

如果孤立和重复之间的差别增加,其效果也增加。在一组新的实验中,只有三种材料,即音节、图形和数字,其中有一种材料在6个对子中经常出现,其他两种材料则在一个对子中出现。我在表26中抄录了这组实验的命中百分率,它是由12名被试进行测试得到的。

表 26

材料	音节		图形		数字		合计	
	R	I	R	I	R	I	R	I
命中百分率	27	85	18	90	31	85	25	87

摘自雷斯托夫,p.305。命中的相对数。

如果我们将一个系列中重复的项目与同一系列中孤立的项目(但由不同材料组成)进行比较的话,同样的优势再度出现。此类结果在其他实验中也得到了证实,在这些实验中,测验不是用配对联合或命中的方法来实施的,而是用"保持成员"(retained members)的方法来实施的;运用这种方法,被试记住了一个或多个系列的不配对项目,并且在晚些时间尽可能回忆出更多的项目,既用不到提白,也无须坚持原来的序列。

所有这些实验的结果是这样的:学习无意义音节系列的困难主要在于以下事实,即同质项目的序列通过剥夺其个性中的个别痕迹而干扰学习效果。但是,这只有在下列情况中才有可能:项目的痕迹不是彼此独立的,而是形成了相互联结的系统,其中每一部分受到其他部分的影响。由此可见,无意义音节的学习不是正常的学习情况:这种无意义材料不仅缺乏从一个项目通向另一个项目的"桥梁",而且,它的同质性构成了有力的抗力,从而影响了它的保持。

根据痕迹的特性,对雷斯托夫的结果所作的解释可由实验来证实,在这些实验中,保持不是用回忆来测试,而是用再认来测试。在再认实验中(我省略了其中的一些细节),I 材料(即孤立的材料)证明比 R 材料(即重复的材料)更优越,尽管这里的差别比用回忆来测试时要小得多。

然而,I-R 差别本身也在再认实验中有所表现,这一事实具有重大的理论意义。如果只用回忆实验来证明的话,那么,可以由下列因素来解释,这些因素对除了痕迹以外的功能负责。但是,再认是一种不同的功能,然而同样的效应(尽管在较小程度上)却在那里也出现了。由于这些因素肯定在两种功能中都起作用,从而促使我们在痕迹中寻求这些解释。

痕迹的群集

我们必须假设,痕迹中的哪种事件,以及哪些力量对这些事件负责,这个问题似乎来自以第一批结果为基础的思考和实验。关键在于对"孤立"的界定。一个成分何时被孤立?对此问题似乎有两个可能的答案:(1)当一个成分与所有其他成分相当不同时,而不管其他成分彼此之间如何不同;(2)当一个成分与其他成分中的每一个成分更加不同时,即比其他成分相互之间的不同更加不同时。如果 $ABCD\cdots$ 代表不同的材料,$A_1A_2\cdots B_1B_2\cdots$ 代表每一种材料内部不同的材料,例如,不同的音节或图形,那么,两种形式的"孤立"可用下列方式来表示:

(1) $A\quad B\quad C\quad D\quad E\quad F\quad G\quad H$

(2) $A_1\quad A_2\quad C\quad A_3\quad A_4\quad A_5\quad A_6\quad A_7$

如果我们把它翻译成知觉术语,那么,这种差异意味着什么便是十分清楚的了。例如,图 100 中的 A 和 B(摘引自冯·雷斯托夫的论文)表明了两种知觉的安排,这些安排与我们关于记忆材料的安排很相似。在第一行中,没有一个图形比其他图形更加显得与众不同,但是在第二行中,第三个图形一眼望去便突出来了,而其他图形则形成了较为一致的聚集,其中没有一个特定的图形会突出地显示自己。由此可见,这行图形中的第三个图形与其他图形在显著性程度上是有差别的,但是,这种差别显然不是由于它与其他图形的相似或不相似,因为,第三个图形在第一行中与其他图形的差别并不比第二行中第三个图形与其他图形的差别更小,而是由于这样一个事实,即在第二行中其他图形(除第三个图形外)形成了一种群集,这种群集在第一行的各个图形之间不曾发生过。至于为什么这些图形在一种情形里形成这样一种群集而在另一种情形里则不形成这样的群集,显然是由于我们空间组织中的相似定律。

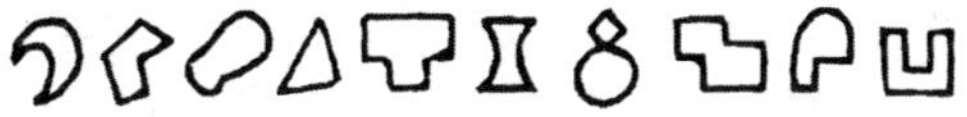

𝒞𝒪△𝑇𝐼𝛿⌐𝑃𝑢

A

△△△𝒪△△△△△△

B

图　100

　　这种来自知觉的类比对记忆是否适用,须在特定的实验中进行检验。在这些实验中,类型(1)的系列必须与类型(2)的系列进行比较。如果在这些实验中,类型(2)证明比类型(1)更加优越,正如它在知觉场中那样,那么,我们便有充分理由把这关键图形比其他图形更占优势的原因归之于这样的事实,即其他图形已经形成了群集,在该群集中它们失去了某些个性,并突出地衬托出关键成员,而在类型(1)中,却不可能发生这种聚集,从而在关键成员和其他成员之间没有任何差异。

　　这样一些实验已由冯·雷斯托夫加以实施,并获得了肯定的结果。我们在这里仅举一例:

　　在三天时间里,向 15 名被试每次出示由 10 个成分组成的三个系列中的一个系列。在出示了这些系列以后,被试必须花 10 分钟时间学习有意义课文,然后要求他们凭记忆尽可能多地写下这些系列中的项目(用保持成员的方法),给他们 30 秒钟时间进行这种操作①。第一天,他们学习系列(1),这是由 10 个不同成分组成的,也就是一个数字、一个音节、两种颜色、一个字母、一个单词、一张照片、一个符号、一枚纽扣、一个标点符号以及一种化合物名称。在其余两天里,将系列(2)和系列(3)中的其中一个出示给被试,系列(2)由一个数字和九个音节组成,系列(3)则由一个音节和九个数字组成。共有 15 名被试参与了这项实验。我现在将冯·雷斯托夫的图表重新列出,作为对这些结果的小结(见表 27)。表中的数字代表记住的成分数。由于在系列(2)和系列(3)里面,重复的成分数为孤立的成分数的 9 倍,因此,我们必须将重复的成分数除以 9,以便使之可以与孤立的成分数相比较。

　　表 27 包含一些结果,它们可以通过比较不同栏目中的数字而迅速读出。把第二栏和第三栏进行比较证实了用新方法(这种新方法是我们在上面提到过的)得到的第一种结果:孤立的成分与重复的成分进行比较所具有的优势。如果我们将第一栏与第三栏进行比较,我们便可以发现,在一组相似的成分中,一个单一成

---

　　① 随后又根据记得的课文对被试进行测试,以便他们不可能怀疑该活动对实验来说是不重要的,而是仅仅用作呈现和回忆之间时间间隔的一种标准化的填补。

分的孤立,与另外一组成分之间彼此不同的一个"孤立"成分相比(像它们与关键成分不同一样),前者所起的作用大约是后者的 2 倍。实际上,谈论这种群集中的一个孤立成分是不恰当的。由于每个成分像每个其他成分一样与其他一些成分不同,因此,在关系到它们的回忆值方面,它们应当全都相等;这是可以由这些实验来证明的:系列(1)的关键成分的 40%(也就是说,音节和数字)得到了回忆,而在同样的系列中,所有其他成分的回忆平均值是 43%,这种差别是无意义的。

表 27

系列	(1)	(2)和(3)	
		R(重复的成分)	I(孤立的成分)
音节	6	34÷9=3.8[系列(2)]	12[系列(3)]
数字	6	24÷9=2.7[系列(3)]	9[系列(2)]
小计	12	58÷9=6.5	21
%	40	22	70

摘自雷斯托夫,p.320。数字表明记住的成分数。

最后,让我们把第一栏和第二栏进行比较,我们发现系列(1)的成分比系列(2)和系列(3)中的重复成分记得更好。对此差异所作的解释是明确的:我们已经解释过 R(重复的)成分与 I(孤立的)成分进行比较而居于劣势,我们的假设是这样的,前者进行了聚集。系列(1)中的所有成分处于劣势提示了同样的解释:该系列中的所有不同成员在没有任何突出成员情况下形成了一种群集。这个系列中的一些项目比系列(2)和系列(3)中的重复项目更优越,我们可以用进一步的假设来对上述情况进行解释,也就是说,系列(1)中的不同成分的群集比系列(2)和系列(3)中的相似成分的群集具有较低程度的内聚力(cohesion)。这种假设并不作为一种特殊的假设用来解释这种特殊的效应,而是作为直接来自相似定律的假设来解释这种特殊的效应:如果群集是由相似性引起的,那么,内聚力程度必须是相似性的直接功能。

知觉中的记忆效应和过程之间的这种关系提出了一个涉及其本质的非常重要的问题。记忆效果是否由于一种知觉组织,而痕迹仅仅保持了一种结构,它具有产生痕迹的那种兴奋的特征,或者说,决定知觉中过程分布的同样因素是否在痕迹群集的形成中也起作用?后一种解释要比前一种解释更加意味着痕迹的一种动力性质,因为按照这种解释,在痕迹系统中将发生一些事件,这些事件为它们提供了一种原先的兴奋所不具有的组织。

在冯·雷斯托夫实验中,这一程序实际上排除了第一种解释,从而迫使我们接受第二种解释。不同的成分被相继呈示,所有彼此不同的成分的系列呈现在先,而一个成分(或者在另外的系列中两个不同的成分)突出于其余相似成分的那种系列则呈现在后,而且这种突出成分往往出现在一个系列中的第二位或第三位。因此被试不可能知道它是那个孤立起来的成分,他甚至不可能知道,该系列将会包含这样一个成分。绝对没有理由认为,为什么从知觉上说关键的成分应当被孤立起来。它的孤立证明了回忆中起作用的一个因素,这一事实似乎要求这样一种解释,即它是在痕迹系统中被孤立起来的;它也依次意味着,痕迹系统内发生的组织过程与知觉兴奋的组织一样,遵循着同样的定律。这证明了我们的组织定律可以应用到痕迹中去,我们在前面曾经这样说过。确实,我们的证明只涉及相似定律;至于接近性,在记忆中也像在知觉中一样具有一种效应,它取决于我们第一次讨论中出现(见第四章)的两种因素的密切关系;下面的讨论将补充实验证据。在痕迹转化中,其他定律的效验同样也会在新的实验材料被提供时得到证明。

冯·雷斯托夫强调了发生在痕迹系统中的两方面变化:(1)单一的痕迹在并入较大的痕迹系统中所经历的转化可能比相对独立的部分的知觉转化要更进一步,看来这是一个不可避免的假设;(2)这些转化的本质是一个问题。在雷斯托夫的实验中,群集的形成对回忆产生不利的影响,但是,他也指出,这种发生在非常特殊条件下的情况,不必认作是所有情况的典型事例;群集的形成是可能的,因为它增加了群集成员的回忆价值。关于这一点我们将在后面讨论。

在长的时间间隔以后痕迹系统的效应

现在,让我们回到冯·雷斯托夫的实验上来。迄今为止,我们所考虑的一些痕迹是属于同一系列的。我们发现,在这样一种系列中,相似的痕迹即便没有彼此接近也能形成群集,也就是说,当产生痕迹的一些兴奋为时间间隔所分隔,中间填充着其他兴奋时,也能形成群集。这样一来,在我们报道过的前五组实验中,每个系列的 4 个重复的对子并没有彼此紧随,而是被一个或两个其他的对子所分隔。于是,便产生了下面的问题:群集的效应是限于这些相对来说短暂的时间间隔呢,还是在较长的一段时期以后也会发生?对于这个问题的回答可以从两个方面入手。第一种回答方式是,一个 IR 系列(也就是孤立—重复系列)被习得了,不过马上出现了一个系列,其中第一个系列的孤立成分成为重复的成分。如果第一系列和第二系列的相应痕迹之间的群集发生的话,那么,第一系列的孤立成分应当失去其某种优势。第二种方式使用了相反的呈现方法。第一系列中的重复成分在第二系列中作为孤立成分而出现。两个系列的相应痕迹之间的群集肯定会发生,如果第二系列的孤立成分与发生时间上没有落在另一个系列成分(其中的这些成分成了重复成分)后面的一个系列中的孤立成分相比居于劣势的话,那么,两个系列的相应痕迹之间的群集便一定会发生。实际上,这两种效应都会发生。

倒摄抑制

我将简要地描述第一种倒摄抑制:要求 28 名被试必须记住一个系列,该系列出示 4 次,由两对音节、两对图形和五对数字组成。嗣后,这些东西又与其他四个系列一起呈示。把被试分成两组,对这两组被试来说,其他四个系列是不同的:对于其中的 13 人来说,系列由 6 个音节和 3 个数字组成,而且不是成对地排列;可是,对于其余的 15 名被试来说,该系列是由 6 个图形和 3 个数字组成的。过后,即在第一个系列最后一次呈现后 8 分钟,用配对联想的方法对被试进行测试。如果群集果真发生的话,那么,第一组被试应当对图形表现出较好的回忆,而不是对音节表现出较好的回忆,因为,四个相随的系列包含着后者,而不是前者,相应的,第二组被试应当在音节方面表现出优势。表 28 概述了这些结果,表中的数字表示命中的百分率。

表 28

被试组	Ⅰ(后系列中的音节)	Ⅱ(后系列中的图形)
音节	54	90
图形	69	43

摘自雷斯托夫,p.331。命中的百分率。

　　不论你横着看这张表还是竖着看这张表,你总会发现同样的结果[横着看就是同样的材料、不同的被试和后系列(postseries),竖着看就是同样的被试、不同的材料]。所谓同样的结果是指:随着相似成分组成的系列而发生的成分,与随着不同成分组成的系列而发生的成分相比,前者处于不利地位。这些实验表明,与先前讨论过的时间间隔相比,群集在更大的时间间隔上发生。然而,另一方面,这些实验所证明的效应并不是新的,而是完全像倒摄抑制那样为人们所熟悉。但是,测试这种效应的传统方法是运用无意义音节的标准系列,或者类似的材料,这些材料本身通过原始系列内的最初群集而为回忆创造了许多不利条件,雷斯托夫的方法则使一种具有高度回忆价值的材料服从于这种效应。与此同时,它证明了倒摄抑制是所学材料之间相似性的一种功能,也就是相互作用痕迹的性质。图形影响音节,或者反过来音节影响图形,这种影响达到某种程度,它可由另外一组实验来显示。在这组实验中,补充了填补时间空缺的第三种方法,这种时间空缺存在于主要系列的学习和测试之间,也就是说,涉及困难的思维问题。该活动对音节或图形的回忆所产生的影响要小于音节对图形产生的影响,以及图形对音节产生的影响[①]。

　　倒摄抑制的本质已经得到了澄清。它产生于相似痕迹的群集,正像学习单

[①] 关于倒摄抑制的研究历史,请参阅亨特(Hunter)的著述,1929 年,p.599。在论及相似性因素时,亨特概括道:"目前,一些实验清楚地表明,一种介入的活动在其对保持产生影响方面可能明显不同于另一种活动,但是,这种差别的原因尚未确定"(p.603)。

调系列(monotonous series)时产生的困难一样。如同缪勒(Muller)和皮尔札克(Pilzecker)原先认为的那样,如果倒摄抑制完全不受学习之后发生的那些过程的支配,而是仅仅依赖这些过程的强度,那么,这种理论便是错误的。相反,如果认为学习以后积累起来的材料具有决定性的话,这样的证明使得把倒摄抑制解释成由痕迹的特定组织所产生的效应成为必要。认为相似性具有不同的程度,而且,随着这种效应的深入,相对来说不同的材料——例如图形和音节——仍被认作是相似的,这样的进一步结果对于深入研究过程中的差异是重要的。

按照冯·雷斯托夫的理论,一种成分原先越是处于孤立状态,它应当越屈从于倒摄抑制;这是因为,如果它已经成了较大群集的一部分,那么把得到增长的群集与原先处于孤立状态的一个成分而现在被群集相比,或者与较小群集的成员成为较大群集的一个部分相比,前者具有更少引人注目的结果。雷斯托夫本人的实验就是以此结论为基础的。不过,该事实本身已由鲁滨孙(Robinson)和达罗(Darrow)在雷斯托夫之前发现了,他们发现,学习的单调系列越久,它的回忆受倒摄抑制的影响便越小。

从这一理论中得出的另一个结论在由詹金斯(Jenkins)和达伦巴哈(Dallenbach)从事的一项实验中获得支持。按照该理论,如果其他方面的条件与产生旧的痕迹系统的那些条件(即旧的痕迹系统可以避免与新的系统结成群集)相一致,那么,倒摄抑制就不应当出现。詹金斯和达伦巴哈进行了一项实验,在这项实验中,让一名被试学习和回忆由10个音节组成的一个系列材料,在被试学习和回忆期间对他进行催眠,而在介入时间里被试则处于正常状态。在经过2小时、4小时和8小时以后,他完全再现了这个系列材料,可是,另两名被试,在同样的时间间隔(也即2小时、4小时和8小时)以后,平均再现3.1、2.3和0.9个音节。后两名被试的实验条件与前面一名被试的实验条件一致,唯一不同的是前者不进行催眠。由于在催眠状态下发生的事件与正常生活下发生的事件似乎极少联系,因此,在这些实验中倒摄抑制没有出现,这恰恰证实了我们的结论。

然而,关于倒摄抑制还有一个事实,它长期以来困扰着心理学家。1914年,罗斯·海涅(Rose Heine)发现,如果用再认来检验,而不是用回忆来检验,那么就不可能发现任何倒摄抑制。雷斯托夫根据海涅的条件重复了这些实验(在这些条件中,由于不存在干扰记忆的因素,因此,应当会出现一种更清楚的倒摄作用),也未能清楚地确定这种抑制的存在。

然而,即便是这种结果,也不再像它表现的那样似非而有可能的了,因为在她的实验中,重复本身的效应对再认来说没有像对回忆那样有害。因此,经过一段时间间隔以后的重复(这是倒摄抑制的条件),对再认产生的影响太小,以至于用我们目前的方法无法发现这种影响。

这种解释得到了詹金斯和达伦巴哈的实验支持,也得到了达尔(Dahl)的实验支持。前两位作者测试了被试在不同的时间间隔以后对学习系列的回忆,在这些不同的时间间隔,或者充满着正常的清醒状态的生活,或者由睡眠来中介。在后一种情形里(即在睡眠状态下),回忆更占优势。达尔重复了这些实验,唯一的区别是,他测试的不是回忆而是再认。他也发现睡眠的群集具有轻微但一致的优势,尤其对于较长的时间间隔(如 4 小时和 8 小时)来说更是如此。在雷斯托夫的实验以后,把达尔的结果解释成倒摄抑制的结果似乎有理,而作者本人由于先前未能发现这种对再认的抑制,因此倾向于怀疑,由詹金斯和达伦巴哈发现的这种效应究竟是由于哪种原因所致。

前摄抑制

前面提及的痕迹系统的第二个时间效应在冯·雷斯托夫的实验中同样得到了证实。对第一组实验系列进行的评价正确地表明,孤立的成分如果在先前的系列中并不作为重复的成分而发生,比起作为重复的成分而出现,前者得到较好回忆。一种新的兴奋,即便它先于不同的刺激,并由不同的刺激相随,仍然会留下痕迹,这种痕迹会被拖入痕迹的群集中去,也即进入早些时间发生的由类似兴奋留下的痕迹的群集中去。随着新兴奋和旧兴奋之间的时间不断增加,上述这种效应似乎在减弱。因此,"前摄抑制"的积极效应的产生似乎证明了痕迹系统内存在着过程,它们的组织是根据相似性,而时间对这种效应的影响证明了接近性因素。

沃尔夫及其继承者的实验:个体痕迹内部的变化

确实,我们无法观察到痕迹本身;我们从以前有关各种实验的讨论中得出的痕迹本质的证据是间接的。但是,间接证据通过累积也增加了分量。正是这种间接证据的累积,在我看来,支持了我们从纯粹猜测或模糊推测中得出的这种假设。这种证据的积累比我们迄今为止报道过的内容甚至走得更远。起源于 1919 年的完全不同的实验思路,符合了最近实验的结果和理论。在那一年,F. 沃尔夫(F. Wulf)开始对痕迹在时间中经历的变化进行研究,1922 年他在吉森大学(University of Giessen)发表了论文,这篇论文引发了三种类似的研究,由 J. J. 吉布森(J. J. Gibson)、戈登·奥尔波特(Gordan Allport)和 F. T. 帕金斯(F. T. Perkins)分别在不同地方进行了这三种研究。沃尔夫的问题原先并不是一个痕迹通过与其他痕迹的联结将会发生什么,而是一个痕迹除了这些影响以外将会发生什么,尽管他的著述以及他的追随者的著述,尤其是吉布森的著述,曾使这个问题清楚地表现出来。在我们目前的上下文中涉及的问题来自沃尔夫的结论:"格式塔定律(gestalt laws)也支配记忆。正如不是任何一种格式塔都能被察觉一样,也不是所有这些察觉到的东西都能保持在记忆之中。由此可见,留在记忆中的东西,即生理的'记忆印迹'(physiological engram),不能被视作不可改变的印象,它随着时间而变得模糊起来,这与石块上雕刻的画有些相似。确切地说,这种'记忆印迹'依据格式塔定律而经历变化。原先见到的格式塔被转化了,这些转化把格式塔视作整体"(p.370)。

方法论的假设:再现和痕迹的关系

沃尔夫对连续时间中痕迹状态的测试实际上是要求被试再现曾经向他们出示过的图样。对原版图样进行再现而出现的偏离现象被认为是揭示了各个痕迹经历的变化。因此,这些结果的价值有赖于标准的有效性。我们打算把关于实际再现过程的讨论推迟到后面一章,但是,我们已经强调过,每个新的再现是发生在一个新地方的一种新兴奋,它与痕迹的地点有所不同,而是有赖于某些痕迹的一种兴奋。根据这一阐述,我们可以认为,从沃尔夫的被试中得到的再现不一定唯一地或甚至占优势地受到一种与原版的展示相一致的兴奋痕迹的影响。在沃尔夫的实验结果中,甚至在吉布森的实验结果中,我们将发现其他一些旧有的痕迹系统是具有影响力的,或甚至具有占优势的影响力的。然而,在沃尔夫、奥尔波特和帕金斯的实验中,以及在吉布森的实验中,只要条件许可,就有必要把一种对再现的明确影响归因于原始痕迹,并将再现中产生的变化归因于原始痕迹中产生的变化——这一事实说明了变化采取的一致方向,后一种再现沿着同样的方向与前一种再现相偏离,正如前一种再现与它更前面的先行者相偏离一样。

然而,就某个方面而言,所有四种研究都是不完整的:它们仅仅考查了痕迹的一种功能,即再现。我们在前面曾经指出,当我们发现同样的定律对不同的记忆功能都起作用时,也就是对回忆和再认都起作用时,我们从痕迹本质的实验结果中得出的结论受到了强化。因此,有必要用再认方法取得的结果来补充再现方法取得的结果。自从克拉帕雷德(Claparede)发现了回忆之间的明显区别以来(也就是说,在对先前出示过的物体进行描述和对它们进行再认之间存在明显的差别),这种必要性就更大了。在克拉帕雷德的实验中,被描述得十分糟糕的物体,也就是带有许多错误的回忆,当它们与其他类似的物体一起再度出示时,却得到了正确的再认。令人遗憾的是,这些先驱者的实验被沃尔夫及其继承者所忽略,因为他们也证明了再认和再现肯定具有不同的过程——事实上,这早已由克拉帕雷德着手证明了。克拉帕雷德的结果未能进一步深入,但是,它们提出了这样一个严肃的问题,即关于再现和再认中的痕迹作用问题。确实,如果再认总是正确的和独特的,而再现却是错误的,那么,我

图 101

们便无法从再现的错误中推论出痕迹的变化。然而,幸运的是,我们从沃尔夫的实验中得知,这是不正确的。对沃尔夫来说,尽管他把注意力集中在再现上面,但却引入了一种取自再认的修改。在第一次呈示四幅图形以后一星期,向被试再次出示这些图形的一些部分,然后要求他们画出整个四幅图形,如果他们认为这些部分是正确的,便可以利用它们来画出整个四幅图形,但是,如果认为有必要,也可以对它们作些改变。部分图形被改变的情况达 14 种,但在大多数情况下,它们根本未被再认出来。图 101 和 102 提供了这些变化的例子,实线表示原始图形和新展示的部分,虚线则表示变化和完成。

图 102

由于只有原始图形的一些部分被重新展示,因此,这些结果并不能完全说明问题,但是,它们表明,再认与再现,并非完全不同,这是人们可以从克拉帕雷德的实验中得出的结论。我期望在不久的将来能产生新的证据以解决这一问题。

沃尔夫、奥尔波特和帕金斯的程序

现在,让我们转向实验本身,更加详细地描述所用的方法。由于沃尔夫的方法或多或少为奥尔波特和帕金斯所紧随(唯一不同的是,这两位研究者均没有运用部分图形的展示),我们将首先对这种方法进行描述,嗣后再指出吉布森所用方法的差别①。

共有 26 个简单图形,它们或由直线和曲线组成,或由点子组成(占 4 个图形),这些图形都画在(8×10)平方厘米的白色卡片上。图形的最大尺寸为 6～7 平方厘米。把这些图形出示给被试,时间在 5～10 秒之间,第一批图形是最简单的,展示的时间最短。有 6 名被试要求仔细地观看这些图形②,并要求他们在以后再现这些图形。在最初的六次展示中只出示两种不同的图形;嗣后,在每次展示中总是出示四种图形,但是,即使这样,也是在没有任何严格的"系列"出示下完成的,其中一个图形直接紧跟着另一个图形而出示。在出示以后 30 秒,要求被试进行再现,24 小时后,以及一星期后,又分别进行再现,在较长时间间隔以后再进行再现,时间间隔从两周到两个月不等。

奥尔波特仅用了两种图形(截去顶端的金字塔和希腊钥匙),在同一张卡片上并排地画着,整个尺寸为 7″×2.5″,展示时间为 10 秒钟。被试是 350 个儿童,平均岁数为 11 岁 4 个月,在这些图形出示以后,分三次进行再现:出示以后立

---

① 奥尔波特的著作发表于帕金斯之前,他提供了他和两位先行者所用方法的比较。
② 这 6 名被试分别是本书作者,4 名未受任何心理学训练也未参加过心理实验的学生,还有一名是该论文作者的妻子。

即再现,过两个星期后再现,过四个月后再现。

帕金斯运用了由五张图画组成的两组材料,给两组首次参加实验的成年被试观看一组图画(一组被试98人,另一组被试52人)。图画的尺寸未见报道,都画在大的卡片上,大小为14寸×14寸,同时对每组20名被试一个接一个地出示这些图形。在展示图形以后20秒便要求再现,以后又在1天、6天、7天和14~19天的时间间隔后要求进行再现。

需要补充的是,沃尔夫和奥尔波特都设法诱导他们的被试为再现而尽可能多地使用视觉意象,可是,帕金斯则仅仅要求他的被试尽可能再现得正确。

把图形选择作为决定因素

由此可见,对这三位实验者而言,整个实验计划是相同的,尽管三人中每个人都使用了不同的图形。然而,如果我们还记得曾引用过的沃尔夫的实验结果,那么,图形的选择是极具重要性的。如果痕迹依照格式塔定律而变化,那么,便不可能找到这样一种定律,它使每种图形绝对地按同样的方式而变化。如果沃尔夫的结论正确的话,那么,任何一种图形所经历的变化必须由图形本身来决定,也就是说,由行为环境(behavioural environment)来决定,而不是由地理环境(geographi-cal environment)中的图形来决定。于是,按照图形的性质,线条可能会逐渐变得更直,或者变得更加弯曲;变得更长,或者变得更短,等等。如果任何一种可以察觉到的形式是组织(即由某种刺激所产生的组织)的一个产物,那么,正如我们所知,这样一种形式是由实际力量来维持的。按照这种刺激的分布,这些组织的力量将在不同程度上得到平衡;在十分不规则的图形的情形里,组织的内部力量将与外部力量发生冲突,这在前面已经讨论过(见第四章);可以察觉到形式将处于应力状态之中。因此,如果痕迹保持了原先兴奋的动力模式,则它也将处于应力状态之中,在它内部发生的这些变化有赖于痕迹内部应力的分布,从而最终有赖于最初见到的形式的性质。如果这个理论正确的话,则再现中出现的变化就可以用来表明痕迹中的应力,从而表明可见形式中的应力。相反,后者(可见的形式)的现象特征由于与这些应力(诸如不对称、不规则和明显的缺失等等)相关,它们将决定再现中发生的逐步转化。

因此,沃尔夫和帕金斯都选择了具有明显不对称的图形,沃尔夫的图形比帕金斯的图形更加不对称,而吉布森则运用具有缺失的图形。这样一种程序被证明是完全有道理的。正确的诱导并非任何一种随机例子的集合,而是探究一些由解释的原则来指导的事实。当然,许多更为不同的图形特征应当被调查;这是因为,正如我们将看到的那样,奥尔波特的结果引出了一个新因素。

再现法和再认法与相继比较法相比较

从方法的观点看,这一程序在某种程度上是相继比较法的一种继续,这种相继比较法也用于测试痕迹系统内的变化。迄今为止,这两种程序在两个方面有所不同:一方面,在这种变化可能发生期间,就比较角度而言,这段时间要比再现法的时间更短,另一方面,前者迄今为止只限于这些复杂项目的若干方面,诸如重物的重量、音调和噪音的强度、非彩色的白色等,而后者则排外地涉及图形特征。就第一点而言,再认法可能得到发展,因为它通过使用较长的时间间隔而与再现法相似,并通过向观察者呈现若干或多或少不同的图形(其中包括原始图形的选择)而与相继比较法相似。至于第二点,比较法可以容易地用于图形特性。1929 年,我在实验室里为简单线条的大小而采取了这样的步骤,但是,结果是完全不确定的,因为我们使用的这些线条大小显然是一个模棱两可的因素。相反,再现法或它的一种修正形式能用于强度和质量方面,以便证明由比较法获得的有关这些特征的结果。对于这些问题,再认法常常比再现法更为合适。实际上,沃尔夫用不同浓度的颜色进行了一些实验,但是,尽管他的第一批结果是十分有意义的,但他却没有及时地系统地发展它们,以至于它们从未公开发表。然而,卡兹(Katz,1930 年,p.255)指出,如果一名被试从一系列斑点和色彩中选择一种颜色,它相当于一位友人眼中的蓝色,相当于他本人帽子的黑色,以及相当于他唇上的红色,那么,一般说来,他将选择一种过浓的颜色。

变化的方向

现在,让我们转向实际的结果:与其原始图形的相似性质相一致,沃尔夫、奥尔波特和帕金斯获得了相似的结果。帕金斯说:"根据对数据的详尽考察,可以明显地看出,一切变化均处于某种平衡或对称的模式之中。"奥尔波特说:"一切结果的最引人注目之处,也许在于图形保持的倾向,或者在于达到对称的倾向。"沃尔夫说:"在大约 400 个例子中有 8 个例外,其中有 6 例根本没有产生任何再现,或者只产生了完全无法再认的图形——将再现与原图作比较表明,前者与后者的明显偏离表现在鲜明性(sharpening)或均匀性(leveling)方面。"沃尔夫的这一陈述需要某些补充。从术语学上讲,他所谓的鲜明性是指增加或夸大,而所谓的均匀性,则是指削弱或使图形的特性变得柔和。因此,在大多数情况下,均匀性与趋向对称相一致,因为所谓图形的特性便是它的不对称性。其次,沃尔夫的陈述与他的两位后继者只在均匀性方面相符合;但是,他发现同样数目的变化也发生在相反方向之中。然而,这肯定不会令我们感到惊讶,只要我们还记得,沃尔夫的图形要比其他两位作者的图形包含更大的不对称性。此外,奥尔波特还在他的材料中发现鲜明性的例子。

变化的本质

如果三位不同的调查者在三个不同的国家里开展研究(这三个国家是德国、英国和美国),其中两位调查者拥有大量被试,获得了十分相似的结果,事实本身得到了清楚的阐述,那么,它们又将如何被解释呢?对于这个问题,沃尔夫在其论文中花了大量篇幅予以讨论,区别出三种不同的原因。他把这三种因素称为正常化(normalizing)、指向性(pointing)和自主变化(autonomous changes)①。

自主变化

当再现逐渐接近一种熟悉的形式时,正常化便发生了;当指向性成为图形的特征时,观察者看到的图形能引起他的注目,从而使该图形越来越夸张;最后,即自主变化,却不是从其他两种源泉中派生的,而是痕迹模式本身所固有的,是它自身固有应力的结果。该变化的最后一种分类在前面已经描述过。沃尔夫认为它由下列事实来证明,这种自主变化是在正常化力量和指向性力量的衬托下发生的。因此,朝着对称的倾向将是这样一种自主变化,这也是奥尔波特和帕金斯所持的一种观点。作为朝着对称性变化的一个例子,我在这里复制了帕金斯的一幅图形(见图103)。作为鲜明性的一个例子,我复制了沃尔夫的一幅图形(见图104)。为了了解这种自主变化,人们可以思考一根螺旋弹簧,当它被拉开以后,就产生一种朝着收缩方向的应力。沃尔夫的5名被试在这图形上表现出同样的方向,这一事实表明了该倾向的力量。然而,有一位被试以一种渐进的变平倾向再现了这幅图形(见图104)。从报道来看,

图 103

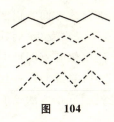

图 104

导致这种效应的原因是明显的。当其他被试把这幅图形看作Z字形或类似Z字形的某种东西时,这名被试却把它看做是一根"虚线",也就是说,视作一根直线的修正形式。自然它被视作看到的形式,而不是视作一种几何图形——它根本不是什么格式塔——由于处于应力之下,从而决定了相继的变化。

另一种自主变化是由奥尔波特发现的:"大约95%的儿童在他们第三次画那个金字塔图形时,与原来的刺激相比,在金字塔的大小方面出现至少20%的缩小"(p.144)。我们记得,奥尔波特的图形是任何一位研究者可能使用的最大

---

① 沃尔夫的术语是:正常化(Normalisierung)、指向性(Pointierung)和结构的改变(Struktive Veranderung)。与第一个术语相对应的英语术语取自奥尔波特和吉布森两位作者,这在上文中已经出现;上文中用过的第二术语则分别引自吉布森和奥尔波特;然而,第三个术语(结构的改变)则是我本人从德文译来的,因为奥尔波特没有提供任何译名,而吉布森的译名在我看来稍稍有点模棱两可。

图形。在排除了若干其他的可能性以后,奥尔波特说:"这种现象似乎更容易用下列假设来解释,即随着时间推移而产生的缩小显然是痕迹的'动力'特性之一"。由于其他研究者都没有发现这种变化,因此它肯定限于某种明确的大小范围。然而,人们可以期望很小的图形将表现出相反的倾向,也就是说,不是缩小而是扩大。由于吉布森的图形相对来说较小,因此他的否定结果可能与这种期望发生抵触,因为这种期望不是这位作者的特殊方法所能实现的,确切地说,它排除了这样一种效应;在他的实验中,他使用了一种名叫"兰施伯格"的记忆装置(Ranschburg momory apparatus),图片在该装置的狭口下一一展示,结果图片的大小随着开口的大小而明确地固定下来,这便成为他所有实验中的一个恒常因素。不过,这个问题仍有待实验检验。

指向性

指向性的原因是什么?换句话说,为什么特别受到注意的图形特征在相继再现中如此经常地发生夸大现象?这一事实的确立是毋庸置疑的。G. E. 缪勒(1913年,p.378)在沃尔夫之前就用"情感转换"(affective transformation)的名称来对它进行描述,并且把它解释成一种注意的事情。对于这样一种解释,其不足之处已由沃尔夫予以证明。

在我们的自主变化原理中,可以找到一种真实的解释,尽管这种解释还是不完整的。强调所见物体的特定方面意味着这个方面的整个图形中具有特殊的"权重"(weight)。所见的同样图形,由于得到强调或者得不到强调,既可作为行为数据,又可作为动力图形,结果就不会相同;两种不同的心物模式,在这些例子中,与同样的几何图形相一致,因而它们的痕迹的自主变化肯定是不同的。指向性表明,这些变化不一定采取对称的方向,而是在原版图样表现出一些部分或方面的突出支配时,可能会增加这些起支配作用的部分或方面的重要性。然而,当原始知觉包含特别引人注目的特性时,指向性并不经常发生,而让位于一种均匀的作用,我们看到,在解释这些变化时,我们不能仅仅盯着图形的任何一个特征,而是必须始终把图形作为整体来考虑。可是,只要我们对一切有关的因素不再拥有详尽的知识或量化的知识,这后一评论就不过是方法论的了,它还不是一种解释性原理。

与卡兹本人的解释相符合(尽管运用了不同的术语),我们对他记忆中颜色的夸大结果作了解释,这已在前面报道过,作为指向性的例子,它充分符合我们的解释性原理。

词语化效应;不止一个痕迹系统在再现中起作用

然而,要是认为指向性仅仅是一种特殊的自主变化,那将是一种不合理的简化。被试在看到图形的时候,往往为它提供一个言语描述,例如,被试说:"一个十分狭窄的三角形","托架,下面大,上面小",等等。这种语言特征对再现具有直接的影响。该事实引入了一个新观点：要是认为再现仅仅以一种痕迹为基础，那将是错误的。尤其当被试拥有语言的时候，语言因素将在一切情形中（或者至少在许多情形中）对再现活动发生影响。至于语言本身的问题，已超出本书的讨论范围，尽管我们不可避免地在下面一些章节里会经常遇到这个因素。不论语言是否作为一种心理机能，它在再现中的效验表明，基于这种成就的过程是以一组复杂的条件为基础的，而并不仅仅依靠单一的个别痕迹。

正常化

当我们转向最后一种变化方式，也就是正常化时，这一点便变得更加明显了。为了解释这些变化，我们必须重新提及与原先的图形个别痕迹不同的那些痕迹，而且不是纯粹言语的。当沃尔夫的图 23（见图 105）被理解为"具有两个柱子的桥梁"时（有 4 名被试作这样的理解），当图形一致地以这样的方式变化，以至于凹痕（作为柱子的凹痕）变得越来越深时，我们便可以作出这样的假设，即桥梁的痕迹系统已经以某种方式或其他方式对再现产生了影响。可是，第五个被试把同样的图形（见图 105）理解为城墙上的雉堞，而她再现的图样上的凹痕不是加深而是变宽，这就证明不同的痕迹系统在起作用。

图 105

"外部"痕迹系统的影响

这些"外部"的痕迹系统（outside trace systems）对再现的影响可能具有不同的类型。首先，这种影响可能是间接的，除了原始知觉的痕迹外，它并不直接对再现产生影响。这种影响与冯·雷斯托夫和劳恩斯泰因研究的影响属于同一类型：原始图形的痕迹将与其他痕迹系统进行交流，并通过这种交流而变化。其次，如同在指向性的讨论中那样，人们会想到一种直接影响，原始图形的痕迹并不受到其他痕迹系统的影响，而是在再现活动中与其合作。最后，是这两种效应的结合，而且，在我看来，这是最有可能的。一种痕迹通过与其他痕迹交流而经历一些变化，这已由劳恩斯泰因和冯·雷斯托夫所证明，而且，奥尔波特和吉布森的研究结果也导致了同样的结论。奥尔波特在同一张卡片上同时呈现了他的两个图样。"在有些情形中，其中一个图样的特征似乎与另一个图样进行了合并"(p.137)，而在吉布森的实验中，鉴于目前加以讨论的原因，这种变化比任何其他变化更为频繁。

因此，正如我们在上面描述过的那样，一种新痕迹与旧痕迹系统的交流可能导致痕迹中的变化，看来，这似乎是一种必要的假设。这些变化可以使新的痕迹与旧的痕迹相同化，这也已经由劳恩斯泰因和冯·雷斯托夫所证明。由此可见，如果把正常化视作痕迹内部的一种效应，那么正常化便可以从我们的一般原理中推论出来。此外，这些原理允许交流，以便产生正常化之外的变化。

痕迹之间的交流将对相互作用的痕迹产生影响(或者影响其中的一种痕迹,或者影响全部相互作用的痕迹);在这些相互作用的所有可能的效应中,同化是一种非常特殊的和容易实现的情形,但是决非唯一可能的情形。例如,如果我把某种图样理解为一只瓶子,与此同时我可能还理解了它的特性;它实际上可能不是瓶子,而只是与瓶子相似的某种东西。在图样的痕迹和瓶子的痕迹系统之间的这种交流,由于属于特殊类型,也将产生特殊效应。我们并不知道该过程的任何细节,但是我们从沃尔夫的实验中得知,对这样一个图样的再现可能会变得越来越对称,与此同时,也变得越来越不像瓶子。一般说来,通过与旧的痕迹系统的交流而在痕迹中产生的变化将有赖于与旧系统有关的新痕迹的相关特性。让我们举一个例子:如果一个旧的痕迹系统具有明确的特性 Sn,譬如说某个正常的尺寸,而一个新的物体则被体验为属于这个类别,并与 S 具有同样的特性,那么,S 和 Sn 的关系将决定 S 如何在新的痕迹中变化。一般说来,当 S 与 Sn 没有很大差异时,在其他条件不变的情况下,同化作用将等同于正常化。可是,另一方面,如果 S 比 Sn 更大或者更小,那么,这种差别将会变得夸张起来:鲜明、对照。在传播流言蜚语和谣言中产生的许多夸大现象,至少可在这种痕迹内的动力中找到部分的解释。一个"正常的"系统必须具有哪些特性?如果我们的说法正确,它将成为一个正常系统,不是因为它的最大频率,而是因为它的最大稳定性。自主变化将修正痕迹和痕迹系统,直到它们的应力变得尽可能平衡为止——也即它们内部的应力,它们和它们周围的痕迹系统之间的应力变得平衡为止。从动力学角度讲,"正常"是独特的[参见我们第六章关于正常性的讨论]。

图 106

关于再现的良好例子(其中旧的痕迹系统显然直接地影响再现行为,而不是通过特定痕迹的方式)可在吉布森的文章中找到,尤其可在"言语分析"的标题下找到。图 106 是一个很好的说明:(a)原图被被试描绘成"柱子加曲线",然后被再现为(b)。

作为几何图形,再现和原件如此不同,以至于可作下列假设,即(b)的存在不是由于原始痕迹的变化,而是由于这样的事实,即旧的痕迹系统"柱子加曲线"对再现产生了主要影响。这一测试的目的是,如果被试面临(a)和(b)以及其他一些相似的图形,那么,他是否选择(a)或(b)或其他图形作为原先向他出示过的图形。在我看来他似乎不可能选择(b),这是一个由克拉帕雷德的实验结果进一步强化的观点。另一个例子来自吉布森的"客体同化"(Object Assimilation)(图107):(a)仍为原版图形,指的是"沙滩上的脚印",(b)为再现。不过,在大多数类似的例子中,再现看来并不是由旧的痕迹系统唯一决定的,图形本身的新痕迹也具有令人注目的影响。可是,这种痕迹本身是否通过与旧痕迹系统的交流而发生改变,当然无

图 107

法从这些图画中推知。

因此,发生在再现时刻的过程有赖于一组十分复杂的条件,这些复杂的条件不可能在每一个特写例子中都得到澄清。实验的任务是尽可能地建立简单的条件,以便使"纯粹的"例子可以出现,也就是说,在这些"纯粹的"例子中,其中一个条件具有一种支配的影响。这些纯粹的例子将会揭示实际起作用的因素。但是,下面这种说法将是错误的:"问题是,对一种所见形式进行再现时产生的变化是否是由于过去的知觉对该形式的知觉和记忆的影响而造成的,或者说这种变化是由形式本身的性质造成的"(吉布森,p.35)。实际上,现实中并没有这样一种选择。我们必须研究一切痕迹和痕迹系统,实际的再现活动是依靠这些痕迹和痕迹系统的,而这些痕迹中的每一个痕迹则经历了自主的变化,或由于与其他系统进行交流而产生了变化。所以,有时我们能证明一种旧痕迹的影响直接作用于再现活动,或者对较新的痕迹产生影响,这一事实并不证明自主变化不会发生。

吉布森的方法和结果

让我们通过对吉布森的实验结果进行分析来结束本节的讨论。他的方法在许多重要方面与其他研究者的方法有所不同,其中某些关键方面是我们已经提到过的。除了一些附带的实验以外,他从事过两个完整的系列实验,每一个系列都有 A 和 B 两个组,共有 14 个简单图形组成;A 组的图形由直线组成,B 组的图形由曲线组成,或者由曲线和直线组成。每一个系列都以记忆实验的标准形式向被试出示:它们系列地在兰施伯格实验装置上展示,其中每幅图形呈示 1.5 秒;然后立即为下一幅图形所替代。被试的任务是"仔细地凝视每一幅图形,然后在每一个系列结束时,根据他的记忆尽可能画出更多的图形。他愿意用什么顺序画就用什么顺序画"(p.7)。第一天,向两组被试出示图形二次或三次,每一次出示以后,按照被试能够完成的能力进行尽可能多的再现活动;接着,在以后的日子里继续进行图形的呈现,直到被试再现了全部图形为止。5 个星期和 1 年以后,再次要求被试去完成这种再现活动。可是,第二系列的做法不同,每组图形的呈现和再现仅为 2 次。

吉布森的研究结果在许多关键方面与其他研究者的研究结果不同,这是毫不奇怪的。图片的再度呈现必定会对痕迹中的变化过程产生干扰,因此,我们不能期望另外三位研究者也会发现这些变化的继续。研究结果证明了这一点,尽管这些连续变化也发生了(吉布森没有提供任何图形)。但是,一个更为有力的因素是呈现方式本身,在长长的系列中安排材料。确实,在吉布森进行实验的那个时代,冯·雷斯托夫的研究结果尚不为人知,可是,所有其他研究者都避免了这种呈现方式,他们意识到这样一个事实,即一个系列不是成分之和,系列中痕迹的变化主要依靠痕迹系统中的系列性质。在一个实验装置的同一开口处呈现所有的图形,就必然会增加这样一种效应。由于展示装置的顶端被一致的(行为的)物体所包围,因此,该系列的各个成员必须特别有力地统一起来。就我们目前了解的情况而言,我们必须期待群集的效应,就像冯·雷斯托夫发现的那种群集效应,除了图形相互之间产生的自然影响以外。我们的两种期望都为吉布森的实验结果所证实:"应当提及的是,作为这种呈现方式的结果,倒摄抑制在系列展示期间发生了。观察者常常抱怨说,每幅图形的出现'抹掉了'以前出现的图形"(p.26)。因此,习得这些图形是十分困难的,从而常常导致一种自发的努力,"去想一些物体,通过这些物体来'理解'这些图形"(p.14)。"图形的同化……是再现中最常见的变化"(p.25),也就是说,一幅图形在再现中发生变化,以便使之更相似于另一种变化,即比任何其他变化更加经常发生的另一种变化。于是,我们可以预言的群集影响显然得到了证实,再现活动并不总是由于原版图样的痕迹,以至于其他一些较旧的痕迹系统——通过"客体同化"或"言语分析"而与该图样联结起来——是另一种群集效应;为了记住这些图形,以便对抗群集的干预力量,被试必须使用这些特殊的装置。

以这样一种明确的方式构建图形的同化是吉布森实验的主要优点之一。然而,当他认为他的研究结果与沃尔夫的理论相悖时,他却犯了错误。实际上,他本人发现了一些变化,这些变化在其他实验条件下被认为至少是自主的,也就是说,朝着对称(p.30)、直线(p.30f)以及填补缺失(p.261)的方向变化。然而,他的实验的特殊方法无法使他将这些变化归入自主的变化。

当我们概述实验证据时,我们看到,一种一致的动力学痕迹理论是如何对大量的事实进行系统解释的,以及以这样的理论为基础的实验是如何对它的详尽阐述作出贡献的。最后,系统地联结起来的实验和理论已经提出了一些问题,这些问题准备接受实验主义者(experimentalist)的抨击。

痕迹理论的复燃:我们假设的不足

技能的获得

现在,让我们重新回到痕迹理论上来,因为我们还没有使之发展到能够解释一切记忆功能的程度。迄今为止,我们假设的基础是三重的:时间单位、回忆(再现)和再认。但是,在本章的开头,我们曾遇到过记忆证明其自身的其他一些方法,也就是说,技能的获得(the acquisition of skills),例如学习打字。在打字时,往事所起的作用不同于我们先前提到过的三种功能。在这三种成绩中,往事以某种方式呈现：例如，一首乐曲的音调，作为一种后来的音调，跟随着前面的音调，而且与前面的音调处于一种明确的动力关系之中。我回忆一种先前的体验，我再认一个眼前的物体，以为它是过去某个时间遇到过的；在这两种情形里，过去或往事也包含在数据之中。但是，获得性技能却非如此。当我今天用打字机打一封信时，我的打字（作为一种经验）一般说来并不回溯以前的打字经验；我今天的打字打得更加轻松和完美，尽管从功能上讲，它与以前笨拙的打字动作有关联，但是，从经验上或行为上讲，并不是如此关联的。此外，把一种技能用于一项新的任务，虽与过去有一定的关系，但是与迄今为止讨论的三种功能相比，这种关系的特定性要少得多。打字技能的获得并不意味着打一篇特定课文的能力，而是为任何一篇教材打字的能力。与此相似的是，正如巴特莱特（Bartlett）曾经坚持的那样，一个富有实践经验的网球运动员不一定记得少数十分特定的动作，而是在不断变化的比赛情境里以恰当方式去击那只网球。

知觉的重组

我们发现在并不涉及运动技能的记忆功能中也有一些无须涉及过去并缺乏特定性的特征。我将列举两个例子来说明这一情况。当你翻回到 p.141 时，你会把图 50 看做是一张脸，但是，当你第一次看到它时，它显得好似乱七八糟的一些线条，而且可能要过相当长的一段时间，那张脸才会出现。这个例子仅仅是一种简单的说明，它的效应尚未通过特定的实验研究过。然而，如果我们想要系统阐明痕迹理论的话，这样一种研究是十分恰当的。目前，我们还不知道这种后效（after-effect）究竟有多么特殊。它并不限于个别的图形，原版的重组（reorganization）与这种个别图形一起发生是肯定的。1929 年的夏天，当我来到加利福尼亚大学我自己的办公室里时，我在一块黑板上看到一幅表明这张"脸"的粗略图画，我立即认出这是一张脸，而用不到任何时间的过渡。但是，这幅图画决不是原图的确切再现。这样一个个别的例子不过是想表明我们在系统的实验中期望发现的东西。如果由于一个图形的重组而影响了图形的范围（尽管这种重组是有限的），那么，它也要比一个人从这一偶发事件中得出的结论广泛得多，对此，我并不感到惊奇。

但是，即使现在，当我们对这一效应尚缺乏详尽的了解时，我们已充分认识到它使我们的理论遇到严重的麻烦。一幅线条图形在初次呈现时可能产生一种混乱的印象，然后，在我们努力构造这种混乱状态以后，原来的印象便由组织得很好的和清晰的图形所替代。同样的图形——以及相似的图形——如果第二次呈现时，一开始就会以良好的组织状态出现。那么，痕迹必须拥有哪些特性方能产生这种结果呢？

较好的组织具有更大的生存价值

同样这个例子有着更易被理解的另一方面。如果有人曾经一次或多次看到过那张脸,那么,就不可能把该图形看做一团混乱了,或者回忆出这种混乱,尽管这种混乱曾经被体验过,而且在当时十分执拗并难以排除。确实,这种陈述是以普通观察为基础的,而不是以系统实验为基础的,但是,我感到有信心的是,这些实验(即使它们引出了新的事实)不会对我的观点产生严重影响。如果我们接受它,我们便必须得出这样的结论,即混乱过程的痕迹要比组织得很好的过程的痕迹具有更低的"生存价值"(survival value)。这一结论与我们的痕迹理论是充分相符的。这是因为,如果痕迹在与其他痕迹相联结时显示出一些力量,那么,十分不稳定的痕迹结构将被摧毁。混乱的图形既没有明确界定的边界,以便使它们统一和聚集起来,也没有内部稳定性。因此,它们只有极小的力量来抵御外部的力量。这一原则看来是基本的。它使冯·雷斯托夫的结果和沃尔夫及其后继者的结果更清楚地显示出来。如果痕迹的保持是其本身稳定性的一种功能,那么,痕迹将逐渐从不稳定形式向稳定形式转变(沃尔夫及其后继者的观点),而那些清晰度较差的痕迹结构将会退化(冯·雷斯托夫的观点)。一种单调的无意义音节或数字系列就是这样一种清晰度很差的准混乱结构(semi-chaotic structure),而在其他单调系列中一个处于孤立状态的成分则因其孤立的性质而获得了明确性和稳定性。冯·雷斯托夫曾经调查过的群集性是一种聚合的混乱状态。系列所拥有的清晰度越差,群集就变得越混乱,该系列也就越难记住。这一结论得到了实验事实的有力支持:业已证明,记住没有韵律(也即没有清晰度)的无意义音节是不可能的(G. E. 缪勒,1913 年,p. 43)。

最后,让我们来回顾一下察加尼克(Zeigarnik)的一个结果,这是我们在前面讨论过的(第八章)。也就是说,一个组织得很好的痕迹,一个完成任务的痕迹,比组织得不太好的痕迹更加稳定,从而也更加有效;于是,未完成的任务,由于趋向完成的应力,通常比完成的任务更经常地被回忆起来,还由于它们组织得不太完善,因此当缺乏特殊的应力时,与组织得较好的已完成的任务相比便居于劣势。我们在第十三章里将引证更多的证据。

清晰度的复杂性和生存价值

如果我们把痕迹的生存价值作为对其稳定性的一种测量,那么,我们便不能简单地将清晰度与稳定性联系起来。遗憾的是,我们不仅忘记了混乱的体验,而且也忘记了我们能达到的高度清晰的体验。人们无法重复一种论争,尽管他在倾听这场论争时对它充分地理解,这也许是大家共同的经验吧!我发现,在数学领域,这种情况尤为令人惊奇。人们可以完全理解一个证明,但是却无法重建这种证明,尽管他记得一两个证明步骤。

这类观察已由实验所证实。苛勒发现,当黑猩猩达到它们的能力极限时,它们将不再"学习",也就是说,它们将以同样方式向问题发起冲击,而不管以前它们曾经把问题解决了没有。这样的一个问题是用一枚长钉子举起一只圆环。当黑猩猩心情好的时候,这个问题有可能"理智地"被解决,然而,仅凭重复,动物的操作却得不到改进。

这些事实不会与我们的理论相冲突,从中可以推知出我们的理论。属于高度复杂类别的清晰度只能在特定条件下产生出来,当有机体通过它的"态度"补充了部分的有效力量和充分的能量储备以后,这种清晰度才能得以产生。这些过程的痕迹,由于缺乏这些补充的自我一力量(Ego-forces),因而是不稳定的;取而代之的是,它们将或迟或早地瓦解,部分系统丧失了它们相互之间的联结,于是整体便遭破坏。至于一种清晰度能在不丧失其稳定性的前提下达到多大程度的复杂性,这有赖于它得以产生的那个系统。我们所谓的智力差异(differences of intelligence)可能存在于稳定的清晰度的差异之中,尽管在这个意义上讲,智力也会是经验的一种功能,因为一个组织的稳定性将有赖于业已存在的痕迹结构。

一种新关系的学习

让我们回到主要的论战上来,讨论一下非运动的记忆功能的第二个例子,尽管我们目前关于非运动的记忆功能的假设是不充分的。达伦巴哈于1926年就一种关系的学习发表了一篇短文,该文在1929年被一项正式的调查所替代,这个调查是由达伦巴哈和克里泽(Kreezer)联合进行的。达伦巴哈问自己的6岁男孩,他是否知道"相反"的意思是什么。他拒绝接受男孩对此所作的消极回答,他要他首先举出"好的"反义词,然后举出"大的"反义词,结果男孩的答案分别是"男孩"和"男人",这两个答案都是错的。然后,他将正确的答案告诉男孩,并继续问他关于"黑"、"长"、"肥胖"、"少量"等等的反义词。现在,男孩便立即作出正确回答了。这个例子的重要性后来为克里泽和达伦巴哈的调查所证实,他们对一百名儿童进行调查,以此作为整个例子中的一个例子。在本章中,我们对孩子在"理解"这种关系时究竟发生什么事情不感兴趣。我们的观点是,孩子在这种"理解"以后可以做一些他在先前不能做的事情。由此可见,孩子的大脑肯定被这种理解过程改变了,从这种理解过程留下了一种痕迹,该痕迹的性质成为孩子新行为的原因。那么,这种痕迹必须像什么东西才能产生新的反应呢?这个问题自然产生出另一个问题(正如那张"脸"的图形的事例一样):这种具有其特征的痕迹如何决定新的过程。我们将在下一章重提这个问题,届时我们将讨论记忆功能本身而非痕迹。然而，第一种功能属于我们目前的讨论范围，正如从脸的图形的讨论中所产生的同样问题一样。此时此刻我们无法提供任何令人满意的答案，痕迹理论确实面临着一个极具重要性的困难问题，承认这一点可能是十分明智的。因为，如果这个问题得不到解决，我们便无法了解学习，完成学习任务只有在极少情况下存在于先前过程的简单重复之中。我可以补充的是，学习一种关系的例子，在某种程度上讲，似乎与我们已经讨论过的一首乐曲的转换例子有关。

发展痕迹理论以适应这些情况：痕迹决定"场"

让我们概述一下三个例子的讨论情况，这三个例子是运动技能、知觉和关系思维。我们可以说，新的操作发生在一个由先前的经验决定的场内。具体地说，我们必须认为，当前过程的场是由先前过程的痕迹组成的。如果我们用这种方式进行解释的话，我们至少拥有若干实验证据，它们能使这些过程更清楚地显示出来。一个过程是由该过程得以产生的较大场的本质所决定的，这已在前面得到证明。我仅仅回顾一下证明这种效应的若干视错觉（optical illusions），并补充一个例子：知觉运动的方向有赖于环境场，这是由安妮·斯特恩（Annie Stern）通过盲点（blind spot）的运动而证明了的。如果场被直线框住，或被明晰地限定，那么运动便是直线形的；如果框架或清晰度是曲线形的，那么，运动也追随曲线的形状和方向。我本人发现在普通的似动运动中也有类似的效应（1922年，1931年，p.1185）。然而，在所有这些例子中，对知觉过程产生影响的场是一个知觉场。不过，我们也有一些证据表明，有效的场也可能是痕迹场（trace field）。让我提一下哈特曼（Hartmann）的实验（pp.375～376）。哈特曼相继地展示一种特殊形状的三角形和一种圆形，其展示方法是这样的，当相继地展示时，它们将呈现出如图108a的图形。两个图形（即三角形和圆形）的展现时间是相同的，它们之间的时间间隔为8.5:20。当后者大约为155毫秒的时候，观察者便见到下列现象："起初三角形出现了，然后又突然消失，接着便出现一个'梨形'或一张'三叶苜蓿'的叶子"（参见图108的a和b）。那个变形的圆上面的凹痕（即梨形的上半部）是与第一次展示中那个三角形的两只角的位置相一致的；由此可见，由圆的刺激产生的形状肯定是由在此之前存在的三角形的新鲜痕迹所创造的场决定的。

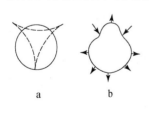

图 108

威特海默（Wertheimer）实验中有三个实验更加接近于我们目前关注的问题。前两个实验确实是很老的了，它们可在威特海默关于运动知觉的经典论文中找到（威特海默，1912年；还有考夫卡，1919年）。在两个例子中，一种效应通过痕迹场内的累积效应而在知觉场内产生出来。在第一个例子中,一种简单的似动实验(两根线,平行或相交,相继地被出示)被实施了若干次,于是,在观察者不知晓的情况下,第二个展示受到了压抑。通常条件下,观察者将看到一个物体处于静止状态,然而,在现在的条件下,观察者连续看到物体处于运动状态,尽管运动的距离较短;反复的展示会使这种距离缩短,直到物体最终显现为静止状态为止。然而,在第二个实验中,如图109a 和 b 所示,首先向被试展现如图 109a 的两根线。他看到短臂转向右方。然后,在相继展示中,短臂和长臂之间的角度不断增加,直到两条线达到如图 109b 所示的位置时为止。现在短臂继续转向右方,可是,如果没有先前的那种展示,它现在将转向左方了。

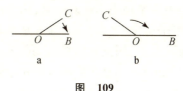

图 109

在上述两个例子中,我们都涉及痕迹系统所产生的影响,这种影响波及的时间比哈特曼实验所表明的时间要更长一些。在两个例子中,这种影响被理解为对场产生的影响,而新的过程则发生在该场之内。这种场是被这样组织的,即通过对新近痕迹系统产生影响,迫使单一的兴奋移动,或者使之有利于一种运动方向而不是相反的方向。作为一种过程的运动已经留下痕迹,该痕迹在场的邻近部分以下述方式对场产生影响,即在"正常的"场不会产生运动过程的那些条件下产生运动过程。"邻近部分"(neighbourhood)这个术语在这里用来意指"时间轴"(time axis)的邻近部分。如果我们在普通的空间意义上使用"邻近部分"这个术语,那么我们的观点也是正确的,这可以用威德海默的其他实验来加以证明;因此,事实是,如果有两个空间场,一个空间场里发生了运动,另一个空间场里不发生运动,那么在前面的场内,一处发生的运动就更容易引起(或容许)其他地方发生运动。这一事实用两种方式支持了我们的痕迹理论。一方面,它使得关于后效的场的解释不再成为特别新的假设;相反,它重新联结了"空间场"和"时间场"。另一方面,它告诉了我们有关特殊痕迹系统的性质,这些特殊的痕迹系统是与后效有密切关系的。如果原始的运动场具有特别有利于运动发生的特性,而且,正如我们假设的那样,如果痕迹保留了兴奋的动力特性,那么,运动场的痕迹就会具有使运动场本身突出来的同样特性。这样,我们便成功地把一个痕迹特性的问题转化为一个过程场的特性问题。这一问题中存在的固有困难便不再是一个痕迹理论的特殊困难,而是从属于场组织的理论了。

威特海默的第三个实验(1923 年,p. 319)证明了对静止构造来说的一种类似影响。在这个实验中,准备一些点状图形,图 110 为其修改形式。在该图形中,具有等同标准的成员之间的距离比具有连续标准的成

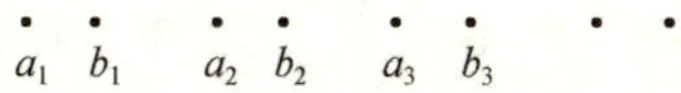

$a_1 \quad b_1 \quad a_2 \quad b_2 \quad a_3 \quad b_3$

图 110

员之间的距离要小得多($a_1b_1 < b_1a_2$,等等)。根据这一图形,人们可以形成一些新的图形,方法是将a_1a_2的距离(一般来说是a_ka_{k+1})保持恒定,然后将其他距离(a_kb_k和b_ka_{k+1})加以变化。采取小步原则,人们可以达到一个点,在那里后者的距离是相等的,也就是说,所有的点彼此的距离都相等;接着,相等标准成员之间的距离比连续标准成员之间的距离要长一些,直到最后,相对距离被完全颠倒过来,图形中的a_1b_1可以等于第一张图形中的b_1a_2。将这一系列图形一个接着一个地出示给观察者,出示的顺序既可从第一幅图形开始,也可从最后一幅图形开始,观察者的任务是指出自然的分组(natural grouping)。在该系列的某一点上,如果被试是从第一系列开始的话,这种分组将从a_1b_1转向b_1a_2,不过,如果被试是从最后系列开始的话,那么,这种分组便会从b_1a_2转向a_1b_1。问题是,这种变化会在系列的哪一点上发生?一般说来,分组往往在中性图形(即点与点之间距离始终相等)通过以后的某个时间里发生;也就是说,这样一种系列的呈现具有下述效应,即分组将会一度违背接近性(proximity)而发生,但却与先前的分组相一致。我们必须再次假设,先前分组的痕迹系统的动力特征对场产生了影响,在场内发生新的分组,这就是决定新场的痕迹中的分组特征。

这些实验证明了痕迹对知觉组织的一种效应。它们与知觉记忆的例子直接相关(例如,对人脸的知觉记忆),这是我们讨论的一个出发点。原则上说,这种情况与上面描述过的威特海默实验的情况没有什么不同,只有一个事实除外,也就是说,在上述实验中,图形的相继呈现之间的时间间隔相对来说较短,而在我们的例子中,这种时间间隔则可能长得多,而且还有大小的不同顺序。然而,这一差异并不影响我们的直接问题:产生这一效应的痕迹本质。当我们面对一个旧的痕迹如何影响一个新的场时,这个问题便产生了。痕迹的本质肯定是这样的,它能产生某种场条件,在该条件下有些组织比另一些组织更有利,而痕迹的这种特征肯定直接产生自原始过程的动力。

关于痕迹本质的这个结论也适用于我们的其他两个原理——即运动技能和思维关系。在这些例子中,正如在第一个例子中一样,问题仍然是新的场如何能受到旧痕迹系统的影响;这个问题涉及一个特殊的问题,即新兴奋如何在大量痕迹中选择出会影响它自己场的痕迹来,以便为这个痕迹提供实际上能实现的组织。对于这个问题,我们将在下一章讨论。

我们的讨论已经取得了成果。它表明,我们的痕迹理论(至少原则上说)能够处理一些效应,这些效应是在我们提出该理论时没有被考虑到的。此外,我们对该理论的新发展意味着,痕迹的效应可能不同于原始过程的再现。如果痕迹直接决定一个事件的场,那么,它就不会完全决定事件本身。这种思路也会在下一章里面得到继续。

毫无疑问,我们业已达到的结果尚不能完全令人满意。我们仍然没有详尽了解痕迹必须具有哪些特性才能产生可以观察到的影响,即使我们可以提出一个一般的原则。心理学仍然处于一种并不令人满意的状态之中,意识到这种令人不满的状态,提出问题,并对该问题不作答复,这才是苏格拉底(Socratic)式的收获。我在先前的著述中(1925年)介绍过"格式塔倾向"(gestalt disposition),作为一种描述这种现象的解释性术语。一种格式塔倾向是一种格式塔过程的后效,通过这种后效,有机体会产生类似格式塔性质或完形性质(formal nature)的过程,这是有机体先前所不能产生的,而现在却更加容易产生了。于是,格式塔倾向的概念标记了一个十分明确的问题;但是,在一个具体的痕迹理论的框架中,在我们根据痕迹来了解格式塔倾向究竟意味着什么之前,它提供不出令人满意的解释。

痕迹和自我

在指出了我们痕迹理论中的这些欠缺之后,我们将通过捡起第八章开始的线索来尝试弥补另一个欠缺。我们在那里发现,有必要假定一种永久的自我(Ego)基础,这一基础(作为一个分离的单位)是一个更加扩展的基础的组成部分,也就是自我环境的组成部分。迄今为止,我们的痕迹理论在并不涉及以往结论的情况下得到了发展。然而,就其自己的模样来看,可以这样说,它说明了环境基础的原因。那么,永久的自我又该如何迎合我们的理论?在前面的章节里,我们把永久的自我基础建立在我们关于组织的一般原理之上。现在,我们可以为它提供一个新的基础,其方法是通过观察到的事实,以及由亨利·黑德爵士(Sir Henry Head,1920年)解释的事实。

黑德的图式

大脑损伤的三种常见结果为我们的假设补充了经验主义证据:随意运动(voluntary movement)和姿势可能受损或破坏,对姿势的理解和被动运动(passive movement)可能明显削弱,身体表面的触觉定位(除了触及的四肢的暂时位置以外)可能丧失。前两种症状始终伴随并指向同一种潜在的原因。第二种症状和第三种症状之间的判别可以用一个例子来说明。在第二种情形里,"患者能够正确地命名,并在图解上或在另一个人手上指明被触及的确切位置,然而,对于那个触及点(或针刺点)所在的四肢的空间位置仍然一无所知"(黑德,1920年,p.606)。在第三种情形里,"患者抱怨说,他对哪里遭到触及简直一无所知。尽管患者知道一种接触已经发生,但是他无法讲出在受影响的部分的表面这种接触在何处发生"。

那么,究竟哪些功能受到损伤,从而产生这些症状呢?我们从前两个病例

开始,就像刚才提到的那样,它们肯定有其共同的原因。黑德认为,"若要发现身体任何一个部分的位置将是不可能的,除非直接的姿势感觉与先于这些感觉的某种东西联系起来"(p.604)。他排除了这样一种解释,即认为通过视觉或运动意象,新的姿势感觉获得了它的特殊含义(pp.605~723),并得出下列结论:"在一种联合运动引起似动过程之前,可在意识中唤起一种变化,即它们已被整合起来,而且与先前的生理倾向联系起来,因为在此之前姿势发生了变化。""对于这一标准(一切后继的姿势变化在进入意识之前都依据这一标准被测量),我们用'图式'(schema)一词予以表示。随着位置中的知觉变化,我们建立起我们**自身的样式**(model),这种样式是不断地变化的"(pp.723,605)。

我们讨论的两种症状(随意运动受损和我们四肢空间位置的知识)可以通过这种图式的受损或"我们自身样式"的受损来解释。在我看来,黑德的理论与我们先前提出的痕迹理论是完全符合的。特别是黑德的图式,表明与我们关于时间单位的解释(诸如听到旋律)明显相似。这一事实不会令人感到惊讶,因为随意运动是知觉音调的运动对应物。因此,"运动旋律"(movement melody)这个术语已被用来强调这种相似性。如果每一种新的音调都作为全新的事件来到意识中间,那么,我们便无法感知一个旋律。因此,我们通过感知产生的痕迹系统来解释对旋律的知觉,这是与黑德的原理完全一致的。黑德理论和我们理论的一致性已为黑德的评论所进一步证明,这一评论是他在最近关于"失语症"(aphasia)的著作中作出的,他在明确划分我们所谓的过程和痕迹之间的区别时这样说道:"不要忘记,图式理论包括两个概念,正在建立的图式和已经建立的图式。所谓正在建立的图式,是与本书中讨论过的所有那些过程相一致的,所谓已经建立的图式,则是由活动产生的一种状态"(1926年,p.488)。

在旋律和图式之间还有另一种相似性。如果一个人没有什么特殊的音乐能力,他就会相当迅速地忘记一种新的旋律;他不仅不能对它进行再现,而且在许多情况下甚至在听到该旋律第二次演奏时也不能再认它。由此可见,旋律的痕迹是短命的。即便它们不完全消失,它们留下的痕迹也极其匮乏,以至于对任何后效来说都是不充分的[①]。与此相似的是,图式也不能持续很久。我那发生在 5 分钟之前的运动和姿势难以重新再现或再认,甚至当这些运动处于一个人的注意中心时也是一样(所谓注意中心反映了一个人此时此刻的主要冲动)。至少我无法回忆我在攀登"温克勒·里斯"(Winkler Riss)山时的动作,尽管这次极为生动的经历的其他一些方面在我的记忆中仍然十分鲜明。在某个方面,图式的短暂性和旋律痕迹的短暂性具有相似的原因。当一种图式引起新的动

---

① 但是,经常听到的旋律最终将被记住。这一事实表明,至少在许多情况下,痕迹并未完全丧失,这是因为痕迹可以通过累积效应而得到增强。

作,新的动作又引起新的图式时,该图式就算完成了它的功能。于是,新图式便接管了指导姿势和运动的任务,旧图式也就因为它不再产生任何影响而消亡了。在一首展开的乐曲中也可获得类似的情境,其中一个主题被另一个主题紧随着。对于作曲家和受过高度训练的音乐听众来说,甚至一首很长的乐曲也可以是这样一个完美的统一体,致使每一个新的主题都按照在它之前发生的一切被体验。但是,对于训练较差和乐感不强的人来说,他初次听到那首乐曲时,情况便不是这样了。对他来说,一个主题终止,另一个主题开始。由于产生了这个新主题,旧主题的痕迹系统便不再重要,它已没有任何功能了。在这两个例子中,如果把遗忘与功能的丧失联系起来似乎是有道理的。至于这种遗忘究竟是什么东西,当然是另外一回事了,我们将在本章的最后一节加以探讨。这里,我们仅将这些被"遗忘的"痕迹的命运与冯·雷斯托夫的研究结果联系起来。图式与大段音乐中的旋律一样,根据雷斯托夫的观点,具有"单调"系列的一般特征,尽管这种单调性在程度上与一系列无意义音节不同,前者的程度更低。因此,如果这种类比行得通的话,痕迹之间的聚集就会发生,而遗忘应当不会绝对消失,而是同化入一个大而极少分化的聚集中去,在这个聚集中,个别的痕迹系统失去了它们的个性。当我们现在转向我们用楷体字加以强调的黑德理论的那个方面时,这种假设似乎成为必要的了。按照黑德的理论,图式是"我们自己的样式",对于这个短语,他在充分意识到其重要性的情况下加以运用,并反复多次地使用①。通过这个术语,黑德的理论如同我们自己的预期(我们的预期假设了一个永久的自我基础)那样明显地突出出来。正如我们将要看到的那样,巴特莱特(1923年)在其记忆理论中对黑德的图式作了广泛而概括的运用,不过,当他提到"我们自己的样式"这个术语,并说它是"形象化的表达方式"时,他对黑德的理论没有完全公正对待(p. 203)。因此,图式是我们理论所要求的那个自我基础的组成部分,而且,与此同时,它们是有组织的痕迹系统(黑德,1920年,p. 607)。至于这个观点如何被黑德严肃对待,可从另一论点中看出,在该论点中,他走到了我们的理论前面。在第八章中,我们曾论述了自我的可变界限,而且通过服饰问题列举了这方面的例子,因为服饰是属于自我的。黑德的观点也与这种观点十分一致,他写道:"参与我们身体有意运动的任何东西都可加入我们自己的样式中去,成为这些图式的组成部分;一位妇女的定位力量甚至可以扩展到她那帽子的羽饰上去"(p. 606)。

关于第三种症状,即丧失触觉的定位,我们只需几句话便可给以解释。据此,黑德下结论说,存在"另一种图式或我们身体表面的样式,它也可能因皮质

---

① 他在《神经病学研究》(Studies on Neurology)一书中引入了这个概念,并在后来关于失语症的著作中作了介绍。

损伤而遭破坏"(p.606)。尽管运动和表面图式是不一致的,但是它们在正常情况下是相互联结的,因为两者都是同一自我系统中密切关联的部分。表面样式的短暂性要比姿势样式差得多,它甚至在截肢后仍或多或少地存在着;这类患者在很长一段时期里可能产生"幻肢感"(即截肢者感到被截肢体依然存在的感觉),它成为运动和痛苦的携带者。有趣的是,黑德的一个病人在脑部受损之前曾失去一条腿,他在幻肢感中仍体验到腿和脚的种种运动,不过,在经历一次中风以后,他失去了对一切姿势的再认(p.606)。看来,这一现象表明表面图式和姿势图式之间存在十分密切的联系,尽管我们不了解姿势图式的消除是否也会破坏那条幻腿的疼痛定位。

巴特莱特的泛化

在我们继续讨论下去之前,准备阐述一下巴特莱特为黑德理论提供的解释。尽管我还不能肯定我对巴特莱特的理解是正确的,但是我认为他的态度可以分为两个方面:一方面,他把他的记忆理论视作一种活动过程,对此我们将在下一章加以讨论;另一方面,他对图式这个术语的应用在某种意义上远远超出了黑德的本意,尽管它与黑德的本意是没有矛盾的。

巴特莱特关于痕迹的观点:仓库概念

关于第一个论点,我吃不准巴特莱特是否想完全取消痕迹概念。尽管他的许多文章可用这种方式来阅读,但我并不认为这是他的真正目的。另一方面,我无法确定他所谓的痕迹本质是否必须保持在他的体系之中。黑德曾把感觉的皮质说成是"过去印象的仓库",可是这一仓库的概念却遭到了巴特莱特的严厉抨击,后者的论点与我的论点十分相似,我在讨论记忆时曾用这种论点反对过同样的主张:"人们已经把无意识(unconsciousness)比作一间仓库。但是,我们发现这是一间多么奇怪的仓库啊!事物并非简单地落入它们本该抛入的地方中去,它们在进入时安排好自己,并在贮存期间又按照它们隶属的许多方式安排自己。此外,它们还做更多的事情;它们彼此影响,形成不同大小和种类的团体,并随时准备应付当时的紧急状态。这确实是一间奇怪的仓库。"(1927年,p.66)。上述的引文取自我业已发表的文章,它证明我关于仓库概念的观点是与巴特莱特完全一致的。不过,在反对这一概念的辩论中,巴特莱特走得如此之远,以至于给人这样的印象,即他的辩论不仅反对仓库,而且还反对痕迹。"他的(指黑德)实验表明,除非大脑发挥它的正常功能,否则某些过程便无法贯彻。但是,那些反应可以因为受伤而被切断与外周神经或肌肉功能的联系。人们几乎可以这样说,由于没有一个正在遭受剧烈牙痛折磨的人可以冷静地朗诵'噢,我那心爱的像一朵红玫瑰',所以牙齿像抒情诗的贮藏所"(p.200)。这种态度使人想起惠勒(Wheeler)的态度,这是我们前面曾经批判过的。几乎没有必要指出的是，只要拔掉一只作痛的牙齿，便会制止牙痛，从而恢复朗诵伯恩斯（Burns）的爱情诗的能力。巴特莱特论点的可信度在于他的下列短语中："除非大脑发挥它的正常功能。"这里，"正常"这个词把问题给混淆了。究竟哪个部分是脑子的正常部分呢？由于介入了时间的经验，今天的事就不同于昨天的事，因此我们不得不像先前解释的那样假设痕迹。但是，正如我以前说过的那样，巴特莱特著作中的其他段落表明，他并没有完全拒绝痕迹。"现在可以认为，尽管我们可能仍然谈论痕迹，但是却没有理由认为，痕迹可在瞬间变得完整起来，贮存于某个地方，然后在嗣后的时刻重新被激发起来。我们的证据容许我们去谈论的痕迹是兴趣决定的痕迹，即携带着兴趣的痕迹。它们与我们的兴趣共存，并且随我们的兴趣而变化"（pp. 211～212）。读者会再次发现，这一引文的否定部分与这里提出的理论完全一致。我们的理论是否也接近这一肯定的方面（即兴趣对痕迹的影响），会很快得到证明。我的唯一批判是，巴特莱特似乎走得太远了。正如我们业已指出的那样，痕迹中存在着自主变化，但是，倘若认为在痕迹形成时相当活跃的特定兴趣一旦消亡以后，该痕迹也就烟消云散了，这样的假设是毫无根据的。

作为组织的图式

这就把我们引向第二个论点，也即巴特莱特对图式一词的泛化运用。当黑德把这个术语明确地限于姿势方面和我们自身的样式方面时，巴特莱特却给这个术语以更为广泛的含义，他说："'图式'是指过去反应或过去经验的一种积极组织，它被假设在任何一种很好适应了的有机体反应中起作用。也就是说，无论何时，只要存在行为顺序或规则，特定的反应就有可能，因为它与已经系列地组织起来的相似反应相联系。它还是运作着的——不仅作为个别成员一个接一个地到来，而且作为统一的总体……然而，倘若认为每一组传入的冲动，每一组新的经验，都作为某种被动拼凑起来的一个孤立成员的话，那么，这样假设还是有点道理的……（p. 201）。"图式这个术语因此获得了组织起来的过去经验的含义。它包括我们的聚集和其他一切形式的交流，以及痕迹系统之间的统一，从而揭示了巴特莱特的记忆理论和我们的理论之间的密切关系。然而，还必须补充两个关键的评论。首先，上述引文无疑过多地归因于记忆。记忆被说成对任何一种"行为的顺序或规则"都要负责。但是，我们已经表示过，即使在没有记忆的情况下，顺序和规则也一定会发生。在巴特莱特提出上述说法的时候，他似乎过于倾向传统的经验主义了。但是，他那组织的记忆理论（即他的图式）又远远超越了这种传统的经验主义。至于为什么组织应当拥有记忆的特权，这是难以理解的。构造一旦被允许进入系统，成为一个实际的因素，那么，这样一种由因及果的规定便是相当武断的了。但是，如果由果溯因，它并不符合事实，而且，它还使有组织的记忆概念几乎站不住脚，正如我们已经表明的那样，有组织的记忆有赖于有组织的经验,即便记忆组织和知觉组织并不经常一致。

巴特莱特的自我理论的不足

其次,巴特莱特在对图式这个术语进行泛化时忽略了自我痕迹系统和环境痕迹系统的区分,这是黑德的图式要领予以介绍的。这样一来,巴特莱特的观点似乎没有黑德的观点那么具体。"如果这个观点正确的话,那么,记忆便是个体的了,这倒不是因为某种捉摸不定的和假设性的'自我',它接收和维持大量的痕迹,不论何时,只要需要便可使这些痕迹重新激发起来,而是因为成人的记忆机制需要一种'图式'的组织,它依靠欲望、本能、兴趣和对任何被试来说特定的观念的相互作用"(巴特莱特,p. 213)。根据我的意见,巴特莱特反对一种永久的假设性的自我,他的图式依靠欲望、本能等等,从而使这个问题变得模糊起来。那么,欲望、本能、兴趣等等究竟属于谁呢?巴特莱特也许会这样回答:对于有机体来说(在他的著述中只有有机体才有记忆),"一个有机体无论如何总会获得指向它自己'图式'的能力,并且把它们重建起来"(pp. 206, 202)。但是,图式是有机体的组成部分,正如知觉和兴趣是有机体的组成部分一样。在巴特莱特的理论中,有机体的一个部分(它包括兴趣在内)是对记忆负责的,这个部分便是我们称之为自我的东西。自我在痕迹结构中与环境一起发展;如果我们说,这个自我接受痕迹,那仅仅意味着某些痕迹对自我的继续发展作出贡献,其他痕迹则不为自我所接受,而是与那些痕迹系统一起增长,形成了整个场的非自我部分。如果巴特莱特的理论确实是一种具体理论的话,那么,它就要求这样一种独立的自我,正如我们的理论也要求一种独立的自我一样;只有在这样一种独立的系统中,那些在巴特莱特理论中确实起着一种支配作用的因素(也就是欲望和兴趣等等)才会在里面拥有一个位置。这样一种自我系统,不仅在过程中,而且在痕迹中,被引入黑德的图式之中。确实,黑德的概念必须扩充:自我系统比起那些身体的图式来说要更加多得多,而且它既为"环境图式"所包围,又与"环境图式"相分离。因此,这里所维护的理论可以视作巴特莱特泛化的一种形式,它包括痕迹系统中自我和环境的差别。

自我痕迹系统和环境痕迹系统在动力上的相互依存

这一点我们必须加以系统阐述。在我们的理论中,整个兴奋场分为两个主要的亚系统,每一个亚系统又包含了大量的它自己的亚系统:自我和环境。由兴奋场创造的痕迹场包含了同样的两分组织(dichotomous organization)。但是,这两大系统并非独立部分,而是整个场的较大系统中的两个亚系统,并在过程和痕迹两个方面处于动力的相互联结之中。因此,发生在其中一个系统中的事件将在另一个系统中得到其回响:自我中的变化(他的欲望和兴趣)将在环境系统中引起变化,反之亦然,前者的改变将影响后者:对一个从未离开过自己村子的人来说，他的自我与另外一个以四海为家的人的自我是有区别的。尽管这种关系是相互的，但是，它并不是对称的；一般说来，自我系统很可能是起支配作用的系统。此外，这两个系统的发展，在有机体的一生中所经历的变化，肯定是十分不同的。我们前面提到过的自我的指向性(directedness)（见第八章）与相继环境的相倚特征(contingent character)形成对照。因此，这两个亚系统的组织肯定沿着不同的路线；然而，即便在这里，也不应忽视由这两个亚系统彼此之间产生的相互影响。环境痕迹系统中发生的变化有赖于自我系统中的条件。

奥尔的实验

这种说法已为奥尔(Aall)的实验所证实。他调查了学习者的态度对回忆的影响。在一组实验中，告诉被试他们将在第二天进行测验，而在另一组实验中，则告诉被试测验将在某个不确定的时间里进行。事实上，在第一组里，测试并没有在第二天进行，被试被告知，实验不能如期进行了；结果，对两个组而言，测验都在四个星期以后或八个星期以后方才进行。要求被试记住的材料，在一组实验中是一则故事，在另一组实验中是10件物品或6件物品。实验的结果是这样的，凡是被告知实验将在以后某个不确定的时间里进行的被试，对实验时所用的材料就具有更好地记住的强烈倾向。然而，当第一组被试在新的实验（他们原先指望在第二天便进行测验的）中被告知，测验将推迟到以后时间进行时，两个组之间的差别便大大地缩小了。奥尔的具有高度启示性的实验和理论（它们在某些方面预示了勒温的概念和方法），是意欲将记忆过程与意动过程(conative processes)联系起来的首次尝试。但是，它们也留下了许多重要问题有待解决，这是很自然的——在这些有待解决的问题中，习得材料的影响便是其中之一，尽管奥尔曾报道说，两种不同的态度在回忆无意义材料时并不显示十分清楚的差别。从积极方面讲，它们似乎确立了这样的事实，即痕迹系统有赖于它们与自我系统的关系，并受到与学习者的目的相一致的自我系统内部应力的影响。这样一来，它们证实并补充了在时间上晚得多的蔡加尼克(Zeigarnik)的研究结果[关于后者，我们前面曾经讨论过（见第八章）]，结果表明，痕迹系统内部的应力，以及痕迹和自我系统之间的应力，也对回忆产生了影响，从而肯定会对痕迹系统产生影响。

其他一些结果

自我的痕迹系统和环境之间的这种相关性会产生多种结果，我们将仅仅讨论其中的几种结果。如果我们的行为世界中的一个物体与我们的自我处于明确的关系之中，那么这种联结在痕迹系统中将坚持存在，以至于当我们遇到同样的地理物体时，与之相应的行为物体也将在由这个痕迹所决定的场内产生，并带有旧的自我关系。这便是所谓的功能特征的永久性理论，对此我们在第九章已经讨论过。

此外，如果一种环境痕迹与自我系统密切联结着，那么，它将不仅与自我系统的特定时间结构发生交流，这是环境痕迹在自我系统形成时期与它发生交流的，而且还由于整个时间的自我系统的一致性，它还将与后来的层面发生交流。然而，这些关系可能在种类上不同于把痕迹与同时发生的自我联结起来的那些关系，这是因为后来的层面与先前的层面不同的缘故。在解释下述众所周知的事实时，即我们倾向于使我们的青年理想化，也使青年的周围环境理想化，使用这一结论是有诱惑力的。我们童年时代的家庭，在当时来说是"普普通通的"，其环境多少有点"一般化"，可是在以后的岁月中却成了"神像头上的光环"。把这一事情解释为老家的旧痕迹系统和自我当前层面之间的交流结果似乎是有点道理的。

遗忘：痕迹的可得性

就痕迹系统内的一切变化而言，没有什么东西能比我们称之为"遗忘"(forgetting)的东西更受到心理学家的注意了。不过，遗忘和痕迹变化之间的关系并不是简单的。本章的最后一个问题便是澄清这种关系。

"遗忘"这个术语，如同日常生活语言所采用的众多心理学术语那样，是指一种成绩(即便它是一种否定的成绩)，而不是指一个过程。无论什么时候，只要在当前的场合不再能够得到以往的经验，我们便称之为遗忘，尽管以往经验的合作有助于我们当前的反应。这种可得性(availability)的缺乏可能具有不同的原因，致使心理上的遗忘可能需要不同的过程。我们已经指出(第九章，见边码 p.420)，有两种不同种类的遗忘，一种是我们未能记住，尽管我们原本可以记住；另一种是我们实际上不能记住。现在，我们必须遵循这条线索，通过调查未能记住的原因来做到这一点。按照我们的痕迹理论，这意味着当前过程无法进入与旧的痕迹或痕迹系统的交流中去。究其原因，可能有三个：(1)痕迹已经消失；(2)痕迹对当前情况难以施加影响；(3)当前场合无法与痕迹进行交流。让我们逐一对这些可能性进行讨论。

1. 痕迹的消失

一种痕迹能否完全消失，也就是说，在经过一段时间以后，有机体是否仍将保持原样，好像痕迹从未形成过一般，这是不可能确定的。然而，痕迹也可能以另一种方式消失，也就是说，通过转化，痕迹失去了它的个性，甚至它的同一性。因此，痕迹的完全消失必须被视作痕迹转化的一种阈限情况。于是，产生了两个问题，一个问题涉及这种转化的原因，另一个问题涉及这种转化的本质。现在有一种假设认为(它在传统的痕迹理论中比较含蓄)，痕迹通过有机体的加工而经历了逐渐地破坏过程,这些有机体的加工对每个痕迹独立地实施冲击:正像一块碑上的槽痕在"时间的侵蚀"下逐渐剥落一样。根据我们目前掌握的知识,既不可能对该假设进行证明,也不可能对它进行驳斥。很可能是与痕迹没有任何特定关系的新陈代谢过程对痕迹实施了破坏性的影响。但是,不妨这样假设,转变我们痕迹的最有力的力量来自这些痕迹的特定性质,来自它们的内在结构,以及它们与其他痕迹的动力联结。这些影响可能以各种方式起破坏作用。我们首先想到的是我们在前面讨论过的混乱单位的低生存价值。如果这样一种图形的一致性很弱的话,那么,它可能在痕迹中完全消失,实际上将作为那个特定的混乱图形的一个痕迹而消失。由于我们的行为场总会包含着一些多少有点混乱的部分,因此,我们的大量经验将由于这样一种痕迹的分解过程而被遗忘。然而,当我们记起那张脸的例子时(图50),我们从那个例子中引申出混乱形式的低生存价值,并认为存在着使痕迹遭受破坏的另一种可能性。我们可以提出这样的问题:不论后来该图形组织得好还是不好,不论那张脸被发现还是没有被发现,这与那个原先混乱的印象的痕迹究竟有没有关系?遗憾的是,如同其他众多的事例一样,我们还没有实验证据来对这个问题作出明确的解答;但是,仍存在这样的可能性,即该图形的重组直接干扰了对旧图形的回忆,也就是说,它对旧痕迹产生了直接影响。如果这种假设成立的话,那么,新过程就可能影响旧的痕迹,只要它们由于这种或那种原因而处于交流状态之中。这一结论似乎十分有理。它将对下列事实作出解释,在一幢建筑物和一条街道被重建以后,要想回忆起它原来的状况,如果不是不可能的话,至少也是十分困难的。在这个例子中,旧的痕迹并没有完全消失。一定还留下充分的旧痕迹,以便使我们记起这里曾经有过一幢与目前的建筑物不同的旧的建筑物,我们曾多次出入过这幢建筑物——在大多数情况下,这种记忆不会完全由语言系统所携带,尽管这种可能性不可能完全排除——不过,旧的痕迹肯定受到了我们关于新建筑物的新近知觉的严重影响,这证明了下列假设的正确性,即在某种意义上说,旧痕迹已经让位于不同的痕迹。

对于痕迹破坏的这两种可能原因,即由于一致性的缺乏而出现的自主性破坏,以及由于与新过程的交流而出现的非自治(heteronomous)的破坏,我们还可以补充第三个可能的原因:由于与其他痕迹的交流而出现的非自治的破坏。冯·雷斯托夫在调查聚集现象时已意识到这一情况。这里,一个痕迹由于在较大的、清晰度较差的聚集中失去了它的个性而消失。这样的聚集必须连续形成,因为我们的生活包含了无数的重复。这些反复发生的痕迹必须形成聚集,如同冯·雷斯托夫系列中重复发生的成分一样,或者像系列的阈限实验中重复发生的印象一样(劳恩斯泰因)。我在这里以一个日常生活经验为例,读者中会有许多人证实这一点:每天晚上就寝之前,我总是给手表上发条。而且,每天晚

上熄灯之前,我总是检查一下,看看手表的发条是否已经上好。在这个活动进行后的几分钟,作为今天晚上上过发条的痕迹,仍保持未经触动;但是,它很快消失,并融进痕迹的聚集中去,也就是融进无须时间地点的"我的手表已经上过发条"的痕迹聚集中去。结果,痕迹失去了它的个性。

许多心理学家已经指出,我们能从遗忘中获益,遗忘在某种程度上平衡了一些不利方面。我们的讨论已经揭示了一些原因,即为什么这样的遗忘由于痕迹本身的特性而成为必要。

2. 痕迹的不可得性

第二个原因是:此时此刻痕迹的不可得性,尽管这个问题具有极大的重要性,但是几乎没有人调查过在阻止一种痕迹对当前的场产生影响方面,也许存在许多不同的原因。这里,我们举几个例子来发现其中的几个原因。我们对我们追忆一个名字是如何解释的呢?心理学文献经常讨论这种过程(十分引人注目的是由 G. E. 缪勒刊布的心理学文献)。例如,由于某种原因或者其他原因,我恰巧想起一个人、一座山、一个市镇,但是却想不起它的名称。可是,过了半小时、四小时或者一天以后,有关的名称突然冒了出来,这就证明当时想不起来的名字不是由于痕迹的真正丧失。名字到后来出现在意识之中,这一事实在某种程度上清楚地说明了以下原因,即将新的过程与旧的痕迹隔断的原因。回忆不出一个名字的情境是一种没有完成任务的情境,也就是说,心物场包含了一个处于应力之下的部分系统,该应力只能通过回忆出名字而得到解除。回忆的发生迫使我们假设,自我痕迹系统中的应力也肯定对名字痕迹系统产生一种影响。我们可能冒险作出这样的假设,自我系统中的这种应力已经突破了原先阻断名字痕迹和当前场的联系的一个障碍。如果这种假设接近真实的话——我们已经表明过为什么我们不得不假设自我系统对痕迹系统产生的影响——那么,我们必须作出这样的结论,即痕迹的时间层面是决定痕迹可得性的因素之一。处于阶层之中的一个痕迹是与处在同一阶层之中的自我相联结的,但它可能远离后来阶层的自我。这样一种假设能够解释频因(frequency)和近因(recency)对回忆产生的影响。如果一个过程以频繁的时间间隔发生,那么,随着各个痕迹的聚集,正在发展中的痕迹系统就会与自我系统的不同阶层进行交流,痕迹也更加容易获得。可是,另一方面,如果痕迹的来源是新近的而不是过去的,那么,痕迹的层次也就不会远离当前的层次,结果,阻隔于其中的障碍就不会那么有力。

然而,时间顺序仅仅是这种复杂的动力联结中的一个因素。在此时此刻考虑的事例中,痕迹的可得性有赖于痕迹系统和自我之间的特定联结。现在,这种联结取决于许多因素,在这些因素中间,所谓的意动(canative)因素也许具有头等重要性。如果一个痕迹是由一个与个体兴趣联系着的过程产生的,那么,痕迹就会在一个由高强度的过程所形成的场里拥有一席之地，并与自我系统具有特别密切的联系。于是，这些痕迹便特别受到青睐。由于这些痕迹属于兴趣范畴，因此它们将会找到一个它们将与之交流的现成的痕迹系统，新的痕迹通过与同样的痕迹系统进行交流而形成，并不断扩大它和稳定它。这是因为，与其不利结果的聚集不过是痕迹得以交流的许多方法中的一种方法。在单纯的聚集中，一些个别的痕迹或多或少丧失了它们的同一性和个性，而建立清晰的格式塔系统可以替代上述单纯的聚集。在这些格式塔系统中，一些个别的痕迹保持了它们作为重要部分的个性，借此个性，它们甚至可能获得作为整体的新的动力特性，并使整体的一些部分也得到了扩大。此外，如果聚集不发生在同一类型的不同痕迹之间，正如在冯·雷斯托夫的实验中发生的情况那样，而是发生在或多或少一致的经验之间，那么，单纯的聚集将会对痕迹产生保守的影响，这一结论是由我们上面已经讨论过的帕金斯的实验结果所证明了的。如果我们把两段时间间隔进行比较，一段时间间隔较长，在此期间没有作过再现，那么前者朝着对称方向的变化将会更迅速。

只要兴趣得到持续，不仅这些因素继续运作，而且，新的自我层（new Ego strata）也与痕迹系统发生联系，这就使痕迹系统与越来越多的其他非自我的痕迹系统进行交往成为可能。但是，一旦兴趣消失，所有这一切也都会发生改变。曾经逐步建立起来的较大系统可能发生解体，因为这个较大系统的一些部分可能会与其他兴趣联结起来。原先的痕迹可能会变得越来越孤立，并与当前的层面越来越隔绝。在这个意义上说，我们同意巴特莱特的论点，也就是说，痕迹"是由兴趣决定的，或携带着兴趣的"。

在我们讨论执行者（executive）的过程中，我们按照力量的来源区分了启动和控制执行者的几种情况（见第八章）。在自我系统中存在一些力量，在环境场里存在一些力量，而且在整个场的各部分之间也存在一些力量。同样的区分也可以用于我们目前的问题：一个痕迹的可得性有赖于上述三个因素中的任何一个，但是，到目前为止，我们仅仅讨论了第三个因素，也就是自我—环境的力量（Ego-environmetal forces）。可是，适用于这些情况的阐释，同样也适用于其他情况。一个痕迹的生存如何依靠它与较大的环境痕迹系统的联结，这是我们已经讨论过的。痕迹的可得性也将依赖这个因素。如果一个痕迹在一个较大的痕迹系统内得到有力的组织，那么，这个痕迹在许多场合里将较少得到，尽管它有较高的生存价值，但是，如果一个痕迹保持了较大程度的独立性，那么，它便可以较多地得到。在下一章里，当我们讨论思维的时候，我们将回到这个问题上来。

同样的原理也适用于纯粹的自我痕迹。自我的一些部分可能会逐步丧失它们与其他部分的联系，于是那些属于孤立部分的痕迹便变得不大可能得到了。在某种程度上说,这是产生自我发展的一种正常过程。然而,这些效应在异常的情形中尤其引人注目,在那里,自我的某个部分与其余部分的分离具有强烈的情绪原因。例如,在这些情形中,原先在正常生活中彻底"遗忘"的事件,在催眠的状态下都有可能回忆起来,这一事实充分符合我们的理论,我们可以这样假设,在催眠状态下,将会发生自我系统的激烈转变。

3. 当前过程无法与其他可得痕迹交流

综上所述,对当前的过程而言,痕迹的不可获得性(nonavailability)的前两个原因存在于痕迹本身,然而,第三个原因则存在于以下一些过程中,这些过程未能与一个痕迹进行交流,而其他一些过程则可能很容易与之交流。肯定有各种理由可以说明未能与痕迹进行交流的原因。只有在我们对相反的问题作了回答以后(这个相反的问题涉及当前过程和一个痕迹之间产生交流的因素),它们的本质才会变得清楚起来。但是,对于这种相互作用,我们所知甚少,并准备在下一章里开展讨论。然而,严格地说,这第三个原因不再是无能记忆的情形,而是我们未能这样做的情形。我们在第二点上讨论的一些事例是否应当被视作是我们的感受问题,有赖于我们对"无能"(inability)的界定。实际上,我们关于痕迹不可得性原因的讨论已经表明了这种关系,其中我们先前区分的两种遗忘现在彼此维持原状。毋庸置疑,我们的三点说明并不是相互排斥的。在每个具体事例中,所有因素都在起作用,或相互冲突,或相互增强。

依据这次讨论,我们建立了痕迹理论。在下一章里,我们将专门调查痕迹系统在实际过程中所起的作用。

第十二章

学习和其他一些记忆功能（一）

学习的定义。作为成绩的学习和作为过程的学习：拉什利和汉弗莱的观点。作为过程的学习：它何时发生？学习和痕迹；学习和重复；涉及学习的三个问题。由过程来界定的学习：痕迹的巩固；痕迹的可得性；痕迹的形成；"新"过程；痕迹的后效；技能的获得。联想学习：联想主义学说；联想主义和符茨堡学派；机械学习的理论。小结：任意联结为动力组织所取代；作为一种力量的联想；勒温；我们的理论和实验研究；"联想学习"的其他类型。痕迹对一个过程施加的一般场影响。

学习的定义

在上一章里，我们提出了一种关于"记忆场"（memorial fields）的理论，也就是说，我们试图建立某些原理，用来解释为什么心物场（psychophysical field）在任何一个特定时刻都受到过去所发生的事件的影响。现在，让我们对我们的痕迹理论作一检验，考查一下它对明显地依赖于先前经验的那些过程揭示出了什么。按照一般的说法，"学习"（learning）这个术语通常用来指这个问题。人们早就知道，习得的活动不同于原始的活动或经遗传而得的活动，而且，业已提出一些理论来对这种区别作出解释，包括对学习的本质作出解释。拉什利（Lashley）把这些理论分成五种主要类型，其中有些包括了若干特殊的修正形式，他发现，按照业已确立的事实，这些理论中没有一种是可以接受的（1929 年，p.556）。这里，没有必要重复拉什利在清晰的讨论之后对这些理论的批判，因为在拉什利的讨论前后，还有其他一些人对这些理论进行了抨击[例如，考夫卡（Koffka），1928 年，托尔曼（Tolman）]。相反，我们准备对学习这个术语的含义进行讨论，以便为我们自己的理论打下一个可靠而又坚实的基础。

"学习相当于行为的变化或改变"[伍德沃思（Woodworth, p.162）]，或者更具体一些:"一般说来,无论何处,只要行为在重复同样的刺激情境里表现出渐进的变化或倾向,而不是用疲劳或感受器和效应器的变化来说明这种变化的原因,我们便可以说学习发生了"[亨特(Hunter),p.564]。汉弗莱[(Humphrey),这是我们最后一次从这位作者那里摘引语录]声称,尽管行为的改变是一个必要的标准,但却不是学习的充分标准。"凡是学习存在的地方,后来的系列活动在对有机体的发展方向上不同于先前的活动。""因此,为了表现出学习,一系列机体活动必须首先是这样的,即后项(terms)是以前项为前提的,这与我们所说的发生了变化是同一件事;此外,一般说来系列将会根据系统的守恒(systemic conservation)显示出对一个最佳项的接近"(p.105)。

作为成绩的学习和作为过程的学习:拉什利和汉弗莱的观点

上述三位作者(也是最清楚和最有意识地给学习下定义的三位作者)把学习界定为一种成绩(accomplishment),而不是一个过程(process)或操作(performance)。他们根据界定,提出了说明这种成绩的过程之本质问题,拉什利用下述措词系统阐述了该问题:"……业已证明,我们提出的问题是有道理的,这个问题是,学习概念或记忆概念是否涉及单一的过程,该过程可以作为一个问题来研究,或者,它是否并不包含没有共同器质基础的大量现象"(p.525)。另一方面,汉弗莱则意欲在一切学习成绩中找到这样一个普遍原则。我们在第十章中已经看到,他拒斥了这样一种学习理论,该理论引进了与解释其他行为类型的因素有所不同的一种特定的新因素。他的论点是这样的,学习可被解释为一种整合反应(integrated reaction),不仅在空间上整合,而且在时间上整合。"……可以这样认为,根据有机体对单一刺激或情境作出反应或调节的概念,学习必须被视作是这样一个过程,即对一系列这样的刺激或情境作出调节或完整反应的过程。它基本上与人们所熟悉的通过整合过程的手段对情境作出反应的活动过程相似。它并不涉及新的原理,而是仅仅拓展了一个已知的原理"(p.104)。"所有整合都是四维的(four dimensional),它是与外部变化相对应的器质过程(事件)的整合,这些外部变化也是四维的……。因此,如果我们不考虑'联想记忆'(associative memory)本身的活动,而是把形成整个相关系列的先前活动整合起来,那么,我们便有了对四维情境所作的需要神经冲动的四维整合的统一的整体反应"(p.117)。"苛勒(Kohler)的黑猩猩将同时呈现在空间上的两根棍子和香蕉联结成的一个整体。黑猩猩的反应是针对包含这三种特定成分的整个时空情境的,黑猩猩的创造性整合活动已经把这三种特定成分相互关联起来了。黑猩猩通过重复而进行的学习以同样方式影响了包括重复情境中相似成分在内的相似的创造性整合"(pp.119~120)。"学习被界定为对复杂的重复情境的调节活动"(p.124)。拉什利和汉弗莱之间的差异比实际情况更加明显。该差异以"共同的器质基础(common organic basis)"这一术语为转移。如果这一术语是指涉及不同学习活动的特定"机制"(mechanism),那么,汉弗莱的观点就会与拉什利的观点完全一致了;但是,根据他的单一的学习理论,他是指共同的原则或定律,这些共同的原则或定律在不同的条件下(指不同的操作、不同的个体和物种),可能会导致十分不同的实际发生的事件,但是,这些原则或定律仍然是相同的。对此,拉什利的观点反而容易被接受。

对汉弗莱的批评

我前面曾经讲过,我在解释学习或记忆方面与汉弗莱完全一致,都认为须引入特殊的官能(special faculty)。但是,他的解决办法,正如前面的引文中所提及的那样,在我看来至少是不完整的。我吃不准我是否正确地理解了汉弗莱;因此,下述的评论,尽管是针对他的,却不一定能击中他;即便如此,这些评论也不会完全失效,因为它们针对着一种汉弗莱试图采取的观点。

四维组织

我们在第十章里已经论争过,现实不能单单根据空间来探究,时间维度也必须包括在内。根据这一结论,它就比较容易过渡到一种理论,在该理论中,四维时空的连续体在空间组织中所起的作用与三维空间的连续体在空间组织中所起的作用一样,在这作用中,所有四个维度是绝对地相等的。这样一种理论,如果站得住脚的话,将会更加直接和更加简单地解决我们的许多问题。例如,我们可以在这个四维连续体中考虑一个与点子不同的一维结构,例如一段旋律。于是,我们便可以说,旋律是在时间维度中被组织的,正像一条曲线是在空间维度中被组织的一样。我不受旋律例子中的这种诱惑所引诱,也不受其他时间单位引诱,因为在我看来,它不过是形式上的类比,缺乏具体的动力意义。由于我现在准备批判的是汉弗莱把类似的概念用于学习,因此,我将不详细讨论为什么我拒绝以这种方式处理时间单位。而且,我的一些理由也含蓄地包含在我先前的论点之中。我对汉弗莱的批评是以他的整个四维情境的概念为出发点的,对于这种四维情境,存在着一种整体的和统一的反应。前几页文中提道:"由于这个系列是由相关的术语组成的,因此它是一个统一体。"我找到了两个术语,"整体的情境"(total situation)和"四维的整合反应"(four-dimensionally integrated reaction)。这两个术语是不恰当的,不是因为它们原本就是错的,而是因为倘若不作进一步的系统阐述,它们是不够具体的。"整体的情境"该如何界定呢?我们看到,当这个概念用于纯粹的空间内涵时,它存在着固有的困难(参见第四章)。当时间维度也包括进去时,它将变得更加困难!无须什么修改,"整体情境"是指一个人的整个时空生活史。但是,如果它真的涉及实际上无限的大量事件,那么,没有一个过程可以得到解释。汉弗莱十分恰当地谈到过一种刺激情境的反复出现,这种情境在反复出现中形成了整个情境,也就是说,他所说的"整体情境"是指对每个特定场合来说某种不同的东西。譬如说,如果我学习打字,那么,我实践的先前场合,加上当前的场合,形成了整个情境;如果我尝试学习打网球,那么我沿着这个方向所作的一切努力都构成了整体情境,等等。因此,特定的整体情境不能简单地予以考虑;相反,我们必须解释,为什么某些过去的事件而不是另外一些事件与当前的情境联合在一起以形成整体情境。单凭四维时空,在解决这个问题方面不会为我们提供任何东西。同样的结论来自不同的出发点。并不是所有的物体都可"习得",尽管它们都发生于四维的连续体之中。一只台球在崭新的时候和它被使用了几年以后"同样好使",因为它是富有弹性的(elastic),以至于在每次打击所引起的球体变形后能恢复其原先的形状。对于台球来说,并不存在往事。由此可见,具有记忆的各种物体,无论是金属线还是有机体,肯定与台球不同,在这个意义上说,一旦它们受到影响以后,它们不会完全恢复到原来的状况。我们把物体中不能完全消除的变化称做该物体具有记忆,或者具有一种痕迹。根据这个概念,我们最终能够克服在汉弗莱的四维整体情境中固有的另一种困难:也就是说,过去如何影响当前的一种困难(参见第十章),在我看来,光凭时空概念是不能解决这一困难的。

现在让我们转向第二个术语,即学习系列的统一体,或四维的整合反应。由于我们对第一个术语(也就是四维的整体情境)的态度是这样的,我们认为它是不完整的,原因在于它没有假设痕迹和一种选择原则,因此,我们对第二个术语的态度肯定有所不同。这一术语非常适用于旋律和其他时间单位。但是,它是否也同样适用于渐进的学习系列呢?尽管汉弗莱没有讨论过旋律的例子,但他已经看到了这个困难。他将普通的目的性活动与学习活动进行比较,声称它们在性质上是基本相似的。"学习通常意指断断续续的系列活动,譬如说,动物一天三次被置于迷津里,而在期间的时间间歇中则被置于笼子里,这一事实并不构成目的性活动和习得性活动之间的基本差别。因为许多'目的'以同样方式受到干扰"(p.127)。现在,人们可能会充分承认,干预本身并不会在两种活动之间构成任何基本差别,但他们也不会同意这样的说法,即两种活动因此是基本上相似的。一个目的性活动或一首完成的旋律在经过干预以后仍然是同一活动或旋律。动力情境在于:完成活动是一种需求,而干预则具有一种障碍的作用。但是,一种目的性行为的重复,或一段旋律的重复,已经不是开始时的同样活动或旋律;在动力情境中,并不存在要求重复的东西。第二个发生的事件,除了在数字上不同以外,在质量上也有所区别——那便是我们所谓的学习,也是我们想要解释的东西。把第一个事件和第二个事件一并称做整体反应,在我看来,既不正确,也没对解释作任何补充。根据一个活动或旋律的各个组成部分在一个连续的过程中相互需求和支持,或者,如果目的性活动在完成之前受到干预,至少处于一个指向性张力状态之中,就此认为这个活动或旋律是整体反应,这是不正确的。尤其在一首旋律中,结尾部分需要中间和开头部分,并从它们那里获得意义,而在重复同一事件的过程中,这样的关系不一定是必要的。例如,如果一个人一开始就能实施完美的网球击球动作,那么,对网球运动员来说必要的一切训练都成为多余的了。一个完美的击球动作就是一个完美的击球动作,这与它是否经过实践,或实践了多少,是没有什么关系的。此外,重复往往不是在早先场合的要求下发生的。这就意味着:后来的过程(从先前的过程中获得了它的某些特征)通常需要地理环境中某个事件的发生,该事件与先前的事件具有相倚(contingent)或偶发(adventitious)的关系。这些先前的事件已告结束,它们本身并不包含能为一个类似事件的重新发生提供机会的因素。我们这里有一个十分简单的例子:一个人生平第一次来到一个积雪很深的地方。他发现在这样的路面上行走是一件十分困难的事情。只要地面上还有积雪,他的脚步就会逐渐变稳,但是,一旦他到达目的地,他的行走活动也就终止了,不管积雪是否继续存在,也不管一场新的暴风雪是否会为他提供新的"实践"机会,这一切对他的业已作出的成绩来说,已经没有什么关系了。对于过程的重复来说十分必要的这种相倚性,使我不可能把继后的重复之和视作一种整体的反应。

作为过程的学习

它何时发生?

然而,批评汉弗莱的一些概念并不意味着我们在下述观点上与其不一致,这个观点是,学习必须在不引入新的特定原则的情况下被解释。为了了解这一点,也就是我们的观点与汉弗莱的观点的接近程度,我们将分析一些学习活动,它们提出了这样一个问题,即在这些活动中学习何时发生。由于大多数学习是在没有学习意图的情况下发生的,因此,我们将选择这类例子。它们包括一切动物的学习,因为试验中的动物转向觅食,或逃避惩罚,或进行探索,或由于其他一些原因,但肯定不是为了学习。对于许多人类的活动来说,这也同样是正确的,正如刚才讨论过的那个例子,一个人提高了在积雪的街道上行走的能力,还有就是婴儿语言的获得,或成年人在社会情境里"学习经验教训";这里,行为指向良好的和得体的运作,但是并不指向学习。

让我们从一个简单的例子开始。来自一个气候温暖地区的陌生人是如何

学习在结冰的地面上安全行走的呢？为了简便的缘故，让我们假设一下，这个人在第二次行走时已经比较熟练了。那么，这第二次操作是学习吗？当然不能称为学习；正如人们会同意的那样，它是一种习得的活动，是在某种程度上依靠第一次行走的习得活动。第一次操作肯定是学习活动，然而，它与学习本身仍然没有关系，只不过充当了从一处走向另一处的目的而已。因此，没有理由把第二次操作称做一种学习活动，但是，如果我们从改进了第二次操作这一点来看，可以把它称做一种学习活动。由此可见，对第一次操作来说是正确的东西，也同样适用于第二次操作，因为第三次操作将会表现出一种新的改进，如此等等。

学习和痕迹

上述的例子是典型的，它表明任何一种活动都可以称做学习活动，只要它满足我们后面要陈述的某些特殊的条件。这种命题看来似乎是纯粹用言语来解决一个实际问题，但是，这并非它的本意。我们可以表明一种活动在哪个方面是一种学习活动，或者一种活动为什么是一种学习活动。假设有机体在经历了一个发生在其心物场里的过程以后又完全回到了它原先的状态，正像我们先前讨论的那个台球一样。这样，发生在重复场合中的每个过程将与第一种过程相似，唯一不同的是外部条件，或有机体的欲望和兴趣。但是，前面的操作不可能对改进后来的操作负责：以若干次数展现同样力量的同一个系统肯定会以同样的方式每次作出反应。作为对一组外部条件和内部条件的反应，第一种反应便不是一种学习的反应，这是因为，如果有机体完全"具有弹性"的话，也就是说，如果在操作业已过去以后它会完全恢复原状的话，那么，第一种反应便可能与现在的一样。不过，我们都知道，有机体是不属于这种类型的；它无法恢复原状，因为该过程本身在痕迹（trace）里造成一种持久的变化。这样一个经历变化的有机体，如果第二次置身同样的刺激情境，那么，作为已经不同的有机体，肯定表现出与第一次操作不同的操作。由于第一次操作留下了一种痕迹，这种操作便成了学习过程，如果我们把行为的改变视作与学习同义的话（这种用法受到了汉弗莱的批判），那么，便可为这些行为的改变（它表现为行为的"改进"）而保留学习这个术语。运用"改进"一词好似一种纯粹的实用主义标准。尽管我同意汉弗莱的观点，即它不纯粹是实用主义的标准，而是指向行为改变的更加基本的特征，但是我将暂时对此不作定论。目前，指出下述一点便够了，即这个过程通过留下的痕迹一定会在某些方面改变后来的过程，所谓改进，只不过是其中的一种可能性而已。一切改变的可能性，不论我们给它们冠以学习的称号还是不冠以这种称号，肯定产生自同样的原则，也就是特殊种类的改变以一种目前讨论的方式依靠事例的特殊性质。

我们的理论与汉弗莱的主要原理相一致

但是,首先值得我们考虑的是,我们与汉弗莱的原理(也就是在不引入新因素的情况下解释学习)有否差距。这种反省的结果肯定是:我们没有违背这一假设。在我们的解释中,除了过程本身,以及它对有机体的影响之外(也就是所谓痕迹之外),不再包括任何东西。这不是什么新的假设。一个过程不会留下任何痕迹,从而使这样一种痕迹的假设不会引入一个新因素,这不是一种无须证明的事情。在这方面,有机体与许多无机系统是相似的。因此,如果我们从广义上运用这个术语的话,那就可以完全正确地说,每个过程在某个方面是一个学习过程。

学习和重复

然而,广义地使用这个术语也有其不利因素。让我们再次从汉弗莱那里摘引一段话:"如果一个烫伤的孩子会运用其经验,以便使手在接近火焰时获得一种灵巧性,这样的孩子将成为公共机构的候选人"。再让我们提供一个不同的例子:重复既有可能导致好习惯,也有可能导致坏习惯;因此,一旦人们获得了不正确的发音习惯以后,就很难习得一个词的正确发音了,这是一个从我自己的经验中得到的事实①。在获得运动技能方面也是一样,不论是正确的网球击球动作,滑雪时的身体位置,抑或其他什么东西。人们可能很容易在一开始就"出错",由此获得了一些坏习惯,它们阻碍一个人真正"学会"想要学习的活动。在这些例子中,实践并不导致"最佳程度",这是就调节特定情境的观点而言的"最佳程度",即使由这种坏的实践所产生的改变可能会朝着最终结局的方向发展。因此,我们现在可以重提这个曾被我们暂时搁置的问题了,它涉及决定实践或重复的作用的原因;它是否导致汉弗莱意义上的那种真正的学习,导致坏习惯,或者根本没有什么作用。对最后一个情形来说,可举的一个例子来自苛勒的类人猿研究。读者可能还记得,对黑猩猩提出的一个问题是要求它们堆起箱子以便达到目标。该活动对于动物来说成了一种真正的娱乐,它们在较长的时间里不断地进行实践,但是,引人注目的结果是,它们并不表现出任何进步。黑猩猩的堆置动作,在结束时如同在开始时一样,都不过是将一只箱子置于另一只或两只箱子上面,丝毫不考虑所达结构的稳定性。仅仅由于它们的高超技能和不可思议的身体平稳,使得它们在摇摇欲坠的箱子倒塌之前,终于能站在上面取到悬挂着的水果。苛勒的电影以及刊布于其著作中的照片,表明了这种令观众毛骨悚然的行为的性质。可是,为什么没有任何进步呢?为什么先前操

---

① 一种坏习惯很容易通过重复而被打破,这与邓拉普(Dunlap)的观点并不矛盾。这是因为,在由他考虑的事例中,不良的重复即便是已知的,但仍然发生着。当然,那已完全引入了一组全新的条件。

作的痕迹没对后来操作的实施产生影响,而后来的操作却逐渐变得越来越好呢?换言之,为什么黑猩猩在把箱子叠起来的实践中所产生的结果与一名学生在打字课里实践的结果有着如此显著的不同呢?

成绩的重复和过程的重复

倘若人们根据成绩来思考这些活动,那就不可能提供任何解释。如果一种活动通过实践而得到改进,而另一种活动通过实践则没有得到改进,那么,原因肯定是在这两种实践中,痕迹的表现有所不同,这种不同成为实践效应之差异的原因。可是,这并不意味着两种成绩的痕迹(也就是打字和叠箱子的痕迹)因此而不同;人们可以思考一些条件,在这些条件下,用打字机进行实践在提高打字能力方面不会有任何收获——例如,当一个孩子在学会读和写以前去拨弄打字机,便不会在打字技术方面得到任何提高——反之,如果由人类来叠箱子的话,就可能通过实践而得到很大的进步。由此可见,产生痕迹的过程在具有不同的实践效果的两种活动中有所不同,而不论这些过程是与同样的成绩相一致,还是与不同的成绩相一致。在黑猩猩的例子中,叠箱子仅仅是将一只箱子置于另一只箱子上面的活动;用机械的稳定的方式来从事这一活动,涉及下面箱子的顶部和上面箱子的底部的明确的空间关系,这种要求是与它们的行为完全没有关系的,也就是说,与实际上发生在它们的心物场中的一些过程是没有关系的,从而也与这些过程留下的痕迹没有关系。不过,作为一个过程分布的残余,痕迹场里没有任何东西对相似刺激条件下发生的一个新过程产生影响,这些相似的刺激条件使该过程以不同于它的存在的方向来分布它自己。普通的实践证明,活动 A 的重复将会产生这样一种聚集的痕迹系统,它使活动 A 变得更加稳定和有规律,从而排除了异化成不同的活动 B 的可能性。如果我们把这一原理用于叠箱子活动,这就意味着,这种操作的改进只能发生在结构具有更大稳定性的方向之中,而此类稳定性的结构只有在一系列叠箱子活动的一个阶段上产生,过程本身的活动与这种稳定性具有某种关系,致使它留下的痕迹能够影响随后的操作。一般说来,如果成绩 X 包括了 $A,B,C,\cdots$ 几个方面,那么,改进只能发生在这些方面(尽管程度很低),这些方面在过程中体现出来,从而也就留在痕迹系统之中。由于每种成绩都属于这种类型,因此,重复只能使改进达到这样的程度,即部分方面在操作中得以体现。如果我在完成 X 的成绩过程中没有操作 A 方面,那么,尽管我已完成了 X,但这一操作对 A 的进一步成绩不会有任何实际的影响,不论它对 X 的其他方面(它们是我的实际操作的组成部分)可能会产生多大的实际影响。

场合的重复:它的两个功能

如果在这个系列期间,A 初次发生的话,结果,同一种成绩的重复可能会具有十分不同的效果。在 A 发生之前,重复可能对 A 没有影响;嗣后,它才会产生影响。因此,场合的重复对学习来说具有双重功能。一方面,它为特定过程的初次发生提供了一些机会。在这一点上,它对该过程的后来操作尚无影响。可是,另一方面,一旦特定过程发生以后,每一次重复将加入到特定的痕迹系统或聚集上去,从而对后来的操作产生影响。由于重复在关键场合之前和关键场合之后具有不同的功能,因此,单单计算重复本身的次数对于更好地理解学习过程似乎没有什么价值,除非实验者事先已经知道,他感兴趣的发展过程出现在第一次重复的时候。由此可见,许多关于记忆过程的实验研究所具有的意义要比归因于它的意义更少。

过程的重复和托尔曼的观点:频因律

按照我们的理论,重复仅仅作为过程的重复而对学习直接产生影响。乍一看,这似乎与托尔曼(Tolman)的观点发生矛盾,尽管在我看来,进一步的调查表明这两种观点多少有点一致。托尔曼在频因律(the law of frequency)的两种含义之间作出区分,认为其中的一种含义是正确的;而另一种含义,则表明是与事实相悖的。"我们认为,练习律(the law of exercise)……是站得住脚的,所谓'练习'是指整个刺激情境的频因和近因(recent)的反复,而不涉及在特定的试验中动物是否选择正确的通道或不正确的通道。在这个意义上说,练习意指频因和近因,借此,有机体才能对整个问题作出反应"。"在练习律的第二个含义中……所谓频因和近因的练习是指以牺牲不正确的通道为代价,频繁地和新近地对正确通道实施'分化的'练习"。这些陈述可以一读,以便获得一个与这里提出的理论直接对立的理论,在托尔曼的定律中,正确之处在于把重复视作一种成绩的重复,而错误之处则在于把重复视作一种操作和过程的重复,然而,在我们的理论中,这种作用正好颠倒过来。但是,正如我们已经指出的那样,这种印象是错误的。根据托尔曼对错误解释所作的中肯而又犀利的批驳,看来,在这种理论形式中,重复实际上是指成绩,而根据他后来对自己定律所作的陈述,第一种解释实际上是指操作或过程,我们几乎没有必要在托尔曼所拒斥的解释上面多花口舌,因为它的主要支持者桑代克(Thorndike)本人也由于进一步的实验而对它进行了批判。我将仅仅用一个例子来说明为什么托尔曼的批判可以翻译成下列措词:成绩对过程。如果一个动物因为所有的死胡同都已经封闭起来而学会了沿着正确的通道奔跑,而另一个动物在死胡同没有被封死的迷津里学习得很好,从而作出了完美的奔跑,那么,前者的成绩与后者的成绩是一样的,但是,作为过程来说,则是完全不同的。道理很简单,在唯一敞开的通道上奔跑是一回事,而在具有两个或两个以上岔道的通道上奔跑,从而促使动物必须作出选择,这又是另一回事,这两回事之间是不同的。只有当选择在学习期间发生时,操作才具有"选择"的特征,否则,操作便不具有"选择"的特征,因此,一个动物在死胡同的入口全部被封死的情况下接受训练,将来远学不会走"迷

津";也就是说,一旦死胡同不再封住,动物便将犯错误。托尔曼从卡尔(Carr)那里摘引了一段语录,这个例子也是从他的著作中取来的。该语录(省略了第一句)如下:"……在被试能正确地走迷津之前,会产生一定数量的错误,也会消除一定数量的错误。通过学会不去做某事,从而建立起正确的反应方式。"

学会不去做某事

卡尔的具有高度启示性的结果为批驳重复作用的错误解释提供了令人信服的论点。但是,上面引述的卡尔的那些话并没有公正对待这种意义,因为卡尔是按照成绩而不是按照操作来谈论的。正如卡尔经常说的那样,我们也可以完全正确地认为,为了学习做什么,我们必须学会不去做某事,可是,这样的陈述(由于它所指的是成绩)必须翻译成操作或过程的术语。让我们尝试一下,以讨论中的迷津实验为例来做到这一点。当动物第一次来到迷津中的叉道口时,它进入一条死胡同,这时它的行为的这个部分与其余部分没有什么区别。接着,当动物遇到障碍物而不得不折返时,就可能发生某种新的情况:死胡同可能成为一条与动物迄今为止经常奔走的通道有所不同的通道;甚至它的奔向障碍物的行为也可能由"原始奔跑的连续体"转变为一种"偏离"。当然,现在这种转变不可能发生在这种奔跑过程的本身,而是发生在它最近的痕迹系统之中。我们关于最近的痕迹可能被后来的过程所改变的假设并不用来意指对这种特定例子作出解释。在音乐中,这是一种十分共同的体验。假设一段曲子是以下列音符开始的:cedg…,在第二音或第三音以后,c 将被确立为"主音";而在另外一段曲子里,音符以下列形式开始:cfed…,其中 f 将表现出这种作用,c 则起支配作用。另外一个例子可以这样来表述:"一个驾驶员将车开到一块告示牌前,告示牌上写着:'适于停车'(Fine for Parking),于是他便把车子停在那里了。"显然,句子的最后一个词改变了"fine"这个词的含义。尽管双关语尤其适合于表示这种转变,当我们聆听讲话时,它连续发生着;任何一个词,只有当它与前面的词和后面的词联系起来时,才会获得完整的意义。

现在,我们可以转向迷津了。死胡同的墙壁反过来可能改变其行为特征,从而也改变在胡同里奔跑的行为特征,也就是说,改变了它的作为一个过程或操作的本质。岔道的另一端也会受到影响;与一种"偏离"相对照的是,它将最终成为"真正的通道"。因此,作为过程而采取的这条通道,对于有机会进入死胡同的动物来说显然不同于发现所有的死胡同都被封死的动物。这样一来,我们便将"通过学会不去做某事来学习做什么"这句话从"成绩语言"转化为"过程语言"了。与此同时,我们还准备对学习中的成功作用进行解释。

让我们回到托尔曼关于练习律的两种解释上来。我们看到,既然他批驳的第二种解释是一条成绩律,因而也是错误的。他的第一种解释(也就是整个刺激情境的重复,而不顾动物在该情境中的行为举止正确与否)是可以接受的,因为它为重复的两种功能留下了余地,这两种功能是我们在上面推论出来的。同一种刺激情境的重复为引起正确的过程提供了机会,而且,在正确过程引起以后,它的重复又会使它得到增强,因为,现在重复的过程是合适的过程,而不是只有在特定条件下才引向同样成绩的过程。但是,严格地讲,练习律至今还不能算是一个定律。当托尔曼最终阐述他的频因律时,他是按照过程来阐述的:特定过程的频因和近因将有利于它的发生。由于他以自己精心设计的术语来对它进行表述,因此我不想在这里给予解释,而且我也克制着自己不去摘引他的文章(见托尔曼著作,p.365)。

涉及学习的三个问题

我们可以用下述方式来概述前面的讨论:作为一种行为改变的学习成绩可以就其过程方面分析为三个不同的组成部分:(1)特定的("正确的")过程的唤起;(2)该过程的痕迹;(3)该痕迹对后来过程的影响。在早期的一个分析中(1925年a,1928年),我区分了两个学习问题:成就问题和记忆问题。成就问题是指上述三点中的第一点,而记忆问题则指后面两点。在我们目前的讨论中,我们已经处理了我们分析中的第二点,也就是痕迹的形成和改变(见第十章和第十一章)。在本章和下一章,我们将讨论第一点和第三点。学习当然包括所有这三点,这是很容易证明的。如果没有新过程发生的话,那么按照界定,便不会有什么学习。如果新过程不留下任何痕迹的话,那么条件的恢复将不会导致改进了的操作。如果痕迹未能影响新产生的过程的话,那么,同样会发生这样的情况。这三个问题的相互联结十分紧密。但是,新过程的唤起不一定是痕迹存在的前提。在每个个体的早年历史中某个时间或其他时间,新的过程一定会在没有先前痕迹的情况下发生,这些新过程拥有它们自己的固有顺序,对此,我们已经在第四章和第五章的讨论中表述过了。推测一下一个虚构的没有任何记忆的有机体可能会有多大成就,这是一项十分迷人的任务。我们前面曾经提过,当一个人第一次尝试时,可以把网球打得像一位冠军那样好,致使这个人无须任何练习了。这就意味着,对这种技能来说是没有任何记忆可言的。我们还可以继续沿这条思路考虑下去。然而,我们准备把这具有高度提示性的推测留给读者,如果这位读者作此尝试的话,那么,他将十分容易地发现上帝是否需要记忆,或者为了他的哪种功能他才需要记忆。

作为心理发展原因的过程和痕迹之间的循环关系

我们生活在这个地球上,在系统中发生的新过程已被赋予痕迹;正是这一事实使得心理发展变成可以理解的了。过程在被赋予的系统中发生,于是过程将受到这些痕迹的影响,一个过程本身的新意性在很大程度上是由于痕迹。这样一个新过程复又留下新痕迹,这种新痕迹又可能为引起另一个新过程而作出贡献,如果没有这种新痕迹的话,新过程便不会发生。这样一来,通过过程引起痕迹和痕迹引起过程,系统就必然得到了发展,如果我们对发展的解释是指新过程产生的话。很清楚,在这意义上说,发展有赖于这样的影响,即痕迹对后来过程的影响,也就是对我们第三个问题的影响。

联想主义和成就问题

传统的经验主义(empiricism),我在前面几章里曾把它作为批判的目标,在我看来是一种失败,因为它从未充分承认这个问题的重要性。这种顿悟的缺乏是与它完全取消第一个问题(即我们的成就问题)有着密切关系。经验主义以两个基本的概念为基础:感觉和联想。第一个概念在前面的章节里受过批判(第三章);第二个概念则需费些口舌来加以评论。我避免深入联想主义的悠久历史中去。在这段历史中,虽然该概念越来越明显地得到界定,但是,与此同时却被狭义地定义为一种关系。起初,有几种联想曾经得到区分,也就是说,接近联想、相似联想、对比联想,等等,结果,只有第一种联想在发展过程中生存下来,并在条件反射(conditioned reflex)概念中达到高潮。接近联想在任何两个时空上邻近的事件之间建立起纯粹存在主义的和外部的联系。按照严格的联想主义(associationism),项目 A 和 B 之间的联想纽带是专门为它们而联系在一起的,不受 A 和 B 固有特征的支配。激进的联想主义甚至会不顾感觉内容的差异(例如蓝色、红色、大声、甜味等等)来这样解释由联想引起的 A 和 B 之间的区别:由于一般说来联想不是在"简单感觉"(这是一个在每种联想主义体系中都极为关键的概念)之间获得的,而是在被感知的物体之间获得的,因此这些物体本身被解释为由特别有力的联想纽带结合起来的感觉复合体。由于联想主义者的这种基本假设,从而阻止他们把任何一种重要性归因于被联想项目的固有特性,所有这些项目之所以彼此不同,正是在于联想结合和它们基本组成成分的感觉特性。因此,联想主义必然会对格式塔理论作出强烈反应,正如我们前面几章已经指出的那样,格式塔理论在行为物体之间的内在差别(这里所谓的内在差别是不能还原为联想的)这一问题上占有十分明确和重要的席位。G. E. 缪勒(Muller)对格式塔理论予以了最详尽和激烈的攻击,为此,他专门发表文章进行拒斥(1923 年)。由于苛勒(1925 年 a)对这种攻击给予了充分的回击,从而揭示了缪勒论点的矛盾之处,以及他的理论体系(专门用来对付格式塔理论发现的事实)得以建立的那些假设的荒谬所在,我无须继续讨论这个问题。我们在联想主义问题上需要指出的一个重要之点是,它只知道成分之间的一种联结或相互作用,也就是联想。无论什么地方,只要发现一个较大整体的某些组成部分以这种或那种方式结合在一起,这种交流就会被描绘为联想,这是一种纯粹外部的和存在主义的联结。这样,无意义音节系列中的一些成分不仅相互联结起来——按照接近性和其他因素在不同程度上联结起来——而且与它们在整个系列中所占据的位置联结起来,这里的位置在一些具有图解想象的人们中间是指空间部位的联想,正如我们记得一个引号在一页纸上所处的位置那样,该引号是与这页纸的特定部分相联系的。与此相似的是,如果我们看到的是一个正方形而不仅仅是四条线,那是因为这四条线已经联结起来了,如此等等。

这样一种理论无法了解真正的成就问题。习得的新过程,也就是由重复而得到加强的新过程,始终是一个联想过程,而且,由于接近性被认为是它的一个原因,因此,关于什么东西引起这样一种新联想的问题就不会产生了。就我所知,联想主义把它的理论建立在机械学习(rote learning)的实验基础之上,因此,从来没有感到需要去处理这个问题。然而,对联想主义来说,当实验基础发生变化时,一种新的情境产生了。当我们把桑代克的早期动物实验与德国境内创立的、无休止地反复进行的那些实验进行比较的时候,我们便获得了一个对桑代克的早期动物实验的成就进行评价的新观点。在桑代克的实验中,一个动物确实学到了一些新东西,这些新东西不像无意义音节对人类被试那样现成地向动物出示。于是,我们的成就问题便产生了;动物究竟是如何第一次达到正确反应的状态的?可是,桑代克的联想主义妨碍了他看到这个问题的真正意义,因为他从未对联想主义或"联结主义"(connectionism)产生过怀疑——后者甚至是同一种思想方法的更僵化形式——也就是从不怀疑联想主义或"联结主义"是解释该问题的唯一途径。于是,他便创立了多重反应原则(principle of multiple response),依据该原则,动物在任何一种情境里所做的一切反应都以遗传的反射联结形式而现成地存在于动物内部。我曾经在另一本书中讨论过桑代克的理论(1928年,pp.130,138,180),所以我在这里不准备复述我自己的论点了。针对它的关键倾向,我在这里只想强调一下一个潜在的收获,即心理学由于桑代克的方法而获益,这种方法为认识真正的问题提供了手段,并通过颇有争议的成功律(law of success)而大大拓宽了学习问题的讨论。对于成功律,我们将在后面讨论。

由过程来界定的学习

让我们通过为学习提供一种新的解释性界定义而简要地概述一下我们的收获。学习作为某个方面成绩的变化,存在于某个特定种类的创造性痕迹系统之中,存在于这些痕迹系统的巩固之中,也存在于这些痕迹系统在重复情境中和在新情境中越来越可得的情形之中。这样来描述学习,是因为可得的痕迹改变了新过程,从而实现了行为和成绩的变化。

痕迹的巩固

关于痕迹的巩固,几乎无须赘言了,因为在我们上一章里已经讨论过对巩固起阻碍作用的一些原因。现在,根据目前的上下文关系,我们可以概述这些讨论,也就是说,巩固通过稳定的清晰组织(articulate organization)而达到。在清晰的组织中,正如冯·雷斯托夫(Von Restorff)已经表明过的那样,单单聚集对巩固是不利的,与此相似的是,混乱过程的痕迹也是不稳定的。清晰的组织包括两个方面:第一,个别痕迹可能多少有点清晰;第二,该痕迹在一个或若干个较大的痕迹系统中可能是一个或多或少清晰的和重要的部分。于是,重复可能起到了第三种作用,这是我们尚未讨论过的。如果同样的过程在不同环境中反复发生的话,那么,它便可以通过它在每一种环境的痕迹系统中所处的地位而获得稳定性。

我们为巩固所设定的规则不仅仅是一些经验主义的规则,而是直接派生于我们的组织定律。我们知道,分离和统一需要异质性(inhomogeneity),而且随着这种异质性的程度而直接发生变化。在"聚集"中,每一种痕迹发现它自身处于一种准同质(quasi-homogeneous)的环境中,而且,一定也由于该原因而缺乏稳定性。相反,一个"孤立的"痕迹也可以被视作是异质的,并由于这一原因而变得稳定。但是,我们也看到,异质的程度并不是决定组织的唯一因素。我们还发现了其他一些因素,例如良好连续(good continuation)和闭合(closure)等,也对组织起决定作用。如果我们将这些因素应用于痕迹,那么,我们便被导向我们的规律,即清晰的组织有利于稳定性。形成较大系统中一个"良好"部分的痕迹是由整个系统的力量来维持的,而不符合整体模式的痕迹将受到该整体内部的力量的干预,它倾向于改变痕迹。

重复的一个新的双重作用:反论

然而,单凭上述几点还是不够的,毫无疑问,重复在某种程度上,而且在一定条件下,是稳定痕迹的一个十分重要的因素。这一事实为我们的理论引入了一种我们必须解决的反论。我们看到,重复并不意指加强一种痕迹,而是建立一个痕迹系统,只要有重复,便会有许多成分去组成痕迹系统。这样一来,我们必然会获得对巩固起干扰作用的痕迹的聚集。按照重复在一切学习中所起的有利作用的观点,这看来似乎有点自相矛盾,但是,实际上是不矛盾的。根据我们从自己的理论中引申出来的结果,由过程的重复而引起的对一个痕迹的稳定性所产生的干扰作用实际上发生着。我们容易忽视的单一的个别痕迹会丧失其巩固性,因为它由痕迹系统的稳定性中的一种收获相伴随。当我们学习打字时,个别的课文会很快被遗忘,开始时那种笨拙的打字动作在后来的阶段也不可能重现;也就是说,最初打字的痕迹已经开始被多次重复所产生的痕迹的聚集所改变,从而成为技能进步的主要原因。与此相似的是,当我们在一间房间里待了一段时间后,我们通过在房间里走来走去,或者仅仅让我们的眼睛到处扫视,便获得了关于房间的大量印象。但是,在这么多印象里面,只有少数的印象可被回忆出来。对此现象,已无须提供更多的例子了。重复对个别痕迹产生干扰作用,正如冯·雷斯托夫的理论所指出的那样,这已经得到普遍的证实。然而,与此同时,痕迹系统变得越来越固着(fixed),它对进一步的过程产生越来越大的影响。因此,如果我们认为,痕迹系统的扩展(这是随着每一种新的重复而稳定增长的扩展)是决定其效应的因素之一,那么这至少是一种颇有点道理的假设。该结论也许应当与拉什利(Lashley)的发现联系起来,拉什利认为,由于大脑损伤而导致行为退化的程度是组织遭受破坏程度的直接反映。即使这样,我们的反论还是得到了解决;我们现在终于了解,重复是怎样促进学习的,尽管它对个别痕迹会产生破坏性影响。

痕迹的可得性

我们关于痕迹可得性的学习方面的讨论可能同样简短。在上一章结束时,我们已经就可得性的原因说了我们可以说的一切。它对学习过程的适用性是十分明显的,以至于无须进一步详述了。可以补充的只有一点。在介绍当前的课题时,我们区分了两种可得性,一种是一致的或十分相似的情境的可得性,另一种是不同的和新情境的可得性。

概括的迁移问题

后者与迁移(transfer)问题有很大关系。迁移这个名词含有这样的意思,心理学家把一种痕迹影响一个类似的过程视作"正常情况",从而使迁移这个名称用来意指下述一些情况,即一种操作通过其痕迹对不同操作施加影响。但是,这种处理一般问题的方式,尽管对若干特定问题来说也是实际的,却并不完全适合于学习的基本问题,如果我们认为学习是指一个痕迹对一个后来的操作施加任何一种影响的话。借助这个宽泛的框架,一个痕迹或一个痕迹系统对过程的影响与产生这些过程的影响很相似,这不过是一个特例而已,如果认为它是正常的,就可能轻易地歪曲我们对所涉问题的看法。我们实际上并不知道这种影响究竟属于何种类型。我们应该像研究其他任何影响一样,用同样的方式对此影响进行研究。从方法论上讲,通过过程的重复来调查学习是最为简单的,许多论述学习的文献已经运用了这一方法。但是,仅仅因为某种特例经得起科学的处理,从而把特别的重要性或特殊的意义归因于这种特例,那将是错误的。让我们举一个例子,对老鼠进行下述试验:把一只处于饥饿状态的老鼠置于迷津的入口处,让它由此走到迷津的食物箱,每当它到达食物箱时它就能找到食物。但是,所谓"潜伏学习"(latent learning)的实验(这是托尔曼所强调的)已经证明,即使在"关键的奔跑"以前,即当老鼠感到饥饿并在食物箱里找到食物之前,如果允许它自由地在迷津里面转悠,进行彻底的探索,那么,老鼠也会在相当的程度上学会该迷津。这里,在迷津中到处转悠,循着各种不同的路线奔跑,便会产生这样的结果,即老鼠选择"正确"通道的错误率就会大大减少,与此相反的是,如果老鼠在"关键的奔跑"之前不进行各种探索活动,那么选择"正确"通道的错误率就会大大增加。诸如此类的例子表明迁移术语的不适当性。如果我们把潜伏学习的效应称做迁移的话,那么我们便应当了解,或者应当假设,探索性奔跑的直接的、非迁移的效应究竟是什么。在这些实验中,动物是否学会直接循着一条十分特殊的路线奔跑,从而使这样一种获得能够"迁移"给一条新的"正确的"通道呢?当然不会。在关键性奔跑开始以前,动物不会遵循任何一种特定的模式。它们获得的是迷津内的定向,一种迷津的"平面图"。这种对发现正确通道具有直接效应的获得是过程痕迹的一个例子。这里,所谓的过程是指到处转悠,逐渐产生另一个过程,了解迷津的布局等。

两种可得性之间的可能冲突:训练

至于痕迹如何使这些新过程更具可得性,对此问题我们尚未作出回答。我们能说的一切是,它必须依靠痕迹和新过程的性质。然而,有一个结论看来是相当可靠的:随着一个过程的重复,痕迹越来越具有可得性,这种情况会使它对其他过程具有更少的可得性。由此可见,一位教师在决定是否对学生进行训练时,他必须对自己的教学目标做到心中有数。训练无疑会使痕迹对一种活动变得越发可得,但是与此同时,却可能缩小了可得性的范围。

痕迹的形成:"新"过程

我们上面说过,学习具有三种效应,现在,对我们来说,所剩的便是三种效应中的第一种效应:适当痕迹的创造。由于痕迹是由过程创立的,这就导致我们考虑与学习有关的过程本身。我们在前面曾经说过,可以把任何一种过程视作一种学习过程,因为它的重复本身不同于第一次发生的情况。因此,根据我们现在的上下文关系,当我们陈述过程的最初发生时,我们必须尽可能顾及上面阐释过的内容。我们在这里处理的问题曾被称做成就问题;但是,这个名称易使我们对该问题的态度产生偏见;我们认为有些过程是不容易产生的,开始时多少有点困难,嗣后逐渐获得成就,而且,正是由于它们的发生而提高了有机体的理智水平。但是,尽管这些事例是重要的,它们还不是现在必须加以考虑的唯一事例;我们必须在我们的调查中涉及每一种新过程,而不考虑每一种新过程引起的困难程度。当我们见到一种形状新颖的墨渍时,这样的知觉可以说是一个新过程;当我们走过美术画廊,看到一些新的图画时,其他的新过程又发生了;当我们第一次听到一个新的简单音调,或者一段复杂的音乐时,又一种新过程发生了。如果我们把这些例子与理解一个数学证明作比较的话，或者，甚至与发生或发明这样一个数学证明作比较的话，那么，我们便可以看到各种过程在特性上不同，在发生的难易度上也不同；与此同时，我们也可以看到，由于第二点的缘故，这种差异是一种等级的差异。在有些例子中，过程由接近刺激的力量当即引起，而在其他一些例子中，产生一个过程则需要长期而艰巨的努力；还有一些处于中间型的例子，例如一首复杂的乐曲，随着每一次新的重复便会使我们加深一次理解。然而，对所有这些事例来说，存在着一个共同的方面：在有机体生活史的某个特定时刻，某个过程肯定会首次发生，而且留下相应的痕迹，该痕迹将作为后来大量过程的发生条件而保持下去。该条件本身不是不可改变的，我们在前面两章中已经讨论过这个问题，尤其在我们的遗忘理论中已经讨论过这个问题。但是，事实是，每一种新过程都可能通过它的痕迹而潜在的影响后来的过程，所以，每个过程都可能改变有机体，也就是说，每个过程都是一个学习过程。如果我们把学习仅仅看做是机械的学习或运动技能的获得，或者把学习仅仅看做是迷津中或问题箱中操作的不断改进，那么我们关于这种成绩的科学态度肯定是有局限的。很清楚，对机械学习的强调已经导致了联想理论，而这种理论又依次影响了最初列举的其他成绩的解释。如果我们摆脱这种局限性（这种局限性是通过对经验主义的材料进行过分狭隘和片面的选择而强加到旧的理论上面去的），那么，我们便将对渐进学习中发生的过程获得更加丰富的见解。

"天生的"和"获得的"

与此同时，天生的过程和获得的过程之间由来已久的区分获得了新的方面。我在其他地方已经指出过（1932年），谈论天生过程（innate processes）是错误的。天生的东西只是结构，只有当特殊的力量引起过程时，结构才携带着过程。甚至当有机体还没有任何痕迹时，如果这时发生了第一批过程，这些过程仍然不能称之为是天生的：它们是无痕迹的有机体对一组特定刺激的反应。

强调这一点似乎有点学究气。当有人谈到天生过程时，他决不会指其他任何东西。但是，正如使先前含蓄的东西变得明白起来一样，这种学究气通过对包含在理论中的假设进行一番系统的阐述，以便人们了解这些假设究竟是什么和不是什么，还是很有价值的。在我们的事例中，认为结构是天生的而过程不是天生的系统阐述，十分明确地增强了对自然—教养二分法（nature-nurture dichotomy）的理解。因为，它使得下述论点变得清楚起来，即每个过程都依靠一组条件，天生的结构是条件之一，官能的刺激是另一个条件，而组织的定律则是第三个条件。第二个因素对于"遗传对获得"的两难处境来说是外在的，这是每个人都承认的，尽管它看上去不是一个特别重要的论点。但是，第三个因素则完全超出了这一区分，这一点被忽略了，因为组织本身在传统的心理学体系中不起任何作用。结果,当格式塔心理学家引入组织的概念时,其他心理学家由于习惯于按照天生的和获得的思路来思考问题,从而把组织和组织定律解释成某种天生的东西,由因及果地把一种心理学的康德主义(Kantian)归之于格式塔理论。但是,正如我们已经强调过的那样,组织定律完全处于我们的二分法范围之外。电势定律,表面张力定律,极大或极小能量定律,等等,对任何一个系统都是适用的,从而也就不受这里所考虑的特定系统的支配,因为这些系统的性质将决定从这些普遍定律中产生的实际过程。如果我们把这些定律称之为天生的,那无疑是荒谬的;所谓天生仅仅指:正如它有赖于生物基础一样,它也有赖于系统的特定本质。

几种过程

1. 直接的刺激—条件反射过程

让我们回到过程本身上来。我们在描述学习时,把不依靠先前存在的痕迹而直接产生自刺激的学习包括在内,这样的描述是否正确?如果单单通过刺激便能产生某个过程的话,那么,当刺激反复进行时,痕迹又如何能起作用呢?换句话说,在这些情形里,学习能发生吗?这实际上是这样一个问题:学习在这些条件下是否发生,同一刺激的重复会不会产生同样的过程?对于这个问题的回答是肯定的:学习确实发生;一般说来,第二个经验不会与第一个经验一样。一方面,第二个经验是"熟悉的",它是正在被认识的,从而与第一个经验不同。但是,与此同时,它也会在组织的某个方面发生质的变化。这种情况甚至对最为简单的可能过程也是同样适用的,譬如说,在黑色背景上看到白色的圆圈。我们关于心理发展早期阶段的一切知识都表明,由这种刺激引起的第一个过程要比后来的过程在鲜明性和确定性方面差得多;最初,出现一个模糊不清的圆形,然后才会在那里看到一个轮廓鲜明的圆形。当然,在刚刚出生的有机体的正常环境里不会包含这种简单的刺激,因此,不会引起这种简单的过程,但是,我们也无法相信,婴儿一开始看到自己母亲的脸和他以后看到母亲的脸会采取同样的方式。总之,我们必须说,由一个过程留下的痕迹肯定会对随着刺激的重复而发生的过程产生影响,甚至当第一个过程是由刺激直接地和唯一地决定时也是如此。

2. 一个过程转化为另一个过程

关于痕迹对后来过程的影响之本质是我们目前要加以讨论的问题。此刻,我们转向这些过程的产生,它们并不与刺激处于这样一种简单的关系之中。一个典型的例子是,对一个刺激复合体 S 的反应 R_1 变成了反应 R_2,于是问题便产生了:为什么会发生这种转化?在大多数场合,这种变化是通过将新的痕迹引入过程场而发生的,因此,我们目前解决这个问题的办法将有赖于我们关于痕迹对后来过程所施影响的讨论(尽管在这个问题上还涉及另一个问题,即痕迹场拓展的问题),以及为什么它以特定方式产生了新过程 R_2。然而,还有其他的事例。整个材料可以同时地或半同时地呈现,也就是说,在一个时间单位里呈现,而特定过程则可能并不发生。"我试着向我的学生解释一个有关数论的稍有难度的证明问题,我把所有的句子都结合在一起,小心翼翼地按正确顺序排列它们,并且尽可能表达清楚。但是,我在第一次证明时也许不可能取得多少成功。我的听众脸上现出某种呆滞的神情。"然而,有些学生可能会"理解"这个论点,其他一些学生则可能经过多次重复以后理解这一论点,在这个例子中,重复主要是使学生在心中呈现"材料"。这里,从过程 R_1 到过程 R_2 的变化发生了,R_1 的过程是以缺乏理解为特征的,而通过 R_2 的过程,该理论得到了理解。我们将在致力于思维理论的下一章里讨论造成这种变化的原因,我们还将讨论诸如苛勒的黑猩猩的成就,它们在某些方面与我们摘自苛勒(1930 年,p.57)的上一个例子颇为相似。

    3. 通过效应的转化

    此刻,我们必须指出第三类事例。这些事例表明,过程在它自己的进程中通过效应得到转化。桑代克所介绍的问题箱实验可以作为我们的例子。在这些实验中,一个动物通过连续的反复,学会了排除无用的动作,从而做出"合适的"动作,问题出现了:使动物的行为得以转化的原因是什么?著名的频因律、近因律和效果律(law of effect)的系统阐述都是用来回答这个问题的。关于这三个定律在这个问题上的应用,近年来人们讨论得十分频繁,因此我在这里无须重提各种论点,而且在我以前的著作中,我已经充分地探讨过这个问题了(1928 年,第四章)。这里,我将把注意力集中在一种积极的理论上。为什么笼子里面的一只猫开始时明显地表现出各种各样的行为,但最终却把它的行为限制在转动一根门闩或按压一下键钮呢?对于这个问题,只能根据过程来回答,而不能根据成绩来回答。$R_1, R_2, \cdots$ 逐渐终止,而过程 R_n(例如按压一下键钮)却得到保存和完善,这一事实必须被解释为过程的转化。我们想起了关于走迷津的讨论,与此相一致,我们区分了按压键钮的成绩(用 A_n 表示)和这样做的过程(用 P_n 表示)。A_n 可以通过许多 P_n 来实现,例如,当动物在笼子里面从一处移向另一处时,偶然也会踩上键钮。让我们用 P_{n1} 来表示这种情况。由于它在过程中不起作用,因此键钮本身对特定的 P_n 没有贡献,也就是对有意地按压键钮不起作用。但是,也有这种可能,即由于 P_{n1}(偶然踩上键钮)导致了成功,它可能转化成了 P_n(有意地按压键钮),正如上面讨论的迷津例子那样,动物在死胡同里奔跑,结果发现它自己被封锁在里面,于是便转化成绕道奔跑。当然,该结果假设并不意指这类转化完全发生在一个场合之中。下述情况也在我们假设的框架之中,也就是说,过程中的变化,或者更确切地说,过程中痕迹的变化,只不过是实际过程的轻微的转移而已;这样一种转移,不管程度如何,从开始到完全的重组,都是与我们的理论完全一致的。

于是,在一个基本方面,这些事例很像上面讨论过的事例(数学证明和类人猿的智力操作),因为它们涉及过程的转化。它们的差别在于产生这种转化的原因。在前面的例子中,转化所需的材料是同时呈现的,而在目前讨论的例子中,要求出现某种新东西,这种新东西只能由动物的活动本身来提供,因为没有一个动物能够仅仅通过对问题箱的审视而发现开门的装置,然而,从潜能角度看,一个动物应当能够根据箱子的一角把箱子看做一种有用的工具,以取得悬挂在天花板中央的诱饵。

动物掌握了两种任务

历史上看,"尝试和错误"(trial and error)的实验先于"顿悟"(insight)的实验,正是前者要求效果律或成功律。我像桑代克本人那样深信,在这些事例中,操作活动的成功是习得活动的主要原因。我与桑代克的差别仅仅在于对这种成功效应的解释上。对桑代克来说,成功(也就是达到目的的喜悦)在先前存在的"联结"中烙有印记。在我的理论中,成功以这样的方式转化了一个过程,即为它提供一种新的"含义",也就是在它的整个指向目标的活动中提供一种新的作用。在我的理论中,成功不一定具有改变单一过程痕迹的唯一效应。失败可能具有第二种效应,惩罚具有第三种效应,并且,对于许多其他的活动结果来说,还存在着余地。

痕迹的后效

我们已经讨论了学习的三个方面,现在可以对我们的两个遗留问题进行一番议论了,也就是痕迹后效的不同形式和在思维中新过程的唤起,正如我们已经看到的那样,这两个问题是彼此相关的。

第一个问题产生自先前的讨论,也就是我们分析"可得性"这个术语的时候。我们在提及痕迹时经常使用可得性这一术语。可得性意味着,痕迹通过成为一个新过程场的组成部分来对该新过程场施加一种影响,至于施加哪种影响,则尚未确定。我们现在准备分析的正是这种影响。在这种意义上说,我们准备逐个地讨论我们从经验中得悉的这些影响,因此,我们的程序必须是经验主义的。然而,由于我们了解的还不够,故而排除了更加系统的探究方法。

技能的获得

让我们从技能的获得(acquisition of skills)开始。在这个领域,业已从事了大量的实验研究,对于各种不同的成绩,已经获得了练习的曲线,它们的理论意义也已经得到了讨论。然而,我们的问题是一个不同的问题。我们通过练习接受改进这一事实。我们的问题是,按照痕迹—过程的动力学,这种改进意味着什么。此外,成就问题也从属于这个学习领域,正如它从属于其他任何领域一样,我们认为这是理所当然的。在一个过程发生之前,它不可能通过重复得到改进,不论过程的第一次发生与它后来的阶段相比显得多么原始和粗糙。特定过程如何第一次发生的问题则处于目前讨论的范围之外。在学习进展期间,新过程不断地发生,这一点可以由学习曲线从一个高原向另一个高原过渡而得到证明。我们的问题是通过练习而改进的问题,它已还原至相对来说简单运动的最低程度。为什么重复具有它通常具有的效应呢?按照过程—痕迹动力学,这个问题可以分为两个部分:某种操作留下痕迹;改进必须是这种痕迹的结果。于是,产生了两个问题:(1)新过程如何与痕迹进行交流?(2)痕迹对于那个与之交流的过程具有何种影响?我们暂且不讨论第一点,因为它已涉及每一个痕迹功能。那么,对于第二点我们可以说些什么呢?痕迹对过程的影响之性质前面已经提到过。痕迹只有在它属于过程发生的那个场的情况下才会对过程产生影响。现在,我们必须借助技能获得来讨论这种场影响的特定形式。我们已经发现,产生自单一时间过程的一个痕迹场对该过程的继续施加影响,它是通过使某些新的部分过程比其他过程更加容易发生来做到这一点的(参见第二章),有利的过程是那些为整个过程提供良好连续和闭合的过程。但是,技能的获得不可能像一首旋律被视作单一过程那样作为一个单一过程来处理,我们不能简单地从旧例中接收这个原则。相反,我们必须引进一些新的假设:第一个假设将是,作为一个过程的场部分的一个痕迹,根据它与最初产生痕迹的过程的相似性,对该过程施加影响。

关于痕迹效应的第一种假设

在上一章结束时,我们遇到了有关这种影响的一个例子,即脸取代了后来被看做一张脸的一团混乱的线条。这个例子很好地说明了我们的假设:能够引起若干知觉组织的刺激群集,一旦该组织发生,并留下痕迹,便能引起其中一个组织。对于接着发生的组织过程来说,刺激模式的两可性意味着,实际发生的过程不是单单由刺激力量引起的;其他力量(也就是刺激模式以外的力量)一定会扭转局面,以利于实际过程。一个相似过程的痕迹(这是我们从自己例子中推论出来的)可以是这样一种力量;当它是这样一种力量时,它已经施加了在我们的第一个假设中阐述的那种影响。

用于痕迹—过程关系的作用和反作用原理

我们遇到了这种影响的其他一些表现形式。现在,我们尝试对它进行解释。我们是否必须把这一假设作为一种新的假设,以便对若干不同效应作出解释?或者,我们是否可以从我们体系的基本原理中派生出这一假设呢?我们将尝试后面一种过程。如果一个过程发生在一个场内,它就会受到那个场的影响;但是,由于作用和反作用定律(law of action and reaction),那个场也肯定受该过程的影响。结果,当一个痕迹形成一个过程场的部分时,它将受该过程发生的影响,对此可能性我们前面已经讨论过了①。现在,如果痕迹是稳定的,那么它将拒绝变化,从而用不会诱导出这样一种变化的方式决定新过程。当新过程与原先产生该痕迹的那个过程相似时,便达到了这一点。如果这一论点正确的话,那么,我们关于一个痕迹对一个过程施加影响的第一种假设便已经从更加一般的原理(即旧痕迹和新过程相互依存的原理)中被引申出来了,这也将有助于我们解释其他一些痕迹的影响,事实上,在我们解释旋律的产生时,我们就已介绍过这个问题了(见第十章)。

把这一原理用于由重复引起的改进

现在,我们可以提出这样的问题,我们的第一种假设是否解释了技能的逐步获得。我们可以立即看到,它并没有作出这样的解释。它将解释一种技能的相对保持,也即新的运动甚至在长时期不用后还能以相当高度的完美程度来实施,这是因为,新的过程或多或少与旧的过程接近。但是,假设并没有解释连续的操作为什么变得越来越好。这一假设解释了一个过程的重新发生,而不是改进。然而,借助于痕迹和过程相互作用的一般原理,我们也可以接近这个问题。我们在上面假设过,形成一个过程的场的组成部分的痕迹是稳定的。在此条件下,它将具有使新过程尽可能与原来过程相似的效应。但是,如果痕迹不稳定,那又怎么办呢?它会在应力之下朝着稳定方向发展,正如我们在上一章里看到的那样。这样一来,它的场影响将会产生一个过程,该过程反过来又会反作用于痕迹,以便使它变得更加稳定。因此,在这个事例中,痕迹不会有利于旧过程的重现(痕迹的存在应归功于这种旧过程),而是有利于更为稳定的过程的发生。换句话说,这样一种痕迹将导致改进。对技能获得来说,如果我们把这一结论用于重复功能的话,则重复的作用就会得到解释。这意味着,我们所假设的第一批过程的痕迹是高度不稳定的,尽管这一假设表面看来似乎很有点道理。它具有两种结果,它们都服从于实验的检验。一方面,一种高度不稳定的痕迹具有很低的生存价值,正如我们已经看到的那样(见第十一章)②。我们应当期望,假如单一的操作彼此分离太远的话,重复就没有任何效应。看来,这肯定是正确的,而且与刚才提及的事实(获得性技能在长期失用之后仍不会丧失)形成鲜明的对照。一个不稳定痕迹的低生存价值与稳定的痕迹系统的高生存价值恰好相反。另一方面,一个不稳定痕迹在被分解之前,将倾向于朝着更大稳定性的方向变化。技能的获得似乎表明了一些特征,它们与这样一种假设完

---

① 这些影响也许是十分深远的。至少它能够用此方式解释赫安格(Huang)的一个研究结果。儿童会在互相矛盾的知觉的应力情况下误用他们的记忆。

② 这与下列事实并不矛盾,在蔡加尼克(Zeigarnik)调查的特定条件下,不稳定的痕迹可能在某个时间具有高度可得性。

全一致,尽管亨特(Hunter)关于学习实验的杰出回顾并不包括为了确立这一观点所做的实验研究。我指的是一种"潜伏"学习,事实上,在经过一段休息时间以后,操作常常比任何先前的学习时期表现得更好。如果许多人根据他们的自身经验所证实的这种结果被发现是一种事实的话①,那么,它将表明,痕迹在休息时期发生变化,结果产生了较好的操作,根据我们的理论,这就意味着朝着更大稳定性方向变化。该假设也将解释一种很好确立了的有关学习的事实,也就是说,在一段长时间里,重复的分布与它们在一些区域中的积累相比具有优点。

所有这些都是假设,但是,它是一个实际上解释技能获得的假设。无疑,这是一种抽象,因为实际上没有一种技能会如此简单,以至于可由一个方面的过程来加以改进。一般说来,在技能得以完善之前,过程肯定会在一些不同的方面发生变化,不是所有这些方面都会在首批操作中呈现。换言之,根据我们的界定,新的成就可能在学习过程的各阶段发生,这就使该景象大大地复杂化了。此外,这些新成就可能通过这些过程的先前发展而成为可能。总之,从理论上说,我们不能期望学习曲线会变得简单,原因并不在于学习曲线仅仅代表了学习的一种或几种表现(这种学习的表现在许多情形里,如果不是在大多数情形或全部情形里的话,只不过反映了实际获得的学习的一个部分而已)。

联想学习:联想主义学说

我们即将进行讨论的下一个记忆功能是所谓联想学习(associative learning)。在历史的进程中,联想主义曾表示不同的含义,但是自从上个世纪末以来,它已经成为一种十分明确和相当简单的学说了。联想主义试图根据新形成的联想用经验来解释每一种获得,也就是对独立单位之间的联结作出解释,因为借助其中一个独立单位,人们就能再现另一个独立单位。按照这种理论,联想是再现的原因,尽管在以前联想这个术语被毫无区分地用来指原因和结果,通过联想再现的项目既被称做联结,又被称做联想,它被认为是该项目得以再现的原因。为了避免误解,我们使用联想这个术语,从原因上说,意指由经验建立的联结,从结果上说,意指再现,也即由联结产生的项目和联结的运作等等。在这个意义上说,根据严格的传统理论,联想是指两个或两个以上项目之间的联结,该联结是通过这些项目的空间或时间接近性而得以实现的。因此,对一切项目来说,它们在种类上是相同的,也就是说,不受其性质的支配。这样一种概念与物理科学的原理很少一致,这已在由我们先前引述过的苛勒的一篇文章中适当地

---

① 例如,有人曾对我说,每当听过一场音乐会以后,他们就会很快忘记演奏中的任何新旋律,可是,在经过一天或几天的时间间隔以后,则又能回忆起其中的一些旋律来。

强调过了。这种联想概念统治了心理学家的理论和实验达50年之久,这可以从他们的实验方式中看出。除了艾宾浩斯(Ebbinghaus)在研究记忆时发明了无意义音节以外,在心理学领域再也没有哪一种革新受到过如此高度的赞赏,在心理学发展史上,也没有哪个事件得到过这样高的评价。现在,我并不想去贬低这位具有高度独创性和积极性的心理学家的成就,这位心理学家为我们提供了一种新工具,用此工具,我们可以借助实验方法对那些以前曾用不受控制的日常观察和纯粹推测来解决的问题进行研究。但是,我想指出的是,艾宾浩斯的方法假设了一种十分明确的学习理论,也就是我刚才提及的联想理论。任何一项学习的研究都必须使用在实验进行时尚未学过的材料。这是不言而喻的。因此,我们可以从学习长诗或散文开始,艾宾浩斯本人就是那样做的。我们知道,学习无意义音节是一种痛苦的经历,而且对个人的知识又没有任何帮助,那么,为什么艾宾浩斯还以学习无意义音节为开端呢?在联想主义者的假设中,原因是十分简单的:由于一切学习都在于联想的形式,因此,当学习开始时,用一些完全无联系的材料可以得到最佳的研究效果。构成诗篇和散文之要素的各个单词,在学习特定课文之前已经进入到无数的联想中去了,于是,这种学习就不是从零开始的学习,而是一种被大量不可控制的业已存在的联想所部分地支持和部分地抑制的学习。当人们想控制一切有效的因素时,只有无意义的新材料才能得到使用。然而,只有当学习有意义材料和无意义材料的过程在种类上一致,而在复杂程度上不同时,这一论点才是结论性的。只有当若干项目之间的每一个联结都属于同一种类时,也就是说属于联想时,一种材料才能被挑选用来研究在学习每一种材料的过程中起作用的定律。因此,下述两种顺序列之间的差别并不在于每一系列不同成员之间联结的种类,而仅仅在于联想模式的复杂性之中。其次,在学习上述材料时,存在着许多联想。

Pud sol dap rus mik nom
(无意义音节)
A thing of beauty is a joy for ever
(美丽之物永远令人快乐)

例如,在学习上面的一行诗句时,其中有些联想只需通过学习过程就可得到加强,例如"美丽之物""令人快乐""永远",等等,而第一行的无意义音节模式则必须在学习过程中建立起来。可是,另一方面,第二行的一些术语肯定会引发先前的联想,按照"联想抑制定律",这些先前的联想抑制或阻碍新联想的形成。该定律认为:如果一个项目A已经与项目B形成联想,那么,若使项目A再与项目C形成联想,便会有更大的困难;如果A和B在以前未形成过联想,则A和C形成联想便更加容易。但是,对第一行中的各个无意义音节来说,并不存在这样的抑制,因此,要让联想理论去解释为什么第二行比第一行更容易被学会和保持,这是不易解释清楚的,就我所知,对于这一困难,联想主义者从未明确提到过。为了解决这个问题,我们只需做下列补充:在一些彼此并不直接地紧随的项之间也可以形成联想:例如,在第一行中,pud 和 dap 两个项中间还夹着另一个项,这也可以形成联想,因为它们的力量不仅有赖于词的接近性,而且还有赖于它们在系列中的位置。第二行当然也有同样的情况,结果,在每一个学习产物中,我们都有一组复杂的具有各种强度的联想,它们既存在于有意义材料中,也存在于无意义材料中。联想理论可以归之于这些联想,归之于它们的促进作用和阻碍作用,也即学习效应建立起来以后的明确量值,但是,它在事件以前无法预测哪个事件是强的,哪个事件是弱的;这只是对它实际上无法解释学习有意义材料和无意义材料之间差别的另一种说法,如果人们的所谓解释是从先前建立的原理中推论出来的话,实际上无法解释学习两种材料之间的差别。

联想要比罗宾逊(Robinson, p. 7)介绍的定义①意味着某种更加特定的东西,该定义认为,联想意指"在个体经验的历程中,心理活动和状态之间建立起功能关系",联想是指一种功能关系,它由接近性产生,而且不受项的特性的支配。我们可以用"sachfremd"这个德文词来表示,意思是外部的、偶然的和意外的。

但是,对联想主义来说,还有另一方面。在把联想视作再现的原因时,人们把它作为一种力量,作为一种启动一个新过程的力量。A 和 B 已经联系起来,这一事实不仅使得当 A 恢复原状时 B 有可能出现,而且甚至使它有这种必要性,如果当时没有其他力量起作用的话。然而,由于联想无时不在运作,因此 AB 的联想只是力量的相互作用中的一个组成成分而已,它的附加产物将会对结果起决定作用。

联想主义和符茨堡学派

就在这里,第一个反对联想主义的观点出现了。这种结果居然如此经常地存在于观念和思维的有序的和有目的的序列方面,这似乎是不可思议的。正如我们了解的那样,尽管不可能预测在特定时间运作着的个别联想的强度和数目,但是,在许多例子中去预测这些结果还是有可能的,例如,预测思路将采取的实际路线。让我们回顾一下第十一章报道过的学习一种新关系的实验。我们怎样才能预示,当一个人被要求去说出反义词的名称时,他对"好"这个词的答案是"坏",而不是把"好"的反义词说成是"男人"或"男孩",或者说成"是",或者说成"较好",或者说成"希望",尽管我们对这些不同联想的相对力量没有哪

---

① 然而,在罗宾逊的文章中,联想一词要比上述的定义具有更加特定的含义。

怕是最模糊的观念。由于奥斯瓦尔德·屈尔佩(Oswald Kulpe)对这一困难的清楚认识,导致了符茨堡学派(Wurzburg school)的研究。这个学派的研究工作早在30年前就开始动摇了心理学的世界,并摧毁了许多个人的忠诚。遗憾的是,这个学派针对这一困难所提出的解决办法是站不住脚的,于是发生了这样的情况,联想主义的不足与它的积极贡献一起被埋葬了。符茨堡学派发现它处于与格雷兹学派(Graz school)同样的困境中,并且分享着它的命运;心理学家对两者均不感激。格雷兹学派遵循冯·厄棱费尔(Von Ehrenfels)的思想,发现没有一种感觉理论可以解释形状,从而把冯·厄棱费尔的思想加到感觉的概念上去,使之不被触动。这种感觉概念是一种高级心理功能的"生产"(production)概念,生产出"格式塔性质"("Gestaltqualitat")的概念,或者说是一种"生产的概念","超感觉根源的概念"。与此相似的是,符茨堡学派也发现联想的概念不足以解释我们思维的有序性质和目的性质,于是对它作了补充,而不是对它进行修改。符茨堡学派补充了一种新力量的概念,也就是"决定倾向"(determining tendency),它是根据其效应来界定的,正如格雷兹学派界定生产过程一样。两种概念都被用来解释强加于材料之上的顺序,因为材料本身缺乏顺序;在每一情形里,新力量的出现如同紧要关头扭转局面的人物,把一种深奥的二元论引入心理学,这种二元论介于机械的心理力量和有序的心理力量之间。总之,两种解决办法都是生机论的(vitalistic),正是由于这一原因,我们无法接受这两种解决办法。

实际上,在某种意义上说,决定倾向的引入使联想主义图式得以保持。作为结果的力量原理(仅仅通过代数加法而得到的最强力量),在该系统中被保持了相当长时间,直到塞尔兹(Selz)认识到它的不适当性为止①。决定性倾向仅仅作为一种新的力量而进入这一图式之中,它在根源上是非联想的,而且被加到多样化的联想力量上去,强化了那些在其方向上起引导作用的联结。当阿赫(Ach)构想出这样一种概念,使联想和决定力量发生冲突,从而用前者的强度测出后者的强度时(他认为是可以测量的),决定性倾向与一般原理一致起来了。如果"好伙伴"这个组合词是十分强烈地联系在一起的,那么,就会发生这样的事,当一个人被要求对"刺激词"——"好"作反义回答时,这个人就会用"伙伴"这个词作为对"好"这个词的反义词,而不是说出"坏"这个词。阿赫并没有用这些有意义材料开展研究,而是用无意义音节进行研究;他从事了许多实验,并声称实验结果都是支持他的观点的。我们准备在后面对此进行讨论,届时我们会提出一种积极的理论。它们之所以在这里被提及,主要是为了表明符茨堡原理

---

① 我在本讨论中省略了塞尔兹的贡献,因为正如我在其他地方作过的解释那样(1927年),在我看来,它并未沿着正确的方向作出积极的贡献。

的本质:联想力量的守恒,联想和决定结合的特性。

机械学习的理论

经过这一简要的历史回顾以后,我们熟悉了在一切心理学理论中最古老和最神圣的理论,现在,让我们系统地接近我们的问题。联想原理被期望具有普遍的应用价值。在我们的系统程序中,我们必须从一种确定的情形出发;由于机械学习在联想主义者的实验中已经起到了如此巨大的作用,因此,我们将把它作为我们的出发点。机械学习的结果是什么?首先:我们可以在我们想要再现的时候再现,也就是背诵记住的材料;当某人开始讲叙一段材料时,我们也可以按顺序接着讲下去。有一种测验,即在一系列无意义音节的情形里采用配对的形式。在这种测验中,当系列的一个成分向学习者复述时,他必须再现另一个成分。当然,机械学习还有其他作用,包括我们再认材料,我们准备在阐释再认问题时进行讨论,此外,还有许多东西我们应予忽略,因为它们并不直接涉及联想问题,正如我们的材料所表明的那样。

事实和联想理论之间的不一致

让我们来举一个例子,如果有人学习了一个系列,该系列由 12 个无意义音节组成,后来,他又重新遇到这 12 个无意义音节中的一个,结果将会发生什么情况?按照联想理论,这个音节应当立即再现出在它之后或在它之前的那个音节,除非其他的联想此刻更为强烈。这些其他的联想将必须来源于与该音节同时遭遇的其他材料,因为音节所形成的最强联想把它与其他两个音节中的任何一个联结起来了。如果其他材料被移去的话(只要这是可能的),上述结果就会不可避免地接着发生。然而,实际情况却不是这样,勒温所从事的特定实验可以证明这一点(1922 年,p.227)。通过 300 次重复而学会的音节,如果用配对联想的方法进行测试的话,就会产生正确的反应,并且具有较短的反应时间,而如果在"中性指令"(neutral instruction)下呈现的话,便使人无法想起任何东西(这里的所谓"中性指令"是指,被试读出展示仪器中呈现的音节,但在再现上忍住不作任何积极的尝试)。这一结果并非像通常阐述的那样是由联想律派生出来的。按照我们的理论,它具有两种含义。由于再现随后的音节(或者再现任何其他学得的章节)意味着,习得系列的痕迹系统已经与新见到的音节发生交流,从而形成了这种知觉过程得以发生的场的组成部分,因此,如果未能再现的话,可能表明没有发生过这种交流,或者即使与该过程进行过交流,痕迹场也不能产生叫出另外一个音节或者想起另外一个音节的过程。这样一来,再现的事实立即产生了新过程与旧痕迹或痕迹系统进行交流的问题。如果没有这种与旧经验的交流,那么就不可能与新过程联系,这一点虽已由霍夫丁(Hoffding,1889—1890)清楚地觉察到,但是实际上从那时以来已被人们所遗忘,直到苛勒在其论文中又重新提到这一论点为止。苛勒的论文在1932年哥本哈根举行的国际心理学代表大会上宣读。

对这一事实的两种可能的解释

如果勒温的实验结果能被解释为新过程未能与旧痕迹交流的话,那么,该结果将意味着(至少在无意义音节的情况下)一种明确的自我态度:当被试接受指令去叫出下一个音节的名称时,他们可能十分容易地做到这一点,而当被试没有任何意愿或态度去进行再现时,这个音节便不会显现。当然,这一结论有赖于我们解释的真实性。幸运的是,勒温对其实验的描述包含了一些额外的证据,这些证据至少使这种描述似乎有理。再现并不是痕迹系统对与之进行交流的过程产生的唯一影响:还有更为主要的再认作用,不论这种再认作用的动力学是什么东西,它是这种交流的前提。因此,如果音节已被再认,却没有导致任何再现,那么,我们的解释便将是错误的;然而,另一方面,由不能再现相伴随的再认的缺乏,就会大大增加它的概率。实际上,在勒温的实验中,第二种选择得以实现;不具有再现效应的那些音节也未能被再认出来。看来,作出这样的假设是可靠的,即它们也没有与旧痕迹进行交流。我们关于自我态度对这种交流的影响的结论也将被证明是正确的。

但是,这并不是说,上面列举的两种选择中的第二种选择被排除了,也就是说,痕迹尽管与当前的过程处于交流状态,却并不导致再现。如果用我的方法来解释的话,勒温的实验结果并未谈到痕迹系统对一个与之进行交流的过程所施加的影响。如果没有像自我态度这样的特殊力量参与的话,它能否仅仅通过交流来实施再现?早在1909年,当我在符茨堡大学的实验室里工作的时候,我从事了几项实验,它们对这一问题作了某种程度的说明(1912年)。在实际地使用同样的指令方面,这些实验与勒温的实验很相似;两者的区别在于,我的实验对旧型的联想实验作了修改,而不是对配对联想的记忆实验进行修改。我向被试读出一个单词,要求他们倾听,消极地等待可能进入他们意识中的任何东西。我的实验结果与勒温的实验结果完全相符。消极的态度已被证明是十分不稳定的,容易迅速地被一种被试通常不知道的积极态度所取代。但是,在这样一种态度得到发展以前,我的被试与勒温的被试一样茫然不知所措:他们的心中一片空白,消极等待的体验显然是痛苦的。在所有各个方面,两组实验是相符的。但是,从动力学上讲,两者之间具有这样的差别:为我的被试出示的一些词是被我的被试所理解的,也就是说,它们确实与旧的痕迹系统进行了交流。因此,在我的实验中,如果不能再现的话,就不能用缺乏交流来解释。这里,存在着一个痕迹场,而单凭它的影响还不足以发动一个再现过程。一旦"潜伏的态度"(latent attitudes)发展起来以后,各种再现就很容易发生了。因此,第二种选择可以成为非常实际的选择。可见,存在着一些条件,在这些条件下,与一个过程进行交流的痕迹场,从再现的意义上说,无法影响这个过程。

我从我早期实验中推论出不少东西。至少对我来说,痕迹场若要具有效应,必须具备一定的条件,那种认为痕迹场在毫无条件的情况下也能产生效应的说法是不成熟的。

再现中痕迹的作用

在我们对前面讨论中提出的两个问题进行探究以前(这两个问题是,一个过程与一个痕迹进行交流的原因,特定的态度在再现中所起的作用),我们将探究第三个问题,这个问题与上述运动技能中讨论的问题颇为一致:在那些再现发生的例子中,痕迹的作用是什么?我们听到"to be or",我们接着答道"not to be";我们想朗诵一首我们学过的诗,我们朗诵了;我们从先前习得的系列中为自己呈示一个音节,并叫出跟在它后面的音节的名称。对此,我们作了正确的回答。在后两个例子中,我们的意图无疑是在各个过程的原因之间,也就是在朗诵诗和叫出音节名称这两个过程的原因之间;在第一个例子中,要确定一种类似态度的存在并非易事。不过,在所有上述三个例子中,如果没有来自先前痕迹的痕迹,当前的操作将是不可能的。因此,我们把它作为一个事实而接受下来,也就是说,这些痕迹处在与过程的交流之中,我们还承认,这些过程被外于痕迹的原因(如意图、态度等)启动起来。即便这样,痕迹对过程仍具有十分明确的影响。那么,这种影响属于哪种类型呢?我们能否从 p.455 上系统阐述的一般定律中推论出这一点呢,也就是说,一个痕迹将以这样一种方式对过程产生影响,即由过程对痕迹所施加的反作用影响将不会消失,而且有可能增加痕迹的稳定性呢?我们认为是可以的,只要我们把痕迹视作组织的产物,而不是像联想主义心理学惯上所做的那样,把痕迹视作一些分离的项目,由某种联结把它们联系在一起。我们必须把痕迹视作组织过程的组织产物,这是在前两章已经说明了的;因此,不必为解释再现而引入任何新的假设了。

机械学习是一种组织过程

现在,我们把这一原则应用于目前的例子中:一个系列的无意义音节在何种意义上被组织呢?我们从前述的历史介绍中看到,这种材料之所以被选中,是因为它似乎符合联想主义的假设:这是一些没有联结的项目。如果甩成绩来判断的话,学习这种材料似乎是对这些假设的良好证明。但是,这样一种原始的成绩并未为我们提供使成绩成为可能的这些过程的知识。我们在前面的讨论中已充分强调了这一点。实验程序的变化反而产生充分的证据:导致学习无意义系列的操作是一个组织过程。由此可见,如果没有韵律的话,要想学习十个无意义音节是不可能的;通常,这些无意义音节是以扬抑格韵律(trochaic rhythm)来记住的,所以它们便可组织成五个对子,这些对子形成整个系列的实际部分,正如一个对子的每个音节是它的实际部分一样。对子的形成是实际组织的一个事实,仅仅按照联想是无法解释的。对于这一事实的纯联想主义解释将会这样去解释对子的形成:一个对子的成员的相互联系要比对子的其中一个成员与它的其他邻居的联系更加密切;也就是说,一个奇数和一个偶数之间的联系(都处在朝前的方向)要比一个偶数和一个奇数之间的联系更为有力。例如,在 $ab/cd/ef$ 这样的系列中,c 与 d 的联系比 c 与 b 的联系更加强烈,或者比 d 与 e 的联系更加强烈。关于对子特征的这种解释是错误的,这已为威塔塞克(Witasek)精心设计的实验所证明[威塔塞克去世以后,奥古斯特·费希尔(Auguste Fischer)将该研究公开发表]。这里,我们仅报道众多实验中的其中一个实验。

威塔塞克的实验

一天,让被试学习四组系列,每个系列包含十个无意义音节,用符号表示如下:

$$I_1 I_2 I_3 I_4 I_5 I_6 I_7 I_8 I_9 I_{10}$$
$$II_1 II_2 \cdots\cdots II_9 II_{10}$$
$$III_1 III_2 \cdots\cdots III_9 III_{10}$$
$$IV_1 IV_2 \cdots\cdots IV_9 IV_{10}$$

这里,罗马数字是指系列的编号,阿拉伯数字是指系列内部的音节。当被试能够以7秒钟一个系列的速度来朗诵这些系列时,学习就算完成了。一小时以后,他们又学习了下列三种测试系列:

$$A: x\, I_3\, I_4\, II_5\, II_6\, III_7\, III_8\, IV_9\, IV_{10}\, x$$
$$B: x\, II_2\, II_3\, III_4\, III_5\, IV_6\, IV_7\, I_8\, I_9\, x$$
$$C: xx\, IV_3\, IV_4\, I_5\, I_6\, II_7\, II_8\, III_9\, III_{10}$$

也就是说:在上面 ABC 三组新的系列中,每一组里有8个音节是前面系列里学过的,而每一组里还有两个新音节,用符号 x 表示。为了理解这些系列的建立所遵循的原则,我们不得不回过头去看一下前面四个系列,并思考一个尚未讨论过的特征。由于这些系列都是以扬抑格韵律学习的,因此,它们清晰地分成五对。现在,按照联想主义假设,一个对子与一个非对子的区分是通过对子的成员之间存在的联结力量来进行的。因此,一个系列的两个相继成员之间的联想强度必定会周期性地变化,当奇数成员在偶数成员之前时,联想强度就较强;当偶数成员在奇数成员之前时,联想强度就较弱。由此可见,第一个音节与第二个音节的联结比第二个音节与第三个音节的联结更强,第三、第四个音节的联结比第四、第五个音节的联结更强,如此等等。我在上面的图解中用环形方式联结两个相继的音节,双环比单环表示更强的联想。同样的环形方式也

用到 ABC 三个系列中去,但是这次不是意指通过学习这些新系列而创造的联想强度,而是意指从旧的系列引渡到新的系列的联想强度。这样,我们便可以看到,A 和 C 两个系列包含着四个有力的联想,它们是通过四个原来系列的学习建立起来的,而系列 B 只包含四个旧的较弱的联想。因此,如果团体形成仅因为联想的话,那么,系列 A 和 C 应当同样容易学习,而且比系列 B 更容易学习。按照联想原则,这三个系列之间的其他各种差别并未使 A 比其他系列更有利,这已为威塔塞克的精辟讨论所表明。

每位被试参加 12 次试验,也就是说,他们学习 12 组系列,其中 4 组属预备性系列,3 组属关键性系列。结果与产生联想主义前提的预期发生矛盾:根据学习的难度,ABC 三个系列的排列程序为:$A>B>C$,也就是说,C 是最容易的,而 A 和 B 之间的细小差别也有利于 B。如果读者想对这一结果进行充分讨论,那么他必须转到原先的问题上去。然而,它的关系是清楚的:团体形成并不是联想,也就是说,个别项目之间的联结只能在强度大小方面发生变化,但是组织却不是这样,通过组织,一个对子的两个成员成了一个真正的单位,而且与下一个单位相分离。在系列 C 里面(这个系列是最容易学习的),对子作为对子而保持着;在系列 A 里面(这个系列是最难学习的),同样数目的强烈联想如在系列 C 里一样保存着,但是,现在它不再成为一个对子两个成员之间的联想,而是成为前面对子最后一个成员和后面对子第一个成员之间的联想;在系列 B 里面,这种对子内部特征的较弱联想仍旧保持着。也就是说,在这些实验中,联想未被视作联想本身,而是被视作这些联想在系列组织中具有的功能。当然,这意味着"联想"一词不再合适,因为联结的种类起着决定性作用,对于这样一个特征,联想理论是没有地位的。

要想具体解释威塔塞克的实验结果是不可能的,这是因为我们在两种可能性之间无法作出决定:(1) 有可能出现这样一种情况,一个由对子音节 k 和 l 两个成员组成的痕迹系统妨碍了一个新组织的形成,在这个新组织中,k 和 l 则属于不同的对子,k 属于前一个对子的第二名成员,而 L 则成为后一个对子的第一名成员;(2) 有可能发生这样的情况,只有当新过程具有同样的组织时,kl 痕迹就可以运作起来,可是,如果它是属于系列 A 这种类型的话,也就是说,属于 ik、lm 这种类型时,kl 痕迹就不起作用了。

然而,鉴于我们的目的,在这两种选择之间作出决定是没有必要的,因为两者都证明一个习得的系列是一种组织的系列,因此,痕迹也必须被组织。

有组织的痕迹和过程的相互作用以及再现定律

现在,让我们着手处理这样的问题,即痕迹系统在学习材料再现中的作用。我们认为,这个问题可以从痕迹和过程之间动力关系的一般原理中引申出来,也就是说,前者将会影响后者,因此通过两者的相互作用,痕迹不会丧失其稳定性。如果整个系列都被学习，那么，它的痕迹系统便形成一个清晰的单位。当被试开始朗诵该系列时，他的过程一定与这种痕迹系统进行交流。因此，如果第一个音节已被朗诵，与这个音节对应的痕迹部分已经与一个过程进行了交流，而其他痕迹部分则没有进行这种交流，结果，假如过程停止的话，整个痕迹系统将被下列事实所改变。也就是对整个痕迹系统的一个部分来说，已经发生了某种情况，可是其他部分则没有发生什么情况。如果痕迹是稳定的，它将抗拒这种变化，其方法是诱导该过程的继续，直到所有成员都已经与一个新过程进行交流为止；也就是说，痕迹将对过程得以发生并使过程"完整"的场施加一种力。为了解释再现，我们无须一种特定联结的假设；确切地说，再现的可能性是随组织的事实而发生的，并遵循着痕迹和过程之间相互作用的一般原理。传统的联想定律应当被下列的系统阐述所取代：如果一个过程与痕迹系统的一个部分进行交流，那么，整个痕迹系统将对该过程施加一种力，以便使它像当初创造该痕迹系统时的过程一样完整。

　　这种系统阐述确实是与事实相一致的，对此已有证明。我可以作为缪勒和皮尔札克(Pilzecker)的证人，他们的著作是纯联想主义文献中最佳的作品之一，但是，没有人会因为 G. E. 缪勒所持的对格式塔理论有利的偏见而谴责他。

缪勒和皮尔札克的起始再现倾向支持了我们的理论

　　缪勒和皮尔札克写道："如果有人对一名有教养的德国人说出'Eisenhammer'一词，那么，他很可能会回忆出这样一个词组'Der Gang nach dem Eisenhammer'。"①我们还可以举出许多例子来说明同样的情况。这类经验似乎使下述结论变得颇有根据：如果一系列相继的观念，经过一次或多次重复，形成了一个观念的复合体，那么这个复合体的每个组成成分，尤其是它的最终成员，若在意识中重现时，便具有一种首先再现第一个成员的倾向，然后又以适当顺序再现其他成员。我们将表明这种再现倾向，首先讨论复合体的起始成员，也即"起始再现倾向"(initial reproductive tendency p. 199)。

　　在上述引语中，必须区分两个东西，即事实和对事实的解释。事实是指整个复合体通过它的一个部分恢复了原状；对事实的解释则在"起始再现倾向"这个术语中达到顶点，它把事实分解为两个独立成分之间的联想关系。确实，两位作者对下列问题均未作出结论，即由部分引起的倾向是仅仅指向起始成员，该起始成员依次又再现了下一个成员，等等，还是它立即指向整个复合体的再现。但是，他们在一个脚注里讨论了这种选择，而上述引文伴随着新术语的介

---

　　① "Der Cang nach dem Eisenhammer"是由席勒(Sehiller)创作的一首著名民谣。意为："古代的海员"将使人想起"古代海员的韵文""急速的舞蹈""一种疾驰的托卡塔曲""可怕的夜晚""恐怖之夜的都市"。

绍却出现在正文中。通过创造和使用这个术语，他们接受了第一种解释，而对一位不偏不倚的观察者来说，第二种解释无疑是更有点道理的解释。在上述的脚注中有英语例子，如果我们稍稍看一眼的话就会使这一点清楚起来：这不是什么定冠词或不定冠词直接得到再现的问题，不是"该复合体中的第一个术语"直接得到再现的问题，而是主要单词的含义得以完整的问题。起始的再现倾向问题（关于它的效应，缪勒和皮尔札克已经用无意义音节的特定实验加以证明）证实了我们关于再现定律的陈述：一个痕迹的一部分"倾向于"建立引起整个痕迹的过程。

再现定律的量的方面

在上面的系统阐述中，使用"倾向于……"这个词是有目的的；它并不意味着这种陈述含糊其词，不具有纯粹的统计学意义；恰恰相反，它指出了该定律的量的方面：由痕迹施加的力可能在强度上有所变化，同时，影响过程的其他力也可能在强度上有所变化。因此，我们的定律不是关于结果的定律，而是关于原因的定律；在我们上述阐释所内涵的量的方面必须加以说明。痕迹场向新过程施加的力有赖于许多条件，在这许多条件中间，交流的程度和种类一定十分重要，尽管此刻我们对它们说不出什么。然而，另一个条件是痕迹本身所固有的：由于痕迹对过程施加的影响与痕迹的稳定性有联系，因此，它的力也必须是这种稳定性的直接作用：如果其他条件均相同，那么，整个痕迹（whole trace）的稳定性越强，部分过程在朝着完成的方向上也将越强烈地受到痕迹的影响。

痕迹的稳定性；作为组织的一个因素的接近性；无意义材料和有意义材料

整个痕迹的稳定性是指，在这个单位里面，每个部分都被强大的力固定在其位置上，这种强大的力抗拒转换（displacement）。因此，一个痕迹的稳定性必须是它的动力结构的一种功能。这种结构"越好"，整个痕迹就越有可能成为一个实际的单位，最终，各个部分相互依赖，并依靠该整体中它们的功能。在前面几章中，我们曾经研究过单位的形成，现在，我们可以把在那里获得的知识应用到目前的问题上来。我们在那里遇到接近性（proximity），并把它作为一个重要的因素，就像接近性出现在联想主义中一样。我们现在了解了它的含义。接近性在再现中发挥了它的作用，表现在它把相邻部分统一起来。因此，尽管一个无意义音节系列中的每个音节与其他两个音节邻近，但是，它再现其中一个音节要比再现其他的音节较容易，也就是说再现同一对子中的一个音节更容易。这是因为，单位形成除了接近性以外，还依赖一些因素。那些相互"适合"的部分，即联合起来形成"良好曲线"（good curve）的那些部分，比起那些没有内在关系，单单依靠接近性联系起来的部分更强烈地被统合。这种"良好连续"（good continuation）把有意义的课文与无意义的系列区分开来；因此，与理解有意义材料相一致的过程比起与无意义系列相一致的过程肯定更好地被组织，前者的痕迹一定比后者的痕迹更加稳定。这种更大的稳定性将赋予前者的痕迹一种"更大的再现力量";如果它的一个部分与一个过程相互交流,那么,整个痕迹便将对那个过程施加更大影响,如果无意义痕迹的一个部分与一个过程进行交流,那么该痕迹对过程的影响便较小。因为在前者的情形里,过程在痕迹的稳定性中发现了对它以不同方式继续前进所设置的阻力,而在后者的情形里,这种阻力便较小。我们回忆有意义材料要比回忆无意义材料更好,这恐怕是一个共同的经验。该经验早由彪勒所证实,他的实验同时表明,回忆并不是从一个部分到一个部分,而是从部分到整体。因此,有意义材料与无意义材料之间的差别,不是联想的数目和强度的差别(这是联想主义所假设的),而是组织种类的差别。正如实际上存在大量的形状一样,也存在大量的"观念形成的"组织,彼此之间在种类、复杂性和稳定性方面均不相同。再者,单凭接近性,就接近性本身而言,是没有作用的。它只有通过对组织的影响才能进入原因系列中去。即便在那里,单凭它本身的力量也是不够的。我们已经看到,无意义音节系列只有以明确的韵律被朗读,它们才能够被记住,也就是说,只有当无意义音节被一种外来的因素所组织时,它们才能够被记住。但是,另一方面,冯·雷斯托夫的实验也已经表明,在其他一些条件下,即使没有这种外来影响,无意义材料也可以学得相当容易。然而,在他的实验中,接近性并非唯一的因素,而是对不同物体而言相似物的接近而已。这里,统合的原则是"孤立的"材料和"重复的"材料之间的梯度(请参阅第十一章)。在讨论他的实验时,我们区分了两种可能的解释,它们主要解释学习无意义音节时涉及的困难:一种可能的解释以无意义音节的"单调性"(monotony)为基础,另一种可能的解释以"无意义"(nonsense)为基础。冯·雷斯托夫的实验强调了第一种因素,该因素对第二个因素的促进作用迄今为止仍被忽视。但是,要是认为其他因素一点不起作用的话,那是对他实验结果的一种误解。我们刚刚讨论过,当一个痕迹产生自有意义材料时,要比一个痕迹产生自无意义材料时,一定具有更大的稳定性。不过,对痕迹稳定性来说正确的东西也一定适用于组织过程本身,因为组织过程本身是组织痕迹的。有意义材料比无意义材料更容易被组织,尽管把或多或少有点无意义的材料转化成或多或少有点意义的材料可能较为困难,这种情况与我们逐步开始理解一个数学证明题时的情况一样。

小结: 任意联结为动力组织所取代

如果要概括的话,我们可以说,迄今为止我们已经对联想概念中的一个方面进行了考察:那就是联想联结的任意性(arbitrary character)。我们已经看到,在一个整体中,任意地联合起来的项目的组织在整类事例中只是一个极端的例子而已,而且,即便在这个例子中,单单接近性也不是一个充足的因素。例如,pud-sol 这样一个联结肯定不是所有联结的原型(archetype),或者,更确切地说,不是一切组织的原型。相反,存在着无数的组织可能性,在这些组织中,整体中的成员被内在的关系结合在一起,在我们的理论中,这种现象被认为是神经过程的动力关系。

这种情况会不会导致"Psycho-logismus",也就是心理学和逻辑呢?

这种理论似乎意味着一种极端的"心理逻辑学"(psycho-logismus),也就是说,一切从逻辑上可以理解的关系都能通过心理学的或甚至生理学的存在关系而得到解释。这种观点(在上一世纪末获得了其基础)受到了一些卓越的哲学家的猛烈攻击,尤其是埃德蒙德·胡塞尔(Edmund Husserl),他声称要一劳永逸地将它批倒。但是,他的论点却建立在这样一种假设上面:在所有的心理学理论中,不论是含蓄的理论还是不言自明的理论,心理关系仅仅是事实的和外部的。以此假设为基础的"心理逻辑论"确实遭到了胡塞尔和其他哲学家的拒斥。但是,这种批驳并不影响我们的心理逻辑学——如果我们的理论可以被正确赋予这个名称的话——因为在我们的理论中,心理的和生理的过程,或者更确切地说心物过程,都是按照内在的关系被组织起来的。这一点只能简略提一下。它意味着在我们的理论中,心理学和逻辑学,存在和生存,甚至在某种程度上说现实和真理,不再属于完全不同的讨论范畴或领域。正是在这里,心理学必须证明我们第一章提出的整合功能(integrative function)。

作为一种力量的联想:勒温

现在是考虑联想的另一方面的时候了,这个方面是一种力量,通过这种力量,再现得以发生。对于旧概念中的这个方面,勒温发动了最为猛烈的攻击(1926年)。他用下列的话概述了他的结论:

> "习惯形成(联想)的实验研究已经表明,由习惯导致的结合无助于一种心理事件的运动;这样一种解释是错误的,如果人们看到习惯的基本方面——以及练习的基本方面——并非以零星的联想形成来加工,而是以活动整体的转化和创造来加工的话。更为确切地说,在一切情形中,那些在意志或需要的压力下产生的心理能量(也即应力状态下的心理系统),才是心理事件的必要条件"(p.331)。

在上述引文中,勒温一方面在结合之间作出正确区分,另一方面又在力量和能量之间作出正确区分。他说:"单单联结决非事件的'原因',不论它们以何种形式存在。"(pp.312~313)他以同样的力量把这种区分应用于旧的原子论联想主义和联结的格式塔解释之中。应用于原子论联想是容易的。勒温本人就运用了火车的类比：所有的列车车厢都连接在一起，但是，车厢的运动不是由于车厢连接（尽管连接对它们来说是必要的），而是由于火车头的蒸汽动力。确实，联想的概念主要是一种解释联结的概念，但是，还难以看出它如何同时又实现了一种推动力量和保存能量的功能。被赋予双重功能（联结功能和推动功能）的这个概念已经防御不了对勒温批判的反驳，因为联想主义从未说过联想的同一基础能够用这种双重方式起作用。但是，勒温比这一论点走得更远；他表明，如果"一个联想的强度"由它在明确的指令或态度下产生的结果来测量的话，则该联想强度可能不同于由任何指令下所做事情来测量的"联想强度"；或者，更确切地说，只有前者才能被测量和界定，而后者在许多情况下可能为零。换言之，按照联想理论，把联想界定为一种联结是有意义的，可是，如果把联想界定为一种"运动"，那就没有任何意义了。

我们的理论回避了勒温的批评，它补充了：

(1) 力量。正如我们所见，勒温把同样的批评也用来针对非联想主义理论，该理论"考虑的不是一种链条式的成员联结，而是作为事件'原因'的整体中各个部分的整合"(p. 311)，他在一个脚注中补充道，因为这样一个假设并不运用动力系统中的张力概念。想要检查他在撰写非同寻常的、有意义的和重要的文章时他如何证明其正确，这是不重要的。相反，我们将会看到，他的批判是否可以应用于前面几页中提出的理论。我们曾故意地把这个问题搁置起来，仅仅讨论一种痕迹可以对一个过程施加哪种影响，而不管这种过程是如何开始的。但是，对我们问题的回答是把痕迹视作处于张力之下的动力系统，这样一种张力将有利于一种过程并阻碍其他过程。因此，勒温的论点是否像影响联想理论那样对我们的假设产生影响，这点不再明显了。如果痕迹作为应力情况下的一种组织系统，它对一个过程施加一种力，那么，它为什么不能启动一个过程，换言之，为什么一个较大整体的一个部分的恢复不该导致整体的再现（如果该整体与整个痕迹处于交流状态，为什么不该通过其本身而是通过它与痕迹的关系而导致整体的再现），这一点也不再明显了。为什么在所有的条件下，另一种（外部的）力也成为必要，这一点也不再明显了。就力而言，"自动的"或"自发的"再现，也就是说没有"再现意图"的再现，应当是完全可能的。

(2) 能量。不过，还有能量问题。让我们再从勒温那里引述一段话："这种使一个过程发生，能够做功(work)的能量必须被释放出来。因此，对每一个心理事件来说，必须提出这样的问题，即有效能量的起源问题"(p. 313)。应力下的每个系统包含了能够做功的能量，因此，勒温作为事件"原动力"(motors)而引入的需要和准需要(意图、决心等)得到了充分的装备，用以发挥那种作用。在我们的理论中，由于痕迹系统也是应力下的系统，因此，似乎也可以这样认为，痕迹系统为过程补充了能量。然而，这样一种假设（如果认为痕迹系统是储存了能量的话)会遇到很大困难。由于再现在大量的单一场合是可能的,所以,痕迹系统中的能量储存实际上也将是无限的,这样一种假设几无可能,以至于无法得到承认。

那么,我们如何说明过程中消耗的能量呢?为了回答这个问题,我们必须揭示勒温理论中一个含蓄的特征。我们已经看到,在勒温的系统中,我写一封信的原因在于我这样去做的需要或准需要,也就是说,在于应力状态下的一个系统,它最终为写信的活动补充能量。使用"最终"这个词是有目的的,因为写信的一连串活动,例如拉开抽屉取得必需的文具,旋开自来水笔,将椅子挪动到恰当的位置,一个字一个字地写,等等,都不同程度地消耗了比需要系统中储存的能量更多的能量;储存在我们肌肉中的这种能量正在被释放,并受该系统的指引。充当活动的"原动力"的那个系统和执行活动之间的能量关系是一种十分间接的关系。原始能量是通过释放和指引这种能量来达到这一结果的,甚至在勒温理论中也是如此。

这种知识使我们回到自发的再现上去。一个较大整体过程的一个部分被重新唤起,并且与一个痕迹系统相交流。因此,按照我们的假设,整个痕迹系统被置于新的压力之下,因为只有其中一个部分与一个过程进行交流,使应力通过各个过程的恢复'而得以解除。如果我们认为这种压力的能量释放了脑场里面储存的其他能量,以便使过程不断进行,那么,这种假设合理吗?在我看来,这并没有超越勒温理论中内涵的一种假设,即认为写信的愿望成功地释放了肌肉中储存的能量。也许,有可能作出一个更简单的假设:由于张力而被置于痕迹系统中的能量可以直接进入新过程中去。两种假设都回避了痕迹假设(即认为痕迹是一种永不枯竭的能量储存)中固有的困难。在这两种假设中,能量通过它与过程的交流而补充了痕迹系统,而过程依次又由痕迹系统之外的力量所引起,例如,知觉的情形便是如此。因此,在我们的理论框架中,自发再现是完全可能的。当然,这并不等于说,不受外部力量制约的自发再现是正常的,或者甚至是十分经常发生的事例。即使它在现实中从未发生过,上述情况仍然是可能的。

我们的理论和实验研究

如果我们不去考虑勒温的实验研究,我们便无法对此问题作出结论。那么,它究竟与我们的理论是否一致呢?

阿赫试图对随意活动的强度进行测量

为了对这一实验研究进行十分简要的介绍,我们不得不回到阿赫在1910年公开发表的实验结果上去。这是因为,不论人们是否赞同阿赫的理论结果,但阿赫毕竟是用实验方式处理联想动力学问题的第一人。他的学说可以归入符茨堡学派，而且是该学派的第一批成员之一。由此，他接受了传统的联想概念，这种概念具有联结和力量的无法区分的双重性，并引入"决定性倾向"作为一种新力量，这种新力量通过代数加法和联想力量决定实际的心理事件。在他的实验中，他试图证明这些力量的累积原则。假定项目 a 与项目 b 相联系，则它将更迅速地再现这个项目，假定在这种联系中存在一种决定性倾向，则这种倾向便能唤起 b 的发生，但是，假定一种决定性倾向的运作导致项目 c，则它就不大容易再现项目 b。反之，如果从 a 导向 b 的一种决定性倾向得到 $a-b$ 联想的支持，比起这一决定性倾向与 $a-c$ 联想发生冲突，前者的再现将有效。在冲突情形里，或者发生再现的迟缓，或者，如果联想力量比"决定"力量更强的话，那么被试就可能作出错误反应；换言之，他的习惯可能战胜他的意志。由此可见，产生自意志活动的决定性倾向的强度可以通过十分有力并足以战胜意志的联想来加以测量。

阿赫的方法简单并具有独创性。被试学习三组无意义音节，每组由 8 个无意义音节组成；第一组是正常的，第二组中一个对子的第二个成员恰好是第一个成员的"颠倒形式"，如 *rol-lor*，第三组中每个对子的第二个成员与第一个成员押韵，如 *zup-tup*。用 7 天学习这 3 个系列中的每一个系列，每一个系列都重复 8 次，4 个奇数音节与 4 个未知音节相混合，这 8 个音节的系列按照配对联想的方法呈现给被试，以便再现。在接下来的几天里，被试复又阅读这 3 个系列 10 次，然后用不同的方法加以测试。第 10 天的指令与第 7 天一样，也就是说，在展示装置上出示了一个音节以后，被试要再现出另一个音节。然而，在第 8 和第 12 天，告诉被试用颠倒音节中字母组成的方式对刺激的音节作出反应，而在第 9 天和第 11 天，则用押韵的方式对刺激的音节作出反应。现在，我们可以把测试的音节分为 4 个组：o 组里的音节来自普通的系列；i 组里的音节来自这样的系列，其中一个对子的两个成员处于相互颠倒的关系之中；r 组里的音节来自第三系列，其中一个对子的两个成员是彼此押韵的；n 组则都是新的音节*。在不同的日子里，这些音节都处于不同的任务影响之下：再现、颠倒、押韵，等等。这样做必定导致联想倾向和决定倾向的代数累积。例如，当颠倒成为任务时，颠倒组（即 i 组）的音节服从于具有相同方向的两种力量；这是因为，如果对子 *rol-lor* 已经习得的话，那么，根据联想，*lor* 应当由 *rol* 来再现，同样它也应当通过颠倒这一决定性倾向而从 *rol* 那里产生出来。相反，普通组（o 组）和押韵组（r 组）的音节在同样的指令下展现了冲突力量。因为 *zup* 这个音节，既然由于押韵关系与 *tup* 这个音节联系起来了，那么，根据联想，将

---

* 在上述四组中，o 组的"o"是英文"普通"一词的第一个字母，因此，o 组便是普通组。同样，i 组是颠倒组，r 组是押韵组，n 组是新音节组。

会再现出后者,也就是 *tup*,而任务却要求回答 *puz*;与此相似的是,音节 *dur* 应当在联想基础上再现出曾与之一起学习过的 *tik* 音节,而不是决定倾向所要求的音节 *rud*。

对押韵来说指令也是一样的;只有押韵音节和颠倒音节变更了它们的位置,前者现在更受青睐,而后者与普通组的音节在一起处于不利的条件下。

阿赫如何解释指示再现的动力学,这一点较难说清。看来,他把它视作一种情形(尽管这种看法有点前后不一),在这情形中,联想倾向既找不到支持也未遇到抗拒。根据这种解释,对三种不同指令下的三种音节中的每一种来说,动力情境可以用表 29 来表示,+是指决定性倾向的方向,-表示联想倾向具有不同的方向,0 表示其中一个倾向并不存在(第一个符号指决定力量,第二个符号指联想力量)。

表 29

音节	任务		
	复制	颠倒	押韵
普通组	0+	+-	+-
颠倒组	0+	++	+-
押韵组	0+	+-	++

从上表可见,指令所要求的音节在两个"++"情形里得到最迅速的补充,在三个"0+"的情形里得到中等速度的补充,在四个"+-"的情形里则得到最少的补充;就后者而言,错误应当很容易发生。新音节组(*n* 组)在这次讨论中被省略了,因为它们在任何一个方面均无结论性贡献。

以阿赫的图表为依据,实际反应时(reaction times)包括在表 30 中,数字代表千分之一秒里一切反应的中数。

表 30

音节	任务		
	复制	颠倒	押韵
普通组	881	841	1132
颠倒组	767	664	895
押韵组	871	804	777

表 30 在某种程度上证实了我们的期望:最高数字随着一个"+-"群集而发生,最低数字则随着"++"群集而发生。但是,还有一些不一致的地方,当我们注视不同群集的排列顺序时,这种不一致便出现了。

(1) 664 ++   (6) 871 0+

(2) 767　0＋　　　　　(7) 881　0＋
(3) 777　＋＋　　　　(8) 895　＋－
(4) 804　＋－　　　　(9) 1132　＋－
(5) 841　＋－

最引人注目的事实是2号、4号和5号的相对较短的反应时,所有这三个号码都与颠倒有某种关系。2号是涉及颠倒音节的再现的三个号码中第二个最短的反应时,而4号和5号则涉及押韵音节和普通音节的颠倒。还有新音节组(迄今为止排除在我们讨论之外),对"颠倒"来说要比对"再现"和押韵具有更低的反应时。

观察我们数字的最后方法是取得＋＋、0＋和＋－三种情况的平均值①。

表　31

群集	＋＋	0＋	＋－
平均反应时	745	1090	1059

上述统计表明,＋＋群集具有最短的反应时,但是其他两个群集(它们的差异也许是无意义的)是与阿赫的假设相矛盾的。

对反应时进行量的分析(这种方法既适用于阿赫的其他被试,也适用于为我们的统计表提供结果的那些人),尽管提供了期望结果的某种指标,但是仍然未能证实这种理论,这表明肯定有某些因素在起作用,而这些因素是阿赫的理论所没有涉及的。我们只需提一下这样一个事实就足够了,即颠倒系列的对子要比其他两种系列的对子更有力地被联结,而且,正如被试所报告的那样,颠倒系列的对子学习起来更容易。在阿赫的时代,他研究了这个特征,尽管他特别强调了这一点,但是他没有看到它与严格的联想主义原理不相一致的地方。按照这些严格的联想主义原理,这些联结起来的名词的物质特性与它们之间的联想强度没有什么关系。然而,它们竟然具有一些关系,这一事实使得这些原理变得无效。它再次证明,组织已经发生,而且,在组织范围内,对无意义音节来说,一个音节的对称和它的"镜像"(mirror image)可能特别稳定。

在这些量化的结果中,最有意义的是,如果"同质的"任务取代了单一的再现,那么反应时便会缩短,而当异质的任务取代了同质的任务时,反应时便延长,这种情况甚至在只适用于颠倒任务而不适用于押韵任务的典型事例中也得到了实现。在其他一些实验中,这种规律性消失了,因此我们不能把这些数字作为对阿赫理论的一种证明。

---

① 我已经取得的平均值不是中数则是平均数,包含在阿赫表内而不是包含在我的表内。这些平均数的排次序不同于中数的排次序,但包含同样多的不一致。

可是，另一方面，质的结果增加了某种有利于阿赫假设的证据。随着颠倒和押韵这两种异质活动，发生了大量的错误，在押韵活动中，20个中错了12个，而在颠倒活动中，20个中错了7个。在这些例子中，不是由指令所要求的音节被叫出了名称，而是与刺激的音节具有密切联系的音节被叫出了名称。如果阿赫的解释正确的话，习惯要比意志更加有力。然而，我们必须补充的是，没有哪位被试像这个被试那样表现出如此多的错误反应，在有些情形里，甚至根本没有反应。我之所以运用这一统计学论点仅仅是为了指出，阿赫的条件显然不是强制性的，比起他辨别和谋求控制的那些因素来，其他一些因素也可能发挥了重要的作用。

勒温的研究

现在让我们转向勒温的研究工作，因为他在阿赫失败的地方获得了成功：他创造了一些条件，这些条件将产生错误反应或至少反应时的强烈延迟，以及既不产生错误反应又不延迟反应时。在他从事这项研究之前，他以大大简化的方式重复了阿赫的实验。他的实验是这样进行的：让被试在16天时间里学习各种长度的若干普通系列的无意义音节，总共有270次重复。有70个新的音节安排在6个系列里面，其中5个系列各含12个音节，一个系列含10个音节，并以下列方式重复6次，即每个音节在每一次重复时改变其位置，以便使该音节不会与任何一个特定的音节联合起来。最后，用一些不同的音节来实施颠倒活动。接着，在关键性实验中，被试必须将普通音节和新音节颠倒过来。在这种指令下，普通音节将归入+-图式之下，新音节则归入+0图式之下；也就是后者应当产生较短的反应时，可是前者，由于大量的重复，产生了一些错误反应。然而，这两种效应均未出现，在错误范围内反应时是相等的，而且没有出现错误反应，只有在结束时出现了一个例外。

这一结果显然是与期望相矛盾的，但也不是什么新东西。如果人们仔细检查阿赫的统计表，并把普通系列的音节和新系列的音节的反应时与颠倒的（押韵的）音节的反应时作比较，便会发现，在有些例子中，它们是相等的(5)，在有些例子中，新音节具有较短的反应时(3)，甚至在有些例子中，普通系列的音节受到青睐。可是，另一方面，我们看到在阿赫的实验中错误反应也发生了。实际上，在阿赫关于普通音节和颠倒任务的实验中，只出现一个这样的错误反应，而在普通音节和押韵任务的实验中，总共发生了五个这样的错误反应，尽管这些错误反应在阿赫的实验中并不常见。①

迄今为止，这些结果看来尚不清楚，尽管它们肯定不会证实这个基本的假设。联想和决定之间的冲突不会有规律地出现。我们在前面已经看到，相反的

---

① 我指的是按照程序 I 的实验，即大量的重复，单单这些重复就可以与勒温的实验作比较了。

结果(这两个因素的相互支持)在阿赫的实验中并不有规律地出现,在勒温的实验中也未能出现,而勒温的实验是通过对阿赫的实验技术作出令人感兴趣的修改来实施的。在这些实验中,联想并不是通过呈现一系列供被试读和记的音节来形成的,而是通过呈现一些音节,被试必须用命名一个新音节的办法来作出反应,这个新音节是通过规定的方式用改变第一个辅音的办法从被呈现的音节中产生的。如果音节以字母 d 开始,被试必须发一个以字母 g 为开端的音节的音,音节的其他部分保持不变,例如,呈现音节 dak,被试作的反应是 gak。由于传统的联想定律仅仅确立了这样一些条件,即两个项目必须在接近中发生(并具有充分的发生频率),因此,这种方法与其他方法一样理想。运用这种方法,人们能够在测试中获得＋＋和＋－的结果,在反应时方面不会出现任何差异,而且,也不会发生任何错误反应。

由此可见,从严格意义上说,勒温的结果是与阿赫的结果相矛盾的,也是与指导这位作者的假设相违背的。为了解释这种矛盾,勒温引进了一种全新的理论。我们已经知道,他不承认一种联想能够成为任何活动的"原动力"。原动力必须是其他某种东西,一种心理活动,一种意图,或者一种"心向",等等。于是,他得出结论说,只有在一种错误心向发生作用的地方,错误反应才会发生;也只有在两种心向冲突的地方,延误才会发生。为了证明这种假设,他致力于高度独创性的实验,这些实验简化到可在教室里实施。它的基本思想是,同样的结果可以由两种不同的活动来实现,一种活动比另一种活动更容易实现这种结果,被试将迟早选择较容易的活动,即使该活动不是指令所要求的活动。只要满足原来的条件,就不会导致任何错误,也就是说,错误的操作导致正确的结果。然而,如果这种错误活动在不会产生正确结果的材料上实施,那么,其结果将是错误的,或者在两种活动之间产生一种冲突,结果造成延误。这些结论已被广泛证实。

程序如下:通过上述方法把 8 个音节与其他音节"联合起来"。那就是说,其中 4 个音节必须由另外的音节来反应,在后者,一个起始的硬的辅音被一个软的辅音所取代,反之亦然,一个起始的软的辅音被一个硬的辅音所取代(押韵音节),例如 tak-dak,而其余 4 个音节则必须颠倒(颠倒音节)。每个音节出示 32 次,如果与先前系列中大量的重复次数相比,这种出示次数只不过是个小数目而已。一个重要方面是出示的方式。开始时所有 4 个押韵音节都出示,在下一个音节被被试叫出之前,每个音节再重复一次,例如:

刺激	反应
dak	tak
dak	tak
ged	ked
ged	ked

整个程序被重复,接着同样的音节用简单的选择重复2次,而不进行连续重复。颠倒音节也服从于同样的程序。然后,进行第一种材料和第二种材料的更多重复,直到两种材料都达到了出示32次的要求为止。在学习完成以后,测验便开始了。再次向被试出示音节,被试的任务是用改变元音的方法作出反应。首先叫出20个新音节,然后是一个押韵音节,接着又是5个新音节,然后是一个颠倒音节,再下面是6个新音节,一个押韵音节,一个新音节。也就是说,先前练习过的3个关键音节散布在大量的中性音节之间,结果是没有错误反应发生,那些关键音节的平均反应时恰好与新音节的平均反应时相同。于是,第一次测验仅仅证实了先前的结果。但是,现在加上了一个新的测验:指令是硬音—软音的押韵,头4个音节是4个押韵音节,该活动先前曾被练习过。后面跟着两个音节,取自这些同样的押韵音节,然后出现第一次测验的颠倒音节,接着是其他两个押韵音节。结果是颠倒音节的反应时比押韵音节的反应时长144%(880毫秒)。同样的颠倒音节,在第一次测验中尚未导致任何迟缓,在这次测验中却产生了很大的迟缓。该试验以一次最后的测验而告结束,在这次最后的测验中,任务是把音节颠倒过来,其程序与先前的相同,只有一个例外,即在第一次测验中用过的两个押韵音节被散布在颠倒音节中间。它们中的一个音节导致错误反应,而另一个音节则导致74%的迟缓(480毫秒)。

由于同样的音节在一个测验中表现出迟缓和错误反应,而不是在另一个测验中表现出迟缓和错误反应,因此,造成这些结果的原因不可能是联想,这种联想本该在两个测验中的任何一个测验中出现的,两者都与十一类型一致。其中的真正原因是容易发现的。在最后两次测验中,供特定活动(押韵和颠倒)的第一批6个音节已经分别与押韵音节和颠倒音节一起学习过了。由此可见,有两种方式可以完成给一个押韵音节进行押韵的任务:一种方式是实际地给它押韵,另一种方式是用先前做过的音节来做它,也就是再现随之发生的音节。与此相似的是,当我们被问到8+4=?时,我们回答12,无须通过再现这一新的加法过程。同理,被试在给一两个押韵音节押韵以后,他们除了再现以外实际上不会再给它们押韵了。为了学习的目的,原先的呈现方式(每个音节的双重呈现)已被选择,因为它倾向于促进这种程序方式。可见,存在着一种再现的心向,它与押韵的心向差不多,如果把这种心向应用于一个不适当的音节(例如,把颠倒音节用来押韵,把押韵音节用来颠倒),则必将导致错误反应,或者,如果心向受到阻抑,则必将导致相当大的迟缓。另一方面,正如在第一次测验中那样,当一些中性音节被提供来执行一项任务时,只有一种方式可供选择,再现也就无法发生。结果,再现的心向得不到发展,而押韵音节和颠倒音节就像新音节一样容易地和迅速地以正确方式变化。

这一解释使阿赫的假设失效,我们在前表上曾列举了阿赫关于 O+ 的假设,该假设认为,再现仅仅是没有任何特定心向的联想结果。

勒温的研究与我们理论的关系

然而,我们的主要问题仍然未被回答:勒温的研究结果与我们的理论一致吗?勒温的研究结果是否证明,一种联想,或者更确切地说一个组织的痕迹系统,对新的过程没有施加力量吗?就我可以看到的而言,我认为勒温的研究结果没能证明这一点。因为,我们为他的实验所提供的解释同样可以在这里应用。在有些事例中,只要没有发生迟缓或错误反应,那么旧的痕迹便与新的过程处于交流之中,这一点没有得到证明。但是,如果这些旧痕迹未与新过程交流,那么,它们当然不能对新过程施加什么影响了。如果这是对勒温研究结果的真正解释的话,那么,勒温的研究结果便与我们的理论完全一致了。由此可见,勒温的研究结果的重要性丝毫没有消失。不是一个痕迹对一个过程施加了影响,而是一个痕迹对相反关系施加了影响,也就是由一个过程产生的影响作用于痕迹系统。它们证明,按照联想理论,一个 a 的重新唤起并不必然具有使 b 重新唤起的倾向,尽管这个 b 在以前曾经与 a 联系在一起,因为 a 的重新唤起并不一定与 ab 痕迹进行交流。换言之,即使就联想理论本身而言,联想定律也是不完整的。只有当 a 与旧的 ab 痕迹系统建立起一种交流关系时,a 的重新发生才能引起一种使 b 出现的倾向。

勒温的实验还不止证明上述这些东西,它还揭示了决定这种交流的一个十分有力的因素。然而,在我们继续讨论下去之前,让我们简要地讨论一下这个事实本身。看来,该事实是不言而喻的,可是它在联想主义心理学中并没有得到承认,尽管早在 1889 年霍夫丁(Hoffding)已经清楚地指出并有力地强调过这个问题。霍夫丁的论争如下:我看到一只苹果,它使我想起了天堂。现在,我正在看到的苹果决不会与一幅天堂的图景联系在一起,而是与一幅苹果的图景联系在一起,该图景与眼前看到的苹果不同,可能已被包含在一幅天堂的图景之中,或者一个苹果的观念可能已经与一个天堂的观念结合在一起了。不论这可能是什么,霍夫丁认为,眼前的苹果必须与旧的苹果的记忆痕迹联结在一起,因为只有这样才能导致天堂的观念。

"替代定律"(或"同化定律")

这种解释并没有为当时完全处在联想主义统治之下的心理学家所接受,因为它暗示着由新过程唤起的痕迹相似性效应。心理学家更喜欢把他们的理论建立在接近性定律的基础上。于是,他们引入了另一条定律,也就是替代定律(law of substitution),借此解释同样的事实。这个定律认为:如果在 a 和 b 之间形成一种联想,那么,不仅 a 能够再现 b,而且与 a 相似的任何一个 a' 也将能够再现出 b,由 a' 引起的再现倾向的强度随着 a' 和 a 之间的相似性程度而变化

(缪勒和皮尔扎克)。在美国,该定律被称为同化定律(law of assimilation)——这并不是一个理想的命名,因为这个术语早就被冯特(Wundt)用于一种十分不同的现象上去了(参见第三章)——它在罗宾逊最新提出的联想主义观点中作为一个真正的定律而出现。然而,在我看来,该定律仅仅对它认为是事实的东西进行了命名,而没有对它进行任何解释。它确实应该是一种解释,如果人们像霍夫丁那样认为,痕迹 a 可以由一个过程 a' 来重新唤起,尽管过程 a' 与 a 不同,但是与 a 相似,因此,a' 可以再现出 b 来。如果没有这种假设(替代定律意欲使之无此必要),那么,该定律便无法与联想主义的主体相联结,倘若人们把联想主义视作一种解释性理论,而不仅仅是纯经验主义定律的汇集的话。

但是,即使作为这样一个经验主义定律,替代定律也是错误的,因为它直接导源于勒温的实验,而勒温证明了比霍夫丁所声称的更多的东西。为了把勒温的结果用于霍夫丁的例子,我们可以这样说:如果我们曾经在一个花瓶旁边看到过一只苹果,以后又看到了这只苹果,那么,无须引起再现花瓶的倾向。只有当这个例子的特定条件保证新知觉与旧痕迹相互交流时,这种再现才会发生。对下述的情形来说,即我们现在看到的苹果不同于我们当时看到的位于花瓶旁边的苹果,这无疑也是正确的,因此,替代定律本身包含着尚未解决的问题:一个过程何时与一个痕迹进行交流?

再现中态度或心向的作用

对于这个问题,勒温的实验提供了一个具有高度重要性的回答:实验证明,这种交流可以由一种"心向"、态度、意图创造出来,或者换言之,始于自我系统内的力量,在引起属于环境场的一个过程和一个痕迹之间的交流方面可以成为有力的因素。我们曾在前面得出过同样的结论,一次是在第十一章结束时,当时我们讨论了回忆一个名称的尝试,另一次是在本章开头,当时我们讨论了勒温的另一个实验。由此可见,勒温的实验结果要求自我环境的假设,我们已经在第八章介绍过,这种假设始于完全不同的前提,通过这种假设,自我和环境处在动力的交流中,既体现在实际存在的组织过程中,又体现在这些组织痕迹的积累中。

在我们探究这一观念并彻底讨论交流问题之前,我们想就勒温的研究与我们的理论两者的关系补充几句话,并就联想学习的其他类型补充几句话。

尽管我们的理论意味着,从再现的意义上说,痕迹和过程的交流(通过痕迹中产生的张力进行交流)倾向于在痕迹和过程之间创造一种力,但是,正如前面已经指出的那样,它并不意味着这种自发的再现会不可避免地发生。首先,如果过程在没有心向或态度进行协作的情况下已经形成了它的痕迹,那么再现才会真正成为自发的。我们必须假设这种可能性,这一点后面将会说明。但是,即便当交流发生时,痕迹系统中创造的张力也不可能像在记忆实验中发生的那样,作为对整个再现过程的解释。被试发出再现项目的音,这一事实确实大于从我们假设中产生的东西。不论被试是否这样做,他必须依靠一些力,这些力外于痕迹和过程之间的力,也就是依靠态度、意图、心向等。如果人们把再现的这些方面也包括进去,那么,勒温关于联想(或一种有组织的痕迹的存在和参与)不能成为任何心理活动原动力的主张便完全是正确的了。

然而,我们还必须比这个更进一步。旧的大痕迹系统与当前的部分过程处于交流之中,而在任何一种有控制的活动中,偏离该活动目标的再现毕竟很少发生,即使以"知识"(knowledge)或"思考"(thinking about)的形式也很少发生。苛勒(1929年,p.335)曾坚持这一点,对我们来说,用上述几个词似乎已经表白清楚了。即便如此,也未与我们的理论相矛盾。正如我们所知,一个有控制的活动意味着受强大力量支配的活动,这些强大力量对于过程的组织和由过程建立起来的痕迹来说,既是部分地外在的又是部分地内在的(参见第九章中的讨论)。与这些力相比,痕迹中产生的张力通常可以忽略不计。

"联想学习"的其他类型

甚至还可以合理地提出这样的问题:当一个部分过程与整个痕迹的一个部分交流时,整个痕迹中的这些张力是否会在各种条件下都引起。迄今为止,我们把再现视作是整个痕迹可能对一个新过程施加的唯一影响。但是,这与事实相距甚远。我们还可以选择另一种类型的所谓联想学习,以便发现一种十分不同的效应。无意义音节的方法是心理学的早期成就——德国心理学对学习所作的贡献。从那时起,已有其他两种方法得到了介绍,它们在其应用范围方面逐步超过了旧的方法。其中一种方法是条件反射法(the method of the conditioned reflex),它创始于俄国;另一种方法是迷津法(the method of the maze),它创始于美国。这两种方法与无意义音节法在项目联结的任意性方面具有共同特征。条件刺激能够随意选择,与此相似的是,迷津的结构具有不同的死胡同和正确通道,这也是完全由实验者任意决定的。情境本身并不要求什么,譬如说,铃声与喂食相联系,或者按照不同调查中使用的任何一个原则来构建迷津,这种情况正如音节 zut 很少要求音节 pid 跟着它发生一样。我们不准备探讨条件反射实验,因为这些实验的结构无法对我们的问题作出任何直接的贡献。此外,条件反射理论在过去几年中已被探究性地讨论过了,特别是托尔曼和汉弗莱的讨论,因此,即便有什么新的讨论也无法使我们在这个问题上进一步深入。

迷津实验

另一方面,迷津实验在富有独创性的实验者手中获得了一种新的意义。这种新的意义与我们目前的讨论有关。在通常的迷津实验中,动物在学走迷津的过程中试图获得放在食物箱里面的食物。学习的进步表现在动物越来越迅速地获得奖励(食物),错误的发生率越来越低,也就是说,进入死胡同的次数越来越少。这里,学习是由行为不断趋向最佳类型来界定的,它是同一种成绩的稳定改进,在这个意义上说,它与学习无意义音节系列又十分相似。然而,人们可以用下列方式改变这一程序,即"学习时期"第一部分的成绩与"学习时期"第二部分的成绩不同。我们要问,第一个成绩是否有助于第二个成绩呢?

"潜伏学习"

最好的和最简单的方式莫过于明茨博士(Dr. Mintz)曾经向我建议过的一种方式:把动物置于迷津,使之耽在里面(譬如说达两个小时),而不给它任何奖励。这样进行了若干次以后,便在食物箱中放入食物。接着比较一下这些动物的行为与控制组动物的行为,后者以常规的方式在同样的迷津里接受训练,也就是从训练的第一天起就能在食物箱里获得食物。就我所知道的而言,这样的实验还没有实施过,但是,由布洛盖特(Blodgett)、托尔曼和杭齐克(Honzik)进行的实验[我们在本章开头曾简要地提到过]允许预示该实验如果被实施的话将会发生的情况。托尔曼和杭齐克将老鼠置于迷津,不给它们任何食物,然后,一旦它们到达出口处,便把它们从迷津里取出。两小时后在老鼠的生活笼子里而不是迷津里喂食。这样经过了十天以后,在第十一天时,开始把食物放入迷津的食物箱。"于是,从第十二天开始,老鼠在获取食物的时间和发生错误等方面都表现出明显的下降"(托尔曼,p. 52);实际上,它们的错误曲线在那天(即第十二天)甚至比控制组的错误曲线降得还要低,而控制组的老鼠在迷津里以同样的天数奔跑,并且都在出口处得到食物,不过第十一天,所犯的错误要少得多。当然,用这种方式来表示结果是不正确的。因为"错误"这个术语仅仅对那些试图迅速地到达食物箱的老鼠才具有意义,也就是说,对于第十一天以后的控制组和测验组来说才具有意义。在那天之前,进入死胡同无论怎么说都不是一种错误,只有对那些想把该结果列表的实验人员来说,可能算作错误。实验证明,用大量的"错误"来探索迷津的活动对迅速无误地到达食物箱(活动的目的就是到达食物箱)这一期望的效应来说是有利的。但是,在前者,关键之前的活动和关键活动之间的差别要比后者的差别大得多;在前者,旧活动的痕迹具有不能再现活动的效应,可是却具有产生新活动的效应。因此极有可能的是,由明茨博士提议的实验也将取得积极结果:一旦生活在迷津中的老鼠产生了觅食的动机,它们就会迅速地找到食物箱。

作为一种痕迹影响的例子的"潜伏学习"并不是再现

于是,我们便遇到了一个非再现的痕迹效应的例子。由迷津中得不到奖励的奔跑所形成的痕迹成为越来越清晰的系统,它形成了场的一个部分,在这个场部分中,后一种被激发的活动发生了,并按照场结构和动机对它进行指导。

看来,没有必要去作出这样的假设,即老鼠在其觅食的奔跑中将被驱使去选择一条引向错误方向的路径,因为它已经在无动机的活动中对这条错误路径作出过选择。

痕迹对一个过程施加的一般场影响

因此,该实验把我们带回到刚才被打断的讨论上面去。我们现在发现,一个部分过程与一个作为较大痕迹系统的一个部分的痕迹进行交流,在与整个痕迹相对应的再现意义上说,无须受到这个痕迹的影响。这种交流可能具有不同的效应。看来,这一结论与我们苦心经营起来的理论发生冲突,我们的理论认为,这种交流将会在施加一种朝向再现的力的整个痕迹里面建立起张力状态。但是,一旦我们考虑到这种交流对痕迹的影响必须依靠痕迹的性质时,上述这种矛盾便消失了。在目前讨论的例子中,影响测验奔跑的痕迹系统可能不是先前奔跑的痕迹系统,而是迷津模式的痕迹系统,正如前面提到过的那样,这种迷津模式的痕迹系统是从其他痕迹中产生出来的。而且,并不是所有的痕迹都可以如此被构成,以至于不对称的交流改变了它们的稳定性,从而引起应力。只有这种情况下的痕迹才能引起自发的再现,而且,也许由于它们数量较少,因此,按照我们的理论,自发再现的发生率比我们先前讨论过的要低。由此可见,勒温对这一概念的批判变得更有意义了。

若要说出哪些痕迹属于一种,哪些痕迹属于另一种,这需要拥有更多的痕迹知识。我的假设的主要价值(如果确有什么价值的话),在我看来,似乎更多地在于它们的启发式特征,而不是它们的解释性特征。我的一些假设提出了联想心理学不可能提出的问题。对我们的问题进行回答的唯一标志在我看来是:产生自机械学习的痕迹,通过与部分过程的交流,特别倾向于具有张力,从而能够发动自发的再现。把这一点与下列事实联系起来似乎是有道理的,这个事实是,痕迹形成了或多或少孤立的、过于自信的系统,而大多数其他痕迹则必须与无数其他痕迹系统相联结。

但是,对托尔曼—杭齐克的迷津实验进行的讨论为我们提供了更加重要的启示。一个痕迹系统除了再现以外还能对一个过程的连续施加影响。这个实验所研究的影响是对动物活动的影响。我们可以很好地对它进行描述,由无奖励的奔跑发展起来的痕迹,在由觅食动机激发起来的奔跑中,以一种与动物能看到迷津的全部详情或许多详情的方式相似的方式影响它的活动。如果动物看到一条胡同的一端已被封死,那么它将回头跑;如果动物看到另一条胡同通向诱饵,它便会进入这条胡同。托尔曼—杭齐克的实验和我们的日常经验都表明,痕迹可能具有类似的效应。动物在"潜伏学习"期间发展起来的东西是迷津的痕迹;这种痕迹随着与目前的活动相交流,或多或少像对迷津的知觉进行调节那样对它进行调节。正因如此,当我需要一本书的时候,我便离开椅子转向此时处在我知觉场以外的房间一侧的书架。我所处的整个房间的痕迹场与我目前的活动进行交流,从而以一种使需要或意图启动的有序活动成为可能的方式引导它。再者,从动力学上讲,不论我需要的那本书处于我的知觉场之内的书桌上,还是处于房间一侧的书架上,都是没有多大关系的。

为什么这种理论不是联想主义的

但是,这难道不是联想主义吗?让我们来看一下这个声称意味着什么。在我撰写这一章的时候,我想起了一个关于"潜伏学习"的实验。这个实验与托尔曼的著作有联系,因为我是首先在他书上读到的。因此,有关该实验的观念再现了这本书的观念,而这本书又联系到了我把书放上去的那个书架,从而产生了书架的观念。现在又怎么样了呢?书架的观念又与其他许多观念相联系,例如,与我的书架上所有再版书本的观念相联系;这些观念或其他一些联想的观念是否会再现呢?一点也不会。发生的事情是,我从椅子里站起身来,走到书架旁伸手取书。托尔曼的书与这个活动相联系吗?如果没有联系,那么,根据纯粹的联想主义原理,我为什么站起身来?在提出这种联想主义解释时,我并未考虑以下事实,即整个解释赖以存在的自发再现是一种极少发生的事。即便这样,该解释未能说出它究竟表明了什么。就算我的最后活动需要某种其他的解释,那么在此之前的事件又是什么呢?为什么对托尔曼书籍的观念再现了书橱的观念,既不是许多夜间专题讨论会上我对它进行讨论的观念,也不是我对它进行回顾的观念(这种回顾通过"频因"和情绪强度而得到青睐)呢?这肯定不是一种偶然性,即此时此刻书架的联想被证明是最有力的联想,而在其他时刻,完全不同的联想将占支配地位,我在这些场合里不会想起书的位置,只是想起书的内容,或者它的作者,如此等等。当然,我不能想起这些东西中的任何一个东西,除非"托尔曼痕迹"与所有那些其他的痕迹相联结。但是,这里既没有联结的事实,联结也没有被证明是联想的类型。总之,如果人们把我对上述活动的解释称之为联想主义的解释,那么便是回避问题了。联想是一种不明智的假设,它假设了一种意义,使之实际上与经验同义。一种以经验为基础的理论,例如一种发生学理论(genetic theory),正是由于那种原因而成为一种合宜的理论。由此看来,它是对联想主义的巨大依恋。但是,联想远非经验。它是妥善处理经验的一种方式,是用科学方法处理经验的一种概念。因此,对联想主义的批判(不论如何否认它),却不是对发生学理论的拒斥。我相信,除了联想概念外还有其他更好的方法来妥善地处理经验问题。

有关记忆的一些早期实验

在许多方面,上述关于联想学习的讨论还是不完整的。它尚未提及大多数早期实验的结果，之所以会出现这种情况，是由于这些早期实验的理论意义至少是十分模棱两可的。让我们以约斯特定律(Jost's law)中表述的事实为例：有 A 和 B 两个系列的无意义音节，在这两个系列中，A 的学习在 B 的学习之前若干时间进行，A 的重复次数要比 B 的重复次数多，按照测试它们过程中运用的方法，A 和 B 的排列也是不同的。运用配对联想方法，+B 可能成为保持得较好的音节系列，而通过节约法(saving method)，A 可能表现得更加优越。传统的解释是单因素(one factor)的解释，这与只知道一个变量(也就是联想强度)的传统理论相一致。该理论认为联想的平均强度在 A 里要比在 B 里更强些，因此，A 系列的无意义音节可以更容易地被重新学习，而个别位于阈上的(supraliminal)联想，也就是说，它们的强度足以产生再现的联想，则在 B 系列里更大些，这说明了配对联想中它具有优越性的原因。但是，这样一种简单的解释似乎也忽视了情境的动力学。这里涉及三个问题：第一个问题是，一旦痕迹与过程进行了交流——这在我们的术语中是与旧理论相等的——痕迹便会对过程发生影响。第二个问题是，目前的过程与痕迹之间的交流情况。第三个问题是，新的重复对存在的痕迹系统的影响。在我看来，单凭第一个问题，这些事实似乎不大可能找到它们的解释，但是，由于我们缺乏实验证据去确定这一点，我将略去这些效应，以及其他一些效应。

但是，我们关于联想学习的讨论之所以很不完整，还由于以下原因，即我们的讨论对上述列举的第二个问题尚未作出回答，尽管我们一再遇到过这个问题。然而，它还不是一个专门涉及联想学习的问题。在我们关于技能获得的讨论中，这个问题同样是十分明显的，而且，对于再现问题来说，其重要性也是明显的。因此，在我们讨论这个问题之前，让我们转向这一新的记忆成就。

第十三章

学习和其他一些记忆功能（二）

再认以及过程和痕迹之间的交流问题：再认理论及其问题；过程和痕迹之间交流的原因；相似律；其他定律。新过程的唤起——思维：逻辑学和心理学的关系；问题的解决——两个步骤；M. R. 哈罗尔的实验；如何找到解决问题的办法？"顿悟"；知觉中的组织和思维的比较；实验研究；原始的重组；效果律。我们的行为图景；智力；重组的不同类型。

再认以及过程和痕迹之间的交流问题

"再认"（recognition）这个词究竟指什么，恐怕不大容易进行界定。例如，我把一支铅笔再认为一支铅笔以及我把我的特定铅笔再认为我的铅笔；但是，在某种意义上说，后者的效应只有当我在其他铅笔中看到我的铅笔时才会发现，而不是当我把铅笔从口袋里拿出来时发生。麦考迪（Maccurdy）提供了一个类似的例子："如果我在伦敦遇到我的一名学生①，我认出了他；可是，如果我在剑桥大学的讲堂里遇到同一个人，我不一定会认出他来，尽管我知道他在那里"。

因此，我们首先必须区分"类别"再认（class recognition）和个体再认（individual recognition），其次，必须区分明显的再认（explicit recognition）和含蓄的再认（implicit recognition）。所谓明显的再认，具有麦考迪在伦敦遇见他的学生的特征，所谓含蓄的再认，意指他在课堂里遇见他的学生。在我看来，如果说后一个例子中没有发生任何再认，那是不正确的。这是因为，如果我或麦考迪被问起，我们是否认识我们班级里的这个学生或那个学生，那么，我们会毫不犹豫

---

① 我在这里用"学生"这个词取代麦考迪的"班级"一词，以免产生不必要的模棱两可。

地说"认识",这个回答并不假设该问题已经改变了对学生的知觉(perception);我的肯定回答是知觉的直接产物,即便它缺乏那种在不同的环境中(例如在伦敦)会有的熟悉感。

我们仍须处理不同的情况,而再认理论则不断发现它被那种困难所牵制。冯·雷斯托夫(Von Restorff)已经指出,类别再认和个体再认之间的差异无法使麦考迪毫不含糊地去评价她自己的量化结果。

再认理论及其问题

曾有一段时间,再认成为心理学中的主要问题。卡扎洛夫(Katzaroff)在1911年发表了论述这个课题的论文,在该论文中他列举并讨论了14种不同的理论。对于每一种再认理论来说,总有一个基本的事实是突出的:一个物体A不能被再认,除非某个物体A'曾经在先前发生过。除了惠勒(Wheeler)的理论之外,按照任何一种理论,这意味着当前的过程处于一个A'痕迹的某种影响之下。惠勒的理论在应用于再认方面比之应用于回忆方面要少得多,这就是我的理解。问题是:这种影响属于何种类型,是什么东西导致了这种影响,也就是说,用我们的术语来表述,为什么过程与痕迹A'相交流?1906年,舒曼(Schumann)在调整了有关阅读心理的实验研究后说:"今天,下列的假设已经变得相当普遍,也就是说,在再认的活动中,对某个物体的先前知觉的意象(images)重新得到激发,与感觉(sensations)相融合,并为知觉过程提供它的'熟悉性质'(quality of familiarity)"。按照这种观点,再认可以用同化(assimilation)来解释,然而,由于我们已经拒斥了同化的假设(第三章),我们不会接受关于再认的这种解释,但是,我发现巴特莱特(Bartlett)对这一假设的评判过于苛刻了,他曾经说过:"这是一个毫无结果的假设的明显例子,它不可能被证明或反驳"。这是因为,除了它的特定形式以外,该假设还主张在现在发生的过程和先前过程留下的痕迹系统之间存在一种联结。这种主张尽管像我们所有的生理假设那样,经不起直接证明的检验,但却找到了一些事实来作为证明的依据,如果没有这些假设,这些事实将得不到解释。舒曼本人经常指出这样的事实,如果把一个由25个字母组成的单词在视速仪里呈现出来,其各个部分便能清楚可见,而且,这个清楚地看到的单词可能或多或少不同于实际呈现的那个单词,反之,对25个互不联系的字母来说,充其量只有一小部分能被清楚地看到。当然,我是赞同巴特莱特的观点的,如果他单单把批评用于感觉和意象进行融合这一假设的话,但是,即便如此,我也必须为舒曼辩护,即在他的报告发表之时,尚无人看到过程和痕迹之间进行联结的可能性。

卡扎洛夫和克拉帕雷德的理论

在再认中,正如我在前面说过的那样,过程受痕迹的影响最小是任何一种再认理论必须作出的假设。但是,卡扎洛夫认为,这种最小的影响是不够的,对此克拉帕雷德(Claparede,1911年)予以有力的辩解。克拉帕雷德提供了一些例子,其中无疑发生了痕迹和过程的联结,但是再认却未能出现。他的材料大部分取自催眠后暗示,取自柯尔萨科夫综合征(Korsakoff syndrome),这种综合征以极度的记忆缺失为特征。他指出,柯尔萨科夫的病人一方面在再认的成就和随意回忆(voluntary recall)之间存在不一致,另一方面在再认的成就和医院里的定向之间存在不一致。前者可能完全丧失,而后者则可能仍然正常。这样,一位女病人对医院的定向可能完全良好,例如她可以找到去厕所和卧室的路线等等,然而却不能认出她的护士,尽管护士已经服侍她达六个月之久。如果护士问她,她是否认得她,女病人会回答说:"不,女士,我敢用荣誉打赌,我不认识你"(克拉帕雷德,p. 84)。我之所以重新引用这段话,是为了表明缺乏再认将意味着什么,而且,这与我们前面讨论过的课堂里的那个学生的例子多么不同。根据那次讨论,克拉帕雷德的病人的回答表明缺乏个体再认,而不是缺乏类别再认。实际上,正如麦考迪指出的那样(麦考迪自己的观察充分证实了克拉帕雷德的观察),护士不仅作为一名妇女被再认,而且还作为一个需要尊敬的妇女被再认。克拉帕雷德用这些病人开展了实验;麦考迪重新做了一个特别简练的实验。我在这里把它省略了,并代之以麦考迪本人提供的一个富有独创性的实验:"我向病人讲出我的全名和地址,可是,过不了几分钟,这些全被'忘得'一干二净。随后,我向被试提供一份有10个基督教名的名单,一份有10个姓的名单,还有一份涉及街道数目和街名的名单。要求被试从这些名单中猜测哪一个是我的名字。使我感到惊讶的是,猜测的结果与正常被试用这些材料作有意记忆时得到结果几乎同样正确。但是,被试所保留的反应仅仅是一种猜测,它并不与任何'我'的感受相联系;无论在什么场合,病人并不认为他有理由说出为什么从名单中选出这个名字而不是那个名字。"在这实验中,令人注目的一点是(正如克拉帕雷德从事的那些实验一样),新过程——"猜测"——肯定与实验之前提供的信息所留下的痕迹相互交流。这已为选择的正确性所证明。不过,尽管过程与痕迹进行交流,它却缺乏再认,正确的选择是在没有确信的情况下做出的,它们以纯粹猜测的形式出现。因此,单单交流是不够的,还必须补充其他因素,这种因素是由卡扎洛夫和克拉帕雷德发现的,麦考迪或多或少地同意他们的解释,也就是对"我的感受"的解释。用卡扎洛夫的话来说:"人们都可以因此做出这样的假设,熟悉性感觉(sentiment de familier)伴随着一种反复的感觉,前者来自这样的事实,即当这种感觉第一次通过我们意识的时候,它恰恰与我们的'自我'(Ego)感觉联合起来,而且,可以这样说,不仅与'自我'感觉联合起来,而且被它所包围。"

今天,看来有点令人惊讶的是,这一理论竟然得到如此少的支持。巴特莱

特尽管区分了四种再认理论,但他却根本没有提到它。然而,我们不要忘记,在这一理论提出的时候,实验心理学甚至还没有给自我以任何地位。因此,在我1912年出版的著作中,我拒绝接受克拉帕雷德的解释,然而现在,当自我在业已提出的心理学体系中占据突出的地位时,我承认它的价值,并且对它的作者们的洞察力表示钦佩。许多理论家承认"熟悉感"(feeling of familiarty),也就是霍夫丁的"Bekanntheits-Qualitat"(熟识的性质),但是,他们已经对这种讨论感到满足,不论这种性质是经验的一种情绪成分还是经验的一种理智成分,而且不承认这样的事实,即所谓"熟悉"就是"对我熟悉"(familiar tome),也就是说,再认涉及一种物体—自我关系。

这一理论和我们的自我假设

我们的自我理论,正如它在前面几章被提及的那样,允许我们接受克拉帕雷德的理论,一方面使它从他开展研究的那个时期所产生的一些结果中摆脱出来,另一方面在没有任何新假设的情况下把它合并到我们自己的体系中来。在第八章,我们看到了有关一个永久性自我系统的必要假设如何涉及一个环境系统的假设,这个自我系统与环境系统原来保持分离状态。在第十章和第十一章,我们根据痕迹理论的观点发展了这一假设,现在我们可以来收获它们了。我相信,它巩固了我们理论的地位,而我们的理论导源于事实,这些事实与那些现在即将被我们理论解释的事实不同。它以一般的组织理论为基础,而现在则为再认和随意回忆提供了一种解释。

在我们的理论中,痕迹以一种潜伏的形式保持了该过程的动力。我们还了解到,我们的环境场(environmental field)并不由一些"消亡的"或"无关紧要的"事物所组成,相反,这些事物都具有动力的特征,例如相貌特征、机能特征和需求特征等。所有这些特征都意味着一种物体—自我关系,也就是自我和环境物体之间力的相互作用。因此,有关一个物体的痕迹通常是较大痕迹的一个部分,对这个较大痕迹来说,该物体只是一个亚系统(sub-system),而自我的一个部分则是另一种亚系统,这两个亚系统由那些与知觉过程中获得的力相一致的力来联结。因此,痕迹与一个新的物体过程的交往意味着(至少从潜能上说)整个痕迹与新过程的交往。按照克拉帕雷德理论,只有当整个痕迹都参与交往,而不仅仅是物体的亚系统参与交往时,再认才可能发生。

这是把克拉帕雷德的理论翻译成我们自己的理论。当我们根据克拉帕雷德理论的一般方面来正视他的理论时,这种情况将被看得格外清楚。"人们必须在两种联结之间作出区分:一种是在观念之间最终建立它们自己,另一种是在观念和构成自我的观念(也即人格)之间建立它们自己。在纯粹被动的或反射的观念联想情形里,第一种联结单独起作用;而在涉及自我的随意回忆或再认的情形里,第二种联结将发挥其作用"(克拉帕雷德,p. 86)。用我们的话来说,与痕迹系统的一个部分进行交流可能使并不包含自我的系统的其他部分发挥作用,或者使那些属于自我的部分也发挥作用。对当前过程的影响在这两种情形里肯定是不同的。

这种情况与执行者的指令(the command of the executive)很相似。在已被证明富有成果的自我内部力量、自我环境力量和内部环境力量之间的区分,在这里也找到了它的应用。影响过程的痕迹内的力量可能属于这三种力量中的任何一种。第一种力量尚未被克拉帕雷德提到过,但是另外两种则与他的区分是对应的。

这一理论允许推论某些条件,在这些条件下再认或多或少可能发生。由于它依靠特定痕迹系统中自我部分的参与,因此,这个系统的结构将具有很大的重要性。自我和物体部分之间的动力交流越密切,那么,如果其余条件都相同的话,则再认就将越有可能发生。现在,在行为环境的结构中,有一些事物接近自我,有一些事物则离开自我,甚至还有一些事物实际上没有自我联结。按照这种理论,按照所有与事实相符合的现象,前者将比后者更好地被再认。在许多例子中,自我—物体的关系是由于(或者至少部分地是由于)自我的兴趣和态度。因此,无论什么东西,只要令我们感兴趣,吸引我们的注意力,相对来说都是容易被再认的。麦考迪曾这样说道:"面对诚实的观察者的充分证据,我们否认曾经做过的一些事情,实际上这些事情是'心不在焉'时从事的活动,是自主的活动。自主的行为(automatic behaviour)是没有'我'依附于其上的。"

熟悉性

我们能否解释为什么熟悉性的积极印象无法随我们太熟悉的物体而出现?当我们以这种方式系统地阐述这个问题时,我们必须记住,即便是十分熟悉的物体,如果它们出现在新的环境里,也可能携带熟悉性;我们可以回忆一下麦考迪的学生例子。这一事实为我们的解释提供了一条线索。当我们在正常的环境中看到熟悉的物体时,我们对该物体的态度一般说来也是正常的态度。因此,与痕迹交流的过程并不是简单地感知物体的过程,而是由于与占优势的态度相一致,致使感知物体的过程与自我具有明确的关系。这种新过程马上与整个自我—物体的痕迹相交流;反之,当物体在一个新环境里遭遇不同的自我态度时,交流就会在物体过程和物体痕迹之间发生,而一个部分痕迹与一个部分过程进行这种交流的结果将是我们再现理论中产生的结果:整个痕迹将处于张力状态之中。我们从这种张力(tension)中得出自发再现的可能性,而且再认确实十分经常地由自发再现所伴随着。但是,现在我们被迫得出这样的结论:如果这种应力(stress)包含自我—物体的痕迹模式,则它也必须说明再认中的熟悉性。可是,另一方面,我们看到在实际的再认例子中也包括了一些其他的例子，在这些例子中，一个已知物体在没有这种特征的情况下也出现了。于是，我们必须假设，在这些例子中，过程和痕迹之间的交流发生了，然而，它是这样一种交流，即痕迹中不产生任何应力的一种交流。当我们把这个例子与没有再认的例子进行比较时（例如，克拉帕雷德的柯尔萨科夫综合征病人就属于没有再认的例子），我们确实看到，在这两种情形之间存在一条分界线，而在头两种情形之间（也就是在伦敦遇到学生和在教室里遇到学生）却没有分界线。

我们的理论也说明了下述事实，即熟悉性可能或多或少是令人印象深刻的。我们的理论必须用物体—自我痕迹中建立起来的应力数量来解释熟悉性的印象深刻性（或强度），这种应力可以在强度方面连续不断地发生变化，这也是来自该理论的直接结果。

在应用这一假设时，人们不该忘记我们的阐述是大大简化了的。为了找到基本的动力学原理，它把一个物体与一种自我关系分隔开来了。实际上，会得到更加复杂的条件。正是为了了解这种复杂性，人们首先必须掌握一种简单的（即便是虚构的）情形的原理。

在再认中由痕迹或过程施加的影响究竟属于何种类型的问题，只得到了部分的回答。我们关于施加影响的痕迹说得较多，而对实际的影响本身倒反而说得不够。个中的原因是很明显的。我们知道这种影响仅仅通过直接经验——我看不到对动物行为的任何一种观察如何才能揭示这一点，因为柯尔萨科夫综合征病人在其正常环境中的行为看来与正常人的行为没有什么不同；没有再认的行为和没有随意回忆的行为这一事实是经不起这种观察检验的——但是，我们不知道痕迹和过程之间动力联结的任何情况，只有一个例外，那就是为了对直接经验的事实做出解释，或者为了对在直接经验帮助下解释的那些事实做出解释。因此，我们在目前所能说的一切是，与一个痕迹进行交流的一个过程肯定不同于那个不与痕迹交流的过程，而且，它与之交流的痕迹的种类也将决定这种影响的性质。

过程和痕迹之间交流的原因

现在，我们可以最终转向经常被推迟的那个问题了，也就是说过程和痕迹之间交流的原因问题。这样，我们将结束第十章开始的讨论，此外我们还必须从接近这个问题的两种方式之间做出选择：一种方式是，我们可以调查一切已知事实，并设法从这些事实中尽可能获取许多特殊定律，另一种方式是，我们可以对交流及其效果进行分析，并从每一次分析中获取一般的规律，然后往规律中填充我们能够发现的许多特定例子。我选择了第二种方式，因为经验主义的资料少得可怜，除了苛勒和冯·雷斯托夫尚未发表的实验报告以外，在解决我们的问题方面尚未收集到充分的经验主义资料。

一般原理

现在,让我从广义上考虑这一事件。一个过程被唤起——为了简化起见,我们假设这是一个由感觉刺激引起的知觉过程;该过程发生在一个"痕迹列"(trace column)的顶端;它实际上可与无数痕迹系统中的任何一个系统进行交流。由于该过程将受到这一交流的影响,因此,它在现存的痕迹中间所作的选择将决定它自己的未来。我们在前面已经遇到过类似的情况,我们已经发现,在这些条件下,这种选择肯定有赖于它对该过程的未来的影响。我们对第九章提供的环形知觉运动过程的描述可以翻译成以下的措辞。启动这一运动的场 F_0 选择这些运动以决定它自己的未来,选择的方式是使序列场 $F_1, F_2, \cdots$ 渐进地处于较少的应力之下。如果我们把这个一般的原理应用于由过程作出的痕迹选择问题,那便不是什么新的假设了:这种选择必须与过程的性质相关,它必须促进这一过程的发展,而不是其他过程的发展。让我们把目前正在受到促进的这种发展称为过程的稳定性(the stability of the process),目的是为了取得一个方便的名称。实际的选择将有赖于这种稳定性。那些痕迹将与该过程进行交流,而过程将为痕迹提供它所需要的特定稳定性。当我们说,用此方式我们的问题成了一个组织问题时,我们并没有说出什么新东西,但是,根据这种阐述,我们把我们的问题与其他问题(它们的解决办法前面已有表述)联结起来了。再者,在这方面,记忆并不表现出一种全新的功能,并伴有全新的定律,而是作为一种十分一般的功能的一个特例。

相似律

我们遇到过的关于知觉组织的第一批定律之一是相似律(low of similarity)。如果我们能够将这一定律用于我们目前的问题,那么,它将意味着,一个过程将对一个通过相似过程而建立起来,以便与之进行交流的痕迹施加一种动力影响。我们在第十章的讨论中指明了这样一个定律的必要性,并且认为相似性必须指模式的相似性。相似律已经得到承认,尽管我们对产生自不同的理论基础(这是由许多心理学家根据他们的再认理论提出的)的不同术语持怀疑态度。我想起了霍夫丁、舒曼和西蒙(Semon)①。确实,如果没有这样一个定律,要想解释再认和大量的所谓联想性再现便是不可能的事。然而,我们不该忘记,所谓相似性并不是绝对的相似性。一方面,当我们开始介绍组织的相似律时,我们把它阐述为一种相似性—接近性定律。两种同时发生的相似过程将相互作

---

① 我不准备提供对西蒙理论的看法,也不去讨论它在多大程度上与我们这里提出的理论相一致,以及它在多大程度上与我们的理论不同。这样的讨论必然会中断我们的讨论,而不会作出任何积极的贡献。但是,我必须补充的是,这种省略并不是由于缺乏对西蒙伟大成就的理解。

用,两者越接近,相互作用便越强。把这一定律用于我们的问题,便意味着,如果其余情况均相同的话,一个相似的痕迹就将有机会被当前的过程[当它处于近因(recent)时]所选择,也即处于痕迹列顶端附近的痕迹要比旧的痕迹更有机会被选择。强调"如果其余情况均相同"这个条件颇为重要,因为其他一些选择因素(这是我们现在将进行讨论的)可能克服年龄带来的不利条件。

可是,另一方面,相似性的这种联结也必须服从于冯·雷斯托夫曾用于他的重复材料和孤立材料概念上的(参见第十一章)同一种批评。如果一些相似的过程以下列方式连续发生,也即它们与先前任何一个过程的痕迹相交流,而不对它们的稳定性有所贡献,那么它们将很快地中止产生这种交流,通过与痕迹系统的交流而受益的一个新的相似过程也将不会去选择它。当发生相反的情况,即紧跟着过程 A 的是一些不同的过程 B、B′、B″……A′时,A′将更有可能与 A 的痕迹相交流。这一点已经由苛勒和冯·雷斯托夫尚未公开发表的实验所证明,我在前面已经提到过,关于这个问题,苛勒在 1932 年哥本哈根国际代表大会上作过一个简要报告。在我们讨论雷斯托夫关于痕迹聚集的论点时,我们看到这个相似性定义在知觉中有其确切的对应物,因而表现出组织的一般特征。业已发现,对过程和痕迹之间的关系来说有效的这个定律自动地使这种关系成为组织的关系。

相似律和一般原理之间的关系

但是,我们对相似律的这种讨论并不感到满意,因为我们是从一个更加一般的定律出发的,按照这个定律,过程和痕迹之间的交流是由前者的稳定性决定的。因此,我们必须考察这个一般的定律和特殊的相似律的关系。有关调查将受到下列事实的阻碍,即我们尚未恰当地给稳定性这个术语下定义。这样一来,我们就容易地坠入目的论(teleological)解释的圈套之中,也就是探究交流的结果,并把这种结果用作过程的原因。如果有人说:某种过程的发生是由于它在生物学上是有用的,那么,这将是我们必须谨防的一种解释。这是因为,一个过程的生物学优势是一种必须由过程来解释的结果,但是前者不能用来解释后者。一个过程必须在它得以发生的系统的动力中找到它的解释;另一方面,生物学优势的概念,却丝毫不属于动力学。由此可见,以生物学优势为依据的目的论解释在格式塔理论中没有地位。

那么,我们如何把稳定性的一般定律与相似性的特殊定律联系起来呢?让我们回到第一种影响上去,也就是我们讨论过的痕迹对过程的影响(即技能的获得),并且让我们考虑一个前面介绍过的例子,也就是一个南方人在冰雪覆盖的北方街道上的例子。我们看到,南方人在穿越这些街道时技能的改进是由于痕迹和过程之间的相互作用。这种交流的原因必定在于这个例子之中,正如在再认的例子中一样,在于痕迹和过程之间的相似性。但是,我们在记住这种技能改进理论的同时,我们可以从不同的观点对它进行观察。我们通过下述事实来解释这种改进,即原始过程(以及由该过程留下的痕迹)并不稳定,交流导致了更大稳定性的过程。也就是说,我们假设了交流的事实,并从中引申出过程的特定变化。我们现在可以区别地注视同样的整体事件,不仅将具有交流的过程的变化与痕迹联结起来,而且还将后者与前者联结起来;我们可以说:特定的痕迹之所以得到选择,是因为与该痕迹的交流将导致一个改进了的过程。与此同时,正如我们看到的那样,产生自一个过程的经过选择的痕迹与现在发生的痕迹很相似,于是相似性和稳定性在我们理论中联结起来了。相似性是一种能达到更大稳定性的方式。

运动技能的例子尤其适合于我们的论点,因为增加了的过程稳定性已被推论出来,不必为了在稳定性和相似性之间建立一种联结而再作假设。然而,在再认的例子中,我们并不处于这样一种有利的地位,因为我们尚未推断出再认使过程得以稳定,如果我们想以同样方式去解释稳定性和相似性之间的关系,那么我们必须声称再认使过程得以稳定。可是,如果我们的理论正确的话,某种稳定的效应肯定会在再认中发生。这种稳定性在再认和技能的改进两种情形里是不同的。在前者,它的主要方面不可能是过程本身内部组织的变化(尽管这样一种结果经常伴随着再认),而是通过再认达到新过程的更大稳定性,这种稳定性取决于它与先前存在的痕迹的联系。在第十一章结束时,我们曾试图表明,一种痕迹如何通过与其他痕迹的交流而获得稳定性。来自一个与其他痕迹进行交流的过程的痕迹将处于与其他痕迹的交流之中。因此,一个"被再认的"过程会比没有这种交流的一个类似过程拥有更加稳定的痕迹。我们在第十章说过,由于一个过程和它的痕迹之间稳定的动力关系,我们可以把"被再认的"过程的这种痕迹效应包括在它的更大稳定性之中。

然而,上述的反省并没有提出其他要求,仍然只是表明了下列的可能性,即把我们的痕迹选择的特殊定律与再认例子中的一般定律联结起来。上述的反省已经指出了动力的可能性,但它只有留给未来的研究,以便找出现实是否与这些动力的可能性相一致。

属于定律的相似性

在把相似律用于过程引起的痕迹选择时,人们必须谨慎从事。人们必须牢记,相似性存在于过程和痕迹之间,因而必须根据过程和痕迹进行解释;所以引起现在正在发生的痕迹和过程的两组刺激之间的相似性或部分同一性,对于该定律的应用来说,并不是一个合适的标准。因此,任何与下列阐述相似的陈述基本上是错误的:如果一个有机体以某种方式对刺激复合体 ABCDEF 作出反应,那么,嗣后它将以同样方式对这一刺激复合体的一个部分的重新出现作出反应,譬如说,对 BCD 的重新出现作出反应。这种说法预先假设了第二个刺激复合体 BCD 通过相似性与发生在 ABCDEF 整个复合体以内的第一个复合体进行交流,然而,作为一般的假设,这是完全不合逻辑的。在有些情形中,这种交流将会发生,可是,如果我们按照刺激来进行思考的话,那么还会出现交流并不发生的情况。原因是明显的。我们知道,对一个刺激复合体的反应并不是对它个别组成成分的一切反应的总和,而是一个组织的模式,其中每个部分均有赖于整体的组织。第四章和第五章包含了有关这一事实的许多例子。只有在特定条件下才会发生下列情况,即由刺激复合体 BCD 引起的过程以任何一种方式在动力上与 ABCDEF 引起的过程中的 BCD 部分相似。它甚至不是 ABCDEF 的一个特定部分,也就是说,在由整个复合体引起的过程中,不会有任何东西与部分复合体引起的过程相一致。因此,后者(部分复合体)不能选择前者(整个复合体)。

戈特沙尔特的实验得到解释

关于这种推论的真实性具有充分的证据。读者也许会立即想到戈特沙尔特(Gottschaldt)的实验,这些实验是按照我们的论点排列的,唯一的例外是整体刺激和部分刺激的时间序列互换位置。a 图形可被描述为刺激复合体 BCD,b 图形可被描述为刺激复合体 ABCDEF。然而,用前者进行的练习对于后者的再认并没有起到哪怕是最轻微的影响。由于 BCD 引起的过程不同于整个刺激复合体 ABCDEF 中由 BCD 引起的部分过程,因此这种情况是很自然的。现在,我们可以理解戈特沙尔特的实验所证明的东西了:他把他的实验解释为一种证明,在他研究的范围内,经验不会产生任何力量,而仅仅产生系统的条件,或者,用另一种说法,在他的研究范围内,并未发生任何自主的或自发的经验效应。而且,他把他的实验结果与勒温关于联想不是一种运动力量(1929 年,p.80)的阐述联系起来。但是,我们对勒温的阐述所作的批判也同样适用于戈特沙尔特的解释。只有当痕迹与过程进行交流时,痕迹才会对过程施加一种力。我们在解释勒温的实验结果时证明,这种交流若以传统的联想理论为依据,则不会发生。同样的解释也可用于戈特沙尔特的实验结果。a 图形并不影响 b 图形的知觉,因为后者并不自发地与前者的痕迹进行交流。人们可以把这种情况称之为缺乏经验的自主效应,但是他们必须明白,未能出现效应并不在于痕迹对过程的影响,而是在于相反的关系,即过程对痕迹的影响。在旧理论中,这两种关系并没有被区分,而且这种情况极少例外,所以,在对旧理论进行抨击时,勒温和戈特沙尔特都未能作出这种区分,这样就使他们的理论带有一种偏见,并使得他们的研究结果的真正意义变得模糊起来。我们从戈特沙尔特的实验中学到了(正如从勒温的实验中学到的一样)在由过程作出的痕迹选择中正确运用相似性定律的方法。

在新的刺激情境中,相对来说轻微的变化通常能导致过程和痕迹之间的不相似性，致使任何一种交流都不会随之发生，这一点已由苛勒加以证明。苛勒因此解释了谢泼德(Shepard)和福格尔森格(Fogelsonger)的研究结果，以及弗林斯(Frings)的研究结果(1929年，p.315)，这些研究结果也驳斥了传统的联想主义理论。

根据这一观点考虑痕迹

如果相似性影响过程和痕迹之间交流的话，那么，过程和痕迹之间也一定是相似的。这是我们上一节的主题，但是，我们仅仅探讨了这种关系的一个方面。我们表明了一个过程必须满足哪些条件方能与一个痕迹相似。不过，这种关系的另外一面也同样是重要的：痕迹也必须满足一些条件，以便与一个过程相似。不仅当新过程不同于引起痕迹的那个过程时交流不会出现——这种情况我们刚刚讨论过——而且，当痕迹已经发生变化，以至于不再充分地相似于一个过程时(该过程等于原先产生该痕迹的过程)，交流也不会出现。我们已经探讨过发生在痕迹中的一些变化，原因在于它们自身内部的应力或与其他痕迹的相互作用。这些变化可以很容易地破坏交流所必需的那种相似程度。从实验角度讲，这种情况主要出现在聚集(aggregation)的例子中。我们还记得，在由勒温开展的实验中，他向被试出示了一些音节(这些音节取自已经很好地习得了的系列)，然后要求被试被动等待其他的想法进入到他们的意识中去，这些音节甚至未被被试再认出来。在我们讨论冯·雷斯托夫的实验时，还进一步看到，再认以同样方式受到影响(如果不是以同样程度受到影响的话)，如同孤立条件和重复条件形成的回忆一样，后者阻碍回忆，前者则促进回忆。鉴于这些例子，我们可以相当可靠地作出这样的假设：过程和痕迹之间之所以没有发生交流，主要是由于痕迹的条件所致。

再认和回忆

这个论点导致一个新问题，它涉及再认和回忆的关系。我们已经发现，在有些例子中，再认之后接着发生回忆，而在其他一些例子中，再认和回忆均未发生，最后，在还有一些例子中，例如在柯萨尔科夫综合征中，什么再认都没有发生，而痕迹对过程的其他一些影响倒是很明显。但是，还有一些例子，不仅再认之后不接着发生回忆——这种可能性我们曾经讨论过——而且，尽管发生再认，回忆仍然是不可能的，至少一开始是不可能的。让我们讨论一个例子，该例子将最佳地向我们表明这里涉及的问题。我偶尔发现一首诗，认出它的开头部分是我以前学习过的。我尝试着去回忆它，但是，对我的初步尝试来说，我仅仅得到了部分的成功；诗句中的一些词未能出现。但是，经过了几次尝试以后，我能毫无错漏地把这首诗背诵出来了。

这个例子之所以令人感兴趣，有两个原因：正如我的再认所证明了的那样，痕迹和过程之间一开始便存在着交流(听到或谈到第一行诗句)，而没有完整回忆的可能性。后来,这种可能性重新建立起来了。那么,这对痕迹理论来说究竟有何意义呢?我们必须设想,在再认的时候,该过程的整个痕迹已经失去了众多清晰度,以至于不再能够引起正确的再现过程。整个痕迹的这种变化不足以防止该过程去"发现"痕迹,因为与第一行诗句相对应的部分过程是一个充分独立的部分,不会受到痕迹的其余部分蜕变的严重影响。尽管我第一次回忆得到了部分成功,却引起了一个过程,也就是我的与变质的痕迹进行交流的错误背诵。正如我们所知的那样,在我们的理论中,这种介于痕迹和过程之间的交流对痕迹具有影响,这是从使它变得更加稳定的意义上说的。因此,如果我们作出这样的假设,即我们的努力已经使痕迹"得到改进",那么,我们便没有引入什么新的假设:这种新的结果是从我们先前获得的一般定律中派生出来的。

总之,回忆是一种比再认更高级的成就。这一事实对人们来说已经十分熟悉,以至于无须任何证明。我仅仅提一下我们的词汇表,在我们的母语中,甚至在外语中,理解了的词汇量要比口头上讲的词汇量大得多。现在,再认的这种有利性可能是由于下述两种原因中的任何一种,或者就是由于这两种原因。一种原因是,交流的条件在再认的情境中更容易得到满足,另一种原因是,能满足这一成就的痕迹的条件对另一种成就来说是不充分的。我们将在后面对第一种可能性加以讨论。第二种可能性似乎也颇有道理。在较大或较小程度上丧失了清晰度的一种痕迹,当处于较少应力状态时,或者与部分过程进行交流时,比具有较好清晰度的痕迹很少变得"不稳定",也就是说,丧失了清晰度的痕迹将具有较少的再现力量,另一方面,它可能保存了它的一般结构,以便能为相似过程所唤起,从而导致再认。

其他定律

对我们的一般定律进行阐述,把过程引起的痕迹选择解释成一种组织过程,使得相似性不可能成为决定这种动力的相互作用的唯一因素。实际上,我们已经介绍了与相似性有着联系的接近性因素和孤立性因素。但是,还存在其他一些组织定律,尤其是良好连续(good continuation)和闭合(closure)等定律。那么,这些因素是否在我们的问题中起作用呢?我认为,如果对这个问题不作肯定的回答,思维也就无法理解了。

对比定律

实验心理学时代之前的经验主义心理学家已经在他们的联想定律中包含了对比定律(law of contrast),正如我们已经在前面指出过的那样,对于他们的联想定律来说,对比定律既指联想本身,又指再现。在这些早期的心理学家中间,有些人是精明的观察者,从而存在一种有利于下述信念的猜测,即认为对比律是建立在对实际事实进行观察的基础上的,即便这个定律并没有恰当地对这些事实作出解释。通常,当这样一种假设——即先前的强烈联想存在着,而且成为再现的主要原因——既得不到证明,也不可能被证明时,在这样的条件下,我们的思维就会从一个概念转向它的反面。如果我们把它作为一个事实而接受下来,认为在一系列思想中,一种观念可能唤起它的反面,或者,表述得更好一些,一种思维过程可能从一个项目走向它的反面,而丝毫不存在两个对立的成分组织在一起的一种痕迹,那么,我们应当这样说,这样一种过程,为了通过其正确的历程,换言之,为了获得稳定性,将与一种由"对立的"过程引起的痕迹相交流。通过对比的联想定律是一个有效的定律:因为它意味着,此时此刻过程即将与之交流的痕迹的选择是由对比或对立的关系支配的,不论什么时候,只要过程的固有历程要求这样一种交流,该痕迹便将受上述关系的支配。

三种可能的解释

然而,从理论上说,这种情况是十分复杂的。在解释对立的再现方面,至少存在三种不同的可能性,如下面三种图式所示:

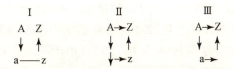

在上述图式中,大写字母表示过程,小写字母表示痕迹。图式Ⅰ是传统的联想主义解释,它包含痕迹—过程的交流,并且可以应用于格式塔的联想解释。当过程达到阶段 A 时,便与痕迹系统 a—z 进行交流(z 是 a 的对立面),而且,在这种痕迹场的影响下,过程继续进行到阶段 z。这样的过程是完全可能的。

第二个图式代表了我们关于对比律的解释。位于阶段 A 的过程指向它的对立面,直接与痕迹 z 进行交流——它也可能与 a 进行交流,但是并不存在 a—z 痕迹系统——这种交流与位于 A 的过程的方向一起使它指向 z。前两种情形具有一个共同特征:A 和 Z 之间的交流结果(或者像图式Ⅱ那样 A 和 Z 直接交流,或者像图式Ⅰ那样通过 a 的中介而进行交流)产生 z,也就是说,在这两种假设中,痕迹对过程的影响是将该过程转变成类似于产生该痕迹的那种过程。这是我们已经研究过的痕迹的第一种效应。但是,我们已经发现,一个痕迹对一个过程的影响在种类上可能有所不同。这种可能性在图式Ⅲ中得到了运用。在图式Ⅲ中像在图式Ⅰ中一样,A 通过相似性与痕迹 a 进行交流;又像在图式Ⅱ中一样,a 不是 a—z 痕迹系统的一部分,与图式Ⅰ和Ⅱ形成对照的是,A 与 a 进行交流,而且与 A 的指向性一起导向 Z;也就是说该图式作了这样的假设,一个痕迹和一个相似过程之间交流的结果在对比的意义上说可能是过程的连续。这种假设通过不同于图式Ⅱ的对比解释了联想定律。

第四种可能性

在我们讨论这些假设的合理性之前,我们必须介绍第四种可能性:

$$\text{IV} \\ A \rightarrow Z$$

在上述情形中,从 A 向 Z 的进展在没有痕迹场的影响下发生了——当然,痕迹场一定与 A 进行了交流,但是,它们不是造成 Z 的直接原因,从而并未包括在该图式之内。在这个例子中,Z 受制于下列事实,或者由下列事实所"创造",即它满足了成为 A 的对立面的条件;否则,它是完全不为人所知的,这样的过程不存在痕迹,因为它以前从未发生过。

我们所指的东西可用下述例子来加以说明:简单的代数公式 $(a+b)(a-b)=a^2-b^2$ 已经为人们所熟悉;例如,有可能用 (a^2-b^2) 除以 $(a+b)$ 或者 $(a-b)$。至于 a^2+b^2 就不存在这种可能性。我想,某位虚构的数学家可能会说,数学具有特征,以便为 a^2 和 b^2 之和提供相似的公式。那么,它们该是哪种数字呢?这里新数字只有通过它们必须达到的作用来决定,而这种决定将导致复数的发现和发明,即使数学家先前并未遇到过这种复数。因为 $(a+bi)(a-bi)=a^2+b^2$。该过程不会随 Z 而结束,因为 Z 通过与痕迹系统的交流而发展着,直到它与一个人的知识的其他部分联结起来为止。然而,由于 Z 第一次发生,因此没有一种特定的痕迹系统对此负责。

如果我们接受图式 IV,我们便没有理由去拒绝图式 III。尽管它削弱了该论点以有利于图式 II,但是,由于在大多数观察到的例子中,任何一种图式都同样符合事实,因此,就我对这些事实的了解而言,我相信这种例子像其他例子一样,同样有权利被考虑。在每一次事件的发生中,既存在着从过程到痕迹(选择)的影响,又存在着从痕迹到过程(场影响)的影响。迄今为止,所讲的每件事情都有利于下列假设,即支配这两种影响的定律是一样的,即便我们手头的证据仍然不很有力。

我们已经讨论了对比律,因为它似乎例证了其他定律的作用,而不是过程—痕迹交流中的相似性。当我们引入这一课题时,我们指的是良好连续和闭合的更一般定律。对比应当被视作这两个因素的特例,主要鉴于历史的原因而被选择,对比律是最古老的联想定律之一。当然,我们关于对比的讨论也同样适用于以闭合定律和良好连续定律为基础的其他关系。当我们讨论思维过程时,我们将重新提及这一议题。

影响交流的态度

我们现在转向在产生交流的选择过程中具有巨大力量的另一个因素,这个因素在勒温的实验和戈特沙尔特的实验中已得到充分的证明,我指的是"心向"或自我的态度。如果我们坚持一贯的主张,将勒温实验中实际上不存在的自发再现解释成是由于缺乏过程和痕迹之间的交流,那么,我们也必须对下列事实作出解释,即再现在特定的态度下容易发生,这是由于(至少是部分地由于)态度对交流的直接影响。态度的作用可能更大,但是,可以肯定地说,它一定起了这种作用。与此相似的是,在戈特沙尔特的实验中,态度的效应在于使一个过程与一些痕迹进行交流,如果没有这样一种态度,他的实验便无法"发现"这些痕迹。

这个结论似乎是不可避免的。但是,它也提出了这样一个问题——态度如何起作用。对于这个问题我们不可能提供最终的答案,但是,下列的考虑是想说明,我们的体系包含了哪些明确的可能性,以便勾画出一个答案的轮廓。在我们的再认理论中,我们已经运用了构成我们整个理论的一部分的一个事实,那就是既作为实际过程又作为痕迹列(cilumn)的整个场被组织进自我和环境中去,这两个亚系统动力地依赖于整个系统的一些部分。同样的情况也有助于我们当前的问题。让我们再次运用一个例子来说明问题。一天,我们看到一些图形,图形中有一个"十"。第二天,我们又看到了另外一些图形,其中有口这样的图形。如果我们抱中性态度,或者抱着尽可能记住新图形的一种态度(或者抱着一些其他的态度),则我们将看到这个图形是一个正方形,有一根垂线把它的下部一分为二。但是,如果我们在注视这些图形时被告知它们与第一天出示的图形相似,而且我们应当试着从每幅新图形中找出与第一天的图形相似的那种图形,那么,我们便很有可能把这个图形看做是一个十字形外加三条线;也就是说,在第一种态度里,新图形并没有与旧图形的痕迹相交流,可是在第二种态度里,新图形却与旧图形的痕迹进行交流了。对此,我们必须作出解释。为了做到这一点,我们必须考察第二种态度的动力学意义。当我"处于这样的一种心理状态",在某种新东西里面找出某种旧东西时,整个场内发生了什么?由于我了解任务,由于我知道我即将寻找一种昨天曾向我展示过的图形,因此,在我当前的自我和它在昨天获得的某种经验之间一定存在着一种交流。任何一种过程赖以发生的那个场现在已经包含了由昨天的图形组成的较大的痕迹系统,因为"当前的"自我正在与这个较大的痕迹系统进行交流。所以,当一个新图形被呈示时,它无须创造这种交流。它需要做的一切便是在这个较大的系统中选择出新图形将十分密切地与之进行交流的特定成员。

让我们暂时把我们的例子简化一下。每天只出示一种图形,譬如说,第一天是十,第二天是口。当第二天存在探究态度时,图形口便将印刻在视网膜上,而且在包含十这个痕迹的一个场内引起一个过程。这样,由图形口启动的过程将被该痕迹所改变。事实上,一个真正的探究态度要比在痕迹和过程之间建立一个交流做更多的事情,它不仅通过这样的交流来决定新过程,而且还通过规定这种交流的结果来决定新过程:新过程将按照痕迹来构造。鉴于众多目的,创造下列一些条件将是十分有趣的,在那种情境里,态度只具有在一个过程的场内合并一个痕迹的效应,而无须同时直接地决定过程。然而,就我们当前的问题而言,讨论一下这个例子已经够了,因为该例子是根据实际的实验(戈特沙尔特)而构筑起来的。它表明,态度是不足以产生这种交流的。如果图形是¤而不是□,那么它就不会与＋的痕迹进行交流,即使它发生在一个包含该痕迹在内的一个较大的场内。此外,如果图形是回而不是＋,那么,交流也将变得更加困难。那就是说,当我们对态度的影响进行调查时,我们必须保持某些条件,这些条件在即将进行交流的过程和痕迹之间的关系中是固有的。

由此可见,通过创造一个痕迹场,态度就会变得有效起来。在我看来,我们理论的一个主要优点在于,它为这种效应提供了一种可能性。我们必须记住痕迹列以及它所保留的自我—环境构造,我们还必须记住自我的连续性,它为痕迹列的自我部分提供了一种特殊的结构。通常说来,自我或多或少位于其环境的中央,因此,我们可以把痕迹列的自我部分描绘成它的岩心,而把环境部分描绘成一个矿井,我们必须记住,岩心和矿井是相互支持的。我们知道,矿井充满着张力和应力,它们在不同水平上产生痕迹的聚集和其他一些统一。但是,我们也知道,岩心尽管具有其巨大的内在复杂性,但是作为一个整体,它要比作为一个整体的矿井来说具有更强的统一性。那么,如果一种态度产生的话,将会发生什么情况?让我们继续我们的例子:如果我想把现在向我出示的图形与昨天出示的图形联系起来,那么,我的态度是什么,它如何起作用?首先,这种态度具有一种准需要(quasi-need)的特征,它与位于痕迹列顶端的自我部分中的一种张力相一致。这种张力只有通过包含着昨天图形的痕迹列的那个部分才能被解除,因为只有这些痕迹影响过程,今天的和昨天的联系才有可能。换言之,态度要求创造一个场,该场包括了这些特定的痕迹。现在,在把我们的注意力指向发生在过去的一个特定事件时,我们便把我们现在的自我与过去自我中的这个特定部分联系起来了;我们当前的自我承接了那个特定的过去自我,并且动力地继续承接它。在注视新图形时,我是注视旧图形的那个人,比起我是昨晚去音乐会的那个人来,具有更为明确的意义。我的音乐会自我只不过间接地与我的"心理实验的自我"相联结,可是,我今天的实验的自我是直接地与我昨天的实验的自我相联结的。自我的巨大复杂性[我们在前面已经讨论过(第八章)]说明了这些事实。现在,动力连续意味着动力交流,因此,指向昨天出示的图形的态度能使它们的痕迹成为场的部分,因为通过心理学化(psychologizing)的一般态度,昨天的实验自我与众多其他场合的自我一起,已经与当前的自我进行交流了。态度不仅对岩心具有影响,而且也对矿井具有影响,正如态度不仅对旧的自我具有影响,而且也对旧的自我环境中的特定的物体具有影响一样,这一点是不难解释的。因为自我和物体再次动力地联系着,而在当前讨论的例子中,这种动力关系是紧密而又强大的。我们在昨天注视这些图形;它们引发了兴趣、好奇心、志向或其他某种态度,这些都是过去发生的事件。因此,该事件的整个痕迹必定包含有力的自我—物体联结。当该痕迹的物体部分由于动力的原因(态度、心向、欲望等)而被需要时,自我部分已经处于交流之中了,而场则很容易得到扩展,以便将物体痕迹包含在内。

让我们把这个例子与另一个例子进行比较,在另一个例子中,没有任何态度可言,不管第一天看到的图形+在第二天是否还会重现。我们假设,在没有任何态度参与下发生的图形的再认将意味着,"矿井"顶端的一个过程可能穿越其他的痕迹层而与底部的一个痕迹直接进行交流。只有当自我也被牵涉进去时,再认才会发生,这是我们已经讨论过了的。但是,在当前讨论的例子中,过程将首先在矿井中找到一个痕迹,由此引起的矿井—痕迹将把岩心—痕迹也包括进去,借此形成了较大的单位。因此,根据我们的假设,没有相应态度的自发再认应当比具有相应态度的再认更加困难。

近来的研究者们走得如此之远,以至于怀疑自发再认的发生,这是很有意思的。勒温发现,存在着一种"认同的倾向"(tendency to identify),它对唤起再认中的熟悉性和不熟悉性是必要的(1922 年,p. 114),而巴特莱特(Bartlett)则坚持认为"如果标志着一种原始知觉的定向或态度被带入重新呈现上去的话,那么再认便是可能的",并且声称"再认有赖于两种不同功能的同时唤起,它们是:(1)一种特定的感觉反应;(2)一种态度,或者定向,我们不能把它们归之于任何一种部位化的生理装置(localized physiological apparatus),而是必须把它视作属于正在作出反应的'整个'被试或有机体"。

有可能把勒温和巴特莱特的观点解释为:作为痕迹列的矿井里的一个事件,过程和痕迹之间的交流实际上并不发生①。这种观点是否正确,实验将会作出决定。就个人而言,我并不相信这种观点。但是,我还是认为,"矿井"内的动力关系,也就是环境场内的动力关系,以及岩心和矿井之间的动力关系,可能是有效的,这种有效性不仅表现在岩心内的动力关系上,也即表现在自我系统上。暂且不管这种信念,正如我刚才说过的那样,这种信念尚待实验的检验,我承认态度因素的巨大重要性。当我正视这个问题的时候,这种选择——不论是自发

---

① 这种解释是否绝对正确,对此,我不作强调。当两位作者在撰写引文中的句子时,他们也许不会把再认过程看得像我们这里一样具体。尤其是巴特莱特,可以说,他仅仅意指某种态度因素在某个阶段进入了再认过程之中,而且,通过环境—自我的关系进入了我们的理论之中。巴特莱特的这种解释与他理论中的其他解释是一致的,按照他的理论,一个被再认的物体必须在它初次呈现时与自我处于动力关系之中,不仅仅是被听到,而且还被倾听,在其他感觉领域里也一样。然而,在巴特莱特的陈述中还有一点对我来说并不十分清楚,也即他是把这一条件仅仅用于先前的场合,还是当再认发生时也用于新的场合。

再认,还是以态度为中介的再认——均不存在了。我们在上面已经看到,那种"矿井内"的力量甚至在态度使交流成为可能的地方也是必要的。由此可见,在得到新的实验证据之前,坦率地接受一切可以发挥作用的力量的有效性,看来是可以采取的最可靠的立场。

在我们把过程和痕迹的交流作用归之于态度时,我们不仅讨论了态度在再认中所起的作用,而且还含蓄地讨论了它们在再现中所起的作用。实际上,正是通过再现的实验,勒温才证实了态度的效应。由于态度对再现的影响与对再认的影响是一样的,因此,它将在我们的理论中以同样方式被解释。我们再次同意巴特莱特的观点,他说:"一个新的传入冲动必须不仅成为一种线索,一种建立一系列反应并在固定的时间顺序中全部得到贯彻的线索,而且还必须成为一种刺激,使我们直接走向与当前的需要密切相关的过去反应中已经组织了的场景的那个部分中去。有一种方法可使有机体学会怎样做到这一点。这也许是唯一的方法。无论如何,这是一个已经被发现的方法,而且继续得到运用。一个有机体无论如何必须获得转向它自己'图式'的能力,并且去重新构建这些图式"。在上述引文的开头,巴特莱特系统阐述了我们的交流问题,而在引文结束时,他用自我的活动解决了这个问题。我不准备在巴特莱特的方法和我的方法之间存在的差异上唠叨不休,我只想指出一点,即在本书中发展起来的痕迹列理论使得"让有机体转向它自己的图式"成为可能。在巴特莱特的理论中,有机体无论如何必须获得这种能力,而在我们的理论中,它遵循着痕迹列动力结构的假设,以及当前过程的动力学假设。也许,可以更为正确地说,如果我们关于这些动力结构的知识更加具体和详尽的话,那么它将遵循痕迹列动力结构的假设,以及当前过程的动力学假设。我十分清楚地知道我在前面提供的关于效应的描述是很不完整或不确切的。但是,在承认了所有这一切以后,我必须坚持认为,我那导源于一种场组织的理论是为解释回忆所需要的"转向"而提供的,而在巴特莱特的理论中,它看来没有先前的准备,仅仅是为了克服由再现的事实所带来的困难。

另一方面,我们的理论与巴特莱特的一般性结论相一致,这一点是明显的。巴特莱特认为"回忆并非无数固定的和零碎的痕迹的重新激发。它是一种富有想象力的重建,或者说构建……"。我们的包括态度效应在内的痕迹场理论是一种具体的假设,它试图解释记忆的这种"建设性"①。

再现中态度的另一种作用

然而,态度在再现中的作用并没有因为产生了需要的交流而耗尽,它还能决定这种交流产生何种效应。我想起了我对"叫出反义词名称"的讨论,用以表

---

① 我在1912年发表的著作中已经表明了一种观点,它与这里提及的巴特莱特的观点相似。

明我的意思。但是,这种效应尚未得到解释。我们姑且承认,通过"岩心"的作用,现在与过去的痕迹联系起来了,但是,我们还是不知道这种联系如何才能以任务规定的特定形式去决定当前的过程。如果以一种确定的情形为开端,我们怎样才能对一个输入的观念施加"相反的"态度,以便我们能从它的反面来继续这种观念呢?心理如何去拥有这种官能呢?

格式塔倾向

我们在第十一章讨论痕迹的某些特征时遇到过这个问题。确实,态度的随意唤起的问题是一个记忆问题。这是因为,除非我知道反义词的意思是什么,否则我又如何去寻找一种反义词呢?除非"相反性"在没有一种"相反态度"的情况下首先发生在我身上,否则我又怎能知道它呢?换言之,似乎有必要去假设某些痕迹,它们具有动力关系,具有明确的渐进性,以便理解这种渐进性如何随意地被发动起来。我们曾在前面报道过达伦巴哈(Dallenbach)的实验,他的实验证实了这种推论。在男孩能够叫出"好"的反义词之前,他必须具有"好—坏"的经验。这种经验留下了一种痕迹,该痕迹不仅(即便不是主要地)在对这种特定场合的回忆或再认中起作用,也就是在对"好—坏"反义词的再认或回忆中起作用,而且,让我们用斯皮尔曼(Spearman)的术语来说,在"推断出"任何新名词的相反关系的"关联"方面,也起作用。由此可见,一种随意的态度表明,该态度的特定的动力方面一定在先前用一种非态度的形式发生过,而且,在该态度中,这种先前发生过的痕迹会变得很起作用。

对"相反"的态度来说是正确的东西,对任何其他的态度来说也同样是正确的,例如,就"再现"的态度而言,它在众多情形里对于再现的发生来说是必要的。但是,如果情况确是如此,那么,再现必定在再现态度存在以前已经发生过,因为后者只有通过前者才有可能。自发的再现必须被假设,这样才能解释"有意的"再现(intended reproduction)。

我在以前发表的著作中(1925年),曾运用过"格式塔倾向"(gestalt disposition)这一概念,以便对这些事实作出解释。尽管这个概念缺乏具体性,正如前面曾经指出过的那样,但它仍然表述了我们刚才获得的事实,也就是说,随意唤起的特定心向或态度意味着在当前过程的场里面包含着旧的痕迹系统,这种包含是由自我系统产生的。因此,对过程的随意决定的理解假设了对自我系统的了解,假设了它在环境系统中与痕迹的关系。我必须把问题留在此处。这里,存在着广阔的实际上未被心理学家开发的领域,而对该领域的开发应当为我们了解心理活动提供最为重要的结果。

我还不准备去广泛地探究一个严肃的问题,这个问题曾引起很多心理学和哲学的讨论,它便是观念或意象的"时间参照"(temporal reference)问题。我认为这个问题尚未找到最终的解决办法,但是我们在"岩心"和"矿井"的一般框架中包含了一些成分,这些成分将使这样一种解决办法成为可能。

新过程的唤起——思维

现在,我将讨论本章的最后一个问题,即新过程的唤起。它很自然地随着我们关于态度的讨论而发生,因为我们发现态度要求某些过程的痕迹。那么,这些过程是如何开始,如何产生,或如何被创造的呢?思维如何产生,思维过程又如何发展的呢?

逻辑学和心理学的关系

也许,格式塔心理学特征在这个领域里要比在其他领域里表现得更为明显,它的整合功能(integrative function)也变得更为重要。一方面,一种思维过程是一个自然事件;另一方面,它又是理性的、有意义的、重要的、错误的或无关的。对于传统的心理学家来说,以及对于大多数哲学家来说,由于思维被视作自然的事件,因此在正确的思维和错误的思维之间并无差异,这一点看来是明显的。想在真理和谬误之间保持客观差别的哲学家被迫进入不同于自然的领域,以说明这种差异的原因,我们在前面已经接触过这个问题,而且表明它如何根据心物同型论的格式塔理论(isomorphistic gestalt theory)而获得了一种全新的意义。正确的问题解决方法不同于错误的问题解决方法,这种差异不仅表现在逻辑上,或表现在实体(subsistence)的领域,而且,如果我们的基本观点正确的话也必然在自然存在(natural existence)的领域里表现出来,也就是说,从动力角度上讲,在正确的问题解决方法和错误的问题解决方法之间肯定存在差异。这一观点已由邓克尔(Duncker)清楚地表述了(1926年,p.694)。

思维过程作为有意义的自然事件要比其他任何一个事件更能反映格式塔理论的基本概念,因为在合理的思维过程中,相倚的(contingent)或任意的(arbitrary)作用都已经降到最低程度。在知觉领域,刺激在感官表面的分布是相倚性的一个不可缺少的要素。可是,在纯思维过程中这是缺乏的,对思维过程产生影响的相倚因素仅仅存在于痕迹列中。因此,这些过程可以为我们提供对格式塔动力学的深刻洞察,这是对格式塔原理真实性的最有力的证明。据说,威特海默(Wertheimer)不久将发表他的研究成果,该成果汇集了他多年来在这个领域的发现。但是,在获得这个研究结果之前,我更愿意在业已建立起来的框架中探索思维,也就是在一个具有大量而复杂的痕迹储存的系统内把思维作为一个过程来加以研究——当然,这有赖于已经出版的著作,尽管事实上数量很少。

问题的解决——两个步骤

一种新的过程能以各种方式发生,正如我们在前面讨论过的那样。通常,情境是一个问题情境;起初,问题得不到解决,后来它被解决了。这些情形中发生的转化意味着,起先与当前过程脱离交流的痕迹系统现在与它进行交流了(邓克尔,p.705)。于是,问题的解决涉及两个步骤:与特定的痕迹系统进行交流的成就以及这种交流对过程的特定影响。

让我们用一个笑话来说明这个问题。一次,A问B:"当诺亚(Noah)听到雨点打在屋顶上发出的嗒嗒声时,他是怎么说的?"由于B不知道怎样回答,于是A便给B提供了答案:"当然是'方舟'罗!"过了一会儿,B向C提出同样的问题,由于C也不知道怎样回答,B就补充说道:"当然是'听'罗。"在这个例子中,B并未自发地解决问题,甚至当A把答案告诉他时也未能理解。"方舟"这个词得到了正确理解,也就是说,当前的知觉过程与这个词的痕迹进行交流,或者更确切地说,与这个词的意义进行交流,但是,这种痕迹未能对过程实施特定的影响。它未能首先与洪水情境的痕迹进行交流,而仍然留在它自身的范围之内,从而未能得出双重的含义,鉴于这种结果,当B试图去重复笑话时,他却对自己愚弄了一番。B之所以未能理解这则笑话可能还有另外一个原因,也就是说,"方舟"这个词在诺亚和洪水的背景中未能与"听"的痕迹相交流。我们的笑话例证了上述区分的两种过程。这两种结果尽管彼此不同,一般说来不会相互独立,这是因为,正如我们看到的那样,一个痕迹系统的选择受到能把影响施加于一个过程的结果的影响。实际上,在许多情形中,交流得以产生的效果似乎是我们能够引证交流的主要理由。我们从克拉帕雷德最近发表的具有高度启发性的文章(1934年)中借用一个例子:"某人向朋友建议和他一起去西班牙旅行,结果得到了这样的回答:'我很想去,但是我没有钱'"。在这里,西班牙的概念与个人财务状况的痕迹系统交流起来了。这一事实与下列事实,即这种交流可以解决朋友的提问而引起的问题,清楚地联系起来。因此,痕迹系统似乎直接处于当前过程分布的应力影响之下,这是一种超越我们先前推论的想法,先前的推论是:交流有赖于自我系统中的应力。

M.R.哈罗尔的实验

对于这个问题,如同对于其他许多与此问题有关的问题一样,M.R.哈罗尔(Harrower)已经作出了有价值的贡献。

笑话填充

在一组实验中,哈罗尔向她的被试朗诵了一些未完成的笑话,要求他们去填充这些笑话。我在这里提供一个例子。笑话是这样说的:"一位年轻的女士拜访了著名钢琴家鲁宾斯坦(Rubinstein)。鲁宾斯坦特地屈尊地聆听她的弹奏。当一曲终了时,女士问鲁宾斯坦'你认为我现在该做什么?'鲁宾斯坦道:'……'。"哈罗尔要求被试按下列答案填充:

1. "到德国去学习。"
   "到此为止吧。"
2. "放弃弹琴吧。"
   "去种卷心菜吧。"
3. "学习弹钢琴。"
   "结婚算了。"

上述各组选择答案都蕴涵着记忆痕迹的效应,例如,关于德国是一个具有许多优秀音乐学院的国家的记忆。在每个例子中,被选择的特定痕迹使问题的解决成为可能,也就是说,使笑话的填充成为可能。但是,在最后两组可供选择的答案中,问题是以更加特殊的方式来解决的;它把不完整的部分变成了一个真正的笑话,也就是说,思维过程的形式而非内容在答案的选择中起作用了。

当"笑话"的两种解决办法都可以采纳,而且效果同样好的时候,思维过程的形式的作用就表现得尤其清楚。这里再举一例。囚徒在法庭上说:"阁下,我没有以每小时50公里速度行驶,也没有以每小时40公里或30公里速度行驶……"。法官:"……"可供选择的答案是:

1. "哦,看样子你很快就要开倒车了。"
   "你很快就会停车了。"
2. "不,我猜想你当时以每小时60公里速度行驶。"
   "不,当时你的速度还要快些。"

在上述两组答案中,痕迹系统是由呈示部分来选择的,也就是说,汽车推进器的知识开始对答案发生作用了。但是,在这个系统内,选择按照笑话在听者心中所采取的方向而发生。在第一组答案中,过程是这样继续的,50—40—30……0,或者甚至小于零而开倒车(肯定型);然而,在第二组答案中,过程是颠倒的,50—40—30……60(否定型)。

痕迹中笑话模式的现实

笑话模式是一个十分现实的问题;它被保持在痕迹里面,而且可能被一个新过程所选择,从而决定笑话的填充。哈罗尔的独特实验证明了这一点。她设计了两则笑话,结构上与上述法官的笑话相似,但是内容却不同;一则笑话以"肯定"结束,另一则笑话以"否定"结束。在这些笑话中,有一则笑话是向被试朗读的若干笑话中的最后一则笑话;然后,接着的便是那则法官的笑话,要求被试去填充它。8名被试听了肯定的笑话,7名被试则听了否定的笑话。下列统计表以百分比表示被试填充那则法官笑话的情况,被试在完成任务之前没有听到过类似结构的笑话,而且当时具有肯定结尾的笑话和具有否定结尾的笑话都是第一次展示。

表 32

中性 n			＋影响 $n=8$			－影响 $n=7$		
＋	－	F	＋	－	F	＋	－	F
35.4	35.4	29.2	100	0	0	0	100	0

(摘自哈罗尔,p.80,n 表示被试数,F 表示没有完成)

上述结果在下列条件下得到了证实,这些条件在根据态度而排除一种解释方面甚至超过了上一次。被试的任务是尽可能正确地复述向他们朗读的东西,不仅在内容和系统阐述方面要正确,而且在实验者的音调上也要正确。向被试朗读四则完成了的笑话,每一则笑话都由被试复述。这些笑话中的第三则在上次实验中曾经起着诱导"肯定"填充的作用。在第四则笑话以后,也就是并不直接紧接着上述"诱导"的笑话,向被试谈了那则不完整的关于法官的笑话,于是,这个系列便以另一则完整的笑话而告结束。然而,11 名被试中没有一名被试按照关键的笑话(即关于法官的笑话)行事,正像他们按照其他笑话行事那样;他们或者自发地完成了它,或者在被问到他们是否该这样做以后完成它,所有被试均按照与诱导性笑话一致的方式完成了它。如果没有先前的诱导性笑话,那则关于法官的笑话通常会像否定方向那样以肯定方向完成,并且产生出可以估计的失败次数,这次实验和上次实验的 100% 的结果都证明了,旧笑话的痕迹肯定与新笑话的痕迹相交流。交流的原因只能是结构的相似性,以及由新笑话的不完整性引起的张力。

笑话的回忆:可得性因素

上述实验表明,当选择的痕迹不是最近的痕迹时,这种结果也会发生。但是,不论场内的应力是一种自我—环境,还是像上述实验那样是一种纯粹的环境应力①,不论它是否成功地选择消除该张力的特定痕迹,它都必须依靠特定痕迹的可得性。哈罗尔的两个实验系列是处理这个问题的:可得性由回忆来测定。在一个系列中,把交替地完整和不完整的 16 个笑话连续地读给 25 名被试听。读好以后,被试必须立即把他们记住的笑话写下来。过了三个星期以后,25 名被试中有 5 人被要求作第二次回忆。下列统计表(表 33)包含了用百分比表示的结果。

---

① 这里,我们是在广义上使用"环境"一词的,它与场的非自我部分同义,也就是说,在我们的例子中,与未完成结构的笑话同义。

表 33

	不完整的笑话 记得	完整的笑话 记得	P
立即回忆的被试数＝25	48.5	29	1.67
三周后回忆的被试数＝5	45	26.2	1.71

（摘自哈罗尔，p.97）

我们可以按照我们在讨论蔡加尼克(Zeigarnik)的研究中介绍过的 P 商来表示我们的结果，也就是

$$\frac{记得的未完成笑话数}{记得的完成笑话数}=P,$$

于是，我们便可看到，表 33 中的两个 P 商几乎与蔡加尼克在研究完成和未完成任务之间的差异时所获得的 P 商一样大。由于在这一实验条件下，没有一名被试自发地完成不完整的笑话，结果证明，不完整的笑话的痕迹要比那些完整的笑话的痕迹更加容易得到。

在另一个系列中，把 16 则笑话读给 12 名被试听。其中有 8 则笑话是不完整的，必须由被试自己去完成，有 4 则是完整的，剩下来还有 4 则笑话虽然也是完整的，但却伴随着一种特定图解的呈现。

这就需要解释一下了。在这些特定的实验中，哈罗尔表明，有可能使笑话图解化，也就是说，画一些简单的图形以绘出笑话的"形态"，被试可以从一些不同的图解中选出代表一则笑话的"特定"图解来。例如，15 名被试在机遇为 25％的条件下分别以 100％、73％和 73％正确选择了三幅图解。

现在，让我们回到实验上来：在这 16 则笑话出示以后一星期，对被试进行回忆测验，过了三星期，12 名被试中有 11 名被试接受了另一次回忆测验，再过了 10 天，对其中 5 名被试进行了测验，过了三星期再一次进行回忆测验。所得结果十分清楚。完整的笑话回忆程度最差；完整的笑话加图解回忆程度最好；由被试去完成的不完整的笑话则介于两者之间，尽管它们更接近于最好的回忆。下列统计表(表 34)是从哈罗尔的表中计算出来的，它概述了类似于 P 商的商数结果。

表 34

	不完整笑话由被试完成： 完整的笑话	完整的笑话加图解： 完整的笑话
一星期后回忆，$n=12$	2.1	2.9
四星期后回忆，$n=11$	2.5	4.0
所有四次回忆相加，$n=5$	7.1	10.5

（取自哈罗尔，p.93）

最后一行数字较大是由于这样一个事实,即这5名被试开始回忆的仅仅是完整笑话中的少数笑话;与此同时,回忆出来的笑话数在四次回忆期间很少变化,尽管不同的笑话可在不同的时期被回忆。表示同样结果的另一种方式是列举每一类别中总的记忆数——但把不完整笑话的数目减半,因为它们得到回忆的频率是其他笑话的二倍。于是我们得到表35。

表 35

完整的笑话	不完整的笑话	完整的笑话加图解
16	48.5	69.5

每一组的可能回忆总数是132。对上述数据的进一步分析揭示了一些重要结果。被试准备去填充的一些不完整的笑话实际上没有完成,而且,在这些不完整的笑话中,大量的笑话被记住,其数目相对来说几乎与完整的笑话加图解的一样多。再者,有些不完整的笑话也完成得很差,它们或者被忘记,或者仅仅依靠记忆,连最起码的填充也谈不上,其中只有25%以填充的形式被回忆出来,差不多比所有不完整笑话的平均数少10%。

表 36①

	不完整的:完整的	任意图解:完整的	特定图解:完整的
立即回忆 $n=10$	2.22	1.28	2.7
10天后回忆 $n=5$	5.0	1.0	6.0
7星期后回忆 $n=5$	4.0	0	12.0

(摘自哈罗尔,pp.98~99,$n=$被试人数)

为了了解呈示图解所产生的结果并证实其他的结果,便从事了上述系列。该系列有10名新的被试参加,运用了12则笑话,分成4组,每组3则笑话。这些笑话是:正常的完整的笑话,完全不完整的笑话,带有特定图解的笑话,以及带有任意图解的笑话。如果单单由于这样的事实,即在出示笑话的同时也出示了图形,致使带有图形的笑话具有较高的回忆值,那么,最后两组也应当同样得到充分的回忆。在各组笑话系列呈现以后,立即对全体被试进行测试,10天以后再对5名被试进行测试,7个星期以后又对另外5名被试进行测试。在表36中,我们再次以比例形式表示结果,分母部分始终是完整笑话的回忆数。或者,将三个不同测试时期的所有回忆加起来,我们便得到:

---

① 七个星期后,完整的笑话和任意图解的笑话实际上都已经忘记了。后者(任意图解的笑话)什么也没有回忆出来,而前者(完整的笑话)中只有一则笑话被回忆出来。鉴于一种变化的形式,在哈罗尔的表中分配给它的值是0.5。于是造成了最后一行中两个高的商数。

表 37

完整的	任意图解的	不完整的	特定图解的
11.5	13.5	32	42.5

结果是明显的。带有任意图解的笑话对回忆没有产生影响,而带有特定图解的笑话再次位居榜首。此外,完整的笑话和带有任意图解的笑话要比其他两组更多地受到时间延续的影响。这两组10天以后的回忆情况与呈现后立即回忆的情况同样地好,然而其他两组合在一起却从20.5次回忆减少到4。7星期后,当这两组实际上消失殆尽时,带有特定图解的笑话却增加了它们在不完整笑话上的优势;然而,这些例子还不足以使该结果绝对可靠。

痕迹的可得性和"良好性"

现在,让我们来进行解释。如果我们根据痕迹的可得性来解释这些结果,这样做是否正确?这个问题使得对"可得性"这个术语开展新的讨论成为必要。在区分一种痕迹的衰落和可得时,我们曾经做过这样的假设,同样"良好"(goodness)的痕迹可能具有不同程度的可得性。由此,我们可能已经提供了这种印象,即痕迹的良好性和可得性是彼此完全独立的。然而,实际上,一个痕迹的良好性似乎是决定其可得性的因素之一,尽管不是唯一的因素。在刚才描述的实验中,一个痕迹可能十分良好,足以产生回忆——它们也许都很良好,以至于足以产生再认——但是却不可得,或者不可能像其他痕迹那样可得。第一种论点被已经提及的事实所证明,也就是说,在相继的期间,回忆并不始终产生同样的笑话。出现在第一天的笑话不可能出现在第二天,但是却可能在第三天或第四天出现,与此相反的是,在后来的场合里得到复述的笑话可能不会在第一天得到复述①。第二种论点由事实加以证明,这与蔡加尼克观察到的一个事实相一致,也就是说,在实际的回忆中,不完整的笑话倾向于在完整的笑话之前出现。也会发生这样的情况,一个被试报告说,他所以能回忆出一个完整的笑话仅仅是由于一个先前回忆出来的不完整的笑话("一则关于狗的不完整笑话使她对是否有其他动物的笑话感到纳闷,等等")。由此可见,某些组的回忆优于其他组的回忆这一情况证明,它们的痕迹是更加可得的。如果我们把普通的完整的笑话作为标准,则自我完成的、未完成的和特定图解的笑话留下了具有不断增张的更大可得性的痕迹。正如哈罗尔在一次详尽的讨论中所表明的那样,在这三种类型中,一个共同的因素是,与平常的例子相比较,笑话的结构,也即一种使笑话的各个部分保持充分清晰的结构,得到增强,这种清晰度需要力量,

---

① 同样的事实也出现在克里·沃登(Cree Warden)所开展的实验中,对此,我们将在后面简要地进行讨论。

从而使较好回忆了的笑话痕迹比其他痕迹处于更大的应力之下。

不过,这种解释必然蕴涵着这样的结论,也就是说,一种痕迹的衰弱涉及可得性的丧失。衰弱意味着结构的丧失,而应力则是可得性依靠的因素之一。在第十一章结束时我们曾讨论过这样的问题:与乱七八糟的痕迹相比,高度组织了的痕迹具有更高的生存价值。现在,我们终于找到了生存价值和可得性之间的密切关系。

嵌入

哈罗尔的另外两个实验处理了痕迹的可得性问题。在第一个实验中,变量是在需要的痕迹和其他痕迹之间建立起来的一种联结;在第二个实验中,变量是清晰的痕迹系统的一种组织。两者将简要地被描述。在第一个实验中,对于被试未能完成不完整笑话的答案被包含在两种不同的书面材料中,被试在接触到笑话之前或之后阅读了这些书面材料。一种材料是联结的散文,另一种材料虽然是一些有意义的句子,但却完全没有联结。共有32名被试参加实验,其中一半人读了联结的散文,另一半人则读了结构松散的句子。只有在一种情形里,联结的散文才有助于找到答案(而且这种情况只发生在条件十分有利的时候,譬如说,在被试接触笑话之前先让他们阅读材料,并且告诉他们"也许这个材料有助于你参加下一个实验")。可是,另一方面,结构松散的句子则在16种情形里提供了问题的解决办法,在这16种情形里,只有6种情形发生在最有利的条件下。于是,我们便可看到:一种有力地"嵌入"(embedded)痕迹系统的痕迹,比起松散地嵌入痕迹系统的痕迹,对于新过程来说更不可得。这些实验同时证实了被试的态度对痕迹可得性的影响。我们看到,无联结的句子被证明大大地优于前者,而且越是这样,对被试的指令越意味着非笑话的材料包含着所需的解决办法。但是,态度也起着重要的作用,这一事实并不意味着会使我们的其他结论变得无效。由于态度的缘故,即便观察者被引向阅读材料的痕迹系统,可是在解决问题的过程中,较大的痕迹系统的特定部分的参与也是由痕迹和过程的内在特性所决定的。

过程和痕迹之间的关系

在第二个实验中,有54名被试参加,实验手段稍有变化。向被试朗读12对谚语,然后立即对他们进行回忆测试,方法是配对联想,譬如说,实验者读配对谚语的第一部分,被试接着写下第二部分。这12对谚语被分成三个相等的组:

(1)一个对子中的两个谚语彼此之间没有什么关联:中性(indifferent,用字母I字母)。

(2)一个对子中的两个部分在意义上相似,尽管在内容上不相似[例子:in for a penny, in for a pound(一不做,二不休)——as well be killed for a sheep as a lamp(一不做,二不休)]:相似(similar,用 S 表示)。

(3) 一个对子中的第二部分的含义与第一部分的含义相反(例子:"眼不见,心不想"——"眼不见,心更爱"):相反(opposite,用字母 O 表示)。

表 38 提供了使用三种不同系列的谚语的实验结果。

表 38

	中性(I)	相似(S)	相反(O)
绝对数	11.5	87.5	84.5
提供一切答案的%	6.3	47.7	46.0

(摘自哈罗尔,p.105,n=32)

在相似组和相反组之间没有重要差别,但是两者都优于中性组。中性组一直处于劣势,但是,如果该组的谚语向被试宣读两遍,甚至三遍,而其余两组的谚语仍旧像以前一样,向被试宣读一遍,在这种情况下,中性组的劣势程度在减少;同理,如果中性组的谚语对被试来说比较熟悉,而相似组和相反组的谚语则比较罕见,中性组的劣势程度也会减小。我在表 39 中提供了这三组的绝对数。

表 39

	中性组(I)	相似组(S)	相反组(O)
中性组谚语宣读两遍,被试 14 人	19	41.5	43
中性组谚语宣读三遍,被试 14 人	21	42.5	47
中性组谚语十分熟悉,被试 4 人	3.5	12	13.5

(摘自哈罗尔,p.106)

这些清楚的结果证实了我们在前面提出的再现理论。在这些实验中,过程和先前痕迹之间的交流得到保证;在所有的例子中,都存在着同样的态度,也即被试想进行再现的同样欲望。但是,那些属于较大痕迹系统中亚系统的痕迹,在使得痕迹系统的其他部分获得过程的连续方面(该痕迹系统不是直接地由新过程引起),也就是获得回忆方面,要优于那些中性地关联着的部分。通过它的一个部分与新过程的交流,在组织得很好的整个痕迹系统中引起的力量,在一个例子中要比在另一个例子中更加强大。因此,在相似组和相反组里,配对谚语的第二部分的痕迹要比在中性组里更加可得,甚至在其他条件下(由于中性组材料的更大熟悉性,它们要比相似组和相反组更加可得),情形也是如此。这种"纯逻辑"关系的现实,在发生于回忆中的过程和痕迹之间的动力相互作用中,已经再次得到证明。我们再次发现,组织中内在的、有意义的、理性的因素是起作用的。同样的事实也出现在克里·沃登开展的实验中,在他的实验中,对词的对子的记忆用立即回忆和延迟回忆的方式进行测试。配对词彼此之间处于五种不同的关系中的一种关系之中——然而，没有一种东西与哈罗尔的"中性对子"相一致——而且，还发现了这些关系的回忆值之间的重要差异。

如何找到解决问题的办法？

本讨论专门处理有关新过程唤起的某些条件。但是，思维心理学的主要问题是：一个问题如何找到其解决办法，也即由一个问题建立起来的应力如何创造出使答案成为可能的那些条件？我们曾在前面为这个问题提供了第一个答案，它考虑到了与旧痕迹的交流。但是，这种答案并不令人满意：那是用结果来解释一个事件。即便我们不能超越这个不能令人满意的阶段，我们仍将在更为广泛的框架内讨论这个问题。

这个问题是一切行为的问题

新过程的唤起并非在一切情形里都是一个痕迹问题。确实，在这些痕迹起重要作用的情形里，尽管它可能经常实现，但只是一个更大问题中的特例而已：一种需要产生了，但是以正常途径不能得到满足；那么，有机体采用何种方式去满足这种需要呢？这样阐述的问题把我们导向了它的答案。由于在"正常的"满足和"不正常的"满足之间划分界线十分困难，因此，对一种正常事例的分析可能为我们提供解决该问题的线索。这样的正常事例实际上包括在一切行为之中。例如，我想喝点饮料，于是便向冰箱走去，拿出一瓶啤酒，打开瓶盖，把啤酒倒进玻璃杯，举起杯子喝啤酒。毫无疑问，在这一行为系列里，有许多行为是习得的。但是，问题是"怎样习得"。是不是这一活动系列所包含的每一个动作都来自尝试和错误（trial and error）？当我知道冰箱里有一瓶啤酒时，我是否在学会取出这瓶啤酒之前必须通过一系列任意的动作，然后才走向冰箱呢？当然用不到这样。知道啤酒的所在地点，加上获得它的愿望，已经足以直接引起一些适当的动作了，无须进行偶然的尝试。但是，这种"知道"能否像神经那样去支配肌肉的运动？这便是我们的问题所在。这里，有一种需要，这种需要设法产生这样一些肌肉刺激，以满足这种需要。反射弧理论（reflex arc theory）试图为这一问题提供一种答案，它根据先前建立的解剖结构也即神经之联结，为这一问题提供一种答案。在第八章里，我们驳斥了这一理论，并用动力学理论取代了它，然而，这种动力学理论也在某种程度上受到了同样的异议，这种异议是我们对新思维过程的唤起理论提出的：它用事件的结果来解释事件。我们看到，这些运动被排除在外，因为它们将增加系统中的整个张力，我们还看到，动力情境要求这些运动，因为它们将减少张力。从发展的角度而言，这种解释是非常好的，但是，它却是不完整的，因为它把实际的动力过程遮盖了；它并未说明有机体是采用何种方式找到这些解除张力的运动的。只有在少数几个例子中，尤其在某些眼动（eye movements）的例子中，我们才能进一步深入下去，并

指出运作的力量。然而,从理论上讲,眼动和为了解决我们的口渴问题而实施的整个躯体的运动之间是不存在差别的。可是,在后者的情形里(也就是为解决口渴问题而实施整个躯体运动),我们对决定每一步运作的实际力量缺乏顿悟。

一个新的运动操作的例子

让我们考虑一些运动操作,尽管它们完全是自主的或自发的,但却是全新的,它们是唯一能达到所需结果的运动操作。当我们以此为例时,上述论点就变得格外令人印象深刻了。一个特别令人注目的例子是由冯·阿勒施(Von Allesch)报道的,他试图证明他的描述的正确性。战争期间,他曾在阿尔卑斯山上巡逻。一次,他想从一块岩石上爬下山去,中间要通过一个岩石裂口,裂口向下豁裂了大约10米,并且离开他的位置较远。他从一根绳子上滑下来,结果发现自己悬在半空中,离开裂口左边还有几米的距离,因为没有更多的绳子供他作进一步的下降。如果能够再下降一段距离的话,他便可以落在一块岩石的突口上面,从而有希望到达裂口。于是,他决定用摇动绳子的办法到达裂口的开口处。然而,在这样做的时候,绕住双脚的绳子突然滑掉,现在单靠双手来支撑他的全身重量是不可能的。"情况十分紧急。这时,并没有产生什么情绪,只有一个清醒的念头:'这下子完了'。接着,这位作者意识到(这一点在他的观察中是绝对肯定的),他已经用牙齿咬住绳子了。随之又出现了另外一个想法:'用牙齿咬住绳子也不能坚持很久'。在后来的时刻,他那飘荡在空中的双脚抓住了一块突出的岩石(从而使他靠自己的力量获救并到达了裂口处)。这个过程中的重要之点是,该活动根本不属于登山运动的技术范围,先前也从来没有考虑过,当然也没有实践过,这个唯一能拯救我的动作完全是自发地产生的,而没有任何意识的参与。这一事件调节了它本身"(pp. 148~149)。这里有一个问题,一个可以用来测试被试智力的问题:"在那种情况下你该怎么办?"问题的解决不是由一种思维活动产生的,而是产生于这样的时刻,即有机体的理性部分得出结论说"不可能找到任何解决办法——也就是说'一切都完了'"。自我和环境场之间的应力成功地发现了能减弱这种应力的运动。

重组及其原因

这样一种陈述是不能令人满意的,因为它对如何达到这种成功没有讲出什么。因此,人们可以理解经验主义解释的吸引力了。用先前经验来进行的解释至少提供了一种环节,以便填补原因和结果之间的空缺。但是,我们经常攻击经验主义解释的有效性,以至于无法满足这样一种轻易地解脱,这种解释必须存在于心物场本身的动力结构之中。我们必须确定需要或张力是如何作用于有机体的运动系统的,处于张力状态下的系统的哪些特性,以及运动系统的哪些特性,对它们之间的交流负有责任。如果我们用概念性语言来表述的话,我们便可以用下述文字来描绘冯·阿勒施冒险经历中的关键事件：他的嘴巴改变了其功能，从言语器官或饮食器官变成一个抓物器官；在自我系统的执行部分内发生了一个重组(reorganization)。我们知道这种重组的事实，我们也知道它的最终原因，那就是当时的紧迫性。但是，我们对它的直接原因还一无所知。

在这方面，思维问题的解决是与冯·阿勒施的案例相一致的。问题的解决假设了一种重组，关于这种重组，人们知道其最终原因，但不知道其直接原因。发现这些直接原因也许是思维的基本问题，而且在其成就方面也是学习的基本问题，因为每一种新过程的唤起都带来了同样的困难。

这个问题已经被该领域的一些研究人员清楚地认识到，例如威特海默、邓克尔、梅尔(Maier)、克拉帕雷德等人。克拉帕雷德尤其反复地强调了这个问题，而且承认他本人进行的研究未能为这个问题提供答案。由于意识到思维心理学在这方面并不比心理学的其他部分更糟①，因此我们将更好地欣赏思维过程的研究对我们一般问题作出的贡献。

"顿悟"

人们会经常发现这样的说法，在思维心理学领域，格式塔理论的成就是"顿悟"(insight)这个概念或术语的引进。这样的说法究竟是否正确，取决于我们所持的观点，因为它涉及格式塔理论中顿悟应该发挥的作用问题。顿悟在苛勒论述黑猩猩的著作中也得到了介绍，以便建立起一种行为类型的现实，它不可能降为另一种类型的行为。由于顿悟直接利用了一种情境的相关部分，所以它与盲目的尝试和错误形成对照，实验表明，后者（尝试和错误）并不是猿类在某些条件下表现出来的行为类型。在苛勒的著作中，顿悟并非作为一种解释的原则而出现。它是作为包含一个新问题的一种事实而被建立起来的。与此同时，新问题指向新的解决办法。顿悟行为不会通过事先决定的路径而发生，正如我在《心理的成长》(*The Growth of the Mind*)一书中证明了的那样。相反，它假设了组织和重组的过程。剩下来尚不为人知晓的是这些组织过程的确切原因。如果理论中的这个空缺，也即我们知识中的这个欠缺，由我来加以强调的话，那么，也许许多误解因此可以得到避免。一般的原则被清楚地陈述："情境迫使动物以某种方式行事，尽管动物并不拥有从事这种活动的预先建立的特殊装置"（考夫卡，1925年a，p.135）。但是，关于"这如何可能？"的问题只能以相当一般的术语来回答。因此，我们必须考察，对于一种具体的因果理论来说，这些一般的回答可能意味着什么。需要指出的是：顿悟这个术语并不提供这种回答，顿

---

① 克拉帕雷德也指出过思维和运动在动力方面的相似性(p.147)，这一点颇为重要。

悟并不是一种力量,一种以神秘方式创造出解决办法的力量①。

思维序列的分析

在对我们领域中开展的实验研究进行探讨之前,让我们先来分析一下可能发生的思维序列(train of thought)也许是策略的。一个仅仅熟悉代数的基本要素的人发现他面临一个矩形两边的长度问题,譬如说,矩形的面积已知为 b 平方米,而矩形的一边比另一边长 a 米。根据他对代数的熟悉程度,他可以很容易地列出这个问题的方程式。矩形面积等于两边之积。如果设矩形的短边为 x,于是 $b=x(x+a)$ 或者 $x^2+ax=b$。我们的这位虚构人物还没有学会解二次方程。因此,除了放弃解题,或者求助于其他某个人的帮忙以外,他还能做什么呢? 开始时,似乎任何步骤都不可能。他在解一次方程式时所能做的一切便是把未知量和已知量分开,这一点他已经能做了。该方程可能十分简单,但是如何解决呢? 他可能会求助于心理上的尝试和错误! 那意味着什么? 单单随机地解题吗? 于是他可能列式:

$$x^2+ax=b$$
$$100x^2+100ax=100b$$

或者

$$x^2+ax+35=b+35$$

或者

$$x^4+2ax^3+a^2x^2=b^2$$

或者

$$x^2-b=ax$$

或者是数目不定的其他一些相等的方程式。但是,他会做吗? 除非他心中存在想如此做的某种理由,否则他肯定不会这样去做的。可是,尝试和错误可能意味着:求助于模糊地记得的与其他任务一起练习的程序。不过,在他先前的经验中没有什么东西可供他用这种模糊的方式来寻求支持。于是,尝试和错误可能意味着,他从这些数据本身得到一种"预感"(hunch),并尝试这种"预感"。这种活动就不再是随机的活动了,而是由任务的性质决定的活动,是有顿悟的活动。例如,他可能写出 $x^2=b-ax$,因为他看到他可以从 x^2 那里开方,结果发现他不再仅仅知道方程式右边的量了。于是,他回到原来的代数式 $x^2+ax=b$ 上。但是,下列想法仍坚持着:找到一个"平方"的表述法。他知道公式 $(a+b)^2=a^2+2ab+b^2$,但是这种潜在的了解尚未变成现实。如果这种知识进入当前的情境,那将发生什么? 假定这个人一遍又一遍地阅读等式的左边,其中的一次阅读勾起了对原来公式的回忆。这样一来,他是否找到了解决办法呢? 还没

---

① 这一点已由 R. M. 奥格登(Ogden)十分明确地说明(1932年,pp. 350~355)。

有。单凭原来的公式得到回忆是不够的;必须使原来公式的回忆与当前的等式以某种方式结合起来。单凭回忆可能会导致对它的拒斥:"噢,不,这样不好;在这个公式里面,一个平方是由三个项来表示的,而在我的等式的左边却只有二个项;因此,这个公式对我没有什么帮助。让我来试一下别的什么东西吧。"由此可见,对原来公式的回忆反而阻碍了问题的解决。但是,如果该公式使这个人把左边看做"一种可能存在的三个项中的二个项",那么,他确实向问题的解决迈进一大步了。于是,他可以用公式作如下表示:

$$x^2+ax+? \sim a^2+2ab+b^2$$
$$x^2 \sim a^2 \quad ax \sim 2ab \quad \therefore ? \sim (a/2)^2$$
$$x \sim a \quad a \sim 2b$$
$$a/2 \sim b$$

符号~代表"相当于"。于是他便写道:$x^2+ax+(a/2)^2=b+(a/2)^2$,由此,他看到了这种转化导致所需要的解决问题的办法,因为他现在在等式的左边有了一个平方,在等式的右边也只有已知量。

这个例子是简单的。只有两个实际步骤是必要的:他必须看到左边是一个平方,如果用邓克尔的术语来表达的话,"一个平方还不够"。也许,没有旧公式的先前知识,第二步将是不可能的。但是,单凭这种知识还是不够的。首先,它在此刻必须成为可得的,其次,它必须以特定方式对数据产生影响。这些结果的第一个结果不需要像我们在分析中描述的那样纯属偶然。公式的左边应当是一个平方,这种想法本身可能导致回忆起这样的知识,即一个平方可能以一个以上的项表达出来,从而公式也是这样。如果情况确实如此,那么该过程便比我们第一次分析中的过程更具有指导性,并使旧公式没有什么帮助的机会也大大减少了。相反,旧公式将很容易地导致这样的想法:"等式的左边是一个未完成的平方;去把它完成吧!"这就立即决定了这样的效果,即该公式的知识影响了当前的数据。甚至还可能发生这样的情况,"左边应当是一个平方"的想法直接导致了加上$(a/2)^2$,而用不到清楚地回忆那个公式。在这个例子中,旧公式的痕迹将与当前的过程进行交流,而不是导致回忆,从而立即引向正确的过程。在这个例子中,单单一个步骤就会引向顿悟,而其他的可能性则需要两步或者两步以上才能达到这种发展,尽管每一步都是部分顿悟的一个例子。因此,顿悟行为不一定,是使全面的问题解决立即发生的行为。由此可见,对以上述假设为基础的"顿悟"进行批判是不合逻辑的。

组织的力量

我们的例子是这样的例子:"动物由于情境而被迫以特定方式活动,尽管它对该特定活动并不拥有特殊的装置。"我们可以看到为什么动物被迫以特定方式活动。一个未知平方的发生强化了开方活动的想法;另一个事实是,未知数也以一次方的形式出现,导致了把等式左边理解为未完成的平方,并且由于先前知识的帮助,导致了等式的特定转化。整个过程像先前一样,停留在问题数据所设置的界限之内。如果解决办法找到了,那么,内部关系必须像动力关系那样活动。如果有人想否认这一结果,那么,他就必须为两种观点的任何一种观点辩解:或者拒绝这种说法,即过程是由内部关系引导的,并通过盲目的机制运作来解释它(长时间来,这已成为实验心理学的一种倾向),或者他必须引入一种新因素,一种心理因素,它能抓住内在关系,并且在它与身体的相互作用中利用这种认识。这种选择将导致生机论或唯灵论的二元论(vitalistic/spiritualistic dualism),对此,我们与大多数心理学家一样是拒绝接受的。第一种选择是不符合事实的。三位近代的研究者,邓克尔、梅尔和克拉帕雷德,也都持有这样的观点。内在关系进入到每一个真正的解决问题的方法之中。但是,我们前面的结论也是不可避免的:过程的动力学是由数据的内在特性来决定的。以此方式来表述,这种观点对我们来说便不是什么新东西了;它是一个我们对知觉组织的整个处理方式起作用的主题。在把这种观点用于思维过程时,令人惊奇的是,被认为动力地起作用的那种内在特性似乎排除了这样一种考虑。一种纯粹的逻辑关系如何使一种实际力量作用于神经系统的实际过程呢?刺激的同质和异质(homogeneity and inhomegeneity),作为区域的内在特性,可以充分地被视作力量的根源,但是,"未完成的平方,把它完成"这种想法怎样才能被考虑呢?甚至在这里,我们仍拥有知觉组织的良好类比:闭合原则。正如一个知觉到的圆,作为一个心物过程,将"趋向于"完成一样,$x^2 + ax$ 一旦被看做是一个未完成的平方,也将趋向于完成。

知觉中的组织和思维的比较

尽管我不愿声称每种思维关系在知觉关系中都有其对应物,然而,这两个领域之间的相似性比通常认为的更加密切。于是,引出了这样的事实,即哈罗尔第一次介绍的她的笑话图解。她还注意到了经常用空间或动力术语来描述思维特性的语言,例如"一句平衡的句子",而且她还利用了铁钦纳(Titchener)的话,铁钦纳被认为是在赞同这一观点上最不可能持有偏见的人。因为他把自己对课文的理解描述成是由一种视觉图式来完成的(引自哈罗尔,p. 58)。

如果我们认真对待这个论点,我们便会在对思维过程中产生重组的直接原因这一问题作出回答方面走出决定性的一步。在我们试图具体地回答"为什么事物像看上去的那样"这个问题时,我们曾经列举过一些组织原理,也就是说,我们已经发现了心物过程的若干内在特性,这些特性将决定它们中哪些将被统一起来,哪些将被分离,以及这种统一的方式和形式,等等。与此相似的是,在回答"我们为什么想我们之所想?为什么思维就是那个样子?"等问题时,我们必须找到心物的思维过程的内在特性,因为这些特性说明了它们组织的原因。这两个问题的每一个问题均有其特定的优点和缺点。知觉问题比思维问题使我们更接近实际的生理事件,在思维问题中,生理学假设要比在知觉领域中更具思辨性。另一方面,思维过程越"纯粹",它们将越能反映这些特性的效验,而这些特性因为相倚的刺激分布之缘故而倾向于在知觉中变得模糊起来。

此刻,对于知觉中的问题和思维中的问题,也许必须在"不同水平上"进行调查。在思维水平上满足我们好奇心的回答在知觉水平上肯定要具体得多。但是,如果我们的论点正确,那么,水平上的这种差异便是我们关于事物的知识的一种差异,而不是事物本身的一种差异。在这两个领域的任何一个领域里,我们必须找到能对场组织作出解释的一些内在特性,尽管此刻我们只能运用逻辑学术语来表述思维过程的这些特性,然而,使我们感到有信心的是,心物的现实是与这些逻辑学术语相一致的,正如我们假设知觉中心物的现实与知觉到的物体的质量特性相一致一样。

系统内的因素

然而,发现了这些特性并不等于完成了我们的研究。我们在讨论前面的代数例题中指出了这些特性,可是并不是每个人都能把题目解出来的,即使那些找到解决办法的人也不全是以同样方式找到解题方法的。因此,单凭这些特性的知识尚不足以得出结果。所谓一个定律是没有例外或个别差异的。如果个别差异仍旧未得到解释,那么,我们的定律便是不完整的。让我们来举一个物理学方面的简单例子:一个抛出去的球的轨道可以从引力和球的初速度(它的大小和方向)中得出,而无须考虑球的"旋转"、空气的阻力、风力等等。实际上,没有两条轨道是一样的;尽管它们都是抛物线,或者,当球被直线向上抛时,也有可能是直线。但是,每一条个别的轨道都可以从定律中得到预示,只要我们知道球的初速和球体被抛出地点的引力常数。这个定律是:球将以不变的加速度、根据地球和球体本身质量的内在特性往下掉。

因此,若要说明思维过程个别差异的原因,我们必须了解比迄今为止讨论的内在特性更多的东西。在我们的例子中,三项表述是需要的,以替代已知的二项表述。情境要求开方,这一事实本身就是情境的内在特性。但是,这个特性是否能够把完整的二项表述 x^2+ax 转变成不完整的三项表述 x^2+ax+?这部分的有赖于二项结构的稳固性。毫无疑问,这也将有赖于神经系统的解剖—生理组织,尽管我们对于造成这些差异的结构的特定方面尚一无所知。

然而,我们对于个体组织的生理方面的无知不会阻止我们去找出心理特征。我们不妨回忆一下我们在第八章讨论过的自我结构的差异,它可以用来表明我们所指的那种差异。在一个人身上,一种过程的分布将比在另一个人身上的过程分布更加孤立和更加刻板,致使一度产生的一种组织将更难以发生变化。这样的人便更加难以把 x^2+ax 转化成 $x^2+ax+?$ 的形式,与此同时,第一种表述法也将不大可能去与 $(a+b)^2=a^2+2ab+b^2$ 这样的一个公式的痕迹系统进行交流。人们能够从不同个体的心理组织的差异中推知思维过程的特征。

但是,我们的主要问题仍然是研究过程的内在特性,它们在有利的环境里将导致特定的重组,也就是导致所需的问题解决。

实验研究

为了研究这个问题,人们必须将被试置于问题情境,并且观察他们的行为。这种观察可以用克拉帕雷德于1917年建议的方法,以及邓克尔所使用的观察方法而得到大大的促进。被试得到的指令是"大声地思考",也就是说,在他们尝试着去发现问题的解决办法时,将他们想到的每一种观念都讲出来。

在这些研究中,问题的选择具有极大的重要性,正像图形的选择在痕迹变化的实验中具有决定性作用一样[沃尔夫(Wulf)及其追随者,见第十一章];这是因为,调节行为的场内之力是由问题决定的。不同的问题反映不同的力量,也即物体的不同的内在特性,不论是知觉的还是想象的,这些特性在动力上会变得很有效。如果在下述内容中我们试图区分各种问题的话,那么我们的意图并不在于提供一种耗费精力的分类。

三种不同类型的问题

第一种类型的问题是由我们的代数题为例证的。在这个例子中,数据本身包含了解题过程所需的每一样东西。人们也许会反对这样的说法,即 $(a+b)^2$ 这个公式肯定是事先就知道的。即便如此,再现这点知识的条件是本来就存在于数据里面的。当然,数据必须被理解为一个问题,而不是理解为一种陈述,但是,当我们谈到数据时,我们始终是指"过程",这种过程是由客观的数据(地理的数据)引起的。

邓克尔使用了这种类型的问题,而威特海默则讨论了若干属于这种类型的问题。在真正的解题过程中,数据的内在特性是起作用的;解题的发生不受外部因素的影响,这里所谓的外部因素,是指对数据本身的情境而言的外部因素。

第二种类型的问题是笑话。哈罗尔的实验使用过这类笑话,克拉帕雷德设计的大多数实验任务都是笑话,这些实验任务包括:为一张卡通片找出一则传说或者将一则图片故事的两个阶段用一些可能会在其间发生的事件联结起来。从两种意义上讲,在这些例子中,这种解决办法是超越数据的。一则笑话,一张卡通片,均涉及日常生活的情境。为了适当地处理它们,需要关注有关该事件的或多或少的特定知识。但是,除此之外,一个笑话就是一个笑话,完成不完整的结构必须与这种一般的"氛围"相符合(克拉帕雷德)。如果这种"氛围"未能出现,或者未能影响问题的解决,那么,笑话的完成将会按照第一组回答所例证的那样去做。作为纯粹的回答,它们是完全正确的;鲁宾斯坦也可能这样说过;但是,这些答案未能完成不完整结构,以便构成一则笑话。

在这组问题中,解决办法有赖于比第一组所依靠的因素更多的因素,尽管在这里(正如哈罗尔已经表明的那样)可能会产生各种程度的模棱两可性。但是,有一点十分清楚:解决办法越是依靠内部因素,它就越不那么模棱两可。而且,模棱两可的多和少分别有其优点:第一种情况有助于证明大量的即将发生的不同过程,第二种情况则有助于清晰地界定一些基本的因素。目前,尽管我可能有个人的偏爱,但是我看不出有什么充分的理由去说明为什么一种类型的问题应当被运用而另一种类型的问题应当被排斥。

第三种类型的问题由苛勒成功地加以运用,并为后来的研究人员所修改和运用。一般说来,物理的(地理的)情境包括了解决问题所需的每样东西。但是,不同成分的结合,其本身就具有相倚性。这一事实与第一组事实是有区别的,在第一组事实里,结合本身是必要的。让我们来举例说明:取得不能直接得到的诱饵的问题并不意味着一根棍子必须在身旁。如果棍子就在附近,那是一种幸运的情境。但是,在方程式 $x^2+ax=b$ 中,平方的一部分无助于其在左边出现。

这种差异很可能出现在问题解决的动力学中。人们可能会争辩道:如果没有一根棍子,任务照样可以完成;办法是:我必须拥有某种东西来延长我的手臂,鉴于这一结论,存在一根棍子便是不必要的了。一种问题的解决办法也可以用这种方式来达到,而且人或动物继续去寻找或制造一根棍子,这确实是完全可能的。但是,黑猩猩不会以这种方式解决问题,这已由下述事实所证明:如果棍子没有同时与诱饵一起被看见的话,那么,即便它们在使用过一次或二次棍子以后,它们仍不会在某个时间使用一根棍子(苛勒)。

另一个差异是与第三组和第一组之间的差别密切关联的。在第一组里,问题完全存在于数据之中,从而问题的解决原则也完全存在于数据之中,也就是说存在于场的环境部分之中,而在第三组里,问题产生自自我和环境之间的关系。只要黑猩猩不感到饥饿,在它的行为情境中就不会有什么东西使它运用一根棍子,以便取得香蕉。但是,方程式 $x^2+ax=b$ 始终是一个问题,即便懂得这个方程式的人不为这个方程式所烦恼并拒绝去解答它。这种差异的结果是,第三组的问题要求自我和环境之间的力量,如果不是在更高的程度上有这种要求的话,也是以不同的方式有这种要求。如果认为第一种类型的问题完全不受自我力量所支配的话,这显然是错误的。正如我们刚才说过的那样,人们会拒绝去为这些问题烦恼,于是,一般说来,这些问题将仍未被解决。我们从伟大的思想家的论述中得知,为了解决困难的问题,他们坚持把注意力集中在这些难题上面。但是,只有当这种专注以足够的能量补充了问题的外部情境,以便使重组成为可能时,这种专注才是有效的。如果这样说是正确的话,则这种重组本身必须依靠场的特性,而不是依靠任何场—自我的关系。在第三组里面,自我是问题本身的一个部分,因此,自我特性像物体特性一样,必须在场的最后重组中发挥作用。我在不同类型的问题之间作出的区分是一种理想化的抽象。实际上,没有一个问题是不受自我力量所支配的。一个具有完全客观性质的问题,在我们拒绝去认真对待它的情况下竟然会自行解决,这至少是十分值得怀疑的。如果确有这样的例子的话,那么它们将是理想的例子,在这些例子中,内在环境的[①]特性的作用将以更为纯粹的形式表现出来。但是,它们将成为例外。另一方面,任何一种真正的解决办法都是不受内在的场特性支配的,因此,第三组实验也反映了它们的动力效应。

经验及其在解决问题中的作用

近期的一些研究者已经通过他们的实验程序和理论考虑对上述分析作出了大量的贡献。这些研究者全都同意,一个问题相当于一个处在应力之下的系统,仅仅求助于经验是不足以解决问题的。梅尔(1930年)甚至走得更远,以至于为他的被试提供了解决问题所必需的经验。但是,在 37 名被试中只有一名被试($=2.7\%$)找到了问题的解决办法,而这名被试也是 28 人一个组里的一个成员,该组被告知,这些经验可用来解决实际问题。可是,另一方面,在 22 名被试中有 8 名被试($=36.4\%$)除了这些经验之外还被给予"指向性的"暗示,结果获得了成功。哈罗尔的实验也可以用同样方式得到解释。知识的存在——已经了解在不同的环境中所需的解决办法——对于知识的利用还是不够的。在哈罗尔的实验中,当为被试提供知识时,未向他们作出有关该知识有用的任何暗示时,这种知识在 18 个可能的例子中只得到一次利用。

经过我们的分析,这些结果就不会令人惊讶了。存在着可资利用的痕迹,对于问题解决来说还是不够的;可资利用的痕迹必须加以利用,这种利用往往是解决问题的主要部分。这一点在威特海默的例子中(1920年)得到充分的证明。在他的例子中有一名律师正在寻找属于 A 类案件的一份文件,这个案件的档案被谨慎地保管着,而其他案件,例如 B 类、C 类……的档案则已经被销毁。当这名律师"记起来"他正在寻找的文件也属于 B 类案件时,问题的解决办法终于产生了。现在,他实际上知道该文件已被销毁;在此之前,他仅仅"潜在地"了解这一点,但是,这种知识对于目前的情况来说已经没有用处了。该文件不能使人回忆起它已被销毁的事实,至少在该文件被确认为属于 B 类案件之前,它不能使人回忆起它被销毁的事实。

在这个例子中,潜在知识的实现直接伴随着场内主要项的重组,这里,困难

[①] 对于这里的"环境"一词,我们仍是从下列意义上使用的,即它不属于自我。

并不在于前者,而是在于后者。也许,不论何处,只要问题是困难的,则某种重组就会在可资利用的材料得到利用之前发生,但是,第一步不会像在威特海默例子中那样总是迅速地导向第二步。每样东西都依靠重组项目和潜在地可得的材料之间的关系。

痕迹的可得性和知觉数据的比较

至于这种材料是一种痕迹还是知觉场的一个部分,这基本上没有什么关系。我们甚至不能说,在一切条件下,知觉物体的可得性要比痕迹的可得性更加容易,正如我们已经看到的那样,可得性取决于许多因素。这些因素中有一个因素已被梅尔清楚地看到(1931 年 a,pp. 343～344),对于记忆材料来说,已为哈罗尔所证明,对于简单的知觉材料来说,已为海斯(Heiss)所证明[由福克尔特(Volkelt)报道,p.129]:潜在地可得的物体可能成为一个较大物体中的一个十分有力的部分,或者拥有一种与所需的功能特征不同的功能特征,它不会屈服于场内的压力。现在,这种困难对于一个知觉物体来说比之一个以痕迹形式存在的物体可能更大。例如有必要把一把钳子看做一种重物。一个人看到面前有把钳子,可能由于它们十分明显的功能特征而未去使用它们——正像苛勒的一头黑猩猩,对于箱子的使用已经完全熟悉,但是当看到箱子上面坐着另一头黑猩猩时,便未能对箱子加以利用了(1927 年,p.178;还参见考夫卡,1928 年,p.215)——如果这个人面临着这样的问题:我附近还有哪个物体可以用来作为重物呢,那么他的头脑中可能更容易想起一把钳子。

一个物体的存在,加上它具有十分明确的功能特征,也可能阻止特定的重组。当我了解到,我只能使用现在供我调遣的东西,而且,除了一把钳子以外再也没有其他任何重物时,则钳子的存在可能阻止需要一个重物的问题的重组。另一方面,正如我们先前指出的(棍子实验)那样,知觉的存在可能具有巨大的重要性。

"适宜性"

如果我们以同样方式处理材料利用问题,不论这材料是实际存在的,还是"在记忆中"(痕迹中)存在的,我们都可以从过程和痕迹之间的相互作用中推知新的原理。在李普曼(Lipmann)和博根(Bogen)开展的一个实验中(p.28),给一个孩子四根不同的棍子,由他支配,用以推动一只位于栅栏后面的球(参见图 111)。显然,1 号棍是最佳的,而 4 号则最差。如果孩子挑选了合适的棍子,那么,这种选择是由于物体的内在特性;因为该工具"适宜于"那个球,而这种"适宜性"(fittingness)就起着一种选择原则的作用。

图 111

由于所有的问题解决都可以说是找到能够解除存在的应力的适宜部分,因此,适宜性定律(law of fittingness)将成为解释思维的最普遍定律,而且,随着该定律产生了一些新的过程。这样的定律也将是对良好连续定律和闭合定律的概括。然而,在建立该定律的过程中,人们必须谨慎从事,以免用事件来解释事件,也就是说,人们必须以这样一种方式具体地界定"适宜性",即它可以从动力学角度上起作用。力量可以使原来并不存在于情境中的一个成分进入该情境之中,那么这种力量的性质是什么?在完成这一任务之前该定律还不是真正的定律,只不过是寻找一个定律的要求而已。然而,即便如此,它仍具有自己的价值,因为它拒绝按照与它们的适宜性毫无关系的外部因素来解释"适宜的"事件,这样一种解释是单单从相倚性中推断出可以理解的因素。这是一种含蓄的或公开的经验主义和实证主义(positivism)的目的,适宜性定律是反经验主义[①]的另一种表现,也是格式塔理论中反实证主义的态度之一。

但是,声称说应当有一种适宜性定律并不证明有这种定律。为了建立这样一种证明,有必要去表明,生理过程的哪些特性使这些过程彼此"适宜",并使这些过程相互吸引。至于空间组织中良好连续和闭合定律问题,正如我们讲过的那样,可被认为是更为一般的适宜性定律的一些特例,我们试图通过系统平衡(systemic equilibrium)的考虑来为这样一种证明提供开端。在一种符合这两个定律的组织中,力量必须比在其他组织中获得更好的平衡。然而,即便这样一种命题,也只能在一些十分简单的例子中得到证明,这种证明主要是经验主义的。但是这样一个命题使得理解经验主义证据成为可能。如果我们现在试图去概括并建立我们的适宜性定律,那么我们便处于一种不利的地位。事实是,当问题的解决办法已经找到时,力量就比它们往常得到更好的平衡,问题的应力也得以解除,但是,正如我们前面指出的那样,导致这种最终状态的事件序列仍然未被解释。在空间组织中,一般的条件是这样的,即只有一些组织在特定的刺激分布下有此可能,而且,满足良好连续和闭合定律之条件的组织也在其中。我们讨论过这样的问题,为什么在特定的情形里,abc/de 具有清晰的结果,而 ab/cde 却不具有清晰的结果呢?(参见第四章)但是,当我们探讨思维问题时,正是这样一种条件(即使得空间组织的陈述变得相对来说如此简单的一种条件)十分缺乏。这里的问题常常是 $abcx$,其中,x 指未知数,不一定存在,而且,即便存在的话,也不是与 abc 联系的,而是与 efg 联结起来的。

鉴于上述的一些议论,我们把目前的问题与先前的讨论联结起来了。我们的适宜性定律是对下述问题的一个回答:为什么我们想我们之所想?如果我们把它的效度建立在比空间组织定律的效度"更高的"水平上,我们将会感到

[①] 一种反经验主义的态度并不意味着否认经验主义的巨大价值,指出这一点是没有必要的。也不是说,对经验的运用导致我们反对经验主义。而是如何利用经验的问题。

满意。

运用组织因素产生错误

这样的证明需要若干不同的步骤。空间组织定律产生自这样一些实验,其中有些组织具有优先的可能性,但是,只有一个构造或几个组织实际上可能实现,或甚至得以实现,由此揭示运作的因素。在思维领域中,一个相似的程序是极其有用的。我们应当创造一些条件,从动力学角度讲,其中的正确解决办法不是唯一可能的解决办法,而其中的错误解决办法却受到正在运作着的力量分布的青睐。这样一种程序的开端已由哈罗尔所指明。我引用她的话如下:"我们可以这样告诉一名被试,'桥底下,在两只鸭子的前面有两只鸭子在游水,在两只鸭子的后面也有两只鸭子在游水,而两只鸭子则在中间,'然后问被试总共有几只鸭子。第一种自发的回答是总共有 6 只鸭子,它们的队形是:

○ ○

○ ○

○ ○

'两'这个概念指的是一对鸭子,而所谓'一对'总是在空间上与观察者等距离的,因为结成对子蕴涵着①相等。再者,似乎有三种这样的对子被看到;对于每一个对子来说,空间位置('在……前面','在……后面',以及'在……中间')'要求'有一对鸭子去填充。

正确的解答是 4 只鸭子,排成单一纵队游泳前进。然而,这种组织具有的特性是与作为所需的组织相违背的。这是因为,如果我们按照'对子'来进行思考,那么,'单一纵队'就不会被考虑到"。

这里,问题以这样的方式提出,即力量产生了一种错误的构造(如果被问的那个人并不十分熟悉游水的鸭子)。对于哈罗尔列举的力量,我可以作这样的补充,在错误解答中,对子对每一种特定的关系均保持不变,而在正确解答中,对子本身却是可变的,这是一个有助于前者考虑后者的因素。

这种方法的系统运用应当揭示出一些因素,它们将决定思维过程的组织。引起错误思维的实验证明我们对于思维过程的了解是颇有成果的,这与视错觉证明知觉形状的研究是一样的,而且,现代的一些实验方法[扬施(Jaensch),1921 年,p. 170,G. 海德(Heider),p. 37]对于所谓的颜色恒常性②理论来说也同样富有成效。

---

① 作为一个心理学概念,蕴涵(implication)的意义和重要性已由克拉帕雷德进行了充分而又适当的讨论(p. 101)。

② 梅尔(1930 年,p. 141)讨论了两个例子,这两个例子都可以根据这个观点来利用。

运作力量的结合:两种不同的可能性

如果这些实验为我们提供了对一些具体的组织因素的洞察,那么也产生了关于它们结合的新问题。这些具体的组织因素既可能以一种累积的方式彼此独立地起作用,也可能被组织成一个有意义的整体。当邓克尔说"一个问题的解决是由于顿悟,因为它的有关特性是直接由问题情境的那些特性决定的"(p.701)时,他忽视了这种区分。然而,正如威特海默反复强调的那样,这种区分是相当基本的。正是由于这种差异,才使全面顿悟(full insight)与部分顿悟(partial insight)区别开来。在全面顿悟中,决定其相关特征和问题解决的情境的不同特性形成了一个连贯的系统,彼此并不独立。让我们再次用初等代数来例证。一个人先将方程式 $x^2+ax+b=0$ 转化成 $x^2+ax=-b$,因为他想把已知变量和未知变量分离开来,然后,他采取的第二步是使方程式的左边成为一个平方,也就是 $x^2+ax+(a/2)^2=(a/2)^2-b$,这样的解法与另一个人的解法相比并不具有同样的顿悟,另一个人把第二步看做是可与已知和未知的分离原理和谐共存的,因为上述方程式导致 $x+a/2=\pm\sqrt{(a/2)^2-b}$,在这个式子中,分离像在原先的方程式中一样容易。除非他看到 x^2+ax 可以构成一个未知量和一个已知量之和的平方,否则的话,解答的连贯性就会被部分地混淆,其结果尽管也会随之而发生,但却包含了一个惊奇的成分,也就是说,最终的解答并没有完全摆脱应力。

适宜性和清晰度

问题的解决可以在没有全面顿悟的情况下做到,也就是说,可以在没有一切决定因素的完整组织的情况下做到,可是,完整的解决办法则需要这样一种完整的组织。这一结论一方面导致对心理学来说十分重要的结果,另一方面则导致逻辑学和认识论(epistemology)的结果,关于这些结果,我们在这里无法讨论。相反,我想提及一个特定的方面,它揭示了一切思维中固有的一种困难。我们刚才说过,没有一个问题可以完全摆脱自我应力。"我们"把注意力集中在一个问题上,这一事实表明,自我需要将问题保持在实际的行为环境之中。可是,另一方面,问题可能属于这样一种类型,决定问题解决的力量的组织模式根本没有包括自我。因此,在这些例子中,自我必须处于与一个过程的动力交流之中,为它补充能量,而并不决定这种能量如何被构造。当我们面临这种情境时,我们理解了为什么我们的愿望会如此容易地影响我们的思维。我们刚才描述的动力情境几乎要求这样一个特定的假设;如果我在我的知识仓库中能够找到证明这一假设的项目,如果这个特定的假设与我的一般理论紧密联系,那么它将自然使我高兴。我的痕迹系统包含若干相关事实;我的痕迹系统展现了"假设"的力量,而且,几乎是不可避免地,也展现了一些自我的力量,这些自我的力量起源于看到假设得到证实的愿望。因此,当我们看到能满足两种条件的事实比单单满足第一种条件的事实更容易出现时，便不会感到奇怪了。

我们现在转回到对适宜性定律的调查上来。让我们重新回到李普曼和博根所采用的四种棍子的例子上去。除了偶然情况以外，只有当球和棍子的形状都被清楚地看到以后，选择适当的棍子才会发生。换言之，"适宜性"适用于行为的数据，而不是地理的数据。适宜性以整个场的明确组织为前提。在一个清晰度较差的场内，适宜性将根据它在清晰度很高的场内的样子作出不同的决定。我们的棍子例子表明，改进了的清晰度导致选择的改进，因为棍子之间的差别越是不清楚，有意地作出正确选择就越是不可能。

然而，如果我们考虑刚才提及的例子的话，则场的清晰度和适宜性之间的关系就不会像它表现的那么简单。不仅是清晰度的程度，而且还有清晰度的种类，都进入到这种关系之中。因此，在鸭子的例子中，进入三对鸭子中的清晰度确实十分清楚，而且，由于这种清晰度的缘故，使得正确解答变得如此困难。

原始的重组

在这些例子中，正如在其他许多例子中一样，场的重组作为思维过程的第一步必定会发生。这种重组已经由邓克尔和梅尔进行过调查和描述。邓克尔提出过一种情境的"功能价值"（"诱饵的位置太高"，"棍子太短"，等等）；梅尔则说，"我们看到困难存在于某个特定点上"（1930年，p.137）；不同的被试可能会在同一个客观任务中选择不同的点，从而至少在部分不同的行为任务中产生不同的解决办法。在下面的一个实验问题中，任务是把从天花板上悬垂下来的两根绳子拴在一起，由于两根绳子的距离使得被试只能一手握住一根绳子，而另一手却抓不到另一根绳子，于是，存在着四种可能性，每种可能性都导致一个特定的解决办法：

"（1）如何使一根绳子保持在中央，而另一根绳子被伸手取得……

（2）怎样做才能使绳子的长度足以跨越差异……

（3）能够做些什么以延伸到达的距离……

（4）由于握住一根绳时另一根够不着，因此必须使一根绳子以某种方式朝另一根绳子移动"（1931年，p.190）。在这些组织中，一种"适宜的"组织不一定对其他组织也适宜。第一种解决办法是将一根绳子系在一把椅子上，第二种解决办法则需要有一段绳子在附近，第三种解决办法要有一根棍子，而第四种解决办法需在绳子一端系上重物。

然而，由于"适宜性"是存在于两个事物之间的一种关系，因此它就不仅仅是以特定方式组织起来以便使某种东西适宜于它的问题，而且也必须是能够适宜于如此组织起来的问题的一些物体。由于这些物体无须在知觉上存在，这就把某种条件施加于痕迹之上，如果这些痕迹适宜于该问题的话。痕迹也必须组

织起来,并且以特定的方式组织起来。问题的形式通常会影响物体的组织,也就是说,一个物体将成为适宜的那种类型,因为它展现了问题的应力。因此,当苛勒的黑猩猩从树上折下一根树枝,用此来取得香蕉时,这根"树枝"就成了一根"棍子";一个行为物体被如此重组以便适宜于这个问题。当然,这种重组预先假设了物体具有某些特性,这些特性使得这种重组成为可能。但是,当我们想起利用知识有多么困难时(梅尔和哈罗尔),我们实际上承认了该动物的实际成就。我们可以把该动物比作梅尔的被试,他们被告知他们解决问题所需要的一切东西,或者我们可以把该动物比作哈罗尔的被试,他们在不同环境中了解了不完整笑话的解决方法。正如这些被试获得了必要的材料一样,黑猩猩也把树枝视作长的和不易弯曲的物体。在每一个例子中,将知识用于一个新问题是决定性的步骤。而且,这种重组也可以与知觉上并不存在的物体一起发生。当苛勒的黑猩猩跑进它的卧室,拿起一块毯子当做一根棍子时,它实际上利用了只有通过回忆才"存在"的一个物体。这就提出了这样一个问题,当前问题的应力是否能直接产生痕迹系统的重组。这是一个我不敢回答的问题[①]。

效果律

但是,有关这种重组的一个原因值得一提,因为它在讨论学习定律时起到了一定的作用。假设在李普曼—博根的棍子实验中,那个孩子任意地挑选棍子,并在后来的尝试中碰巧第一次使用最好的棍子。于是,对球的操纵就会变得更加容易,而这种更加容易的经验可能会产生所需的清晰度:这根棍子的适宜性将会被再认,正像它与其他棍子的差别被再认一样。换言之:一种活动的效果从广义上讲,可能对从事这种活动负有主要责任的一些条件进行重组。这就是效果律(law of effect),也就是我们对学习中成功作用所提供的解释(见第十二章)。

按照效果律,只要实施的活动和活动得以实施的环境在行为上是统一的,而且其结果将随这种统一程度而直接变化,则"效果"就可能具有所需的倒行结果。由此可见,一种活动在客观上是成功的,但却使用了在相关的行为情境中并未包括的一种物体,那么这样的活动将没有任何结果[②]。这一结论为麦独孤父子的观察所证实。一只老鼠从事打开门闩的活动,该门闩被另外一根门闩锁住。由于老鼠用它的后爪偶然地压了第二根门闩,从而成功地完成了打开第一根门闩的任务;但是,经过173次这样的尝试,还是没有使这一活动达到完美的程度。当第二根门闩被安装得更紧时,致使随机的动作也不能转动它时,老鼠

---

① 它使我再次想起了赫安格(Huang)的实验(第十二章)。
② 我们在第十二章的开头部分曾得到过同样的结论。

便感到困惑了,于是便集中全力去打开第一根门闩。

成功的结果将随条件而变化。它可能导致全面的顿悟,也可能导致部分的理解,仅仅使反应比以前更适当而已。

桑代克(Thorndike)试图去证明效果律或成功律的有效性,这一企图博得了每一位心理学家的仰慕。桑代克认为,这样的定律对于学习的试误理论(trial and error theory)来说是必要的。他的证明尽管未受这一理论的支配,却对该理论提供了有力的支持。然而,这种联结在我们的理论中却消失了。这种活动和环境的统一(我们发现是对这一定律的必要假设)排除了纯粹的尝试和错误,也就是完全随机的行为,完全不受环境特征影响的行为。

我深信,效果律是造成大量重组的主要原因,也就是造成大量学习的原因,这在人类方面和动物方面是一样的。为了弥补第九章的欠缺,我将讨论一个特例。在第九章中,我把下述事实解释为一种经验的结果,也即动物常常用逃到路边的办法躲避一辆开近的汽车,尽管场力应当把动物驱赶到行驶车辆的前方。那么,一个动物如何学会这一点的呢?我的猜测是,动物第一次是"偶然地"这样做的,也就是说,条件是这样的,只有当正在驶近的车辆的力的方向与它的组成成分在一起时,力的方向才开始发生作用。譬如说,如果动物如图112所示的方向穿过马路,那么,我们便可以把动物身体的方向视作一种强制条件,它只允许正在驶近的汽车的力的组成成分在与动物的身体方向相一致时才起作用。然而,这样一种偶尔的成功可能导致场的重建,因此未来的特定反应将随之而直接发生,并不受动物位置的支配。我们对这个例子具有特殊的兴趣,因为它表明场的重

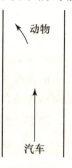

图 112

组可以改变运作之力的方向,这一结论对于我们理解动物的迂回行走十分重要,因为原先的路径从几何学上讲处于与具有吸引力的目标直接相反的方向之中。

我们的行为图景

如果我们回顾一下我们描绘的心理动力和行为的图景,我们便可以发现这种图景反映了组织和重组的连续序列。新的事件实际上无时不在发生,这些事件之所以是新的,原因在于它们的构造。这些新组织导源于机体和环境之间的关系而引起的一些力量,导源于痕迹系统中产生的场力。在我们的图景中,场力的作用主要是使新的适当的组织成为可能,而不是重复以前经历的事情或做过的事情。这样一来,我们便与巴特莱特完全一致了,他说:"如果我们考虑证据而不是假设的话,那么记忆所从事的主要是一种建设的事业,而不仅仅是一

种再现"(p.205)。

前面几章已经试图表明,这样一种阐述已经远远超越纯粹的言语,"组织"具有十分明确和具体的意义,它遵循十分明确的定律。

智力

在下结论时,我们只想补充几句话:产生自心物组织的一个有机体的行为,是由这种组织的类型决定的。比较心理学因此研究有机体所产生的不同种类的组织。这个问题有两个彼此紧密相关的方面。首先,一般的、特殊的和个别差异的问题产生了:如何区分昆虫的行为和脊椎动物的行为?如何区分啮齿类动物与灵长目动物的行为?如何区分类人猿的行为和人类的行为?如何区分一个个体的行为与另一个个体的行为?于是,智力问题便产生了。智力问题必须根据使某些组织得以产生的内在的有机体条件来寻找其答案。每一种组织都有许多方面,例如稳定性、刻板性、复杂性、清晰程度,等等。对于不同的组织来说,不同的特征可能具有显著的重要性。因此,并不存在一种类型的智力,而是存在不同种类的智力,这要视受到特别青睐的特定组织而定。然而,这并不意味着我们一定要按照不同智力得以运作的场或材料来区分不同的智力,而是按照正在产生的那种组织来区分不同的智力。因此,在我看来,区分运动的、实践的和理论的智力比起区分几何智力和算术智力,"迅速的"智力和"缓慢的"智力,"诗歌"理解智力或"数学"理解智力等等,前者作出区分的根据要比后者差得多。

重组的不同类型

这个问题的解决引出我们刚才提到过的比较心理学一般问题的第二个方面,也就是有可能对不同种类的组织和重组进行系统的调查。我现在不准备详尽阐述这一论点。原因在于,在我以往发表的著作中(1928年),我已经列举并讨论了有关这种力量的一些情况,而且,R. M. 奥格登(R. M. Ogden)也已经在这方面作过十分系统的探讨(1926年,p.239)。

第十四章

社会和人格

前面讨论的不完整性。主要问题：社会的和心理的团体；社会团体的现实；心理团体的现实——"我们"；问题的阐述；由循环过程来联结的心理团体和社会团体。心理团体的形成。心理团体的性质：统一和分离；稳定性；清晰度。团体形成的结果：文明的产物；作为一种格局的文明；人格。

前面讨论的不完整性

让我们假设，在前面几章里，我们已经全部解决了讨论的问题。那么，能不能说我们已经拥有完整的行为知识了呢？我们只需提出这样一个问题，便可看到我们几乎没有按照行为实际发生的方式探讨行为。我们都是社会成员，我们的行为是由心理学家刚刚开始认识到的事实决定的。由此可见，如果不理解行为的社会因素，我们便不能理解行为。我们必须了解社会因素的动力学，以及社会因素产生的结果。

正如我们已经看到的那样，一门科学的研究意味着一些定律的发现，这些定律支配着所调查的现象，也意味着一些条件的发现，这些定律在这些条件下动作着，并产生具体的结果。迄今为止，我们忽视了最重要的一组条件，我们把这组条件称之为社会条件。如果我们漠视这些条件，那么我们发展一门可以对文明事实进行解释的心理学的计划就无法贯彻执行。

因此，我们将本章专门用于讨论社会心理学的主要问题。这个题目太广，以至于可以用比本章的现有篇幅更大的篇幅来写这个题目。但是，我们现在的讨论不得不提纲挈领，主要限于勾画轮廓，而没有用材料来填充它们。

主要问题

社会的和心理的团体

在系统阐述我们的主要问题时,有必要作出一个重要的区分:当我们谈到一个团体(group)时——我将用这个词来替代更为特定的"社会"(society)一词,以指明有机体的任何群集(collections)——我们用的"团体"一词可能意指两个不同的东西,用我们的术语来说,是指一种地理团体或行为团体(geographical or behavioural group)。后面,我将把前者称为社会团体(sociological group),因为社会科学把这类团体作为它的主题,而把后者称为心理团体(psychological group)。那么从何种意义上说这些团体存在呢?

社会团体的现实

让我们从社会团体开始,我们来考虑一个由 n 个成员组成的团体。当我们把这些人称为一个团体时,我们意指什么?有一种回答认为,"团体"这个术语只不过是把 n 个成员放在一起考虑时使用的一个方便的名称而已,除了这 n 个成员的现实以外,没有其他现实与这个概念相一致。可见,这个回答从严格意义上说否认了一个团体的存在。可以说,除了这 n 个成员组成团体以外,不存在任何第 $(n+1)$ 的成员,这肯定是正确的。任何一种以此方式来解释的团体概念,将从一开始就被我们驳斥。但是,这是否意味着驳斥一个团体的现实呢?让我们来回忆一下我们对旋律的探讨。我们看到旋律,它们是多么的实际,然而同样的争论是,我们刚刚驳斥过的那种团体的现实,实际上很久以前也曾在旋律的现实问题上同样驳斥过:"一种旋律不可能是实际的,这是因为,如果它包含 n 个音调,那就不存在任何第 $(n+1)$ 的音调。"

旋律是行为事件,我们正在讨论的不是行为团体或心理团体的现实,而是社会团体的现实。因此,看来我们似乎不能把旋律的论点应用到团体上面去。但是,这是一种错误的印象,因为我们知道格式塔并不限于心理的领域或行为的领域。

因此,一个团体可能是一种现实,即便它无须成为一个加到组成团体的个体数目上去的一个新项目。我们在本书的开头部分(第二章)已经表明某些团体是现实,在那里我们曾经十分简要地指出,某些行为方式对于作为团体成员的一些个体来说是典型的,而不是对一些孤立的人来说是典型的。与此相似的是,巴特莱特(Bartlett)通过对"反应"(reactions)所作的详尽描述来证明社会团体的现实,他是这样描述的,"对团体来说特定的反应是在团体中发现的,而不是在团体以外发现的"。因此,从一个格式塔具有存在(existence)这个意义上说,一个社会团体也具有存在,我们为团体现实所使用的标准同时也是其格式塔特征的标准,由此,我们必须推论说,一个团体就是一个格式塔。然而,这样一种陈述没有多大含义,除非我们知道它是哪种格式塔。

社会团体的格式塔特征

在这方面,团体具有一些非常明确的特征,它们是一种十分特殊的格式塔。我在这里仅仅提及两个密切相关的特征。首先,这种格式塔的"强度"(strength)可能在很广的范围内变动。作为格式塔特征的这一强度已由苛勒(Kohler)所界定,他通过部分之间相互依存的程度来界定格式塔特征的强度。格式塔越强,它的每个部分就越是依赖所有其他的部分,这种依赖就越是影响各部分的每一方面。根据这一观点,我们熟悉的一切团体实际上都是相对软弱的,而其他文化中的团体却强大得多。贝克尔(Becker)所谓神圣的和世俗的社会的差别是一个很好的说明。团体越强大,不仅团体成员的行为,而且他们的整个地位,都会更加依赖他们与其他成员的关系。因此,在原始社会中,失去与团体的联系可能导致孤立成员的死亡。人们都想住得离老家近一些,我们可以比较乡村和都市,以便例证团体的格式塔强度的差别。我们能够遇到的最强大的团体也许是像足球比赛中的球队了。

团体可能具有很低的格式塔连贯性,这一事实导源于我想指出的第二个特性。团体是由个体组成的,而个体的存在,尽管主要是由团体决定的,也并非唯一如此。生孩子,抚养和教育他们,所有这些都是社会决定的活动;但是,尽管我们很想把孩子培养成某种类型的人,我们的力量却难以实现这种愿望。在塑造我们孩子的性格方面,社会因素再次介入,而不受我们愿望的支配。可是,还有一个因素则不再是社会的,尽管我们无法衡量或估价这个非社会因素的量值,但是我们不得不去承认它。除了社会影响以外,个体之间是彼此不同的,这些个体通过组成团体,在某种程度上决定团体的性质,因此便造成了团体中的一个非社会因素。当我们将团体与其他更强的格式塔(如旋律)作比较时,这里所表达的意思便可变得更加清楚起来。在作曲者的心中,音调并不先于旋律而存在,也不独立于旋律而存在。这里,旋律(也就是整体)完全决定了它自己的一些成员。团体的成员并不完全由该团体所决定,这一事实等于是说,团体并不属于最强的格式塔类型。当团体越不自然或越是人为的时候,这种特征便尤其显得重要。如果一些人联合起来组成一个俱乐部或一个社会,那么,成员的特征便已经建立起来了,而且,新团体呈现的特征也将在较大程度上有赖于它的成员的这些特征。

心理团体的现实——"我们"

现在,让我们转向行为团体。它在何种意义上存在呢?对此,找到答案是更容易的。心理团体的现实在代词"我们"(we)里找到了它的表述。"我们"的意思不仅是指人的复数,其中包括我自己,它还在最特定的意义上意指一种统一的复数,我和其他人是这统一的复数中的真正成员。换言之,当有人说"我们做这件事"的时候,并不意味着包括在"我们"中的这些人正在为独立于他人的他自己做这件事,而是我们联合起来做这件事。讲话者把自己体验为团体的一员,他的活动也是属于该团体的。当然,"我们"这个词也可以有其他的含义。"我们聚集在这里,因为我们都在同一天出生。"这句句子里的两个"我们"并不十分一致。第二个"我们"纯粹是累积的复数,而第一个"我们"表示一个真正的"团体—我们"(group-we)的开始。

这里,我们可以提出这样的问题,当这个"我们"在非累积意义上被使用时,它是否相当于一种心理团体的表述。看来,把这个"我们"视作更为一般的团体是合宜的,至少最初是这样;因为这个"我们"适用于并非同一种类团体中各种各样的人际关系。由此可见,桥牌运动员的这个"我们"可能属于所有四名牌友,或者属于一对搭档;与此相似的是,一个足球运动员运用"我们"这个词,可能指足球队,也可能指他本人。还有一种类似的情况,譬如说,我可以讲 x 先生和我曾经进行过一次关于格式塔心理学的讨论,这个特定事件可能是唯一的事件,在该事件里,我将他和我自己包括在"我们"这个名词之内。显然,两名桥牌搭档或一个足球队的成员形成了(如果不是从不同意义上所说的话)与所有运动员所形成的团体不同的心理团体。所有运动员所形成的团体完全属于第二种类型的团体。然而,在所有这些例子中,"我们"这个词指的是一种现实。它既非"他们和我"的省略形式,也非"他和我"的简化形式。因为它所涉及的"我"有赖于这个"我们"。换言之,"我们"这个词所指的复数并非由在一切可能的复数方面保持一致的一些成员组成的,而是共同决定着它自己的成员。当我与一位陌生听众讲话时,当我在午餐俱乐部里讲话时(我是该俱乐部的老会员),以及当我在大学生的队伍中行走时,我的感觉不同,我的行为自我也或多或少有些不同。

有关这种关系的详情我们准备放在后面讨论;这里,它仅仅为证明这个"我们"的现实服务。

问题的阐述

在确立了社会团体和心理团体的现实以后,我们现在可以系统阐述我们的主要问题了。我们的主要问题是,这两种团体之间的关系是什么?一般说来,对这个问题的回答是很明显的:一个社会团体是一个心理团体的前提,因为社会团体不同于一些个体的聚集,在个体的聚集中,个体的行为,以及由个体的行为产生的成就,都依赖他人的行为。现在,作为 个地理事件的另一个人的行为只能以下列方式来影响我的行为，即任何地理事件都可以通过决定我的行为环境来影响我的行为(参见第二章)。可是，这种一般的观点并不包含关于特定行为环境的陈述，而这种特定的行为环境将说明社会团体形成的原因。但是，我们可以看到，尽管"我们的经验"(we-experiences)并不是对团体行为作出贡献的唯一"经验"，但是，它们却是团体形成的必要条件。单单在我的行为场内存在其他人不会导致社会行为。如果有一个人或一群人挡住了我的去路，我将迂回前进，以便取得我所需要的东西，正如一个无生命的物体挡住我的通路时我将采取的行动一样。我的行为在第一个例子中如同在第二个例子中一样是很少社会性的。

这些论点由于下列事实而显得有点学究气，即我们体验一个"我们"，一种对心理团体的归属；因此，看来可以很自然地把地理的团体或社会的团体与心理的团体联结起来。

我们假定社会团体通过心理团体的中介而产生，这种动力联结的具体性质成为一个问题，它再次必须被概要地陈述。如果一个社会团体(g)是由n个成员组成的，那么它必须把它的起源归之于n个心理团体G_n的存在和相互作用，而这些G_n的相互作用也就成了基本的问题。行为场内的事件(G_n)如何导致地理现实(g)的建立呢？

由循环过程来联结的心理团体和社会团体

我们已在不同场合较简单地讨论过类似的问题了(参见第八章和第九章)。我们在讨论运动时看到，行为事件如何通过循环过程产生地理事件。如果我们把这一原则应用于我们目前的问题，我们便可发现下列情境：在K的场内(K是形成团体的几个成员中的一个成员)存在着一个心理团体，一个"我们"，而场的这个部分由于这样或那样的原因而处于应力之下。因此，运动(行为)将以这样一种方式启动，以至于导致一个新的场，它比原有的场处在较小的应力之下。尽管这种一般的陈述是正确的，但仍然有点模糊，难以充分显示随后发生的行为特征。那么，我们关于这个问题还能再说些什么呢？K的行为将影响团体内其他人的场，$a-j$和$1-n$，从而改变他们行为场的应力，并引导他们去活动。他们的活动也同样会改变K的场。正是K的活动的功能减轻了他自己场内的压力。因此，只要K引起的$a-j$和$1-n$的活动导致K的场内的应力减弱，K的活动就会实现这种功能。来自场内应力的活动和这种活动对场的应力的作用之间的关系，要比其他场及其应力来调节的眼动情形更加间接。但是，对于所有这些差别来说，存在着一个基本的相似性：无须任何新的定律，只要将旧定律应用于更加复杂的一组条件中去便可。

当然，团体中的所有成员都有同样权利被考虑为K，也就是说，在团体行为中,我们有一种通过活动来中介的相互作用,也是 n 个不同行为场的相互作用,这种相互作用通常可以产生组织的行为,该组织在个体中如同在整体的社会团体中一样。确实,我们的原理通过从心理行为中推知社会行为的办法解释了真正的社会行为;g 通过 G_n 的相互作用而得到解释。

我准备作这样的断言,社会心理学问题在于充实这个一般的格局。在本章的其余部分,我将仅仅讨论该格局内的一些要点。它们可以归纳成下述标题:(1) 心理团体是如何组织的?(2) 它们的主要特征是什么?(3) 社会活动的结果是什么,它们如何影响这类活动?

正如我们在本书中经常看到的那样,在一个特定的场内进行区分的不同问题实际上是相互依存的。这也同样适用于上述三个问题,如果不考虑它们之间的依存关系,没有一个问题能够得到全面回答。

心理团体的形成

我们可以从第一个问题开始,并探究心理团体的形成。这些团体,作为行为场的组成部分,肯定是通过场组织的过程而产生的。它们与我们先前研究过的包括自我在内的(点子组、线段组等等)那些团体组织不同。尽管这一事实并未阻止我们把我们的组织定律用于这些例子中去,因为我们遇到过自我像其他场物体一样被对待的场合,但是,这对自我来说是极端重要的。自我是一个团体的组成部分,它将由于这种成员关系而具有一些特征,这个课题我们将在讨论第三个问题时进行探讨。现在,我们必须尝试去发现一些力量,它们对行为的团体形成负有主要责任。

相似律

我们从一个十分简单的例子开始,不是因为它是最重要的或典型的例子,而是因为它将以最简易的方式澄清这个问题。当我们进入房间时,我们把里面的人视作一个与其他一切物体分开的团体,而且或多或少不受他们空间分布的支配。这种组织可以还原为等同律或相似律(law of equality or similarity),至少可以部分地还原于这两种定律;因此,它并没有产生任何新问题。只要这个问题依然存在,这种团体形成便不会成为我们现在感兴趣的问题。起初,在刚进入房间时,我们并不属于该团体。然而,过了一会儿,我们便可能属于该团体了。究竟是什么东西产生了这种不仅包括其他人而且还包括我们自己的新团体呢?把同样的定律应用于这种新团体的形成(这种新团体据发现在第一个团体的形成中也起作用)是否有点牵强?我认为不。尽管相似律不是唯一的因素,但是,我们自己和他人之间的相似性看来确实对这种新组织作出了贡献。

当有些人穿着晚礼服时会感到明显的别扭,而另外一些人则没有这种感觉,尽管任何一方均没有犯社交错误。

相似性和相貌特征

然而,我承认,等同因素并非团体形成中最强的力量。但是,一旦我们开始去分析等同性和相似性本身时,该因素将直接把我们导向其他一些更重要的因素上去。为什么我的"自我"与其他人相似?(前者很少用视觉项来提供,而后者则主要用视觉项来提供。)回答必须是,我的自我在特征方面肯定与其他人相似,这些特征尽管可以由视觉特征来传递,但却无须这样传递。我们在前面也曾遇到过这些特征(参见第八章和第九章),当时我们称它们为相貌特征(physiognomic characters)。我们认为,通过这些特征,特别强大的自我—物体力量被唤起了;因此,当我们正在把团体形成(尤其是相似性)与它们联系起来时,它并不是一个新的步骤。因为我们视作我们自我特征的某种东西也出现在我们称之为人类的场的那些部分里面,并且在较小程度上也出现在动物身上。我们通过视觉和听觉感知人们,也就是感知与我们具有同样自发性,具有目的和犹豫,欢乐和悲哀,勇气,抱负等等的物体;我们也把我们自己作为人来加以体验。如果等同性在团体形成中是一个因素的话,它一定是相貌特征的等同性。因此,一个老于世故的人很容易与其他老于世故的人聚集在一起,或者,甚至容易与那些玩腻了的人们聚在一起,而且也将在他的场内发展起一个他们和他共同属于的心理团体;与此相反,如果一个直率和坦诚的人被抛入老于世故的人群中去,那么他将不易发现他自己成为"我们"的一部分。与此相似,悲哀者倾向于把自己从一个欢乐的团体中排斥出去。相貌相似性可以导致团体形成,这已为某些具有不同种系和不同生活习惯的鸟类所证明。施特雷泽曼[Stresemann,由卡茨(Katz)摘录,1926年,p. 466]认为他已经找到这种团体形成的原因。"进入到令人印象深刻的和吵吵闹闹的鸟群中的小鸟是由于受到鸟群的吸引;它们把自己投入鸟群的生活漩涡,而且不易从里面脱身出来。"

相貌特征的起源:我们如何察觉"另一个人的心理"

但是,动力特征所起的作用远远超过单单决定心理团体的界限;动力特征也对团体结构和团体行为负有主要责任。因此,我们的下一步工作是回答第九章提出的问题,即作为行为物体的人们如何拥有相貌特征,或者更通俗地说,我们如何觉察另一个人的心理。我想把自己限于简要的陈述,因为苛勒已经在他的《格式塔心理学》(*Gestalt Psychology*)一书的第七章里十分全面地讨论过这个问题了。我不准备拒斥两种被广泛接受的理论,按照这两种理论,我们是通过建立在类比基础上的推论,或者是通过联想来了解另一个人的情绪的。这两种理论都遭到了苛勒和 C. D. 布罗德(Broad)的驳斥。布罗德因此下结论说:

"由于剩下来的只是两种可供选择的办法,因此,或者是(1)存在某些认知情境,它们实际上包含了其他心理或它们的作为客观成分的某些状态;或者是(2)某些躯体形式、运动、姿势及其矫正的视觉外观对我们来说具有非获得的(unacquired)含义"。了解一下布罗德如何处理这两种可能性是颇为有趣的。尽管他给第二种可能性以显著地位,但是他却并不倾向于完全拒绝第一种可能性。不过,第一种可能性甚至比起两种被拒斥的理论来更加不可能被接受,因为它意味着一种对我来说至少显得神秘莫测的知觉理论。它否定行为世界和地理世界之间的差别。如果他人的心理能够直接提供给我的话,那么它将是我行为世界和地理世界中的同一个物体。另一方面,第二种可能性是承认相貌特征存在的另外一种方法。每样东西都有赖于这第二种可能性的详尽阐述,也就是说,有赖于对下列问题的回答,即作为行为物体的人如何才能拥有具有认知价值,并与作为地理物体的他人的基本方面相一致的相貌特征。布罗德的回答是这样的:"我们必须假设,人类的先天成分(也许也是其他群居动物的组成成分)是这样的,当人们看到任何物体实际上与他自己十分相似时,他便本能地认为该物体受到了像他自己心理那样的心理的激励"。当然,这是完全不能令人满意的。如果人们认为其他物体受到像他自己心理那样的心理的激励,那么这种说法是不正确的。苛勒已经强调了这一点:"……有时,我把其他人理解为与我十分不同。例如,道格拉斯·费尔班克斯(Douglas Fairbanks)富有特色的男子气给我留下了深刻的印象,可是,遗憾的是,我无法使自己做到这一点"(1929年,p.237)。但是,除了这种不适当性以外,布罗德的解释从真正的意义上说不是解释。它所做的一切是引起人类天生的结构,即他的本能。这种解释是著名的休眠力(vis dormitiva)类型的解释,从而把解释本身分解为对假装要解决的问题的重新命名,如果我们认真对待它,我们必须将它用于具体的事例之中。它如何处理这类问题:为什么这张脸在我看来显得悲伤?为什么这个姿势在我看来显得屈从?为什么这种声音在我看来显得兴高采烈?难道我们对每一种这样的体验都有一种特殊的结构,或者说独立的本能?每一种特定的场合如何设法求助于这种结构的特定部分,或者说唤起一种特定的本能官能?由于像布罗德理论那样的理论无法使所有这些问题得到解答,因此它没为问题提供真正的解答。

那么,形式、运动、姿势等等如何具有一种非获得的含义呢?这个问题并没有给我们留下特别新的或惊人的印象,因为我们曾遇到过行为物体直接拥有的一些特性(除了感觉特性以外)。例如,一根线可能是曲线也可能是虚线,一个图形可能是对称的也可能是不成形的,旋律中的音调可能是平淡的也可能是刺耳的。行为物体之所以拥有这些特性,是因为它们把存在归之于组织。我们曾在一次特定的讨论中为行为物体的这些特性补充了相貌特征,并且指出,对于相貌特征来说,通常较难指出基本组织的细节。不过,在任何一个人的行为世界里也可能产生笨拙的或优美的物体,而无须使他与别人接触。一个优秀的素描者可以画出优美的线条、笨拙的图形,以及快乐或忧郁的模样。当我们探究世俗的艺术时,这一点更容易发生。确实,在我们的行为世界中,极少有物体像优美的音乐那样充满情感。另一个例子是木偶,木偶几乎无须与人类具有几何的相似性,然而却仍然能够载有大量的感情特征。对于我们的论点来说,最佳的例子也许是按照米老鼠的形象所制作的某些特技电影,因为在这些电影中,客观上既没有运动,也没有感情,而仅仅是奇怪图片的连续。不过,这种连续的序列在观察者的行为世界里产生了一些运动的物体,它们可以是机灵的,也可以是笨拙的,可以是朝气蓬勃的,也可以是神情沮丧的,等等。这个例子的优点在于这样一个事实,即所有这些特征都只存在于行为的物体中,而在地理物体中则完全不存在。这些形态和运动对我们来说具有"含义",它们成为刺激引起的心物组织的最清晰的方面或结果。

但是,为什么这些"含义"是相貌的,为什么它们传递情绪或其他心理的特征?如果这个问题意欲表明为什么物体具有相貌特征,如悲哀和欢乐等等,那么这是一个好问题。可是,如果这个问题强调了"心理的"一词,或者使之与"躯体的"或生理的相对立,那么它便立即产生误导作用。这是因为,我们用于主观经验上的许多词(如果不是大多数词的话)同样可以很好地用于客观经验上。这个论点取自苛勒,他还引证了借自克拉格斯(Klages)的一些例子:"痛苦的情感","温柔的性情","甜蜜的爱情",等等。因此,我们要进行解释的并不是这些特性的心理本质,而是它们的性质。为什么是痛苦的而不是甜蜜的,平静的而不是激动的,阴郁的而不是欢快的!

为了解答这个问题,让我们转向一组不同的例子,在这些例子中,相貌特征或多或少是真实的。我看到一个恼怒的人,这个人确实是恼怒的;我在早上遇见一位友人,发现他很沮丧,尽管他设法掩饰这种神情;我被那张脸上的小气神情所震惊,确实在那丑陋的面具后面存在着一个吝啬的灵魂。这些例子将引导我们深入一步,因为在这里地理物体拥有某些特征,它们是由于它的天生本质,而且以这种或那种方式在接近刺激(proximal stimulation)中运作。一个恼怒的人或一个沮丧的人的行动在因果上将与他的心理状态相联系,另一方面将会为其他一些观察他的人提供接近刺激。因此,一种情境的产生带有两种关系:让我们把恼怒的人或沮丧的人称为 A,把对他进行观察的朋友称为 B。于是,第一种关系是 A 所固有的,也就是在 A 的心情和他的活动之间的关系;而第二种关系则是对 B 来说作为可能刺激的这些活动和 B 对 A 及其心情的知觉之间的关系。A 的心情和情绪对 A 的活动发生影响,这是明显的。活动产生自自我系统内的应力,而情绪则与这些自我应力具有密切的关系,这是我们在第九章里已经解释过的。即便如此,这两种关系之间的动力关系可能属于不同的种类。情绪可能仅仅通过释放而引发或影响活动;在这种情况下,活动的形式将不受释放这些活动的情绪的支配。但是,在我们讨论活动时,我们已经发现这种"释放"概念完全不适合于处理事实;我们到处可以发现活动不仅是释放出来的,而且也是受存在于整个场内的力的指向或引导的。因此,我们必须考虑我们目前问题中的这种可能性。如果一种情绪应力为活动导向,那么,随之发生的活动将会在某种程度上反映出该情绪;外显行为的特征将表现出行为得以发生的场的特征。沮丧者的缓慢拖沓的行动,恼怒者的急促而又不连续的行动,确实是符合沮丧者的呆滞状态和恼怒者的混乱状态的。外显一面的沮丧或恼怒与意识一面的沮丧或恼怒一样多。因此,正如第二章所界定的那样,真正的行为是携带情绪的,这种说法是有意义的。

现在,我们转向第二种关系,也就是 A 的外显行为和 B 对 A 的知觉之间的关系。在 B 的感官中,尤其在 B 的眼睛和耳朵里,存在着一种由 A 的状态和活动所决定的接近刺激。这种刺激在 B 的行为场里引起了对 A 的时空组织。它使 A 的活动在 B 的视网膜上绘制地图(maps),也使 A 的言语在 B 的耳朵鼓膜上绘制地图。于是,我们的整个情境就变成这样:

$$EA \sim MA \sim RB \rightarrow ?$$

EA 是 A 的情绪或心境,MA 是 A 的外显活动,RB 是由 A 的这些东西在 B 的视网膜上产生的意象(以及在 B 的耳朵里产生的振动模式),符号 $\sim$ 表示"绘制"。EA 是由 MA 来绘制的(mapped),依次,MA 是由 RB 来绘制的,而 RB 又决定了 B 对 A 的知觉。然而,在这两种绘制之间是存在差别的:RB 从几何学角度绘制 MA,也就是说,按照知觉定律一点一点地绘制,所以 RB 不是一种动力的绘制,正如我们在本书第三章讨论视网膜意象的性质时发现的那样;当时我们把讨论限于空间图景,但是,很容易看到,同样的论点也适用于在我们目前的行文中颇为重要的时间图景。从时间角度讲,RB 也是一种刺激的镶嵌(mosaic of stimulations),因为在 RB 里面任何一个时刻发生的事情并不依赖于此刻之前发生的事情,而是依赖于此刻正好触及视网膜的光线。另一方面,MA 对 EA 的绘制是动力的。现在,我们知道 RB 的结果是 B 的心物场内的一种动力组织,它与 RB 的关系我们在第三章曾进行过一般的研究,并在第四章和第五章进行过详细的研究。在那里,我们看到,这种组织对远距离刺激的绘制常常比对接近刺激的绘制要好一些。如果这在我们的例子中是正确的话,如果 AB(A 作为被 B 知觉的他)或多或少是对 MA 的真实绘制的话,那么,我们便可以理解 B 如何意识到 A 的情绪,而无须通过类比来进行联想或推断。当接近刺激的分布像产生一种与远距离刺激物体的组织相似的一种心物组织那样拥有这些几何学特征时,行为物体就会对远距离刺激物体进行动力绘制。这样一来,我把桌上的烟灰缸看做一个分离的物体,因为刺激的分布在烟灰缸的界线上是不连续的,从而在我的行为环境中产生一个具有特定形状的分离物体。当我们将这一论点用于 MA-RB-AB 的关系中时,我们看到在许多例子中,RB 作为对 MA 的几何学绘制将拥有这些特征,正如将产生一个与 MA 动力地相似的 AB 一样。因此,A 的声音的提高将产生一种时间刺激模式,在该模式中,每一种声音都伴随一个更响的声音,这种刺激模式将引起一种逐渐增强(crescendo)的经验。与此相似的是,A 的急促行动将导致 B 的视网膜上时空的刺激分布,并依次导致 B 体验到一种急促的行动。

于是,在某种程度上,AB 必须是对 MA 的动力绘制,不过,问题仍存在着,即 AB 将绘制出多少的 MA。例如,A 的声音的逐渐增强或他的整个行为可能是他的逐渐增强的兴奋的表示,他的急促行动可能表示他的恼怒。迄今为止,我们仅仅表明 AB 拥有逐渐增强的声音或急促行动的特性。但是,我们的真正问题是要解释 AB 究竟是兴奋还是恼怒。困难似乎在于从逐渐增强过渡到兴奋,或者从急促行动过渡到恼怒。但是,这种困难要比实际的还要明显。人们体验到的逐渐增强的声音和行动急促完全是动力事件,它们的动力方面不过是由"逐渐增强"和"急促"这些术语给予了不恰当的描述,而这些术语是可以从几何学角度进行解释的。如果我们试图去找出一些词汇,通过这些词汇来描述这些经验的动力方面,那么我们便被驱使着去使用像兴奋或恼怒这样的术语。正如我们前面曾经提到过的那样,这就是为什么我们用同样一些形容词去描述"心理"事件和"生理"事件的原因。如果认为"逐渐增强"原先仅仅作为一种强度的变化来体验,只是后来才被赋予兴奋的特征,这似乎是一种错误的假设。这种观点已经在第八章结束时被驳斥过,在那里,我们曾声称,行为世界越原始,它便越具有相貌性。因此,我们可以作这样的假设,所谓兴奋基本上是一种逐渐增强的体验,所以,逐渐增强的 AB 是一个兴奋的 AB。

由此可见,我们的主要问题已经用一般的术语解答了。为了阐释细节,我们必须考虑若干要点。迄今为止,我们用来描述 RB 的时空模式的措辞是十分一般的。存在着许多类型的逐渐增强和急促。语言未能公正对待这些模式,这些模式就其本身而言是彼此不同的。作为不同的模式,它们将把它们的起源归之于不同的 MA,从而也归之于不同的 EA,反之,它们会产生不同的 AB。而且,这个 AB 不仅依赖 RB,而且依赖 B 的神经系统的结构。因此,对某个人来说可能视作不礼貌的行为,而对另一个人来说似乎只是羞涩和谦逊的笨拙表示而已。同一个 R(或者十分相似的 R)在一个观察者(K)眼里要比在另一个观察者(L)眼里产生更加原始的 A 的组织,正像在一次音乐会上,一个有音乐素养的听众要比另一个音乐素养较差的人获得更高的组织一样(也就是 $AK \neq AL$)。

表达出来的情绪越是一般,个体间的表述便越是彼此相似,这些表述也就越广泛地为人们所理解。卡茨概述了他在鸟类有声表达方面所作的研究,他说,鸟类种系之间的差别越大,这些有声表达就越是难以理解,不过有些声音,例如表示恐惧的声音,似乎在各个种群之间都是相似的,而且容易为它们所理解。某些红嘴鸥的警戒叫声甚至能被哺乳动物所听懂,因为后者和这些鸟生活在同一地区。

我们不要忘记,每种行为都发生在一个场内,因此,AB 还要依赖它得以发生的那个场。这个场当然是 B 的场,而且意味着,B 对 A 的理解还要依赖 B 看到 A 正在活动的那个场。当 B 注意到他开始并没有注意到的另外一个人在场时,A 的行为可能完全改变它对 B 的方向,因为 A 的行为现在看来处于与这另外一个人的动力关系之中。这一点是十分重要的;因为行为是指向一个物体的,不论这个物体是死的还是活的,如果这个物体未能包括在观察者的行为场内,那么,他将对他遇到的活动和姿势获得一种错误的印象。一种特别有意义的情况是,一个人的活动指向观察者本人。

在我们对本次讨论下结论之前,我们必须回顾这样一个事实,即在我们列举过的三个例子中我们忽略了第三个例子,就是那种吝啬的表情。我不准备深入探究这个例子的理论,我将仅仅提一下,这张脸在任何时刻都可能是一个运动截面,一个取自电影系列的格子,并带有该电影的一个部分和结果的标记。这个事实已经在"多利安·格雷画像"(The Picture of Dorian Gray)中被象征地表示了。

除相似性以外由其他因素产生的团体形成

我们现在可以回到行为的团体形成的问题上来了。相似性因素很好地介绍了一般原理,证明了将自我推向其他人类的场内力量。即使每个个体本身是"完整的",这个因素也会起作用;换言之,即使在自我的场内,由于没有相似的东西存在,致使自我摆脱了应力,相似性仍将导致团体的形成;应力朝向产生自相似性的团体形成,如果我们运用旧的术语来表述的话,这种应力便是纯粹的环境—自我应力,它具有这样的特点,即介于应力之间的特定物体是自我和他的伙伴。

自我的不完整性

一切团体中最自然的团体——家庭,却不是以这种方式产生的。失助的婴孩是不"完整的",他的需要的满足有赖于他人的活动,而在一个人一生的关系中首次最亲密的关系是与满足他的需要的那个人的关系。相反,必须施舍,必须帮助失助者,则是另一种产生团体联结的强大力量,对于这种团体联结,还须加上双亲的关系:我的肉体的肉体。如果没有孩子,父母也不再是"完整的"了。

但是，处在隔离状态中的人是否可以称得上"完整"呢？或者，如果他在与他的同伴毫无接触的情况下达到了成年，这样他是否"完整"？我们深信，在这样的情况下他不会完整。一方面，他需要一个伙伴，另一方面，其他伙伴也需要他。

麦独孤的理论

调查表明，自我本身必定包含应力，这些应力只有通过把自我包含在各种（行为）团体中才能得以解除。这样一来，我们似乎把团体形成的原因还原为一种本能的理论了。确实，当我们浏览麦独孤（Mc Dougall）最近发表的本能理论，或者，像他现在称呼的那样，把本能叫做"倾向"（propensities）时，我们便可发现我们刚刚列举的一切需要就是这些东西。使婴儿依附于父母或保姆的需要正好符合麦独孤的第九种和第十一种倾向，也就是屈从的和求助的倾向（submissive and appeal propensities），使父母与他们的孩子连接在一起的需要符合麦独孤的第六种倾向，即保护的或父母的倾向（protective or parental propensity）；当然，他也列举了性倾向（"求爱和交配"——第九种倾向），以及群居倾向（第七种）等等（1933年，p.97）。

这种心身平行论（parallelism）反映了采纳本能理论的基本原因。如果不作这样的假设，即自我是需要特定种类予以解除的应力的所在地，那么，不论是人类的行为还是动物的行为都无法进行描述或解释。而且，不论人们是使用"自我—应力"（Egostrees）这个更为一般的和中性的术语，还是使用"本能"（instinct）这个更为特殊的和引起争议的术语，那都是没有什么关系的。实际问题是，这两个术语中的任何一个术语究竟意指什么，它们在该理论体系中起什么作用。我们在前面已经批判了麦独孤的概念（见第九章），本章中提出的批判也同样适用于他在我们目前的问题上所使用的术语。麦独孤还在他的新近出版的书中把本能或倾向视作一种永久的先天倾向，这种永久的先天倾向可以被"激发起来"，然后"产生一种积极的倾向，一种奋斗，一种冲动或内驱力，它们都朝向某个目标"。正是在这一点上，我观察事实的方式与麦独孤观察事实的方式有所不同，这是我和他都承认的。我在这里提供另外一段引文。他谈到一个男孩，他有两种能力，但从未被使用过。"于是，有一天，他处在一群男孩中间，这些男孩在公正的观众的刺激之下正打算'露一手'；他那超过别人、与众不同的……潜在倾向通过他对情境的知觉而被激发起来"。上述引文在我看来似乎表明，一切倾向都是永久的存在，它们可以通过激励从潜伏阶段过渡到有效阶段，由于一些倾向在特征上显然是社会性的，因此，社会行为便被还原为个体能力了。现在，我们看到，团体成员的个体特征是团体的决定因素，但是，麦独孤的理论却远远超出了这种陈述。只要我们讨论心理团体，我们就必须留在个体的领域之内。麦独孤用意向（disposition）来解释心理团体的行为，这些意向根据它们自身的性质而产生一些过程;(行为的)环境除了"激起"这些意向以外,没有任何其他的功能。对此,我们持相反的观点:整个场,特别是它的有关部分,在根据整个场的特性来决定行为的自我中建立起应力。如果我们声称,自我由于缺乏社会关系而"不完整",那么我们的意思是说,既然自我本身是一种组织的产物,则这种自我便是一种不完整的组织,一种处于应力之下的结构,除非整个场满足某些条件,也即包含具有明确动力特征的物体。因此,麦独孤的倾向对我们来说不是最终解释的概念,而是对社会心理学需要解释的某些主要行为类型的总的描述。倾向是系统阐述的问题,而不是对问题的解答。

我们的理论和麦独孤的理论之间的差别不仅仅表现在术语方面,尽管这些术语都导源于这样的方式,即两种理论中的任何一种都探讨了行为及其基本原因之间的关系。但是,指出两者的差异是如此重要,以至于需要进一步详尽阐述。鉴于某种夸张,有必要使理论的区分尽可能鲜明,人们可能说:对麦独孤而言,具有倾向的自我和激起这些倾向的环境都是独立的实体(entities);在我们的理论中,它们一起发展,并且通过场组织的过程密切地相互作用。正如行为环境有赖于它周围的自我那样,自我也有赖于它的环境。在这种相互依存的关系中,行为环境的某些部分,也即我们的伙伴们,都起着独特的作用,那是因为在它们和自我之间可以产生能把自我完全组织起来的某些力量。因此,社会行为不是自我内的"社会倾向"的结果,而是特殊种类的场组织的结果。①

在我们的理论中,正是由于社会行为导源于组织,因此,它对那种很少关注基本因素的理论的进展更有效果。这些基本因素充其量是根据虚假例子来分析的,而不是根据实际的团体行为来分析的,正是这些实际的团体行为表明了场组织在起作用。我们每个人都因为纯粹的"社会原因"而成为许多团体的成员,这与群居的本能或倾向完全不同。我们迁移到一个新的市镇,不论在社会方面还是在心理方面都成为该市镇社会生活的一部分。那么,在这种环境里,我们的行为社会场会发生什么情况呢?为了回答这个问题,我们转向我们问题中的第二个主要问题——心理团体的性质。在我们离开第一个论题之前,我们再提出一个结论。如果行为自我在隔离状态中是不完整的,那么,实际的或地理的有机体作为一个个体也是不完整的。这是因为,在行为环境中,伙伴的出现是地理环境中人际关系存在的前提。正如我们前面看到的那样,在行为社会场内,交流是通过一个社会场来中介的。不论从心理学上还是从生物学上讲,隔离的个体不可能是自然界的一个完整部分。

---

① 关于种类问题的相关讨论可以参见巴特莱特所著的一本早期著作(1923年),以及我对该书的评论。

心理团体的性质

如果我们现在转向第二个问题,我们便将完全摆脱迄今为止所观察的心理团体的制约。我们在讨论中将把我们自己并不属于的那些团体的特性也包括进去。这样做是合理的,因为我们已经建立了一个原则,即社会团体的特性是以心理团体为中介的。因此,把前者作为后者的指标是可以允许的。

统一和分离

在调查团体的性质时,我们将运用我们关于其他组织产物的知识。我们遇到过的第一种产物是沿着分界线的统一和分离(unification and segregation)。这很容易应用于社会团体,不论是心理的还是社会的社会团体。团体或多或少是封闭的,具有或多或少确定的界线。结果,团体越是封闭,新成员进入该团体便越是困难。这种情况已由苛勒加以证实,他的实验发现,当一头黑猩猩作为新成员被引入业已建立的黑猩猩团体时,几乎被其他黑猩猩杀死。对于养禽场的类似观察也证明了这一点[施吉尔德勒普—埃伯(Schjelderup-Ebbe)]。此外,如果团体中有一名成员离去,团体便很快地重新封闭起来;离队的那个成员被团体想念的程度没有该成员想念团体那般强烈,这一事实也在苛勒的黑猩猩群体里被观察到。

被一个团体所排斥,可能会深刻地影响被排斥成员的自我。我们曾在前面提到过,在原始社会中,被团体所排斥甚至会导致个别成员的死亡。在我们的社会中,排斥也会产生极其严重的后果。舒尔特(Schulte)从团体动力学例子中提出了一种颇具独创性的偏执狂(paranoia)理论:这种情境要求特别紧密的团体内聚力,特殊的环境(不论在某个成员的人格之内还是在或多或少偶发的情境里)会阻止该成员屈服于这种应力。其结果可能是社会场的整个重组:"我们"原来指"团体内的我",现在则转变成"我和他们","我与团体的对立",由此,整个自我—场关系,以及自我的整个结构,都可能发生深刻变化。

稳定性

与团体的封闭性相联系的是它的稳定性或保守性(stability or canservativeness)。看来,这种封闭程度和抗拒革新的程度是随着彼此的关系而变化的。乡村的团体要比都市的团体更加保守。一个团体越是原始,它就越封闭,保守性也越强。在与世隔绝的原始团体里,变革遭到强烈的抗拒。可是,通过与其他人群的接触,新的文化成分便可引入过来。由这类革新产生的变革,作为心理事件,已经由巴特莱特进行过研究,并取得了巨大成功。他的主要结论是:"输入成分引起的变化,既沿着现存的文化方向进行,也沿着接收的团体的发展路线进行"(1932年,p.257)。

清晰度

封闭,作为一种属于整体而非部分的特性,是部分之间相互作用的前提。我们还发现,团体中部分的活动可在整个团体中产生回响,它在种类或程度上有赖于活动的种类和动因的地位。也许,这种相互作用的最有趣的效应便是团体的清晰度(articulation)。比起完全同质的暂时团体来,差不多任何一个团体都具有清晰度。在一个有组织的单位内,所有的清晰度都依赖其各部分的相关特性,正如它与场的其余部分的分离依赖一种梯度(gradient)一样。

领袖、追随者、同事

如果在一个团体中,有一个成员比其余成员更加机智或能干,那么这个成员将会拥有独特的地位,甚至成为领袖。可是,另一方面,如果有一个成员处于另一极端,便将成为"替罪羊"——这使我再次提及苛勒的黑猩猩。上述说法似乎是老一套的说法,但是我认为,这种老一套说法恰恰导源于它固有的真理。譬如说,A是最有力的成员,从而成为领袖,这并不是指所有其他成员之所以像他干的那样去干是因为他干得最好,而是因为他们服从于他的领导,他之所以干得最好是因为他干了它。领袖的权威不仅仅在于对他在特定任务中所处优势的承认。如果A是领袖,则其他人便是追随者,每个其他成员与A的关系涉及这些成员彼此之间的一种特殊关系。这个例子尽管较为复杂,但与冯·雷斯托夫(Von Restorff)所调查的有关重复材料和孤立材料的例子属于同样的性质。正如孤立的材料通过孤立而获得特性一样,领袖也会通过成为一名领袖这一事实而获得一些特性。当我们讨论某些动物团体的清晰度时,我们将提供一个有趣的例子。这里,我们只想指出,这种效应是以一般的方式导源于我们的理论。成为一个团体的领袖意味着该领袖的心理团体在一个基本方面不同于追随者的心理团体,他的自我作为这一差异的结果也肯定不同。如果我们说,领袖俯视追随者,追随者敬仰领袖,而追随者彼此之间处于同一水平上,那么,我们便表述了巴特莱特(1922年)所谓的决定社会关系的三种基本倾向,也就是断言(assertion)、顺从和原始的同事关系。很清楚,任何一个个体可能按照他成为一名成员的那个团体和他在该团体中所处的地位而体验上述三种基本倾向中的任何一种倾向。

心理相近

道奇(Dodge)在一篇十分优秀的文章中引入了一个新概念:"心理相近"(mental nearness)。我们不要把这一概念与巴特莱特的原始同事关系(primitive comradeship)混淆起来。"心理相近是介于一个人和其他人之间的一种基本的社团格局（community frame）"。心理相近是我们所谓的"我们"（we-ness）的一个方面，它既适用于领袖—追随者关系，也适用于追随者—追随者关系。它具有使自我和他人进行联结的功能。当然，领导关系可能通过这种特定的关系对它产生影响。但是，领袖可能成为极其受热爱和被仰慕的主人，也可能成为令人惧怕的统治者。

领导和"孤立"

在我们的论点中，领导是从团体的异质（inhomogeneity）中产生的，或者说，是从团体中分离出来的一个孤立的成员。但是，我们的论点在许多方面需要构建得更加完整一些。首先，我们为孤立（isolation）选择一种特殊的特性或效率，毫无疑问，这是十分重要的特性或效率。可是，在我看来，社会心理学的真正问题是去找出这种"孤立"（从冯·雷斯托夫界定的意义上所讲的"孤立"）是否是领导的主要原因，或者说这种孤立是否一定涉及特定的特征。最机智的人是否像最有力的人或最美丽的人成为领袖那样成为领袖呢？十分清楚，最弱的、最愚蠢的和最懒散的人将不会成为领袖，也就是说，孤立必须处在向上的方向，而不是处在向下的方向；但是，使向上和向下得以存在的维度是否具有头等的重要性？这类问题立即导致具体的问题；它们只有通过对特定团体进行研究才能回答，而且这种答案也可能有赖于所研究的那种团体。

与此问题联系在一起的是另外一个问题：领导是从上升的孤立中产生的唯一特征吗？从纯理论的基础上讲，我们必须推论它不是；相反，当孤立程度太大时，孤立的成员将失去他与团体的联结，从而倾向于被分离出来；这个结论似乎与日常生活的事实完全一致，甚至与业已完成的少量实验研究完全一致。因此，利塔·霍林沃斯（Leta Hollingworth）得出结论说，"太多的智慧往往使一个孩子（或成人）无法成为公众的领导"，她把这一事实归之于孤立。

但是，当杰出人物留在团体内的时候，是不是足以使他具备当领袖的资格呢？领袖术语是不是一类由不同类型组成的术语呢？杰出人物是否也有可能不成为一般意义上的领袖呢？团体是一个十分复杂的结构，我们关于这个主题的知识过于局限，以至于回答这些问题的任何一种企图都是不可取的。

我们简化了这一情境：一个人突出于其他人之上，这些人与他相比，相对来说彼此相似。但实际上，情况不会这样简单。当一个以上的异质情况发生在团体里面的时候，又会发生什么事情呢？

领导和行为

我想提及的最后一点阐释如下。这里，有一个社会团体 G 和一个领袖 A。让我们考虑一下 A 的心理团体和某个其他成员 K。在前一个团体 GA 里面，自我将处于顶端，而在后一个团体里面，一个"他"将处于这个顶端位置。很清楚，在这些行为场中，每一个场必须首先决定这个人的行为属于谁的场，然后决定其他人的行为。由于一个人的行为团体的顶端意味着某些活动被实施而另一些活动被省略，因此，在前者，那些活动将把自我保持在顶端，而在后者，活动则使它降低了位置。至于在特定情形中这些活动是什么，当然取决于特定的团体和特定种类的领导。它们不同于暴君和敬爱的主人。"高贵者的行为理应高尚"是优秀领导的座右铭，如果一个高贵者的行为与其职责相悖，那么，他便不是作为一名领袖在行事，而是不顾他的领导地位，屈服于不同力量的推动了。

对于追随者 K 的行为，道理也一样。如果他服从那位领袖，则他并不表现一种本能的活动或顺从的倾向，而是按他的行为场而行事，并且以此方式来保存或增强行为场的结构。

由此出发，人们可以进入数千条通道，调查有关叛乱分子、怀疑论者、牢骚满腹者、妒忌者、狂热分子等等的动力——他们中既有领袖又有追随者。人们还可以设法找到团体行为动力中的德性起源。然而，不该把这种企图与那些现代倾向相混淆，后者从社会因素中提取道德规范，剥夺了它们的任何一种独立地位，并使之成为盲目的和机械的社会力量。我们在前面几章已经阐释过心理学和逻辑学的关系，倘若在细节上予以必要的修改，它们也适用于心理学与伦理学的关系。

复杂的团体——清晰度；动物团体；啄击表

让我们回到团体清晰度问题上来。我们关于一个同质团体和一名杰出成员的例子是很少会实现的。事实上，团体清晰度是十分复杂的。在动物团体中，它导致一种复杂的支配系统，那是鸟类的规矩，对此，施吉尔德勒普—埃伯已经观察了 55 个以上的种类；看来，这种情况对哺乳类团体也颇为典型（卡茨，1926 年）。生活在一起的鸟类个别地决定它们的统治和服从关系，这种关系一旦确立，如果不是永远不变的话，至少倾向于长时间保持不变。这种决定既体现在实际的战斗中，也体现在竞争过程中一个成员比另一个成员更勇敢。这种统治地位的表现形式往往发生在喂食时间，即强者啄击弱者，而弱者则遭受这种打击；同时，还出现强者"昂首阔步"，弱者"畏缩躲避"的情况。至于决定这种支配地位的因素尚不清楚。其中，最有力的因素之一可能是身强力壮，但这决不是唯一因素，正如"啄击表"（pecking list）的事实所证明的那样。在这啄击表中，由 n 只母鸡组成的一个团体的第一个成员啄了 $n-1$ 只母鸡，第二个成员啄了 $n-2$ 只母鸡，如此等等，直到第 n 只母鸡什么也啄不到，从而被每一只母鸡啄。一个典型的不规则性呈三角形：A 优于 B，B 优于 C，C 优于 A。

我之所以简要地提及这些事实，是因为它们似乎是一些社会心理学事实，而不是鸟类心理学事实。该事实将以各种方式表现出来。首先，我们把团体形成的格式塔原理应用于鸟类身上。我们在上面推论出，为了成为一名领袖，涉及一种明确的自我和行为，它们与追随者的自我和行为不同。一个不断得到证实的施吉尔德勒普—埃伯的观察证明了对鸟类社会的这种论断。如果人们将位于啄击表顶端的那只鸟的行为(即"暴君"的行为)与位于啄击表下面的鸟(也就是倒数第二只或第三只鸟)的行为进行比较,那么,他就会发现,后者虽然只对少数鸟类占有统治地位,可是它的凶残程度大大超过了第一只鸟对待所有成员的态度。但是,一旦他把倒数第一只鸟以上的所有鸟都从团体中移走,这只鸟反而变得很温和,甚至十分友好,这会使另外一只鸟相当惊奇(1924年)。在人类社会中,也不难找到与上述情况相似的情境。这种行为的一个方面可能主要是社会群集的结果,而不是个体特征的结果。

啄击表的起源:自我的向上倾向

对于"啄击表"的事实,我们有何解释呢?换言之,我们能否获得这样的事实,即当两鸟相遇时,它们是否一定会根据团体动力学的一般原理建立起相对的统治关系呢?由于团体和自我之间的密切的相互联结,对此的评论具有某种保留,并有充分理由认为它们在许多方面肯定是不恰当的。

根据上述的讨论,我们了解到行为团体通常是不同质的。这个"我"和各种"你"并不具有同样的地位。可是,另一方面,我们也已经看到,有许多因素运作着,以便在他的场内为自我提供一个中心位置,使他变得独特。这个自我拥有领导的特性,至少具有朝向领导的强烈倾向。皮亚杰(Piaget)关于幼儿自我中心行为(ego centric behaviour)的描述似乎完全符合这一观点。社会团体往往不能容忍一个特殊人物的领导。对于他的行为场来说,这意味着,他的盛气凌人的行为将导致出乎意料的结果;不仅不能保持或增强他的心理团体组织,而且他的行为将使之变弱或毁坏。因此,除非离开该团体,否则他就必须以这样一种方式,即产生一个组织得很好的团体,来改变他的行为。他唯有通过减弱专横才能做到这一点,由此产生的组织(不仅是社会团体的组织,而且也是他的心理团体的组织)将是他不再为领袖的构造。如果这种描述提供了近似于真实情况的图景的话(尽管完全是图解式的),那么我们应当推论,在所有的行为团体中存在着一种推动自我向上的力量,一种对团体动力学来说具有头等重要性的力量。

实验证据

我们能否把这样一种力量的存在视作一个业已确立的事实呢?人们可以考虑精神分析理论和有关理论得以建立的一些资料,确实,这些事实可以用来证明我们的命题。然而,我们不准备在我们的讨论中涉及这种材料,我们只想把我们的论点限于更为严密的实验研究之中。与我们的问题有着十分密切联系的调查是霍普(Hoppe)关于成功和失败的调查,我们曾在第九章简要地提到过这种调查。他向被试们布置了一些困难的任务,这些任务倘若不经相当数量的练习是难以完成的。因此,客观地说,每一次尝试既可能成功也可能失败,而成功并不出现在练习系列的开始。需要指出的是，对成功和失败的客观分布的描述并非是对成功和失败的主观体验的描述。因为被试很快地用一项较为容易的任务去替代(至少是暂时替代)那项布置给他的任务，也就是用很容易成功的任务去替代布置给他的任务。换言之，被试不是渴望去完成要求他完成的任务，而是降低了他的标准；用霍普的话来说，就是被试建立起一种"志向水平"(level of aspiration)，它远远达不到实验者提出的成绩要求。如果任务是每一次都应击中靶心，那么，被试便可能作出这样的取代：即先将任务改为击中靶子，然后改为击中50环，击中75环，最后才改为击中100环，也就是击中靶心。这种志向水平(显然不是原来布置的任务)决定了成功和失败的体验，而这些体验又反过来决定了志向水平。前者倾向于提高志向水平，后者则倾向于降低志向水平。然而，如果向被试布置的任务大大超越志向水平，或者大大低于志向水平，那么，被试将不会体验到失败或成功。我们之所以不感到失败，是因为我们无法证明某个困难的数学例题(除非我们是数学家，致使解决难题属于我们的志向水平)；同样，我们之所以不会体验到成功，是因为我们的任务仅仅是从书架上取一本书。这件事实一方面证明了成功体验和失败体验之间的密切关系，另一方面证明了动因的自我。成功"提高了"我们的自我，而失败"降低了"我们的自我，也就是说，我们对自己具有评价。如果我们假设自我始终处在推动它"向上"的力量之下的话，则这种效应也解释了志向水平的变化。为了使成功得以发生，必须把志向水平保持得相当的低，以便成功成为十分经常的事。于是，问题产生了：这种志向水平为什么通过一次或多次成功而得到提高。这个问题只能根据社会因素来解答。如果志向水平低下，这意味着自我在其团体中也是低下的。降低志向水平导致两种冲突的结果：一方面，通过成功，它满足了"自我"得以提高的条件；另一方面，它通过使"自我"变得相对低下而降低了"自我"水平。由此可见，志向水平始终在两种对立力量(一种力量倾向于降低志向水平，另一种力量则倾向于提高志向水平)之间十分巧妙地保持着平衡。这两种力量都产生于自我和团体之间的关系。这些结论已为被试的行为所证实，被试常常用客观原因解释他们的失败，例如，责怪他们所使用的仪器的质量，或者怀疑实验者的技能。前面提到过的事实，即任务过分地高于志向水平或过分地低于志向水平都不会导致失败或成功的体验，也可以用同样原理来加以解释，因为在第一种情形里，失败并不降低自我水平，而在第二种情形里，成功也没有提高自我水平。因此，霍普的调查结果证实了我们关于自我向上倾向的假设，这也是由这位作者明确引入的一个假设。

另外一个有利于同样假设的论点可从W.沃尔夫(Wolff)的有趣调查中获得。在沃尔夫的一些主要实验中，结果是从不同材料中获得的证据来证明的，也即一个被试必须通过留声机中一个人的嗓音来判断这个人的性格。让几个人讲下列句子,"您好,我对这些实验是否会产生任何结果感到好奇"①,并将这句话进行录音,被试根据听到的这些声音来判断各人的性格,通常,被试自己的说话音也在其中。结果,在 14 个个案中,有 12 个人认不出他们自己的声音——对此结果,也许只能从主要问题以外的事实中去寻找解释了。这 12 名被试,以及其他一些人(总共 16 人②)是以他们判断其他人的同样方式来判断他们自己声音的。如果人们把他们对自己的判断与其他人对他们的判断的平均值进行比较,那就会发现一些重要的差异。首先,对他们自己声音的判断通常要比对其他人声音的判断更加详细,尽管事实上被试并未认出他们自己的声音;他们还表现出对讲话者性格的更深刻的洞察。其次,自我评价(肯定是不知不觉的自我评价)始终要比他人评价的平均值更为有效,而且,在大多数情况下更加积极。在所调查的 16 个个案中只有一例并不符合这条规律,而在这一个个案中,由其他观察者所作的评价相当分散,有些人评价高,有些人评价低。在余下的 15 个个案中,12 个个案比平均数更加积极,其中 5 个个案确实是所有评价中最好的,另有 5 例可以归入前三名之列。对于这种结果的解释是:"判断者对他自己未被认出的声音所作的反应就像日常生活中他对他的'自我'所作的反应一样:尽管没有认出他自己的声音,但是他似乎像认出他自己声音那样来作出判断"。该假设是由我省略了一些特殊实验来证明的。然而,它指的是,自我竭力在梯子上爬得高一些。这不仅被更为正常的人或调节得更好的人所证明(他们判断自己比他们被别人判断更好),而且还为小型团体所证明,该团体的自我评价朝相反方向分化:因为他们的行为是一种张力的结果,这种张力介于他们的很高理想和他们意识到他们在实现理想方面的不足之间。正是由于他们为实现这样高的目标而奋斗,致使他们不满足于目前的成绩。

  第三个支持线索来自一个由登博博士(Dr Dembo)开展的尚未发表的调查,该调查是在我的实验室里进行的,也是前面讨论过的她的那个研究的延续。她的实验再次为愤怒的唤起提供条件;被试必须实施一些十分容易的但又是无意义的任务,例如将一箱纸片撒在地板上,过后再将所有纸片收回到箱子里面去,并多次重复这一活动或者类似的活动。该调查的主要目的是研究社会力量在愤怒唤起中的作用,对于这个问题,她的初次研究已经有所说明,认为被试和实验者之间的关系是一个决定的因素。结果,在这个新的研究中,这种关系发生了变化。在一组实验中,被试单独耽在房间里,任务是把一堆纸张一页一页地翻过去;实验者则在另外一个房间里通过隐蔽得很好的墙壁缝隙对被试进行

---

① 当然,实际上这句句子是用德语讲的。
② 我无法找出作者是如何得出 12 和 16 这两个不同数字的。然而,下面的讨论是以更大的数字为基础的。

窥视。在另外几组实验里,实验者和被试待在同一间房里,实验者的行为从单纯的被动观察改为实际的争吵。就我们的目的而言,将第一组实验与另外一组实验比较一下就够了,在另外一组实验中,实验者干扰被试的工作。在这两种情形里,都发生了愤怒;但是,当被试独处一室时,她的愤怒是自由表现的,一旦被试离开这个房间,并不会留下什么后效,而且它也不是指向实验者的。所有这三点与实验者的扰乱所引起的被试的愤怒是不同的。愤怒的表情也许未出现,但这不是由于没有愤怒,而是由于社会情境要求自我控制。实际上,在这些实验中,愤怒要比前述的实验强烈得多,这可由后效的持续时间来证明。一般说来,被试难以在实验结束时记录他们的内省,而对第一组实验的被试来说,该任务并没有任何困难。在被试能够谈论这些实验之前,在被试将他们的体验(这些体验常常由被实验者激怒的报复欲望所组成)与实验联系起来之前,有时要花上几星期甚至数月的时间。因为在这个团体中,愤怒主要指向引起一切麻烦的个人。

我认为,解释那些对强度、方向、后效以及由于自我改变的动力学而引起的感情表现所施加的巨大影响是公正的(这里所谓的自我改变的动力学是一种压力,被试的自我由于屈从于实验者的意志和扰乱而被置于这种压力之下)。这种应力清楚地指出一种力的存在,这种力提高了"自我",并与这种特定社会情境的应力完全相反。登博博士的实验包含了更多的与社会动力学有关的材料,但是我不准备提供更多的详情,因为作者尚无时间去系统地撰写她的实验结果。

团体形成的结果

文明的产物

现在,我们来讨论第三个问题,也就是最后一个问题:团体形成的结果是什么,这些结果如何影响进一步的行为?事实上,我们已经讨论了某些或多或少暂时性的结果,但是,现在我们要转向更为持久的结果上去,这些结果可以典型地称为团体活动或社会活动的产物。当然,我正在考虑我们的风俗和时尚,我们的风气和常规,这些东西在反映它们自身的行为类型中都是可以感觉到的,我还考虑了那些更加"坚固的"产物,例如建筑物、书籍、艺术作品,以及我们的日常生活用品。总之,社会活动产物的聚集就是我们所谓的文明(civilization)。这些产物起源于社会活动,并决定了未来的社会活动,正如一种痕迹起源于心物过程,反过来又决定未来的心物过程一样。把我们关于痕迹的问题应用于社会活动的产物,这将是一项诱人的任务,但是,对这些问题的探讨,除了完全超出了作者的能力所及之外,还将需要单独出书。

作为一种格局的文明

我们把自己限于一些评论上。文明的产物并非偶然地与产生它们的社会团体联系着的,而是始终在某种程度上与这些团体的动力特征内在地联结着,纯粹偶发的因素(像某些材料的可得性而不是其他材料的可得性一样)可能决定这些产物的某些方面。其次,这些产物,由于它们的起源是社会的,因此,如果认为它们是个体活动,将会产生误解和误释。即使产生这些产物的行为类型不再发生,产物仍保留着,甚至影响行为。"我们可以合理地谈论风俗、传统、制度、技术秘密、系统阐述的和未经阐述的理想,以及其他无数的事实,它们是直接决定社会行为的团体的特性……实际上,它们像直接制约任何其他东西那样制约人类的活动"(巴利莱特,p.254)。

我们有充分的理由认为,文明的产物形成了一种格局(framework)——这个术语也为巴特莱特所运用——在这个格局内,实际上所有的行为都发生了,正如所有的空间定位发生在一个空间格局里并依赖空间格局一样。由此可见,表面看来完全是个体的活动和态度,经过仔细的检查,可以发现它们是由社会框架决定的。

例子

上述观点已由朱利安·海尔希(Julian Hirsch)关于厌食方面的研究所证实。如果人们问一个人,为什么他对臭蛋碰也不碰,那么就会得到这样的回答:"因为它们令人倒胃口。"然而,对布鲁尼(Bruni)地方的土人来说,臭蛋则是一种美味佳肴;如果我们要想解释我们和这些土人之间口味的差异,我们只需观察另外一个例子就够了:信奉东正教的犹太人对于猪肉极为厌恶,这是容易解释的,因为活猪的肮脏习惯,然而,非犹太教的人和自由思想的犹太人则对猪肉并不厌恶,尽管他们同样了解猪圈的情况。海尔希以此事实为基础得出了他的结论:"回避某些食物并不是因为对食物的厌恶所造成,厌恶由回避所引起。"他用大量的例子证明了回避的社会根源。今天,这种根源已经被遗忘了,而回避和厌恶则仍然作为社会格局的结果存在着。

萨皮尔(Sapir)对社会格局的结果进行了一般而又明晰的讨论。该讨论涉及社会活动的许多不同领域。由于我迄今为止忽视了语言,而语言也许是文明的最伟大和最有力的产物,因此,我将选择萨皮尔的某些语言例子。"确实,我们处于如此强烈的语音习惯的控制之下,致使学习语言的学生若要发现与他自己不同的语言中语音的真正结构是什么成了一个最精细和最困难的任务。这意味着,人们总是不自觉地通过他自己的语言习惯,用强加在他身上的词语来解释其他语言的语音材料。于是,天真的法国人容易混淆'sick'中的's'和'thich'中的'th'的发音——这并非因为他不能听出其中的差异,而是因为建立

这样一种差异扰乱了他对语音必要结构的感觉"。运用与此稍有不同的术语，我们应当说：鉴于法国人的语言格局，他把"s"和"th"听作为同一个音的两种变式，而在英语格局内，它们则像"s"和"t"一样是两种不同的音。有鉴于此，对美国人来说，伦敦方言"lygy"中的"i"音，听起来就像 lady 一词中"a"的变式，而对于一个外国人来说，如果他学过英语，并且初来伦敦，则这两个音是不同的音，结果甚至连"lydy"这个词也不懂了。我们再来举一个取自萨皮尔的例子："根据一种纯客观的观点，'kill'一词中的'k'和'skill'一词中的'k'之间的差别是容易确定的，对我们来说，就像'kill'中的'k'和'gill'一词中的'g'之间的主要差别可以容易地确定一样。在某些语言中，'gill'一词中的'g'音被看做（或者被直觉地解释为）与'skill'一词中的 k 所典型代表的一个音有着一种相对来说不重要的或个别的偏离，而'kill'一词中的 k，则由于它更强的清晰度和它可以听得见的气息，将构成一个完全与众不同的语音统一体"。

我们的整个社会格局由大量的特定部分组成，它们在语言、习俗、传统、法律、思维方式、艺术创作风格、时尚等方面找到它们的表达。甚至只要随便罗列一下就可以使人看清，在这些部分中，有些部分比其他一些部分更加稳定，尽管没有一样东西是可以永远不变的。与此同时，它们又是相互依存的，尽管任何两者之间的相互依存程度可能会有很大的变化，而且在整个发展过程中也不是一成不变的。这里，有些问题将心理学家的研究与语言学家、社会学家和历史学家的研究联系起来了。

人格

我们不准备继续讨论这些问题，只想探讨一下我们关于心理团体和社会团体理论的最终结果。我们已经看到，自我作为"我们"的一部分，它的性质有赖于"我们"，有赖于它在这个"我们"中所占据的位置。但是，在我们讨论的那个论点中，我们还没有把文明的产物包括在内，也就是还没有把社会格局包括在内。社会格局对于自我的发展来说具有头等的重要性。当我们谈论人格（personality）时，我们通常考虑它的文化中的自我，也就是由它的社会格局决定的自我。几个世纪以来，通过教育来发展人格主要在于使年轻人了解过去的杰作。中学和大学的课程主要（如果不是全部的话）以经典著作和数学为基础，以便把学生引进古老的文化格局中去。我并不想装作权威来说话，我承认，对我来说，这些旧的教育思想并不像它们在今天某个时候显得那么糟糕或过时，即便我也不准备否认一种特定体系的刻板延续是容易导致僵化的。

受过教育或有文化的人是生活在一种格局之中的，这种格局的存在是由于持续的社会创造，而不单单是由于这类社会产物毫无生气的传递。所谓社会产物是受过教育和没有受过教育的人共同拥有的那些行为特征，我们前面讨论中提供的厌恶某种食物就是一例。

人格问题是心理学中最大的问题之一。无论何处,这是一个比较容易疏忽的问题,人们不是在特质(traits)的盲目统计的调查中遇礁,便是陷入极不科学的抽象讨论的旋涡*。容易理解的是,为什么一些有文化有知识并对人格研究饶有兴趣的人却对实验心理学在这个问题上所做的研究不屑一顾,而且声称"解释心理学"(explanatory Psychology)无法把握这个问题,只有在本质上与此不同的一门心理学,即所谓"理解心理学"(understanding Psychology)才有能力去处理这个问题。我们曾在第一章中讨论过这一两难问题,并拒绝接受这个问题。我们的理由在于我们的一般原理:如果心理学反映组织,也就是说,反映内在的特性联结,如果这种情况像适用于我们研究过的其他领域一样适用于人格,那么,心理学确实应当用一般的方法揭示人格的内涵和意义。

人格是一种格式塔吗?

问题可以阐述如下:人格是一种格式塔吗?如果是的话,那么人格是哪种格式塔?这些都是具体的问题,可以用科学方法进行研究。可是,如果人格不是格式塔,那么这又将意味着什么?它意味着,它那不同的行为单位或特质是彼此独立的,而且能够用任何一种结合方式联合起来。另一方面,如果人格是一种格式塔,那么在其各种表现之间将会出现相互依存,而大量的特质结合将被排斥。

如果我们留在由实验确立的事实范围之内,则我们就必须把我们的视界限于相对来说较少的关系上,也就是限于性格特征或人格特质和相貌特征之间的关系上。奥尔波特(Allport)和弗农(Vernon)在去年刊布了论述表达活动(experssive movements)的著作,在该书的结尾处,两位作者以大量的实验结果为基础阐述了下列结论:"这些证据清楚地表明,人格的表达活动不是特定的和不相关的;相反,它们形成了连贯的、令人困惑的模式……根据我们的结果似乎一个人的姿势和笔迹都反映了基本上稳定的和不变的个人风格。他的表达活动看来不是彼此分离和互不相关的,而是组织起来形成良好的模式。此外,证据还表明,在表达活动与态度、特质、价值观和'内在'人格的其他倾向之间存在着一致性。"(pp. 247~248)这一结论并不是轻易得到的,而是在对其他发现和理论进行彻底讨论以后,并对他们自己的结果进行彻底讨论之后才得出的。

由于奥尔波特和弗农的著作对文学进行了杰出的研究,所以我在这里仅仅提及另一个实验研究;这是由安海姆(Arnheim)在柏林大学所作的一项调查。他要求被试把人物的不同方面或表现进行匹配——例如把知名人物与笔法相

---

* 作者在这段话中用了"scylla"和"charybdis"两个词,前者指意大利墨西拿(Messina)海峡上的岩礁,后者指该岩礁对面的大漩涡,意喻进退两难。

匹配[知名人物如列奥纳多·达·芬奇（Leonardo）、米开朗琪罗（Michelangelo）、拉斐尔（Raphael）等]，或者把笔法与人物肖像相匹配，或者把他们作品中的语录与人物肖像相匹配，或者把某些行为方式的描绘（如饮酒习惯）与人物肖像相匹配。结果发现，正确的匹配数始终比偶然的匹配数要高，而且常常高出许多；许多错误还是"良好的"错误；由于匹配对活动不是在不知所措的情况下进行的，而是理解了其中的一个条件——因此，在以伟大画家为题材所作的匹配实验中，被试对米开朗琪罗和拉斐尔这两位著名画家极少发生混淆。在总共779次匹配活动中，只有36次将米开朗琪罗的作品与拉斐尔的作品混淆起来，或者把拉斐尔的作品与米开朗琪罗的作品混淆起来。然而，正确的匹配还是占了绝大多数，其中米开朗琪罗、拉斐尔和利奥那多·达·芬奇分别为221、192、175。

上述结果如同前面描述过的实验中沃尔夫的被试作出一致判断那样，可以用两个不同的观点进行解释。一方面，它们证明相貌判断是可能的，相当一致，而且比偶然的期望正确次数更多。另一方面，它们也证实了奥尔波特和弗农的结论；如果特质的任何一种结合是同样可能的话，那么这些判断就不可能像它们经常表现的那样正确。如果米开朗琪罗的笔法并不具有某些特征，而这些特征如同为判断者所熟悉那样起着人物的指示作用，那么这些判断者就不会表现得这么好了！因此，相貌特征的实验为人格是一种格式塔的观点提供了有力支持。

人格是哪种格式塔？

另一个问题，即人格是哪种格式塔的问题，是更加难以作答的，如果人们想继续留在上述提出的理论格局以内的话。对这一问题的回答必须考虑自我的所有不同的亚系统，关于这种亚系统的丰富性和复杂性我们已经在第八章讨论过了，它们涉及这些亚系统的组织方式，起支配作用的相对程度，它们的相互交流，以及它们的相对"深度"。通过这些，我们指的是它们的表面—中心定位（surface-centre localization），或者是它们与"自己"（Self）的联结，而这正是"自我"（Ego）的核心。此外，整个自我的"敞开"（openness）或"闭合"（closedness）也必须进行调查，也就是说，它与环境场的关系，尤其是社会场的关系必须进行调查。自我和环境之间的动力交流在很大程度上有赖于自我本身的性质。在这种调查中，文明的产物也必须包括在内。那么，它们中哪个对自我产生了深刻影响，它的亚系统中哪个亚系统受到主要影响，这种影响有多强？

今天的心理学重新发现了人格问题的重要性。如果没有人格问题，那么心理学便是不完整的，许多作者已经为此作出了有价值的贡献；特别值得一提的是威廉·斯特恩（William Stern）和麦独孤（Mc Dougall）。然而，我不准备报告他们的观点，因为在我刚才阐述的问题上，我不可能作出任何贡献。格式塔理论在其发展中是颇为一致的。它首先在最简单的条件下研究心理学的基本定律,包括相当基本的知觉问题;接着,它涉及越来越复杂的一组组条件,包括记忆、思维和活动。它已经开始接近那些使人格本身进入研究范围的条件。但是,由于这方面的研究刚刚开始,看来等待时机是明智之举。本节稍微短了些,不是因为我低估了人格问题的重要性,而是因为我对它关注得过了头,以至于未能像对待任何其他部分那样连贯地陈述这个问题。

第十五章

结　　论

回顾。理论背景。"格式塔"的含义。达到的整合。实证主义和格式塔心理学。

当一个人经过长途跋涉临近终点时,他往往喜欢把他已经做过的事情与他出发以前制订的计划进行比较。因此,在我们游览了心理学的这片土地以后,回顾一下我们的计划,看一下我们执行这项计划的情况,然后概述一下我们旅行的主要阶段,似乎是合适的。我们制订了两项计划,一项计划在第一章里,范围十分一般,另一项计划出现在第二章结束时,较为具体和限定。我们遵循了第二项计划的指示。那么,我们对第一项计划贯彻了多少?

回　　顾

让我们简要地回顾一下我们的步骤。对我们的调查来说,我们所规划的领域涉及行为的一切形式和方面。我们发现,行为始终是环境中的行为。这一命题导致地理环境(geographical environments)和行为环境(behavioural envimoments)之间的基本区分,从而导致它们之间的关系问题。这个问题由于引入了心物场(psychophysical field)以及它的场特性,致使在一个非二元论的理论(non-dualistic theory)中变得容易处理了。地理环境和心物场之间的关系,以及地理环境和行为环境之间的关系,随着远刺激和近刺激(distant and proximal stimuli)的基本区分而变得复杂起来。尽管只有后者与心物场具有直接的因果联结,从而也与行为具有直接的因果联结,但是,行为一般说来不仅适应于行为环境,而且也适应于地理环境,也就是远刺激的世界。心物场和近刺激之间的关系理论受到了检验,检验的方式是考察它是否正确地反映了行为环境和地理环境之间的关系。

我们提出的第一个问题是知觉的基本问题：为什么事物像它看上去的那样？有关这个问题的讨论导致了对一些心理学理论的拒斥（这些理论在我们的思想方法中根深蒂固），从而把我们引向组织概念（concept of organization）。由此，对知觉组织开展了研究，它揭示了力的令人惊讶的错综复杂的相互作用，与此同时，也揭示了毫无例外的定律。我们试图了解，为什么我们在知觉组织内看到了空间和事物，为什么这些行为事物具有它们拥有的特性（诸如统一性、形状、大小、颜色），以及为什么它们能够运动或表现出静止状态。

接着，我们继续表明知觉场如何引起我们的四肢运动，也就是它如何影响行为。这个新问题无须在先前提出的组织原理上添补新的原理，而是仅仅将这些原理扩展并用于新的问题。

但是，有关这个问题的讨论导致我们向前跨了一大步。原先，我们以下述观点为出发点，即行为需要它赖以发生的一种环境，现在，我们被迫接受另一种观点，即行为需要一种运作着的自我（Ego）。于是，自我被引入，而自我的引入也不需要任何新的原理，在这系统之外，迄今为止没有提出任何因素。相反，组织原理提供了一种方法，通过这种方法，自我尽管蔑视大多数心理系统，却可以始终如一地得到处理。于是，我们转向了自我的构造，试图去调查它的巨大复杂性以及它对场的影响。如果我们把自己束缚在实验确立的事实范围以内，那么我们便难以公正地处理这个问题的一切内涵和意义，我们的谋略只是为今后更为完整的调查奠定基础。

只有到了那时，我们才能把行为的连续性（continuity）包括在我们的讨论范围以内。我们把这种连续性的基础称为记忆（memory）。我们原先介绍过的那些原理开始显示其力量。记忆并不作为新的实体或功能而出现，而是作为组织过程的结果和决定因素。我们建立了痕迹假设，据此，痕迹被赋予动力特性，从这些特性中可以推论出痕迹的功能。若干记忆功能被详细讨论，并得到实验研究的支持。我们对学习（心理学的一个类别）也作了理论分析，这一任务涉及对著名的联想主义（associationism）学说的批判。把自我也包括进记忆功能的理论中去，这一必要性得到证明，尤其在我们关于再认（recognition）的讨论中得到证实。最后，我们意图勾画出我们称之为思维过程的动力学，这一意图再次以组织定律为基础。

在最后一章，我们把我们的原理应用于来自动物和人类社会交往的问题，我们的主要目的是通过把它们与其他一切心理学问题联系起来而系统阐述社会心理学的一些问题。由自我和环境所组成的心物场概念，场的组织定律，以及通过活动而实现的场的重组（reorganization），都证明能够处理这个新问题。事实上，只有在这种背景下，自我理论才有可能进一步发展，因为只有作为一个团体的一名成员，个体才会发展他的人格。

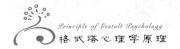

理 论 背 景

由此,我们可以说,我们已经用理论上一致的方式研究了心理学。我们没有把行为或心理分解成如此众多的不同功能或要素,以便对每一种功能或要素进行孤立研究。相反,我们遵循着在大多数条件下变得清楚起来的组织原理,从最简单的情境出发,逐渐进入越来越复杂的情境。与此同时,组织的结果也变得日益复杂、更加丰富和颇具意义。我们的所有事实都是从一个理论背景上提出的,我们对事实的选择也主要受制于它们对理论的价值。我们省略了具有同等兴趣的许多事实,正如我们报道过的那样,有许多事实甚至可以用于理论的发展。为了在章与章之间保持某种平衡,并使这本书限于一定的篇幅,这样做是必要的。

"格式塔"的含义

但是,格式塔的概念是什么?据此概念,本书获得了它的书名。我们没有在本小结中直接运用这个词,而是在我们的"组织"术语中蕴涵了这个词。格式塔一词"具有一种个别的和特征的实体含义,它作为某种分离的东西而存在,并把形状或形式作为它的属性之一"[苛勒(Kohler),1929年,p.192]。因此,一种格式塔是一种组织的产物。是对导向格式塔过程的组织。但是,作为一个定义,单凭这种确定是不够的,除非它蕴涵着组织的性质,像在简洁律(the law of pragnanz)中表述的那样,除非人们记住组织作为一种类别正好与并列(juxtaposition)或随机分布截然相反。在组织过程中,"整体的一个部分会发生什么情况,是由该整体中固有的内在定律决定的"[威特海默(Wertheimer),1925年,p.7]。以此界说为基础,我们可以称构造过程并不比组织产物更少"格式塔",正是根据这一广泛的内涵,该术语才被用作本书的书名,而且被格式塔心理学家沿用至今。在这一内涵中,带有"混沌空间"(chaos kosmos)的选择;如果我们说一个过程是格式塔,或者一个过程的产物是格式塔,那么我们指的是,它不能单单由"混沌"来解释,也就是不能单单用基本上无联系的因果的盲目结合来解释;但是,它的实质是它存在的理由,也即为了一种在本书中多次出现的观念而使用形而上学的语言,而事实上,本书在概念方面像任何其他科学可能做到的那样摆脱了形而上学。

达到的整合

那么,本书有没有贯彻第一章宣布过的计划呢?如果读者翻回到第一章的末尾,它们包含了我所构想的心理学思想,那么他将会看到本书在实现这一思想方面做得还很不够。但是,他也可以看到,本书在接近这一思想方面已经作出了努力。它试图为最复杂的创造文明的事件提供解释,所用术语也适用于最简单的事件,例如简单原子中的电子和质子运动,而丝毫没有破坏两种事件之间的差别。我想引用勃朗宁(Browning)的诗句:

> 别说那是件"小事"!
> 怎么会"小"?
> 所谓"大事",由此而生,
> 念及此事,它难道不痛苦?
> 若想解脱构成生活的许多行为,
> 一种行为之力也许不足,
> 也许超过!

既有小事件,又有大事件,对此,力量可能不足,也可能超过,因为冷静的宇宙观无法分享皮帕(Pippa)的乐观。但是,既有完美的小事件,像一颗钻石的稳定性和对称,也有完美的大事件,像斯考特船长(Captain Scott)英雄般的单纯。如果我们能够像了解第一个事件那样科学地了解第二个事件,那么就不会失去它的崇高或美好。它将是一种伟大而又善意的活动,即便没有人知道它,正像即使没有眼睛去看钻石,没有心思去想钻石,而钻石依然拥有其完美的对称性一样。我不准备再讨论下去,因为它将使我深入到形而上学中去,比我打算的还要深入。但是,这些话还是不得不说,以免我的整合(integration)意图被人误解,从而意指与它的愿意相反的东西:一切事件的相等,使一个事件显得像其他事件一样盲目和无意义。

让我们更具体一点:我们的心理学是否在自然、生活和心理学的整合上作出了贡献?我认为,它试图去这样做,这一点必须加以肯定。至于判断一下它是否成功,这有赖于格式塔概念的最终真实性或恰当性。由于这个概念贯穿了存在的各个领域,因而适用于它们中的每一个领域。苛勒对物理格式塔的证明为自然和生活的新统一奠定了基础;如果无机界也充满秩序的话,那么我们便没有理由为生活的特定秩序假设新的因素了。威特海默和苛勒的心物同型论原理(Principle of isomorphism)把心理与自然和生活整合起来。业已证明,该原理对实验研究极具成果,因为它为生理假设提供了明确的方向,这些生理假设反过来又导致新的心理学实验。我认为,这些已经在本书中得到充分的证明。与此同时,该原理还隐含着重大的哲学意义。它把我们引回到一个我们刚刚遗漏的论点上去。如果一个思维过程导致一个新的逻辑上有效的顿悟,它在生理事件中有其心物同型的对应物,那么,它是否会丧失其逻辑的严密,成为一种自然的机械过程？或者，生理过程通过与思维的"心物同型"，是否并不享有思维的内在必要性？我们的整合试图要求后者，从而将意义的类别并入我们的体系之内。在这一点上，理论的发展必须克服巨大的困难，对此，我是十分清楚的。同时，也应当承认，我们已经面临着这些困难，克服这些困难的努力也已经开始。

实证主义和格式塔心理学

如果本书中有什么争执的话，那么它不是指向人，而是指向我称之为实证主义(positivism)的文明中强大的文化力量。如果实证主义可以被视作一种整合的哲学(integrative philosophy)，那么它的整合在于这样的教义，即一切事件都是不可理解的、不可推理的、无意义的和纯事实的。然而，对我的思维来说，这样一种整合与完全的分解(disintegration)是一致的。由于深信这样一种观点是完全不符合事实的，因此，我必须对之进行抨击，而且，由于它到了我们这一代变得更为强大，所以我更有必要对此进行驳斥。不论一个人是否是彻底的实证主义者，它对一个人的生活是有影响的。我认为，真正的整合哲学应当导致更好生活，而不是导致纯破坏性的生活。但是，科学家竟然不为这些考虑所动摇。他的唯一标准是真理。

我像我的读者一样确信，在本书提出的许多特定的假设中，每一种假设，都需要进一步论证；我对其中许多假设的未来命运仍心存疑虑。但是，不该把对特定假设的态度与一般的原理混淆起来，因为一般的原理是不受特定应用所支配的。如果关于知觉运动的格式塔假设被证明是错误的话，格式塔理论也不会被拒斥。至于格式塔原理的真实性，应由未来科学的历程来检验。但是，若不是我持有深刻的科学信念，认为真理要求这样一种哲学的话，我是本不该写出以非实证主义理论(non-positivistic theory)为基础的这本书的。